"十二五"普通高等教育本科国家级规划教材

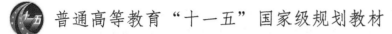

普通高等教育"十一五"国家级规划教材

"十二五"江苏省高等学校重点教材(编号:2014-1-085)

江苏省本科优秀培育教材

高等院校通信与信息专业系列教材

数字电视原理

第4版

卢官明　卢峻禾　编著

机械工业出版社

本书系统全面地介绍了数字电视的基础理论、系统组成和关键技术。全书共10章，主要介绍了彩色电视基础知识、数字电视概论、电视信号的数字化、信源编码原理、信源编码标准、数字电视中的码流复用及业务信息、信道编码及调制技术、数字电视传输标准、数字电视机顶盒与条件接收系统的组成及工作原理以及各种显示器和接口的工作原理、发展现状。每章都附有小结和习题，以指导读者加深对本书主要内容的理解。

本书注重选材，内容丰富，层次分明。在加强基本概念、基本原理的同时，有机融入思政元素，着重讲述了新技术成果，反映了本学科的发展前沿和趋势。

本书可作为高等院校广播电视、电子信息和通信类专业的本科生教材使用，也可供从事相关领域的工程技术人员和技术管理人员阅读参考。

本书配有授课电子课件和习题答案，需要的教师可登录 www.cmpedu.com 免费注册、审核通过后下载，或联系编辑索取（微信：15910938545，电话：010-88379739）。

图书在版编目（CIP）数据

数字电视原理/卢官明，卢峻禾编著．—4版．—北京：机械工业出版社，2023.1（2024.1重印）
高等院校通信与信息专业系列教材
ISBN 978-7-111-71631-0

Ⅰ．①数…　Ⅱ．①卢…②卢…　Ⅲ．①数字电视–高等学校–教材　Ⅳ．①TN949.197

中国版本图书馆 CIP 数据核字（2022）第 174370 号

机械工业出版社（北京市百万庄大街22号　邮政编码100037）
策划编辑：李馨馨　　　　　责任编辑：李馨馨　汤　枫
责任校对：张　征　王明欣　封面设计：鞠　杨
责任印制：单爱军
北京虎彩文化传播有限公司印刷
2024 年 1 月第 4 版第 2 次印刷
184mm×260mm·22.75 印张·534 千字
标准书号：ISBN 978-7-111-71631-0
定价：79.00 元

电话服务　　　　　　　　　网络服务
客服电话：010-88361066　　机 工 官 网：www.cmpbook.com
　　　　　010-88379833　　机 工 官 博：weibo.com/cmp1952
　　　　　010-68326294　　金 书 网：www.golden-book.com
封底无防伪标均为盗版　机工教育服务网：www.cmpedu.com

高等院校通信与信息专业系列教材编委会名单

（按姓氏笔画排序）

出 版 说 明

　　党的二十大报告首次提出"加强教材建设和管理"，表明了教材建设国家事权的重要属性，凸显了教材工作在党和国家事业发展全局中的重要地位，体现了以习近平同志为核心的党中央对教材工作的高度重视和对"尺寸课本、国之大者"的殷切期望。教材作为教育目标、理念、内容、方法、规律的集中体现，是教育教学的基本载体和关键支撑，是教育核心竞争力的重要体现。建设高质量教材体系，对于建设高质量教育体系而言，既是应有之义，也是重要基础和保障。为落实立德树人根本任务，发挥铸魂育人实效，培养国家和社会急需的通信与信息领域的新工科人才，为了配合高等院校通信与信息专业的教学改革和教材建设，机械工业出版社会同全国在通信与信息领域具有雄厚师资和技术力量的高等院校，组成阵容强大的编委会，组织长期从事教学的骨干教师编写了这套面向普通高等院校的通信与信息专业系列教材，并且将陆续出版。

　　这套教材将力求做到：专业基础课教材概念清晰、理论准确、深度合理，并注意与专业课教学的衔接；专业课教材覆盖面广、深度适中，不仅体现相关领域的最新进展，而且注重理论联系实际。

　　这套教材的选题是开放式的。随着现代通信与信息技术日新月异的发展，我们将不断更新和补充选题，使这套教材及时反映通信与信息领域的新发展和新技术。我们也欢迎在教学第一线有丰富教学经验的教师及通信与信息领域的科技人员积极参与这项工作。

　　由于通信与信息技术发展迅速，而且涉及领域非常宽，这套教材的选题和编审中难免有缺点和不足之处，诚恳希望各位老师和同学提出宝贵意见，以利于今后不断改进。

机械工业出版社

高等院校通信与信息专业系列教材编委会

前　言

《数字电视原理》是电子信息类专业的专业基础课程教材，该教材自2004年1月由机械工业出版社出版发行以来，深受广大读者的欢迎。《数字电视原理（第2版）》是普通高等教育"十一五"国家级规划教材，《数字电视原理（第3版）》是"十二五"普通高等教育本科国家级规划教材。

为了反映数字电视技术的发展与新成果，顺应教育信息化发展趋势，编者根据最近几年的教学和科研实践，对第3版教材在内容和形式上进行了修订。

在内容方面，第4版教材在继承第3版教材的系统性与完整性的基础上，控制好教材内容的总量与难度，精选教材内容，删减一些比较陈旧的内容，更新和补充新的技术知识，以保证内容的适用性和先进性，与时俱进，及时恰当地反映科学技术新成果；将弘扬爱国主义和科学探索精神有机融入具体的章节中，培养学生的使命感和责任感，落实立德树人的根本任务。如在第2章中更新了2.5节数字电视国际标准概况的内容，增补了2.6节中国地面数字电视传输标准的国际化进展的内容，让学生了解中国地面数字电视传输标准的制定历程及国际化推广进展，从而激发爱国热情，振奋民族精神。在第3章中增补了有关GY/T 307—2017标准《超高清晰度电视系统节目制作和交换参数值》的内容。在第4章中增补了4.2.2节数字视频压缩的混合编码框架的内容，让学生对数字视频压缩编码的原理和方法有一个整体的认识。在第5章中，对5.1节数字音视频编码标准概述的内容做了大幅的更新和补充，新增了H.266/VVC、AVS2、AVS3标准的有关内容；增补了5.1.4节中国科学家在视频编码国际标准制定中的贡献，激励学生弘扬创新精神，把爱国之情、报国之志融入祖国改革发展的伟大事业之中，为实现从"中国制造"向"中国创造"的战略转型、建设创新型国家的战略目标贡献智慧和力量；增补了5.8节AVS2视频编码标准。在第10章中，增补了10.3节量子点显示技术、10.5节Micro-LED显示技术，更新了10.7.3节高清晰度多媒体接口，新增了HDMI 2.1的内容。

在教材呈现形式上，积极顺应教育信息化的发展趋势，以二维码形式提供了微课视频和一些拓展阅读内容，引导学生积极开展自主性学习，以满足在线教育的迫切需要。

本书共10章，比较系统地介绍了数字电视技术的基本理论，知识体系完整、结构合理，各章内容既相互独立，又兼顾其内在关联及系统性。在对不同专业或不同层次的教学进行安排时，教师可根据学生已有的知识基础和专业方向等情况，有针对性地选择其中的部分内容。对于不作为重点的教学内容，如果学生感兴趣，也可以自学。

本书的编写得到了南京邮电大学教学改革研究项目（JG00218JX01，JG00222JC14）的资助。在编写过程中，编者参考和引用了一些学者的研究成果、著作和论文，具体出处见参考文献。在此，编者向这些文献的著作者表示敬意和感谢！

鉴于编者水平所限，加之数字电视系统涉及面广，相关技术发展迅速，书中难免存在不妥之处，敬请同行专家和广大读者批评指正。

编　者

目　　录

彩色电视系统是利用光/电和电/光转换原理实现景物传送的，并且电视图像最终是给人看的，因此，彩色电视技术与光、人眼的视觉特性以及色度学有着密切的关系。本章首先介绍光的特性与度量、色度学以及人眼视觉特性的有关知识，因为它们是学习电视传像技术的基础。然后，讲述电视扫描方式、电视图像的基本参量、标准彩条信号等内容。

本章学习目标：

• 掌握光的特性与度量的基本知识，包括色温和相关色温的概念、常用的标准白光源，以及光通量、发光强度、照度、亮度等主要光度学参量。

• 掌握彩色三要素、三基色原理及混色方法等色度学知识。

• 掌握人眼视觉特性的知识，包括亮度感觉特性以及人眼的分辨力与视觉惰性。

• 掌握电视扫描与同步原理，以及宽高比（幅型比）、亮度、对比度、图像分辨力、图像清晰度等电视图像基本参量的概念。

1.1　光的特性与光源

微课视频

光的特性与
光源

1.1.1　光的特性

光学和电磁场理论指出：光是一种电磁波，它具有波粒二象性——波动特性和微粒特性。电磁波包括无线电波、红外线、可见光、紫外线、X 射线和宇宙射

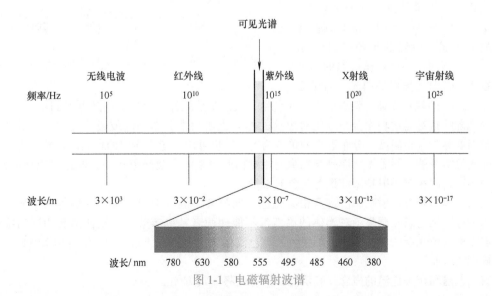

图 1-1　电磁辐射波谱

线等，它们占据的频率范围如图 1-1 所示。其中人眼能看见的可见光谱只集中在 $(3.85 \sim 7.89) \times 10^{14}$ Hz 的频段内，其波长范围在 380~780nm 之间。此范围内的不同波长的光作用于人眼后引起的颜色感觉不同，按波长从长到短的顺序依次为红、橙、黄、绿、青、蓝、紫。

1.1.2 标准白光源与色温

通常所说的物体颜色，是指该物体在太阳白光照射下，因反射（或透射）了可见光谱中的不同光谱成分、吸收其余部分，从而引起人眼的不同彩色感觉。因此，为了逼真地传送彩色，在电视技术中，常以白色光作为标准光源。

1. 色温和相关色温

在近代照明技术中，统称为"白光"的光谱成分的分布并不相同。为了说明各种白光因光谱成分不同而存在的光色差异，通常采用与绝对黑体的辐射温度有关的"色温"来表征各种光源的具体光色。

所谓绝对黑体（也称完全辐射体），是指既不反射也不透射而完全吸收入射光的物体，它对所有波长的光的吸收系数均为 1。严格来说，绝对黑体在自然界是不存在的，其实验模型是一个中空的、内壁涂黑的球体，在其上面开了一个极小的小孔，进入小孔的光辐射经内壁多次反射、吸收，已不能再逸出外面，这个小孔就相当于绝对黑体。

当绝对黑体被加热时，将辐射出连续光谱，而且其光谱功率分布仅由温度决定，而与环境照度无关。绝对黑体在不同温度下有不同的辐射功率波谱，如图 1-2 所示。由图可见，随着温度的升高，不仅能量增大，亮度增加，同时能量沿波长的分布发生变化，发光颜色也随之变化。在白光范围内，随着温度的升高，光的颜色由偏红变成偏蓝，即由"热白光"变成"冷白光"。

为了区分各种光源的不同光谱功率分布与颜色，可以用绝对黑体的温度来表征。将绝对黑体在不同温度下的辐射功率波谱作为标准，与各种光源的相对辐射功率波谱进行比较。当某一光源的相对辐射功率波谱及相应颜色与绝对黑体在某一特定热力学温度下的辐射功率波谱及颜色相一致时，则绝对黑体的这一特定热力学温度就是该光源的色温。由于绝对黑体的这一特定温度与颜色有关，故名色温。色温的单位是开［尔文］（K）。例如，一个钨丝灯泡的温度保持在 2800K 时所发出的白光，与温度

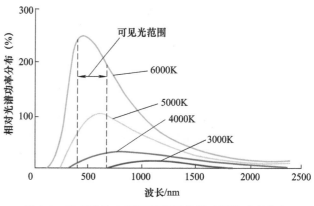

图 1-2　绝对黑体在不同温度下的相对光谱功率分布

保持在 2854K 的绝对黑体所辐射的白光颜色相一致，于是就称该白光的色温为 2854K。

当光源的相对光谱功率分布与绝对黑体的相对光谱功率分布相同或最接近时，绝对黑体的热力学温度称为分布温度。分布温度的单位为 K，它也可用来定义光源的色温。显然，光源的色温并非光源本身的实际温度，而是与光源的相对辐射功率波谱及光色相一致的绝对黑体的温度，是用来表征光源相对辐射功率波谱与光色的参量。

当某光源的相对辐射功率波谱及相应光色只能与某一温度下绝对黑体的辐射功率波谱及相应光色相近，无论怎样调整绝对黑体的温度都不能使两者精确等效时，则使两者相近的绝对黑体的温度称为该光源的相关色温。相关色温与色温相比，只是表征光源相对辐射功率波谱、光色的精确度稍差而已。

有了色温和相关色温的概念，表示光源的特性将非常方便。

2. 标准照明体和标准光源

照明体是指入射在物体上的一个特定的相对光谱功率分布，而光源则是指发光的物体。为规范照明体的光谱特性，国际照明委员会（Commission Internationale de l'Eclairage，CIE）定义了以下的标准照明体。

标准照明体 A：绝对黑体在热力学温度为 2856K 时发出的光。

标准照明体 C：相关色温约为 6774K 的平均昼光，又称 $C_白$。

标准照明体 D_{65}：相关色温约为 6504K 的平均昼光。

标准照明体 D_{55}：相关色温约为 5503K 的昼光。

标准照明体 D_{75}：相关色温约为 7504K 的昼光。

为实现上述的标准照明体，CIE 又规定了相应的标准光源。

标准光源 A：分布温度为 2856K 的透明玻壳充气钨丝灯。由于其分布在红外区域的光谱功率较大，所以钨丝灯光看起来不如太阳光白，而总是带些橙红色。

标准光源 C：分布温度为 6774K 的光源，它可由标准光源 A 和特制的滤光器组合实现。

对实现标准照明体 D_{65}、标准照明体 D_{55} 和标准照明体 D_{75} 的人工光源，CIE 尚未做规定。

另外，在色度学的计算中还应用着一种假想的等能白光（$E_白$），当光谱范围内的所有波长的光都具有相同的辐射功率时所形成白光即为 $E_白$，它的相关色温为 5500K。这种光源实际上并不存在，但采用它可简化色度学的计算。

1.2　光的度量

微课视频

光的度量

光度学是 1760 年由朗伯建立的，它定义了光通量、发光强度、照度、亮度等主要光度学参量，并用数学阐明了它们之间的关系和光度学的几个重要定律，实践已证明是正确的。

1.2.1　光通量和发光强度

通量这个术语在光辐射领域是常用的。光源辐射通量就是指其辐射功率，而光源对某面积的辐射通量是指单位时间内通过该面积的辐射能量；光源总的辐射功率（或总辐射通量）是指单位时间内通过包含光源的任一球面的辐射能量。通量与功率的意义是相同的，其单位是瓦（W）或焦［耳］/秒（J/s）。

通常光源发出的光是由各种波长组成的，每种波长都具有各自的辐射通量。光源总的辐射通量应该是各个波长辐射通量之和。

由于在相同的亮度环境条件下，辐射功率相同、波长不同的光所引起的亮度感觉不同；辐射功率不同、波长也不相同的光可能引起相同的亮度感觉。为了按人眼的光感觉去度量辐射功率，特引入光通量的概念。

在光度学中，光通量（Luminous Flux）明确地定义为能够被人的视觉系统所感受到的那部分辐射功率的大小的度量，单位是流［明］（lm）。

因此，只要用到光通量这个术语，首先想到它把看不见的红外线和紫外线排除在外了，而且在数量上也并不等于看得见的那部分光辐射功率值。那么，光通量的大小是怎样度量的呢？按照国际上最新的概念，它表示用标准眼来评价的光辐射通量，可用下式表示：

$$\Phi_V = K \int_{380}^{780} \Phi_e(\lambda) V(\lambda) \mathrm{d}\lambda \tag{1-1}$$

式中，$V(\lambda)$ 是明视觉光谱光视效率函数（见 1.4.1 节），人眼的视觉特性，就是从这里开始被引入到对光的定量评价中来的；$\Phi_e(\lambda)$ 是光源的辐射功率波谱；K 是一个转换常数，过去也曾称为光功当量,现在称为最大光谱效能,它的数值是一个国际协议值,规定 $K=683\mathrm{lm/W}$,即表示在人眼视觉系统最敏感的波长(555nm)上,辐射功率为1W相对应的光通量,有时称这个数为1光瓦。

因为人眼只对380~780nm的波长成分有光感觉,因此式(1-1)中的积分限与这两个数值相对应。由此可见,光通量的大小反映了一个光源所发出的光辐射能量所引起的人眼光亮感觉的能力。

一个40W的钨丝灯泡所能输出的光通量为468lm,一个40W的荧光灯可以输出的光通量为2100lm。通常用每瓦流明数来表示一个光源或一个显示器的发光效率,如钨丝灯泡的发光效率为11.7lm/W;荧光灯的发光效率为52.5lm/W;用于电视照明的金属卤化物灯,发光效率可达80~100lm/W。目前许多国家都在努力研制新型人工光源,并已取得不少成果,不仅提高了发光效率,而且延长了光源的使用寿命。

对于一个光源,可以说这个光源发出的光通量是多少;对于一个接收面,可以说它接收到的光通量有多少;对于一束光,可以说这束光传播的光通量是多少。从时间上讲,光通量可以是变化的,也可以是恒定的;从空间上来分析,可以导出光度学中其他几个常用的量。

一个光源,例如一个电灯泡,在它发光的时候,可以向四面八方照射,但它向各个方向所发出的光通量可能是不一样的,于是定义发光强度(Luminous Intensity)来描述在某指定方向上发出光通量的能力。发光强度的单位是坎[德拉](cd)。1979年第十六届国际计量大会决定:坎德拉是一光源在指定方向上的发光强度,该光源发出频率为 $540\times10^{12}\mathrm{Hz}$ 的单色辐射,而且在此方向上的辐射强度为1/683W/Sr(瓦[特]每球面度)。

1.2.2　照度和亮度

当有一定数量的光通量到达一个接收面上时,我们说这个面被照明了,照明程度的大小可以用照度(Illuminance)来描述。照度是物体单位面积上所得到的光通量,其单位是勒[克斯](lx),其定义为:1lx等于1lm的光通量均匀地分布在 $1\mathrm{m}^2$ 面积上的光照度,即 $1\mathrm{lx}=1\mathrm{lm/m}^2$。光照度常用 E_v 表示。

下面举几个实际生活中的照度值。

教室中的标准照明是指在课桌面上的照度不低于50lx;白天无阳光直射自然景物上的照度为 $(1\sim2)\times10^4\mathrm{lx}$;晴天室内的照度为100~1000lx;阴天自然景物上的照度约为 $10^3\mathrm{lx}$;阴天室内的照度为5~50lx;夜间满月下的照度为 $10^{-1}\mathrm{lx}$。

发光强度只描述了光源在某一方向上的发光能力,并未涉及光源的面积,采用单位面积上的发光强度更能反映各种光源的"优劣",这就要用到亮度这个概念。

亮度(Luminance)表示单位面积上的发光强度,其单位是坎[德拉]每平方米($\mathrm{cd/m}^2$)。

微课视频

色度学概要

1.3　色度学概要

彩色电视是在黑白电视与色度学的基础上发展起来的。色度学是研究彩色计量的科学,它定性和定量地研究人眼的颜色视觉规律、颜色测量理论与技术。色度学是研究彩色电视的重要理论基础,正确运用色度学原理,就可以用比较简单而有效的技术手段实现高质量的彩色电视,使传送的图像更加逼真。

1.3.1　光的颜色与彩色三要素

光的种类繁多,下面仅从颜色、频率成分和发光方式等方面将其分类。

●按颜色可分为彩色光和非彩色光。非彩色光包括白色光、各种深浅不一样的灰色光和黑色光。

- 按频率成分可分为单色光和复合光。单色光是指只含单一波长成分的色光或者所占波谱宽度小于 5nm 的色光；包含有两种或两种以上波长成分的光称为复合光。
- 按频率和颜色综合考虑可分为谱色光和非谱色光。谱色光主要是指波长在 780 ~ 380nm，颜色按红、橙、黄、绿、青、蓝、紫顺序排列的各种光；把两个或者两个以上的单色光混合所得，但又不能作为谱色出现在光谱上的色光称为非谱色光。白光是非谱色光。

单色光一定是谱色光，非谱色光一定是复合光，而复合光也可能是谱色光。例如，红单色光和绿单色光合成的复合光为黄色，它属于谱色光。

- 按发光方式可分为直射光、反射光和透射光。发光体（光源）直接发出的光称为直射光；物体对光源发出的光进行反射所形成的光称为反射光；物体对光源发出的光进行透射所形成的光称为透射光。若设光源的功率波谱为 $\Phi(\lambda)$，物体反射特性或透射特性分别为 $\rho(\lambda)$ 和 $\tau(\lambda)$，则直射光、反射光和透射光的功率波谱将分别为 $\Phi(\lambda)$、$\Phi(\lambda)\rho(\lambda)$ 和 $\Phi(\lambda)\tau(\lambda)$。

无论是什么光，它的颜色都取决于客观与主观两方面的因素。

客观因素是它的功率波谱分布。光源的颜色直接取决于它的辐射功率波谱 $\Phi(\lambda)$；而彩色物体的颜色不仅取决于它的反射特性 $\rho(\lambda)$ 和透射特性 $\tau(\lambda)$，而且还与照射光源的功率波谱 $\Phi(\lambda)$ 有密切关系。因此，在色度学和彩色电视中，对标准光源的辐射功率波谱，必须做出明确而严格的规定。

主观因素是人眼的视觉特性。不同的人对于同一 $\Phi(\lambda)$ 的光的颜色感觉可能是不相同的。例如，对于用红砖建造的房子，视觉正常的人看是红色，而有红色盲的人看是土黄色。

在色度学中，任一彩色光可用亮度（Lightness，也称为明度）、色调（Hue）和色饱和度（Saturation）这三个基本参量来表示，称为彩色三要素。

1. 亮度（明度）

亮度也称明度或明亮度，是光作用于人眼时所引起的明亮程度的感觉，用于表示颜色明暗的程度。一般来说，彩色光的光功率大则感觉亮，反之则暗。就非发光物体而言，其亮度取决于由其反射（或透射）的光功率的大小。若照射物体的光功率为定值，则物体反射（或透射）系数越大，物体越明亮，反之则越暗。对同一物体来说，照射光越强（即光功率越大），物体越明亮，反之则越暗。

亮度是非彩色的属性，它描述亮还是暗，彩色图像中的亮度对应于黑白图像中的灰度。

2. 色调

色调是指颜色的类别，通常所说的红色、绿色、蓝色等，就是指色调。色调是决定色彩本质的基本参量，是色彩的重要属性之一。彩色物体的色调由物体本身的属性——吸收特性和反射或透射特性所决定。但是，当人们观看物体色彩时，色调还与照明光源的特性——光谱分布有关。色调与光的波长有关，改变光的波谱成分，就会使光的色调发生变化。例如在日光照射下的蓝布因反射蓝光、吸收其他成分而呈现蓝色，而在绿光照射下的蓝布则因无反射光而呈现黑色。对于透光物体（例如玻璃），其色调由透射光的波长所决定。例如红玻璃被白光照射后，吸收了白光中大部分光谱成分，而只透射过红光分量，于是人眼感觉到这块玻璃是红色的。

3. 饱和度（彩度）

饱和度是指彩色光所呈现色彩的深浅程度，也称为彩度。对于同一色调的彩色光，其饱和度越高，说明它的颜色越深，如深红、深绿等；饱和度越低，则说明它呈现的颜色越浅，如浅红、浅绿等。高饱和度的彩色光可以通过掺入白光而被冲淡，变成低饱和度的彩色光。各种单色光饱和度最高，单色光中掺入的白光愈多，饱和度愈低。当白光占绝大部分时，饱和度接近于零，白光的饱和度等于零。物体色调的饱和度决定于该物体表面反射光谱辐射的选择性程度，物体对光谱某一较窄波段的反射率很高，而对其他波长的反射率很低或不反射，表明它有很高的光谱选择性，物体这一颜色的饱和度就高。

色调与色饱和度合称为色度，它既说明彩色光的颜色类别，又说明颜色的深浅程度。色度再加上亮度，就能对颜色作完整的说明。

非彩色只有亮度的差别，而没有色调和饱和度这两种特性。

1.3.2 三基色原理及应用

在自然界中呈现的万紫千红的颜色，是人眼所感觉的颜色。在人眼的视觉理论研究中，眼睛视网膜的中心部分布满了锥体视觉细胞，它既有区别亮度的能力，又有区别颜色的能力。因此人们能看到自然界中五颜六色，例如雨后的彩虹，红、黄、绿、青、紫、蓝的颜色给人以美的感觉。

三基色原理是指自然界中常见的大部分彩色都可由三种相互独立的基色按不同的比例混合得到。所谓独立，是指其中任何一种基色都不能由另外两种基色混合得到。三基色原理包括如下内容。

1）选择三种相互独立的颜色基色，将这三基色按不同比例进行组合，可获得自然界各种彩色感觉。

2）任意两种非基色的彩色相混合也可以得到一种新的彩色，但它应该等于把两种彩色各自分解为三基色，然后将基色分量分别相加后再相混合而得到的颜色。

3）三基色的大小决定彩色光的亮度，混合色的亮度等于各基色分量亮度之和。

4）三基色的比例决定混合色的色调，当三基色混合比例相同时，色调相同。

按照1931年国际照明委员会所做的统一规定，选水银光谱中波长为700nm的红光为红基色光；波长为546.1nm的绿光为绿基色光；波长为435.8nm的蓝光为蓝基色光。常分别用R（红）、G（绿）、B（蓝）表示。当红、绿、蓝三束光比例合适时，就可以合成出自然界中常见的大多数彩色。

不同颜色混合在一起，能产生新的颜色，这种方法称为混色法。混色分为相加混色和相减混色。

1. 相加混色

相加混色是各分色的光谱成分相加，混色所得彩色光的亮度等于三种基色的亮度之和。彩色电视系统就是利用红、绿、蓝三种基色以适当的比例混合产生各种不同的彩色。经过对人眼识别颜色的研究表明：人的视觉对于单色的红、绿、蓝三种颜色的色刺激具有相加的混合能力，例如，用适当比例的红光和绿光相加混合后，可产生与黄色光相同的彩色视觉效果；同样用适当比例的红光和蓝光相加混合后，可产生与品红色光（或称紫色光，严格地说，品红色与色谱中的紫色不同）相同的彩色视觉效果；用适当比例的蓝光和绿光相加混合后，可产生与青色光相同的彩色视觉效果。自然界中所有的彩色都可以用红、绿、蓝这三种颜色以适当的比例相加混合而成。相加混色的结果如图1-3所示。

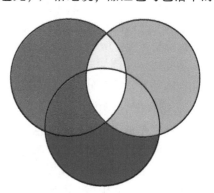

用等式表示为

红色+绿色=黄色　　绿色+蓝色=青色

红色+蓝色=品红色

蓝色+黄色=白色　　红色+青色=白色

绿色+品红色=白色

红色+绿色+蓝色=白色

因为"蓝色+黄色=白色"，所以在色度学中称蓝色为

图1-3　相加混色的结果

黄色的补色，黄色为蓝色的补色。同样，红色和青色互为补色，绿色和紫色互为补色。也就是说三基色红、绿、蓝相对应的补色分别是青色、品红色、黄色。在彩色电视中，常用的彩条信号，即黄色、青色、绿色、品红色、红色、蓝色彩条，就是由红、绿、蓝三基色和它们对应的补色组成的。

三基色原理是彩色电视的基础，人眼的彩色感觉和彩色光的光谱成分有密切关系，但不是决定性的，只要引起的彩色感觉相同，都可以认为颜色是相同的，而与它们的光谱成分无关。例如，单色青光可以由绿色与蓝色组合而成，尽管它们的光谱成分不同，但人眼的彩色感觉却是相同的。因此，在彩色视觉重现的过程中，并不一定要求重现原景像的光谱成分，而重要的是应获得与原景像相同的彩色感觉。千变万化的彩色景像，无需按其光谱成分及强度的真实分布情况来传送，只要传送其中能合成它们的三种基色就可以完全等效，并能获得与原景像相同的彩色视觉。利用三基色原理就可以大大简化彩色电视信号的传输。

实现相加混色的方法通常有以下 4 种。

（1）时间混色法

时间混色法是将三种基色光按一定的时间顺序轮流投射到同一平面上，只要轮换速度足够快，由于人眼的视觉惰性，分辨不出三种基色，而只能看到混合彩色的效果。如单片 DLP（Digital Light Processing，数字光处理）色轮技术就利用了时间混色法。

（2）空间混色法

空间混色法是将三种基色光分别投射到同一表面的相邻三点上，只要三点相隔足够近，由于人眼的分辨力有限，故看到的不是三种基色光，而是它们的混合光。空间混色法是同时制彩色电视的基础，CRT（Cathode Ray Tube，阴极射线管）、PDP（Plasma Display Panel，等离子体显示器）、LCD（Liquid Crystal Display，液晶显示器）的显像就利用了空间混色法。

（3）生理混色法

当两只眼睛同时分别观看不同的颜色（例如左眼观看红光，右眼观看绿光），人们所感觉到的彩色不是两种单色，而是它们的混合色，称为生理混色法。立体彩色电视的显像方法就利用了这种生理混色法。

（4）全反射法

全反射法是将三种基色光以不同比例同时投射到一块全反射的平面上，由此构成了投影彩电。例如，多媒体教室中的前投彩电、家电中的背投彩电的显像就是利用了这种显像方法。

利用空间和时间混色效应，就可以对彩色图像进行空间和时间上的分割，将其分解为像素，采用顺序扫描的方式，来处理和传送彩色电视信号。

彩色电视从 20 世纪初到现在，经过几十年的研究和发展，从摄像、传输到显示技术都是利用红、绿、蓝三基色原理，把自然界中五颜六色的景物显示到电视机屏幕上，供观众欣赏。就目前而言，在世界范围内，无论是模拟彩色电视机还是数字电视接收机，无论是扫描型阴极射线管电视机还是固有分辨力电视机（例如液晶电视机、等离子体电视机），无论是直视型电视机还是投影型电视机，都是利用三基色原理工作的。阴极射线管电视机、等离子体电视机，选用红、绿、蓝三色荧光粉作为三基色，利用荧光粉发出的三基色光进行混合而成；LCD 电视机（包括直视型和投影型）、LCoS（Liquid Crystal on Silicon，硅基液晶）投影机都是通过光学系统滤光分色，分出红、绿、蓝三基色信号后经信号调制再相加混合而形成彩色图像。

但是，目前出现了各种不同成像原理的成像器件，有的成像器件重现还原的色域范围较小，限制了在电视中的应用，液晶面板就是其中的一种。为了提升液晶电视的彩色重显范围，生产液晶面板的一些公司研究不同的方法，改进和提高彩色的还原能力。采用四色、五色或六色滤色器面板，以提高液晶电视的彩色重现范围。对单片 DLP 投影机，为了增加亮度和彩色鲜艳度，将由过去的 R、G、B 三段色轮改造成 R、G、B、C（青）、Y（黄）、M（品红）六段色轮，并在驱动和显示电路上, 实现单独地对 R、G、B、C、Y、M 进行补偿, 以提高投影机的亮度和彩色鲜艳度, 同时也可以根据用户的需要进行修正。

随着数字化处理技术的发展, 近几年对显示器的色度处理方法也越来越多, 可以根据显示器内部电子装置的需要, 将一些信号从一种形式转换成另一种形式, 以便完成各种处理任务。例如, 首先将这些信号实时地、一个像素一个像素地转换成亮度和色度坐标, 以这种形式对其进行独立处理, 最后转换成电子信号, 传送给显示设备进行显示。这样做的最大优点就是将信号源信号的校正与参数设置和显示器的标准和设置隔离开来, 可以独立地对某种颜色进行修改和校正, 可以消除灰度、色调和饱和度之间的相互作用而产生的误差, 可以允许因观众喜好不同而和信号源有一定的误差等优点。还有通过对电路的设计, 可以单独对红、绿、蓝和它们对应的补色分别进行修正, 获得更明亮、更鲜艳的彩色, 以符合某些观众对颜色的喜好。

但无论采用哪种彩色的补偿修正方法, 以红、绿、蓝作为彩色电视的三基色原理是不会改变的。因为彩色电视系统到目前为止, 在前端摄像机采集景物图像制作节目和中间的节目传输都是采用红、绿、蓝三基色; 而在终端显示部分, 只是有些企业为渲染彩色重显效果, 在电视机的信号处理电路部分分别采用"六色""五色"或"四色"的处理技术, 但在终端显示还是以红、绿、蓝三基色相加混合重现彩色图像, 重现的彩色范围不会超过三基色相加混色限定的范围。

2. 相减混色

在彩色印刷、彩色胶片和绘画中的混色采用相减混色法。相减混色是利用颜料、染料的吸色性质来实现的。例如, 黄色颜料能吸收蓝色 (黄色的补色) 光, 于是在白光照射下, 反射光中因缺少蓝色光成分而呈现黄色。青色颜料因吸收红光成分, 在白光照射下呈现青色。若将黄、青两色颜料相混, 则在白光照射下, 因蓝、红光均被吸收而呈现绿色。混合颜料时, 每增加一种颜料, 都要从白光中减去更多的光谱成分, 因此, 颜料混合过程称为相减混色。在相减混色法中, 通常选用青色 (C)、品红 (M)、黄色 (Y) 为三基色, 它们能分别吸收各自的补色光, 即红、绿、蓝光。因此, 在相减混色法中, 当将三基色按不同比例相混时, 在白光照射下, 红、绿、蓝光也将按相应的比例被吸收, 从而呈现出各种不同的彩色。

相减混色的结果如图 1-4 所示。

用等式表示为

青=白−红	黄+品红=白−蓝−绿=红
品红=白−绿	黄+青=白−蓝−红=绿
黄=白−蓝	品红+青=白−绿−红=蓝

黄+青+品红=白−蓝−红−绿=黑色

这种以青色 (C)、品红 (M)、黄色 (Y) 为三基色的彩色空间模型称为 CMY 模型。

图 1-4 相减混色的结果

1.3.3 配色方程与亮度公式

前面介绍了颜色的视觉理论, 并从定性的角度介绍了颜色的混合规律。在实际工程中往往需要对颜色进行计量和对颜色的混合进行定量计算, CIE (国际照明委员会) 为此制定了一整套颜色测量和计算的方法, 称为 CIE 标准色度学系统。

1. 配色实验

为了得到配出任一彩色光所需的红 (R)、绿 (G)、蓝 (B) 三基色的量值, 可以进行配色实验。配色实验装置如图 1-5 所示。

实验装置中有两块互成直角的白板 (屏幕), 它们对所有可见光谱几乎全反射。两块互成直角的白板将观察者的视场分为两部分, 在左半视场的屏幕上投射待配彩色光, 在右半视场的屏幕上投射红、绿、蓝三基色光。调节三基色光通量的比例和大小, 直至由三基色光混合得到的彩色光与待配彩色光完全一致为止。此时，整个视场呈现出待配彩色光的颜色，从调节器刻度上就可得到红、绿、蓝三基色光的量值。

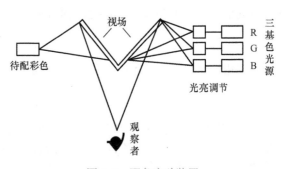

图 1-5　配色实验装置

2. 配色方程与亮度公式

假定三个基色采用显像三基色，亦称电视三基色，且为 NTSC（National Television System Committee，国家电视制式委员会）制显像三基色，则配出光通量为 1lm（流明）的 $C_白$ 光时，需要红基色光 0.299lm，绿基色光 0.587lm，蓝基色光 0.114lm。当规定红、绿、蓝三个基色单位为 [R]、[G]、[B]，它们分别代表 0.299lm 红基色光、0.587lm 绿基色光、0.114lm 蓝基色光，则 1lm 的 $C_白$ 光可表示为

$$F_{1C} = 1[R] + 1[G] + 1[B] \qquad (1-2)$$

显然，若将待配 $C_白$ 光的光通量增至 K 倍，则三基色光的光通量也需增至 K 倍，即 Klm 的 $C_白$ 光可表示为

$$F_{KC} = K[R] + K[G] + K[B] \qquad (1-3)$$

对于任意给定的彩色光 F，可表示为

$$F = R[R] + G[G] + B[B] \qquad (1-4)$$

上式称为配色方程，R、G、B 分别为红、绿、蓝基色单位数，称为色系数。三基色单位数（三色系数）的比例关系决定了所配彩色光的色度（三者相等时为 $C_白$ 光）；而它们的数值则决定了所配彩色光的光通量。根据三基色单位所代表的光通量，彩色光 F 的光通量为

$$F = 0.299R + 0.587G + 0.114B \qquad (1-5)$$

在色度学中，通常把由配色方程式配出的彩色光 F 的亮度用光通量来表示，即

$$Y = 0.299R + 0.587G + 0.114B \qquad (1-6)$$

这就是常用的亮度公式。导出此式的依据是用 NTSC 制显像三基色 1[R]、1[G]、1[B] 相混配出光通量为 1lm 的 $C_白$ 光源。

1.4　人眼的视觉特性

微课视频

人眼的视觉特性（1）

1.4.1　视觉光谱光视效率曲线

视觉效应是由可见光刺激人眼引起的。如果光的辐射功率相同而波长不同，则引起的视觉效果也不同。随着波长的改变，不仅颜色感觉不同，而且亮度感觉也不相同。例如，在等能量分布的光谱中，人眼感到最亮的是黄绿色，而红色则暗得多。反过来说，要获得相同的亮度感觉，所需要的红光的辐射功率要比绿光的大得多。人眼这种对不同波长光有不同敏感度的规律因不同人而有所不同；对同一人来讲，也会因年龄、身体状况等因素而变化。下面要介绍的人眼光谱光视效率曲线是以"标准观察者"的标准数据为依据的，即这些数据来自对许多正常视觉观察者测试结果的平均值。

为了确定人眼对不同波长光的敏感程度，可在相同亮度感觉的情况下，测出各种波长光的辐射功率 $\Phi_V(\lambda)$。显然，$\Phi_V(\lambda)$ 越大，说明该波长的光越不容易被人眼所感觉；$\Phi_V(\lambda)$ 越小，则人眼对该波长的光越敏感。因此，$\Phi_V(\lambda)$ 的倒数可用来衡量视觉对波长为 λ 的光的敏感程度，称为光谱光视效能，用 $K(\lambda)$ 表示。

实验表明，对 $\lambda = 555$nm 的黄绿光，有最大的光谱光视效能 $K_m = K(555)$。于是，把任意波

长光的光谱光视效能 $K(\lambda)$ 与 K_m 之比称为光谱光视效率,并用函数 $V(\lambda)$ 表示。

$$V(\lambda) = \frac{K(\lambda)}{K(555)} = \frac{K(\lambda)}{K_\mathrm{m}} \tag{1-7}$$

如果用得到相同主观亮度感觉时所需各波长光的辐射功率 $\Phi_\mathrm{V}(\lambda)$ 表示,则有

$$V(\lambda) = \frac{\Phi_\mathrm{V}(555)}{\Phi_\mathrm{V}(\lambda)} \tag{1-8}$$

$V(\lambda)$ 是小于 1 的数,也就是说,为得到相同的主观亮度感觉,在波长为 555nm 时,所需光的辐射功率为最小。随着波长自 555nm 开始逐渐增大或减小,所需辐射功率将不断增大,或者说光谱光视效能不断下降。

图 1-6 给出了明视觉与暗视觉的光谱光视效率 $V(\lambda)$ 曲线。这条曲线也称为相对视敏度(或光谱灵敏度)曲线。

1.4.2 人眼的亮度感觉特性

1. 明暗视觉

在 1.4.1 节中讨论了人眼的明视觉光谱光视效率,并给出了图 1-6 中粗线所示的典型 $V(\lambda)$ 曲线。这条曲线表明在白天正常光照下人眼对各种

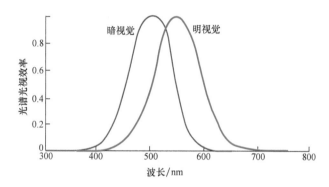

图 1-6　明视觉与暗视觉的光谱光视效率曲线

不同波长光的敏感程度,它称为明视觉光谱光视效率曲线。明视觉过程主要是由锥状细胞完成的,它既产生明暗感觉,又产生彩色感觉。因此,这条曲线主要反映锥状细胞对不同波长光的亮度敏感特性。

在夜晚或微弱光线条件下,人眼的视觉过程主要由杆状细胞完成。而杆状细胞对各种不同波长光的敏感程度不同于明视觉视敏度,表现为对波长短的光敏感程度有所增大。即光谱光视效率曲线向左移,如图 1-6 中细线所示。在这种情况下,紫色能见范围扩大;红色能见范围缩小。这一曲线称为暗视觉光谱光视效率曲线。

当光线暗到一定程度时,杆状细胞只有明暗感觉,而没有彩色感觉。于是人眼分辨不出光谱中各种颜色,结果使整个光谱带只反映为明暗程度不同的灰色带。

2. 亮度感觉

在定义亮度时虽然已经考虑了人眼的视觉光谱光视效率曲线,但在观察景物时所得到的亮度感觉却并不直接由景物的亮度所决定,还与周围环境的背景亮度有关。人眼的亮度感觉特性如图 1-7 所示。

人眼察觉亮度变化的能力是有限的。请看下面的实验:让人眼观察图 1-7a 所示的 P_1 和 P_2 两个画面,P_1 和 P_2 的亮度均可调节。保持 P_1 的亮度从 B 缓慢递增至 $B + \Delta B_\mathrm{min}$,直到眼睛刚刚觉察到

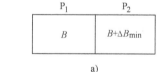

a)

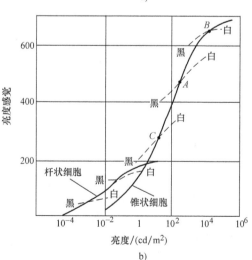

b)

图 1-7　人眼的亮度感觉特性

两者的亮度有差别为止。此时，可认为在这个亮度下的亮度感觉差了一级。用相同的方法，可以求出不同亮度的主观亮度感觉级数，并制成图 1-7b 所示的曲线。曲线的意义是实际亮度变化所引起的主观亮度感觉变化。图中横坐标代表实际亮度的变化，纵坐标代表主观亮度感觉的级数。

以上实验说明：

1）要使人眼感觉到 P_1 和 P_2 两个画面有亮度差别，必须使两者的亮度差达到 ΔB_{min}，ΔB_{min} 称为可见度阈值。因 ΔB_{min} 是有限小量，而不是无限小量，因此，人眼察觉亮度变化的能力是有限的。

2）对于不同的背景亮度 B，人眼可察觉的最小亮度差 ΔB_{min} 也不同。但在一个均匀亮度背景下，$\Delta B_{min}/B$ 是相同的，并等于一个常数 ξ。

$\xi=\Delta B_{min}/B$ 称为相对对比度灵敏度阈或韦伯-费赫涅尔系数（Weber-Fechner Ratio）。随着环境的不同，ξ 的值通常在 0.005～0.02 范围内变化。当背景亮度很高或很低时，ξ 的值可增大至 0.05。在观看电视图像时，由于受环境杂散光影响，ξ 的值会更大些。

3. 视觉范围及明暗感觉的相对性

视觉范围是指人眼所能感觉到的亮度的范围。由于眼睛的感光作用可以随外界光的强弱而自动调节，所以，人眼的视觉范围极宽，从千分之几直到几百万坎［德拉］每平方米。但人眼不能同时感受这么宽的亮度范围，当人眼适应了某一环境的平均亮度之后，所能感觉的亮度范围将变小。这主要是由于依靠了瞳孔和光敏细胞的调节作用。瞳孔根据外界光的强弱调节其大小，使射到视网膜上的光通量尽可能是适中的。在强光和弱光下，分别由锥状细胞和杆状细胞作用，而后者的灵敏度是前者的 10000 倍。图 1-7b 所示的两条交叉曲线，分别表示杆状细胞和锥状细胞察觉亮度变化的关系。

在不同的亮度环境下，人眼对于同一实际亮度所产生的相对亮度感觉是不相同的。例如对同一盏电灯，在白天和黑夜它对人眼产生的相对亮度感觉是不相同的。通常，在适当的平均亮度下，能分辨的最大亮度与最小亮度之比约为 1000∶1。当平均亮度很低时，这个比值只有 10∶1。例如，晴朗的白天，环境亮度约为 10000cd/m²，人眼可分辨的亮度范围为 200～20000cd/m²，低于 200cd/m² 的亮度引起黑色感觉。而在夜间，环境亮度为 30cd/m² 时，可分辨的亮度范围只为 1～200cd/m²，这时 100cd/m² 的亮度就引起相当亮的感觉，只有低于 1cd/m² 的亮度才引起黑色感觉。图 1-7b 的曲线也说明了这一点，当人眼分别适应了 A、B、C 点的环境亮度时，人眼感觉到"白"和"黑"的范围如图中虚线所示，它们所对应的实际亮度范围比人眼的视觉范围小很多。并且 A 点的实际亮度对于适应了 B 点亮度的眼睛来说感觉很暗；而对于适应了 C 点亮度的眼睛来说，却感觉很亮。

人眼的这种视觉特性具有很重要的实际意义。一方面，重现图像的亮度不需要等于实际景像的亮度，只需要保持两者的最大亮度 B_{max} 和最小亮度 B_{min} 之比 C 不变。此比值 $C=B_{max}/B_{min}$ 称为对比度。另一方面，对于人眼不能察觉的亮度差别，在重现图像时也不必精确复制出来，只要保证重现图像和原景像有相同的亮度层次。简言之，只要重现图像与原景像对人眼主观感觉具有相同的对比度和亮度层次，就能给人以真实的感觉。正因为如此，电影和电视中的景物实际上并不反映实景亮度，却能给人以真实的亮度感觉。

1.4.3　人眼的分辨力与视觉惰性

1.4.2 节已经指出人眼察觉亮度最小变化的能力是有限的。不仅如此，人眼对黑白细节的分辨力也是有限的。另外，人眼主观亮度感觉总是滞后于实际亮度的变化，即存在所谓"视觉惰性"。下面分别加以说明。

微课视频

人眼的视觉
特性（2）

1. 人眼的分辨力

图像的清晰度是指人眼对图像细节是否清晰的主观感觉。就电视图像清晰度来说，它受两种因素的限制：一是电视系统本身分解像素的能力，即电视系统分解力；二是人眼对图像细节的分辨力。由于人眼对图像细节的分辨能力是有限的，为此，电视系统分解力只要达到人眼的极限分辨力就够了，超过这一极限是没有必要的。

人眼的分辨力是指人在观看景物时人眼对景物细节的分辨能力。当人眼观察相隔一定距离的两个黑点时，若两个黑点靠得太近，则人眼就分辨不出有两个黑点存在，而只感觉到是连在一起的一个点。这种现象表明人眼分辨景物细节的能力是有一定极限的。

人眼对被观察物体上刚能分辨的最紧邻两黑点或两白点的视角 θ 的倒数称为人眼的分辨力或视觉锐度。在图 1-8 中，L 表示人眼与图像之间的距离，d 表示能分辨的最紧邻两黑点之间的距离，θ 表示人眼对该两点的视角（也称分辨角）。若 θ 以分为单位，则根据图示几何关系，得到

$$\frac{d}{2\pi L} = \frac{\theta}{360 \times 60}$$

或

$$\theta = \frac{57.3 \times 60 \times d}{L} = 3438 \frac{d}{L} \qquad (1\text{-}9)$$

人眼的分辨力（视觉锐度）等于 $1/\theta$。另外，人眼的分辨力还与照明强度、被观察物体运动速度、景物的相对对比度等因素有关。

实验表明，人眼对彩色细节的分辨力要低于对黑白细节的分辨力。例如，若把人眼刚好能分辨的黑白相间的条纹换成不同颜色的相间条纹，则眼睛就不能再分辨出条纹。如果条纹是红绿相间

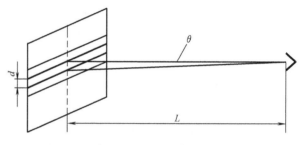

图 1-8　人眼的分辨力

的，则人眼感觉到的是一片黄色。不但人眼对彩色细节的分辨力低，而且对不同彩色的细节分辨力也不一样。若人眼对黑白细节的分辨力定为 100%，则对其他彩色细节的分辨力如表 1-1 所示。

表 1-1　人眼对彩色细节的分辨力

细节色别	黑白	黑绿	黑红	黑蓝	绿红	红蓝	绿蓝
分辨力	100%	94%	90%	26%	40%	23%	19%

由于人眼对彩色细节的分辨力低，所以在彩色电视系统传送彩色图像时，对于图像的细节，可只传黑白的亮度信号，而不传彩色信息。这就是所谓的彩色电视大面积着色原理。利用这个原理可以节省传输的频带。

2. 视觉惰性与临界闪烁频率

视觉惰性是人眼的重要特性之一，它描述了主观亮度与光作用时间的关系。当一定强度的光突然作用于视网膜时，人眼并不能立即产生稳定的亮度感觉，而需经过一个短暂过程后才会形成稳定的亮度感觉。另外，当作用于人眼的光突然消失后，亮度感觉并不立即消失，也需经过一段时间的过渡过程。光线消失后的视觉残留现象称为视觉暂留或视觉残留。人眼视觉暂留时间，在白天约为 0.02s，夜晚约为 0.2s。人眼亮度感觉变化滞后于实际亮度变化的特性，以及视觉暂留特性，统称为视觉惰性。电视中利用人眼的视觉惰性和荧光粉的余晖作用以及电子束高速反复运动，使屏幕上原本不连续的光亮，产生整个屏幕同时发光的效果。

当人眼受周期性的光脉冲照射时，如果光脉冲频率不高，则会产生一明一暗的闪烁感觉，长期观看容易疲劳。如果将光脉冲频率提高到某一定值以上，由于视觉惰性，眼睛便感觉不到闪烁，感到的是一种均匀的、连续的光刺激。刚好不引起闪烁感觉的最低频率，称为临界闪烁频率，它主要与光脉冲的亮度有关。当光脉冲的频率大于临界闪烁频率时，感觉到的亮度是实际亮

度的平均值。

电影和电视正是利用视觉惰性产生活动图像的。在电影中每秒放 24 幅固定的画面，而电视每秒传送 25 幅或 30 幅图像，由于人眼的视觉暂留特性，从而在大脑中形成了连续活动的图像。假设人眼不存在视觉惰性，人们将只会看到每秒跳动 24 次静止画面的电影，如同观看快速变换的幻灯片一样；同样，电视也将没有连续活动的感觉。

为了不产生闪烁感觉，在电影中采用遮光的办法使每幅画面放映两次，实际上相当于每秒钟放映 48 格画面，其闪烁频率为 $f_V = 48\text{Hz}$。电视中，采用隔行扫描方式，每帧（幅）画面用两场传送，使场频（$f_V = 50\text{Hz}$ 或 60Hz）高于临界闪烁频率，因此正常的电影和电视都不会出现闪烁感觉，并能呈现较好连续活动的图像。

应当指出的是，人眼在高亮度下对闪烁的敏感程度高于在低亮度下的情况。对于今天的高亮度显示器而言，临界闪烁频率可能高达 60~70Hz。

1.5　电视图像的传送及基本参量

微课视频

电视图像的
传送及基本
参量

1.5.1　图像分解与顺序传送

为了传送一幅图像，通常的办法是将整个画面分解成许多小的单元，这些组成图像的基本单元称为像素。每个像素具有单值的光特性（亮度和色度）和几何位置。对于活动的彩色电视图像，每幅画面上的亮度与色度都是 (x, y, t) 的函数，其中 (x, y) 代表各像素的几何位置。要严格地传送在时间上和空间上亮度与色度都连续变化的图像信息是相当困难的，但是可以利用人眼的视觉特性，采用扫描方法，按时间顺序逐一传送空间分布的每一像素的亮度和色度，这样就把空间坐标 (x, y) 也转换成时间 (t) 的函数了。采用逐点扫描以后，时间的先后就反映不同的坐标，所以在传送过程中，必须由同步扫描来确保发送端与接收端坐标的一一对应关系，才能使被传送的图像不失真。

图像的顺序传送就是在发送端把被传送图像上各像素的亮度、色度按一定顺序逐一地转换为相应的电信号，并依次经过一个通道传送，在接收端再按相同的顺序，将各像素的电信号在电视机屏幕相应位置上转换为不同亮度、色度的光点，如图 1-9 所示。只要这种顺序传送的速度足够快，那么由于人眼的视觉惰性和发光材料的余晖特性，人眼将会感到整幅图像在同时发光。这种按顺序传送图像像素的电视系统，称为顺序传送制。

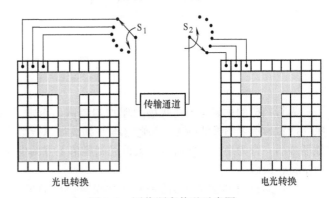

图 1-9　图像顺序传送示意图

1.5.2　电视扫描方式

电视图像的摄取与重现实质上是一种光电转换过程，它分别是由摄像管和显像管来完成的。顺序传送系统在发送端将平面图像分解成若干像素顺序传送出去，在接收端再将这种信号复合成完整的图像，这种图像的分解与复合是靠电子扫描来完成的。

在电视系统的接收端，与发送端的 CCD（Charge Coupled Device，电荷耦合器件）摄像管不同，显像管外部都装有水平和垂直两组偏转线圈。当水平和垂直偏转线圈中同时加入锯齿波电流时，电子束既做水平扫描又做垂直扫描，从而形成直线扫描光栅，这称为直线扫描。它分为隔行扫描和逐行扫描两种方式。

1. 隔行扫描

根据人眼视觉惰性及临界闪烁频率，在保证无闪烁感的条件下，要求电视显示器的帧频在 48Hz 以上。若要提高帧频，则会增加图像信号的传输带宽。为了消除闪烁感而又不使图像信号的传输带宽过宽，仿照电影胶片中一幅画格图像在银幕上曝光两次可以节省一半胶片而不影响银幕画面质量的方法，电视中采用了隔行扫描方案。

隔行扫描是将一帧电视图像分成两场进行交错扫描。第一场对图像的第 1、3、5、7…奇数行扫描，称为奇数场；第二场对图像的第 2、4、6、8…偶数行扫描，称为偶数场。奇、偶两场光栅均匀相嵌，构成一帧完整的画面。经过两场扫描完一幅图像的全部像素。由于扫完每一场屏幕从上到下整个亮一次，所以扫完一幅图像屏幕亮了两次。这样，帧频就是场频的一半，即 $f_F = f_V/2$，在保证无闪烁感的同时，又使图像信号的传输带宽下降一半。图 1-10 是 11 行隔行扫描方式光栅形成的示意图。

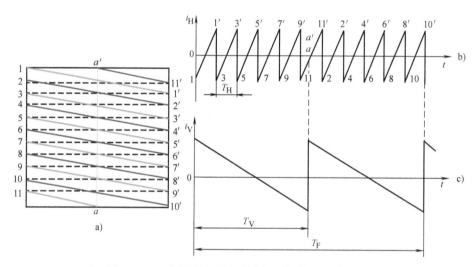

图 1-10　11 行隔行扫描方式光栅及扫描电流波形

隔行扫描的关键是要使两场光栅均匀镶嵌，否则屏幕上扫描光栅不均匀，甚至产生并行现象，严重影响了图像清晰度。为此选取一帧图像总行数为奇数，每场均包含有半行。并设计成奇数场最后一行为半行，然后电子束返回到屏幕上方的中间，开始偶数场的扫描；偶数场第一行也为半行，最后一行为整行。

提出隔行扫描技术的目的是要压缩视频信号的带宽。在电视技术的早期，不论是有线传输还是无线传输，信道带宽减少了，系统的经济性是显而易见的；在电视广播中也大大节省了频谱资源。然而，随着人们对图像质量的要求越来越高，它的缺点也越来越明显了。

（1）行间闪烁现象

在隔行扫描中，整个屏幕的亮度是按场频重复的。若每秒扫描 50 场，则刚好高于临界闪烁频率。但是每一行的亮度却是按帧频重复的，频率降低一半，低于临界闪烁频率。所以当观看比较亮的细节时，会有不舒服的闪烁感，产生向上爬行现象，这种现象称为行间闪烁。

（2）并行现象引起垂直清晰度下降

并行现象分真实并行和视在并行两种情况：

● 真实并行。在隔行扫描中，要求行、场扫描频率之间保持严格的关系，否则两场光栅不能均匀镶嵌。严重时，其至两场光栅会重叠在一起，这时垂直清晰度下降一半。另外，对扫描电流幅度的稳定性、扫描电流正程的线性都有较高的要求，因为它们都是引起并行现象的因素。

●视在并行。如果被传送图像中的运动物体在垂直方向上有足够大的速度分量，并且每经过一场时间运动物体刚好向下移动一行距离，则后一场传送的细节将与前一场相同。所以当视线随着运动物体移动时，看起来好像两行变成了一行，这称为视在并行。视在并行也使垂直清晰度下降。

（3）易出现垂直边沿锯齿化现象

当画面中的运动物体沿水平方向的运动速度足够大时，物体垂直边沿因隔行分场传送，会发生在相邻场扫描行中左右错开的"锯齿化"现象。

（4）隔行扫描产生的视频信号对于压缩处理和后期视频制作带来困难

由于数字化处理要利用视频信号的相关性，图像的空间相邻两行在时间上是相邻两场，因此，要有场存储器才能实现运算。若是逐行扫描，则只需一个行存储器即可。此外，在彩色电视制式转换中也会使信号处理变得更为复杂。

2. 逐行扫描

电子束从屏幕左上端开始，按照从左到右、从上到下的顺序以均匀速度一行接一行地扫描，一次连续扫描完成一帧电视画面的方式称为逐行扫描。

技术的进步和用户要求的提高使得电视领域中的逐行扫描与隔行扫描又重新成为热门话题，并引起了人们的浓厚的兴趣。许多学者、电脑制造商、广播机构以及视频产品制造商从图像质量、价格、兼容性，以及在多媒体领域中的可扩展性等方面重新评估逐行扫描，并指出了其良好的发展前景。

1）逐行扫描产生的视频信号使得图像修复或重建变得容易，而且可与现有软、硬件兼容。由于电视图像的多功能化，图像处理是否容易变得十分重要。

2）由于计算机终端显示器的用户观察距离近，显示器占据的视场大，采用逐行扫描显示可以减少屏幕大面积闪烁和边缘闪烁，不易使眼睛疲劳。由于计算机终端显示器不受频带限制，视频信号的带宽宽，故屏幕上的字符更清晰。

3）有源矩阵液晶显示器必须采用逐行扫描，以得到良好的运动再现和高亮度。无源矩阵显示也采用倍速逐行扫描方式，以提高垂直分解力。

4）DVD（Digital Versatile Disc，数字通用光盘）信号处理中不受频带限制，从光盘读出的隔行扫描信号需通过信号处理技术，转换成逐行扫描信号后再显示。

5）在 HDTV（High Definition Television，高清晰度电视）的研究中，消除隔行扫描的缺陷是其重要目标之一。为此，在发送端已经研制了高清晰度的 1920×1080 像素逐行扫描 CCD 彩色摄像机。节目源使用逐行扫描技术，从根本上消除了隔行扫描的缺陷。

1.5.3　电视图像的基本参量

在最理想的情况下，显示器件（屏）上重现的图像应该和原景物一样。就是说它的几何形状、相对大小、细节的清晰程度、亮度分布及物体运动的连续感等，都要与直接看景物一样。实际上要做到完全一样是不可能的。

1. 宽高比（幅型比）

根据人眼视觉特性，视觉最清楚的范围是在垂直视角约 15°、水平视角约 20°的矩形平面之内。因此，电视机屏幕一般都设计成矩形。我国原来的模拟电视图像宽高比为 4∶3。

生理和心理测试表明，图像宽高比达 16∶9 以上的宽幅图像利于建立视觉临场感。为此，我国高清晰度电视的图像宽高比已确定为 16∶9，目前图像宽高比为 16∶9 的 DVD、HDTV 节目源越来越丰富，16∶9 的平板显示器件（屏）逐步成为显示器件（屏）的主流产品。

2. 亮度

亮度是表征发光物体的明亮程度，是人眼对发光器件的主观感受。在电视机或显示器中，亮度是表征图像亮暗的程度，是指在正常显示图像质量的条件下，重现大面积明亮图像的能力。亮度的单位为 cd/m²。

对于电视机或显示器的亮度，因对电视机调整状态和测试信号不同，表征屏幕亮度的参数指标也不同，主要有以下 4 种：有用峰值亮度、有用平均亮度、最大峰值亮度、最大平均亮度。对于正常观看电视图像节目而言，只有用平均亮度才有实际意义。

在一定亮度的范围内，亮度值越大，则显示的图像越清晰，但亮度值超过一定的范围，亮度值再增加，反而使图像清晰度下降，并且长时间在高亮度状态下观看电视，眼睛易感到疲劳，尤其是青少年，会使视力下降，诱发其他眼睛疾病。此外，亮度太高，不仅浪费能源，还会降低显示屏的使用寿命。对于消费者在室内观看图像时，环境光较暗，电视机有用平均亮度在 50～100cd/m² 范围内观看比较适宜。室外观看电视图像时要求画面的平均亮度大约为 300cd/m²。

3. 对比度

对比度是表征在一定的环境光照射下，物体最亮部分的亮度与最暗部分的亮度之比。电视机或显示器的对比度（C）是指在同一幅图像中，显示图像最亮部分的亮度（B_{max}）和最暗部分的亮度（B_{min}）之比，即 $C = B_{max}/B_{min}$。当计及环境亮度 B_φ 时的对比度为

$$C = \frac{B_{max} + B_\varphi}{B_{min} + B_\varphi} \tag{1-10}$$

因此，观看电视时外界的杂散光线照射到屏幕上，会使屏幕暗处的亮度增加而造成对比度下降。

图像对比度是电视机或显示器重现图像质量的重要参数之一。较高的图像对比度可以使图像层次分明，增加图像的纵深感，提高图像的清晰度。对 LCD 电视机来说，因图像暗时对比度较低，使图像层次感、纵深感较差，影响了重现图像的质量。但不惜成本的提高对比度也毫无意义，即使再高的对比度，人眼也不能分辨出来；同时过高的对比度并不能明显改善图像质量，相反可能降低图像的清晰度。人眼能分辨出的对比度一般在 200∶1 左右（少数视力较好的人，可达到 250∶1 以上），所以，电视机或显示器的对比度一般在 100∶1～300∶1。

4. 图像分辨力和图像分辨率

分辨力和分辨率都翻译自英文 resolution，使用在不同的领域。在数字电视领域，通常用"图像分辨力"来表征在整个数字电视系统中图像信源格式、信号处理、传输以及重显图像细节的能力，是数字电视系统的性能指标。我国的 SDTV（Standard Definition Television，标准清晰度电视）和 HDTV 系统的图像分辨力分别为 720×576 像素和 1920×1080 像素。

对 CCD（Charge Coupled Device，电荷耦合器件）、LCD（Liquid Crystal Display，液晶显示器）、PDP（Plasma Display Panel，等离子体显示器）和 OLED（Organic Light Emitting Display，有机发光显示器）等成像器件或显示器来说，通常用"图像分辨率"来表征成像或显示器件固有的图像分解或显示分辨率，用"水平像素数×垂直像素数"表示。

对图像信号及其处理（如压缩编码）而言，通常用"图像分辨力"来表征被处理图像信号的输入源格式及信号处理能力，用"水平像素数×垂直像素数"表示。对于图像信号的传输而言，"图像分辨力"通常与信道的带宽（传输速率）相联系。

5. 图像清晰度

电视图像清晰度是人眼能察觉到的电视图像细节的清晰程度，是数字电视接收机和数字电视显示器的重要质量指标。按图像和视觉的特点，图像清晰度一般从水平和垂直两个方向描述，有时还增加斜向清晰度指标。图像清晰度用"电视线"作单位。1 电视线与垂直方向上 1 个有效

扫描行的高度相对应。

　　图像清晰度既与电视系统本身的图像分辨力有关，也与观察者的视力状况有关。在评价图像清晰度时，应由一批视力正常的观众或专家来进行。

　　如果人眼最小分辨角（即视敏角）为 θ，在分辨力最高的垂直视线角 15° 内所能分辨的线数应为

$$Z = 15°/\theta \tag{1-11}$$

　　视力正常的人一般能分辨的视角约为 1′～1.5′，对应的线数为 900～600 线。按我国数字电视标准，SDTV 画面的有效扫描行数为 576，HDTV 画面的有效扫描行数为 1080，观看 SDTV 和 HDTV 电视图像时，距电视屏的距离分别约为屏幕高度的 5 倍和 3 倍时，1 个有效扫描行的视角约为 1′～1.5′，这意味着视力正常的观众，分别在距电视屏幕高度的 5 倍和 3 倍处观看 SDTV 和 HDTV 电视图像时，能把电视图像在垂直方向上的细节看清楚，这样的距离也是观看 SDTV 和 HDTV 图像的最佳距离。

　　人眼在水平方向上分辨图像细节的能力与在垂直方向上的相当。我国 SDTV 系统有效扫描行数为 576，如果显示器件（屏）的宽高比分别为 4∶3 和 16∶9，为在垂直与水平方向上同时都能看到最清晰的图像细节，则水平方向有效像素数应分别为 768 和 1024。可见，从视觉要求考察，目前 SDTV 在水平方向上只有 720 个有效像素，数量偏低，对于越来越多的 16∶9 屏，更是偏低，而 HDTV 则不存在这个问题。这是因为 HDTV 显示器件（屏）的宽高比为 16∶9，与 1080 有效扫描行相当的水平方向有效像素数为 1920，恰好与 HDTV 标准相符。

　　值得注意的是，图像垂直清晰度的理论上限值为 1 帧图像的有效扫描行数，但图像水平清晰度的理论上限值并不等于 1 扫描行内亮度信号的有效像素数。这是因为图像的水平清晰度也以电视线为单位，而电视线与扫描行相联系。电视图像的行扫描由上到下沿横向进行，所以以水平方向分布的图像细节需折算成沿垂直方向排列的扫描行，才能表示成电视线。如果电视屏为正方形，这种折算很简单，两者数值上相等。对于宽高比为 4∶3 的电视屏，沿几何尺寸 4 个单位排列的各水平像素，需设想旋转 90°，并挤压到几何尺寸 3 个单位内，才能等效成扫描行。这意味着水平方向有效像素数需乘以 3/4 才能换算成电视线数。我国 SDTV 和 HDTV 系统水平方向有效像素数分别为 720 和 1920，若分别显示为 4∶3 和 16∶9 图像，则分别相当于 540 和 1080 电视行，因而水平清晰度的理论上限值分别为 540 和 1080 电视线，数值上等于水平方向上与图像有效高度相等的宽度内的有效像素数。若把图像宽高比为 4∶3 的 SDTV 信号拉扁显示成 16∶9 图像，则水平清晰度下降 1/4，只有 405 电视线了。

　　理解了上述原理，厂家不能把 1 帧总扫描行数（或 1 帧有效扫描行数）表述为图像垂直清晰度的电视线数，也不能把亮度信号 1 行总样点数（或 1 行有效像素数、显示屏水平方向的物理像素数等）表述成图像水平清晰度的电视线数。用户也不能把厂家开列的这些技术指标，误认为就是图像水平清晰度的电视线数。

1.5.4　图像显示格式及扫描方式表示方法

　　数字电视画面的图像显示格式一般指图像水平方向和垂直方向的有效像素数。有效像素是电视图像行和场扫描正程期间的像素。图像显示格式描述了组成一幅图像的像素点阵数。一般水平和垂直方向像素数越多，图像可以越精细，但系统也越复杂。数字电视系统所能传送和重现的像素点阵数，是数字电视系统性能最本质的体现。

　　我国 SDTV 图像显示格式为 720×576 像素，一帧图像在水平和垂直方向上的有效像素数分别为 720 和 576，扫描方式为隔行扫描，这种电视系统或显示方式通常用 720×576i 表示，其中 i 表示隔行（interlaced）扫描；HDTV 图像显示格式为 1920×1080 像素，采用隔行扫描，通常用 1920×1080i 表示。我国 SDTV 和 HDTV 信号的场频标称值为 50Hz，帧频标称值为 25Hz。

尽管相关标准规范了数字电视系统播出信号的图像显示格式和扫描方式，但终端显示图像的格式和扫描方式却可多种多样。例如一帧图像的有效像素数经上变换或下变换，显示图像可较发送的源图像像素数增加或减少。隔行扫描电视信号也可变换成逐行扫描方式显示。逐行扫描方式，可把隔行扫描的两场图像组合成顺序扫描的一帧，帧频不变；也可通过行内插，把每场都变换成顺序扫描的一帧，帧频加倍；还可以通过多场内插处理，把帧频提高为其他频率。

国际上不同国家或地区的数字电视系统还有多种图像显示格式和扫描方式。例如有的国家或地区，HDTV 采用 1280×720 像素图像显示格式，扫描方式为逐行扫描，通常用 1280×720p 表示。

在图像显示格式及扫描方式的表示方法上，目前国际上并没有统一，因此在各种文献中可以见到不同的表示法。例如，有的用 1080/60i 表示有效扫描行数为 1080 行，场频为 60Hz 的隔行扫描；720/60p 表示有效扫描行数为 720 行，帧频为 60Hz 的逐行扫描。当已知帧频或场频时，用 720p 表示在光栅的垂直方向有 720 行逐行扫描线合成一帧图像，1080i 表示在光栅的垂直方向有 1080 行隔行扫描线合成一帧图像，1080p 表示在光栅的垂直方向有 1080 行逐行扫描线合成一帧图像。1080/50i，720/60p 也可以表示为 1080/50/2∶1，720/60/1∶1。有时还会用 @ 代替 /，如 1080@ 50i，720@ 60p 等。也有用总扫描行数代替有效扫描行数，如 1125/60i，750/60p 等。

1.6 标准彩条信号

标准彩条信号是一种常用的测试信号，用来对电视系统的传输特性进行测试和调整。彩条信号发生器也是一种十分重要的信号源，可广泛用于视频设备的维修部门。

标准彩条图像与信号波形如图 1-11 所示。图 1-11a 所示为标准彩条图像，从左到右依次为白、黄、青、绿、品红、红、蓝、黑，共 8 条等宽的垂直条。图 1-11b、图 1-11c、图 1-11d 所示的分别为彩条所对应的绿、红、蓝三个基色信号的波形，其信号幅度非 0 即 1。

彩色电视为了与黑白电视兼容，必须传送一个亮度信号，以便黑白电视机接收。根据彩色具有亮度、色调和饱和度三个要素的理论，传送彩色图像必须选用三个独立的信号。除了亮度信号外，还必须选择另两个信号来代表彩色的色度信息。这两个信号与色调和饱和度之间应存在确定的相互转换关系。在彩色电视中，常用两个色差信号 $(B-Y)$ 和 $(R-Y)$ 来代表色度信息，它们与彩色摄像机输出的 R、G、B 三基色信号存在下列关系：

$$Y=0.299R+0.587G+0.114B$$
$$R-Y=0.701R-0.587G-0.114B \tag{1-12}$$
$$B-Y=-0.299R-0.587G+0.886B$$

图 1-11e 所示的是 8 个亮度阶梯波，其中白条所对应的亮度电平最高，为 1；黑条所对应的亮度电平最低，为 0。在黑白监视器上观察到的是亮度从左到右递减的垂直条图像。图 1-11f、图 1-11g 所示的是 8 个彩条所对应的色差信号 $(R-Y)$、$(B-Y)$ 的波形。图中，彩条的空间图像与时间波形是对应的，而且符合三基色原理。例如，白条的三种基色电压为 1，可以理解为在显示器中是等量的（均为 1 单位）三基色光相加得到白光。又如黄条所对应的基色电平为 $R_0=1$、$G_0=1$、$B_0=0$，可以理解为红光与绿光相加，得到黄色光。由于基色电平非 0 即 1，因此，彩条中所对应的彩色全为饱和色，称为 100% 饱和度，100% 幅度（最大幅度）的彩条信号。图中各信号的下标加"0"表示它是未经 γ 校正的信号。

标准彩条除上述表示方法外，通常还以 4 个数码表示方法来命名。例如，100-0-100-0 彩条、100-0-100-25 彩条、100-0-75-0 彩条。其中，第一个数码表示组成白条的基色信号的幅度为

100%，第二个数码表示组成黑条的基色信号幅度的百分数，第三个数码表示组成彩条的基色信号的最大幅度的百分数，第四个数码表示组成彩条的基色信号的最小幅度的百分数。我国规定采用 100-0-75-0 彩条信号，它是欧洲广播联盟（European Broadcasting Union，EBU）提出并采用的，有时也称 EBU 彩条。

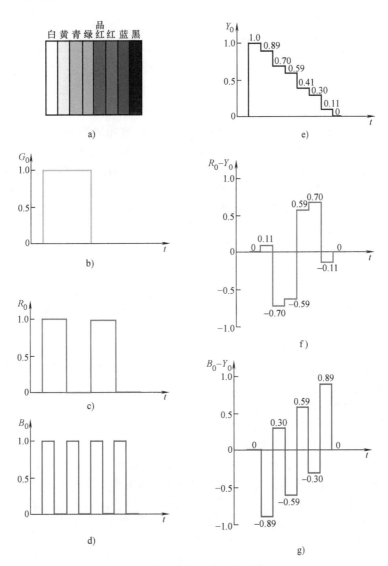

图 1-11　标准彩条图像与信号波形

100-0-100-0 彩条信号的电平值如表 1-2 所示。

表 1-2　100-0-100-0 彩条信号的电平值

彩条色别	E_R	E_G	E_B	E_Y	$E_{(R-Y)}$	$E_{(B-Y)}$
白	1.000	1.000	1.000	1.000	0.000	0.000
黄	1.000	1.000	0.000	0.886	0.114	-0.886
青	0.000	1.000	1.000	0.701	-0.701	0.299
绿	0.000	1.000	0.000	0.587	-0.587	-0.587

（续）

彩条色别	E_R	E_G	E_B	E_Y	$E_{(R-Y)}$	$E_{(B-Y)}$
品红	1.000	0.000	1.000	0.413	0.587	0.587
红	1.000	0.000	0.000	0.299	0.701	−0.299
蓝	0.000	0.000	1.000	0.114	−0.114	0.886
黑	0.000	0.000	0.000	0.000	0.000	0.000

1.7 小结

本章首先介绍了光的特性与度量的基本知识，包括色温和相关色温的概念、常用的标准白光源，以及光通量、发光强度、照度、亮度等主要光度学参量。接着介绍了彩色三要素、三基色原理及混色方法等色度学知识。然后，介绍了有关人眼视觉特性的知识，包括人眼的光谱响应特性、亮度感觉特性以及人眼的分辨力与视觉惰性，它们是大面积着色原理、高频混合原理以及确定扫描行数、扫描频率、画面幅型比等电视图像基本参量的依据，在彩色电视信号的传送中具有很重要的实际意义。

1.8 习题

1. 说明色温和相关色温的含义。在近代照明技术中，通常选用哪几种标准白光源？
2. 说明彩色三要素的物理含义。
3. 阐述三基色原理及其在彩色电视系统中的应用。
4. 什么是隔行扫描和逐行扫描？隔行扫描有哪些优点和缺点？隔行扫描的总行数为什么是奇数，而不是偶数？
5. 如何理解对比度？如何理解亮度？
6. 什么是图像分辨力？什么是图像清晰度？图像清晰度与图像分辨力有什么联系和区别？
7. 1 电视线是否就是 1 电视扫描行？
8. 图像显示格式是指什么？什么是 720@60p、1920×1080i 和 1080p 格式？
9. 彩色电视广播为什么传送亮度信号和色度信号，而不直接传送三基色信号？

本章介绍数字电视和高清晰度电视的概念、数字电视的优点、数字电视系统的组成及关键技术、数字电视的相关国际标准，以及中国地面数字电视传输标准的国际化进展。

本章学习目标：

- 正确理解数字电视和高清晰度电视的概念。
- 了解数字电视的优点。
- 掌握数字电视系统的组成及关键技术。
- 熟悉数字电视的相关国家标准。
- 了解中国地面数字电视传输标准的制定历程及国际化推广进展，激发爱国热情，振奋民族精神。

2.1　数字电视和高清晰度电视的概念

数字电视（Digital Television，DTV）是数字电视系统的简称，是指采用数字技术将音频、视频和数据等信号进行信源编码、信道编码和调制等处理，经存储或实时广播后，供用户接收、播放的电视系统。数字电视系统的电视信号从节目摄制、编辑、播出、发射到接收的整个过程都以数字信号的形式进行处理，包括数字摄像、数字制作、数字编码、数字调制和数字接收等，达到了高质量传送电视信号的目的。不仅如此，数字电视还具有丰富的信息业务广播功能，具有可交互性。数字电视广播的最大特点是电视信号以数字形式进行广播，其制式与模拟电视广播制式有着本质的不同。

高清晰度电视（HDTV）是一种电视业务，原 CCIR（国际无线电咨询委员会，现改名为 ITU-R）给高清晰度电视下的定义是："高清晰度电视是一个透明的系统，一个视力正常的观众在观看距离为显示屏高度的 3 倍处所看到的图像的清晰程度，与观看原始景物或表演的感觉相同"。图像质量的视觉效果可达到或接近 35mm 宽银幕电影的水平。

高清晰度电视具有以下特点：

1）图像清晰度在水平和垂直方向上均近似为现行模拟电视图像清晰度的 2 倍，图像分辨力为 1920×1080 像素。

2）色域宽，扩大了彩色重现范围，色彩更加逼真。

3）图像宽高比从常规电视的 4∶3 变为 16∶9，符合人眼的视觉特性，视野宽，临场感强。实验证明，观看画面时如果视角相同，画面尺寸越大，临场真实感越强。因此，HDTV 须用大屏幕进行图像显示。

4）配有高保真、多声道环绕立体声。

从高清晰度电视的发展过程来看，高清晰度电视有模拟高清晰度电视及数字高清晰度电视。但全数字化是各国电视发展的趋势，因而现在一般所说的 HDTV 应该特指数字高清晰度电视。

从图像清晰度的角度来说，数字电视的业务包括标准清晰度电视（SDTV）、高清晰度电视（HDTV）和超高清晰度电视（Ultra High Definition Television，UHDTV）。SDTV 的图像质量相当于现行模拟电视演播室水平，图像分辨力为 720×576（PAL 制）或 720×480（NTSC 制），这是一种普及型数字电视，成本较低，具备数字电视的各种优点；HDTV 的图像质量可达到或接近 35mm 宽银幕电影的水平，图像分辨力为 1920×1080 像素，宽高比为 16∶9；UHDTV 的图像分辨力达到 3840×2160 像素（4K）、7680×4320 像素（8K）及以上，有更大的可视角度、更强的视觉冲击力，解决了大屏幕电视细节遗失、无法真实还原的问题，适合大屏幕观看。

按传输数字电视信号的途径和方式等分类，数字电视主要有卫星数字电视、有线数字电视和地面数字电视三种系统。卫星数字电视系统是利用地球同步卫星传输数字电视信号的数字电视系统。有线数字电视系统是利用射频电缆、光缆、多路微波线路或它们的组合，传输数字电视信号的数字电视系统。地面数字电视系统是用地面广播传输方式传输数字电视信号的数字电视系统。

按服务方式分类，数字电视可分为只服务于被授权合法用户的条件接收数字电视和面向一般公众的数字电视广播。

卫星、有线、地面数字电视系统既可提供 SDTV 节目，也可传送 HDTV 节目，既可面向一般公众，也可实现条件接收。为便于各类用户选择，利用数字电视系统传送流（Transport Stream，TS）传送数字电视信号的能力，往往经同一电视信道同时传送 SDTV 节目和 HDTV 节目，或同时传送面向一般公众的节目和只有付费用户才能收看的加密节目，或不同时段和不同节目内容以 SDTV 或 HDTV 级别播送。

另外，利用数字电视广播网，采用数字技术，也可开展传输各种数据信息的数据广播业务。除按广播方式构建的数字电视系统外，随着需求、传输手段和终端类型及性能的发展和多样化、个性化，IP 电视（IPTV）、手机电视、会议电视、电视电话以及服务于不同行业的专业用非广播电视等新型数字电视系统或服务形态将不断涌现。

2.2　数字电视的主要优点

和传统的模拟电视相比，数字电视具有下列主要优点：

1）可提高信号的传输质量，不会产生噪声累积，信号抗干扰能力大大增强，收视质量高。

电视信号数字化后，用若干位二进制码表示。二进制码位的"1""0"通常用高、低两个电平代表。数字信号在反复处理或传输过程中引入噪声后，只要噪声幅度不超过某一电平，数字电路通过对二进制码进行再次电平判读，有可能把噪声清除。即使一些噪声电平过大，通过对数字信号进行时间上的再次判读，也有可能将其清除。

数字电视信号产生误码后，只要不超出数字信号所加检错纠错码和采取的其他技术的能力容限，仍可在接收端利用纠错码解码技术，把加有保护但发生了错误的数据检查出来，或加以纠正。接收端也可利用图像自身特点，或依据视觉特性，将误码可能导致的损伤隐藏起来。所以，在数字信号处理和传输过程中，通常不会发生因噪声累积而引起信噪比逐渐下降的现象，也不会随着一次次处理，而使信号质量逐步下降。

采用数字信号传输技术，解决了模拟电视中的闪烁、重影、亮色互串等问题，可以实现城市楼群的高质量接收，移动载体中也可接收到清晰的数字电视节目。

2）易于存储，可大大改善电视节目的保存质量和复制质量，理论上可进行无数次复制和长期保存。

除磁带外，数字电视信号可方便地依托光盘、硬盘和半导体存储器等存取，具有存储量大、信噪比高、可检纠错、速度快、便于计算机处理、便于交换和适合网络传输等特点。在电视中心，磁盘阵列的采用已极大地改变了电视节目的播出方式。在电视终端，引入硬盘存储技术，为观看电视节目提供了更多可选方式。

3）便于数字处理和计算机处理。光盘、硬盘和半导体存储器与顺序录放的磁带不同，可以方便地随机读写，这为通过随机访问进行非线性编辑提供了可行性，并改变了电视节目的制作方式，可通过编辑赋予节目更丰富的表现力，增强了节目的艺术效果和视觉冲击力。

4）便于控制和管理。由于采用数字技术，再配合使用计算机，便于实现对设备、系统和内容等资源的自动调度、调整、检测、控制和管理等。

5）增加节目频道，充分利用频谱资源。首先，由于数字电视采用高效压缩编码、多路数据复用和高效数字调制等技术，从而使得在原有的一个电视频道内可传送更多套节目和附加数据。其次，传送数字电视信号可减小发射功率，也可建设"单频网"（Single Frequency Network，SFN）来扩大电视节目的覆盖面积，这些都有利于充分利用有限且不可再生的频谱资源，对同一地区，有可能分配到更多的电视频道。

6）图像清晰度高，音频效果好。这主要得益于信号质量的提高、传输干扰影响的降低和接收端恢复能力的充分发挥等。SDTV 数字电视节目可以达到 DVD 质量，HDTV 图像可达 35mm 电影胶片放映的效果，音质可达 CD 水准。

7）便于开办条件接收业务。通过采用加密/解密和加扰/解扰技术，使电视不仅局限于广播应用，而且可满足个人、团体和专业需求（包括军用），对信息内容、版权和各类用户进行保护和管理。

8）具有可扩展性、可分级性和互操作性。可实现不同分辨率等级（标准清晰度、高清晰度）的接收，适合大屏幕及各种显示器。

9）便于开展各种综合业务和交互业务（包括因特网业务），有利于构建"三网合一"的信息基础设施，拓展了电视媒体产业的市场广度和深度。

除借助数字技术得以开发丰富多彩、眼花缭乱的音视频效果外，还可进行软件下载、软件维护与升级和数据广播，满足多种个性化需求，可开展交互业务，实现上网浏览、收发邮件、电视购物、远程教学、远程医疗、股票交易和信息咨询，可维护节目制作商、网络运营商和合法用户等各方面的权益，可管理系统中各级的权限等。随着数字电视技术的发展以及三网融合，数字电视将有更多的发展空间，产生更多、更新的功能，派生大量全新的服务形态。

2.3　数字电视系统的组成

数字电视系统由前端、传输与分配网络以及终端组成。

数字电视前端通常可划分为信源处理、信号处理和传输处理三大部分，完成电视节目和数据信号采集，模拟电视信号数字化，数字电视信号处理与节目编辑，节目资源与质量管理，节目加扰、授权、认证和版权管理，电视节目存储与播出等功能。前端设备主要由数字信号源、信源编码器（视频、音频和数据编码器）、传输流复用器、信道编码器、数字调制器、发射机等组成。数字信号源通常置于数字电视演播室。数字信号源设备主要包括数字摄像机、数字录像机、非线性编辑器、数字音响以及其他数字视音频装置（例如视频服务器等）等。信源编码器利用人的视觉、听觉特性，根据空域和时域相关性以及信号处理技术对视音频数据进行压缩，提高传输的有效性。传输流复用器将多路电视节目码流、辅助数据、条件接收信息等复合在一起，形成符合传输要求的单一数据流。辅助数据包括控制数据以及与视频、音频节目有关的服务数据。条件接收信息是付费频道的密钥数据，向授权用户提供解密信息。信道编码器的作用是进行纠错编码，提高数字传输系统的可靠性。对于不同的传输信道，要采用不同的信道编码技术。信道编码器输出的信号仍为基带数字信号，它的能量主要集中在低频端，因而是一种低通型信号，而传输信道（卫星信道、有线信道、地面无线广播信道）一般都是带通型的。为了适合于在带通型信道中传输，通常需要用数字调制器将要传送的数字信号的频谱搬移到载频的两边，从而适合在带通型信道中传输。在数字电视系统中，数字调制的第二个作用是通过进行多进制的映射变换，对载波进行 M 进制的调制，从而提高了频带利用率。数字调制的第三个作用是实现频分复用，这一点与模拟电视系统相同。虽然同一射频频道内通过前面的时分多路复用传送了 6~8 套节目，但射频频道之间仍然采用频分复用。一般来说，数字调制是在中频载波上进行的。因此，发射机通常包括上变频和功率放大。上变频是将中频已调信号变频到射频频率上。如果采用的传输介质是电缆或无线电频段，则功率放大后直接送到射频信道。如果采用光纤传输，则发射机还包括了光调制和光发射机。

数字电视信号传输与分配网络主要包括卫星广播、各级光纤/微波网络、有线宽带网、地面无线传输等，既可单向传输或发射，也可组成双向传输与分配网络。

在数字电视接收机中，信号处理流程与发送端相反。数字电视终端可采用数字电视接收器（机顶盒）加显示器方式，或数字电视接收一体机（数字电视接收机，数字电视机），也可使用计算机接收卡等，既可只具有收看数字电视节目的功能，也可构成交互式终端。用于显示的设备有：阴极射线管显示器（CRT）、液晶显示器（LCD）、等离子体显示器（PDP）、投影显示（包括前投、背投）等，也可构成交互式终端。

数字电视广播系统的构成示意图如图 2-1 所示。

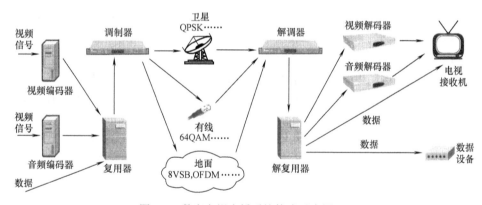

图 2-1　数字电视广播系统构成示意图

2.4　数字电视系统的关键技术

数字电视是一个大系统，从横向来说，数字电视广播是从节目制作（编辑）→数字信号处理→广播（传输）→接收→显示的端到端的系统问题；从纵向来说，是从物理层传输协议→中间件标准→信息表示→信息使用→内容保护的一系列系统问题。

数字电视系统的关键技术包括信源编/解码、传输复用、信道编/解码、调制/解调、中间件、条件接收以及大屏幕显示技术。

2.4.1　数字电视的信源编解码

信源编码是对原始图像或声音信息的编码表示进行比特率压缩的过程。原始图像或声音信息的编码表示指的是采集的电视图像或声音模拟信号，经采样和量化，再编码成的自然二进制码字序列。无论是 HDTV，还是 SDTV，未压缩的数字电视信号都具有很高的数码率，不能在 1 个 6MHz 或 8MHz 电视频道射频带宽内传送，而必须在数字电视系统的信源端，引入信源编码，压缩比特率，并编码、复用成码流。在压缩数码率的信源编码过程中，通常会带来损伤。作为电视广播用的信源编码技术和设备，要保证压缩后的数据流到达终端后，经信源解码过程，重建的图像、声音和数据等能达到广播质量要求。

在数字电视的视频压缩编解码方面，国际上推出的标准有 MPEG-2、MPEG-4 AVC/H.264 和 HEVC/H.265 标准。在音频压缩编码方面，通常采用 MPEG-2/MPEG-4 AAC（Advanced Audio Coding，高级音频编码）标准。

我国制定了具有自主知识产权的音视频编码标准（Audio Video coding Standard，AVS）以及 DRA 多声道数字音频编解码标准。

2.4.2　数字电视的传送复用

从发送端信息的流向来看，复用器把音频、视频、辅助数据的码流通过一个打包器打包（这是通俗的说法，其实是数据分组），然后再复合成单路串行的传输比特流，送给信道编码器及调制器。接收端与此过程正好相反。目前网络通信的数据都是按一定格式打包传输的。电视节目数据的打包将使其具备了可扩展性、分级性、交互性的基础。在数字电视的传送复用标准方面，国际上也统一采用 MPEG-2 标准。

2.4.3　信道编解码及调制解调

数字音视频信号经压缩编码和复用后，形成符合 MPEG-2 系统层规范的传送流（TS）。传送流通常需要通过某种传输媒介才能到达用户接收机。传输媒介可以是广播电视系统（如地面电视广播系统、卫星电视广播系统或有线电视广播系统），也可以是电信网络系统，或存储媒介（如磁盘、光盘等），这些传输媒介统称为传输信道。通常情况下，TS 流是不能或不适合直接通过传输信道进行传输的，在其经卫星、有线电视网或地面广播信道发送前，为赋予其一定的抵抗信道噪声和干扰的能力，需要在其中加入检纠错码，并进行交织等处理，这个处理过程就是信道编码。严格来讲，信道编码是将数字信号转换成与信道特性相匹配的编码过程。实际上信道编码与数字调制经常紧密地联系在一起。调制要求适应信道性质，并尽可能地提高信道传输效率，而信道编码则需视信道条件，在信号中增加检纠错码，相当于增加信号冗余度。

数字电视广播一般由发送端到接收端单向传输，没有反馈信道，需用前向纠错（FEC）技术加检纠错码。前向纠错是由发送端发送能赖以纠正错误的编码，接收端根据收到的码和编码规则，来纠正一定程度传输错误的一种编码。因其不需要反馈信道，实时性又好，适合在广播式服务形态中应用，但随着对纠错能力要求的提高，前向纠错码的编解码会变得复杂。

在数字电视系统中普遍应用的前向纠错码有里德-所罗门（Reed-Solomon，RS）码、卷积码、BCH 码、低密度奇偶校验（Low Density Parity Check，LDPC）码等。当数据组中的误码超出检纠错码的纠正能力时，检纠错码失去对该数据组的保护。当信道受到容易造成连续误码的突发性干扰时，特别容易产生这种情况。尽管 RS 码对抵御突发错误有相当强的能力，但对数字电视信号进行交织处理，可进一步增强抵御突发性干扰的能力。交织是一种将数据序列发送顺序按一定规则打乱的处理过程。接收端对经交织处理的信息流，需进行去交织处理。去交织处理是把收到的交织数据流按相应的交织规则，对收到的数据序列重新排序，使其恢复数据序列的原始顺序的过程。经过交织处理的数据序列，一旦传输中发生连续性误码，经去交织处理，可把错误分散开，从而减少各纠错解码数据组中的错误数量，使它们有能力发挥纠错作用。

目前所说的各国数字电视的制式标准不能统一，主要是指在信道编码及调制方式上的不同。数字电视广播信道编码及调制标准规定了经信源编码和复用后在向卫星、有线电视、地面等传输媒介发送前所需要进行的处理，包括从复用器之后到最终用户的接收机之间的整个系统，它是数字电视广播系统的重要标准，直接关系到数字电视广播事业和民族产业的发展问题。

对于卫星数字电视广播，国际上普遍采用可靠性强的四相相移键控（Quaternary Phaseshift Keying，QPSK）、8-PSK、16-APSK、32-APSK 等调制方式；对于有线数字电视广播，美国采用 16 电平残留边带调制（16-level Vestigial Side Band modulation，16-VSB）方式，欧洲和我国采用多电平正交幅度调制（Quadrature Amplitude Modulation，QAM）方式，如 64-QAM、128-QAM、256-QAM 等；对于地面数字电视广播，美国采用八电平残留边带调制（8-VSB）方式，欧洲采用编码正交频分复用（Coded Orthogonal Frequency Division Multiplexing，C-OFDM）调制方式，日本采用改进的 C-OFDM 调制方式。

中国数字电视地面广播传输系统标准——GB 20600—2006《数字电视地面广播传输系统帧结构、信道编码和调制》，于 2006 年 8 月 18 日正式批准成为强制性国家标准，2007 年 8 月 1 日起实施。

2.4.4　数字电视中间件

数字电视接收机（或数字电视机顶盒）的硬件功能主要是对接收的射频信号进行信道解码、解调、MPEG-2 码流解码及模拟音视频信号的输出。而电视内容的显示、EPG 节目信息及操作界面等都依赖软件技术来实现，缺少软件系统更无法在数字电视平台上开展交互电视等其他增强型电视业务。所以，在数字电视系统中，软件技术具有非常重要的作用。

中间件（Middleware）是一种将应用程序与底层的实时操作系统、硬件实现的技术细节隔离开来的软件环境，支持跨硬件平台和跨操作系统的软件运行，使应用不依赖于特定的硬件平台和实时操作系统。它通常由各种虚拟机构成，如个人 Java 虚拟机，JavaScript 虚拟机，HTML 虚拟机等。中间件的作用是使机顶盒基本的和通用的功能以应用程序接口（API）的形式提供给机顶盒生产厂家，以实现数字电视交互功能的标准化，同时使业务项目（以应用程序的形式通过传输信道）下载到用户机顶盒的数据量减小到最低限度。

2.4.5　条件接收

条件接收（Conditional Access，CA）是指这样一种技术手段，它只允许已付费的授权用户使用某一业务，未经授权的用户不能使用这一业务。条件接收系统是数字电视广播实行收费所必需的技术保障。条件接收系统必须要解决以下两个问题：即如何阻止用户接收那些未经授权的节目和如何向用户收费。在广播电视系统中，在发送端对节目进行加扰，在接收端对用户进行寻址控制和授权解扰是解决这两个问题的基本途径。条件接收系统是一个综合性的系统，集成了数据加扰和解扰、加密和解密、智能卡等技术，同时也涉及用户管理、节目管理、收费管理等信息应用管理技术，能实现各项数字电视广播业务的授权管理和接收控制。

2.4.6　高清晰度大屏幕显示技术

显示器是最终体现数字电视效果或魅力的产品。1897 年德国物理学家布劳恩（Braun）对阴极射线管（CRT）进行了改进，实现了电信号到光信号的转换，拉开了信息显示技术的序幕。随着科技的发展，显示技术也不断推陈出新，从最初的 CRT 显示技术发展到现阶段以液晶显示（LCD）为主流的平板显示（Flat Panel Display，FPD）技术，以及不久的将来再到有机发光显示（Organic Light Emitting Display，OLED）、柔性显示等新一代平板显示技术，使人们的生活变得丰富多彩。新型显示技术的不断开发与应用，如激光显示、三维立体显示技术等，更展现出显示技术的无限魅力，让人们对未来的显示技术充满期待。

2.5　数字电视国际标准概况

数字电视给广播电视带来了新的活力，在市场经济中又给广播电视开展增值业务提供了较好的手段。数字电视不仅拉动制造业，促进信息化发展，而且为广播电视的持续发展提供了极大的空间。数字电视被各国视为新世纪的战略技术，新的经济增长点。世界各国都在大力研究开发数字电视，纷纷制定各自的发展规划和推进政策。

日本是最早提出并且开展 HDTV 研究的国家。1984 年推出了世界上第一个模拟 HDTV 系统方案——MUSE（Multiple Sub-Nyquist Sampling Encoding，多重亚奈奎斯特采样编码）。1988 年通过卫星播出模拟 HDTV，成功地对汉城奥运会进行实况转播。欧洲 HDTV 系统计划方案始于 1986 年下半年，也就是尤里卡 95（EUREKA-95）计划，提出了以 MAC（Multiplexed Analogue Component，复用模拟分量）制为基础的 HDTV 方案——HD-MAC。HD-MAC 的传输系统仍然采用了模拟调频技术，通过卫星进行广播。20 世纪 80 年代中期以后，数字通信技术得到了迅猛发展和日益广泛的应用，在越来越多的应用领域取代了模拟通信技术。这一变化也深刻影响到 HDTV 传输系统的发展。突破性的进展发生在 20 世纪 90 年代初，由美国联邦通信委员会（Federal Communications Committee，FCC）组建的高级电视业务顾问委员会（ACATS）对当时提交的 6 套 HDTV——在美国被称为"高级电视"（Advanced Television，ATV）系统进行了测试和比较。在这 6 套系统中，有包括日本 MUSE 制在内的 2 套模拟传输系统，以及 4 套数字传输系统。从 1993 年 ACATS 公布的测试结果来看，4 套数字传输系统的性能均明显优于模拟传输系统。从此，全数字式的数字电视及 HDTV 得到了迅猛发展，各国纷纷提出了各自的系统方案。

目前，美国、欧洲、日本和中国各自形成 4 种不同的数字电视标准体系。美国的先进电视系统委员会（Advanced Television System Committee，ATSC）制定了 ATSC1.0、ATSC2.0 和 ATSC3.0 标准；欧洲的数字视频广播（Digital Video Broadcasting，DVB）组织制定了 DVB-S/DVB-S2、DVB-C/DVB-C2、DVB-T/DVB-T2/DVB-H 等系列标准；日本制定了 ISDB-T（Integrated Services Digital Broadcasting-Terrestrial，地面综合业务数字广播）标准；中国制定了 DMBT（Digital Television Terrestrial Multimedia Broadcasting，数字电视地面多媒体广播）和 DMBT-A（DTMB-Advanced）标准。

国际电信联盟（ITU）组织一直在跟踪世界上主要的地面数字电视技术和标准的发展，目前 ITU 制定了以下三项关于地面数字电视广播的标准：

- ITU-R BT.1306《地面数字电视广播的纠错、数据成帧、调制和发射方法》。
- ITU-R BT.1368《甚高频／超高频频段内地面数字电视业务的规划准则》。
- ITU-R BT.1877《第二代数字地面电视广播系统的纠错、数据成帧、调制和发射方法》。

2.5.1　美国主导的 ATSC 标准

美国高级电视系统委员会（Advanced Television System Committee，ATSC）成立于 1982 年，是一个全球性非营利的数字电视标准制定组织，由社会协作联合委员会（JCIC）、电子产业协会（EIA）、电子与电气工程师学会（IEEE）、全美广播电视联盟（NAB）、北美有线电信协会（NCTA）以及电影电视工程师协会（SMPTE）共同发起成立。目前成员单位接近 150 个，主要来自广播电视、消费电子、计算机、有线电视、卫星电视、半导体等多个领域的企业、研究机构及大学。

ATSC 主要协调电视标准在不同通信媒体间的应用，重点关注数字电视、互动电视系统、宽带多媒体通信等领域。同时，ATSC 还制定数字电视战略部署，围绕 ATSC 标准开展研讨会。

ATSC 面向全球开放会员申请资格，广泛接纳任何企业、机构和个人申请 ATSC 会员或观察者，ATSC 会员必须满足以下条件：

1）对 ATSC 标准商业应用感兴趣的企业或商业实体。

2）成员或活动直接受到 ATSC 成果影响的非营利性组织。

3）专注于技术标准发展的政府机构。

4）对 ATSC 活动感兴趣的个人（仅以观察者身份）。

5）如果某一组织的不同部门在 ATSC 各个领域可以独立决策与活动，每一个部门都可以单独申请成为 ATSC 会员。

6）ATSC 会员必须拥有参与 ATSC 活动的资格和意愿，并承担 ATSC 相应的费用。

会员能够在专家组、技术标准组及全会等多个层面参与标准的起草与制定，对候选标准具有投票权，能够收到 ATSC 提供的标准部署与实施的相关信息，参加 ATSC 的技术研讨会，分享其他标准制定机构的信息。

从 ATSC 组织成立至今，陆续发布了 ATSC1.0、AT SC2.0 和 ATSC3.0 标准。1995 年 ATSC 发布了 ATSC A/53 数字电视标准。1996 年 12 月 24 日，美国联邦通信委员会（FCC）正式采纳了 ATSC A/53 的主要内容为美国数字电视的标准，即 ATSC1.0 标准。1997 年 10 月，ATSC1.0 被国际电信联盟（ITU）接纳为 ITU-R BT.1306 标准中的系统 A，成为第一个数字电视国际标准。采用 ATSC 标准的国家包括：美国、加拿大、多米尼加共和国、萨尔瓦多、危地马拉、洪都拉斯、墨西哥和韩国。

ATSC1.0 标准支持 HDTV、SDTV、数据广播、5.1 声道环绕立体声、电子节目指南和卫星直播等功能。1998 年在美国首播数字高清晰度电视广播之后，由于在多径环境下的接收困难和广大用户对移动接收的要求，ATSC1.0 标准受到广泛的质疑。

为了适应业务发展的需求，2007 年 ATSC 正式对外宣布研究制定第二代数字电视标准，并于 2009 年 4 月推出 ATSC-M/H（ATSC-Mobile/Handheld）标准，即 ATSC2.0 标准，以支持无处不在、无时不在的数字电视移动和手持接收。ATSC2.0 标准能够后向兼容 1.0 标准，除了支持传统的电视业务，ATSC2.0 标准还支持流媒体播放和内容下载后延时播放，增强了交互性。

2011 年 11 月，ATSC 成立了 ATSC3.0 技术标准工作组（TG3），专门研究制定下一代数字电视广播标准 ATSC3.0。ATSC3.0 标准是一个全新的系统，不会进行后向兼容，但能提供更好的性能和新的业务。

ATSC 组织用了近 1 年时间向全球征集了新标准用例和系统需求定义，确定了新标准需要支持的特点主要包括：频谱的灵活应用、鲁棒接收、更广泛的移动接收、超高清电视（UHDTV）、混合服务场景（广播与互联网结合）、多屏多视角业务、3D 内容支持、增强的浸润式音频（3D 音频）、公平的无障碍接收（适合残障人士）、先进的应急广播、具备个性化/交互性能力、支持广告/电子商务与适合全球标准推广。

2013 年 3 月，ATSC 组织正式向全世界发布了征集下一代数字电视系统物理层方案的公告，从此拉开了 ATSC3.0 标准研究的序幕。2013 年 5 月，中国数字电视国家工程研究中心、中国科学院上海高等研究院、上海交通大学组成联合工作组，并征询了国内其他科研机构的意见，确定向 ATSC 提交物理层提案，力争在 ATSC3.0 标准中融入"中国元素"。

中国提案由输入数据格式、比特编码调制、信令及帧结构、分布式多天线和双向回传等内容组成。提案支持建设大容量的覆盖网络，支持高速移动接收，具有高度的业务灵活性，支持多元化的业务组合，适应广播电视新型生态系统建设的需求，在功能和性能上均超出了征集公告的要求。特别从多元化综合广播电视服务着眼，创新设计了不依赖外部资源提供回传通道的模块，进一步提升了广播电视网络的业务承载能力。

截至 2015 年 9 月，ATSC 组织共收到来自欧洲 DVB、韩美 LG/Zenith/Harris、中国数字电视国家工程研究中心、美国高通/爱立信、美国辛克莱尔广播集团、韩国三星/日本索尼、美国特艺、日本 NHK、加拿大 CRC/韩国 ETRI、美国 AllenLimberg 和以色列 Guarneri 通讯公司提交的 11 个方案。中国提案的 5 个技术模块在方案竞争中脱颖而出，被 ATSC3.0 标准方案采纳。

2017 年 11 月 16 日，美国 FCC 投票通过了 ATSC3.0 标准体系。美国新一代地面数字电视传输标准 ATSC3.0 的技术特点总结如下：

1）ATSC3.0 是一个基于 IP 的广播标准，采用了流媒体网络封装协议技术。

2）ATSC3.0 是一个完整的协议堆栈，远不止仅是传输标准。

3）ATSC3.0 的目标清晰：替代陈旧的 ATSC1.0 标准，同时支持超高清电视（UHDTV）以及结合互联网提供新业务可能。

4）ATSC3.0 物理层（传输）以复杂的代价换取了接近理论极限的传输性能，同时配合上层协议支持 IP 数据流的输入，支持多业务在单频点同时传输，用一个独特的导引信号支持与移动通信共用频段。

5）ATSC3.0 通过基于 IP 的协议层和各种应用协议来实现与互联网的结合以及支持各种用户新需求。

6）考虑到要兼顾超高清电视业务和增值服务需求，ATSC3.0 标准既要支持复杂的高频谱效率传输（4K、8K 节目需要），还要具备灵活的帧结构以及考虑各种数据业务的可能（运营商需要），从而使得 ATSC3.0 成为有史以来最复杂的一个广播标准。

2.5.2　欧洲的 DVB 标准

在欧洲，HD-MAC 虽然在 1992 年的巴塞罗那奥运会上被试用，但随着美国数字 HDTV 的迅速发展，欧盟最终放弃了 HD-MAC 而致力于数字视频广播（DVB）的研究。

DVB 是由欧洲广播联盟（EBU）组织进行的一个数字电视广播项目，后来由欧洲电信标准协会（European Telecommunication Standard Institute，ETSI）将其研究成果形成欧洲国家统一采用的数字电视标准。DVB 的主要目标是寻求一种能对所有信道都适用的通用数字电视技术，其设计原则是使系统能灵活地传输 MPEG-2 视频、音频和其他数据流，并要求兼容 MPEG-2 标准，且使用统一的业务信息，采用统一的条件接收接口、统一的 RS 前向纠错码，以及得以进行数据广播等，形成通用的数字电视标准和系统。

1. 卫星数字电视广播传输标准——DVB-S/DVB-S2

DVB-S 标准以卫星作为传输介质，压缩编码后的数据流采用四相相移键控（QPSK）调制方式，工作频率为 11/12GHz，调制效率高。在使用 MPEG-2 的 MP@ML（主类@主级）格式时，用户端达到 CCIR601 演播室质量的码率为 9Mbit/s。一个 54MHz 转发器的传送速率可达 68Mbit/s，并可供多套节目复用。

卫星传播方式覆盖面广，接收设备成本也不高，卫星数字电视广播和卫星直接到户的接收方式已经相当普遍。在 DVB-S 标准公布之后，几乎所有的卫星数字电视均采用该标准，包括美国的 Echostar 等。

随着业务的发展，DVB-S 标准已经不能满足需求，DVB 组织于 2004 年 4 月颁布了 DVB-S2 标准。相比于 DVB-S，DVB-S2 在传输性能、业务支撑能力等方面有明显提高。DVB-S2 标准采用 8-PSK、16-APSK、32-APSK 调制技术，减少了幅度变化，更能适应线性特性不好的卫星传输信道；使用纠错能力更强的低密度奇偶校验码（Low Density Parity Check，LDPC）和 BCH 码级联来实现纠错编码，有效地降低了系统解调门限，距离理论的香农极限只有 $0.7 \sim 1.0$dB 的差距；DVB-S2 系统比 DVB-S 系统的转发器容量可提高 50% 左右。

2. 有线数字电视广播传输标准——DVB-C/DVB-C2

DVB-C 采用多电平正交幅度调制（QAM），其调制效率高，要求传送途径的信噪比高，适合于传输环境较好的光纤和有线电缆中传输。利用有线电视网相对好的传输环境，数字电视在有线电视网中传输可以得到更高的效率。以 64-QAM 方式为例，它可在一个 8MHz 带宽有线电视频道中，传输达 38Mbit/s 的数字信息流量。在具备双向传输的有线电视网里，可开展多种数字电视交互业务。目前世界各国普遍采用 DVB-C 作为有线数字电视传输，北美地区则采用与 DVB-C 标准类似的 QAM 技术（某些参数设置不同，性能相当）。

2001 年，原国家广电总局已颁布行业标准《有线数字电视广播信道编码和调制规范》，该标准等同于 DVB-C 标准。

为了更好地适应有线数字电视的发展，DVB 组织于 2009 年 4 月颁布了第二代标准 DVB-C2。DVB-C2 可高效地利用现有的有线网络传输容量，有力开展新业务模式，如 VOD 和 HDTV 等。它提供一系列能够针对不同有线电视网络特性，根据用户的不同服务需求定制的模式和选项。实验表明，DVB-C2 相比于 DVB-C，在相同条件下，提高了 30% 的频谱效率。

3. 地面数字电视广播传输标准——DVB-T/ DVB-T2/ DVB-H

DVB-T 标准于 1997 年颁布，国际电信联盟（ITU）将其接纳为 ITU-R BT. 1306 标准中的系统 B。该标准定义了 DVB-T 系统使用的信道编码、帧结构、星座映射、导频插入、载波模式等重要的调制参数。DVB-T 系统采用了与 ATSC 不同的多载波 C-OFDM 调制方式，不仅能处理高斯信道，还能更好地克服延时信号的干扰，适应莱斯（Rice）和瑞利（Rayleigh）信道，可实现单频网（SFN）广播。DVB-T 系统能较好地支持固定接收和移动接收，通过参数的变化灵活选择相适应的工作模式，系统主要通过 QAM 调制级数和内码码率控制传输速率，有效净比特码率在 4.98~31.67Mbit/s 范围，通过 2K 载波或 8K 载波模式，可适用于多频网、小范围单频网或大范围单频网。

DVB-H 是欧洲 DVB 组织为通过地面数字广播网络向便携/手持终端提供多媒体业务所制定的传输标准。该标准是 DVB-T 的扩展应用，在 DVB-T 的基础上通过增加功能，以降低便携电视接收的功耗，提高移动可靠性，其中的关键优化是时间片（Time Slicing）和多协议封装前向纠错（MPE-FEC）。和 DVB-T 相比，DVB-H 终端具有功耗更低、移动接收和抗干扰性能更强的特点，因此，该标准适用于移动电话、手持计算机等小型便携设备通过地面数字电视广播网络来接收信号。

为了进一步支持高清晰度电视的发展，DVB 组织于 2008 年 6 月颁布了第二代地面数字电视广播传输标准 DVB-T2。2012 年 8 月，ITU 通过建议书 ITU-R BT. 1877-1，DVB-T2 成为国际标准。DVB-T2 同时支持固定接收和便携式移动接收，提供音频、视频和数据传输服务。DVB-T2 采用了很多创新性的技术，在提高数据传输速率和信号传输稳定性等方面做了很大改进。相比第一代地面数字电视传输标准 DVB-T，欧洲的 DVB-T2 具有如下主要特点：

1）采用高达 256 阶的 QAM 调制技术，降低开销增加选项，频谱效率比 DVB-T 提高约 30%。

2）最大传输速率有了较大提高，在 8MHz 带宽内最大净传输速率达 50.1Mbit/s。

3）采用 LDPC+BCH 级联纠错编码，接收载噪比门限比 DVB-T 显著降低。

4）采用高达 32768 点的快速傅里叶变换（Fast Fourier Transform, FFT）块长以及优化的导频技术。

5）采用多层帧结构的超帧，实现时频二维信号动态分配。

6）采用多天线的多输入单输出（Multiple Input Single Output, MISO）技术，支持增强型的单频网服务。

7）采用独特的多物理层管道（Physical Layer Pipes, PLP）传输技术，支持更加灵活的多业务广播。

DVB-T2 标准在 2008 年公布，它作为地面数字电视标准进入第二代的标志，ITU 在 2010 年公布了描述第二代地面传输标准的 ITU-R BT. 1877 建议书，DVB-T2 系统首先被接纳为该标准中的一员。

为了进一步提升广播机构开展移动接收服务的能力，在 DVB-T2 的基础上，DVB 组织于 2011 年发布了 DVB-T2-Lite 标准，采用未来扩展帧（Future Extension Frame, FEF）的方法，支持移动和手持设备接收；针对更为复杂的移动接收要求，在现有 DVB-H 的基础上，DVB 组织于 2012 年发布了 DVB-NGH（Digital Video Broadcasting-Next Generation Broadcasting System to Hand-

held）标准。DVB-NGH 引入多输入多输出（MIMO）、时间频率分片（Time-Frequency Slicing,
TFS）、非均匀星座、LDPC 编码和时域交织等技术，可同时接收卫星信号与地面信号，能提供包
括传统线性广播、各种视听内容、图文信息以及推送下载等在内的富媒体内容服务。

此外，在针对网络融合服务方面，欧洲也加快了 HbbTV（Hybrid broadcast/broadband TV）标
准的制定步伐。基于 HbbTV 实现了直播电视、预下载和本地重播的动态选择、宽带网和广播网
的动态选择，提供了补充式互联网络视频服务以及多屏应用等各种扩展业务。

2.5.3　日本的 ISDB 标准

随着美国 HDTV 的提出及欧洲宣布停止开发 HD-MAC 电视，日本政府于 1994 年宣布不推广
MUSE 系统，并于 1996 年成立了数字广播专家组（Digital Broadcasting Expert Group, DiBEG）致
力于开发数字电视系统，提出了地面综合业务数字广播（Integrated Services Digital Broadcasting-
Terrestrial, ISDB-T）项目，目标是把各种信息集中到同一个信道中广播。这些信息包括活动和
静止图像、声音、文字和各种数据。ISDB 系统能开展不同的新服务，灵活地将不同业务的数据
复用起来，还具有与通信网和计算机系统的交互性。1999 年 5 月，日本向 ITU-R 提交了 ISDB-T
标准草案建议书，2001 年被 ITU 接纳 ITU-R BT. 1306 标准中的系统 C。

日本 ISDB-T 标准采用频带分段传输正交频分复用（Band Segmented Transmission-Orthogonal
Frequency Division Multiplexing, BST-OFDM），这是一种在欧洲 DVB-T 多载波调制技术上的改进
方案。在采用 COFDM 基础技术的同时，ISDB-T 把 6MHz 传输带宽划分为 13 段，每段 423kHz，
来解决窄带和宽带业务的同时接收问题。并且，针对不同的分段，可分层设定不同段的纠错和调
制方式，以适应不同播出业务对传输环境的要求，为此，日本在地面移动和便携应用上，直接采
用 ISDB-T。

日本为了竞争南美数字电视广播市场，与巴西合作对 ISDB-T 系统进行了升级，具有了一些
巴西本地化的特点。2006 年，由巴西技术标准协会（ABNT）颁布形成 SBDTV-T 标准，后也被
ITU-R BT. 1306 纳入其中。

2.5.4　中国的 DTMB 和 DTMB-A 标准

中国作为电视机的生产和消费大国，一直密切关注国际上数字电视的研究发展动向。

2006 年 8 月 30 日，国家标准化管理委员会发布公告，中国地面数字电视传输标准——GB
20600—2006《数字电视地面广播传输系统帧结构、信道编码和调制》，于 2006 年 8 月 18 日正式
批准成为强制性国家标准，2007 年 8 月 1 日起实施。在下文中，称中国地面数字电视传输标准
为数字电视地面多媒体广播（Digital Television Terrestrial Multimedia Broadcasting, DTMB）标准。

自颁布 DTMB 标准以来，我国标准化机构开展了地面数字电视配套标准的研究制定工作，
初步建立了从发射、传输、接收环节的标准体系并逐步完善，已完成了近 30 项地面数字电视配
套标准的制定。

DTMB 系统采用独创的时域同步正交频分复用（Time Domain Synchronous Orthogonal Frequen-
cy Division Multiplexing, TDS-OFDM）调制方式，在体系设计、技术性能等方面具有后发优势，
在多次技术对比测试中，总体性能领先于 ATSC1.0、DVB-T 和 ISDB-T 标准。在信号频谱效率、
处理速度、抗干扰等方面优势明显；采用 LDPC 码，DTMB 系统具有较低的信号接收载噪比门
限；运用时域频域联合处理技术使信道动态分配、移动接收、多业务广播等方面具有鲜明特色。

2011 年 12 月 6 日，国际电信联盟在修订地面数字电视广播国际标准时，将我国的 DTMB 标
准纳入 ITU-R BT. 1306 标准中的系统 D。DTMB 标准正式成为继美、欧、日之后的第四个数字电
视国际标准，标志着 DTMB 标准得到了国内和国际产业界的普遍认可，对我国数字电视产业发展
和国际化推进具有重大而深远的意义。

DTMB-A（DTMB-Advanced）是 DTMB 标准的演进版本，主要为应对欧洲第二代 DVB-T2 标准的国际市场竞争而推出，同时顺应超高清电视广播传输的发展需求。总体性能达到甚至超越欧洲的第二代地面数字电视标准 DVB-T2：DTMB-A 增加了 256-APSK（Amplitude Phase Shift Keying，振幅相移键控）和高阶 FFT 参数选项，从而使传输码率高于 DVB-T2；同时采用 Gray-APSK 调制和新型 LDPC 码，接收载噪比门限低于 DVB-T2；使用基于时域综合的多天线技术，支持增强型单频网；使用时频二维动态分配和新型复帧信令结构，更方便地支持多业务同播。

2015 年 7 月 8 日，国际电信联盟（ITU）在其官方主页上公布：由中国政府提交的中国地面数字电视传输标准的演进版本（DTMB-A）被正式列入国际电联 ITU-R BT. 1306 建议书《地面数字电视广播的纠错、数据成帧、调制和发射方法》，成为其中的系统 E。这标志着 DTMB-A 也成为数字电视国际标准。

2.6 中国地面数字电视传输标准的国际化进展

2.6.1 制定地面数字电视国际标准的战略意义

拓展阅读

中国地面数字电视传输标准的战略意义

数字电视地面广播方式肩负着国家安全稳定方面的重大任务。例如，一旦发生战争，或是一些地区发生重大自然灾害、疫情等，有线和卫星电视广播网络易遭破坏，地面电视广播网络将起到至关重要的作用，在发生各类重大突发事件（包括自然灾害、事故灾难、公共卫生事件、社会安全事件等）时，最短的时间内将消息通过地面数字电视广播传送到各个角落的人们，可避免重大危机的发生和减少事件造成的危害。

地面数字电视广播作为信息技术领域一个重要组成部分，具有技术门槛高、产业链长、带动的就业人口多、就业持续时间较长等行业特点。因此，中国制定具有自主知识产权的地面数字电视国际标准具有重要的战略意义。一方面，对促进我国经济增长方式转变、推动经济结构转型、拉动经济发展具有明显的作用；另一方面，在核心专利及技术标准开拓海外市场方面具有示范意义。

2.6.2 中国地面数字电视传输标准的制定

我国广播电视系统的标准化开始于 1974 年，第一个国家标准《黑白电视广播标准》（GB 1385—1978）于 1978 年正式颁布。早期的广播电视技术标准主要分为广播电视系统基础标准、系统分类标准、专业分类标准和设备性能标准，主要以吸收和借鉴国际标准和国外先进标准为主，在不同程度上只能被动地采用国际标准化组织制定的标准。我国生产的大多数出口产品，由于缺乏具有自主知识产权的核心技术，产品的附加值偏低，主要靠低价销售，也因此受到反倾销、技术性贸易壁垒等保护措施的制约。

拓展阅读

标准制定的详细过程

由于广播电视行业的特殊性，数字电视广播标准的制定或选用工作显得尤为重要。这不但涉及本国的社会制度、政治需要，还影响到本国经济的发展及相关产业的发展。我国地面数字电视传输标准的研制历经技术方案仿真、知识产权评估、方案初步优选、关键技术改进、融合方案确定和标准提案起草等几个阶段。详细内容请扫描二维码阅读。

2.6.3 中国地面数字电视传输标准的国际化推广

我国在 2006 年 8 月颁布了强制性国家标准 GB 20600—2006《数字电视地面广播传输系统帧结构、信道编码和调制》（简称为 DTMB）之后，国家数字电视工作领导小组就确定了加速 DT-

MB 标准的国内推广和促进 DTMB 标准海外推广的战略方针。2007 年 6 月 8 日，成立了中关村数字电视产业联盟，该联盟集合了全国一百多家主要从事数字电视研发和生产单位，在推动 DTMB 国际标准获得通过、国际标准体系建设、海外推广应用等方面开展了一系列工作，发挥了巨大的作用。

为了应对欧洲第二代数字电视标准 DVB-T2 的国际市场竞争和适应超高清电视广播传输的需要，2009 年，在国家标准委员会的支持下，清华大学数字电视技术研究团队和数字电视国家工程实验室（北京）开始联合研发 DTMB 的演进系统 DTMB-A（DTMB-Advanced）。2012 年 DTMB-A 应用示范系统展出，其主要性能指标超越欧洲第二代数字电视标准 DVB-T2。

2015 年 7 月 8 日，国际电信联盟（ITU）在其官方主页上公布：由中国政府提交的中国地面数字电视传输标准的演进版本（DTMB-A）被正式列入国际电联 ITU-R BT. 1306 建议书《地面数字电视广播的纠错、数据成帧、调制和发射方法》，成为其中的系统 E。这标志着 DTMB-A 已经成为数字电视国际标准。

拓展阅读

标准推广的
详细过程

2.7 小结

本章介绍了数字电视、高清晰度电视的概念及数字电视的特点，概述了数字电视系统的组成和关键技术、数字电视的相关国际标准，以及中国地面数字电视传输标准的国际化进展，为本书后续章节的展开建立了一个整体的认识。

通过本章的学习，读者可以了解中国地面数字电视传输标准的制定历程及国际化进展，从而激发爱国热情，振奋民族精神。

2.8 习题

1. 什么是数字电视？与模拟电视相比，数字电视有哪些技术特点与优点？
2. 发展数字电视的意义是什么？
3. 什么是 HDTV？它和数字电视之间的关系如何？
4. 数字电视有哪些类别？
5. 简述数字电视系统的组成及其关键技术。
6. 国际上主要有哪些数字电视标准体系？

数字电视系统是指一个从节目摄制、编辑、制作、发射、传输，到接收、处理、存储、显示的全过程中都使用数字信号的电视系统。在数字电视系统中，如何产生数字电视信号，并将其传播出去，是实现数字电视完整体系的基础之一。

本章主要介绍电视信号数字化原理，音频信号的数字化参数和接口标准，ITU-R BT. 601、ITU-R BT. 709、ITU-R BT. 2020 建议，GB/T 14857—1993、GY/T 155—2000、GY/T 307—2017 标准，以及视频信号接口标准 ITU-R BT. 656 和 ITU-R BT. 1120 建议。

本章学习目标：

- 熟悉电视信号数字化的过程，掌握均匀量化的原理。
- 理解"量化"是数字电视信号产生失真的主要根源，掌握量化信噪比 SNR（用分贝表示）与量化比特数 n 之间的关系。
- 了解 AES/EBU（AES3）数字音频接口标准。
- 熟悉 ITU-R BT. 601、ITU-R BT. 709、ITU-R BT. 2020 建议，以及各参数选取的原则和依据。
- 熟悉 GB/T 14857—1993、GY/T 155—2000、GY/T 307—2017 标准中规定的数字电视节目制作和国际节目交换用参数值。
- 了解 ITU-R BT. 656 和 ITU-R BT. 1120 视频信号接口标准。

3.1　信号的数字化

信号的数字化就是将模拟信号转换成数字信号，一般需要完成采样、量化和编码三个步骤。采样是指用每隔一定时间（或空间）间隔的信号样本值序列代替原来在时间（或空间）上连续的信号，也就是在时间（或空间）上将模拟信号离散化。量化是用有限个幅度值近似原来连续变化的幅度值，把模拟信号的连续幅度变为有限数量、有一定间隔的离散值。编码则是按照一定的规律，把量化后的离散值用二进制数字表示，以进行传输或记录。上述数字化的过程又称为脉冲编码调制（PCM）。

3.1.1　采样

模拟信号不仅在幅度取值上是连续（连续的含义是在某一取值范围内可以取无穷多个数值）的，而且在时间（或空间）上也是连续的。要使模拟信号数字化，首先要在时间（或空间）上进行离散化处理，即在时间（或空间）上用有限个采样点来代替连续无限的坐标位置，这一过程叫采样。所谓采样就是每隔一定的时间（或空间）间隔，抽取信号的一个瞬时幅度值（样本值）。采样后所得出的一系列在时间（或空间）上离散的样本值称为样值序列。采样的示意图如图 3-1 所示。

　　根据奈奎斯特（Nyquist）采样定理，只要采样频率大于或等于模拟信号的最高频率的 2 倍，即 $f_s \geqslant 2f_{max}$，就可以通过理想低通滤波器，从样值序列中无失真地恢复原始模拟信号。也就是说，在满足奈奎斯特采样定理的条件下，在时间上离散的信号包含有采样前模拟信号的全部信息。

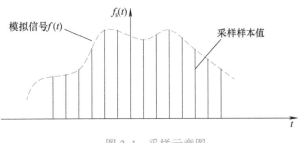

图 3-1　采样示意图

　　对于数字电视系统，从人的生理角度来看，人眼对快速变化信号的感觉能力是有限的。所以，可以通过扫描把图像信息在空间（扫描行间）和时间（场、帧间）上进行离散化，但人眼的感觉图像是连续的。

　　在数字图像压缩编码中，为进一步提高压缩比，一种不满足奈奎斯特采样定理的亚采样及其内插技术也是目前研究热点之一。

3.1.2　量化

1. 量化的概念

　　采样把模拟信号变成了时间（或空间）上离散的样值序列，但每个样值的幅度仍然是一个连续的模拟量，因此还必须对其进行离散化处理，将其转换为有限个离散值，才能用有限二进制数来表示其幅值。这种对采样值进行离散化的过程叫作量化。

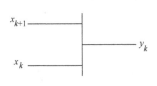

图 3-2　量化示意图

　　从数学角度看，量化就是把一个取连续值的无限集合 $\{x\}$，通过变换 Q，映射到一个只有 L 个离散值的集合 $\{y_k\}, k = 1, 2, \cdots, L$。

　　如图 3-2 所示，当输入电平 x 落入 $[x_k, x_{k+1}]$ 时，量化器输出为 y_k，即

$$y = Q(x) = y_k, \qquad 当 x \in [x_k, x_{k+1}], \ k = 1, 2, \cdots, L$$

式中，$x_k(k = 1, 2, \cdots, L)$ 称为量化判决电平或分层电平；$y_k(k = 1, 2, \cdots, L)$ 称为第 k 个量化电平；L 称为量化级数。$\Delta k = x_{k+1} - x_k$，称为第 k 个量化间隔（或称量化步长）。

2. 量化比特数与量化信噪比的关系

　　量化既然是以有限个离散值来近似表示无穷多个连续量，就一定产生误差，这就是所谓的量化误差，由此所产生的失真即量化失真或量化噪声。值得注意的是，量化误差与噪声是有本质区别的。因为任一时刻的量化误差可以从输入信号求出，而噪声与信号之间就没有这种关系。可以证明，量化误差是高阶非线性失真的产物。但量化失真在信号中的表现类似于噪声，也有很宽的频谱，所以也被称为量化噪声，并用信噪比来衡量。

　　当量化器的每个量化间隔都相等，量化电平取各量化区间的中间值时，称这种量化为均匀量化或线性量化。采用这种量化方式的量化误差有正有负，量化误差的最大绝对值为 $\Delta/2$（Δ 为量化间隔）。一般说来，可以把量化误差的幅度概率分布看成在 $-\Delta/2 \sim +\Delta/2$ 之间的均匀分布。可以证明，均方量化误差与量化间隔的平方成正比。量化间隔越小，量化误差就越小，但用来表示一定幅度的模拟信号时所需要的量化级数就越多，编码时所用的比特数就越多，这不利于数据的传输和存储。所以，量化既要尽量减少量化级数，又要使量化失真看不出来。所谓量化比特数是指要区分所有量化级数所需的二进制码位数。

　　在进行二进制编码时，所需的二进制码位数 n 与量化级数 M 之间的关系为

$$M = 2^n \text{ 或 } n = \log_2 M$$

n 通常称为量化比特数。例如，有 8 个量化级，那么可用 3 位二进制码来区分，因此，称 8 个量化级的量化为 3bit 量化。8bit 量化则是指共有 256 个量化级的量化。

以下分析量化比特数与量化信噪比之间的关系。

假设信号在动态范围内每个量化分层电平上出现的概率是均匀的，而且量化误差在舍入方式中出现在 $-\Delta/2 \sim +\Delta/2$ 之间的概率分布函数 $p(x)$ 也是均匀的，即

$$p(x) = \begin{cases} \dfrac{1}{\Delta}, & |x| \leqslant \dfrac{\Delta}{2} \\ 0, & |x| > \dfrac{\Delta}{2} \end{cases} \tag{3-1}$$

量化误差引起的噪声在单位电阻上的平均功率可由下式推得：

$$N_q = \int_{-\frac{\Delta}{2}}^{\frac{\Delta}{2}} p(x) x^2 \mathrm{d}x = \frac{1}{\Delta} \int_{-\frac{\Delta}{2}}^{\frac{\Delta}{2}} x^2 \mathrm{d}x = \frac{1}{\Delta} \left[\frac{1}{3} x^3 \right]_{-\frac{\Delta}{2}}^{\frac{\Delta}{2}} = \frac{\Delta^2}{12} \tag{3-2}$$

由式（3-2）可以看出，量化噪声功率 N_q 与量化间隔 Δ 的平方成正比。

对于双极性信号（如声音信号），设其振幅为 V_m，则动态范围为

$$2V_m = M\Delta = 2^n \Delta$$

则正弦或余弦信号在单位电阻上的平均功率为

$$S = \frac{1}{2} V_m^2 = \frac{1}{2} \left(\frac{2^n \Delta}{2} \right)^2 \tag{3-3}$$

声音信号的量化信噪比用信号功率与量化噪声功率之比表示，即

$$\frac{S}{N_q} = \frac{\dfrac{1}{2} \left(\dfrac{2^n \Delta}{2} \right)^2}{\Delta^2 / 12} = \frac{3}{2} \times 2^{2n} \tag{3-4}$$

用分贝（dB）表示时，则为

$$\left(\frac{S}{N_q} \right)_{dB} = 10 \lg \left(\frac{3}{2} \times 2^{2n} \right) = 10 \times 2n \lg 2 + 10 \lg \frac{3}{2} \approx 6.02n + 1.76 \tag{3-5}$$

视频信号的量化信噪比一般用信号峰-峰值与量化噪声平均功率的方均根值之比表示，即

$$\frac{V_{p\text{-}p}}{\sqrt{N_q}} = \frac{2^n \Delta}{\sqrt{\dfrac{\Delta^2}{12}}} = 2\sqrt{3} \times 2^n$$

用分贝表示时，则为

$$\left(\frac{V_{p\text{-}p}}{\sqrt{N_q}} \right)_{dB} = 20 \lg (2\sqrt{3} \times 2^n) = 20 \times n \lg 2 + 20 \lg 2\sqrt{3} \approx 6.02n + 10.8 \tag{3-6}$$

由量化信噪比表示式可以看出，当量化比特数 n 每增加或减少 1bit，就使量化信噪比提高或降低 6dB。

上面所述的均匀量化会造成大信号时信噪比有余而小信号时信噪比不足的缺点。如果使小信号时量化间隔小些，而大信号时量化间隔大些，就可以使小信号时和大信号时的信噪比趋于一致。这种进行不等间隔分层的量化称为非均匀量化或非线性量化。非均匀量化一般用于声音信号，这不仅因其动态范围大，也因人耳在弱信号时对噪声很敏感，在强信号时却不易觉察出噪声。对于声音信号的非均匀量化处理，通常采用压缩、扩张的方法，即在发送端对输入的信号进行压缩处理再均匀量化，在接收端再进行相应的扩张处理。数字电视信号大多也采用非均匀量化方式，这是由于模拟视频信号要经过 γ 校正，而 γ 校正类似于非线性量化特性，可减轻小信号时误差的影响。

3.1.3　编码

采样、量化后的信号还不是数字信号，需要把它转换成数字编码脉冲，这一过程称为编码。最简单的编码方式是二进制编码。具体说来，就是用 n 比特二进制码来表示已经量化了的样值，每个二进制数对应一个量化电平，然后把它们排列，得到由二值脉冲组成的数字信息流。在接收端，可以按所收到的信息重新组成原来的样值，再经过低通滤波器恢复原信号。

数字信号的传输比特率（通常也称为数码率）等于采样频率与量化比特数的乘积。显然，采样频率越高，量化比特数越多，数码率就越高，所需要的传输带宽就越宽。

3.2　音频信号的数字化

3.2.1　数字音频信号源参数

声音是通过空气传播的一种连续的波，叫声波。声音的强弱体现在声波压力的大小上，音调的高低体现在声音的频率上。声音用电信号表示时，声音信号在时间和幅度上都是连续的模拟信号。

声音信号的两个基本参数是频率和幅度。信号的频率是指信号每秒钟变化的次数，其单位为 Hz。例如，大气压的变化周期很长，以小时或天数计算，一般人不容易感到这种气压信号的变化，更听不到这种变化。对于频率为几 Hz 到 20Hz 的空气压力信号，人们也听不到，如果它的强度足够大，也许能够感觉到。人们把频率小于 20Hz 的信号称为亚音（Subsonic）信号，或称为次音信号；频率高于 20kHz 的信号，称为超声波（Ultrasonic）信号，这两类声音是人耳听不到的。人耳可以听到的声音是频率在 20Hz～20kHz 之间的声波，称之为音频（Audio）信号。而人的发音器官发出的声音频率在 80～3400Hz 之间，但人说话的信号频率通常在 300～3400Hz 之间，人们把这种频率范围的信号称为语（话）音信号（Speech，Voice）。在多媒体技术中，处理的信号主要是音频信号，包括音乐、语音、风声、雨声、鸟叫声、机器声等。对于音频信号，人们是否都能听到，主要取决于各个人的年龄和耳朵的特性。

对声音信号的分析表明，声音信号是由许多不同频率和幅度的信号组成的，这类信号通常称为复合信号。音频信号一般都是复合信号。音频信号的另一个重要参数就是带宽，它用来描述组成复合信号的频率范围。如高保真音频信号（High-fidelity Audio）的频率范围是 10Hz～20kHz，带宽约为 20kHz。

声音信号的数字化需要解决以下两个问题：

1）每秒钟需要采集多少个声音样本，也就是采样频率 f_s 是多少。

2）每个声音样本的量化比特数是多少，也就是量化精度是多少。

其中采样频率由采样定理给出，即采样频率应该大于原始模拟信号最高频率的两倍。每个样本的量化比特数反映度量声音波形幅度的精度。例如，每个声音样本用 16bit 表示，测得的声音样本值是在 0～65536 的范围里，它的精度就是输入信号的 1/65536。

数字音频的音质随着采样频率及所使用的量化比特数的不同而有很大的差异。人耳的听觉特点是：它能感觉极微小的声音失真而且又能接受极大的动态范围。由于这个特点，对音频信号进行数字化所用的量化比特数比视频信号要多。

人耳听觉的频率上限在 20kHz 左右，为了保证声音不失真，采样频率应大于 40kHz。经常使用的采样频率有 11.025kHz、22.05kHz、32kHz、44.1kHz 和 48kHz 等。采样频率越高，声音失真越小、音频数据量越大。经常采用的量化比特数有 8bit、12bit 和 16bit。量化比特数越多，音质越好，数据量也越大。反映音频数字化质量的另一个因素是声道数。记录声音时，如果每次生成一个声波数据,则称为单声道;每次生成两个声波数据,则称为立体声(双声道),立体声更能反映人的听觉感受。除了上述因素外,数字化音频的质量还受其他一些因素的影响,如扬声器、传声器质量的优劣,A/D(模/数)与D/A(数/模)转换器的品质,各个设备连接线屏蔽效果等的影响。

综上所述,音频数字化的采样频率和量化精度越高,音质越好,恢复出的声音越接近原始声音,但记录数字声音所需存储空间也随之增加。可以用下面的公式估算声音数字化后每秒所需的存储量(假定不经压缩):

$$存储量 = (采样频率×量化比特数×声道数)/8$$

其中,存储量的单位为B(字节)。例如,数字激光唱盘(Compact Disc,CD)的标准采样频率为44.1kHz,量化比特数为16bit,立体声,可以几乎无失真地播出频率高达20kHz的声音,这也是人类所能听到的最高频率声音。存储1min音乐数据所需要的容量为

$$(44.1×1000×16×2×60/8)B = 10584000B$$

根据声音的频带、采样频率、量化精度及声道数,通常把声音的质量分成5个等级,由低到高依次是电话话音质量、调幅(AM)无线电广播质量、调频(FM)无线电广播质量、数字激光唱盘(CD)质量和数字录音带(DAT)质量。在这5个等级中,使用的采样频率、量化精度、声道数及相应的数码率列于表3-1。

表3-1 声音质量和数码率

质 量 等 级	采样频率/kHz	量化精度/bit	声 道 数	数码率(未压缩)/ (kbit/s)	频带/Hz
电话话音	8	8	单声道	64	200~3400
AM	11.025	8	单声道	88.2	50~7000
FM	22.05	16	双声道	705.6	20~15000
CD	44.1	16	双声道	1411.2	20~20000
DAT	48	16	双声道	1536	20~20000

我国标准规定,数字音频信号源的参数如表3-2所示。音频信号的采样频率有3种:48kHz、44.1kHz和32kHz。其中,44.1kHz的采样频率主要用于数字磁带录像机记录数字音频信号和CD播放机;48kHz的采样频率主要用于在演播室将数字音频信号插入电视信号的数字行消隐期;32kHz的采样频率用于无线广播。我国标准规定音频信号数字化时,采样频率优先选用48kHz,音频信号的编码方式优先选用20bit均匀量化PCM。

表3-2 数字音频信号源参数

参 数	标 准 规 定
采样频率/kHz	48, 44.1, 32
编码方式	PCM
量化精度/bit	20, 16, 18, 24

我国标准还规定了演播室的数字音频声道分配,如表3-3所示,共分3种记录方式:2路记录的声道分配(左声道,右声道)、4路记录声道分配(3声道或单声道)、8路记录声道分配(5.1声道加自由使用的2个声道)。

表 3-3　多路声轨记录的声道分配

声　　轨	2 路记录的声道分配	4 路记录的声道分配	8 路记录的声道分配
1	L（左声道）	L（左声道）	L（左声道）
2	R（右声道）	R（右声道）	R（右声道）
3		C（中置声道）	C（中置声道）
4		MS（单声道）	LFE（低频增强声道）
5			LS（左环绕声道）
6			RS（右环绕声道）
7			F（自由使用）
8			F（自由使用）

3.2.2　AES/EBU（AES3）接口标准

AES/EBU 接口标准是由美国音频工程协会/欧洲广播联盟（Audio Engineering Society/European Broadcasting Union）制定的一种专业的数字音频接口标准，现广泛应用于大量的民用产品和专业的数字音频设备，如 CD 机、数字磁带录音机（DAT）、硬件采样器、高档的专业声卡、大型数字调音台、数字音频工作站等。

AES/EBU（也称 AES3）接口标准与国际电工委员会（International Electrotechnical Commission，IEC）的 IEC 60958 TYPE I、CCIR Rec. 647 和 EBU Tech 3250E 基本一致，它可以通过一个平衡式接口来串行传送被复用的双通道数字音频信号，采用的平衡驱动器和接收器与用于 RS422 数字传输的标准类似，其输出电平为 2~7V，如图 3-3 所示。电路中，串联电容器 C_2 和 C_3 隔开变压器直流，防止与含有直流电压的源端相连接；变压器抑制共模信号，减少了接地和电磁干扰问题。

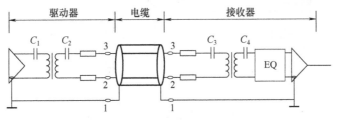

图 3-3　AES/EBU 平衡式接口

AES/EBU 接口采用的传输介质是同轴电缆或双绞线。专业的接口允许电缆的长度为 100~300m。在不加均衡的情况下，这种接口允许的传输距离可以达到 100m；如果加均衡，则可以传输得更远。

AES/EBU 是一种无压缩的数字音频格式，以单向串行码来传送两个声道的高质量数字音频数据（最高 24bit 量化），还传送相关的控制信息（包括数字通道的源和目的地址、日期时间码、采样点数、字节长度和其他信息）并有检测误码的能力。AES/EBU 信道是自同步的，时钟信息来自于发送端，由 AES/EBU 的数码流附带表达。有代表性的采样频率是 32kHz、44.1kHz、48kHz。

AES/EBU 接口的通道编码采用双相标志码（Biphase Mark Code，BMC），其波形如图 3-4 所示。它属于一种相位调制（Phase Modulation）的编码方法，是将时钟信号和数据信号混合在一起传输的编码方法。无论码元为"1"或"0"，在每个数据比特周期的开始都有一个电平跳变。而且每个码元"1"的中间有一个跳变，为归零码；对于码元"0"，在整个比特周期之内保持电平不变。双相标志码编码的数据流中不会出现连续的"1"或"0"。

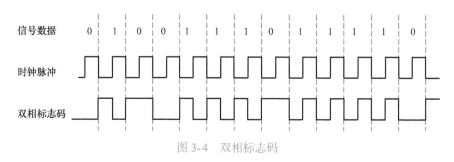

图 3-4 双相标志码

这种编码格式在传输中有很多优点，与用高低电平值表示"0""1"相比，信号的逻辑值识别靠脉冲边沿的跳变而不是靠检测电压的阈值与脉冲宽度。这就可使用交流通路传送编码信号，不需保留直流成分，编码信号可直接通过变压器与电容器耦合，方便设备之间隔离，差分信号与模拟传输使用的平衡信号接口规格相似，也具有高共模抑制的特性。这一点对音频信号的传输十分有利。双相性的编码，因无极性参考点，脉冲的跳变不论是向下还是向上，极性的翻转也就是波形的翻转对信号传输无影响，因此一般专业应用中的卡侬连接器冷热端互换对传输无影响，更不会造成模拟信号传输中的反相问题。由于边沿触发的特点，在传输中对感染的噪声和工频干扰不敏感，它的抗噪声能力是阈值检测信道方式的 2 倍。

AES/EBU 的音频帧格式如图 3-5 所示。在一个采样周期内传输一帧。每一帧由两个子帧构成，每一子帧包含一个通道的音频数据。一个音频数据是一个经采样、量化，并以 2 的补码方式表示的数字音频信号。对于立体声传输，子帧 1 包含的是左声道的音频数据，而子帧 2 则包含右声道的音频数据。192 帧复用在一起形成一个音频块（block），构成 AES 数字音频流。

拓展阅读

各字段的
介绍

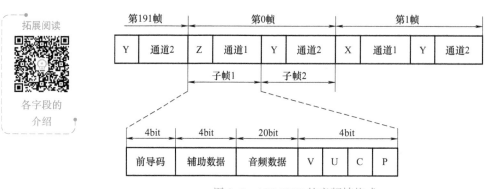

图 3-5 AES/EBU 的音频帧格式

3.3 视频信号的数字化

自然的视频信号在空间域及时间域中都是连续的，模拟视频信号体系的基本特点是用扫描方式把三维视频信号转换为一维随时间变化的信号。对模拟视频信号的采样包括以下三个过程：首先，在时间轴上（t 维）等间隔地捕捉各时刻的静止图像，即把视频序列分成一系列离散的帧；然后，在每一帧图像内又在垂直方向上（y 维）将图像离散为一条一条的扫描行，实际是在垂直方向上进行空间采样；最后，对每一扫描行在水平方向上（x 维）再进行采样，从而把图像分成若干方形网格，而每一个网格就称为一个像素。其结果是数字电视图像由一系列样点组成，每个样点与数字图像的一个像素对应。像素是组成数字图像的最小单位。这样，数字电视图像帧由二维空间排列的像素点阵组成，视频序列则由时间上一系列的数字图像帧组成，如图 3-6 所示。

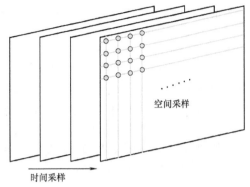

在数字电视发展初期，对彩色电视信号的数字化处理主要有分量数字编码和复合数字编码两种方式。复合数字编码是将彩色全电视信号直接进行数字化，编码成 PCM 形式。由于采样频率必须与彩色副载波频率保持一定的整数比例关系，而不同的彩色电视制式的副载波频率各不相同，难以统一。同时采用复合数字编码时由采样频率和副载波频率

图 3-6　视频序列的时间采样和空间采样

间的差拍造成的干扰将落入图像带宽内，会影响图像的质量。随着数字技术的发展，这种复合数字编码方式已经被淘汰，目前已全部采用分量数字编码方式，因此本书只讨论分量数字编码方式。

分量数字编码方式是分别对亮度信号 Y 和两色差信号 $B - Y$、$R - Y$ 进行 PCM 编码。

拓展阅读

分量数字
编码的优点

3.3.1　电视信号分量数字编码参数的确定

1. 分量数字编码采样频率的确定

（1）亮度信号的采样频率

亮度信号采样频率的确定要考虑如下一些因素：

1）由于人眼对亮度信号较敏感，而对色差信号的敏感度较低，所以在对亮、色信号分别编码时，亮、色信号的带宽可以不同，有较灵活的选择范围。为了确定合适的带宽，许多国家进行了主观测试。欧洲广播联盟（EBU）按照 500-1 号建议的主观测试以及针对 PAL 制 625 行/50 场扫描制式需要 6MHz 视频带宽这一事实，得出亮度信号的带宽应为 5.8MHz 的结论；苏联的研究结论是 6MHz；日本对 NTSC 制 525 行/60 场扫描制式进行了类似的主观测试研究，得出了亮度信号的带宽应为 5.6MHz 的结论。

2）为保证足够小的混叠噪声，采样频率 f_s 应取 $(2.2 \sim 2.7)f_m$。因此，对 $f_m = 5.8 \sim 6MHz$ 的亮度信号，采样频率 f_s 至少应等于 $12.76 \sim 13.2MHz$。

3）采用每帧固定的正交采样结构，有利于行间、场间和帧间的信号处理。因此，应使 f_s 满足 $f_s = mf_H$ 的关系。

4）为了使 625 行/50 场及 525 行/60 场这两种扫描制式实现行兼容，应采用同一采样频率。

在略大于 13.2MHz 的附近，只有 13.5MHz 既是 625 行/50 场扫描制式行频（15625Hz）的整数倍，又是 525 行/60 场扫描制式行频（4.5MHz/286）的整数倍，即

$$13.5MHz = 15625Hz \times 864 = \frac{4.5}{286}MHz \times 858$$

因此确定亮度信号的采样频率为 13.5MHz。

（2）色差信号的采样频率

日本对色度信号带宽与图像质量的关系进行了全面的研究，从主观测试得出的结论是，色度信号的带宽应选为 2.8MHz。并经研究证明，色差信号采样频率为 6~7MHz 时能满足色键处理等对图像质量的较高要求。因此，从降低混叠噪声、使采样频率为行频的整数倍，以及为使 625 行/50 场扫描制式与 525 行/60 场扫描制式兼容而取同一采样频率这三项条件出发，确定色差信号的采样频率为 6.75MHz。这一频率也满足 $6.75MHz = 15625Hz \times 432 = \frac{4.5}{286}MHz \times 429$。这样，亮度

信号的采样频率正好是色差信号采样频率的2倍。

为了满足不同应用场合对图像质量的要求，分量数字编码时亮度与色差信号的采样频率可以有不同的组合。上述的 Y、$B-Y$、$R-Y$ 信号的采样频率选为 13.5MHz、6.75MHz、6.75MHz 的组合称为 4:2:2 的采样格式。采用 4:2:2 格式的分量数字编码标准就是电视演播室图像质量的编码标准，简称为 4:2:2 标准。如果两个色差信号的采样频率均为 3.375MHz，则称为 4:1:1 格式；两个色差信号的采样频率均为 13.5MHz 时，则称为 4:4:4 格式。

对于 4:2:2 的采样格式，因亮度信号与色差信号的采样频率均为行频的整数倍，所以采样点的排列都是正交结构，只是色差信号的样点数只有亮度信号的一半。其中色差信号的采样点与亮度信号的奇数样点(1,3,5,…)重合。常用采样格式的采样点排列结构如图 3-7 所示。

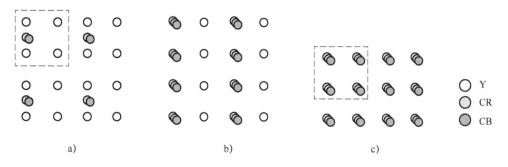

图 3-7　采样结构

a) 4:2:0采样结构　b) 4:2:2采样结构　c) 4:4:4采样结构

2. 量化比特数的确定和量化级的分配

（1）量化比特数

量化比特数是指要区分所有量化级所需的二进制码位数。其大小直接影响到数字图像的质量，每增加或减少 1bit，就使量化信噪比增加或减少 6dB。在 1982 年 2 月 CCIR 第 15 次全会上通过的 CCIR601 建议中，规定对亮度和色差信号都采用 8bit 的均匀量化。8bit 的量化精度在某些场合是不够的，在后来的数字演播室中又扩展到 10bit 的量化。

（2）亮度信号的量化级分配

在对亮度信号进行 8bit 均匀量化时，共分为 256 个等间隔的量化级，即量化级 0~255，相应的二进制码为 00000000~11111111。为了防止信号变动造成过载，不该用完这一动态范围。例如，在 CCIR601 建议中，在 256 个量化级的上端留 20 级、下端留 16 级作为防止超越动态范围的保护带，其中第 0 级和第 255 级留作同步用。

设量化前的亮度信号电平为 E_Y，对应的亮度信号量化电平为

$$Y = \text{round}[219E_Y + 16] \tag{3-7}$$

式中，round[ ] 表示四舍五入取整数值。

亮度信号经归一化处理后 E_Y 的动态范围为 0~1，经量化后总共占 220 个量化级，量化级 16 对应消隐电平，量化级 235 对应峰值白电平。亮度信号的量化级分配如图 3-8 所示。

（3）色差信号的量化级分配

在对模拟电视分量信号 Y、$B-Y$、$R-Y$ 进行量化和编码前，还必须对信号电平进行归一化处理。由式（1-12）可知，亮度信号电平 E_Y 和色差信号电平 E_{R-Y}、E_{B-Y} 的计算公式如下：

$$E_Y = 0.299E_R + 0.587E_G + 0.114E_B$$
$$E_{R-Y} = 0.701E_R - 0.587E_G - 0.114E_B \tag{3-8}$$
$$E_{B-Y} = -0.299E_R - 0.587E_G + 0.886E_B$$

	8bit量化		10bit量化	
同步电平	11111111	255	1111111111	1023
峰白电平	11101011	235	1110101100	940
⋮	⋮		⋮	
消隐电平	00010000	16	0001000000	64
同步电平	00000000	0	0000000000	0

图 3-8　亮度信号的量化级分配

归一化（即最大电平为 1.0V）后 100-0-100-0 彩条信号的电平值如表 1-1 所示。对于所有的彩条，亮度信号电平 E_Y 的动态取值范围在 0~1 之内；而色差信号电平 E_{R-Y} 的动态范围是-0.701~0.701，E_{B-Y} 的动态范围是-0.886~0.886。为了使色差信号电平的动态范围控制在-0.5~0.5 之内，需要再次归一化，对 E_{R-Y} 和 E_{B-Y} 进行压缩，压缩系数分别为

$$K_R = \frac{0.5}{0.701} = 0.713$$

$$K_B = \frac{0.5}{0.886} = 0.564$$

即归一化后的色差信号电平为

$$E_{C_R} = 0.713E_{R-Y} = 0.500E_R - 0.419E_G - 0.081E_B \tag{3-9}$$

$$E_{C_B} = 0.564E_{B-Y} = -0.169E_R - 0.331E_G + 0.500E_B \tag{3-10}$$

它们的动态范围在-0.5~0.5 之内。色差信号是双极性信号，因此采用偏移二进码。偏移二进码可以理解为信号的零电平对应于第 128 量化级的自然二进码，上下对称。设量化前的色差信号电平为 E_{C_R}、E_{C_B}，对应的色差信号量化电平为

$$C_R = \text{round}\left[224E_{C_R} + 128\right] = \text{round}\left[160E_{R-Y} + 128\right] \tag{3-11}$$

$$C_B = \text{round}\left[224E_{C_B} + 128\right] = \text{round}\left[126E_{B-Y} + 128\right] \tag{3-12}$$

传送无色黑白信号时，因 E_{R-Y} 和 E_{B-Y} 都为 0，所以 $C_R = C_B = 128$。另外，对色差信号也仅分配 224 个量化级，上端留 15 个量化级，下端留 16 个量化级作为防止过载的保护带。当 $E_{R-Y} = -0.701$ 时，$C_R = 16$；当 $E_{R-Y} = 0.701$ 时，$C_R = 240$；当 $E_{B-Y} = -0.886$ 时，$C_B = 16$；当 $E_{R-Y} = 0.886$ 时，$C_B = 240$。

色差信号 C_R 和 C_B 的量化级分配如图 3-9 所示。

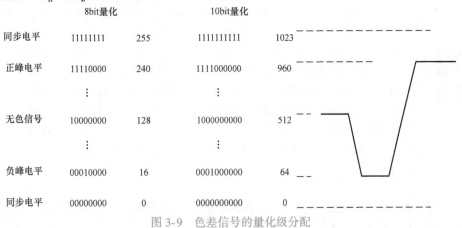

	8bit量化		10bit量化	
同步电平	11111111	255	1111111111	1023
正峰电平	11110000	240	1111000000	960
⋮	⋮		⋮	
无色信号	10000000	128	1000000000	512
⋮	⋮		⋮	
负峰电平	00010000	16	0001000000	64
同步电平	00000000	0	0000000000	0

图 3-9　色差信号的量化级分配

3.3.2 ITU-R BT. 601 建议

1982 年 2 月，在 CCIR 第 15 次全会上通过的 CCIR 601 建议中，确定了以分量数字编码 4∶2∶2 标准作为演播室彩色电视信号数字编码的国际标准。该建议考虑到现行的多种彩色电视制式，提出了一种世界范围兼容的数字编码方式，这是向数字电视广播系统参数统一化、标准化迈出的第一步。该建议对彩色电视信号的编码方式、采样频率、采样结构都做了明确的规定，见表 3-4。

表 3-4 CCIR 601 建议的主要参数（采样格式为 4∶2∶2）

参　　数		625 行/50 场	525 行/60 场
有效扫描行数		576	480
编码信号		Y, C_B, C_R	
每行样点数	亮度信号	864	858
	色差信号	432	429
每行有效样点数	亮度信号	720	
	色差信号	360	
采 样 结 构		正交，按行、场、帧重复，每行中的 C_R，C_B 的样点同位置，并与每行第奇数个（1，3，5，…）亮度的样点同位置	
采样频率/MHz	亮度信号	13.5	
	色差信号	6.75	
编码方式		对亮度信号和色差信号都进行均匀量化，每个样值为 8bit 量化	
量 化 级	亮度信号	共 220 个量化级，消隐电平对应于第 16 量化级，峰值白电平对应于第 235 量化级	
	色差信号	共 224 个量化级（16~240），色差信号的零电平对应于第 128 量化级	
同　　步		第 0 级和第 255 级保留	

以亮度信号的采样频率 13.5MHz 除以行频，可得出 625 行/50 场和 525 行/60 场这两种扫描制式中每行的亮度采样点数分别是 864 和 858，规定其行正程的采样点数均为 720，则其行逆程的采样点数分别为 144 和 138。由于人眼对色差信号的敏感度要低于对亮度信号的敏感度，为了降低数字电视信号的总数码率，在分量数字编码时可对两个色差信号进行亚采样，同时也考虑到采样的样点结构满足正交结构的要求，CCIR 601 建议两个色差信号的采样频率均为亮度信号采样频率的一半，即 6.75MHz，每行的样点数也是亮度信号样点数的一半。因此，对演播室数字电视设备进行分量数字编码的标准是：亮度信号的采样频率是 13.5MHz，两个色差信号的采样频率是 6.75MHz，其采样频率之比为 4∶2∶2，因此也称为 4∶2∶2 格式。对用于信号源信号处理的质量要求更高的设备，也可以采用 4∶4∶4 的采样格式。

彩色电视信号采用分量数字编码方式，对亮度信号和两个色差信号进行线性 PCM 编码，每个样值取 8bit 量化。同时，规定在数字编码时，不使用 A/D 转换的整个动态范围，只给亮度信号分配 220 个量化级，黑电平对应于量化级 16，白电平对应于量化级 235；为每个色差信号分配 224 个量化级，色差信号的零电平对应于量化级 128。这几个参数对 PAL 制和 NTSC 制都是相同的。

拓展阅读

CCIR 601 建议的最新进展

3.3.3 ITU-R BT. 709 建议

ITU-R BT. 709 建议书中包含下列 HDTV 演播室标准，以覆盖宽广的应用范围：

（1）常规电视系统方面

- 总行数 1125，2∶1 隔行扫描，场频 60Hz，有效行数 1035。
- 总行数 1250，2∶1 隔行扫描，场频 50Hz，有效行数 1152。

（2）像素平方通用图像格式（CIF）系统（1920×1080）方面

- 总行数 1125，有效行数 1080。
- 图像频率 60Hz、50Hz、30Hz、25Hz 和 24Hz，包括逐行、隔行和帧分段

传输。

拓展阅读

ITU-R BT.709
建议的形成
过程

ITU-R BT.709 建议书中，给出了 1920×1080 HD-CIF 格式作为新装置的优选格式，它与其他应用场合的互操作性十分重要，其运行目标是实现一个唯一的世界性标准。

ITU-R BT.709 建议的主要参数如表 3-5 所示。

表 3-5　ITU-R BT.709 建议的主要参数

参　　数	系　　统				
	60p	30p/30p 帧分段/60i	50p	25p/25p 帧分段/50i	24p/24p 帧分段
编码信号	Y, C_B, C_R 或 R, G, B				
采样结构 （Y, R, G, B）	正交，逐行和逐帧重复				
采样结构 （C_B, C_R）	正交，逐行和逐帧重复，两者相互重合，与 Y 样点隔点重合				
每帧总扫描行数	1125				
每帧有效扫描行数	1080				
采样频率/MHz （Y, R, G, B）	148.5 （148.5/1.001）	74.25 （74.25/1.001）	148.5	74.25	74.25 （74.25/1.001）
采样频率/MHz （C_B, C_R）	74.25 （74.25/1.001）	37.125 （37.125/1.001）	74.25	37.125	37.125 （37.125/1.001）
每行总样点数 （Y, R, G, B）	2200			2640	2750
每行总样点数 （C_B, C_R）	1100			1320	1375
每行有效样点数 （Y, R, G, B）	1920				
每行有效样点数 （C_B, C_R）	960				

3.3.4　ITU-R BT.2020 建议

国际电信联盟无线电通信部门（ITU-R）于 2012 年 8 月 23 日颁布了超高清电视（Ultra-high Definition Television，UHDTV）节目制作及交换用视频参数值标准 ITU-R BT.2020，对超高清电视的分辨率、色彩空间、帧率、色彩编码等进行了规范。

ITU-R BT.2020 标准规定 UHDTV 的图像显示分辨率为 3840×2160（4K）与 7680×4320（8K），画面宽高比为 16∶9，像素宽高比为 1∶1（方形像素），支持 10bit 和 12bit 的量化，支持

4：4：4、4：2：2 和 4：2：0 三种色度采样方式。不得不提的是，在 ITU-R BT. 2020 标准中，只允许逐行扫描方式，而不再采用隔行扫描方式，进一步提升了超高清影像的细腻度与流畅感，支持的帧频包括 120Hz、60Hz、59.94Hz、50Hz、30Hz、29.97Hz、25Hz、24Hz、23.976Hz。

在色彩方面，ITU-R BT. 2020 标准相对于 ITU-R BT. 709 标准做出了大幅度的改进。首先是在色彩的比特深度方面，由 ITU-R BT. 709 标准的 8bit 提升至 10bit 或 12bit，其中 10bit 针对的是 4K 超高清系统，量化颜色数约 10.7 亿；12bit 则针对 8K 超高清系统，量化颜色数约 687 亿。这一提升对于整个影像在色彩层次与过渡方面的增强起到了关键的作用。

1）对于 10bit 深度的系统，ITU-R BT. 2020 标准定义整个视频信号的量化级范围在 4~1019，其中黑电平对应于量化级 64，标称峰值对应于量化级 940，有效视频信号的量化级范围在 64~940，量化级 4~63 表示低于黑电平的视频数据，量化级 941~1019 表示高于标称峰值的视频数据；而量化级 0~3，1020~1023 用于定时参考信号。

2）对于 12bit 深度的系统，ITU-R BT. 2020 标准定义整个视频信号的量化级范围在 16~4079，其中黑电平对应于量化级 256，标称峰值对应于量化级 3760，有效视频信号的量化级范围在 256~3760，量化级 16~255 表示低于黑电平的视频数据，量化级 3761~4079 表示高于标称峰值的视频数据；而量化级 0~15，4080~4095 用于定时参考信号。

除了色彩比特深度的提升之外，ITU-R BT. 2020 标准定义的色域三角形的范围远远大于 ITU-R BT. 709 标准规定的范围，也就意味着超高清系统能够显示更多的色彩。一个信号的亮度是由 $0.2627R + 0.6780G + 0.0593B$ 组成。然而，对于白点的定义还是维持在 ITU-R BT. 709 的 D65 标准。此外，在伽马校正方面，ITU-R BT. 2020 标准指出可以利用非线性曲线来进行伽马校正。对于 10bit 深度的系统，采用与 ITU-R BT. 709 标准一样的校正曲线；而对于 12bit 深度的系统，则在人眼敏感的低光部分曲线进行了相应的更改。

ITU-R BT. 2020 标准定义的 RGB 色彩空间参数如表 3-6 所示。

表 3-6　ITU-R BT. 2020 标准定义的 RGB 色彩空间参数

白　　点		三　基　色					
x_W	y_W	x_R	y_R	x_G	y_G	x_B	y_B
0.3127	0.3290	0.708	0.292	0.170	0.797	0.131	0.046

需要指出的是，ITU-R BT. 2020 标准经历多个版本的修订，于 2015 年 10 月颁布了 ITU-R BT. 2020-3。

3.3.5　GB/T 14857—1993 和 GY/T 155—2000 标准

我国于 1993 年颁布了《演播室数字电视编码参数规范》标准 GB/T 14857—1993，等同于 CCIR 601 建议；于 2000 年颁布了《高清晰度电视节目制作及交换用视频参数值》标准 GY/T 155—2000。表 3-7 列出了我国 SDTV 和 HDTV 节目制作及交换用视频参数值。

表 3-7　我国 SDTV 和 HDTV 节目制作及交换用视频参数值

参　　数	SDTV	HDTV
帧频标称值/Hz	25	
场频标称值/Hz	50	
每帧总扫描行数	625	1125
行频标称值/kHz	15.625	28.125
隔行比	2：1	

（续）

参　数	SDTV	HDTV
图像宽高比（幅型比）	4:3（16:9）	16:9
模拟编码亮度信号（E'_Y）	$0.299E'_R + 0.587E'_G + 0.114E'_B$	$0.2126E'_R + 0.7152E'_G + 0.0722E'_B$
模拟编码 $R-Y$ 色差信号（E'_{PR}）	$0.713(E'_R - E'_Y)$ $= 0.500E'_R - 0.419E'_G - 0.081E'_B$	$0.6350(E'_R - E'_Y)$ $= 0.5000E'_R - 0.4542E'_G - 0.0459E'_B$
模拟编码 $B-Y$ 色差信号（E'_{PB}）	$0.564(E'_B - E'_Y)$ $= -0.169E'_R - 0.331E'_G + 0.500E'_B$	$0.5389(E'_B - E'_Y)$ $= -0.1146E'_R - 0.3854E'_G + 0.5000E'_B$
R、G、B、Y 的采样频率/MHz	13.50	74.25
模拟 R、G、B、Y 信号标称带宽/MHz	标称值：6（按采样定理可达到的理论上限值：6.75）	标称值：30（按采样定理可达到的理论上限值：37.125）
R、G、B、Y 信号采样周期/ns	74.0741	13.4680
采样结构（4:2:2）	固定、正交；C_B、C_R 采样点彼此重合，且与亮度信号采样点隔点重合（第一个有效色差样点与第一个有效亮度样点重合）	
C_B、C_R 采样频率（4:2:2）/MHz	6.75	37.125
C_B、C_R 采样周期/ns	148.1482	26.9360
R、G、B、Y 每行总样点数	864	2640
R、G、B、Y 每行有效样点数	720	1920
C_B、C_R 每行总样点数	432	1320
C_B、C_R 每行有效样点数	360	960
R、G、B、Y 每帧有效扫描行数	576	1080
C_B、C_R 每帧有效扫描行数（4:2:2）	576	1080
像素宽高比	1.07（1.42）	1.00
量化和编码方式	8 或 10bit 均匀量化，自然二进制编码	
R、G、B、Y 峰值量化电平（$n=8$）	16（黑）/235（白）	

　　此外，由于电影素材在电视节目广播中应用十分广泛，在未来的 HDTV 广播中，人们将能欣赏到更高画质的电视节目。为了能更好地进行 HDTV 节目和电影素材格式的转换，有利于对电影素材进行后期编辑，便有了 24p（1920×1080/24/1:1）的电视节目制作格式。24p 是帧频为 24Hz 的逐行扫描格式，是用高清晰度数字摄像机拍摄电影的格式。我国的数字高清晰度电视演播室视频参数标准中包括 24p 格式，其主要的参数如表 3-8 所列。

拓展阅读

解读表 3-7

表 3-8　24p 格式参数

参　数	参　数　值
每帧总扫描行数	1125
R、G、B、Y 每帧有效扫描行数	1080

（续）

参　　数		参　数　值
隔行比		1：1
帧频/Hz		24
行频/Hz		27000
每行总样点数	R、G、B、Y	2750
	C_R、C_B	1375
模拟 R、G、B、Y 信号标称带宽/MHz		30
采样频率/MHz	R、G、B、Y	74.25
	C_R、C_B	37.125

3.3.6　GY/T 307—2017 标准

GY/T 307—2017《超高清晰度电视系统节目制作和交换参数值》是我国超高清广播电视系统的基础标准，它规定了超高清晰度电视系统节目制作和交换中所涉及的基本参数值，适用于超高清晰度电视节目制作及节目交换，也同时适用于超高清晰度电视系统及设备的设计、生产、验收、运行和维护。

拓展阅读

标准修改的
参考依据

本节介绍超高清晰度电视系统的图像空间特性、图像时间特性、系统光电转换特性及彩色体系、信号格式和数字参数。

1. 图像空间特性

表3-9列出了超高清晰度电视图像的幅型比、有效像素数（水平×垂直）、取样结构、像素宽高比和像素排列顺序5个图像空间特性参数，同 ITU-R BT. 2020-2 标准一致。其中，图像的有效像素数（通常也称图像分辨率）是超高清晰度电视系统最具代表性的参数。本标准规定的图像分辨率包括 3840×2160 和 7680×4320 两种。人们通常把前者称为 4K UHDTV，后者称为 8K UHDTV，标准用 UHDTV 来标明电视系统，以区别于电影使用的 4096×2160（4K）和 8192×4320（8K）。ITU 有实验表明，在 1.5 倍观看距离的条件下，与 HDTV 相比，8K UHDTV 和 4K UHDTV 系统能够提供更好的临场感和真实感，且 8K UHDTV 表现最好。考虑到空间的限制，适合摆放在普通家庭客厅的超高清晰度电视机尺寸一般不超过 100 in，这种情况下，4K UHDTV 分辨率是比较合理的。如果是小礼堂、小剧院、家庭影院或其他公共场所，则适合采用 8K UHDTV 分辨率。

表 3-9　图像空间特性

序　号	参　数	数　　值	
1	幅型比	16：9	
2	有效像素数（水平 × 垂直）	7680×4320	3840×2160
3	取样结构	正交	
4	像素宽高比	1：1（方形）	
5	像素排列顺序	从左到右、从上到下	

16：9的幅型比、正交的取样结构、方形像素、像素排列顺序与我国的高清晰度电视标准保持一致。

2. 图像时间特性

表 3-10 列出了超高清晰度电视的帧率和扫描模式两个图像时间特性参数。

表 3-10　图像时间特性

序　号	参　数	数　值
1	帧率（Hz）	120，100，50
2	扫描模式	逐行

图像帧率是影响图像质量的重要因素之一，低帧率可能导致电视画面全屏或大面积闪烁，并且可能出现画面跳跃感。根据 Granit-Harper 定律，大的显示屏会使非平滑运动和闪烁更可见。此外，在一定的视场角下，随着显示亮度的提高，临界闪烁频率随之提升。因此，在视频压缩编码效率逐渐提升的前提下，为了增强观众的收视体验，适当提高视频帧率是必要的。ITU 的研究报告明确指出，30Hz 及以下的帧率只适用于一些特殊类型的视频。

在具体帧率的选择上，还要考虑我国供电系统频率、标准/高清晰度电视帧率等，以减少灯光照明对视频拍摄的干扰，降低 UHDTV 与标准/高清晰度电视相互变换的复杂度。

基于以上考虑，GY/T 307—2017 删除了 ITU-R BT. 2020-2 中的 120/1.001Hz、60Hz、60/1.001Hz、30Hz、30/1.001Hz、25Hz、24Hz 和 24/1.001Hz 等帧率，最终采用的帧率为 120Hz、100Hz 和 50Hz，其中的 120Hz 帧率是为适配超高质量的视频应用保留的上限帧率。

在扫描模式上，与国际标准一致，只有逐行扫描一种模式，避免了隔行扫描的垂直清晰度低、行间闪烁和锯齿等问题，也与当前主流的成像器件、显示器件的机理相适应。

3. 系统光电转换特性及彩色体系

表 3-11 列出了超高清晰度电视系统非线性预校正前的光电转换特性以及系统的 RGB 三基色色坐标和基准白色坐标，相关参数值与 ITU-R BT. 2020-2 标准一致。其中，RGB 三基色色坐标可以理解为通常所说的色域，该色域明显大于普通的高清晰度电视色域，如图 3-10 所示。因此，符合本标准的超高清晰度电视系统将可为观众提供更鲜艳、层次更多、更真实的色彩。

表 3-11　系统光电转换特性及彩色体系

序　号	参　数	数　值		
1	非线性预校正前的光电转换特性	图像信息可用 0~1 范围内的 RGB 三基色值线性表示		
2	三基色和基准白坐标	色坐标（CIE，1931）	x	y
		基色红（R）	0.708	0.292
		基色绿（G）	0.170	0.797
		基色蓝（B）	0.131	0.046
		基准白（D65）	0.3127	0.3290

不可否认，自然界中的大多数色彩还处在高清晰度电视色域内，触及 UHDTV 色域边缘的还比较少；当前大多数显示器件实际的物理色域范围还无法达到该标准。但随着激光投影、量子点等显示设备的推出，本标准所规定的色域是可实现的。

4. 信号格式

表 3-12 列出了恒定亮度和非恒定亮度的色彩矩阵和非线性转换函数以及相关信号的计算公式。

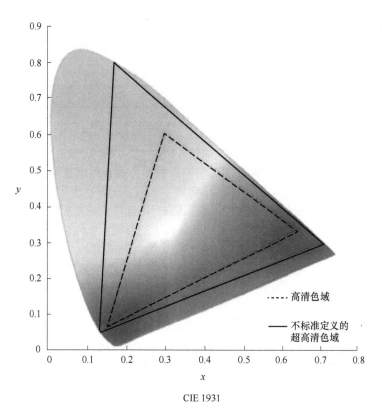

CIE 1931

图 3-10　超高清电视色域与普通高清电视色域对比

表 3-12　信号格式

序　号	参　数	数　值	
1	信号格式	$R'G'B'$[①]	
		恒定亮度 $Y'_C C'_{BC} C'_{RC}$[②]	非恒定亮度 $Y' C'_B C'_R$[③]
2	非线性转换函数[④]	$E' = \begin{cases} 4.5E & 0 \leqslant E < \beta \\ \alpha E^{0.45} - (\alpha - 1) & \beta \leqslant E \leqslant 1 \end{cases}$ 　　其中，E 为与经摄像机曝光调整后的线性光强度成正比的，参照基准白电平归一化后的基色信号值；E' 为转换后的非线性信号值；α 和 β 为以下联立方程的解： $\begin{cases} 4.5\beta = \alpha \beta^{0.45} - \alpha + 1 \\ \alpha \beta^{-0.55} = 10 \end{cases}$ 该联立方程提供了两个曲线段平滑连接的条件，得出： $\alpha = 1.09929682680944\cdots$ 和 $\beta = 0.018053968510807\cdots$ 在实际应用中，可使用以下数值： $\alpha = 1.099$ 和 $\beta = 0.018$，用于 10bit 系统 $\alpha = 1.0993$ 和 $\beta = 0.0181$，用于 12bit 系统	
3	亮度信号 Y'_C 和 Y' 的导出式	$Y'_C = (0.2627R + 0.6780G + 0.0593B)'$	$Y' = 0.2627R' + 0.6780G' + 0.0593B'$

（续）

序　号	参　数	数　值	
4	色差信号的导出式	$$C'_{BC} = \begin{cases} \dfrac{B' - Y'_C}{-2N_B}, & N_B \leq B' - Y'_C \leq 0 \\[2mm] \dfrac{B' - Y'_C}{-2P_B}, & 0 < B' - Y'_C \leq P_B \end{cases}$$ $$C'_{RC} = \begin{cases} \dfrac{R' - Y'_C}{-2N_R}, & N_R \leq R' - Y'_C \leq 0 \\[2mm] \dfrac{R' - Y'_C}{-2P_R}, & 0 < R' - Y'_C \leq P_R \end{cases}$$ 其中：$N_B = \alpha(1 - 0.9407^{0.45}) - 1 = -0.9701716\cdots$ $P_B = \alpha(1 - 0.0593^{0.45}) = 0.7909854\cdots$ $N_R = \alpha(1 - 0.7373^{0.45}) - 1 = -0.8591209\cdots$ $P_R = \alpha(1 - 0.2627^{0.45}) = 0.4969147\cdots$ 在实际应用中，可采用以下数值：$N_B = -0.9702,\ P_B = 0.7910$ $N_R = -0.8591,\ P_R = 0.4969$	$$C'_B = \dfrac{B' - Y'}{1.8814}$$ $$C'_R = \dfrac{R' - Y'}{1.4746}$$

① 为了达到高质量节目交换，制作时信号格式可采用 $R'G'B'$。
② 需要精确保留亮度信息或预计传输编码效率会提升时，可使用恒定亮度的 $Y'_C C'_{BC} C'_{RC}$（参见 ITU-R BT. 2246-6 报告）。
③ 重点考虑与 SDTV 和 HDTV 相同的操作习惯时，可使用非恒定亮度的 $Y'C'_B C'_R$（参见 ITU-R BT. 2246-6 报告）。
④ 通常制作时，在 ITU-R BT. 2035 建议书推荐的观看环境下，使用具有 ITU-R BT. 1886 建议书推荐解码功能的显示器，通过调整图像源的编码函数，达到最终图像的理想展现。

在信号表达形式方面，本标准规定了 $R'G'B'$、$Y'_C C'_{BC} C'_{RC}$ 和 $Y'C'_B C'_R$ 三种。其中，与传统标准清晰度和高清晰度电视信号格式不同的是 $Y'_C C'_{BC} C'_{RC}$，它是恒定亮度格式，在实际应用中，当需要精确保留亮度信息或预计传输编码效率会提升时，可以采用该格式，现阶段的 UHDTV 设备和系统较少采用该格式。

在非线性转换函数方面，本标准规定的是传统的标准动态范围（Standard Dynamic Range，SDR）转换函数，与 HDTV 曲线基本一致，有关高动态范围（High Dynamic Range，HDR）转换函数将在 HDR 系列标准中规定。

5. 数字参数

表 3-13 列出了编码信号分量格式、取样结构、编码比特深度、亮度信号及色差信号的量化表达、量化电平及使用分配等，参数值与 ITU-R BT. 2020-2 标准一致。

表 3-13　数字参数

序　号	参　数	数　值
1	编码信号	R'，G'，B' 或 Y'_C，C'_{BC}，C'_{RC} 或 Y'，C'_B，C'_R
2	取样结构 R'，G'，B'，Y'，Y'_C	正交，取样位置逐行逐帧重复

（续）

序　号	参　　数	数　　值		
3	取样结构 C'_B，C'_R 或 C'_{BC}，C'_{RC}	正交，取样位置逐行逐帧重复，取样点相互重合 第一个（左上）取样与第一个 Y' 取样重合		
		4：4：4 系统	4：2：2 系统	4：2：0 系统
		水 平 取 样 数 量 与 $Y'(Y'_C)$ 分量的数量相同	水平取样数量是 $Y'(Y'_C)$ 分量的一半	水平和垂直取样数量均为 $Y'(Y'_C)$ 分量的一半
4	编码格式	每分量 10bit 或 12bit		
5	亮度信号及色差信号的量化表达式	$DR' = \mathrm{INT}\left[(219 \times R' + 16) \times 2^{n-8}\right]$ $DG' = \mathrm{INT}\left[(219 \times G' + 16) \times 2^{n-8}\right]$ $DB' = \mathrm{INT}\left[(219 \times B' + 16) \times 2^{n-8}\right]$ $DY' = \mathrm{INT}\left[(219 \times Y' + 16) \times 2^{n-8}\right]$ $DC'_B = \mathrm{INT}\left[(219 \times C'_B + 16) \times 2^{n-8}\right]$ $DC'_R = \mathrm{INT}\left[(219 \times C'_R + 16) \times 2^{n-8}\right]$ $DY'_C = \mathrm{INT}\left[(219 \times Y'_C + 16) \times 2^{n-8}\right]$ $DC'_{BC} = \mathrm{INT}\left[(219 \times C'_{BC} + 16) \times 2^{n-8}\right]$ $DC'_{RC} = \mathrm{INT}\left[(219 \times C'_{RC} + 16) \times 2^{n-8}\right]$		

序　号	参　　数	数　　值	
6	量化电平： 　a）黑电平 DR'，DG'，DB'，DY'，DY'_C 　b）消色电平 DC'_B，DC'_R，DC'_{BC}，DC'_{RC} 　c）标称峰值电平 DC'_B，DC'_R，DB'，DY'，DY'_C DC'_B，DC'_R，DC'_{BC}，DC'_{RC}	10bit 编码	12bit 编码
		64	256
		512	2048
		940	3760
		64 和 960	256 和 3840
7	量化电平分配： 　a）视频数据 　b）同步基准	10bit 编码	12bit 编码
		4～1019	16～4079
		0～3 和 1020～1023	0～15 和 4080～4095

与信号格式部分相对应，编码信号的数字参数也按 $R'G'B'$、$Y'_C C'_{BC} C'_{RC}$ 和 $Y'C'_B C'_R$ 三种方式进行表述。取样结构为正交，取样位置逐行逐帧重复。与高清晰度电视参数标准相比，除了 4：4：4 和 4：2：2 外，本标准增加了 4：2：0 取样结构，水平和垂直取样数量均为 $Y'(Y'_C)$ 分量的一半，可降低有效视频数据量。

比特深度采用 10bit 或 12bit，与高清晰度电视相比，取消了 8bit 选项，增加了 12bit。12bit 的引入，使得 UHDTV 数据传输接口、文件存储等更加复杂。

亮度信号及色差信号的量化表达式与采用常规色域的高清晰度电视标准一致，因此对于 10bit 编码，UHDTV 和 HDTV 的黑电平值、消色电平值、标称峰值电平值、视频数据电平值可用范围、同步基准电平值可用范围是一致的；对于 12bit 编码，黑电平值、消色电平值、标称峰值电平值是 10bit 编码的 4 倍，视频数据电平值可用范围为 16～4079，同步基准电平值可用范围为 0～15 和 4080～4095。

3.4　数字电视演播室视频信号接口

在演播室的电视节目制作和编辑等的各个环节中，需要在不同的数字视频设备之间传送数字视频信号，通常有两种类型的接口：一种是并行接口，另一种是串行接口，常称为 SDI（Serial Digital Interface，串行数字接口）。ITU-R BT.656 建议和 ITU-R BT.1120-2 建议分别对标准清晰度和高清晰度数字电视演播室视频信号接口做了明确的规定。我国于 2000 年颁布了《演播室高清晰度电视数字视频信号接口》标准 GY/T 157—2000。

3.4.1　ITU-R BT.656 建议

ITU-R BT.656 建议规定了 ITU-R BT.601 建议中 4∶2∶2 分量编码的视频数字信号接口。

1. 4∶2∶2 分量编码视频数据的时分复用传输

数字设备向外传输每帧内的像素数据时，应按下列次序时分复用：

$$C_{B1}Y_1C_{R1}, \ Y_2, \ C_{B2}Y_3C_{R2}, \ Y_4, \ C_{B3}Y_5C_{R3}, \ Y_6, \ \cdots, \ C_{B360}Y_{719}C_{R360}, \ Y_{720}$$

奇数点按 C_BYC_R 的次序传输数据，偶数点只传输 Y 样值数据。每一行均如此，直至第 576 行。

2. 视频数据与模拟行同步间的定时关系

数字分量视频信号是由模拟分量视频信号经过 A/D 转换得到的，在数字有效行与模拟行同步前沿 O_H 之间应该有明确的定时关系。

625 行/50 场扫描制式中的视频数据与模拟行同步的定时关系如图 3-11 所示。

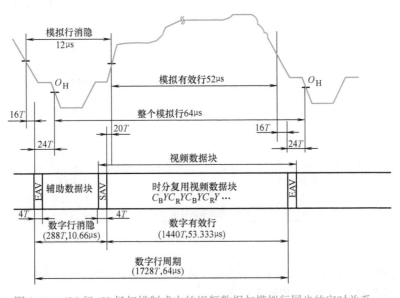

图 3-11　625 行/50 场扫描制式中的视频数据与模拟行同步的定时关系

图 3-11 中，T 表示时钟信号周期，$T = \dfrac{1}{27 \times 10^6}\mathrm{s} \approx 37\mathrm{ns}$，等于 1/2 亮度信号采样周期。由图可见：

1）以模拟行同步前沿 O_H 为基准，则每一数字行起始于模拟行同步前沿 O_H 前 24T 处，每行 64μs，内有 1728 个时钟周期 T（对应 864 个亮度信号采样点）。

2）数字有效行起始于模拟行同步前沿 O_H 后 264T 处，数字有效行内有 1440 个时钟周期 T

（对应 720 个亮度信号采样点）。

3）数字行消隐起始于模拟行同步前沿 O_H 前 24T 处，共占 288T，左端有 4T 的定时基准码 EAV（End of Active Video），代表有效视频结束，右端有 4T 的定时基准码 SAV（Start of Active Video），代表有效视频开始。

3. 4:2:2 分量编码的数字视频信号接口数据流的构成

如上所述，EAV 和 SAV 给出了数字行消隐和数字有效行的定时关系。EAV 之后到 SAV 之前，共有 280 个时钟周期 T，用来传送数字行消隐内的辅助数据；SAV 之后为数字有效行内的视频数据字段，如图 3-12 所示。

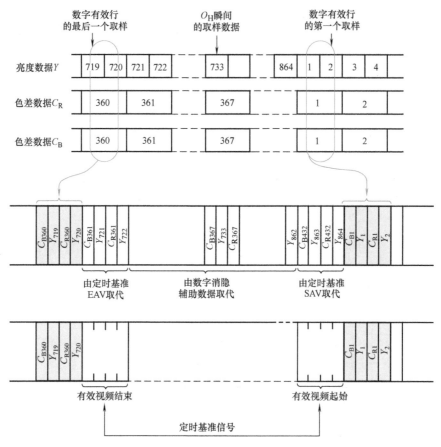

图 3-12　4:2:2 分量编码的数字视频信号接口数据流的构成

定时基准码 EAV 和 SAV 都由 4 个字组成，各占 4 个时钟周期，每个字为 8bit 或 10bit。对应于 10bit 定时基准码的 4 个字，如表 3-14 所示。

表 3-14　定时基准码的比特分配

	b_9	b_8	b_7	b_6	b_5	b_4	b_3	b_2	b_1	b_0
第 1 个字	1	1	1	1	1	1	1	1	1	1
第 2 个字	0	0	0	0	0	0	0	0	0	0
第 3 个字	0	0	0	0	0	0	0	0	0	0
第 4 个字	1	F	V	H	P_3	P_2	P_1	P_0	0	0

表 3-14 中，$F=0$ 表示所在行位于第一场（奇场），$F=1$ 表示所在行位于第二场（偶场）；$V=0$ 表示所在行位于场正程，$V=1$ 表示所在行位于场消隐期；$H=0$ 表示该定时基准码为 SAV，$H=1$ 表示该定时基准码为 EAV。$P_3P_2P_1P_0$ 这 4 个比特称为保护比特，它们与 F、V、H 比特共同组成线性分组码序列，保护比特的取值取决于 F、V、H 的数值，如表 3-15 所示。保护比特从而为 F、V 和 H 比特提供检错和误码校正，在接收端可以检测出 F、V 和 H 这 3 个比特中的两位错码并能纠正其中一位错码。

表 3-15　定时基准码中的保护比特状态表

F	V	H	P_3	P_2	P_1	P_0
0	0	0	0	0	0	0
0	0	1	1	1	0	1
0	1	0	1	0	1	1
0	1	1	0	1	1	0
1	0	0	0	1	1	1
1	0	1	1	0	1	0
1	1	0	1	1	0	0
1	1	1	0	0	0	1

在模拟电视系统中，每场有一个半行，以利于实现隔行扫描。然而，在数字电视中，为了便于相邻两场数字处理（数字运算），一方面要采用前述的采样点正交结构，另一方面在数字化时要去掉每场半行的设置，改为整数行。对于 625 行/50 场扫描制式的系统，每场的有效行数为288 行，数字场消隐的设置，如图 3-13 所示。

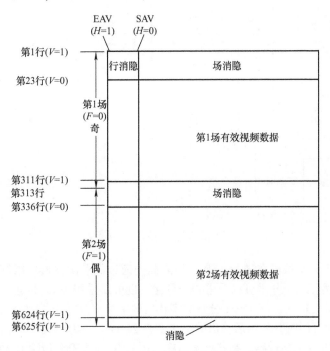

图 3-13　625 行/50 场扫描制式数字场的定时关系

4. 辅助数据的插入

对于 625 行/50 场扫描制式系统，每个行消隐期占 288 个时钟周期，除去传送 EAV、SAV 占用 8 个时钟周期外，还有 280 个时钟周期可供传送辅助数据。此外，在场消隐期间，奇场场消隐期为 24 行，偶场场消隐期为 25 行，共 49 行，49 行的行正程时间也可用来传送辅助数据信息。

除了时间基准码 EAV 和 SAV 外，需要传输的辅助数据信息主要包括以下几项。

1）时间码信息：用于表示信号的绝对时间。包括在场消隐期间传送的纵向时间码（LTC）、场消隐期间插入的时间码（VITC），以及其他实时时钟或用户信息等。这些信息用于实现电子编辑或复制。

2）图像的显示信息：画面的宽高比选择 4∶3 或 16∶9。

3）数字音频信息：当音频信号的采样频率 $f_s = 48\text{kHz}$ 时，对于 625 行/50 场扫描制式系统，$f_H = 15625\text{Hz}$，在一个行周期内，大约有 3 个实时声音采样值。若每个采样值的量化比特数为 20bit，则 3 个采样点共有 60bit，占有 6 个字的空间（每个字 10bit）。这 6 个字的数字声音信息只能放在数字行消隐期传送。所以，数字音频信号要在时间轴方向进行压缩，压缩至数字行消隐的 280 个字空间的某个位置。

4）测试与诊断信息：误码纠正数及状态识别字等，用于校验误码和接口状态。

5）图文电视信号、用户数据、控制数据等。

5. 并行接口特性

标准清晰度数字电视分量编码时分复用并行输出电路原理如图 3-14 所示。

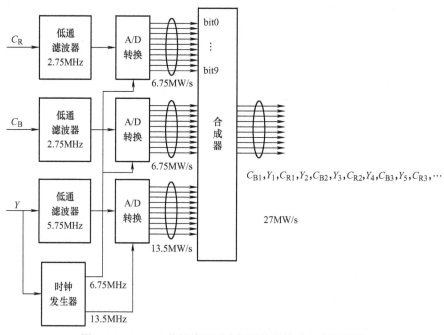

图 3-14　4∶2∶2 分量编码时分复用并行输出电路原理图

Y、C_B、C_R 三个分量信号在进行 A/D 转换之前先通过低通滤波器以限制其频带，防止因数字化产生的混叠干扰。三个分量可以采用 8bit 量化，也可以采用 10bit 量化。前者一般用于演播室内，后者用于传输。Y、C_B、C_R 三个分量数字化后的字速率分别为 13.5 MW/s、6.75 MW/s 和 6.75 MW/s，在有效行内时分复用后输出的字速率为 27MW/s。时分复用输出的是串行字，但每个字又是 8bit（或 10bit）并行码。在并行接口中，用 10 对导线平衡传输 10 位并行码，一对导线传输 27MHz 的时钟信号，另加一对导线用于设备与设备之间的公共地电位连接线，一根多芯电缆公共屏蔽层的接地线。所以并行接口采用 25 芯电缆。在无电缆均衡器的条件下，容许电缆长度为 50m，采用均衡器后传输距离可增至 200m。并行接口仅适合于演播室内传输。

6. 串行数字接口（SDI）特性

若要用单芯电缆来传输时分复用输出的信号，则还应经串/并变换变成串行数字信号。比特串行接口如图 3-15 所示。

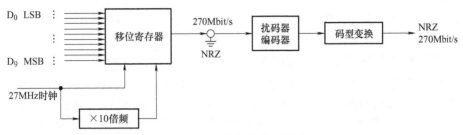

图 3-15　比特串行接口框图

设输入数据为 10 位并行码（也可以是 8 位并行码，若为 8 位并行码，则应在最低有效位（LSB）之后，补加 2 位 "0"，以便统一），经并/串变换移位寄存器，变成 10 位串行的数字串行信号。先传最低有效位。并行输入的每一路数据的传输速率为 27Mbit/s，输出串行数据的传输速率为 270Mbit/s。由于串行码流只用一根电缆传输，不再单独传输时钟信号，故需要在接收端从数据流中提取时钟信号。为了接收端能顺利提取时钟信号，发端还需进行扰码，以消除长的连 "0"、连 "1" 码流。扰码器的工作原理如图 3-16 所示。

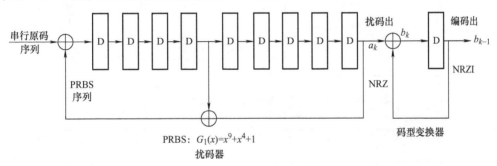

图 3-16　扰码器和码型变换器原理框图

在图 3-16 中，输入信号来自图 3-15 中的并/串变换移位寄存器输出的串行码。扰码输出的码流中可能还会出现较短的连 "0" 和连 "1" 码流，再经过码型变换器，由 NRZ 码变成 NRZI 码。NRZI 码也称为相对码或差分码。用电平跳变表示 "1"，不变表示 "0"，含有丰富的定时信息，更利于提取时钟。

串行数字接口最后输出的是 NRZI 码，数据传输速率为 270Mbit/s。采用单芯同轴电缆传输，不加电缆均衡器可传输 250m，加上电缆均衡器，传输距离可达 1km。串行接口输出的数字信号也可以数字光信号形式通过光纤传输。

3.4.2　ITU-R BT. 1120 建议

ITU-R BT. 1120 建议规定了 ITU-R BT. 709 建议中 4:2:2 分量编码的数字视频信号接口。

1. 视频数据的时分复用传输

亮度信号 Y 和两个色差信号 C_B、C_R 的采样和量化是分别进行的，它们各为 10 比特字。两个色差信号经过并行时分复用后（以下用 C_B/C_R 表示时分复用后的色差信号）与亮度信号组合为 20 比特字，每个 20 比特字对应一个 C_B/C_R 色差采样和一个亮度采样。按照规定，复用组合应当采用如下方式：

$$(C_{B0} \quad Y_0)(C_{R0} \quad Y_1)(C_{B2} \quad Y_2)(C_{R2} \quad Y_3)\cdots(C_{Bi} \quad Y_i)(C_{Ri} \quad Y_{i+1})\cdots$$

其中，Y_i 表示每行第 i 个亮度采样；C_{Bi} 和 C_{Ri} 表示每行第 i 个色差采样。它们与 Y_i 属于位置相同的一个有效采样点。由上述比特字的排列方式可以看出，仅在每行第偶数个有效样点上才有色差采样（因样点序号从 0 开始，为便于说明，此处将"0"也视为偶数），第奇数个 $(i+1)$ 样点上只有亮度采样而无色差采样，即 C_B 或 C_R 色差样点数均为亮度样点数的一半，这是因为 C_R 或 C_B 的采样频率为亮度采样频率的一半。

2. 视频数据与模拟行同步间的定时关系

模拟分量信号经 A/D 转换之后，就形成了数字分量数据流。在模拟电视中，利用行场同步脉冲来实现收、发两端的同步扫描；而在数字分量信号中，定时信息是通过有效视频结束（EAV）标志和有效视频开始（SAV）标志这两种定时基准码来传送的。SAV 和 EAV 分别位于每一数字有效行的起始处和结束处，具体位置如图 3-17 所示。由图 3-17 可知，模拟行和数字行的定时基准不在同一处。模拟同步基准点 O_H 与数字行定时基准码 SAV 字终点的时间宽度为：$44T + 148T = 192T$，其中 T 为数字亮度行的采样周期，$T = 1/74.25\text{MHz} = 13.468\text{ns}$。

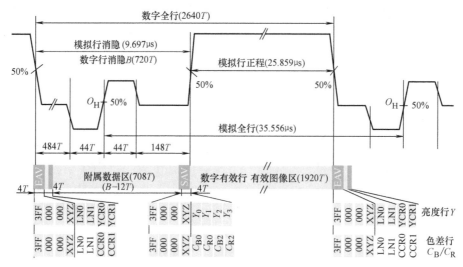

图 3-17　数字亮度/色差行与模拟行的定时关系

拓展阅读

定时基准码

图 3-18 是数字场的定时示意图。容易看出，因为 F 有 0、1 之分，所以该系统为隔行扫描格式；$F = 0$ 时该行在第一场，$F = 1$ 时则在第二场；凡 $V = 0$ 时该行处于有效图像期，凡 $V = 1$ 时则处在场消隐期；凡 $H = 0$ 时该定时基准码为 SAV，凡 $H = 1$ 时则为 EAV。

另外，由图 3-18 可知，一帧总行数为 1125，其中第 1124 行、1125 行和 1~20 行位于第一场数字场消隐区，共计 22 行；561~583 行位于第二场数字消隐区，共计 23 行。每帧场消隐区总共为 45 行。21~560 行为第一场有效图像区，共计 540 行；584~1123 为第二场有效图像区，共计 540 行。两场合计共 1080 行，即为一帧的有效图像行数。

每一亮度行（或 C_B/C_R 色差行）的样点序号从 SAV 后第一个有效样点开始计数，第一个样点序号为零，至 SAV 的终点为最后一个样点，序号为 2639。

3. 行序号指示和 CRC 校验

与 SDTV 不同，在数字 HDTV 的消隐期内，设有行序号指示字和循环冗余校验（CRC）字，接收端可以据此判断所接收的视频数据是属于哪一行，同时能够检测出某行视频数据经传输后是否存在差错。

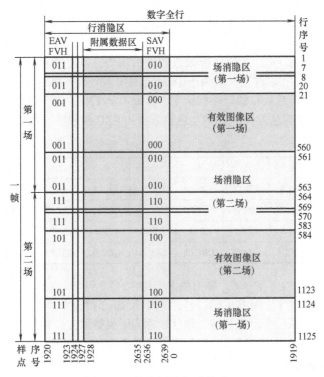

图 3-18 数字场的定时关系

从图 3-17 可以看出，紧随 EAV 序列 4 个字之后有两个字的行编号（LN0 和 LN1），LN0 和 LN1 合在一起，用 11bit 的二进制数值（L10~L0）给出了它所在行的行序号，其比特分配参见表 3-16。在这两个字中，最高位 bit9 总是 bit8 的逻辑非；两个最低位作为保留比特，预置为 0。现举一例说明行序号指示的用法：假设 LN0 = 194$_H$、LN1 = 220$_H$，对应的二进制数据分别为 0110010100 和 1000100000，按照表 3- 16 对行序号的分配规定，可知该行的行序号为 10001100101，即第 1125 行。

表 3-16 行序号字的比特分配

bit	9（MSB）	8	7	6	5	4	3	2	1	0（LSB）
LN0	bit8 的逻辑非	L6	L5	L4	L3	L2	L1	L0	0	0
LN1	bit8 的逻辑非	0	0	0	L10	L9	L8	L7	0	0

数字 HDTV 的 CRC 校验计算是按亮度数据行和 C_B/C_R 色差数据行分别进行的，而且是逐行校验。每一亮度数据行在行编号（LN0 和 LN1）之后有 YCR0 和 YCR1 两个数据字（见图 3-17），这两个字就是亮度 CRC 校验字。CRC 校验的基本原理是把该行发送的视频数据比特序列当作一个数学多项式的系数（例如，一组比特序列 1000010001 可用 $F(X) = X^9 + X^4 + 1$ 来表示），并将它作为被除数，用一个收、发双方预先约定的生成多项式作除数，二者相除后就得到一个余数多项式，在发送端将这个余数多项式的系数（它被称为 CRC 校验字）存放在 YCR0 和 YCR1 内，随同视频数据序列一起发送，在接收端采取与发送端同样的除法运算，如果计算出的余数多项式系数与存放在 YCR0 和 YCR1 内的系数相同，表示传输无差错；如果不同，则表示有误码产生。标准规定，CRC 校验的生成多项式为

$$\text{CRC}(X) = X^{18} + X^5 + X^4 + 1$$

由于它的最高次幂为 18，因此余数多项式的最高次幂不可能超过 17，用 18bit 来存放 CRC

校验字是能够满足位数的要求。YCR0 和 YCR1 数据字的比特分配如表 3-17 所示，最高位 bit9 仍然是 bit8 的逻辑非。实际上，CRC 校验过程是从亮度行的第一个视频数据字即 Y_0 开始计算，直到该行 EAV 后的行序号字 LN1 为止。CRC 的初始值预置为 0。这种循环冗余校验在接收端能够检测出视频数据流中所有 1 位、2 位和奇数位的随机误码，以及所有长度不大于 18bit 的突发误码（即连续的一串错码），它对于长度大于 18bit 的突发误码也有相当强的检测能力。

在图 3-17 中，C_B/C_R 色差行的行序指示字也为 LN0 和 LN1，它们与亮度行中的对应行序号指示相同。CCR0 和 CCR1 为色差行中 C_B/C_R 色差数据的 CRC 校验字。其校验过程与亮度相同。

表 3-17　CRC 字的比特分配

bit	9（MSB）	8	7	6	5	4	3	2	1	0（LSB）
YCR0	bit8 的逻辑非	CRC8	CRC7	CRC6	CRC5	CRC4	CRC3	CRC2	CRC1	CRC0
YCR1	bit8 的逻辑非	CRC17	CRC16	CRC15	CRC14	CRC13	CRC12	CRC11	CRC10	CRC9
CCR0	bit8 的逻辑非	CRC8	CRC7	CRC6	CRC5	CRC4	CRC3	CRC2	CRC1	CRC0
CCR1	bit8 的逻辑非	CRC17	CRC16	CRC15	CRC14	CRC13	CRC12	CRC11	CRC10	CRC9

有效图像区中的 C_{B0}、C_{R0}、C_{B2}、C_{R2} 等为色差数据字。

在行、场消隐区，除了定时基准码、行序号字和 CRC 校验字占用少量空间外，其余大量空间都未被占用，可以用来传送附属数据，该区域称为附属数据区。利用附属数据区可以传送数字音频数据，这种方式称为嵌入音频，它是附属数据最重要的应用。

4. 比特并行传输接口

并行传输是视频数据字中每一量化比特位分别用固定的一条通道来传输。也就是说，每个数据字的同位比特均在同一通道上传输，如果数据字长为 10bit，就要占用 10 个通道。

（1）亮度信号与色差信号的时分复用

数字分量编码系统有一路亮度信号和两路色差信号，其样值数据字长均为 10bit。如果分别采用比特并行传输，就需要使用 3 条多芯电缆，这不仅给传输带来了不便，而且带来了 3 路信号之间的时延问题。因此，可利用时分复用的方法将 3 路信号复用为一路信号，再用一条多芯电缆并行传送，这样可以简化系统的传输设备，提高传输速率。4:2:2 分量编码时分复用并行输出的电路原理如图 3-19 所示。

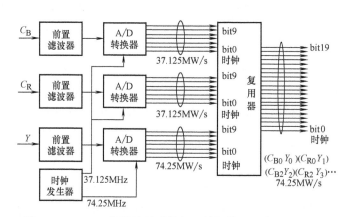

图 3-19　4:2:2 分量编码时分复用并行输出电路原理图

在图 3-19 中，时钟发生器输出两种时钟信号：37.125MHz 是色差信号 C_B 或 C_R 的采样频率，经 A/D 转换后的字速率均为 37.125MW/s，时分复用后色差字 C_B/C_R 的速率提高到 74.25MW/s，字长为 10bit；74.25MHz 是亮度信号 Y 的采样频率，字速率为 74.25MW/s，字长也为 10bit。Y 与 C_B/C_R 复用后，如果把亮度/色差样值看成一个字，则字长为 20bit，字速率仍为 74.25MW/s，图中输出端正是这样表示的；如果把亮度字与色差字分别对待，则字长各为 10bit，字速率为 148.5MW/s。由此可见，复用后的传输速率明显提高了。

（2）数据信号的定时

由于发送端采用了时分复用，接收端需要解复用并进行数字解码才能恢复原始信号。因此，收、发两端的数据定时非常重要。由图 3-19 可知，在并行传输方式中，除了传送数据比特外，还要传送 74.25MHz 的同步时钟信号。时钟信号与数据信号之间应有明确的定时关系。

在并行传输中，数据信号以不归零码（NRZ）的形式传送。所谓不归零，是指在码元时间（码元宽度）内，数据脉冲信号的电平值不回到零，即数据信号脉冲的持续时间等于码元的持续时间。

时钟发生器的输出时钟为方波信号，它与数据信号的定时关系如图 3-20 所示。

图 3-20 中，将时钟信号上升沿 50% 处作为定时基准，时钟周期 T_{ck} 等于亮度采样频率的倒数，即亮度采样周期，其值为 $1/74.25MHz = 13.468ns$；t 为时钟信号的脉冲宽度（在 50% 处测量），应为 T_{ck} 的一半；T_d 为数据信号跳变沿 50% 处距定时基准点的宽度，也应为 T_{ck} 的一半。为保证接收端能够正确地读出数据，在标准中对时钟宽度、时钟的抖动、数据的定时误差和数据信号的幅度均做出了规定。

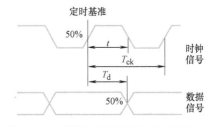

图 3-20　时钟与数据信号的定时关系

（3）时分复用后的并行传输

经过时分复用，每一 C_B/C_R 色差数据字与每一亮度数据字组合为 20 比特字（见图 3-19），因此传输并行视频数据流就需要使用 20 对线。如果要附加一个辅助通道以传输其他数据，或者改为传送 R、G、B 信号分量数据流，则需要 30 对线。此外，还需要一对线传送时钟信号，这样总共为 31 对线。为了避免各线对之间相互串扰，各线对均应采用双绞线形式，每一对线的外围均应有接地的屏蔽线，最后还需要一个总的屏蔽。因此，为传输时分复用后的并行信号，就要使用一根 93 芯的多芯电缆。每对双绞线的标称特性阻抗为 110Ω，在发送端，输出信号符合要求且最长传输距离为 20m 的情况下，电缆的特性应能保证数据信号的正确读出。

在发送端，时分复用后的并行流必须经过线路驱动器才能与多芯电缆相连接；在接收端，也要有相应的线路接收器。这样，每一线对均要使用一个线路驱动器和一个线路接收器。线路驱动器是平衡输出，输出阻抗最大为 110Ω；线路接收器是平衡输入，输入阻抗为 110Ω，它们均应与双绞线的特性阻抗有良好的匹配。

发送端的线路驱动器为差动输出，共模电压为 $-1.29(1\pm15\%)V$（对地），发送信号幅度的峰值在 110Ω 负载的情况下应为 $(0.6 \sim 2.0)$ $V_{(p-p)}$。线路接收器为差动输入，最大共模电压为 $\pm0.3V$，输入信号电压为 $185mV_{(p-p)} \sim 2.0V_{(p-p)}$，各线对之间的延时差不得超出 $\pm0.18T_{ck}$。

5. 比特串行传输接口

由于并行传输占用的通道数量很多，因而只适于短距离点到点数字信号传输，不适于大、中型演播室的应用。为实现单一通道的单芯同轴电缆传输，需要对并行数据流进行并/串转换和加扰编码，形成串行数据流（即 SDI 流）。

（1）并行/串行转换

经过图 3-19 所示的比特并行流的时分复用，Y 数据流和 C_B/C_R 数据流被复用为一路 Y/C 并行数据流。图 3-21 是并行数据流复用过程的时序图，复用后并行数据流中的亮度采样值和色差采样值序列应按图 3-21 下方的排列方式。

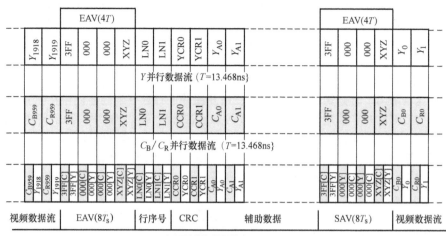

图 3-21　并行数据流复用过程的时序图

复用后的 $Y/C_B/C_R$ 并行数据流仍需采用多芯电缆进行并行传输，并且还要单独传送一路时钟信号。为实现单芯同轴电缆传输，必须对并行数据流进行串行化处理。

发送端的并/串转换电路原理框图如图 3-22 所示。这里有两个时钟信号：148.5MHz 的时钟和 10 倍频后的 1485MHz 时钟。移位寄存器将 10bit 的已复用的并行数据流按 148.5MHz 的时钟频率写入，再以 1485MHz 的时钟频率读出，形成串行数据流。读出顺序是每字的低位在先，高位在后。转换前，并行数据流的单位通常用"字"表示，

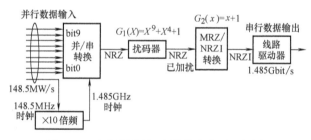

图 3-22　发送端的并/串转换电路原理框图

数据传输率的单位为字/秒（W/s），其值为 148.5MW/s，字长为 10bit；转换为串行数据流后，通常以比特（bit）作为数据单位，传输率用比特/秒（bit/s）表示，因此串行数据流的传输速率为 148.5MW/s×10bit/W = 1.485Gbit/s，每个比特的时间宽度则为 $[1/(1.485×10^9)]\text{ps} = 673.4\text{ps}$。

在接收端，则要把串行数据流用串/并转换电路恢复为并行数据流，以便接收端进行数/模转换，还原为模拟信号，如图 3-23 所示。由于高清数字串行流的速率为 1.485Gbit/s，其 1/2 时钟频率点高达 742.5MHz，这就要求传输电缆有良好的宽带频谱特性。但是，随着电缆长度的增加，高频衰减也加大。图 3-23 中电缆均衡器就是用来补偿传输电缆所引起的高频损耗。

（2）扰码处理

时分复用的并行视频数据流经过图 3-22 的并/串转换后输出的就是串行数据流，但这样的串行流并不适于传输，必须先进行扰码和 NRZ/NRZI 编码处理。

时钟信号对于数字电视传输至关重要。无论是模/数转换、时分复用，还是解复用、数/模转换等环节，都需要正确的时钟信号。在并行数据流中，时钟信号是单独传输的；但在串行传输时，使用的是单芯同轴电缆，无法提供专用的时钟传输通道。由图 3-20 可知，在时钟信号与数据信号的跳变沿之间存在严格的定时关系，这就意味着数据信号跳变沿中含有时钟信息。串行传输正是利用这一特性，即接收端可以从输入串行数据流的跳变沿中恢复时钟信号，图 3-23 中锁相环路（PLL）的作用即在于此。它利用输入比特序列高低电平的跳变沿，通过相位比较来锁定压控振荡器（VCO），使之产生的时钟信号与发送端的时钟保持同步。但原始数据流中难免有

一长串连续的 "0" 或 "1"，这样，接收端的时钟就会因无跳变沿而在较长时间内失去基准，不能与发送端的时钟保持同步，这不利于数据的正确恢复。而且，长串的 "0" 或 "1" 会使数据流的能量频谱集中到低频，这也不适合于信道传输，特别是采用交流耦合的电路传输。为此，必须对原始数据进行扰码处理（或称随机化处理）。

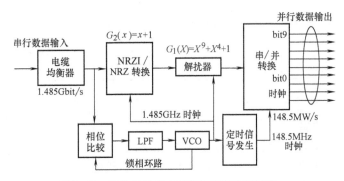

图 3-23　接收端的串/并转换电路原理框图

在讨论加扰处理之前，先对 "伪随机二进制序列" 做简要说明。伪随机二进制序列（PRBS）也称 m 序列，通常由多级（m 级）线性反馈移位寄存器产生，序列周期的长度为 $2^m - 1$ 个比特。这种序列具有类似于随机噪声的统计特性，因此也称为伪随机序列。正如一组比特序列可以用一个数学多项式表示一样，一组反馈移位寄存器也可以用多项式来表示。能够产生 m 序列的反馈移位寄存器，其对应的多项式称为本原多项式或生成多项式。m 序列具有如下特性：

1）在 m 序列的一个周期中，"1" 的个数比 "0" 的个数多一个，即 "1" 与 "0" 的数目基本相等。

2）连续出现的相同码元称为游程。在 m 序列中，短游程多，长游程少。具体而言，长度为 1 的游程占游程总数的 1/2，长度为 2 的游程占 1/4，如此类推。

基于模 2 加的运算规则和 m 序列的性质，可以得出结论：将视频原始数据序列与 m 序列进行模 2 加，在不增加比特个数的前提下，原始序列的统计特性会显著改变，即连续的 "0" 或 "1" 的长度变短、长游程的个数变少，从而增加电平的跳变次数，改善数据流能量频谱的分布。这正是我们所需要的。此过程被称为扰码或称随机化处理。而在接收端，只需将输入序列与同一个 m 序列再进行一次模 2 加，即可恢复原始数据。

在高清晰度数字电视中，扰码处理的具体实现方法如图 3-24 所示。图 3-24 中左边的点划线框内即为扰码器框图。标准规定，扰码器采用 9 级反馈移位寄存器，它的生成多项式为 $G_1(X) = X^9 + X^4 + 1$，因此所产生的 PRBS 周期序列的长度为 511bit。图中 $D_1 \sim D_9$ 由低位至高位依次代表 9 个移位寄存器，由于数据流的传送次序是低位在先、高位在后，可以把最靠近输出端的寄存器定为 D_1。$D_1 \sim D_3$ 和 $D_5 \sim D_8$ 的输入端无反馈，因此在多项式中对应的系数均为零。如果断开 $G_1(X)$ 的输入端，即不接入串行原码，点划线框内就是一个 m 序列发生器；如果接入串行原始数据流，这时输入的原码序列与 m 序列模 2 相加，输出的就是加扰后的串行数据流。

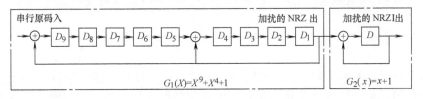

图 3-24　扰码器和 NRZ/NRZI 转换原理框图

接收端是发送端的逆转换，如图 3-25 所示。图 3-25 中右边的点划线框内为解扰器框图。解扰器与扰码器一样，也是采用 9 级移位寄存器，生成多项式仍为 $G_1(X) = X^9 + X^4 + 1$，产生的 PRBS 序列也相同，但电路的形式不同：扰码器采用的是反馈式，解扰器采用的是前馈式。

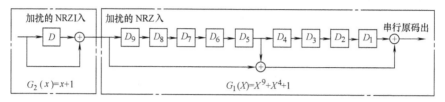

图 3-25　NRZI/NRZ 转换和解扰器原理框图

（3）NRZ/NRZI 编码

前面已提及，视频数据并行比特流的码型是 NRZ 码。经过并/串转换及加扰后，码型没有变化。NRZ 码是以本位的低电平为"0"、高电平为"1"，码电平的取值与其相邻位的电平无关，因此属于绝对码。在图 3-24 的右边点划线框中，代表的是一个单级的反馈移位寄存器，其生成多项式为 $G_2(x) = x + 1$；加扰后输出的 NRZ 码经其转换后，成为倒相的不归零码（NRZI），它以相邻位的电平是否跳变来表示"1"或"0"，而与本位的电平高低无关，也与本位脉冲的极性无关。因此，NRZI 是一种相对码或差分码，如图 3-26 所示。由于它是用前后码元电平的相对变化来传送信息，即使接收端收到的码元极性与发送端的极性完全相反，它也能做出正确的判决。与 NRZ 码相比较，它有利于时钟信息的提取和正确解码。

无论是 NRZ 码，还是 NRZI 码，从图 3-26 可以看出，在码元宽度内高电平不回到零位，即它们都具有电平不归零的特征。另外，比较图 3-26 中 NRZ 码和 NRZI 码的波形，前者跳变 9 次，后者仅 8 次，这说明 NRZ/NRZI 转换并不能增加跳变次数，而且频谱分布也无改善。要达到这两个目的，必须进行随机化处理。

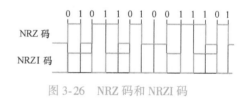

图 3-26　NRZ 码和 NRZI 码

与加扰/解扰处理过程一样，在接收端要将 NRZI 码还原为 NRZ 码，只需把发送端的反馈式移位寄存器改为前馈式即可，如图 3-25 中的左边点划线框所示。

（4）串行传输的接口特性

加扰和 NRZ/NRZI 转换后的串行数据流还必须经线路驱动器放大处理才能馈入同轴电缆，如图 3-22 所示。对同轴电缆的要求是：特性阻抗为 75Ω；反射损耗在 5～742.5MHz 频率范围内不小于 15dB，在 742.5～1485MHz 内不小于 10dB；在 1/2 时钟频率点（742.5MHz）以内的传输损耗不应大于 20dB。

为与同轴电缆相匹配，对线路驱动器的要求是：不平衡输出，输出阻抗为 75Ω；在 75Ω 电阻负载上，经 1m 长同轴电缆测得的发送信号幅度应为 $800(1 \pm 10\%) \mathrm{mV_{(p-p)}}$；反射损耗在 5～742.5MHz 频率范围内不小于 15dB，在 742.5～1485MHz 内不小于 10dB；当负载电阻为 75Ω 时，在信号幅度 20%～80% 处测量，上升沿和下降沿的过冲应小于标称幅度的 10%。

3.5　小结

本章首先介绍了数字电视信号的形成过程，重点讨论了视频、音频信号的数字化，要求读者掌握均匀量化的原理，理解"量化"是数字电视信号产生失真的主要根源，明确量化信噪比 SNR（用分贝表示）与量化比特数 n 之间的关系，明确数字信号的数码率与采样频率、量化比特数之间的关系。然后，介绍了 AES/EBU（AES3）数字音频接口标准，ITU-R BT. 601、ITU-R BT. 709、ITU-R BT. 2020 建议，GB/T 14857—1993、GY/T 155—2000、GY/T 307—2017 标准中规定的数字电视节目制作和国际节目交换用参数值，以及各参数选取的原则和依据。最后，介绍了标准清晰度和高清晰度数字电视演播室视频信号接口标准 ITU-R BT. 656 和 ITU-R BT. 1120。

3.6 习题

1. 请说明电视信号数字化的三个步骤。

2. 如何理解"量化是信号数字化过程中重要的一步，而这一过程又是引入噪声的主要根源"这句话的含义？通过哪些途径可减小量化误差？

3. 对单极性信号，若采用均匀量化，请推导量化信噪比（SNR）与量化比特数 n 之间的关系。

4. 什么叫复合数字编码，什么叫分量数字编码，它们各有什么优缺点？

5. ITU-R BT. 601 建议有哪些主要内容？有何实际意义？

6. 请画图示意说明 $4:4:4$、$4:2:2$、$4:1:1$ 采样格式。

7. 我国数字电视视频信号有哪些基本参数？

8. 什么是比特并行接口？什么是比特串行接口？扰码器的作用是什么？

电视信号数字化之后所面临的一个问题是巨大的数据量给存储和传输带来的压力。为了能有效地存储和传输数字视/音频信息，必须采用压缩编码技术以减少数据量。信源编码作为数字电视系统的核心技术，其本质就是通过压缩编码来去除原始视/音频数据中的冗余，以实现数码率压缩，提高信号传输的有效性。

数字音频压缩编码主要利用人耳的听觉感知特性，所以本章首先介绍人耳的听觉感知特性以及利用心理声学模型对音频数据进行压缩的基本原理和方法。然后重点讨论视频编码的基本原理，详细介绍 Huffman 编码、算术编码、预测编码、DCT 变换编码的方法及其特点。

本章学习目标：

- 了解人耳的听觉感知特性，理解听觉阈值、临界频带、听觉掩蔽效应的概念。
- 掌握感知音频编码的基本原理，透彻理解子带编码的基本思想。
- 了解图像和视频编码技术的发展历程，熟悉视频编码的各种方法。
- 重点掌握 Huffman 编码、算术编码、预测编码和 DCT 变换编码的基本原理。
- 掌握运动估计和运动补偿预测编码的基本原理。

4.1　数字音频编码的基本原理

4.1.1　数字音频压缩的必要性和可能性

自然界中的音频信号是模拟信号，经过数字化处理后的音频信号必须还原为模拟信号，才能最终转换为声音。但是，由于音频信号数字化后可以避免模拟信号容易受噪声和干扰的影响，可以扩大音频的动态范围，可以利用计算机进行数据处理，可以不失真地远距离传输，可以与图像、视频等其他媒体信息进行多路复用，以实现多媒体化与网络化，所以，音频信号的数字化是一种必不可少的技术手段。然而，音频信号数字化之后所面临的一个问题是巨大的数据量给存储和传输带来的压力。为了降低传输或存储的费用，就必须对数字音频信号进行压缩编码。

那么数字音频信号是否可以压缩呢？回答是肯定的。统计分析表明，无论是语音还是音乐信号，都存在着多种冗余，主要包括时间域冗余、频率域冗余和听觉冗余。

1. 时间域冗余

音频信号在时间域上的冗余形式主要表现在以下几方面。

（1）样值幅度分布的非均匀性

统计表明，在大多数类型的音频信号中，不同幅度的样值出现的概率不同，小幅度样值比大幅度样值出现的概率要高。尤其在语音和音乐信号的间隙，会有大量的小幅度样值。

（2）样值间的相关性

对语音波形的分析表明，相邻样值之间存在很强的相关性。当采样频率为 8kHz 时，相邻样值之间的相关系数大于 0.85。如果提高采样频率，则相邻样值之间的相关性将更强。因而根据这种较强的一维相关性，利用差分编码技术，可以进行有效的数据压缩。

（3）信号周期之间的相关性

虽然音频信号分布于 20Hz~20kHz 的频带范围，但在特定的瞬间，某一声音却往往只是该频带内的少数频率成分在起作用。当声音中只存在少数几个频率时，就会像某些振荡波形一样，在周期与周期之间存在着一定的相关性。利用音频信号周期之间的相关性进行压缩的编码器，比仅仅利用邻近样值间的相关性的编码器效果要好，但要复杂得多。

（4）长时自相关

上述样值、周期间的一些相关性，都是在 20ms 时间间隔内进行统计的所谓短时自相关。如果在较长的时间间隔（如几十秒）内进行统计，便得到长时自相关函数。长时统计表明，当采样频率为 8kHz 时，相邻样值之间的平均相关系数可高达 0.9。

（5）静音

语音间的停顿间歇本身就是一种冗余。若能正确检测出该静音段，并去除这段时间的样值数据，就能起到压缩的作用。

2. 频率域冗余

音频信号在频率域上的冗余形式主要表现在以下几方面。

（1）长时功率谱密度的非均匀性

在相当长的时间间隔内进行统计平均，可得到长时功率谱密度函数，其功率谱呈现明显的非平坦性。从统计的观点看，这意味着没有充分利用给定的频段，或者说存在固有冗余度。功率谱的高频成分能量较低。

（2）语音特有的短时功率谱密度

语音信号的短时功率谱，在某些频率上出现"峰值"，而在另一些频率上出现"谷值"。而这些峰值频率，也就是能量较大的频率，通常称其为共振峰频率。共振峰频率不止一个，最主要的是前三个，由它们决定了不同的语音特征。另外，整个功率谱也是随频率的增加而递减。更重要的是，整个功率谱的细节以基音频率为基础，形成了高次谐波结构。

3. 听觉冗余

音频信号最终是给人听的，因此，要充分利用人耳的听觉特性对于音频信号感知的影响。因为人耳对信号幅度、频率的分辨能力是有限的，所以凡是人耳感觉不到的成分，即对人耳辨别声音的强度、音调、方位没有贡献的成分，称为与听觉无关的"不相关"部分，都可视为是冗余的，可以将它们压缩掉。

数字音频压缩编码的目的，是在保证重构声音质量一定的前提下，以尽量少的比特数来表征音频信息，或者是在给定的数码率下，使得解码恢复出的重构声音的质量尽可能高。上述各种形式的冗余，是压缩音频数据的出发点。提高压缩效率的基本途径在于利用音频信号中的冗余度和人耳的听觉特性。

MPEG 对音频数据压缩的主要依据是人耳的听觉感知特性，使用"心理声学模型"（Psychoacoustic Model）来达到压缩音频数据的目的。这种压缩编码称为感知音频编码。所以，在介绍感知音频编码的基本原理之前，首先介绍一下人耳的听觉感知特性。

4.1.2 人耳的听觉感知特性

由于人耳听觉系统非常复杂，迄今为止人类对它的生理结构和听觉特性还不能从生理解剖角度完全解释清楚。所以，对人耳听觉特性的研究目前仅限于在心理声学和语言声学。

人耳对不同强度、不同频率声音的听觉范围称为可听域。在人耳的可听域范围内，声音听觉心理的主观感受主要有响度、音调、音色等特征和掩蔽效应、高频定位等特性。响度、音调、音色分别与声音的振幅、频率、频谱分布特性（包络形状）相对应，称为声音的"三要素"。人耳的掩蔽效应是心理声学的基础，是感知音频编码的理论依据。

1. 响度

（1）声压

大气静止时的压力，称为大气压。当有声音在空气中传播时，局部空间产生压缩或膨胀，在压缩的地方压力增加，在膨胀的地方压力减小，于是就在原来的静止气压上附加了一个压力的起伏变化。这个由声波引起的交变压强称为声压（p），单位是帕（Pa）。

声压的大小反映了声音振动的强弱，同时也决定了声波的幅度大小。在一定时间内，瞬时声压对时间取方均根值后称为有效声压。用电子仪器测量得到的通常是有效声压，人们习惯上讲的声压实际上也是有效声压。

声压是一个重要的声学基本量，在实际工作中经常会用到。例如，混响时间是通过测量声压随时间的衰减来求得的；扬声器频响是扬声器辐射声压随频率的变化；声速则常常是利用声压随距离的变化（驻波表）间接求得的。

（2）声压级

人耳主观感受的响度并不正比于声压的绝对值，而是大致正比于声压的对数值。同时，人耳能听到的最低声压（听阈值）到人耳感觉到疼痛（痛阈值）的声压之间相差近100万倍，因此用声压的绝对值来表示声音的强弱显然也是很不方便的。基于以上两方面的原因，所以常用声压的相对大小（称声压级或压强）来表示声压的强弱。声压级用符号 SPL 表示，单位是分贝（dB），可用式（4-1）计算

$$SPL = 20\lg \frac{p}{p_{ref}} \tag{4-1}$$

式中，p 为声压有效值；p_{ref} 为参考声压，一般取 2×10^{-5}Pa，这个数值是人耳所能听到的 1kHz 声音的最低声压，低于这一声压，人耳就无法觉察出声波的存在了。

（3）响度

人耳对声音强弱的主观感觉称为响度。在客观的度量中，声音的强弱是由声波的振幅（声压）决定的。一般说来，声压越大则响度越大。当人们用较大的力量敲鼓时，鼓膜振动的幅度大，发出的声音响；轻轻敲鼓时，鼓膜振动的幅度小，发出的声音弱。但是，响度与声波的振幅并不完全一致。响度不仅取决于振幅的大小，还取决于频率的高低。振幅越大，说明声压级越大，声音具有的能量也越大，而响度则说明对听觉神经刺激的程度。事实上，即使在可听声的频率范围（20Hz~20kHz）内，对于声压级相同而频率不同的声音，人们听起来也会感觉不一样响。对强度相同的声音，人耳感受 1~4kHz 之间频率的声音最响，超出此频率范围的声音，其响度随频率的降低或上升将减小。此外，对于同一强度的声波，不同的人听到的效果并不一致，因而对响度的描述有很大的主观性。

响度的单位是宋（sone）。国际上规定，频率为 1kHz 的纯音在声压级为 40dB 时的响度为 1sone。

大量统计表明，一般人耳对声压的变化感觉是，声压级每增加 10dB，响度增加 1 倍，因此响度与声压级有如下关系：

$$N = 2^{0.1(SPL-40)} \tag{4-2}$$

式中，N 为响度（单位为 sone）；SPL 为声压级（单位为 dB）。

（4）响度级

人耳对声音强弱的主观感觉还可以用响度级来表示。响度级的单位为方（phon）。规定 1kHz

纯音声压级的分贝数定义为响度级的数值。例如，1kHz 纯音的声压级为 0dB 时，响度级定为 0phon；声压级为 40dB 时，响度级定为 40phon，响度为 1sone。当其他频率的声音响度与 1kHz 纯音响度相同时，则把 1kHz 的响度级当作该频率的响度级。从响度及响度级的定义中可知，响度级每增加 10phon，响度增加 1 倍。

声压级与响度、响度级的关系如表 4-1 所示。

表 4-1　声压级与响度、响度级的关系

响度/sone	1	2	4	8	16	32	64	128	256
声压级/dB	40	50	60	70	80	90	100	110	120
响度级/phon	40	50	60	70	80	90	100	110	120

（5）等响度曲线

由于响度是指人耳对声音强弱的一种主观感受，因此，当听到其他任何频率的纯音同声压级为 40dB 的 1kHz 的纯音一样响时，虽然其他频率的声压级不是 40dB，但其响度级也定义为 40phon。这种利用与 1kHz 的纯音比较的实验方法，测得一般正常人对一组不同频率纯音的主观响度感觉与 1kHz 纯音相同时的声压级与 1kHz 纯音的响度级之间的关系曲线，称为等响度曲线。图 4-1 所示是国际标准化组织的等响度曲线，它是对大量具有正常听力的青年人进行测量的统计结果，反映了人类对响度感觉的基本规律。图 4-1 的每一条等响度曲线对应一个固定的响度级值，即 1kHz 纯音对应的声压值。

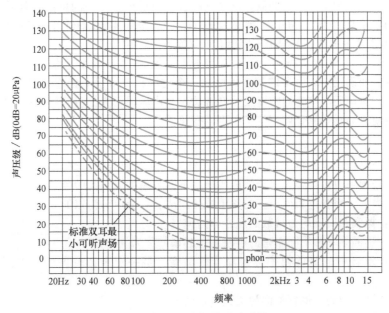

图 4-1　人耳听觉的等响度曲线

认真地分析等响度曲线，会发现其具有如下性质：

1）两个声音的响度级相同，但声压级不一定相同，它们与频率有关。

2）响度级越高，等响度曲线越趋于平坦；响度级不同，等响度曲线有较大差异，特别是在低频段。

3）人耳对 3~4kHz 范围内的声音响度感觉最灵敏。

（6）听阈与痛阈

响度是听觉的基础。人耳对于声音细节的分辨与响度直接有关：只有在响度适中时，人耳辨音才最灵敏。正常人听觉的声压级范围为 0~140dB（也有人认为是 -5~130dB）。固然，超出人耳的可听频率范围的声音，即使声压级再大，人耳也听不到声音。但在人耳的可听频率范围内，若声音弱到或强到一定程度，人耳同样是听不到的。当声音减弱到人耳刚刚可以听见时，此时的声音强度称为最小可听阈值，简称为"听阈"。一般以 1kHz 纯音为准进行测量，人耳刚能听到的声压级为 0dB（通常大于 0.3dB 即有感受）。图 4-1 中最下面的一条等响曲线（虚线）描述的是最小可听阈值。而当声音增强到使人耳感到疼痛时，这个听觉阈值称为"痛阈"。仍以 1kHz 纯音为准来进行测量，使人耳感到疼痛时的声压级约达到 140dB 左右。

实验表明，听阈和痛阈是随频率变化的。听阈和痛阈的等响度曲线之间的区域就是人耳的听觉范围。

小于 0dB 听阈和大于 140dB 痛阈时为不可听声，即使是人耳最敏感频率范围的声音，人耳也觉察不到。人耳对不同频率的声音听阈和痛阈不一样，灵敏度也不一样。人耳的痛阈受频率的影响不大，而听阈随频率变化相当剧烈。人耳对 3~4kHz 声音最敏感，幅度很小的声音信号都能被人耳听到；而在低频区（如小于 800Hz）和高频区（如大于 5kHz），人耳对声音的灵敏度要低得多。响度级较小时，高、低频声音灵敏度降低较明显，而低频段比高频段灵敏度降低更加剧烈，一般应特别重视加强低频音量。通常 200Hz~3kHz 语音声压级以 60~70dB 为宜，频率范围较宽的音乐声压级以 80~90dB 最佳。

2. 音调

音调也称音高，表示人耳对声音调子高低的主观感受。客观上音高大小主要取决于声音基波频率的高低，基波频率高则音调高，反之则声音显得低沉。频率的单位是赫［兹］（Hz）。主观感觉的音调单位是"美"（Mel）。频率为 1kHz、声压级为 40dB 的纯音所产生的音调就定义为 1Mel。Hz 与 Mel 是表示音调的两个不同概念而又有联系的单位。

音调大体上与频率的对数成正比，目前世界上通用的 12 平分律等程音阶就是按照基波频率的对数值取等分而确定的。声音的基频每增加一个倍频程，音乐上就称为提高一个"八度音"。除了频率之外，音调还与声音的响度及波形有关。当声压级很大，引起耳膜振动过大，出现谐波分量时，也会使人们感觉到音调产生了一定的变化。

3. 音色

音色的概念是借用光颜色引用过来的。光分为纯光和复合光。纯光是由单一频率成分构成的光，而复合光则是由多种频率成分组成的光。不同频率的光引起的色感不同，所以形成各种颜色。声音与光类似，用音色表征声音的频率成分组成，一般可分为以下 4 种。

1）纯音：振幅和周期均为常数的声音称为纯音。

2）复音：不同频率和不同振幅的声波组合起来的称为复音。

3）基音：复音中的最低频率称为复音的基音，是决定声音音调的基本因素，它通常是常数。

4）泛音：复音中的其他频率称为泛音（谐音）。

音色是人耳对各种频率、各种强度的声波的综合反应。实际上，人们听到的语言或音乐的声音并非像敲击音叉时那样，仅仅产生一个单一频率的声波，它是由基波和高次谐波构成的复合音。谐波的多少和强弱则构成不同的音色。例如，在听胡琴和扬琴等乐器同奏一个曲子时，虽然它们的音调相同，但人们却能把不同乐器的声音区别开来。这是因为，各种乐器的发音材料和结构不同，它们发出同一个音调的声音也即基本频率相同的声音时，振动情况是不同的。每个人的声带和口腔形状不完全一样，因此，说起话来也各有自己的特色，使别人听到后能够分辨出谁在讲话。各种发声物体或乐器在发出同一音调的声音时，所发出的声音之所以不同，就在于虽然基波相同，但谐波的多少不同，并且各次谐波的幅度各异，因而具有各自的声音特色。音色主要是由声音的频谱结构决定的。一般来说，声音的频率成分（谐波数目）越多，音色便越丰富，听起来声音就越宽广、越动听。如果声音中的频率成分很少，甚至是单一频率，音色则很单调乏味、平淡无奇。

如果声音经传输后频谱有了变化，则重放出的声音音色就会改变。为了使声音逼真，必须尽量保持原来的音色。声音中某些频率成分过分被放大或压缩都会改变音色，从而造成失真。

在语音传输系统中，最重要的是保持良好的清晰度。适当减少一些低音和增加一些中音成分，特别是鼻音或喉音很重的人，改变低频部分的音色，有利于达到改善语音清晰度的要求。

另外，表征声音的其他物理特性还有时值，又称音长。它是由振动持续时间的长短决定的，具有明显的相对性。一个音只有包含在比它更短的音的旋律中才会显得长。音长的变化导致旋律的行进或平缓、均匀，或跳跃、颠簸，以表达不同的情感。从以上主观描述声音的三个主要特征看，人耳的听觉特性并非完全线性。声音传到人的耳内经处理后，除了基音外，还会产生各种谐音及它们的"和"音和"差"音，并不是所有这些成分都能被感觉。人耳对声音具有接收、选择、分析、判断响度、音调和音色的功能，例如，人耳对高频声音信号只能感受到对声音定位有决定性影响的时间域波形的包络（特别是变化快的包络在内耳的延时），而感觉不出单个周期的波形和判断不出频率非常接近的高频信号的方向；以及对声音幅度分辨率低，对相位失真不敏感等。这些涉及心理声学和生理声学方面的复杂问题。

4. 人耳的听觉掩蔽效应

一个较弱的声音（被掩蔽音）的听觉感受被另一个较强的声音（掩蔽音）影响的现象称为人耳的听觉"掩蔽效应"。被掩蔽音单独存在时的听阈分贝值，或者说在安静环境中能被人耳听到的纯音的最小值称为绝对听阈。实验表明，3～5kHz 绝对听阈值最小，即人耳对它的微弱声音最敏感；而在低频和高频区绝对听阈值要大得多。在 800～1500Hz 范围内听阈随频率变化最不显著，即在这个范围内语言的可懂度最高。在掩蔽情况下，提高被掩蔽弱音的强度，使人耳能够听见时的听阈称为掩蔽听阈（或称掩蔽门限），被掩蔽弱音必须提高的分贝值称为掩蔽量（或称阈移）。

例如，当两人正在马路边谈话时，一辆汽车从他们身旁疾驰而过，此时，双方均听不到对方正在说些什么，原因是相互间的谈话声被汽车发出的噪声所掩盖，也就是弱声音信号被强声音信号掩蔽掉了。人耳的听觉掩蔽效应是一个较为复杂的心理声学和生理声学现象，主要表现为频率域掩蔽效应和时间域掩蔽效应。

（1）掩蔽效应

已有实验表明，纯音对纯音、噪声对纯音的掩蔽效应如下：

1）纯音间的掩蔽。对处于中等强度时的纯音最有效的掩蔽是出现在它的频率附近。低频的纯音可以有效地掩蔽高频的纯音，而反过来则作用很小。

2）噪声对纯音的掩蔽。噪声是由多种纯音组成的，具有无限宽的频谱。若掩蔽音为宽带噪声，被掩蔽音为纯音，则它产生的掩蔽门限在低频段一般高于噪声功率谱密度 17dB，且较平坦；当频率超过 500Hz 时，大约每十倍频程增大 10dB。若掩蔽音为窄带噪声，被掩蔽音为纯音，则情况较复杂。其中位于被掩蔽音附近的由纯音分量组成的窄带噪声即临界频带的掩蔽作用最明显。所谓临界频带是指当某个纯音被以它为中心频率且具有一定带宽的连续噪声所掩蔽时，如果该纯音刚好能被听到时的功率等于这一频带内噪声的功率，那么这一带宽称为临界频带宽度。

通常认为，20Hz～22kHz 范围内有 24 个临界频带，如表 4-2 所示。而当某个纯音位于掩蔽音的临界频带之外时，掩蔽效应仍然存在。

（2）掩蔽类型

1）频率域掩蔽。所谓频率域掩蔽是指掩蔽音与被掩蔽音同时作用时发生掩蔽效应，又称同时掩蔽。这时，掩蔽音在掩蔽效应发生期间一直起作用，是一种较强的掩蔽效应。通常，频率域中的一个强音会掩蔽与之同时发声的频率相近的弱音，弱音离强音越近，一般越容易被掩蔽；反之，离强音较远的弱音不容易被掩蔽。例如，频率在 300Hz 附近、声压级约为 60dB 的声音可掩蔽掉频率在 150Hz 附近、声压级约为 40dB 的声音，也可掩蔽掉频率在 400Hz 附近、声压级约为 30dB 的声音，如图 4-2 所示。又如，同时发出两个不同频率的声音，一个是声压级为 60dB、频率为 1000Hz 的纯音，另一个是 1100Hz 的纯音，前者的声压级比后者高 18dB，在这种情况下，人耳就只能听到那个 1000Hz 的强纯音。如果有一个 1000Hz 的纯音和一个声压级比它低 18dB 的 2000Hz 的纯音同时发出，那么人耳将会同时听到这两个声音。要想让 2000Hz 的纯音也听不到，则需要把它降到比 1000Hz 的纯音低 45dB。一般来说，低频的音容易掩蔽高频的音；在距离强音较远处，绝对听阈比该强音所引起的掩蔽阈值高，这时，噪声的掩蔽阈值应取绝对听阈。

表 4-2 临界频带

临界频带	低端频率/Hz	高端频率/Hz	带宽/Hz	临界频带	低端频率/Hz	高端频率/Hz	带宽/Hz
0	0	100	100	13	2000	2320	320
1	100	200	100	14	2320	2700	380
2	200	300	100	15	2700	3150	450
3	300	400	100	16	3150	3700	550
4	400	510	110	17	3700	4400	700
5	510	630	120	18	4400	5300	900
6	630	770	140	19	5300	6400	1100
7	770	920	150	20	6400	7700	1300
8	920	1080	160	21	7700	9500	1800
9	1080	1270	190	22	9500	12000	2500
10	1270	1480	210	23	12000	15500	3500
11	1480	1720	240	24	15500	22050	6550
12	1720	2000	280				

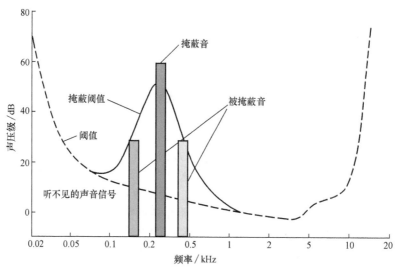

图 4-2 频率域掩蔽示意图

2）时间域掩蔽。除了同时发出的声音之间有掩蔽效应之外，在时间上相邻的声音之间也有掩蔽效应。即在一个强音信号之前或之后的弱音信号，也会被掩蔽掉。这种掩蔽效应称为时间域掩蔽，也称异时掩蔽。时间域掩蔽又分为前掩蔽和后掩蔽。在时间域内，听到强音之前的短暂时间内，已存在的弱音可以被掩蔽而听不到，这种现象称为前掩蔽；当强音消失后，经过较长的持续时间，才能重新听到弱音信号，这种现象称为后掩蔽。产生时间域掩蔽的主要原因是人的大脑处理信息需要花费一定的时间。时间域掩蔽也随着时间的推移很快会衰减，是一种弱掩蔽效应。一般来说，前掩蔽很短，大约只有 5~20ms，而后掩蔽可以持续 50~200ms。

在音频编码时，将时间上彼此相继的一些采样值归并成"块"，以调节量化范围和量化噪声而进行动态比特分配，就是基于人耳的时间域掩蔽特性而采取的策略。

4.1.3 音频感知编码原理

心理声学模型中一个基本的概念就是听觉系统中存在一个听觉阈值电平，低于这个电平的音频信号就听不到，因此就可以把这部分信号忽略掉，无须对它进行编码，而不影响听觉效果。心理声学模型中的另一个概念是听觉掩蔽效应。听觉主要是基于对音频信号的短暂频谱分析，在相邻频谱中，人的听觉系统无法感受邻近频谱上一个较强信号所掩蔽的失真，即存在所谓的掩蔽效应。在理想状态下，掩蔽阈值以下的失真是不可闻的。于是人们从两方面着手研究音频编码：一是如何精确地计算出掩蔽阈值（即获得"心理声学模型"）；二是如何从音频信号中仅仅提取可闻信息而加以处理，将人耳不能感知的声音成分去掉，只保留人耳能感知的声音成分，在量化时也不一味追求最小的量化噪声，只要量化噪声不被人耳感知即可。理想情况下，经一个音频编码器压缩后，引入的失真恰好在掩蔽阈值之下。这样，既实现了音频数据压缩的目的，又不影响解码端重建音频信号的主观听觉质量。

自适应变换编码和子带编码利用了人耳的听觉感知特性，在音频压缩编码中已得到广泛应用。

1. 自适应变换编码

在变换编码中，利用正交变换，把时间域音频信号变换到另一个域（如频率域），由于去相关的结果，变换域系数的能量将集中在一个较小的范围，所以对变换系数进行量化编码，就可以达到压缩数码率的目的。而在接收端，用逆变换便可获得重构的音频信号。使变换域系数能够进行自适应比特分配的变换编码，称为自适应变换编码（ATC）。

在音频编码中，正交变换主要使用离散余弦变换（Discrete Cosine Transform，DCT）、改进的离散余弦变换（Modified Discrete Cosine Transform，MDCT）等。经数字化处理后的音频信号是一串连续的数据，进行 DCT 之前应先进行分组，这可理解成把一串的数据进行"加窗"处理。于是音频信号的变换编码是把输入信号乘以窗函数后，再进行 DCT。在时间域能量分布比较均匀的音频信号，经过 DCT 后，频率域能量则主要集中在低、中频的变换系数上。这与视频信号的DCT 编码原理是一样的。

变换编码的一个重要的问题就是变换长度（即窗长度）的选择。一方面，变换长度越长，编码压缩比越高。但对于单一字组中幅度急剧变化的信号（如鼓声），在上升部分若采用长的分组，会使得时间域分辨率下降，导致严重的所谓"前反射"。消除"前反射"的办法是用短的分组，提高时间域的分辨率，使之限制在一个较短的时间内。某些算法的实现就是为了解决这个矛盾。例如，自适应谱感知熵编码（Adaptive Spectral Perceptual Entropy Coding，ASPEC）采用动态长度的重叠窗函数。它采用的窗函数共有 4 种，其中长窗为 1024 点，短窗为 256 点，在 48kHz采样频率下分别对应于 21.3ms 和 5.3ms，各窗之间有 50%的重叠。此外，还有不对称的起始窗和终止窗，分别用于长窗向短窗和短窗向长窗的过渡。当声音能量突然增加时，在过渡段使用短窗，以保证足够的时间域分辨率；其他时间使用长窗，以获得较高的编码压缩比，这就是自适应的概念。

变换编码过程中出现的另一个问题就是字组失真。字组编码的原则是，无论字组边界相邻的采样在时间轴上是否连续，都应按属于不同字组而进行不同精度的量化，因此人们会容易感觉到字组边界附近量化噪声的不连续性，这就是加窗变换造成的边界效应。为了消除这种边界效应，往往采用具有部分重叠的变换窗，而这样又会带来时间域混叠，降低了编码性能。因此，实际上需要采用改进的离散余弦变换（MDCT），它是一种线性正交叠加变换，使用了一种称为时间域混叠抵消（Time Domain Aliasing Cancellation，TDAC）技术，在理论上能完全消除混叠。

2. 子带编码

与变换编码相同，子带编码（Sub-Band Coding，SBC）也在频率域上寻求压缩的途径。与前者不同之处在于，它不对信号直接进行变换，而是首先用一组带通滤波器将输入信号分成若干个在不同频段上的子带信号，然后将这些子带信号经过频率搬移转变成基带信号，再对它们在奈奎斯特速率上分别重新采样。采样后的信号经过量化编码，并合并成一个总的码流传送给接收端。在接收端，首先把码流分成与原来的各子带信号相对应的子带码流，然后解码、将频谱搬移至原来的位置，最后经带通滤波、相加，得到重建的信号。

在子带编码中，若各个子带的带宽是相同的，则称为等带宽子带编码，否则，称为变带宽子带编码。

对每个子带单独分别进行编码的好处是：

1）可根据每个子带信号在感知上的重要性，即利用人对声音信号的感知模型（心理声学模型），对每个子带内的采样值分配不同的比特数。例如，在低频子带中，为了保护基音和共振峰的结构，就要求用较小的量化间隔、较多的量化级数，即分配较多的比特数来表示采样值。而通常发生在高频子带中的摩擦音以及类似噪声的声音，可以分配较少的比特数。

2）由于分割为子带后，减少了各子带内信号能量分布不均匀的程度，减少了动态范围，从而可以按照每个子带内信号能量来分配量化比特数，对每个子带信号分别进行自适应控制。对具有较高能量的子带用较大的量化间隔来量化，即进行粗量化；反之，则进行细量化。使得各个子带的量化噪声都束缚在本子带内，这就可以避免能量较小的子带信号被其他频带中的量化噪声所掩盖。

3）通过频带分割，各个子带的采样频率可以成倍下降。例如，若分成频谱面积相同的 N 个子带，则每个子带的采样频率可以降为原始信号采样频率的 $1/N$，因而可以减少硬件实现的难度，并便于并行处理。

1976 年，子带编码技术首次被美国贝尔实验室的 R. E. Crochiere 等人应用于语音编码。

1986 年，Woods 等将子带编码又引入到图像编码，此后子带编码在视频信号压缩领域得到了很大发展。

由于在子带压缩编码中主要应用了心理声学中的声音掩蔽模型，因而在对信号进行压缩时引入了大量的量化噪声。然而，根据人类的听觉掩蔽曲线，在解码后，这些噪声被有用的声音信号掩蔽掉了，人耳无法察觉；同时由于子带分析的运用，各频带内的噪声将被限制在频带内，不会对其他频带的信号产生影响。因而在编码时各子带的量化级数不同，采用了动态比特分配技术，这也正是此类技术压缩效率高的主要原因。在一定的数码率条件下，此类技术可以达到欧洲广播联盟（European Broadcasting Union，EBU）音质标准。

子带压缩编码目前广泛应用于数字音频节目的存储与制作中。典型的代表有掩蔽型自适应通用子带综合编码和复用（Masking pattern adapted Universal Subband Integrated Coding And Multiplexing，MUSICAM）编码方案，已被 MPEG 采纳作为宽带、高质量的音频压缩编码标准。

4.2　数字视频编码概述

4.2.1　数字视频压缩的必要性和可能性

视频信号数字化之后所面临的一个问题是巨大的数据量给存储和传输带来的压力。例如，一路电视信号，按 ITU-R BT. 601 建议，数字化后的输入图像格式为 720×576 像素，帧频为 25 帧/s，采样格式为 4∶2∶2，量化精度为 8bit，则数码率为（720×576＋360×576＋360×576）×25 帧/s×8bit＝165.888Mbit/s。如果视频信号数字化后直接存放在 650MB 的光盘中，在不考虑音频信号的情况下，每张光盘只能存储 31s 的视频信号。单纯用扩大存储容量、增加通信信道的带宽的办法是不现实的。而数据压缩技术是个行之有效的方法，以压缩编码的形式存储、传输，既节约了存储空间，又提高了通信信道的传输效率，同时也可使计算机实时处理视频信息，以保证播放出高质量的视频节目。

数据压缩的理论基础是信息论。从信息论的角度来看，压缩就是去掉数据中的冗余，即保留不确定的信息，去掉确定的信息（可推知的），也就是用一种更接近信息本质的描述来代替原有冗余的描述。数字图像和视频数据中存在着大量的数据冗余和主观视觉冗余，因此图像和视频数据压缩不仅是必要的，而且也是可能的。

在一般的图像和视频数据中，主要存在以下几种形式的冗余。

1. 空间冗余

空间冗余也称为空域冗余，是一种与像素间相关性直接联系的数据冗余。以静态图像为例，数字图像的亮度信号和色度信号在空间域（X, Y 坐标系）虽然属于一个随机场分布，但是它们可以看成为一个平稳的马尔可夫场。通俗地理解，图像像素点在空间域中的亮度值和色度信号值，除了边界轮廓外，都是缓慢变化的。例如，一幅人的头肩图像，背景、人脸、头发等处的亮度、颜色都是平缓变化的。相邻像素的亮度和色度信号值比较接近，具有强的相关性，如果直接用采样数据来表示亮度和色度信号，则数据中存在较多的空间冗余。如果先去除冗余数据再进行编码，就能使表示每个像素的平均比特数下降，这就是通常所说的图像的帧内编码，即以减少空间冗余进行数据压缩。

2. 时间冗余

时间冗余也称为时域冗余，它是针对视频序列图像而言的。视频序列每秒有 25~30 帧图像，相邻帧之间的时间间隔很小（例如，帧频为 25Hz 的电视信号，其帧间时间间隔只有 0.04s）；同时实际生活中的运动物体具有运动一致性，使得视频序列图像之间有很强的相关性。

例如，图 4-3a 是一组视频序列的第 2 帧图像，图 4-3b 是第 3 帧图像。人眼很难发现这两帧图像的差别，如果连续播放这一视频序列，人眼就更难看出两帧图像之间的差别。两帧图像越接近，说明图像携带的信息越少。换句话说，第 3 帧图像相对第 2 帧图像而言，存在大量冗余。对于视频压缩而言，通常采用运动估值和运动补偿预测技术来消除时间冗余。

a)　　　　　　　　　　　　b)

图 4-3　视频序列图像的时间冗余

a）第 2 帧　b）第 3 帧

3. 统计冗余

统计冗余也称编码表示冗余或符号冗余。由信息论的有关原理可知，为了表示图像数据的一个像素点，只要按其信息熵的大小分配相应的比特数即可。然而，对于实际图像数据的每个像素，很难得到它的信息熵，在数字化一幅图像时，对每个像素是用相同的比特数表示的，这样必然存在冗余。换言之，若用相同码长表示不同出现概率的符号，则会造成比特数的浪费。如果采用可变长编码技术，对出现概率大的符号用短码字表示，对出现概率小的符号用长码字表示，则可去除符号冗余，从而节约码字，这就是熵编码的思想。

4. 结构冗余

在有些图像的部分区域内有着很相似的纹理结构，或是图像的各个部分之间存在着某种关系，例如自相似性等，这些都是结构冗余的表现。分形图像编码的基本思想就是利用了结构冗余。

5. 知识冗余

在某些特定的应用场合，编码对象中包含的信息与某些先验的基本知识有关。例如，在电视电话中，编码对象为人的头肩图像。其中头、眼、鼻和嘴的相互位置等信息就是一些常识。这时，可以利用这些先验知识为编码对象建立模型。通过提取模型参数，对参数进行编码而不是对图像像素值直接进行编码，可以达到非常高的压缩比。这是模型基编码（或称知识基编码、语义基编码）的基本思想。

6. 人眼的视觉冗余

视觉冗余度是相对于人眼的视觉特性而言的。人类视觉系统（Human Visual System，HVS）是世界上最好的图像处理系统，但它并不是对图像中的任何变化都能感知。人眼对亮度信号比对色度信号敏感，对低频信号比对高频信号敏感（即对边沿或突变附近的细节不敏感），对静止图像比对运动图像敏感，以及对图像水平线条和垂直线条比对斜线敏感等。因此，包含在色度信号、图像高频信号和运动图像中的一些数据并不能对增加图像相对于人眼的清晰度做出贡献，而被认为是多余的，这就是视觉冗余。所以，在许多应用场合，并不要求经压缩及解码后的重建图像和原始图像完全相同，而允许有少量的失真，只要这些失真并不被人眼所察觉。

压缩视觉冗余的核心思想是去掉那些相对人眼而言是看不到的或可有可无的图像数据。对视觉冗余的压缩通常反映在各种具体的压缩编码过程中。如对于离散余弦变换（DCT）系数的直流与低频部分采取细量化，而对高频部分采取粗量化。在帧间预测编码中，高压缩比的预测帧及双向预测帧的采用，也是利用了人眼对运动图像细节不敏感的特性。

上述各种形式的冗余，是压缩图像与视频数据的出发点。图像与视频压缩编码方法就是要尽可能地去除这些冗余，以减少用于表示图像与视频信息所需的数据量。

综上所述，图像或视频压缩编码的目的，是在保证重建图像质量一定的前提下，以尽量少的比特数来表征图像或视频信息。

4.2.2 数字视频压缩的混合编码框架

目前的数字视频编码标准采用了如图4-4所示的混合编码框架，其中，基于运动估计/补偿的帧间预测用于去除视频序列的时间冗余，基于方向插值的帧内预测用于去除帧内空间冗余，基于块的变换用于进一步去除预测之后残差中保留的空间冗余，最后熵编码模块用于去除前面步骤中生成数据的统计冗余。

在图4-4中，输入的视频帧被划分成若干互不重叠的图像块，编码过程以图像块为基本单元。首先利用帧内预测或者帧间预测技术去除编码块中的空域冗余或时域冗余，生成预测残差块；然后预测残差块经过正交变换和量化得到量化后的变换系数；最后将量化后的变换系数、运动信息以及相关的控制数据送至熵编码器以去除统计冗余并生成最终的码流。编码器采用闭环回路的方式，它包含一个解码模块，将量化后的变换系数经过反量化和反变换，重建残差块，然后与帧内或者帧间预测的结果相加得到重建的图像块，并组合成重构图像。将此重构图像存入解码缓存用于后续图像的预测参考。由于预测、变换都是基于块进行的，在压缩效率较高时重构图像会出现明显的方块效应。去块效应环内滤波器可以减少当前重构图像的方块效应，不仅能提升重构图像的主观质量，处理后的图像用于后续图像的预测参考，改善后续图像的预测质量，还能进一步提升编码效率。所以重构图像一般需要进行环路滤波后才存入缓存。综上，预测、正交变换、量化和熵编码等模块是混合编码框架中的基本要素。

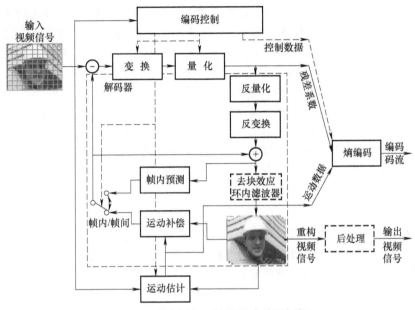

图 4-4   数字视频压缩的混合编码框架

1. 预测

预测技术利用图像帧中的空域相关性以及相邻视频帧间的时域相关性来对当前待编码块进行预测，包括帧内预测和帧间预测。

帧内预测技术通过利用已编码重构的相邻像素来对当前编码块进行预测，生成当前编码块与其预测块之间的残差，大大降低了编码块的能量信息，从而去除图像中存在的空间冗余，以便于后续的压缩编码。帧内预测技术的最初原型是差分脉冲编码调制（Differential Pulse Code Modulation，DPCM）技术。在 DPCM 中，对当前信号与其之前已经编码并重建信号之间的差值进行编码。这一技术充分利用了信号间的相关性，后来被 Oliver 和 Harrison 引入视频编码领域。Harrison 首先提出了帧内预测技术，其基本思想是利用当前帧中已经编码重建的像素值的线性组合来作为当前像素的预测值。后来帧内预测技术得到进一步发展，包括变换域交流（AC）和直流（DC）系数的预测方法和基于方向的帧内预测技术。基于方向的帧内预测技术，利用当前块与周围块纹理方向上相关性，基于某个方向上的插值运算得出当前块的预测块。该方法由于具有较低复杂度以及性能上的较大优势，已被主流视频编码标准采纳并得到广泛应用。

帧间预测技术利用相邻帧之间的相关性，根据前向或后向的重构帧来对当前帧中的编码块进行预测，得到当前编码块与其预测值之间的残差，从而实现去除时域冗余的目的，降低编码块的能量，以便于后续的编码压缩。最初的帧间预测技术也是基于 DPCM 的，后来发展为 3D-DPCM、基于像素的运动补偿以及基于块的运动补偿等帧间预测技术。根据有效性和可实现性原则，基于块的运动补偿技术在视频编码标准中得到广泛的应用，被主流视频编码标准采纳用于帧间预测。

2. 正交变换

正交变换技术主要是用于去除图像残差块中的空域冗余。虽然预测技术可以高效地去除原始图像块中的空域冗余和时域冗余，然而经过预测之后得到的残差块内相邻像素之间依然存在相关性。预测残差块通过正交变换以后，其中的大部分能量会集中在数量较少且不相关的低频系数中。由于人眼 HVS 对低频和高频系数的敏感程度有较大的不同，使得可以在编码的过程中利用量化技术对不同的频率系数引入适量的失真，也不会被人眼察觉出来，从而起到系数压缩的作用。对于数据压缩来说，好的变换方法需要从去相关能力、能量集中以及实现复杂度等方面进行综合考虑。K-L 变换已经被证明是均方误差标准下的最佳变换，但是它需要依赖于输入信号的统计特性，此外其实现过程复杂度较高，这使得 K-L 变换没有得到广泛的应用。在视频压缩中被广泛应用的是离散余弦变换（Discrete Cosine Transform，DCT），这是由于它具有较低的计算复杂度（具有快速算法）和较高的去相关能力以及较好的能量集中性能。此外，在一阶马尔可夫条件下，DCT 被证明近似于 K-L 变换。其他常用的变换有离散小波变换（Discrete Wavelet Transform，DWT）、离散阿达马变换（Discrete Hadamard Transform，DHT）等。由于 DWT 具有更有效的快速算法以及能够对整幅图像进行变换，其更适合于全局冗余的去除，在图像压缩中取得了较好的效果。DHT 由于其较低的计算复杂度，仅仅通过加减运算即可实现变换，在视频编码中被用于替代 DCT 进行快速的模式决策，最后根据决策的结果再利用 DCT 去真正实现编码。

3. 量化

量化是通过减少变换系数的表示精度来达到数据压缩目的的技术，它是进行调节编码码率和图像失真的主要方法。量化一般可以分为矢量量化和标量量化两大类。

矢量量化是对多个数据构成的矢量进行联合量化，而标量量化则是对每个数据进行单独量化。对于无记忆信源，虽然根据香农率失真理论可知矢量量化的性能要好于标量量化，然而设计高效的矢量编码码本十分复杂，矢量量化依赖于输入信号的统计特性，并且具有较高的计算复杂度，因此当前的视频编码标准并没有采用矢量量化，而是采用了更为简单有效的标量量化。现有视频编码标准通常采用基于死区（dead-zone）技术的均匀量化方法，能够实现码率与失真之间较好的平衡。

由于人眼 HVS 对不同频带的敏感程度不同，可以针对不同的频带设计不同的量化权重，来提高压缩效率。针对帧内预测残差和帧间预测残差变换系数不同的特性，MPEG-2 标准引入了两种加权量化矩阵来对它们分别处理。加权量化矩阵对不同频率分量的变换系数分配不同的量化因子，从而提高了压缩效率。H.264/AVC 中也设计了一个加权量化缩放矩阵，同时还允许用户根据需要自定义缩放矩阵。

4. 熵编码

熵编码技术用于去除信源符号中存在的统计冗余，包括变换系数、运动矢量和模式信息等辅助信息。目前主流的熵编码方法包括两大类，一类是变长编码（Variable Length Coding，VLC），另一类是算术编码。变长编码的核心思想是为出现概率较大的符号分配较短的码字，而对于概率较小的符号分配较长的码字，从而使得最终的平均码字最短。

变长编码中最具代表性的方法是哈夫曼编码。对于概率分布已知的信源，哈夫曼编码能获得平均最短的码字。然而哈夫曼编码用于视频压缩中存在着一定的缺陷。首先是编码器需要建立对应的哈夫曼树，而该过程的计算开销较大。此外编码器需要编码传输该哈夫曼树对应的码表到解码端，才能进行解码，因此会带来额外的比特开销。在主流的视频编码标准中一般采用指数哥伦布码（Exp-Golomb Code，EGC）来取代哈夫曼编码。由于其较低的计算复杂度，在编解码器中容易实现，指数哥伦布码被视频压缩标准广泛采用。总体上来说，变长编码的压缩效率要低于算术编码，而算术编码的复杂度要高于变长编码。

随着算术编码复杂度越来越低，其已经逐渐成为新兴视频编码标准中的主流熵编码技术。与变长编码不同的是，算术编码并不是使用一个码字来表示一个输入的符号，而是利用一个浮点数来表示一串符号，因此平均意义上算术编码可以为单个符号分配小于 1bit 的码字。

熵编码技术的突破是在 H. 264/AVC 的制定中引入了基于上下文自适应的技术。该技术使得编码器能够通过上下文进行码表的切换，同时对信源符号的条件概率进行更新，因而能更好地描述信源符号的统计特性，从而获得更好的压缩性能。

在视频编码标准中，目前广泛使用的变长编码是 H. 264/AVC 中的基于上下文的变长编码技术（Context-based Adaptive Variable Length Coding，CAVLC）；算术编码的代表技术是 H. 264/AVC 中的上下文自适应的二进制算术编码（Context-based Adaptive Binary Arithmetic Coding，CABAC）。

4.2.3　数字视频编码技术的进展

迄今为止，人们研究了各种各样的数据压缩方法，对它们进行分类、归纳有助于我们的理解。从不同的角度出发有不同的分类方法。

拓展阅读

数字视频编码技术的发展简史

从信息论的角度出发，根据解码后还原的数据是否与原始数据完全相同，可将数据压缩方法分为两大类：无失真编码和限失真编码。

（1）无失真编码

无失真编码又称无损编码、信息保持编码、熵编码。熵指的是具体数据所含的平均信息量，定义为在不丢失信息的前提下描述该信息内容所需的最小比特数。熵编码是纯粹基于信号统计特性的一种编码方法，它利用信源概率分布的不均匀性，通过变长编码来减少信源数据冗余，解码后还原的数据与压缩编码前的原始数据完全相同而不引入任何失真。但无失真编码的压缩比较低，可达到的最高压缩比受到信源熵的理论限制，一般为 2:1 到 5:1。最常用的无失真编码方法有哈夫曼（Huffman）编码、算术编码和游程编码（Run-Length Encoding，RLE）等。

（2）限失真编码

限失真编码也称有损编码、非信息保持编码、熵压缩编码。也就是说，解码后还原的数据与压缩编码前的原始数据是有差别的，编码会造成一定程度的失真。

限失真编码方法利用了人类视觉的感知特性，允许压缩过程中损失一部分信息，虽然在解码时不能完全恢复原始数据，但是如果把失真控制在视觉阈值以下或控制在可容忍的限度内，则不影响人们对图像的理解，却换来了高压缩比。在限失真编码中，允许的失真越大，则可达到的压缩比越高。

常见的限失真编码方法有：预测编码、变换编码、矢量量化、基于模型的编码等。

在实际应用的编码中，往往采用混合编码方法，即综合利用上述各种编码技术，以求达到最佳压缩编码效果。例如，在目前的数字视频编码标准中，综合利用了变换编码、运动补偿、帧间预测以及熵编码等多项技术。

4.3　熵编码

熵编码是建立在随机过程的统计特性基础上的。因为人们日常所见到听到的图像和声音信号都可以看作是一个随机信号序列，它们在时间和空间上均具有对应的统计特性。图像的统计特性是研究图像灰度或彩色信号值在统计意义上的分布。大千世界的实际图像种类繁多，内容各不相同，其随机分布各不相同，所以其统计特性相当复杂。以一幅大小为 256×256 像素，每像素用 8bit 表示的静止黑白图像为例，它有 $(2^8)^{256 \times 256} = 2^{8 \times 256 \times 256} \approx 10^{157826}$ 种不同的图案。对于这样一个天文数字的图像统计特性研究，实际上是不可能的，也是没有意义的，这是因为其中绝大部分图像是毫无任何意义的纯噪声图像。因此，对图像进行统计分析研究时，为了不使分析过程过于复杂，同时又具有代表性和实用价值，通常把分析对象集中在实际应用中某一类图像的一些典型代表图像（或序列）。例如，对于会议电视、可视电话、广播电视以及 HDTV 等，国际上的一些组织，如 ITU-T、SMPTE（电影电视工程师协会）、EBU（欧洲广播联盟）、MPEG 等都有相应的标准测试图像及序列。用标准测试图像的采样文件，进行图像各种统计特性的研究。

熵编码也称信息保持编码，这里涉及信息的度量问题。为此首先回顾一下有关信息论的基本概念，然后再将它们运用到图像的压缩编码之中。

设信源 X 可发出的消息符号集合为 $A = \{a_i =| \ i = 1, 2, \cdots, m\}$，并设 X 发出符号 a_i 的概率为 $p(a_i)$，则定义符号 a_i 出现的自信息量为

$$I(a_i) = - \log p(a_i) \tag{4-3}$$

通常，式中的对数取 2 为底，这时定义的信息量单位为比特（bit）。

如果各符号 a_i 的出现是相互独立的，则信源 X 发出一符号序列的概率等于各符号出现概率的乘积，因此该序列出现的信息量等于相继出现的各符号的自信息量之和。这类信源称为"无记忆"信源。

对信源 X 的各符号的自信息量取统计平均，可得每个符号的平均信息量

$$H(X) = - \sum_{i=1}^{m} p(a_i) \log_2 p(a_i) \tag{4-4}$$

称 $H(X)$ 为信源 X 的熵（Entropy），单位为 bit/符号，通常也称为 X 的一阶熵，它的含义是信源 X 发出任意一个符号的平均信息量。

实际上，信源相继发出的各个符号之间并不是相互独立的，而是具有统计上的相关性。这种类型的信源称为"有记忆"信源。一个有记忆信源发出一个符号的概率与它以前已相继发出的符号密切相关。有记忆信源的分析是非常复杂的，通常只考虑其中的一种特殊形式，即所谓的 N 阶马尔可夫（Markov）过程。对于这种情况，信源发出一个符号的概率只与前面相继发出的 N 个符号有关，而与再前面的第 $N+1$，$N+2$，…等符号独立无关。在计算一个有记忆信源的熵值时，可以把这些相关的 N 个符号组成的序列当作一个新的符号 $B_i(N)$，信源发出这个新符号的概率用 $p(B_i(N))$ 表示，它不再是符号序列中各符号的出现概率之乘积。对于这种信源，每个符号序列的平均信息量，即序列熵为

$$H(X) = - \sum_{i=1}^{m} p(B_i(N)) \log_2 p(B_i(N)) \tag{4-5}$$

其单位为 bit/符号序列。上式中的 m 是符号序列的总数。

而序列中的每个符号的平均熵值为

$$H_N(X) = - \frac{1}{N} \sum_{i=1}^{m} p(B_i(N)) \log_2 p(B_i(N)) \tag{4-6}$$

其单位为 bit/符号，通常也称为 X 的 N 阶熵。

把上述概念引入图像信源来计算熵值时，需要注意的是"符号"的定义。用现实世界中可能构成的整幅图像作为信源 X 可能发出的一个符号时，$p(B_i(N))$ 就表示 m 幅图像中的某一图像出现的概率。$H(X)$ 的单位是 bit/图像。当以图像为基本符号单位时，意味着每幅图像的内容"本身"对信息的接收者而言是确定的。所需消除的不确定性只是当前显示的图像是图像集中的哪一幅。在一些特殊的场合，这种以图像为基本符号单位是有用的。例如，从一副扑克牌中抽出一张纸牌，每一张牌的图案是确定的，这时，要消除的不确定性只是牌的面值。

对于实际通信中用作观察的图像而言，要考虑的是大量的图像构成的集合，信息的接收者所要消除的不确定性在于每幅图像内容本身，如果以图像为基本符号单位，就不再具有实际意义。比较直观、简便的方法是把每个像素的样本值定义为符号。这时，式（4-4）中的 $p(a_i)$ 为各样本值出现的概率，$H(X)$ 的单位为 bit/像素，所得的熵值为"一阶熵"。如果考虑实际图像中

相邻像素之间存在相关性，像素之间不是相互独立的特点，用相邻两个像素（也可以 3 个或 3 个以上，直至 N 个像素）组成一个子图像块，以子图像块作为编码的基本单元，其对应的熵为二阶熵（三阶熵、N 阶熵）或称为高阶熵。理论上可以证明，高阶熵小于或等于低阶熵，即

$$H_0(X) \geqslant H_1(X) \geqslant H_2(X) \geqslant \cdots \geqslant H_\infty(X) \tag{4-7}$$

式中，$H_0(X)$ 为等概率无记忆信源单个符号的熵；$H_1(X)$ 为一般无记忆（不等概率）信源单个符号的熵；$H_2(X)$ 为两个符号组成的序列平均符号熵，依次类推，$H_\infty(X)$ 称为极限熵。

图像信源熵是图像压缩编码的一个理论极限，它表示无失真编码所需的比特率的下限。比特率定义为编码表示一个像素所需的平均比特数。熵编码或者叫熵保持编码、信息保持编码、无失真压缩编码，要求编码输出码字的平均码长，只能大于或等于信源熵，否则在信源压缩编码过程中就要丢失信息。信源压缩编码的目的之一就是在一定信源概率分布条件下，尽可能使编码码字的平均码长接近信源的熵，减少冗余。

根据信息论基础知识可知，信源冗余来自信源本身的相关性和信源概率分布的不均匀性。熵编码的基本原理就是去除图像信源在空间和时间上的相关性，去除图像信源像素值的概率分布不均匀性，使编码码字的平均码长接近信源的熵而不产生失真。由于这种编码完全基于图像的统计特性，因此，有时也称其为统计编码。

常用的熵编码有基于图像概率分布特性的哈夫曼编码、算术编码和游程编码（Run Length Encoding，RLE）三类。

4.3.1 哈夫曼编码

哈夫曼于 1952 年提出一种编码方法，完全依据符号出现概率来构造异字头（前缀）的平均长度最短的码字，有时称之为最佳编码。哈夫曼编码（Huffman Coding）是一种可变长度编码（Variable Length Coding，VLC），各符号与码字一一对应，是一种分组码。下面引证一个定理，该定理保证了按符号出现概率分配码长，可使平均码长最短。

变字长编码的最佳编码定理：在变字长编码中，对于出现概率大的符号编以短字长的码，对于出现概率小的符号编以长字长的码。如果码字长度严格按照所对应符号出现的概率大小逆序排列，则其平均码字长度一定小于其他任何符号顺序排列方式。

哈夫曼码的码表产生过程是一个由码字的最末一位码逐位向前确定的过程，具体的编码步骤如下：

1）将待编码的 N 个信源符号按出现概率由大到小的顺序排列，如图 4-5 所示。给排在最后的两个符号的最末一位码各赋予一个二进制码元，对其中概率大的符号赋予"0"，概率小的符号赋予"1"（反之也可）。这一步只确定了出现概率最小的两个符号的最末一位码元。这两个排在最后的符号有相同的码长，码字只有最末一位不同，前面各位均相同，要由后续步骤来确定。

2）把最后两个符号的概率相加，求出的和作为一个新符号的出现概率，再按第 1）步的方法，对排在前面的 $N-2$ 符号及新符号重新排序，重复步骤 1）的编码过程。

3）重复步骤 2），直到最后只剩下两个概率值为止。

4）分配码字。码字的分配从最后一步开始反向进行，可用码树来描述。待编码的符号用树的叶节点表示，每个节点用该符号的出现概率来标识。依次选择概率最小的两个节点来构成中间节点，直至形成根节点，这棵"树"的构造就完成了。显然，最终树的根节点的概率为 1。在完成树的构造后，每个节点的两个分枝用二进制码的两个码元"1"或"0"分别标识。每个符号所对应的哈夫曼码就是从根节点经过若干个中间节点到达叶节点的路径上遇到的二进制码元"1"或"0"的顺序组合。

【例 4-1】　设有离散无记忆信源，符号 x_1、x_2、x_3、x_4、x_5 的出现概率分别为 0.4、0.2、0.2、0.1、0.1，其哈夫曼编码过程如图 4-5 所示。

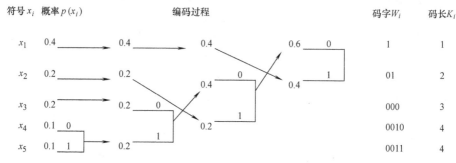

图 4-5　哈夫曼编码过程

解：信源熵为

拓展阅读

哈夫曼编码
的特点

$$H(X) = -\sum_{i=1}^{5} p(x_i)\log_2 p(x_i) = 2.12 \text{ bit/符号}$$

哈夫曼码的平均码字长度为

$$\bar{K} = \sum_{i=1}^{5} p(x_i)K_i = 2.2 \text{ bit/符号}$$

编码效率为

$$\eta = \frac{H(X)}{\bar{K}} = \frac{2.12}{2.2} = 96.4\%$$

4.3.2　算术编码

按照离散、无记忆信源的无失真编码定理，在理想的情况下，哈夫曼编码的平均码长可以达到其理论下限，也就是信源的熵，但这只有在每个信源符号的信息量都为整数时才成立，即信源每个符号的概率分布均为 2^{-n}（n 为整数）。例如，当信源中的某个符号出现的概率为 0.9 时，其包含的自信息量为 0.15bit，但编码时却至少要分配 1 个码元的码字；又如，编码二值图像时，因为信源只有两种符号“0”和“1”，因此无论两种符号出现的概率如何分配，都将指定 1bit。所以，哈夫曼编码对于这种只包含两种符号的信源输出的数据一点也不能压缩。

算术编码也是一种利用信源概率分布特性的编码方法。但其编码原理与哈夫曼编码却不相同，最大的区别在于算术编码跳出了分组编码的范畴，它在编码时不是按符号编码，即不是用一个特定的码字与输入符号之间建立一一对应的关系，而是从整个符号序列出发，采用递推形式进行连续编码，用一个单独的算术码字来表示整个信源符号序列。它将整个符号序列映射为实数轴上 [0，1) 区间内的一个小区间，其长度等于该序列的概率。从小区间内选择一个代表性的二进制小数，作为实际的编码输出，从而达到高效编码的目的。不论是否为二元信源，也不论数据的概率分布如何，其平均码长均能逼近信源的熵。

算术编码过程是在 [0，1) 区间上的划分子区间过程，给定符号序列的算术编码步骤如下。

1）初始化：编码器将“当前区间”[low，high) 设置为 [0，1)。

2）对每一个信源符号，分配一个初始编码子区间 [symbol_low，symbol_high)，其长度与信源符号出现的概率成正比。当输入符号序列时，编码器在“当前区间”内按照每个信源符号的初始编码子区间的划分，以一定的比例再细分，选择对应于当前输入符号的子区间，并使它成为新的“当前区间”[low，high)。

3）重复第 2）步，最后输出的“当前区间”[low，high) 的左端点值 low 就是该给定符号序列的算术编码。

下面举例说明算术编码的具体过程。

【例 4-2】　假设信源符号为 $X = \{A, B, C, D\}$，各符号出现的概率为 $\{0.1, 0.4, 0.2,$ $0.3\}$，根据这些概率可把区间 $[0, 1)$ 分成 4 个子区间：$[0, 0.1)$，$[0.1, 0.5)$，$[0.5, 0.7)$，$[0.7, 1)$，如表 4-3 所示，如果输入的符号序列为 CADACDB，求其算术编码。

表 4-3　信源符号、概率和初始编码子区间

符　　号	A	B	C	D
概　　率	0.1	0.4	0.2	0.3
初始编码子区间	$[0, 0.1)$	$[0.1, 0.5)$	$[0.5, 0.7)$	$[0.7, 1)$

解：算术编码的步骤如下。

① 初始化：设置当前区间的左端点值 low = 0，右端点值 high = 1.0，当前区间长度 length = 1.0。

② 对符号序列中每一个输入的信源符号进行编码，采用式 (4-8) 的递推形式。

$$\begin{cases} \text{low} = \text{low} + \text{length} \times \text{symbol\_low} \\ \text{high} = \text{low} + \text{length} \times \text{symbol\_high} \end{cases} \tag{4-8}$$

式中，等号右边的 low 和 length 分别为前面已编码符号序列所对应编码区间的左端点值和区间长度；等号左边的 low 和 high 分别为输入待编码符号后所对应的"当前区间"的左端点值和右端点值。

"当前区间"的区间长度为

$$\text{length} = \text{high} - \text{low} \tag{4-9}$$

● 对输入的第一个信源符号 C 编码，有

$$\begin{cases} \text{low} = \text{low} + \text{length} \times \text{symbol\_low} = 0 + 1 \times 0.5 = 0.5 \\ \text{high} = \text{low} + \text{length} \times \text{symbol\_high} = 0 + 1 \times 0.7 = 0.7 \end{cases}$$

所以，输入第一个信源符号 C 后，编码区间从 $[0, 1)$ 变成 $[0.5, 0.7)$，"当前区间"的区间长度为

$$\text{length} = \text{high} - \text{low} = 0.7 - 0.5 = 0.2$$

● 对输入的符号序列 CA 进行编码，有

$$\begin{cases} \text{low} = \text{low} + \text{length} \times \text{symbol\_low} = 0.5 + 0.2 \times 0 = 0.5 \\ \text{high} = \text{low} + \text{length} \times \text{symbol\_high} = 0.5 + 0.2 \times 0.1 = 0.52 \end{cases}$$

所以，输入第二个信源符号 A 后，编码区间从 $[0.5, 0.7)$ 变成 $[0.5, 0.52)$，"当前区间"的区间长度为

$$\text{length} = \text{high} - \text{low} = 0.52 - 0.5 = 0.02$$

● 对输入的符号序列 CAD 进行编码，有

$$\begin{cases} \text{low} = \text{low} + \text{length} \times \text{symbol\_low} = 0.5 + 0.02 \times 0.7 = 0.514 \\ \text{high} = \text{low} + \text{length} \times \text{symbol\_high} = 0.5 + 0.02 \times 1 = 0.52 \end{cases}$$

所以，输入第三个信源符号 D 后，编码区间从 $[0.5, 0.52)$ 变成 $[0.514, 0.52)$，"当前区间"的区间长度为

$$\text{length} = \text{high} - \text{low} = 0.52 - 0.514 = 0.006$$

● 对输入的符号序列 $CADA$ 进行编码，有

$$\begin{cases} \text{low} = \text{low} + \text{length} \times \text{symbol\_low} = 0.514 + 0.006 \times 0 = 0.514 \\ \text{high} = \text{low} + \text{length} \times \text{symbol\_high} = 0.514 + 0.006 \times 0.1 = 0.5146 \end{cases}$$

所以，输入第四个信源符号 A 后，编码区间从 $[0.514, 0.52)$ 变成 $[0.514, 0.5146)$，"当前区间"的区间长度为

$$length = high - low = 0.5146 - 0.514 = 0.0006$$

- 对输入的符号序列 *CADAC* 进行编码，有

$$\begin{cases} low = low + length \times symbol\_low = 0.514 + 0.0006 \times 0.5 = 0.5143 \\ high = low + length \times symbol\_high = 0.514 + 0.0006 \times 0.7 = 0.51442 \end{cases}$$

所以，输入第五个信源符号 *C* 后，编码区间从 [0.514, 0.5146) 变成 [0.5143, 0.51442)，"当前区间"的区间长度为

$$length = high - low = 0.51442 - 0.5143 = 0.00012$$

- 对输入的符号序列 *CADACD* 进行编码，有

$$\begin{cases} low = low + length \times symbol\_low = 0.5143 + 0.00012 \times 0.7 = 0.514384 \\ high = low + length \times symbol\_high = 0.5143 + 0.00012 \times 1 = 0.51442 \end{cases}$$

所以，输入第六个信源符号 *D* 后，编码区间从 [0.5143, 0.51442) 变成 [0.514384, 0.51442)，"当前区间"的区间长度为

$$length = high - low = 0.51442 - 0.514384 = 0.000036$$

- 对输入的符号序列 *CADACDB* 进行编码，有

$$\begin{cases} low = low + length \times symbol\_low = 0.514384 + 0.000036 \times 0.1 = 0.5143876 \\ high = low + length \times symbol\_high = 0.514384 + 0.000036 \times 0.5 = 0.514402 \end{cases}$$

所以，输入第七个信源符号 *B* 后，编码区间从 [0.514384, 0.51442) 变成 [0.5143876, 0.514402)。最后从 [0.5143876, 0.514402) 中选择一个数作为编码输出，这里选择 0.5143876。

综上所述，算术编码是从全序列出发，采用递推形式的一种连续编码，使得每个序列对应编码区间内一点，也就是一个浮点小数。这些点把 [0, 1) 区间分成许多子区间，每一子区间长度等于某序列的概率。符号序列的编码输出可以取最后一个子区间内的一个浮点小数，其长度可与序列的概率匹配，从而达到高效的目的。上述算术编码过程可用图 4-6 所示的划分子区间过程来描述。

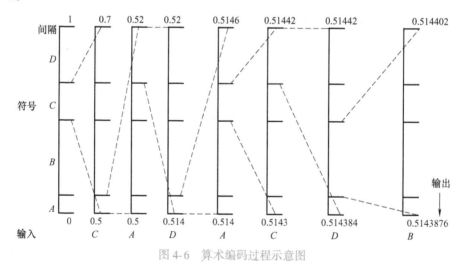

图 4-6　算术编码过程示意图

解码是编码的逆过程，通过对最后子区间的左端点值 0.5143876 进行二进制编码，得到编码码字为"100001110101…"。

由于 0.5143876 落在 [0.5, 0.7) 区间内，所以可知第一个信源符号为 *C*。

解码得到信源符号 *C* 后，由于已知信源符号 *C* 的初始编码子区间的左端点值 symbol_low = 0.5，右端点值 symbol_high = 0.7，利用编码可逆性，减去信源符号 *C* 的初始编码子区间的左端点值 0.5，得到 0.0143876，再用信源符号 *C* 的初始编码子区间长度 0.2 去除，得到 0.071938，由

于已知 0.071938 落在信源符号 A 的初始编码子区间 $[0, 0.1)$，所以解码得到第二个信源符号为 A。同样再减去信源符号 A 的初始编码子区间的左端点值 0，除以信源符号 A 的初始编码子区间长度 0.1，得到 0.71938，已知 0.71938 落在信源符号 D 的初始编码子区间 $[0.7, 1)$，所以解码得到第三个信源符号为 D，依次类推。

解码操作过程描述如下。

$$\frac{0.5143876-0}{1}=0.5143876 \in [0.5, 0.7) \Rightarrow C$$

$$\frac{0.5143876-0.5}{0.2}=0.071938 \in [0, 0.1) \Rightarrow A$$

$$\frac{0.071938-0}{0.1}=0.71938 \in [0.7, 1.0) \Rightarrow D$$

$$\frac{0.71938-0.7}{0.3}=0.0646 \in [0, 0.1) \Rightarrow A$$

$$\frac{0.0646-0}{0.1}=0.646 \in [0.5, 0.7) \Rightarrow C$$

$$\frac{0.646-0.5}{0.2}=0.73 \in [0.7, 1.0) \Rightarrow D$$

$$\frac{0.73-0.7}{0.3}=0.1 \in [0.1, 0.5) \Rightarrow B$$

$$\frac{0.1-0.1}{0.4}=0 \Rightarrow 结束$$

下面通过一个例子分析应用移位寄存器的算术编码及解码过程。

【例 4-3】 设信源符号表是 $\{a_1, a_2, a_3, a_4\}$，其符号出现的概率分别为 $\{0.5, 0.25, 0.125, 0.125\}$。如果输入序列为 $a_2a_3a_4$，其算术编码的子区间划分过程如图 4-7 所示。

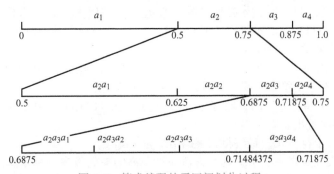

图 4-7 算术编码的子区间划分过程

该符号序列的编码过程如表 4-4 所示，由表可知最终 $a_2a_3a_4$ 的区间为 $[0.71484375, 0.71875)$。

表 4-4 算术编码过程

步　　骤	输入符号	输出数值范围
0	初始	$[0, 1)$
1	a_2	$[0.5, 0.75)$
2	a_3	$[0.6875, 0.71875)$
3	a_4	$[0.71484375, 0.71875)$

应用 8 位移位寄存器的编码过程如表 4-5 所示，表中将十进制小数转化为二进制小数，如 0.5 表示为 0.10000000。移位时要注意，右端点寄存器的右边移进来的是 1，而左端点寄存器右边移进来的是 0。求得的右端点 0.11 应表示为 0.10111…。

表4-5　应用 8 位移位寄存器的编码过程

输　　入	输　　出	左　端　点	右　端　点	操　　作
初始		00000000	11111111	初始区间 [0，1)
a_2		<u>1</u>0000000	<u>1</u>0111111	子区间 [0.5，0.75)
	10	00000000	11111111	左移 2 位
a_3		<u>11</u>000000	<u>11</u>011111	子区间 [0.75，0.875)
	110	00000000	11111111	左移 3 位
a_4		<u>111</u>00000	<u>111</u>11111	子区间 [0.875，1.0)
	111	00000000	11111111	左移 3 位
…	…	…	…	

$a_2 a_3 a_4$ 序列的编码结果是 10110111。

解码过程如下：

接收端收到的比特串是 10110111，解码是将该比特串通过与限定区间逐次比较还原码序列的过程。

当收到第一个比特"1"时，将子区间限定在 [0.<u>1</u>0000000，0.<u>1</u>1111111)，表示区间 [0.5，1.0)，对照图 4-7，由于有 3 个符号都可能在此范围内，即 a_2、a_3 或 a_4。因此，仅有第一个比特不足以解出第一个符号，需要参考后续的比特。

当收到第二个比特"0"时，将子区间限定在 [0.<u>1</u>0000000，0.<u>10</u>111111)，表示区间 [0.5，0.75)，能够解出 a_2。

当收到第三个比特"1"时，先将前面解出的 a_2 对应的码字"10"去掉，将子区间限定在 [0.<u>1</u>0000000，0.<u>1</u>1111111)，表示区间 [0.5，1.0)，限定在 3 个符号范围内，即 a_2、a_3 或 a_4 还不能确定，因此，需要参考后续的比特。

当收到第四个比特"1"时，将子区间限定在 [0.<u>11</u>000000，0.<u>11</u>111111)，表示区间 [0.75，1.0)，限定在 2 个符号范围内，即 a_3 和 a_4 还不能确定。

当收到第五个比特"0"时，将子区间限定在 [0.<u>11</u>000000，0.<u>11</u>011111)，表示区间 [0.75，0.875)，能够解出 a_3。

同理解出最后一个符号 a_4。最终得到解码结果为 $a_2 a_3 a_4$。

算术编码的最大优点之一在于它具有自适应性和高的编码效率。算术编码的模式选择直接影响编码效率，其模式有固定模式和自适应模式两种。固定模式是基于概率分布模型的，而在自适应模式中，其各符号的初始概率都相同，但随着符号顺序的出现而改变，在无法进行信源概率模型统计的条件下，非常适合使用自适应模式的算术编码。

在信源符号概率比较均匀的情况下，算术编码的编码效率高于哈夫曼编码。但在实现上，由于在编码过程中需设置两个寄存器，起始时一个为 0，另一个为 1，分别代表空集和整个样本空间的积累概率。随后每输入一个信源符号，更新一次，同时获得相应的码区间，解码过程也要逐位进行。可见计算过程要比哈夫曼编码的计算过程复杂，因而硬件实现电路也要复杂。

算术码也是变长码，编码过程中的移位和输出都不均匀，也需要有缓冲存储器。

4.3.3　游程编码

游程编码（RLE），也称行程编码或游程（行程）长度编码，是一种非常简单的数据压缩编码形式。这种编码方法建立在数据相关性的基础上，其基本思想是将具有相同数值（例如，像素的灰度值）的、连续出现的信源符号构成的符号序列用其数值及串的长度表示。以图像编码为例，灰度值相同的相邻像素的延续长度（像素数目）称为延续的游程，又称游程长度，简称游程。如果沿图像的水平方向有一串 L 个像素具有相同的灰度值 G，则对其进行游程编码后，只需传送数据组（G，L）就可代替传送 L 个像素的灰度值。对同一灰度、不同长度游程出现的概率进行统计，则可以将游程作为编码对象进行统计编码。

　　游程编码往往与其他编码方法结合使用。例如，在 MPEG-1、MPEG-2 中，对图像块做完DCT 和量化后，经 Zig-zag 扫描将"0"系数组织成"0"游程，作游程编码，再与非"0"系数结合组成二维事件（RUN，LEVEL）进行哈夫曼编码，其中的 RUN 代表"0"游程的长度，LEVEL 代表处在该"0"游程后面的非"0"系数的数值。

　　显然，平均游程长度越长，游程编码的效率越高。由于必须保证在一个游程内所有像素的灰度值相同，所以游程编码不太适合多值的灰度图像，因为灰度级越多，越难以产生长游程。一般灰度级越多，平均游程越短，编码效率越低，因此游程编码多用于二值图像或经过处理的变换系数编码。

4.4　预测编码

　　对于绝大多数视频图像来说，图像的近邻像素之间有着很强的相似性。这里说的"近邻"，可以指像素与它在同一帧图像内上、下、左、右像素的空间相邻关系，也可以指该像素与相邻的前帧、后帧图像中对应于同一空间位置上的像素时间上的相邻关系。利用视频图像数据的相关性，可以通过对一个或多个像素的观测，预测出它们相邻像素的估计值。预测编码的基本原理就是利用图像数据的相关性，利用已传输的像素值对当前需要传输的像素值进行预测，然后对当前像素的实际值与预测值的差值（即预测误差）进行编码传输，而不是对当前像素值本身进行编码传输，以去除图像数据中的空间相关冗余或时间相关冗余。在接收端，将收到的预测误差的码字解码后再与预测值相加，得到当前像素值。

　　在视频编码中，根据预测像素选取的位置不同，预测编码可分为帧内预测和帧间预测两种。在帧内预测编码时，选取的预测像素位于要编码像素同一帧的相邻位置；而帧间编码时，则选取时间上相邻帧内的像素进行预测。

4.4.1　帧内预测编码

1. DPCM 系统的基本原理

　　DPCM（Differential Pulse Code Modulation，差分脉冲编码调制）系统的原理框图如图 4-8所示。

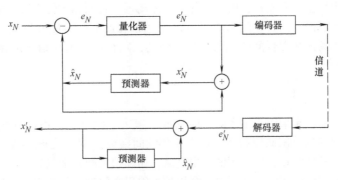

图 4-8　DPCM 系统的原理框图

　　这一系统是对实际像素值与其估计值之差值进行量化和编码，然后再输出。图中 x_N 为 t_N 时刻的亮度取样值。预测器根据 t_N 时刻之前的样本值 x_1，x_2，$\cdots$，x_{N-1} 对 x_N 作预测，得到预测值 $\hat{x}_N$。x_N 和 $\hat{x}_N$ 之间的误差为

$$e_N = x_N - \hat{x}_N \tag{4-10}$$

　　量化器对 e_N 进行量化得到 e_N'，编码器对 e_N' 进行编码输出。接收端解码时的预测过程与发送端相同，所用预测器也相同。接收端恢复的输出信号 x_N' 和发送端输入的信号 x_N 的误差是

$$\Delta x_N = x_N - x_N' = x_N - (\hat{x}_N + e_N') = x_N - \hat{x}_N - e_N' = e_N - e_N' \tag{4-11}$$

　　可见，输入输出信号之间的误差主要是由量化器引起的。当 Δx_N 足够小时，输入信号 x_N 和 DPCM 编码系统的输出信号 x_N' 几乎一致。假设在发送端去掉量化器，直接对预测误差进行编码、传送，那么 $e_N = e_N'$，则 $x_N - x_N' = 0$，这样接收端就可以无误差地恢复输入信号 x_N，从而实现信息保持编码。若系统中包含量化器，且存在量化误差时，输入信号 x_N 和恢复信号输出 x_N' 之间一定存在误差，从而影响接收图像的质量。在这样的系统中就存在一个如何能使误差尽可能减小的问题。

2. 预测模型

　　预测编码的关键是如何选择一种足够好的预测模型，使预测值尽可能与当前需要传输的像素实际值相接近。

　　设 t_N 时刻之前的样本值 x_1，x_2，$\cdots$，x_{N-1} 与预测值之间的关系呈现某种函数形式，该函数一般分为线性和非线性两种，所以预测编码器也就有线性预测编码器和非线性预测编码器两种。

　　若预测值 $\hat{x}_N$ 与各样本值 x_1，x_2，$\cdots$，x_{N-1} 之间呈现线性关系

$$\hat{x}_N = \sum_{i=1}^{N-1} a_i x_i \tag{4-12}$$

式中，$a_i(i = 1, 2, \cdots, N-1)$ 为预测系数。若 $a_i(i = 1, 2, \cdots, N-1)$ 为常数，则称为线性预测。

　　若预测值 $\hat{x}_N$ 与各样本值 x_1，x_2，$\cdots$，x_{N-1} 之间不呈现式（4-12）的线性组合关系，而是非线性关系，则称为非线性预测。

　　在图像数据压缩中，常用如下几种线性预测方案：

　　1）前值预测，即 $\hat{x}_N = x_{N-1}$。

　　2）一维预测，即采用同一扫描行中前面已知的若干个样值来预测 $\hat{x}_N$。

　　3）二维预测，即不但用同一扫描行中的前面几个样值，而且还要用以前几行扫描行中的样值来预测 $\hat{x}_N$。

　　上述讲到的都是一幅图像中像素点之间的预测，统称为帧内预测。

　　对于采用隔行扫描方式的电视图像，一帧分成奇、偶两场，因此二维预测又有帧内预测和场内预测之分。对于静止画面而言，由于相邻行间距离近，行间相关性很强，采用帧内预测对预测有利。但对于活动画面，两场之间间隔了 20ms，场景在此期间可能发生很大变化，帧内相邻行间的相关性反而比场内相邻行间的相关性弱。因此，隔行扫描电视信号的预测编码还可以采用场内预测。

4.4.2　帧间预测编码

　　为了进一步压缩，常采用三维预测，即用前一帧来预测本帧。由于视频序列（如电视、电影）的相邻两帧之间的时间间隔很短，通常相邻帧间细节的变化是很少的，即相对应像素的灰度变化较小，存在极强的相关性。例如电视电话，相邻帧之间通常只有人的口、眼等少量区域有变化，而图像中大部分区域没什么变化。利用预测编码去除帧间的相关性，可以获得更大的压缩

比。帧间预测在序列图像的压缩编码中起着很重要的作用。

1. 运动补偿预测

对于视频序列图像，采用帧间预测编码可以减少时间域上的冗余度，提高压缩比。序列图像在时间上的冗余情况可分为如下几种：

1）对于静止不动的场景，当前帧和前一帧的图像内容是完全相同的。

2）对于运动的物体，只要知道其运动规律，就可以从前一帧图像推算出它在当前帧中的位置。

3）摄像头对着场景的横向移动、焦距变化等操作会引起整个图像的平移、放大或缩小。对于这种情况，只要摄像机的运动规律和镜头改变的参数已知，图像随时间所产生的变化也是可以推算出来的。

显然，对于不变的静止背景区域，最好的预测函数是前帧预测，即用前一帧空间位置对应的像素预测当前帧的像素。但是对于运动区域，这种不考虑物体运动的简单的帧间预测效果并不好。如果有办法能够跟踪场景中物体的运动，采用运动补偿技术，再作帧间预测，进行所谓的"帧间运动补偿预测"，便会更充分地发掘序列图像的帧间相关性，预测的准确性将大大提高。如图 4-9 所示，在第 $K-1$ 帧里，中心点为 (x_1, y_1) 的运动物体，若在第 K 帧移动到中心点为 (x_1+dx, y_1+dy) 的位置，其位移矢量为 $\boldsymbol{D}(dx, dy)$。如果直接求两帧间的差值，则由于第 K 帧的运动物体（阴影部分）与第 $K-1$ 帧的对应位置像素（背景部分）位置的相关性极小，所得的差值很大。但是，若能对运动物体的位移量进行运动补偿，即将第 K 帧中的中心点为 $(x_1 + dx, y_1 + dy)$ 的运动物体移到中心点为 (x_1, y_1) 的位置，再与第 $K-1$ 帧求差值，显然会使相关性增大，预测精度将会显著提高。这种处理方法就是运动估值和运动补偿预测。

所谓运动估值，就是对运动物体的位移做出估计，即对运动物体从前一帧到当前帧位移的方向和像素数做出估计，也就是求出运动矢量；而运动补偿预测就是根据求出的运动矢量，找到当前帧的像素（或像素块）是从前一帧的哪个位置移动过来的，从而得到当前帧像素（或像素块）的预测值。显然，获得好的运动补偿的关键是运动估值的精度。

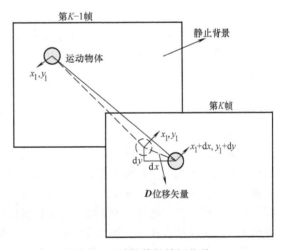

图 4-9　运动物体的帧间位移

2. 运动估值

运动估值技术主要分两大类：像素递归法和块匹配算法（BMA）。

像素递归法根据像素间亮度的变化和梯度，通过递归修正的方法来估计每个像素的运动矢量。每个像素都有一个运动矢量与之对应。为了提高压缩比，不可能将所有的运动矢量都编码传输到接收端，但为了进行帧间运动补偿，在接收端解码每个像素时又必须有这些运动矢量。解决这个矛盾的办法是让接收端在与发送端同样的条件下，用与发送端相同的方法进行运动估值。由于此时只利用已解码的信息，因此，无须传送运动矢量。该方法的代价是接收端较复杂，不利于一发多收（如数字电视广播等）的应用。但这种方法估计精度高，可以满足运动补偿帧内插的要求。

考虑到计算复杂度和实时实现的要求，块匹配算法已成为目前最常用的运动估值算法。在块匹配算法中，先将当前帧图像（第 K 帧）分割成 $M \times M$ 的图像子块，并假设位于同一图像子块内的所有像素都作相同的运动，且只作平移运动。虽然实际上块内各像素的运动不一定相同，也不一定只作平移运动，但当 $M×M$ 较小时，上述假设可近似成立。这样做的目的只是为了简化运算。块匹配算法对当前帧图像的每一子块，在前一帧（第 $K-1$ 帧）的一定范围内搜索最优匹配，并认为本图像子块就是从前一帧最优匹配块位置处平移过来的。设可能的最大位移矢量为 (dx_{max}, dy_{max})，则搜索范围为 $(M+2dx_{max})×(M+2dy_{max})$，如图 4-10 所示。

在实际应用中，方块大小的选取受到两个矛盾的约束：块大时，一个方块可能包含多个作不同运动的物体，块内各像素作相同平移运动的假设难以成立，影响估计精度；但若块太小，则估计精度容易受噪声干扰的影响，不够可靠，而且传送运动矢量所需的附加比特数过多，不利于数据压缩。因此，必须恰到好处地选择方块的大小，以做到两者兼顾。目前的图像压缩编码标准，如 MPEG-1、MPEG-2 等，一般都用 16×16 大小块作为匹配单元，这是一个已被实践所证明了的较好的折中结果。

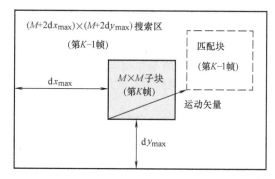

图 4-10　块匹配运动估值算法

衡量匹配的好坏有不同的准则，常用的有 MAD（Mean Absolute Difference，绝对差均值）最小准则、MSE（Mean Squared Error，均方误差）最小准则和归一化互相关函数最大准则。研究表明，各种准则性能差别不显著，而 MAD 最小准则不需作乘法运算，实现简单、方便，所以应用最广。MAD 定义为

$$\mathrm{MAD}(i,j) = \frac{1}{MM} \sum_{m=1}^{M} \sum_{n=1}^{M} | S_K(m,n) - S_{K-1}(m+i, n+j) | \tag{4-13}$$

式中，$S_K(m,n)$ 为第 K 帧位于 (m,n) 的像素值；$S_{K-1}(m+i, n+j)$ 为第 $K-1$ 帧位于 $(m+i, n+j)$ 的像素值；i, j 分别为水平和垂直方向的位移量，取值范围为 $-dx_{max} \leq i \leq dx_{max}$，$-dy_{max} \leq j \leq dy_{max}$。

若在某一个 (i, j) 处 $MAD(i, j)$ 为最小，则该点就是要找的最优匹配点。

有了匹配准则，剩下的问题就是寻找最优匹配点的搜索方法。最简单、可靠的方法是穷尽搜索（Full Search），也称全搜索。它对 $(M + 2dx_{max})(M + 2dy_{max})$ 搜索范围内的每一点都计算 MAD 值，共需计算 $(2dx_{max} + 1)(2dy_{max} + 1)$ 个 MAD 值，从中找出最小的 MAD 值，其对应的位移量即为所求的运动矢量。此方法虽计算量大，但最简单、可靠，找到的匹配点肯定是全局最优点，而且算法简单，非常适合用 ASIC（Application Specific Integrated Circuit），专用集成电路芯片实现，因此具有实用价值。此外，为了减少运动估值的计算量，特别是在用软件实现的环境中，人们还提出了许多快速搜索算法，如二维对数法、三步搜索法、交叉搜索法、共轭方向法等。这些快速搜索算法的共同之处在于它们把使准则函数（例如 MAD）趋于极小的方向视同为最小失真方向，并假定准则函数在偏离最小失真方向时是单调递增的，即认为它在整个搜索区内是 (i, j) 的单极点函数，有唯一的极小值，而快速搜索是从任一猜测点开始沿最小失真方向进行的。因此，这些快速搜索算法实质上都是统一的梯度搜索法，所不同的是搜索路径和步长有所区别。

与全搜索相比，快速搜索的运算量显著减少，特别是随着搜索范围的增大，这一效果愈加明显。但是，实验表明，在运动估值的质量方面（这可以由估值所得运动矢量场的连续性来判断），快速搜索的性能要比全搜索的差一些。因此，又提出了分级搜索方法，在减少运算量的同时，力求接近全搜索的效果，得到更接近真实的运动位移矢量。

在分级搜索方法中，先通过对原始图像滤波和亚采样得到一个图像序列的低分辨率表示，再对所得低分辨率图像进行全搜索。由于分辨率降低，使得搜索次数成倍减少，这一步可以称为

粗搜索。然后，再以低分辨率图像搜索的结果作为下一步细搜索的起始点。经过粗、细两级搜索，便得到了最终的运动矢量估值。

在电视信号编码方面，运动矢量估值的两个主要应用是运动补偿帧间预测编码和运动自适应帧内插。

运动补偿帧间预测编码主要利用了视频帧序列中相邻帧之间的时间相关性，适用于所有的帧间编码，其基本过程如下：

1）在视频帧序列中设置参照帧，且第 1 帧总是参照帧。

2）对于当前的编码帧，首先在该帧的前一帧和/或后一帧（参照帧）中寻找与该帧的一个图像方块最优匹配的图像方块。

3）如果找到这样的最优匹配块，则进行下列计算：

① 计算当前块的像素值与参照帧中最优匹配块（称参照块）的像素值之间的差值，即预测误差。

② 计算当前块相对于参照块在水平（x）和垂直（y）两个方向上的位移，即运动矢量。

这时，只需对当前块的运动矢量和预测误差进行编码传输，不必对当前块的像素样本值进行编码传输，以压缩时间冗余。

4）如果找不到最优匹配块，则必须进行帧内编码，即对当前块的像素样本值进行编码传输。

一般运动补偿帧间预测可分为以下三种类型：

① 单向运动补偿预测：只使用前参照帧或后参照帧中的一个来进行预测。

② 双向运动补偿预测：使用前、后两个帧作为参照帧来计算各块的运动矢量，最后只选用与具有最小匹配误差的参照帧相关的运动矢量值。

③ 插值运动补偿预测：取前参照帧预测值与后参照帧预测值的平均值。这时，需要对两个运动矢量分别进行编码传输。

运动自适应帧内插在低码率视频编码中对提高图像质量起着重要作用，如在可视电话编码系统中，通过降低发送端传送的帧频（例如，每秒 10 帧或 15 帧）来降低传输码率，未传输的图像帧在接收端则由已传输的处于该帧前和该帧后的两个图像帧的内插来恢复。采用运动自适应帧内插可以避免或减轻内插帧内运动物体的图像模糊。运动自适应帧内插还可以应用于 SDTV 和 HDTV 的接收系统，用来提高显示帧频，降低闪烁效应。

图 4-11 说明了运动自适应帧内插的原理，图中第 $K-2$ 帧和第 K 帧是传输帧，第 $K-1$ 帧是内插帧。按照一般的线性内插算法，第 $K-1$ 帧内位于 (x_1, y_1) 的像素要由第 $K-2$ 帧和第 K 帧的同样处于 (x_1, y_1) 的像素值内插获得。显然，这会引起图像模糊，因为这是将运动物体上的像素值和静止背景上的像素值作混合平均，为了在内插帧中正确地恢复运动物体，必须考虑运动位移，即进行运动补偿。在第 $K-2$ 帧中，中心位于 (x_1, y_1) 的运动物体在第 K 帧中移动到了 $(x_1 + \mathrm{d}x, y_1 + \mathrm{d}y)$。因此，在内插帧第 $K-1$ 帧中，该运动物体的中心应处于 $\left(x_1 + \dfrac{1}{2}\mathrm{d}x, y_1 + \dfrac{1}{2}\mathrm{d}y \right)$ 处，即该帧中位于 $\left(x_1 + \dfrac{1}{2}\mathrm{d}x, y_1 + \dfrac{1}{2}\mathrm{d}y \right)$ 处的像素值应由第 $K-2$ 帧中位于 (x_1, y_1) 的像素值和第 K 帧中位于 $(x_1 + \mathrm{d}x, y_1 + \mathrm{d}y)$ 的像素值内插得到。不难理解，运动自适应帧内插对运动位移估值提出了比运动补偿帧间预测更高的要求，它希望得到的位移估值应尽量接近物体的真实运动，而不只是在某种准则函数值最小（或最大）意义上的最优。

预测编码在数据压缩编码算法中有着广泛的应用，并不局限于对像素（或图像块）值的预测编码，还可应用于对其他参量的编码中。例如：

1）对运动矢量进行预测（把相邻图像块的运动矢量作为本块运动矢量的预测值），然后对运动矢量的预测误差进行编码传输。

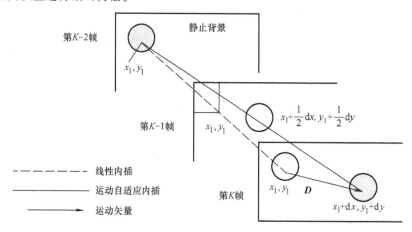

图 4-11　运动自适应帧内插

2）在模型基编码中，对模型参数进行预测编码。

3）对各图像块离散余弦变换系数的直流分量（DC）进行预测编码。

预测编码在提高编码效率的同时，付出的代价是降低了抗误码能力。因传输误码造成某像素值的误差将会影响后续像素的正确预测，从而造成误码扩散现象。怎样减少误码扩散问题是预测编码中的一个重要问题。

4.5　变换编码

4.5.1　变换编码的基本原理

变换编码不直接对空间域图像数据进行编码，而是首先将空间域图像数据映射变换到另一个正交向量空间（变换域），得到一组变换系数，然后对这些变换系数进行量化和编码。这样做的理由是：如果所选的正交向量空间的基向量与图像本身的特征向量很接近，那么在这种正交向量空间中对图像信号进行描述就会简单很多，对变换系数进行压缩编码，往往比直接对图像数据本身进行压缩更容易获得高的效率。

为了保证平稳性和相关性，同时也为了减少运算量，在变换编码中，一般在发送端的编码器中，先将一帧图像划分成若干个 $N\times N$ 像素的图像块，然后对每个图像块逐一进行变换编码，最后将各个图像块的编码比特流复合后再传输。在接收端，对收到的变换系数进行相应的逆变换，再恢复成图像数据。

变换编码系统通常包括正交变换、变换系数选择和量化编码三个模块。需要说明的是，正交变换本身并不能压缩数据，它只把信号映射到另一个域，但由于变换后系数之间的相关性明显降低，为在变换域里进行有效的压缩创造了有利条件。空间域中一个 $N\times N$ 个像素组成的图像块经过正交变换后，在变换域变成了同样大小的变换系数块。变换前后的明显差别是，空间域图像块中像素之间存在很强的相关性，能量分布比较均匀；经过正交变换后，变换系数间相关性基本解除，近似是统计独立的，并且图像的大部分能量主要集中在直流和少数低空间频率的变换系数上，通过选择保留其中一些对重建图像质量重要的变换系数（丢弃一些无关紧要的变换系数），对之进行适当的量化和熵编码就可以有效地压缩图像的数据量。而且图像经某些变换后，系数的空间分布和频率特性能与人眼的视觉特性匹配，因此可以利用人类视觉系统的生理和心理特性，在提高压缩比的同时又保证有较好的主观图像质量。

4.5.2　基于 DCT 的图像编码

选择不同的正交基向量，可以得到不同的正交变换，比如人们熟知的离散傅里叶变换（DFT）、离散余弦变换（DCT）、沃尔什-哈达玛变换（WHT）、斜变换、K-L 变换等。从数学上可以证明，各种正交变换都能在不同程度上减小随机向量的相关性，而且信号经过大多数正交变换后，能量会相对集中在少数变换系数上，删去对信号贡献较小（方差小）的系数，只利用保留下来的系数恢复信号时，不会引起明显的失真。

就数据压缩而言，所选择的变换方式最好能与输入信号的特征相匹配，此外，还应从失真要求、实现的复杂度以及编码比特率等多方面来综合考虑。

在理论上，K-L 变换是在均方误差（MSE）准则下的最佳变换，它是建立在统计特性基础上的一种变换，有的文献也称为霍特林（Hotelling）变换，霍特林在 1933 年最先给出将离散信号变换成一串不相关系数的方法。经 K-L 变换后各变换系数在统计上不相关，其协方差矩阵为对角矩阵，因而大大减少了原数据的冗余度。如果丢弃特征值较小的一些变换系数，那么，所造成的均方误差在所有正交变换中是最小的。但在对图像进行编码时，由于 K-L 变换是取原图像各子块的协方差矩阵的特征向量作为变换基向量，因此 K-L 变换的变换基是不固定的，且与编码对象的统计特性有关，这种不确定性使得 K-L 变换在实际使用中极为困难。所以尽管 K-L 变换的性能最佳，但一般只在理论上将它作为评价其他变换方法性能的参考。在实际编码应用中，人们更常采用离散余弦变换（DCT）。因为对大多数图像信源来说，DCT 的性能最接近 K-L 变换，同时其变换基向量是固定的，且有快速算法；与离散傅里叶变换（DFT）相比，只有实数运算，没有虚数运算，易于用超大规模集成电路（VLSI）实现，所以现有的视频编码标准（如 MPEG-x、H.26x）都采用了 DCT 编码。

下面以 DCT 图像编码为例来说明数据压缩的原理。DCT 编码和解码的基本框图如图 4-12 所示。

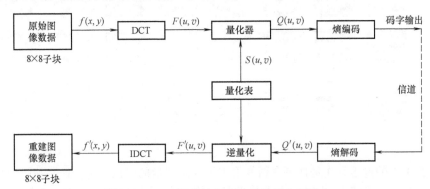

图 4-12　DCT 图像编码和解码的基本框图

首先把一幅图像（单色图像的灰度值或彩色图像的亮度分量或色度分量信号）分成大小为 8×8 像素的图像子块。DCT 的输入是每个 8×8 图像子块样值的二维数组 $f(x, y)$（这里的 x 和 y 分别表示像素空间位置的水平和垂直坐标，$x=0, 1, \cdots, 7$；$y=0, 1, \cdots, 7$），实际上是 64 点离散信号。

8×8 二维 DCT 和 8×8 二维 DCT 反变换的数学表达式如下：

$$F(u, v) = \frac{1}{4}C(u)C(v)\sum_{x=0}^{7}\sum_{y=0}^{7}f(x, y)\cos\frac{(2x+1)u\pi}{16}\cos\frac{(2y+1)v\pi}{16} \tag{4-14}$$

$$f(x, y) = \frac{1}{4}\sum_{u=0}^{7}\sum_{v=0}^{7}C(u)C(v)F(u, v)\cos\frac{(2x+1)u\pi}{16}\cos\frac{(2y+1)v\pi}{16} \tag{4-15}$$

式中，当 $u=v=0$ 时，$C(u) = C(v) = 1/\sqrt{2}$ ；当 u、v 为其他值时，$C(u) = C(v) = 1$。

8×8 二维 DCT 反变换的变换核函数为 $C(u)C(v)\cos\dfrac{(2x+1)u\pi}{16}\cos\dfrac{(2y+1)v\pi}{16}$ ，按 u, v 分别展开后得到 64 个 8×8 像素的图像块组，称为基图像，如图 4-13 所示。$u=0$ 和 $v=0$ 时，图像在 x 和 y 方向都没有变化；$u=0$ 和 $v=1{\sim}7$ 时，对应最左一列的图像块，x 方向没有变化；$v=0$ 和 $u=1{\sim}7$ 时，对应最上一行的图像块，y 方向没有变化；$u=7$ 和 $v=7$ 时，对应右下方的图像块，图像在 x 和 y 方向上的变化频率是最高的。

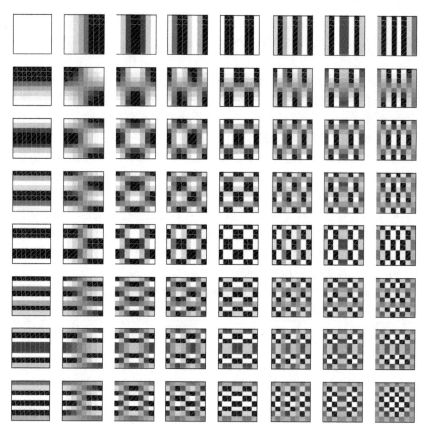

图 4-13　8×8 二维 DCT 的基图像

可以把 DCT 的过程看作是把一个图像块表示为基图像的线性组合，这些基图像是输入图像块的组成"频率"。DCT 输出 64 个基图像的幅值称为"DCT 系数"，是输入图像块的"频谱"。64 个变换系数中包括一个代表直流分量的"DC 系数"和 63 个代表交流分量的"AC 系数"。可以把 DCT 反变换看作是用 64 个 DCT 系数经逆变换运算，重建一个 8×8 像素的图像块的过程。

随着 u, v 的增加，相应系数分别代表逐步增加的水平空间频率和垂直空间频率分量的大小。右上角的系数 $F(7,0)$ 表示水平方向频率最高、垂直方向频率最低的分量大小，左下角的系数 $F(0,7)$ 表示水平方向频率最低、垂直方向频率最高的分量大小，右下角的系数 $F(7,7)$ 表示水平方向频率和垂直方向频率都最高的高次谐波分量的大小。子块图像样本值及其 DCT 系数的二维数组的示意图如图 4-14 所示。

为了达到压缩数据的目的，对 DCT 系数 $F(u,v)$ 还需做量化处理。量化处理是一个多到一的映射，它是造成 DCT 编解码信息损失的根源。在量化过程中，应根据人眼的视觉特性，对于可见度阈值大的频率分量允许有较大的量化误差，使用较大的量化步长（量化间隔）进行粗量化；

而对可见度阈值小的频率分量应保证有较小的量化误差，使用较小的量化步长进行细量化。按照人眼对低频分量比较敏感，对高频分量不太敏感的特性，对不同的变换系数设置不同的量化步长。假设每个系数的量化都采用线性均匀量化，则量化处理就是用对应的量化步长去除对应的 DCT 系数，然后再对商值四舍五入取整，用公式表示为

$$Q(u,\ v) = \text{round}\left[\frac{F(u,v)}{S(u,v)}\right] \tag{4-16}$$

式中，$S(u,v)$ 是与每个 DCT 系数 $F(u,v)$ 对应的量化步长；$Q(u,v)$ 为量化后的系数。

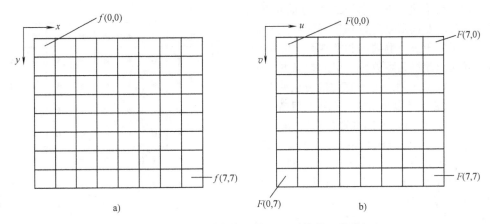

图 4-14 子块图像样本值及其 DCT 系数的二维数组

a）子块图像样本值 b）DCT 系数

JPEG 标准中每个亮度和色度 DCT 系数的量化步长 $S(u,v)$ 的值分别如表 4-6 和表 4-7 所列。

表 4-6 亮度量化表

16	11	10	16	24	40	51	61
12	12	14	19	26	58	60	55
14	13	16	24	40	57	69	56
14	17	22	29	51	87	80	62
18	22	37	56	68	109	103	77
24	35	55	64	81	104	113	92
49	64	78	87	103	121	120	101
72	92	95	98	112	100	103	99

表 4-7 色度量化表

17	18	24	47	99	99	99	99
18	21	26	66	99	99	99	99
24	26	56	99	99	99	99	99
47	66	99	99	99	99	99	99
99	99	99	99	99	99	99	99
99	99	99	99	99	99	99	99
99	99	99	99	99	99	99	99
99	99	99	99	99	99	99	99

上述两个量化表中的量化步长值是通过大量实验并根据主观评价效果确定的，其值随 DCT 系数的位置而改变，同一像素的亮度量化表和色度量化表不同，量化表的尺寸也是 64，与 64 个变换系数一一对应。从表中可以看出，在量化表中的左上角及其附近区域的数值较小，而在右下角及其附近区域的数值较大，而且色度量化步长比亮度量化步长要大，这是符合人眼的视觉特性的。因为人的视觉对高频分量不太敏感，而且对色度信号的敏感度较对亮度信号的敏感度低。

经过量化后的变换系数是一个 8×8 的二维数组结构。为了进一步达到压缩数据的目的，需对量化后的变换系数进行基于统计特性的熵编码。为了便于进行熵编码和实现码字的串行传输，还应把此量化系数按一定的扫描方式转换成一维的数据序列。一个有效的方法叫 Zig-Zag（或称"Z"字形、"之"字形）扫描，如图 4-15 所示。利用 Zig-Zag 扫描方式，可将二维数组 $Q(u,v)$ $(u=0,1,\cdots,7; v=0,1,\cdots,7)$ 变换成一维数组 $Q(m)$ $(m=0,1,\cdots,63)$，并且以直流分量和低频分量在前、高频分量在后的次序排列。由于经 DCT 后，幅值较大的变换系数大多集中于左上角，即直流分量和低频分量；而右下角的高频分量的系数都比较小，经量化后其系数大部分变为"0"，这样，采用 Zig-Zag 扫描方式，可以使量化系数为 0 的连续长度增长，有利于后续的游长编码。

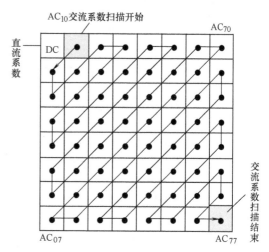

图 4-15　Zig-Zag 扫描次序示意图

在对一维数组 $Q(m)$ 进行熵编码时，要把直流分量（DC）和交流分量（AC）的量化系数分成两部分分别进行处理。由于相邻像素间存在的相关性，相邻图像子块的直流分量（图像子块的平均样值）也存在着相关性，所以对 DC 的量化系数用 DPCM 编码较合适，即对当前块和前一块的 DC 系数的差值进行编码。对于 DC 系数后面的 AC 系数，则把数值为 0 的连续长度（即 0 的游长）和非 0 值结合起来构成一个事件（Run，Level），然后再对事件（Run，Level）进行熵编码。这里的 Run 是指不为 0 的量化系数前面的 0 的个数，Level 是指不为 0 的量化系数的大小（幅值）。这里的熵编码可以采用哈夫曼编码，也可以采用算术编码。若不为 0 的量化系数后面的系数全为 0 的话，则用一个特殊标记 EOB（End Of Block，块结束）的码字来表示，以结束输出，这样可节省很多比特。

【例 4-4】　设一个 8×8 图像子块的亮度样值阵列为

$$f(x,y)=\begin{bmatrix} 78 & 75 & 79 & 82 & 82 & 86 & 94 & 94 \\ 76 & 78 & 76 & 82 & 83 & 86 & 85 & 94 \\ 72 & 75 & 67 & 78 & 80 & 78 & 74 & 82 \\ 74 & 76 & 75 & 75 & 86 & 80 & 81 & 79 \\ 73 & 70 & 75 & 67 & 78 & 78 & 79 & 85 \\ 69 & 63 & 68 & 69 & 75 & 78 & 82 & 80 \\ 76 & 76 & 71 & 71 & 67 & 79 & 80 & 83 \\ 72 & 77 & 78 & 69 & 75 & 75 & 78 & 78 \end{bmatrix}$$

$f(x,y)$ 经过 DCT 运算后得到的变换系数阵列为

$$F(u,v)=\begin{bmatrix} 619 & -29 & 8 & 2 & 1 & -3 & 0 & 1 \\ 22 & -6 & -4 & 0 & 7 & 0 & -2 & -3 \\ 11 & 0 & 5 & -4 & -3 & 4 & 0 & -3 \\ 2 & -10 & 5 & 0 & 0 & 7 & 3 & 2 \\ 6 & 2 & -1 & -1 & -3 & 0 & 0 & 8 \\ 1 & 2 & 1 & 2 & 0 & 2 & -2 & -2 \\ -8 & -2 & -4 & 1 & 2 & 1 & -1 & 1 \\ -3 & 1 & 5 & -2 & 1 & -1 & 1 & -3 \end{bmatrix}$$

$F(u,v)$ 经量化处理后得到的系数阵列为

$$Q(u,v)=\begin{bmatrix} 39 & -3 & 1 & 0 & 0 & 0 & 0 & 0 \\ 2 & -1 & 0 & 0 & 0 & 0 & 0 & 0 \\ 1 & 0 & 0 & 0 & 0 & 0 & 0 & 0 \\ 0 & -1 & 0 & 0 & 0 & 0 & 0 & 0 \\ 0 & 0 & 0 & 0 & 0 & 0 & 0 & 0 \\ 0 & 0 & 0 & 0 & 0 & 0 & 0 & 0 \\ 0 & 0 & 0 & 0 & 0 & 0 & 0 & 0 \\ 0 & 0 & 0 & 0 & 0 & 0 & 0 & 0 \end{bmatrix}$$

对 $Q(u,v)$ 采用 Zig-Zag 扫描后进行熵编码，输出码流。

接收端解码器执行逆操作，将收到的码流经熵解码后恢复成二维数组形式。由于熵编码是无失真编码，所以 $Q'(u,v)=Q(u,v)$。

$$Q'(u,v)=Q(u,v)=\begin{bmatrix} 39 & -3 & 1 & 0 & 0 & 0 & 0 & 0 \\ 2 & -1 & 0 & 0 & 0 & 0 & 0 & 0 \\ 1 & 0 & 0 & 0 & 0 & 0 & 0 & 0 \\ 0 & -1 & 0 & 0 & 0 & 0 & 0 & 0 \\ 0 & 0 & 0 & 0 & 0 & 0 & 0 & 0 \\ 0 & 0 & 0 & 0 & 0 & 0 & 0 & 0 \\ 0 & 0 & 0 & 0 & 0 & 0 & 0 & 0 \\ 0 & 0 & 0 & 0 & 0 & 0 & 0 & 0 \end{bmatrix}$$

对 $Q'(u,v)$ 进行逆量化后得到

$$F'(u,v)=\begin{bmatrix} 624 & -33 & 10 & 0 & 0 & 0 & 0 & 0 \\ 24 & -12 & 0 & 0 & 0 & 0 & 0 & 0 \\ 14 & 0 & 0 & 0 & 0 & 0 & 0 & 0 \\ 0 & -17 & 0 & 0 & 0 & 0 & 0 & 0 \\ 0 & 0 & 0 & 0 & 0 & 0 & 0 & 0 \\ 0 & 0 & 0 & 0 & 0 & 0 & 0 & 0 \\ 0 & 0 & 0 & 0 & 0 & 0 & 0 & 0 \\ 0 & 0 & 0 & 0 & 0 & 0 & 0 & 0 \end{bmatrix}$$

再对 $F'(u,v)$ 进行 DCT 逆变换，得到像素空间域重建图像子块的亮度样值阵列为

$$f'(x,y) = \begin{bmatrix} 74 & 75 & 77 & 80 & 85 & 91 & 95 & 98 \\ 77 & 77 & 78 & 79 & 82 & 86 & 89 & 91 \\ 78 & 77 & 77 & 77 & 78 & 81 & 83 & 84 \\ 74 & 74 & 74 & 74 & 75 & 78 & 81 & 82 \\ 69 & 69 & 70 & 72 & 75 & 78 & 82 & 84 \\ 68 & 68 & 69 & 71 & 75 & 79 & 82 & 84 \\ 73 & 73 & 72 & 73 & 75 & 77 & 80 & 81 \\ 78 & 77 & 76 & 75 & 74 & 75 & 76 & 77 \end{bmatrix}$$

从上面这个例子可以看出，64 个像素的亮度样本值经过 DCT 运算后，仍然得到 64 个变换系数，DCT 本身并没有压缩数据。但是，经 DCT 后幅值较大的变换系数大多集中于左上角，即直流分量和低频分量；而右下角的高频分量的系数都比较小，经量化后其系数大部分变为 0，这为后续的熵编码创造了有利的条件。

接收端解码器经熵解码、逆量化后得到带有一定量化失真的变换系数 $F'(u,v)$，再经 DCT 逆变换就得到重建图像块的样本值 $f'(x,y)$。与原始图像块相比较，两者数据大小非常接近，其误差主要是由量化造成的。只要量化器设计得好，这种失真可限制在允许的范围内，人眼是可以接受的。因此，DCT 编码是一种限失真编码。

4.6　小结

本章首先介绍了音频感知编码的相关知识，如绝对听觉阈值、临界频带、听觉掩蔽效应等听觉感知特性，以及利用心理声学模型对音频数据进行压缩的基本原理。接着，介绍了视频（图像）压缩编码的基本技术，着重阐述了熵编码、预测编码和变换编码的基本原理。

音频感知编码是利用人耳听觉的心理声学特性，将凡是人耳感觉不到的成分不编码、不传送的一种编码技术。

哈夫曼编码和算术编码是可变长编码的两种最流行的方法。哈夫曼编码器的设计和操作较简单，但不能达到具有合理复杂度的无损编码的界限，也难以使哈夫曼编码器适应信号统计特性的变化。算术编码器能够更容易达到熵界限，且对非平稳信号更有效，但它们的实现也更复杂。

预测的目的是要减少待编码样点之间的相关性，以便可以有效地应用标量量化。预测器应该设计成使预测误差最小。为了避免编码器中用于预测的参考样点与解码器中所用的参考样点之间的失配，需要闭环预测，在闭环预测中编码器必须重复与解码器相同的操作。对于视频编码，预测可以在空间域和时间域进行。在时间方向上，考虑物体运动的影响需要进行运动补偿。运动估值和运动补偿是帧间预测编码中的关键技术。

变换提供一种把一组样点（即一个图像块）表示为基图像的线性组合的方法。变换的目的是去除原始样点的相关性，并把能量压缩到少数几个系数上，以便能有效地应用标量量化。但变换本身并不压缩数据。基于 DCT 的编码方法是图像编码的有效方法，并且已在图像和视频编码的国际标准中采用。

基于块的混合编码器有效地联合了运动补偿预测、变换编码和熵编码。因为它具有相对较低的复杂度和较高的编码效率，所以在各种视频编码的国际标准中都得到采用。在混合编码的框架内，适当地进行运动估计和补偿以及选择操作模式（帧内或帧间模式等）可以改善编码性能。

4.7 习题

1. 人耳的听觉感知特性有哪些？感知音频编码的基本思想是什么？

2. 子带编码的基本思想是什么？进行子带编码的好处是什么？

3. 什么是听阈？什么是痛阈？什么是频域掩蔽？什么是时域掩蔽？

4. 什么是临界频带？简述它在音频编码中的应用。

5. 为什么要对图像数据进行压缩？其压缩原理是什么？图像压缩编码的目的是什么？目前有哪些编码方法？

6. 一个无记忆信源有 4 种符号 0、1、2、3。已知 $p(0) = 3/8$、$p(1) = 1/4$、$p(2) = 1/4$、$p(3) = 1/8$。试求由 6000 个符号构成的消息所含的信息量。

7. 一个信源包含 6 个符号消息，它们的出现概率分别为 0.3、0.2、0.15、0.15、0.1、0.1，试用二进制码元的哈夫曼编码方法对该信源的 6 个符号进行信源编码，并求出码字的平均长度和编码效率。

8. 设有一个信源具有 4 个可能出现的符号 X_1、X_2、X_3、X_4，其出现的概率分别为 1/2、1/4、1/8、1/8。请以符号序列 $X_2 X_1 X_4 X_3 X_1$ 为例解释其算术编码和解码的过程。

9. 请比较算术编码和哈夫曼编码的异同点，算术编码在哪些方面具有优越性？

10. 请说明预测编码的原理，并画出 DPCM 编解码器的原理框图。

11. 预测编码是无失真编码还是限失真编码？为什么？

12. DCT 变换本身能不能压缩数据，为什么？请说明 DCT 编码的原理。

13. 目前最常用的运动估值技术是什么？其假设的前提条件是什么？块大小的选择与运动矢量场的一致性是如何考虑的？

14. 简述运动自适应帧内插的原理及其特点。

在数字电视系统中，与视频信号同时传送的还有电视的伴音信号。数字电视的伴音通常有多个，除了常见的双声道立体声伴音外，可能还有多语言伴音。此外，数字音频广播节目信号也利用数字电视的伴音通道进行传送。针对音/视频数据的压缩编码，国际上相关的标准化组织制定了一系列的标准。

本章主要介绍目前在数字电视系统中比较常用的音/视频编码标准，着重介绍高级音频编码（AAC）算法、DRA 多声道数字音频编解码标准、H. 264/AVC、H. 265/HEVC、AVS1 与 AVS2 视频编码标准、AVS 与 AVS+视频编码标准。

本章学习目标：

- 掌握 MPEG-2 AAC 的音频编解码原理。
- 熟悉 DRA 多声道数字音频编解码的算法原理及关键技术。
- 了解新一代环绕多声道音频编码格式。
- 理解 MPEG-2、H. 264/AVC 标准中"类"和"级"的含义。
- 熟悉 H. 264/AVC 标准的主要特点及性能。
- 熟悉 H. 265/HEVC 标准的主要特点及性能。
- 了解 H. 266/VVC 标准的主要特点及性能。
- 熟悉 AVS1 与 AVS2 视频编码标准的主要特点及性能。
- 了解中国科学家在视频编码国际标准制定中的贡献，弘扬创新精神，为实现从"中国制造"向"中国创造"的战略转型、建设创新型国家的战略目标贡献智慧和力量。

5.1　数字音视频编码标准概述

为了保证不同厂家音视频编解码产品之间的互操作性，国际电信联盟（International Telecommunication Union，ITU）、国际标准化组织（International Organization for Standardization，ISO）和国际电工委员会（International Electrotechnical Commission，IEC）等组织制定了一系列的音视频编解码标准。其中最具代表性的是 ITU-T 推出的 H. 26x 系列视频编码标准，包括 H. 261、H. 262、H. 263、H. 264、H. 265 和 H. 266，主要应用于实时视频通信领域，如会议电视、可视电话、高清晰度和超高清晰度电视等；ISO/IEC 推出的 MPEG-x 系列音视频压缩编码标准，包括 MPEG-1、MPEG-2、MPEG-4 和 MPEG-H 等，主要应用于音视频存储（如 VCD、DVD）、数字音视频广播、因特网或无线网上的流媒体等。

为了摆脱我国多媒体产品开发和生产企业受制于国外编码标准的现状，我国于 2002 年 6 月 21 日成立了数字音视频编解码技术标准工作组，英文名称为"Audio Video Coding Standard Workgroup of China"，简称 AVS 工作组。该工作组的任务是："面向我国的信息产业需求，联合国内企业和科研机构，制（修）订数字音视频的压缩、解压缩、处理和表示等共性技术标准，为数字音视频设备与系统提供高效经济的编解码技术，服务于高分辨率数字广播、高密度激光数字存储媒体、无线宽带多媒体通信、互联网宽带流媒体等重大信息产业应用。"

2006 年 2 月，国家标准化管理委员会正式颁布《信息技术 先进音视频编码 第 2 部分：视频》（国家标准号 GB/T 20090.2—2006，简称 AVS 标准）。2006 年 3 月 1 日，AVS 标准正式实施。作为解决音视频编码压缩的信源标准，AVS 标准的基础性和自主性使得它能够成为推动我国数字音视频产业"由大变强"的重要里程碑。从 2012 年 9 月开始，AVS 工作组的工作全面转向第二代标准，即《信息技术 高效多媒体编码》（AVS2）标准的制定。

这些标准已在数字电视、多媒体通信领域得到广泛应用，极大地推动了数字电视技术及多媒体技术的发展。

5.1.1　H.26X 系列标准

1. H.261

H.261 是国际电报电话咨询委员会（CCITT，现改称为 ITU-T）制定的国际上第一个视频编码标准，主要用于在综合业务数字网（ISDN）上开展双向视听业务（如可视电话、会议电视）。该标准于 1990 年 12 月获得批准。H.261 标准的名称为"数码率为 $p\times64\mathrm{Kbit/s}(p=1,2,\cdots,30)$ 视听业务的视频编解码"，简称 $p\times64\mathrm{Kbit/s}$ 标准。当 $p=1$、2 时，仅支持 QCIF 的图像分辨力（176×144 像素），用于帧频低的可视电话；当 $p\geqslant6$ 时，可支持 CIF 的图像分辨力（352×288 像素）的会议电视。利用 CIF 格式，可以使各国使用的不同制式的电视信号变换为通用中间格式，然后输入给编码器，从而使编码器本身不必意识信号是来自哪种制式的。

H.261 视频编码算法的核心是采用带有运动补偿的预测编码以及基于 DCT 的变换编码相结合的混合编码方法，其许多技术（包括视频数据格式、运动估计与补偿、DCT、量化和熵编码）都被后来的 MPEG-1、MPEG-2、H.263、H.264 等其他视频编码标准所借鉴和采用。

2. H.262

H.262 实际上就是 MPEG-2 标准的视频部分（ISO/IEC 13818-2）。ITU-T 的视频编码专家组（Video Coding Experts Group，VCEG）与 ISO/IEC 的运动图像专家组（Motion Picture Experts Group，MPEG）在 ISO/IEC 13818 标准的第一和第二两个部分进行了合作，因此上述两个部分也称为 ITU-T 的标准，分别为 ITU-T H.220 系统标准和 ITU-T H.262 视频标准。

3. H.263

由于 H.261 的视频质量在低码率的情况下仍然难以令人满意，因此 ITU-T 在 H.261 的基础上做了一些相当重要的改进，于 1996 年推出了针对甚低数码率的视频压缩编码标准 H.263。H.263 最初是针对数码率低于 64bit/s 的应用设计的，但实验结果表明，在较大的数码率范围内，H.261 和 H.263 都取得了良好的压缩效果。

H.263 支持的输入图像格式可以是 QCIF、CIF、Sub-QCIF（128×96 像素）、4CIF 或者 16CIF 的彩色 4:2:0 亚采样图像。其中 QCIF 和 CIF 是 H.261 所支持的格式，Sub-QCIF 格式大约只能达到 QCIF 一半的分辨率，而 4CIF 和 16CIF 图像格式的分辨率分别为 CIF 的 4 倍和 16 倍。对 4CIF 和 16 CIF 格式的支持意味着 H.263 也能实现高数码率的视频编码。H.263 与 H.261 相比采用了半像素精度的运动补偿，并增加了无限制的运动矢量模式、基于句法的算术编码模式、先进的预测模式、PB-帧模式等 4 种有效的压缩编码模式作为选项。

1998 年，ITU-T 推出的 H.263+是 H.263 视频编码标准的第 2 个版本，它在保证原 H.263 标准核心句法和语义不变的基础上，增加了若干选项以提高压缩效率或改善某方面的功能。为提高压缩效率，H.263+采用先进的帧内编码模式；增强的 PB-帧模式改进了 H.263 的不足，增强了帧间预测的效果；去块效应滤波器不仅提高了压缩效率，而且提供重建图像的主观质量。为适应网络传输，H.263+增加了时间可分级编码、信噪比可分级编码、空间可分级编码以及参考帧选择模式，增强了视频传输的抗误码能力。

2000 年，ITU-T 又推出 H.263++，在 H263+基础上又做了一些新的扩展，增加了一些新的可选技术，从而更加适应于各种网络环境，并增强了差错恢复的能力。新增的可选模式有增强参考帧选择模式、数据划分片模式、扩展的追加增强信息模式等。

4. H.264/AVC

H.264 是由 ITU-T 的视频编码专家组（VCEG）与 ISO/IEC 的 MPEG 组成的联合视频工作组（Joint Video Team，JVT）共同制定的新一代视频压缩编码标准，面向多种实时视频通信应用。事实上，H.264 标准的开展可以追溯到 1996 年，在制定 H.263 标准后，VCEG 启动了两项研究计划：一个是短期研究计划，在 H.263 的基础上增加选项来改进编码效率，随后产生了 H.263+与 H.263++；另一个是长期研究计划，旨在开发新的压缩标准，其目标是编码效率要高，同时具有简单、直观的视频编码技术，网络友好的视频描述，适合交互和非交互式应用（广播、存储、流媒体）。长期研究计划产生了 H.26L 标准草案，在压缩效率方面与先期的 ITU-T 视频压缩标准相比，具有明显的优越性。2001 年，ISO/IEC 的 MPEG 组织认识到 H.26L 潜在的优势，随后与 ITU-T 的 VCEG 共同组建了联合视频工作组（JVT），其主要任务就是将 H.26L 草案发展为一个国际性标准。于是，在 ISO/IEC 中该标准命名为 AVC（Advanced Video Coding，高级视频编码），作为 MPEG-4 标准的第 10 部分；在 ITU-T 中正式命名为 H.264 标准。

为了满足不同应用的需求，H.264/AVC 包含多个应用档次：基本档次（Baseline Profile，BP），对计算能力及系统内存需求较低，主要应用于移动电视、可视电话以及其他低延时低成本的应用；主档次（Main Profile，MP）采用了 B 帧编码和算术编码器，需要更高的处理能力，主要应用于广播与内容存储；高级档次（High Profile，HP），引入了自定义量化、色度空间编码，主要应用于电影及工作室级高保真度的编码。

另外，JVT 在 H.264/AVC 的基础上提出了可伸缩视频编码（Scalable Video Coding，SVC）技术，能够提供在不同终端处理能力、不同网络带宽下的解码服务。

H.264/AVC 采用了一些新的编码工具提高编码效率：基于方向的帧内预测技术；对帧间预测的多个环节进行了改进：多参考帧运动估计，长期参考帧，可变块大小预测，1/4 像素精度运动补偿，多模式帧间预测，包含前向、后向、双向、跳过和直接模式；低复杂度整数变换，自适应块大小变换（Adaptive Block-size Transforms，ABT）；量化的除法与变换归一化结合，避免除法操作；基于上下文的自适应变长/算术编码，根据上下文选择合适的模型编码，进一步提高编码效率；自适应环路滤波器去除块效应。

5. H.265/HEVC

高效视频编码（High Efficiency Video Coding，HEVC）是继 H.264/AVC 后的下一代视频编码标准，由 ISO/IEC MPEG 和 ITU-T VCEG 共同组成的视频编码联合协作小组（Joint Collaborative Team on Video Coding，JCT-VC）负责开发及制定。

随着数字媒体技术和应用的不断演进，视频应用不断向高清晰度方向发展：数字视频格式从 720P 向 1080P 全面升级，在一些视频应用领域甚至出现了 3840×2160（4K）、7680×4320（8K）的图像分辨率；视频帧率从 30fps 向 60fps、120fps 甚至 240fps 的应用场景升级。当前主流的视频压缩标准 H.264/AVC 的压缩效率的局限性在不断地凸显。在 ISO/IEC MPEG 和 ITU-T 视频编码专家组（VCEG）的共同努力下，面向更高清晰度、更高帧率、更高压缩率视频应用的新一代国际视频压缩标准 H.265/HEVC 标准已经发布，其压缩效率比 H.264/AVC 提高了一倍。但是，该标准的算法复杂度极高，而且编码的算法复杂度是解码复杂度的数倍以上，这对满足实际的应用是个极大的挑战。

　　早在 2004 年，ITU-T VCEG 开始研究新技术以创建一个新的高效的视频压缩标准。2004 年 10 月，H. 264/AVC 小组对有潜力的各种编解码技术进行了调研。在 2005 年 1 月的 VCEG 会议上，指定了作为未来探索方向的若干主题，即关键技术领域（Key Technical Areas，KTA），同时在原有 JVT 开发的 H. 264/AVC 标准参考软件 JM 上集成了被提出的技术，作为 KTA 参考软件供之后 4 年的实验评估和验证。关于改进压缩技术的标准化也有两种途径，即制定新的标准及制定 H. 264/AVC 标准的扩展标准，在 2009 年 4 月的 VCEG 会议上进行了讨论，暂定名称为 H. 265 和 H. NGVC（Next-generation Video Coding）。

　　2007 年 ISO/IEC MPEG 开始了类似的项目，名称暂定为高性能视频编码（High-performance Video Coding，HVC），其早期的评估也是建立在对于 KTA 参考软件的修改上。在 2009 年 7 月，实验结果显示，与 H. 264/AVC High Profile 相比 HVC 可以降低平均 20% 左右的码率。这些结果也促成了 MPEG 开始与 VCEG 合作共同启动制定新一代的视频编码标准。

　　VCEG 和 MPEG 在 2010 年 1 月正式联合征集提案（Call for Proposal，CfP），并在 2010 年 4 月 JCT-VC 的首次会议上对于收到的 27 份提案进行了评估，同时 JCT-VC 也确定该联合项目的名称为高效视频编码（HEVC）。在 2010 年 7 月及 10 月的会议中 JCT-VC 确定了 HEVC 测试模型（HEVC Test Model，HM）及待审议测试模型（Test Model under Consideration，TMuC）。此后举行了多次 JCT 会议，对 HEVC 的技术内容进行不断改进、增删和完善。2013 年 1 月完成 HEVC 的 FD（Final Draft）版，正式成为国际标准。HEVC 公布后在 ITU-T 和 ISO/IEC 这两个组织中分别命名为 ITU-T H. 265 和 MPEG-H Part 2（ISO/IEC 23008-2）。

　　HEVC 的核心目标是在 H. 264/AVC High Profile 基础上，压缩效率提高一倍，即在保证相同视频图像质量的前提下，适当增加编码端的复杂度而使视频流的码率减少 50%；此外，还要在噪声强度、全色度和动态范围情况下提升视频质量。根据不同应用场合的需求，HEVC 编码器可以在压缩率、运算复杂度、抗误码性以及编解码延迟等性能方面进行取舍和折中。相对于 H. 264/AVC，HEVC 具有两大改进，即支持更高分辨率的视频以及改进的并行处理模式。HEVC 的应用定位于下一代的高清电视（HDTV）显示和摄像系统，能够支持更高的扫描帧率以及达到 1080p（1920×1080）乃至 Ultra HDTV（7680×4320）的显示分辨率，可应用于家庭影院、数字电影、视频监控、广播电视、网络视频、视频会议、移动流媒体、远程呈现（telepresence）、远程医疗等领域，将来还可用于 3D 视频、多视点视频、可分级视频等。可以预计，HEVC 的正式颁布，将给视频应用带来不可估量的影响。

6. H. 266/VVC

　　随着高动态范围（High Dynamic Range，HDR）、8K 超高清视频、360° 全景视频、虚拟现实（Virtual Reality，VR）等新兴应用场景的出现，视频数据量急剧增加，需要进一步提升压缩编码效率以满足传输带宽需求。为此，2015 年 10 月，由 ISO/IEC 的 MPEG 和 ITU-T 的 VCEG 组建联合视频探索小组（Joint Video Exploration Team，JVET），开展下一代视频编码标准化工作。2018 年 4 月，在 JVET 第 10 次会议上，联合视频探索小组正式归入联合视频专家组（Joint Video Experts Team，JVET），正式开展多功能视频编码（Versatile Video Coding，VVC）标准研究制定工作，主要目标是改进现有 HEVC 编码技术，提供更高的压缩编码效率，同时针对 HDR、VR、8K 超高清视频、360° 全景视频等新兴应用进行优化。2020 年 7 月 6 日，联合视频专家组（JVET）发布了 H. 266/VVC 标准。

　　H. 266/VVC 标准基本延续了 H. 265/HEVC 标准中的混合编码框架，包括块划分、帧内预测、帧间预测、变换、量化、熵编码、环路滤波等模块。在继承了 H. 265/HEVC 标准中大部分编码工具的基础上，H. 266/VVC 标准引入了一些新的编码工具，或者对已有的编码工具进行优化，旨在保持相同解码质量的情况下，比 H. 265/HEVC 节省 50% 的码率。

5.1.2　MPEG-x 系列标准

MPEG 是 ISO 和 IEC 联合技术委员会 1（JTC1）的第 29 分委员会（SC29）的第 11 工作组（WG11），自从 1988 年成立以来，制定了 MPEG-x 系列国际标准，对推动音视频编解码技术的发展做出了重要的贡献。

1. MPEG-1 标准

MPEG-1 标准于 1992 年 11 月获得正式批准，是 ISO/IEC 的第一个数字音视频编码标准，其标准名称是 Coding of moving pictures and associated audio for digital storage media at up to about 1.5Mbit/s（针对 1.5Mbit/s 以下数据传输率的数字存储媒体应用的运动图像及其伴音编码），标准号为 ISO/IEC 11172。

该标准主要是针对当时出现的新型存储媒介 CD-ROM、VCD 等应用而制定的，在影视和多媒体计算机领域中得到了广泛应用。MPEG-1 视频编码标准（ISO/IEC 11172-2）的主要目标是在 1~1.5Mbit/s 数码率的情况下，提供 30fps 标准输入格式（Standard Input Format，SIF），相当于家用录像机（Video Home System，VHS）画面质量的视频。

MPEG-1 音频编码标准（ISO/IEC 11172-3）是世界上第一个高保真音频编码标准。为了保证其普遍适用性，MPEG-1 音频编码算法具有以下主要特点：

1）编码器的输入信号为线性 PCM 信号，采样频率可以是 32kHz（在数字卫星广播中应用）、44.1kHz（CD 中应用）或 48kHz（演播室中应用），量化精度为 16bit，输出的数码率为 32~384kbit/s。

2）压缩编码后的码流可以按以下 4 种模式之一支持单声道或双声道：

- 用于单一音频声道的单声道模式。
- 用于两个独立的单音频声道的双-单声道模式（Dual-monophonic Mode），功能上与立体声模式相同。
- 用于立体声声道的立体声模式，在声道之间共享比特，但不是相关立体声编码。
- 联合立体声模式，它利用立体声声道之间的相关性或声道之间相位差的不相关性，或者同时利用两者。

3）MPEG-1 音频压缩标准提供三个独立的压缩层次：第 1 层（Layer 1）、第 2 层（Layer 2）和第 3 层（Layer 3），用户对层次的选择可在编码方案的复杂性和压缩比之间进行权衡。

- 第 1 层的编码器最为简单，应用于数字小型盒式磁带（Digital Compact Cassette，DCC）记录系统。
- 第 2 层的编码器的复杂程度属中等，应用于数字音频广播（Digital Audio Broadcasting，DAB）、CD-ROM、CD-I 和 VCD 等。
- 第 3 层的编码器最为复杂，应用于综合业务数字网（ISDN）上的音频传输、因特网上的广播、MP3 光盘存储等。

2. MPEG-2 标准

拓展阅读

MPEG-2 标准的各部分内容描述

MPEG-2 标准于 1994 年 11 月正式发布，其标准名称是 Generic coding of moving pictures and associated audio information（运动图像及其伴音信息的通用编码），标准号为 ISO/IEC 13818。

而在此之前，ITU-T 也成立了视频编码专家组（Video Coding Expert Group，VCEG），开始制定应用于异步传输模式（ATM）环境下的 H.262 标准。由于性能指标基本类似，ITU-T 也将 H.262 标准的研究工作并入到 MPEG-2 标准之中，从而使得 MPEG-2 形成一套完整的几乎覆盖当时数字音视频编码技术领域的标准体系。

MPEG-2 标准作为 MPEG-1 的扩展，需要支持数字电视广播，因此必须能够处理电视系统特有的隔行扫描方式；其次，鉴于 MPEG-2 标准中编码技术选择性增大，而系统应用模式也随支持视频格式的增加而进一步扩大，MPEG-2 标准定义了 6 种不同复杂度的压缩编码算法，简称为"类"或"档次"（Profile），规定了 4 种输入视频格式，称之为"级"（Level）。"类"与"级"的组合方式将 MPEG-2 标准中不同算法工具和不同的系统参数取值进行组合规范，以便于针对不同应用系统设计相应的标准解码系统。MPEG-2 标准中"类"与"级"的可能组合如表 5-1 所示。

表 5-1　MPEG-2 标准中"类"与"级"的可能组合

	简 单 类	主 类	4:2:2类	SNR 可分级类	空间可分级类	高 类
高级 1920×1080×30, 1920×1152×25		MP@ HL				HP@ HL
1440-高级 1440×1080×30, 1440×1152×25		MP@ H1440			SSP@ H1440	HP@ H1440
主级 720×480×30, 720×576×25	SP@ ML	MP@ ML	4:2:2P@ ML	SNRP@ ML		HP@ ML
低级 352×240×30, 352×288×25		MP@ LL		SNRP@ LL		
备注	无 B 帧 4:2:0 采样不分级	有 B 帧 4:2:0 采样不分级	有 B 帧 4:2:2 采样不分级	有 B 帧 4:2:0 采样 SNR 可分级	有 B 帧 4:2:0采样 SNR 可分级 空间可分级	有 B 帧 4:2:0或4:2:2 SNR 可分级 空间可分级 时间可分级

在表示"类"与"级"的组合时，常用缩写的形式，如 HP@ HL 表示 High Profile 与 High Level 的组合。目前常用的是主类，其中 MP@ ML 可应用于多种场合，卫星直播数字电视、SDTV、DVD 等采用这种组合。MP@ HL 用于 HDTV 系统。SP@ ML 常用于数字有线电视或数字录像机中，它不采用 B 帧，故所需的存储容量较小。

MPEG-2 标准改变了 MPEG-1 视频只能在本地播放的状况，当 MPEG-2 的视频码流打包成传送流（Transport Stream，TS）后，可以在 ATM 网上实现视频的流式播放。MPEG-2 不是 MPEG-1 的简单升级，它在系统和传送方面做了更加详细的规定和进一步的完善。它的应用领域非常广泛，包括存储媒介中的 DVD、广播电视中的数字电视和 HDTV、交互式的视频点播（VOD）以及 ATM 网络等不同信道上的视频码流传输，所以 MPEG-2 将具有信道自适应特点的可分级编码等技术也纳入标准之中。

3. MPEG-4 标准

1999 年 1 月，MPEG-4 正式发布，其标准名称是 Coding of audio-visual objects（音视频对象编码），标准号为 ISO/IEC 14496。MPEG-4 标准超越了 MPEG-1/2 的目标，以音视对象（Audio Visual Object，AVO）的形式对 AV 场景进行描述。这些 AVO 在空间及时间上有一定的关联，经过分析，可对 AV 场景进行分层描述。因此，MPEG-4 提供了一种崭新的交互方式——基于内容的交互，允许用户根据系统能力和信道带宽进行分级解码，同每一个 AV 对象进行交互并可操纵之。根据制作者设计的具体自由度，用户不仅可以改变场景的视角，还可以改变场景中对象的位置、大小和形状，或置换甚至清除该对象。MPEG-4 集成了不同性质的对象，例如自然视频对象，计算机生成的图形、图像、文字，自然及合成音频对象等。

MPEG-4 标准包含 22 个部分，如表 5-2 所示，各个部分既独立又紧密相关。与视频编码相关的是第 2 部分和第 10 部分，其中第 10 部分等同于 ITU-T H.264 标准。

表 5-2　MPEG-4 的组成

第 1 部分	系统（System）：描述视频和音频的同步及复用
第 2 部分	视觉对象（Visual）：视觉对象数据（包括视频、静态纹理、合成图像等）的压缩编码
第 3 部分	音频（Audio）
第 4 部分	一致性测试（Conformance Testing）
第 5 部分	参考软件（Reference Software）
第 6 部分	传递多媒体集成框架（Delivery Multimedia Integration Framework，DMIF）
第 7 部分	优化的音视对象编码参考软件（Optimized reference software for coding of audio-visual object）
第 8 部分	MPEG-4 码流在 IP 网络上的传输（Transport of MPEG-4 over IP Network）
第 9 部分	参考硬件描述（Reference Hardware Description）
第 10 部分	高级视频编码（Advanced Video Coding，AVC）：等同于 ITU-T H.264 标准
第 11 部分	场景描述和应用引擎（Scene Description and Application Engine）
第 12 部分	ISO 基本媒体文件格式（ISO Base Media File Format）：用于存储媒体内容的一种文件格式
第 13 部分	知识产权管理和保护的扩展（IPMP Extensions）
第 14 部分	MP4 文件格式（MPEG-4 File Format）：基于第 12 部分
第 15 部分	AVC 文件格式（MPEG-4 File Format）：用于存储采用 AVC 编码的视频内容，也基于第 12 部分
第 16 部分	动画框架扩展（Animation Framework eXtension，AFX）
第 17 部分	流式文本格式（Streaming Text Format）
第 18 部分	字体压缩与流（Font Compression and Streaming）
第 19 部分	合成的纹理流（Synthesized Texture Streaming）
第 20 部分	轻便应用场景表现（Lightweight Application Scene Representation，LASeR）
第 21 部分	MPEG-J 图形框架扩展（MPEG-J Graphical Framework Extension）
第 22 部分	开放的字体格式（Open Font Format）

5.1.3　AVS 系列标准

1. AVS1 标准

AVS 是 Audio Video coding Standard 的简称。为了打破国际专利对我国音视频产业发展的制约，满足我国在信息产业方面的需求，2002 年 6 月 21 日，原信息产业部批准成立了"数字音视频编解码技术标准化工作组"（简称 AVS 工作组），开始了自主制定音视频编解码标准的探索。AVS 工作组制定标准的总体战略是："知识产权自主、编码效率高、实现复杂度低、系统尽可能兼容、面向具体应用。"

AVS 工作组致力于制定一套数字音视频编解码标准，类似于 MPEG 标准，包括视频、音频、系统等核心部分，还包括符合性测试、参考代码等辅助部分。在不懈的努力下，2004 年 AVS 工作组完成了第一个视频标准《信息技术 先进音视频编码第 2 部分：视频》。又经过一年多的测试、报批，该标准于 2006 年 2 月被颁布为国家标准 GB/T 20090.2—2006，并从 2006 年 3 月 1 日起开始实施。这是 AVS 工作组制定的第一个标准，简称 AVS 标准。后来第二代 AVS 标准公布后，为了区分两个标准，将它们分别称为 AVS1 标准和 AVS2 标准。GB/T 20090.2—2006 更准确的称谓是 AVS1-P2。

　　AVS1-P2 是中国制定的第一个具有完全自主知识产权的视频编码标准，具有划时代的意义。AVS1-P2 采用了传统的混合编码框架，编码过程由预测、变换、熵编码和环路滤波等模块组成，这和 H.264 标准采用的混合编码框架是类似的。但是在每个技术环节上都有创新，因为 AVS 标准必须把不可控的专利技术替换成自有的技术。在技术先进性上，AVS1-P2 和 H.264 都属于第二代信源编码标准。在编码效率上，AVS1-P2 略逊于 H.264，在压缩低分辨率（CIF/QCIF 格式）的视频节目时相差多一些；但 AVS1-P2 的主要应用领域是标准清晰度和高清晰度数字电视。

　　为了满足高清晰度电视、3D 电视等广播电影电视新业务发展的需要，推动自主创新技术产业化和应用，促进我国民族企业的发展，促进自主创新 AVS 国家标准在广播电视新业务的应用，2012 年 3 月 18 日，国家广播电影电视总局科技司与工业和信息化部电子信息司联合成立"AVS 技术应用联合推进工作组"。为了进一步提高 AVS1 在数字电视领域的性能，AVS 推进工作组决定在 AVS1-P2 的基础上增加一些技术，形成一个新的类（profile），命名为广播类（broadcasting profile）。2012 年 7 月 10 日，国家广播电影电视总局正式颁布了广播电影电视行业标准《广播电视 先进音视频编解码 第 1 部分：视频》，标准代号为 GY/T 257.1—2012（简称 AVS+），自颁布之日起实施。同时启动国家标准 GB/T 20090 的修订工作，将 AVS+ 作为国家标准 GB/T 20090 的第 16 部分（GB/T 20090.16—2016），即 AVS1-P16。改进后，AVS+ 在压缩效率上和 H.264 已经一样了。

　　AVS+ 标准以高清电视应用为突破点，充分利用当前我国数字电视由标清向高清快速发展的重要机遇期，推动 AVS+ 标准的产业化和应用推广。AVS+ 的颁布与实施对我国高清晰度数字电视、3D 数字电视等广电领域新业务的发展具有重要的战略意义。2012 年 8 月 24 日，工业和信息化部电子信息司与国家广播电影电视总局科技司联合主办"《广播电视 先进音视频编解码 第 1 部分：视频》（AVS+）标准发布暨宣贯会"，共同推进该标准的应用和产业化。2013 年 10 月 28 日，国家新闻出版广电总局颁布了《AVS+高清编码器技术要求和测量方法》行业标准（GY/T 271—2013），自颁布之日起实施。2014 年 1 月 1 日开始，中央电视台开始进行 AVS+编码格式的高清节目上星播出。2014 年 3 月 18 日，工业和信息化部与国家新闻出版广电总局联合发布了《广播电视先进视频编解码（AVS+）技术应用实施指南》（以下简称《指南》）。《指南》对 AVS+标准在卫星传输分发、卫星直播电视、有线数字电视、地面数字电视及互联网电视和 IPTV 中的应用提出了明确的指导意见和推进方案。《指南》的实施对加快实现 AVS+端到端的应用推广，推动 AVS+在广播电视领域的应用，构建 AVS 完整产业链具有重要意义。到 2014 年第 2 季度，中央电视台播出的高清电视节目全部采用 AVS+标准压缩的视频流，这一举措快速推动了全国 AVS+标准的产业化和应用。这是我国音视频领域的一件大事，也是我国广播电视运营和相关制造业的一件大事。

　　另外，修订后的 AVS1-P2，于 2013 年 12 月 31 日颁布为国家标准 GB/T 20090.2—2013，将替代 GB/T 20090.2—2006，于 2014 年 7 月 15 日正式实施。

　　AVS1 标准的组成如表 5-3 所示。

表 5-3　AVS1 标准的组成

AVS1-P1	系统
AVS1-P2	视频
AVS1-P3	音频
AVS1-P4	符合性测试
AVS1-P5	参考软件
AVS1-P6	版权保护

（续）

AVS1-P7	移动视频
AVS1-P8	IP 封装
AVS1-P9	文件格式
AVS1-P10	移动语音和音频
AVS1-P11	同步文本
AVS1-P12	综合场景
AVS1-P13	视频工具集
AVS1-P16	广播电视视频

2. AVS2 标准

为了支持 4K、8K 超高清晰度数字视频和环绕立体声，AVS 工作组从 2012 年 9 月开始将工作转向第二代 AVS 标准，即《信息技术 高效多媒体编码》标准（简称 AVS2）的制定。

● 2016 年 12 月 30 日，《信息技术 高效多媒体编码 第 2 部分：视频》通过中国国家标准化管理委员会审查，由国家质检总局和国家标准化管理委员会颁布为国家标准，标准代号为 GB/T 33475.2—2016，简称 AVS2-P2。AVS2-P2 视频编码效率比上一代标准 AVS+ 提高了一倍以上，在场景类视频编码方面压缩效率超越国际标准 H.265/HEVC。AVS2-P2 还针对监控视频设计了场景编码模式，压缩效率比 H.265/HEVC 高出一倍，完全领先于国际标准，能够从技术源头上支撑我国视频产业的健康发展。

● 2018 年 3 月 30 日，AVS 产业联盟联合中国电信、华为、中兴、江苏广电新媒体、瑞芯微、上海国茂、晶晨半导体、百视通等多家产业链厂商重磅发布《IPTV 业务系统 AVS2 实施指南》，此举有力推动了 AVS2 标准在 IPTV 上的应用。

● 2018 年 5 月 28 日，广东省新闻出版广电局发文（粤新广技【2018】63 号），在广东省 4K 行动中应用 AVS2 标准。

● 2018 年 6 月 7 日，《信息技术 高效多媒体编码 第 3 部分：音频》颁布为国家标准，标准代号 GB/T 33475.3—2018，简称 AVS2-P3。AVS2-P3 立足提供完整的高清三维视听技术方案，与第二代 AVS 视频编码（AVS2-P2）配套，是更适合超高清、3D 等新一代视听系统的高质量、高效率音频编解码标准。AVS2-P3 的颁布及应用使中国自主音视频标准比翼双飞，加速我国的音视频技术和产业双双进入"超高清"和"超高效"的"双超时代"。

● 2018 年 8 月底，国家广播电视总局向各省广电局、中央广播电视总台办公厅和总局直属各单位印发了《4K 超高清电视技术应用实施指南（2018 版）》（简称《实施指南》），《实施指南》明确指出：视频编码采用 AVS2 标准。这标志着继第一代 AVS 标准全面推广应用后第二代 AVS 标准（AVS2）凭借自身优异的性能和自主知识产权，成为《实施指南》唯一采用的视频编码标准。

● 2018 年 10 月 1 日，中央广播电视总台开播国内首个上星超高清电视频道——CCTV 4K 超高清频道。北京歌华、广东、上海东方、浙江、四川、贵州、重庆、江西、安徽、陕西、江苏、内蒙古和深圳天威等 13 个省、市、区的有线电视网同日开通中央广播电视总台 4K 频道。此次开播的 4K 超高清频道采用了 AVS2 国家标准、国密算法的条件接收（CA）系统和国产编码设备、自主芯片等。AVS2 的应用正式拉开了大幕。

● 2018 年 10 月 16 日，广东省广播电视台开播 4K 超高清频道。

3. AVS3 标准

为满足我国 8K 及 5G 产业应用的需要，AVS 工作组紧锣密鼓地开展了第三代标准 AVS3 的制定工作。《信息技术 智能媒体编码 第 2 部分：视频》（AVS3 视频），已向国家标准化管理委员会申请立项。AVS3 视频标准是 8K 超高清视频编码标准，为新兴的 5G 媒体应用、虚拟现实媒体、智能安防等应用提供技术规范，引领未来五到十年 8K 超高清和虚拟现实（VR）视频产业的发展。

在 2019 年 3 月 7 日至 9 日召开的 AVS 标准工作组第 68 次会议上，工作组完成了 AVS3 视频基准档次的起草工作，北京大学、数码视讯、东华广信、华为、海思等相关成员单位，展开 AVS3 视频标准的 8K 核心技术、编码器开发、芯片研制和产业化工作，深圳龙岗智能视听研究院展开 8K 测试验证实验室的建设。未来，AVS 工作组将继续完善后续标准，扩展档次的目标是编码效率比 AVS2 视频标准提高 1 倍。在产业应用上，除广播电视视频外，积极推动 AVS3 视频标准在工业互联网、智能安防、智能医疗等领域的应用。

AVS3 视频基准档次采用了更具复杂视频内容适应性的扩展四叉树划分（Extended Quad-Tree，EQT），更适合复杂运动形式的仿射运动预测、自适应运动矢量分辨率（Adaptive Motion Vector Resolution，AMVR），更宜于并行编解码实现的片划分机制等技术，比 AVS2-P2 节省约 30% 的码率，将帮助改善 5G 时代视频传输、虚拟现实直播与点播的用户体验，形成突破性的解决方案，为服务提供商和运营商节约大量成本，同时带来培育新商业模式的机会，具有重要的社会效益和经济效益。

AVS 标准工作组组长高文院士在工作组第 68 次会议闭幕会上表示，自 2002 年 AVS 标准工作组成立以来，制定的标准一直是跟随国外的视频编码标准，AVS1-P2 对标 H.264，AVS2-P2 对标 H.265，制定和颁布时间落后于国外标准，对产品研发和产业推广产生了一定的迟滞效应，AVS3 视频标准基准档次是 AVS 标准第一次领先国外标准制定完成，具有先发优势，芯片和编码器的研发都要领先于国外标准推出，这是 AVS 标准发展上的一个里程碑，也是我国研发投入不断加大的累积结果。

5.1.4　中国科学家在视频编码国际标准制定中的贡献

在视频编码标准化方面，中国经过了从直接采用国际标准到跟随、参与甚至引领国际标准的历程。20 世纪 90 年代，MPEG-1、MPEG-2 标准的横空出世，带来了全民家庭影音的第一波浪潮，中国的 VCD、DVD 制造厂商遍地开花，然而由于需要支付国外高额的专利费用，厂商的利润微薄。2002 年，AVS 标准工作组的成立是我国在视频编解码领域走向自主创新的标志性事件。我国拥有自主知识产权的视频编解码标准 AVS1-P2 对标 H.264/AVC 标准，AVS2-P2 对标 H.265/HEVC 标准。2013 年 6 月 4 日，电气与电子工程师协会（Institute of Electrical and Electronics Engineers，IEEE）颁布了 IEEE 1857—2013 标准，该标准可以看成是 AVS1-P2 的英文版。此后，IEEE 又陆续颁布了 IEEE 1857.2、IEEE 1857.3、IEEE 1857.4 和 IEEE 1857.5 等部分。IEEE 1857 标准是 AVS 标准工作组过去十多年标准制定工作的集大成者，是 AVS 产业技术创新战略联盟走向国际的标志性成果。与试图用一个标准涵盖各种应用的其他国际标准不同，AVS 标准针对不同类别应用的特点和专门需要对编解码工具进行纵向组合，走出了一条有特色的发展之路。除了包括面向数字电视档次外，IEEE 1857 还包括面向移动视频和视频监控的两个新档次。特别值得指出的是，IEEE 1857 标准针对监控视频的压缩效率是 H.264/AVC 标准的两倍，而且编码复杂度只有后者的二分之一，在国际上处于明显领先的地位，标志着我国的视频编码技术和标准在视频监控领域已经实现跨越。IEEE 1857 标准的颁布标志着中国科学家在视频编码技术领域已经具有引领性的组织能力和国际影响力，是我国高新技术领域实施创新战略的一个重要里程碑。

在 H.265/HEVC 标准的制定过程中，以华为技术有限公司为代表的一些中国企业成为标准制定的重要参与者，其中华为技术有限公司拥有多项核心技术专利。

在 H.266/VVC 标准的制定过程中，中国的华为技术有限公司、北京字节跳动科技有限公司、联发科技股份有限公司、深圳市腾讯计算机系统有限公司、阿里巴巴集团控股有限公司、北京快手科技有限公司、杭州海康威视数字技术股份有限公司、中兴通讯股份有限公司、北京大学等企业和高校研究机构都参与了共同研发，并提交了技术提案。在由国际权威专利及知识产权媒体 IAM（Intellectual Asset Management，知识产权资产管理）发表的《谁在领跑 VVC 技术竞赛》报道中，统计了新一代视频编解码标准 H. 266/VVC 的专利权划分中技术贡献所占份额和影响力排名。根据该报道，H. 266/VVC 标准贡献者排行榜上出现了大量的中国企业名单，其中前 10 名贡献者中有 5 名是中国企业，分别是华为技术有限公司（贡献率是 12.95%）、北京字节跳动科技有限公司（贡献率是 9.33%）、联发科技股份有限公司（贡献率是 8.70%）、深圳市腾讯计算机系统有限公司（贡献率是 7.79%）、阿里巴巴集团控股有限公司（贡献率是 4.80%）。华为技术有限公司的贡献程度仅次于美国的高通公司。此外，北京快手科技有限公司以 4.44% 的贡献率位于第 11 名，杭州海康威视数字技术股份有限公司以 1.0% 的贡献率位于第 26 名，其他上榜的中国企业（机构）还有中兴通讯股份有限公司、北京大学等。

由此可见，现在有越来越多的中国企业、高校和科研院所的学者、专家在视频编解码技术领域走在了世界前列，在参与视频编解码国际标准的制定中起到了举足轻重的作用。

5.1.5　DRA 多声道数字音频编解码标准

DRA 是 Digital Rise Audio 的缩写，是广州广晟数码技术（Digital Rise Technology）有限公司开发的一项数字音频编码技术。DRA 数字音频编解码技术采用自适应时频分块（Adaptive Time Frequency Tiling，ATFT）方法，实现对音频信号的最优分解，进行自适应量化和熵编码，具有解码复杂度低、压缩效率高、音质好等优点，可广泛应用于数字音频广播、数字电视、移动多媒体、激光视盘机、网络流媒体以及在线游戏、数字电影院等领域。早在 2007 年 1 月 4 日，DRA 数字音频编解码技术被原信息产业部正式批准为电子行业标准——《多声道数字音频编解码技术规范》（标准号 SJ/T11368—2006）。根据广电行业标准《移动多媒体广播　第 7 部分：接收解码终端技术要求》（GY/T220.7—2008）中第 6.5.2.1 条规定，所有 CMMB 终端均应支持 SJ/T11368—2006（DRA）音频标准。这标志着 DRA 数字音频标准在 CMMB 移动多媒体广播中已经确立了作为必选标准的地位。2009 年 3 月 18 日，DRA 数字音频编解码技术又被国际蓝光光盘协会（BDA）正式批准成为蓝光光盘格式的一部分，被写入 BD-ROM 格式的 2.3 版本，成为中国拥有的第一个进入国际领域的音频技术标准。

2009 年 4 月 19 日，国家质量监督检验检疫总局、工业和信息化部与广东省人民政府联合召开了《多声道数字音频编解码技术规范》国家标准发布会，正式颁布《多声道数字音频编解码技术规范》（简称 DRA 音频标准）为我国数字音频编解码技术国家标准（标准号为 GB/T 22726—2008），于 2009 年 6 月 1 日起实施。

成为国家标准之后，DRA 音频标准在我国数字电视、数字音频广播、移动多媒体等领域展开产业化应用。

5.2　高级音频编码（AAC）算法

5.2.1　MPEG-2 AAC 编码算法

MPEG-2 标准定义了两种音频压缩编码算法，一种称为 MPEG-2 Audio（标准号为 ISO/IEC 13818-3），或称为 MPEG-2 BC，它是与 MPEG-1 音频压缩编码标准（ISO/IEC 11172-3）后向兼容的多声道音频编码标准；另一种称为 MPEG-2 高级音频编码（MPEG-2 Advanced Audio Coding）标准，简称为 MPEG-2 AAC（标准号为 ISO/IEC 13818-7）。

MPEG-2 AAC 是一种非常灵活的声音感知编码标准。就像所有感知编码一样，MPEG-2 AAC 主要使用听觉系统的掩蔽特性来压缩声音的数据量，并且通过把量化噪声分散到各个子带中，用全局信号把噪声掩蔽掉。

MPEG-2 AAC 支持的采样频率为 8~96kHz，编码器的音源可以是单声道、立体声和多声道的声音，多声道扬声器的数目、位置及前方、侧面和后方的声道数都可以设定，因此能支持更灵活的多声道构成。MPEG-2 AAC 可支持 48 个主声道、16 个低频音效增强（Low Frequency Enhancement，LFE）声道、16 个配音声道（Overdub Channel）或者称为多语言声道（Multilingual Channel）和 16 个数据流。MPEG-2 AAC 在压缩比为 11∶1，即每个声道的数码率为 $(44.1×16)/11$kbit/s＝64kbit/s，5 个声道的总数码率为 320kbit/s 的情况下，很难区分解码还原后的声音与原始声音之间的差别。与 MPEG-1 的第 2 层相比，MPEG-2 AAC 的压缩比可提高 1 倍，而且音质更好；在质量相同的条件下，MPEG-2 AAC 的数码率大约是 MPEG-1 第 3 层（即 MP3）的 70%。

MPEG-2 AAC 编码器的完整框图如图 5-1 所示。在实际应用中不是所有的模块都是必需的，图中凡有阴影的方块是可选的，根据不同应用要求和成本限制对可选模块进行取舍。

1. 增益控制

增益控制模块用在可分级采样率类中，它由多相正交滤波器（Polyphase Quadrature Filter，PQF）、增益检测器和增益调节器组成。这个模块把输入信号划分到 4 个等带宽的子带中。在解码器中也有增益控制模块，通过忽略多相正交滤波器的高子带信号获得低采样率输出信号。

2. 分析滤波器组

分析滤波器组是 MPEG-2 AAC 系统的基本模块，它把输入信号从时间域变换到频率域。这个模块采用了改进离散余弦变换（MDCT），它是一种线性正交叠加变换，使用了一种称为时间域混叠抵消（TDAC）技术，在理论上能完全消除混叠。AAC 提供了两种窗函数：正弦窗和凯塞-贝塞尔窗（KBD 窗）。正弦窗使滤波器组能较好地分离出相邻的频谱分量，适合于具有密集谐波分量（频谱间隔<140Hz 的信号）。对于频谱成分间隔较宽（>220Hz）时采用 KBD 窗。AAC 系统允许正弦窗和 KBD 窗之间连续无缝切换。

AAC 的 MDCT 变换采用了长块（2048 个时域样本）和短块（256 个时域样本）两种变换块。长块的频率域分辨率高、编码效率高，对于时间域变化快的信号则使用短块，切换的标准根据心理声学模型的计算结果确定。为了平滑过渡，长、

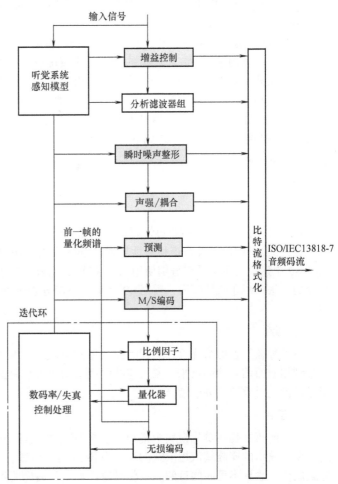

图 5-1 MPEG-2 AAC 编码器框图

短块之间的过渡不是突变的，中间引入了过渡块。

3. 听觉系统感知模型

感知模型即心理声学模型，它是包括 AAC 在内的所有感知音频编码的核心。AAC 使用的心理声学模型原理上与 MP3 所使用的模型相同，但在具体计算和参数方面并不一样。AAC 用的模型不区分单音和非单音成分，而是把频谱数据划分为"分区"，分区范围与临界频带带宽有线性关系。

4. 瞬时噪声整形

在感知声音编码中，瞬时噪声整形（Temporal Noise Shaping，TNS）模块是用来控制量化噪声的瞬时形状的一种方法，解决掩蔽阈值和量化噪声的错误匹配问题。这是增加预测增益的一种方法。这种技术的基本思想是，对于时间域较平稳的信号，频率域上变化较剧烈；反之时间域上变化剧烈的信号，频谱上就较平稳。TNS 是在信号的频谱变化较平稳时，对一帧信号的频谱进行线性预测，再将预测误差编码。在编码时判断是否要用 TNS 模块的判据由感知熵决定，当感知熵大于预定值时就采用 TNS。

5. 声强/耦合和 M/S 编码

声强/耦合（Intensity/Coupling）编码的称呼有多种，有的叫作声强立体声编码（Intensity Stereo Coding），有的叫作声道耦合编码（Channel Coupling Coding），它们探索的基本问题是声道间的不相关性（Irrelevance）。

声强/耦合编码和 M/S 立体声模块都是 AAC 编码器的可选项。人耳听觉系统在听 4kHz 以上的信号时，双耳的定位对左右声道的强度差比较敏感，而对相位差不敏感。声强/耦合就利用这一原理，在某个频带以上的各子带使用左声道代表两个声道的联合强度，右声道谱线置为 0，不再参与量化和编码。平均而言，大于 6kHz 的频段用声强/耦合编码较合适。

在立体声编码中，左右声道具有相关性，利用"和"及"差"方法产生 M、S 声道替代原来的 L、R 声道，其变换关系式如下：

$$M = \frac{L+R}{2}$$

$$S = \frac{L-R}{2}$$

在解码端，将 M、S 声道再恢复回 L、R 声道。在编码时不是每个频带都需要用 M/S 联合立体声替代的，只有 L、R 声道相关性较强的子带才用 M/S 转换。对于 M/S 开关的判决，ISO/IEC 13818-7 中建议对每个子带分别使用 M/S 和 L/R 两种方法进行量化和编码，再选择两者中比特数较少的方法。对于长块编码，需对 49 个量化子带分别进行两种方法的量化和编码，所以运算量很大。

6. 预测

在信号较平稳的情况下，利用时间域预测可进一步减小信号的冗余度。在 AAC 编码器中预测是利用前面两帧的频谱来预测当前帧的频谱，再求预测的残差，然后对残差进行编码。预测使用经过量化后重建的频谱信号。

7. 量化

真正的压缩是在量化模块中进行的，前面的处理都是为量化做的预处理。量化模块按心理声学模型输出的掩蔽阈值把限定的比特分配给输入谱线，要尽量使量化所产生的量化噪声低于掩蔽阈值，达到不可闻的目的。量化时需计算实际编码所用的比特数，量化和编码是紧紧结合在一起进行的。AAC 在量化前先将 1024 条谱线分成数十个比例因子频带，然后对每个子频带采用 3/4 次方非线性量化，起到幅度压扩作用，提高小信号时的信噪比和压缩信号的动态范围，有利于哈夫曼编码。

8. 无损编码

无损编码实际上就是哈夫曼编码，它对被量化的谱系数、比例因子和方向信息进行编码。

9. 比特流格式化

最后，要把各种必须传输的信息按 AAC 标准给出的帧格式组成 AAC 码流。AAC 的帧结构非常灵活，除支持单声道、双声道、5.1 声道外，可支持多达 48 个声道，具有 16 种语言兼容能力。

5.2.2 MPEG-4 AAC 编码算法

MPEG-4 AAC 以 MPEG-2 AAC 为核心，在此基础上增加了感知噪声替代（Perceptual Noise Substitution，PNS）和长时预测（Long Term Prediction，LTP）功能模块。MPEG-4 AAC 编码器的原理框图如图 5-2 所示。

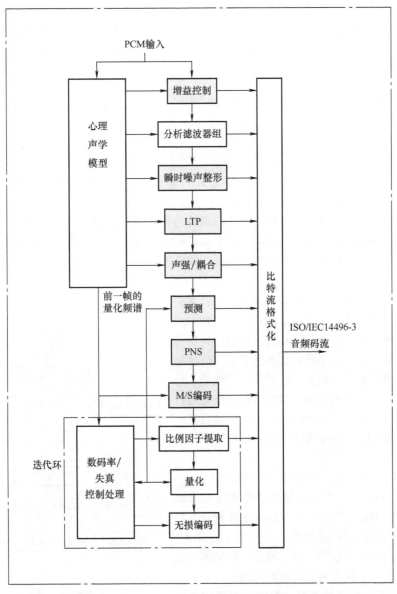

图 5-2 MPEG-4 AAC 编码器框图

输入信号经心理声学模型计算出 MDCT 所需的窗类型，TNS 编码所需的感知熵和 M/S 强度立体声所需的若干信息，同时输出每个子带的信号掩蔽比到迭代循环控制模块。同时另一路信号输入到增益控制模块，对不同数码率限制的输入信号采用不同的增益从而完成增益控制。该模块输出的信号送到 MDCT 变换模块中进行时域到频域的变换。预回声控制的方法有两个：一个是使用长短窗切换，另一个就是采用了 TNS 技术。

LTP 模块是 MPEG-4 引入的新模块，也是一个可选模块，它可用来减少连续编码帧之间信号的冗余，这个模块对于信号有明显基音情况下特别有效，是一个前向自适应预测器。

为了去除左右声道之间的信息冗余，可以使用声强/耦合和 M/S 立体声编码以达到进一步压缩码流的目的。预测编码模块则是去除了帧间的频谱系数冗余信息，它利用前两帧的频谱预测当前帧的频谱系数，然后求出帧间的预测残差，再对预测残差进行编码。PNS 模块应用于具有类似噪音频谱的音频信号，当编码器发现类似噪声的音频信号时，并不对其进行量化，而是作个标记就忽略过去；而在解码器中产生一个功率相同的噪声信号代替，这样就提高了编码效率。在量化过程中，为了利用人耳听觉感知特性达到压缩的目的，需要用到比例因子信息，而比例因子根据心理声学模型中得到的各个子带的信号掩蔽比（SMR）并通过迭代循环控制模块经双循环迭代得到。最后，经过量化后的信号进行无损编码并与边信息组合成最终的 AAC 码流，即完成整个编码过程。

5.3　DRA 多声道数字音频编解码标准

5.3.1　DRA 多声道数字音频编码算法

拓展阅读

术语和定义

DRA 音频编码算法基于人耳的听觉特性对音频信号进行量化和比特分配，属于感知音频编码，其编码算法流程如图 5-3 所示。

首先通过对音频信号进行瞬态分析，采用自适应时频分块（Adaptive Time-Frequency Tiling）技术从 13 个窗口长度中选择一个最适合当前音频信号特征的窗口，来实现对音频信号的最优时频分解；其后，如果当前音频帧含有瞬态信号，还需要对多个短块变换的谱系数进行交织处理，以便于后面的统一量化处理；同时要根据输入的音频信号进行心理声学模型分析，获得一组准确的掩蔽阈值；并根据比特率和音频内容等选择联合立体声编码，进一步降低声道间的冗余度；接着根据掩蔽阈值和比特率进行最佳比特分配，并对谱系数进行标量量化，以使量化噪声低于掩蔽阈值，从而实现感觉无失真编码，达到音频不相关信息压缩的目的，然后对量化指数进行哈夫曼编码，进一步去除信号中的冗余度；最后将各种辅助信息和熵编码的谱系数按照 DRA 帧结构打包成 DRA 码流。

DRA 音频编码器的主要功能模块及作用如下：

1）瞬态分析：检测当前音频帧中是否存在有瞬态信息，并将检测的结果传递给多分辨率分析滤波器组，以使该滤波器组能确定应该使用长或短的 MDCT 以及需要使用的窗口函数等。同时瞬态分析还需要确定瞬态发生的位置，供其他编码流程处理。

2）多分辨率分析滤波器组：把每个声道的音频

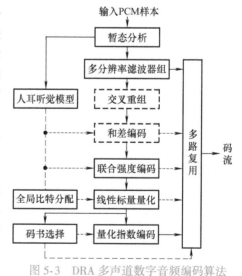

图 5-3　DRA 多声道数字音频编码算法

注：实线代表音频数据，虚线代表控制/辅助信息。

信号的 PCM 样本分解成子带信号，该滤波器组的时频分辨率由瞬态检测的结果而定。

3) 交叉重组器：当该帧中存在瞬态时，用来交叉重组子带样本以便于降低传输它们所需的总比特数。

4) 人耳听觉模型：人耳心理声学模型表明在人类听觉系统中存在一个听觉阈值，低于这个阈值（掩蔽阈值）的声音信号就听不到，人耳听觉模型的任务就是计算这个阈值，将低于这个阈值的信息屏蔽，不用传送到解码端。

5) 和/差编码器（可选）：在低比特率的情况下，DRA 算法可以选择地配置和/差声道编码，把左右声道对的子带样本转换成和/差声道对。

6) 联合强度编码器（可选）：利用人耳在高频的声像定位特性，对联合声道的高频分量进行强度编码。联合强度编码的一个简单方法是以量化单元为单位，把左右声道的样本加起来，只传输左声道以及右声道相对左声道的强度比例因子。这样在环绕声的情况下，可以极大降低传输码率。

7) 全局比特分配器：把比特资源分配给各个量化单元，以使它们的量化噪声功率低于耳的掩蔽阈值。

8) 线性标量量化器：利用全局比特分配器提供的量化步长来量化各个量化单元内的子带样本。

9) 码书选择器：基于量化指数的局部统计特征对量化指数分组，并把最佳的码书从码书库中选择出来分配给各组量化指数。

10) 量化指数编码器：用码书选择器选定的码书及其应用范围来对所有的量化指数进行 Huffman 编码。

11) 多路复用器：把所有量化指数的 Huffman 码和辅助信息打包成一个完整的比特流。

5.3.2　DRA 多声道数字音频编码的关键技术

1. 多分辨率分析滤波器组

多分辨率滤波器组是一种时频分析工具，作用是把输入的音频采样数据变换为频域数据，供后级的编码工具处理。在滤波器组中，时域数据经过 MDCT（Modified Discrete Cosine Transform，修正离散余弦变换）变换为频域数据。在 MDCT 之前，在时域先进行加窗处理，通过不同的窗函数组成了可变分辨率的滤波器组。这就涉及了窗型选择和窗口长度选择的问题。为了平衡编码效率和消除预回声（pre-echo）之间的矛盾，通常在瞬态发生的位置使用"短窗"，利用人耳的前掩蔽效应，使人耳察觉不到，而对于稳态信号使用"长窗"来处理，使得变换后的子带样本能量更加集中，有利于量化和熵编码，以提高编码效率。DRA 多声道数字音频压缩编码算法根据音频信号的动态特性，对稳态音频信号帧选择"长窗"，对暂态音频信号帧选择"短窗"，在高的编码效率和消除预回声之间取得了折中。为了解决"长窗"和"短窗"在窗口切换过程中会引起的 MDCT 窗口组合不匹配的问题，DRA 算法引入了"过渡窗"。过渡窗分为"开始窗"和"结束窗"。"过渡窗"使"长窗"和"短窗"之间的变换可以平滑地过渡。在以上思路的基础上，DRA 采用了一种新的可变分辨率的分析滤波器组方案。该方案不仅检测信号属于稳态或瞬态，而且在瞬态帧内进一步检测瞬态发生的具体位置。在瞬态发生的位置上，使用时间更短的"暂窗口函数"来进行处理，在瞬态发生的前后仍然使用普通的短窗进行处理。这样的方案有效地消除了预回声，平衡了信号的时间分辨率和频率分辨率的矛盾。

2. 熵编码的码书选择

在常见的音频编码算法中，熵码书的应用范围与量化单元相同，所以熵码书由量化单元内的量化指数来确定。因此没有进一步优化的空间。

DRA 算法采用心理声学模型输出的每个量化单元掩蔽阈值在给定的比特率下分配量化噪声，

使量化噪声尽可能地被遮蔽住而不被感知。量化器的输出包括两个部分：量化步长和量化指数。在对量化指数的熵编码中，DRA 采用了创新的码书选择方案，它在进行码书选择时忽略了量化单元的存在，把最佳码书分配给每个量化指数，因而在本质上把量化指数转换成了码书指数，同时把这些码书指数按其局部统计特性分成段，段边界即定义了码书应用的范围。显然，这些码书应用范围与由量化单元确定的范围不同，它们完全是由量化指数的局部统计特性决定的，因而可使所选择的码书与量化指数的局部统计特性更匹配，从而可用较少的比特把量化指数传送到解码器。

然而，DRA 采用的码书选择方案是有代价的。其他技术只需把码书指数作为辅助信息传送到解码器，因为它们的应用范围与预定的量化单元相同。而 DRA 算法除了需要传送这些辅助信息之外，还需要把各个码书的应用范围作为辅助信息传输到解码器，因为它们独立于量化单元。如果处理不当，则这个额外成本可能导致传输这些辅助信息和量化指数所需的比特数的总和会更大。处理好这个问题的关键是在统计特性容许的条件下尽量把码书指数分成大的段，因为大段意味着需要传送到解码器的码书指数及其应用范围会更少。在处理这一问题上，DRA 算法把量化指数分成多个区块，每个区块包含同样多的量化指数。通过把那些量化指数比其近邻小的孤立的小区块的码书指数提升到其近邻的码书指数的最小值的方法，消除了这些孤立的区域，进而把最小码书分配到那个可容纳最大码书需求的区块，降低了需要被传送到解码器的码书指数数量与表达其应用范围的数据，进而减少了 DRA 码流的数据量。

5.3.3 DRA 多声道数字音频解码算法

DRA 多声道数字音频解码算法流程如图 5-4 所示，基本上是编码处理的反过程。

DRA 音频解码器的主要功能模块及作用如下：

1) 多路解复用器：从比特流解包出各个码字。由于哈夫曼码属于前缀码，其解码和多路解复用是在同一个步骤中完成的。

2) 码书选择器：从比特流中解码出用于解码量化指数用的各个哈夫曼码书及其应用范围（application range）。

3) 量化指数解码器：用于从比特流中解码出量化指数。

4) 量化单元个数重建器：由码书应用范围重建各个瞬态段的量化单元的个数。

5) 逆量化器：从码流中解码出所有量化单元的量化步长，并用它由量化指数重建子带样本。

6) 联合强度解码器（可选）：利用联合强度比例因子由源声道的子带样本重建联合声道的子带样本。

7) 和/差解码器（可选）：由和/差声道的子带样本重建左右声道的子带样本。

8) 逆交叉重组器：当帧中存在瞬态时，逆转编码器对量化指数的交叉重组。

9) 短/暂窗口函数序列重建器：对瞬态帧，根据瞬态的位置及 MDCT 的完美重建（Perfect Reconstruction）条件来重建该帧须用的短/暂窗口函数序列。

10) 可变分辨率合成滤波器组：由子带样本重建 PCM 音频样本。

5.3.4 技术特点

DRA 音频标准同时支持立体声和多声道环绕声的

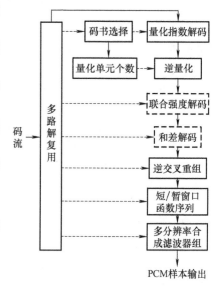

图 5-4 DRA 音频解码器原理框图

数字音频编解码，其最大特点是在很低的解码复杂度条件下实现了具有国际先进水平的压缩效率。由于 DRA 技术编解码过程的所有信号通道均有 24bit 的量化精度，故在数码率充足时能提供超出人耳听觉能力的音质。DRA 音频主要参数指标如下：

- 采样频率范围：32~192kHz。
- 量化精度：24bit。
- 数码率范围：32~9612kbit/s。
- 可支持的最大声道数：64.3，即 64 个正常声道，3 个低频音效增强声道（LFE）。
- 音频帧长：1024 个采样点。
- 支持编码模式：CBR（Constant Bit Rate，固定比特率）、VBR（Variable Bit Rate，可变比特率）、ABR（Average Bit Rate，平均比特率）。
- 压缩效率：根据 ITU-R BS.1116 小损伤声音主观测试标准，国家广电总局规划院对 DRA 进行了多次测试，测试表明：DRA 音频在每声道 64kbit/s 的码率时即达到了 EBU（欧洲广播联盟）定义的"不能识别损伤"的音频质量。又根据 ITU-R BS.1534-1 标准，在国家广播电视产品质量监督检验中心数字电视产品质量检测实验室对 DRA 音频在每声道 32kbit/s 码率下的立体声的进行了主观评价测试，结果表明：评价对象 DRA 的每个节目评价结果均为优，音质总平均分达到 88.2 分。

除了能提供出色的音质外，对于移动多媒体广播来说，DRA 最大的技术优势还在于较低的解码复杂度。DRA 的纯解码复杂度与 WMA 技术相当，低于 MP3，并远低于 AAC+。理论上讲，解码复杂度越低，所占用的运算资源就越少。在同等音质的条件下，选择较低复杂度的音频编码标准一方面可以降低终端的硬件成本，另一方面可以延长终端电池的播放时间。

5.4 新一代环绕多声道音频编码格式

5.4.1 Dolby Digital Plus（DD+）

一直以来，Dolby Digital（杜比数字）技术是 DVD 的业界标准，也是高清晰度电视（HDTV）和 ATSC 数字电视系统的音频标准。Dolby Digital 有时也被称为 Dolby AC-3，是美国 Dolby Lab（杜比实验室）于 1992 年推出的一种数字音频的有损压缩编码格式，支持 5.1 声道环绕立体声，广泛用于电影、DVD 和 HDTV。AC-3 是在 DVD 和 ATSC 数字电视系统中使用的名称，但杜比公司使用 Dolby Digital 作为注册商标名。

近年来，杜比实验室对 Dolby Digital 进行了不断的扩展。原来的 Dolby Digital 只有左环绕和右环绕两个环绕声道，Dolby Digital Surround EX（扩展型杜比数字环绕声）在 Dolby Digital 基础上加入了后中置环绕声道。这样，Dolby Digital Surround EX 就具有左、中置、右、左环绕、右环绕、后中置环绕一共 6 个声道，加上独立的低音效果（LFE）声道，就从原来的 5.1 声道就变成了 6.1 声道。

新的 Dolby Digital Plus（杜比数字+，简称 DD+）环绕模式提供了数码率和通道的扩展性。Dolby Digital Plus 是以 7.1 声道为起点的，而它的数码率会从原来 Dolby Digital 的 96~640kbit/s 扩大到 32kbit/s~6.144Mbit/s 的范围。换言之，这让 Dolby Digital Plus 的使用层面变得更为广阔，也确保了 Dolby Digital Plus 既可以应用于要求"无损"级别的数字环绕声系统，也比现在一般的 DVD 的环绕声音质会有更进一步的提高空间。

除此之外，Dolby Digital Plus 也可以应用在较低质量的数字环绕声系统，这是基于 Dolby Digital Plus 的一种重新优化的编解码标准。在高数码率的 Dolby Digital Plus 之中的音效将会用于以蓝光光盘（BD）为存储介质的电影中使用，而数码率相对较低的 Dolby Digital Plus 音效则将会用在电视台的电视信号中传输。尽管如此，即使低数码率的 Dolby Digital Plus 音效也可以具备极强的音质表现。这是因为全新的 Dolby Digital Plus 在 32kbit/s～6.144Mbit/s 之间的数码率比传统的 Dolby Digital 的 96～640kbit/s 的数码率范围仍要宽广得多。因此，使 Dolby Digital Plus 当中的 32kbit/s 的声音依然可以达到现在 Dolby Digital 的 96kbit/s 水准相同的音质。

这种全新的 Dolby Digital Plus 格式可以支持多达 13.1 声道的环绕声，而至少也能够支持当前主流的 7.1 声道规格。尽管新一代 Dolby Digital Plus 依然是以 7.1 声道为起点，然而这个标准的制订是面向最大 13.1 声道的数字环绕声而发展下去的。由于它是以数字电影院规格 "D-Cine-ma" 为基础的，也即表明了 Dolby Digital Plus 的环绕声不再如当前的多声道只可以在一个平面发声的模式，更可以提供具备垂直地面、实现指向性向上空间的方位增强喇叭，通过增加这些方位增强喇叭，能够使整个环绕声场从过往简单 "平面" 跃升到 "立体" 的层次，声效会产生明显的上下之分的感觉，而当中的空间加强喇叭是可以为 1 路或者 2 路、甚至更多的搭配，从而令层次感比以往更加强烈。我们知道 "D-Cinema" 数字电影的标准是最大为 16 路音频的设计，当中两路为 "听觉残障者用途声道" 和 "视觉残障者用途声道"，因此 Dolby Digital Plus 就能够以 13.1 路环绕声为标准了。

另外，Dolby Digital Plus 也为 5.1 声道以外的离散通道，诸如 7.1 声道的环绕声提供了解决方案。Dolby Digital Plus 最大的特点是能够支持多达 13.1 声道的环绕音效，同时为了兼容 5.1 声道的音效，Dolby Digital Plus 采用了强制解码功能，将 5.1 声道虚拟成能够为其所用的 7.1 声道，并且能够保证数码率最高为 6Mbit/s。如果用户只有两只音箱的话，Dolby Digital Plus 还可以把多声道声音混为 2 声道输出。

除了应用在蓝光（BD）光盘中外，Dolby Digital Plus 也会出现在与之对应的 AV 接收器（俗称 AV 合并功放）以及数字机顶盒中，虽然真正带有环绕声的数字电视节目目前在国内还很少见到，但相信随着高清电视的逐渐普及，多声道环绕的电视节目很快会出现在我们的身边。Dolby Digital Plus 的 LOGO 标志及应用领域如图 5-5 所示。

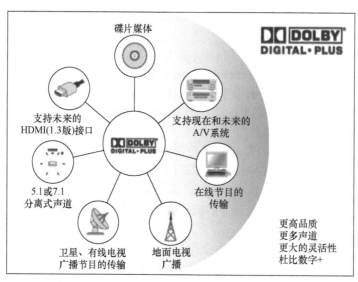

图 5-5　Dolby Digital Plus 的 LOGO 标志及应用领域

5.4.2　Dolby TrueHD

Dolby TrueHD（杜比真高清）是杜比公司于 2005 年 9 月 8 日推出的一种针对高清光盘格式开发的新一代无损音频编码格式，可为听众提供相当于高分辨率录音棚母版的音响效果。与 Dolby Digital Plus 最大的区别是它采用 MLP 无损压缩技术，最高数码率可达 18Mbit/s，支持 7.1 声道，最高可达 13.1 声道，扩展了元数据功能，使创作者可以对音频播放过程进行更高级的控制，保证各种聆听环境都能带来最佳的音乐表现。Dolby TrueHD 的 LOGO 标志如图 5-6 所示。

MLP 无损压缩技术首次应用于 DVD- Audio 中。Dolby TrueHD 在此基础上将数码率提高到 18Mbit/s，支持多达 8 个分离式 24bit/96kHz 全频带声道。它采用声道间的相关性、预测编码及 Huffman 编码等技术，依据信号特性来动态地改变数码率。Dolby TrueHD 通过互动模式与音频声道互换混音模式的设计，由内含 Dolby TrueHD 多声道解码的播放器来还原高音质规格，而不是由 AV 功放来负责解码。

图 5-6　Dolby TrueHD 的 LOGO 标志

Dolby TrueHD 采用子数据流结构，其优点是播放器只需解码需要的声道即可，也就是在 2 声道、5.1 声道、7.1 声道之间精确控制播放种类。此外由于 Dolby TrueHD 采用无损压缩技术，矩阵重组的方法也不会破坏不同重放形式的音质。由于 Dolby TrueHD 数据量较大，目前也采用 HDMI 接口进行传输。

5. 4. 3　DTS-HD

DTS 是 Digital Theatre System（数字影院系统）的缩写。美国 DTS 公司推出了多种声场技术，其中 DTS Digital Surround 是最广为流传的一种，属于 5.1 声道系统，人们通常说的 DTS 技术，或者 DTS 环绕声，一般就是指 DTS Digital Surround。

DTS 分左、中置、右、左环绕、右环绕 5 个声道，加上低音效果（LFE）声道组成 5.1 声道，这一点和杜比数字相同。但 DTS 在 DVD 中的数码率为 1536kbit/s（又叫全数码率 DTS，以前在 HDTV 中我们还能看到很多 768kbit/s 的半数码率 DTS），而 Dolby Digital 的数码率是 384~448kbit/s，最高可达 640kbit/s，显然相比之下 DTS 具有更高的数码率，也就具有更低的数据压缩比。数据压缩比越低，占用的记录空间越大，但其重放音质就有可能越好，加之 DTS 采取高量化精度、高采样频率等措施，使之对原音重现的追求上就更进了一步，因此 DTS 被很多人认为比 Dolby Digital 具有更好的效果。

DTS-ES（Extended Surround）是在 5.1 声道的 DTS 环绕声基础上增加了后中置环绕声道，组成左、中置、右、左环绕、右环绕和后中置环绕的 6 声道系统，加上低音效果（LFE）声道，称之为 6.1 声道，和 Dolby Digital Surround EX 是相同的。

DTS 在 DTS-ES 6.1 声道之后也推出了 DTS++ 格式，DTS-HD（High Definition）就是 DTS++ 的正式注册商标名称，目前已用于新一代数字电影院和蓝光（BD）影碟上。

与 Dolby TrueHD 目前尚只有一个主体规范不同，DTS-HD 能编码和解码的 DTS 格式有三种：DTS-HD Master Audio（大师级音频），DTS- HD High Resolution Audio（高分辨率音频）和 DTS-HD Digital Surround（数字环绕声），以适应多种最新的娱乐要求。

DTS-HD Master Audio 的特点是包括音频的全部信息，DTS 宣称它是 "bit for bit" 的完整再现录音母带效果，也就是完全无损压缩。DTS- HD Master Audio 采用 MLP 无损编码技术，使用可变数码率的方式，在蓝光（BD）影碟中最高码率可达 24.5Mbit/s；在 HD DVD 影碟中数码率可达 18Mbit/s；对于采样频率为 96kHz、量化精度为 24bit 的信号，最高支持 7.1 声道；对于 7.1 声道的重放格式，有多种可选的扬声器摆位方式。而在兼容性方面，有两种选择：如果需要后向兼容，则数据结构包括核心和扩展模块；如果不需要后向兼容，则省掉核心模块，只保留扩展数据块，保证最高的音质表现。

DTS-HD High Resolution Audio 的特点是包括扩展数据，采用固定的数码率，对于蓝光（BD）影碟，数码率在 1.5 ~ 6.0Mbit/s 范围内可选；对于 HD DVD 影碟，数码率在 1.5 ~3.0Mbit/s 范围内可选；对于采样频率为 96kHz、量化精度为 24bit 的信号，最高支持 7.1 声道；对于 7.1 声道的重放格式，有多种可选的扬声器摆位方式；能够附加第二音频或子音频数据流。

DTS-HD Digital Surround 的特点是包括 DTS 相干声学编码的核心数据，数码率提高到 1.5Mbit/s；对于采样频率为 48kHz、量化精度为 24bit 的信号，最高支持 6.1 声道；对于采样频率为 96kHz、量化精度为 24bit 的信号，最高支持 5.1 声道；可完全兼容目前的 DTS 音频重放系统。

DTS-HD 为了保证完全兼容 5.1 声道（44.1/48kHz）DTS 的环绕声格式，采用"核心+扩展"的数据结构，与 Dolby Digital Plus 的结构类似。所有 DTS-HD 碟片都带有一个 DTS 数字环绕声（DTS Digital Surround）核，核心数据模块包含相干声学编码的 5.1 声道数据，扩展数据块包含增加声道或更高采样频率的数据。

DTS-HD 采用"核心+扩展"的数据结构，其音频流为一个单一的数据码流，但载有的核心数据和扩展数据是可以分开读取和使用的，其优点是能与现有的 DTS 解码器后向兼容。所有 DTS 解码器都可以对 DTS-HD 核心数据进行解码，但只有高档的解码器才能同时对核心数据和扩展数据进行解码。

此外，DTS-HD 优于 Dolby TrueHD 的一点就是能够提供多样化的 7.1 声道解决方案，具有更丰富的声场表现力。在家庭影院中，往往由于受到房间大小和家具摆放的限制，扬声器的摆位常常不同于录音室的标准摆位。对于 7.1 声道重放格式，DTS-HD Master Audio 和 DTS-HD High Resolution Audio 为用户提供了扬声器重映射功能，可以选择以下 7 种不同的扬声器摆位方式：

- 传统的扬声器布局。
- 全后方环绕声（Full Rear Surround）。
- 侧面提高（Side High）。
- 前方展宽（Front Wide）。
- 前方提高（Front High）。
- 头顶中置（Center Over-Head）。
- 中置提高（Center High）。

5.5　H.264/AVC 视频编码标准

H.264/AVC 标准采用基于块的运动补偿预测编码、变换编码以及熵编码相结合的混合编码框架，并在帧内预测、块大小可变的运动补偿、4×4 整数变换、1/8 精度运动估值、基于上下文的自适应二进制算术编码（CABAC）等诸多环节中引入新技术，使其编码效率与以前标准相比有了很大提高。此外，它采用分层结构的设计思想将编码与传输特性进行分离，增强了码流对网络的适应性及抗误码能力。本节将主要对这些新的特性进行介绍和讨论。

5.5.1　H.264/AVC 视频编码器的分层结构

随着市场对视频网络传输需求的增加，如何适应不同信道传输特性的问题也日益显现出来。H.264 为了解决这个问题，提供了很多灵活性和客户定制化特性。H.264 视频编码结构从功能和算法上分为两层设计，即视频编码层（Video Coding Layer，VCL）和网络抽象层（Network Abstraction Layer，NAL），如图 5-7 所示。

1）VCL 负责高效的视频编码压缩，采用基于块的运动补偿预测、变换编码以及熵编码相结合的混合编码框架，处理对象是块、宏块的数据，编码器的原理框图如图 5-8 所示。VCL 是视频编码的核心，其中包含许多实现差错恢复的工具，并采用了大量先进的视频编码技术以提高编码效率。

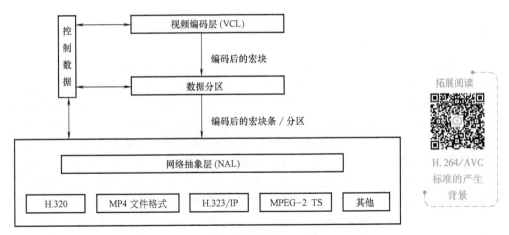

图 5-7　H. 264 中的分层结构

拓展阅读

H. 264/AVC
标准的产生
背景

2) NAL 将经过 VCL 层编码的视频流进行进一步分割和打包封装，提供对不同网络性能匹配的自适应处理能力，负责网络的适配，提供"网络友好性"。NAL 层以 NAL 单元作为基本数据格式，它不仅包含所有视频信息，其头部信息也提供传输层或存储媒体的信息，所以 NAL 单元的格式适合基于包传输的网络（如 RTP/UDP/IP 网络）或者是基于比特流传输的系统（如 MPEG-2 系统）。NAL 的任务是提供适当的映射方法将头部信息和数据映射到传输协议上，这样在分组交换传输中可以消除组帧和重同步开销。为了提高 H. 264 标准的 NAL 在不同特性的网络上定制 VCL 数据格式的能力，在 VCL 和 NAL 之间定义的基于分组的接口、打包和相应的信令也属于 NAL 的一部分。

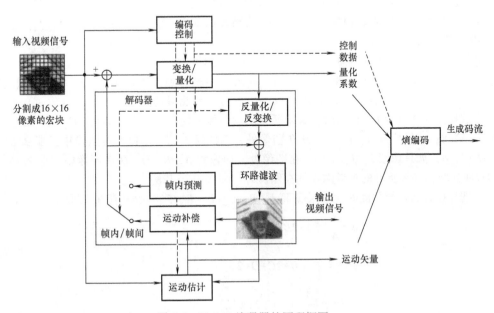

图 5-8　H. 264 编码器的原理框图

这种分层结构扩展了 H. 264 的应用范围，几乎涵盖了目前大部分的视频业务，如数字电视、视频会议、视频电话、视频点播、流媒体业务等。

5.5.2　H.264/AVC 中的预测编码

1. 基于空间域的帧内预测编码

视频编码是通过去除图像的空间与时间相关性来达到压缩的目的。空间相关性通过有效的变换来去除，如 DCT、H.264 的整数变换。时间相关性则通过帧间预测来去除。这里所说的变换去除空间相关性，仅仅局限在所变换的块内，如 8×8 块或者 4×4 块，并没有块与块之间的处理。H.263+与 MPEG-4 引入了帧内预测技术，在变换域中根据相邻块对当前块的某些系数做预测。H.264 则是在空间域中，将相邻块边沿的已编码重建的像素值直接进行外推，作为对当前块帧内编码图像的预测值，更有效地去除相邻块之间的相关性，极大地提高了帧内编码的效率。

对亮度像素而言，预测块 P 用于 4×4 亮度子块或者 16×16 亮度宏块的相关操作。4×4 亮度子块有 9 种可选预测的模式，独立预测每一个 4×4 亮度子块，适用于带有大量细节的图像编码。16×16 亮度块有 4 种预测模式，预测整个 16×16 亮度块，适用于平坦区域图像编码。色度块也有 4 种预测模式，对 8×8 块进行操作。编码器通常选择使 P 块和编码块之间差异最小的预测模式。

此外，还有一种帧内编码模式称为 I_PCM 编码模式。在该模式下，编码器直接传输图像的像素值，而不经过预测和变换。在一些特殊的情况下，特别是图像内容不规则或者量化参数非常低时，该模式比起"常规操作"（帧内预测-变换-量化-熵编码）效率更高。

（1）4×4 亮度块帧内预测模式

4×4 亮度块内待编码像素和参考像素之间的位置关系如图 5-9 所示，其中大写字母 $A \sim M$ 表示 4×4 亮度块的上方和左方像素，这些像素为先于本块已重建的像素，作为编码器中的预测参考像素；小写英文字母 $a \sim p$ 表示 4×4 亮度块内部的 16 个待预测像素，其预测值将利用 $A \sim M$ 的值和图 5-10 所示的 9 种预测模式来计算。其中模式 2 是 DC 预测，而其余 8 种模式所对应的预测方向如图 5-10 中的箭头所示。

$$
\begin{array}{ccccccccc}
M & A & B & C & D & E & F & G & H \\
I & a & b & c & d & & & & \\
J & e & f & g & h & & & & \\
K & i & j & k & l & & & & \\
L & m & n & o & p & & & &
\end{array}
$$

图 5-9　4×4 亮度块内待编码像素和参考像素之间的位置关系示意图

例如，当选择模式 0（垂直预测）进行预测时，如果像素 A、B、C、D 存在，那么像素 a、e、i、m 由 A 预测得到；像素 b、f、j、n 由 B 预测得到；像素 c、g、k、o 由 C 预测得到；像素 d、h、l、p 由 D 预测得到。

当选择模式 2 进行 DC 预测时，如果所有的参考像素均在图像内，那么 $DC = (A+B+C+D+I+J+K+L+4)/8$；如果像素 A、B、C、D 在图像外，而像素 I、J、K 和 L 在图像中，那么 $DC = (I+J+K+L+2)/4$；如果像素 I、J、K 和 L 在图像外，而像素 A、B、C、D 在图像中，那么 $DC = (A+B+C+D+2)/4$；如果所有的参考像素均在图像外，那么 $DC = 128$。

当选择模式 3 进行预测时，如果像素 A、B、C、D、E、F、G、H 存在，那么

$$a = \frac{1}{4}(A+2B+C+2)$$

$$e = b = \frac{1}{4}(B+2C+D+2)$$

$$i = f = c = \frac{1}{4}(C+2D+E+2)$$

$$m = j = g = d = \frac{1}{4}(D+2E+F+2)$$

$$n = k = h = \frac{1}{4}(E+2F+G+2)$$

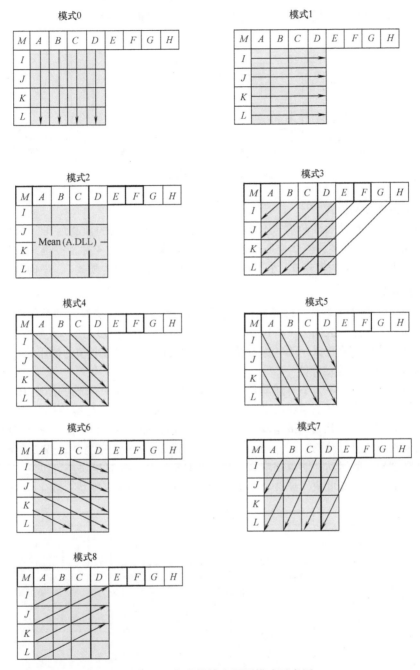

图 5-10 4×4 亮度块帧内预测模式示意图

$$o = l = \frac{1}{4}\ (F + 2G + H + 2)$$

$$p = \frac{1}{4}\ (G + 3H + 2)$$

由于篇幅所限，这里不再对其余预测模式做介绍。

（2）16×16 亮度块帧内预测模式

对于大面积平坦区域，H.264 也支持 16×16 的亮度块帧内预测，此时可在如图 5-11 所示的 4

种预测模式中选用一种来对整个 16×16 的宏块进行预测。这 4 种预测模式分别为模式 0 （垂直预测）、模式 1 （水平预测）、模式 2 （DC 预测）、模式 3 （平面预测）。

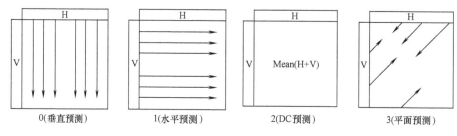

图 5-11　16×16 亮度块帧内预测模式

（3） 8×8 色度预测模式

每个帧内编码宏块的 8×8 色度成分由已编码左上方色度像素的预测而得，两种色度成分常用同一种预测模式。4 种预测模式类似于帧内 16×16 亮度块预测的 4 种预测模式，只是模式编号有所不同，其中 DC 预测为模式 0，水平预测为模式 1，垂直预测为模式 2，平面预测为模式 3。

2. 帧间预测编码

H. 264/AVC 标准中的帧间预测是利用已编码视频帧/场和基于块的运动补偿的预测模式。与以往标准中的帧间预测的区别在于块尺寸范围更广（从 16×16 亮度块到 4×4 亮度块），且具有亚像素运动矢量的使用（亮度采用 1/4 像素精度的运动矢量）及多参考帧的使用等。

（1） 块大小可变的运动补偿

在帧间预测编码时，块大小对运动估计及运动补偿的效果是有影响的。在 H. 263 中最小的运动补偿块是 8×8 像素。H. 264 编码器支持多模式运动补偿技术，亮度块的尺寸从 16×16 像素到 4×4 像素，采用二级树状结构的运动补偿块划分方法，如图 5-12 所示。每个宏块 （16×16 像素） 可以按 4 种方式进行分割：1 个 16×16 亮度块，或 2 个 16×8 亮度块，或 2 个 8×16 亮度块，或 4 个 8×8 亮度块。其运动补偿也相应有 4 种。而对于每个 8×8 亮度块还可以进一步以 4 种方式进行分割：即 1 个 8×8 亮度块，或 2 个 4×8 亮度块，或 2 个 8×4 亮度块，或 4 个 4×4 亮度块。

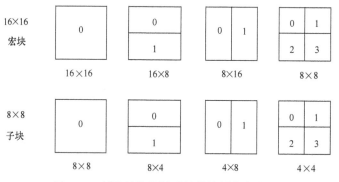

图 5-12　树状结构的运动补偿块划分方法

也就是说，一个宏块可以划分为多个不同尺寸的子块，每个子块都可以有单独的运动矢量。分块模式信息、运动矢量、预测误差都需要编码和传输。当选择比较大的块（如 16×16，16×8，8×16）进行编码时，意味着块类型选择所用的比特数减少以及需要发送的运动矢量较少，但相应的运动补偿误差较大，因而需要编码的块残差数据较多；当采用较小的子块（如 4×4，4×8，8×4）进行编码，一个宏块需要传送更多的运动矢量，同时子块类型选择所用的比特数增加，比特流中宏块头信息和参数信息所占用的比特数大大增加，但是运动预测更加精确，运动补偿后的残差数据编码所用的比特数减少。因此，编码子块大小的选择对于压缩性能有比较大的影响。显然，对较大物体的运动，可采用较大的块来进行预测；而对较小物体的运动或细节丰富的图像区域，采用较小块运动预测的效果更加优良。

宏块中色度成分（C_r 和 C_b）的分辨率是相应亮度的一半，除了块尺寸在水平和垂直方向上都是亮度的 1/2 以外，色度块采用和亮度块同样的划分方法。例如，8×16 亮度块所对应的色度块尺寸为 4×8 像素，8×4 像素亮度块所对应的色度块尺寸为 4×2 像素等。色度块的运动矢量也是通过相应的亮度运动矢量的水平和垂直分量减半而得。

在 H.264 建议的不同大小的块选择中，1 个宏块可包含有 1、2、4、8 或 16 个运动矢量。这种灵活、细微的宏块划分，更切合图像中的实际运动物体的形状，精确地划分运动物体能够大大减小运动物体边缘处的衔接误差，提高了运动估计的精度和数据压缩效果，同时图像回放的效果也更好。

（2）高精度的亚像素运动估计

H.264 较之 H.263 增强了运动估计的搜索精度。在 H.263 中采用的是半像素精度的运动估计，而在 H.264 中可以采用 1/4 甚至 1/8 像素精度的运动估计，即真正的运动矢量的位移可能是以 1/4 甚至 1/8 像素为基本单位的。显然，运动矢量位移的精度越高，则帧间预测误差越小，传输码率越低，即压缩比越高。

在 H.264 中，对于亮度分量，采用 1/4 像素精度的运动估计；对于色度分量，采用 1/8 像素精度的运动估计。即首先以整像素精度进行运动匹配，得到最佳匹配位置，再在此最佳位置周围的 1/2 像素位置进行搜索，更新最佳匹配位置，最后在更新的最佳匹配位置周围的 1/4 像素位置进行搜索，得到最终的最佳匹配位置。图 5-13 给出了 1/4 像素运动估计过程，其中，方块 A~I 代表了整数像素位置，a~h 代表了半像素位置，1~8 代表了 1/4 像素位置。运动估计器首先以整像素精度进行搜索，得到了最佳匹配位置为 E，然后搜索 E 周围的 8 个 1/2 像素点，得到更新的最佳匹配位置为 g，最后搜索 g 周围的 8 个 1/4 像素点决定最后的最佳匹配点，从而得到运动矢量。显然，要进行 1/4 像素精度滤波，需要对图像进行插值以产生 1/2、1/4 像素位置处的样点值。在 H.264 中采用了 6 阶有限冲激响应滤波器的内插获得 1/2 像素位置的值。当 1/2 像素值获得后，1/4 像素值可通过线性内插获得。对于 4:2:0 的视频采样格式，亮度信号的 1/4 像素精度对应于色度部分的 1/8 像素的运动矢量，因此需要对色度信号进行 1/8 像素的内插运算。

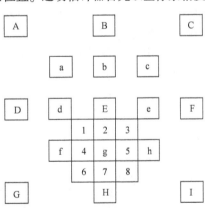

图 5-13　1/4 像素精度的运动估计

（3）多参考帧的运动补偿预测

在 MPEG-2、H.263 等标准中，P 帧只采用前一帧进行预测，B 帧只采用相邻的两帧进行预测。而 H.264 采用更为有效的多帧运动估计，即在编码器的缓存中存有多个刚刚编码好的参考帧（最多 5 帧），编码器从其中选择一个预测效果最好的参考帧，并指出是哪一帧被用于预测的，这样就可获得比只用上一个刚刚编码好的帧作为预测帧有更好的编码效果。多参考帧预测对周期性运动和背景切换能够提供更好的预测效果，而且有助于比特流的恢复。

图 5-14 给出了 P 帧编码多参考帧运动补偿

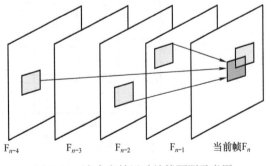

图 5-14　多参考帧运动补偿预测示意图

预测的示意图，这里使用过去的3帧对当前帧进行预测。

5.5.3 整数变换与量化

与前几种视频编码标准相比，H.264标准在变换编码上作了较大的改进，它摒弃了在多个标准中普遍采用的8×8 DCT，而采用一种4×4整数变换来对帧内预测和帧间预测的差值数据进行变换编码。选择4×4整数编码，一方面是为了配合帧间预测中所采用的变尺寸块匹配算法，以及帧内预测编码算法中的最小预测单元的大小，而尺寸的减小也能相应减少块效应和振铃效应等不良影响；另一方面，这种变换是基于整数运算的变换，其算法只需要加法和移位运算，因此运算速度快，并且在反变换过程中不会出现失配问题。同时，H.264标准根据这种整数变换运算上的特点，将更为精细的量化过程与变换过程相结合，可以进一步减少运算复杂度，从而提高该编码环节的整体性能。

H.264标准中的变换编码中根据差值数据类型的不同引入了3种不同的变换。第1种用于16×16的帧内编码模式中亮度块的DC系数重组的4×4矩阵；第2种用于16×16帧内编码模式中色度块的DC系数重组的2×2矩阵；第3种是针对其他所有类型4×4差值矩阵。当采用自适应编码模式时，系统可以根据运动补偿采用不同的基本块尺寸进行变换。

当系统采用16×16的帧内编码模式时，先需要对16×16块内每个4×4差值系数矩阵进行整数变换。由于经变换所得到的相邻变换系数矩阵之间仍存在一定的相关性，尤其在DC系数之间，因此H.264标准引入了一种DC系数重组矩阵算法，并对重组DC系数矩阵采用第1种或第2种变换进行二次变换处理，来消除其间的相关性。如图5-15所示，标记为"-1"的块就是由16个4×4亮度块的DC系数重组而成；而标记为"16"和"17"的两个块则是由色度块DC系数重组而成。一个宏块中的数据按顺序被传输，标记为"-1"的块首先被传输，然后依次传输标记为0~15的亮度分量残差块的变换系数（其中直流系数被设置为零），再传输标记为16和17的两个由色度DC系数构成的2×2矩阵，最后传输剩余的标记为18~25的色度分量残差块的变换系数（其中直流系数同样被设置为零）。

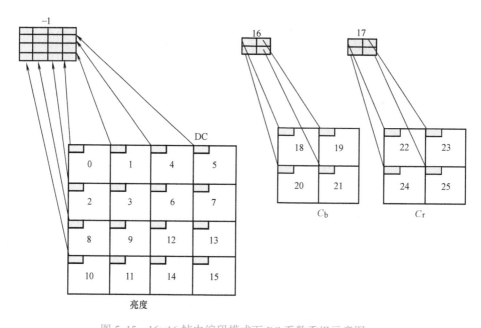

图5-15　16×16帧内编码模式下DC系数重组示意图

1. 4×4 整数变换

无论是空间域帧内预测还是帧间运动补偿预测，对于所得到的每个 4×4 像素差值矩阵，H. 264 标准均首先采用近似 DCT 的整数变换进行变换编码。

设 A 为 4×4 变换矩阵，则 DCT 可以表示为

$$
Y=AXA^{\mathrm{T}}\begin{bmatrix} a & a & a & a \\ b & c & -c & -b \\ a & -a & -a & a \\ c & -b & b & -c \end{bmatrix} X \begin{bmatrix} a & b & a & c \\ a & c & -a & -b \\ a & -c & -a & b \\ a & -b & a & -c \end{bmatrix} \tag{5-1}
$$

式中，$a=\dfrac{1}{2}$；$b=\sqrt{\dfrac{1}{2}}\cos\left(\dfrac{\pi}{8}\right)$；$c=\sqrt{\dfrac{1}{2}}\cos\left(\dfrac{3\pi}{8}\right)$。

式（5-1）还可以等效表示为

$$
\begin{aligned}
Y &= \left(CXC^{\mathrm{T}}\right) \otimes E \\
&= \left(\begin{bmatrix} 1 & 1 & 1 & 1 \\ 1 & d & -d & -1 \\ 1 & -1 & -1 & 1 \\ d & -1 & 1 & -d \end{bmatrix} X \begin{bmatrix} 1 & 1 & 1 & d \\ 1 & d & -1 & -1 \\ 1 & -d & -1 & 1 \\ 1 & -1 & 1 & -d \end{bmatrix}\right) \otimes \begin{bmatrix} a^2 & ab & a^2 & ab \\ ab & b^2 & ab & b^2 \\ a^2 & ab & a^2 & ab \\ ab & b^2 & ab & b^2 \end{bmatrix}
\end{aligned} \tag{5-2}
$$

式中，a 和 b 的含义与式（5-1）相同；$d=c/b$；E 为系数缩放矩阵；运算符 $\otimes$ 表示 CXC^{T} 变换后的每一个系数分别与矩阵 E 中相同的缩放因子相乘。

DCT 的缺点在于变换矩阵中部分系数为无理数，在采用数值计算时，以迭代方法进行变换和反变换浮点运算后，不能得到一致的初始值。为此，整数变换在此基础上进行了简化，将 d 近似为 $1/2$，从而 $a=1/2$，$b=\sqrt{2/5}$；再对矩阵 C 的第 2 行和第 4 行分别乘以 2，得到矩阵 C_{f}，以避免在矩阵运算中用 $1/2$ 进行乘法而降低整数运算精度；并在矩阵 E 上加以补偿，变换成矩阵 E_{f}，从而保证变换结果不变。

于是，一个 4×4 矩阵的整数变换最终可写为

$$
Y=AXA^{\mathrm{T}} = \left(C_{\mathrm{f}}XC_{\mathrm{f}}^{\mathrm{T}}\right) \otimes E_{\mathrm{f}}
$$

$$
= \left(\begin{bmatrix} 1 & 1 & 1 & 1 \\ 2 & 1 & -1 & -2 \\ 1 & -1 & -1 & 1 \\ 1 & -2 & 2 & -1 \end{bmatrix} X \begin{bmatrix} 1 & 2 & 1 & 1 \\ 1 & 1 & -1 & -2 \\ 1 & -1 & -1 & 2 \\ 1 & -2 & 1 & -1 \end{bmatrix}\right) \otimes \begin{bmatrix} a^2 & \dfrac{ab}{2} & a^2 & \dfrac{ab}{2} \\ \dfrac{ab}{2} & \dfrac{b^2}{4} & \dfrac{ab}{2} & \dfrac{b^2}{4} \\ a^2 & \dfrac{ab}{2} & a^2 & \dfrac{ab}{2} \\ \dfrac{ab}{2} & \dfrac{b^2}{4} & \dfrac{ab}{2} & \dfrac{b^2}{4} \end{bmatrix} \tag{5-3}
$$

式中，E_{f} 为正向缩放系数矩阵。

由于该矩阵数值固定，所以可以将其与核心变换 $C_{\mathrm{f}}XC_{\mathrm{f}}^{\mathrm{T}}$ 分离，实际算法设计时可将其与量化过程相结合，置于核心变换之后进行。

由上述过程可以看出，整数变换仅对 DCT 中的变换系数进行相应的变换，其整体基本保持了 DCT 具有的特性，因此具有与 DCT 相类似的频率分解特性。同时，整数变换中的变换系数均为整数，这样在反变换时能得到与原有数据完全相同的结果，避免了浮点运算带来的失配现象。正反变换中系数乘以 2 或乘以 $1/2$ 均可以通过移位操作来实现，从而大大降低了变换运算的复杂度。针对一个 4×4 矩阵进行一次整数变换或反变换，仅需要 64 次加法和 16 次移位运算。

2. 量化

对于整数变换后的量化过程，H. 264 标准采用了分级量化模式，其正向量化公式为

$$Z_{i,j} = \text{round}\left(\frac{Y_{i,j}}{Q_{\text{step}}}\right) \tag{5-4}$$

式中，$Y_{i,j}$ 为变换后的系数；Q_{step} 为量化步长的大小；$Z_{i,j}$ 为量化后的系数。

　　量化步长共分 52 个等级，由量化参数 QP 控制，见表 5-4。量化参数和量化步长基本符合指数关系，QP 每增加 1，Q_{step} 大约增加 12.5%。对于色度分量，为了避免视觉上明显的变化，算法一般将其 QP 限定为亮度的 80%。这种精细的量化步长的选择方式，在保证重建图像质量平稳的同时，使得编码系统中基于量化步长调整的码流控制机制更为灵活。

表 5-4　H.264 量化参数与量化步长对照表

QP	0	1	2	3	4	5	···	10	···	24	···	36	···	51
Q_{step}	0.625	0.6875	0.8125	0.875	1	1.125		2		10		40		224

　　在 H.264 标准测试模型的实际量化实现过程中，是将 $C_f X C_f^T$ 核心变换之后所需的缩放过程与量化过程结合在一起，经过相应的推导，将运算中的除法运算替换为简单的移位运算，以此来减少整体算法的运算复杂度。二者结合后，量化公式变为

$$Z_{i,j} = \text{round}\left(W_{i,j}\frac{PF}{Q_{\text{step}}}\right) \tag{5-5}$$

式中，$W_{i,j}$ 为经 $C_f X C_f^T$ 变换后未缩放的矩阵系数；PF 是根据缩放系数矩阵得到的。

　　其按照系数位置 (i,j) 的不同，可根据表 5-5 选取不同系数。

表 5-5　PF 取值对应表

系数位置 (i,j)	PF
$(0,0),(2,0),(0,2),(2,2)$	a^2
$(1,1),(1,3),(3,1),(3,3)$	$b^2/4$
其他	$ab/2$

　　实际算法进一步进行简化，将量化过程中的除法转化为右移运算，即

$$Z_{i,j} = \text{round}\left(W_{i,j}\frac{MF}{2^q}\right) \tag{5-6}$$

式中，$MF = PF \times 2^q/Q_{\text{step}}$；$q = 15 + \text{floor}(QP/6)$，floor（ ）函数是向下取整函数。

　　由此可以将整个量化过程完全转化为整数运算，推导出最终的量化公式为

$$Z_{i,j} = |W_{i,j}MF + f| \gg q \tag{5-7}$$

$$\text{sgn}(Z_{i,j}) = \text{sgn}(W_{i,j}) \tag{5-8}$$

式中，$\gg$ 为右移运算符；帧内编码模式下，$f = 2^q/3$，帧间预测编码模式下，$f = 2^q/6$；sgn（ ）为符号函数。

　　对于反变换和反量化过程，与上述过程相似，可参考相关文献。

3. 直流系数重组矩阵的变换和量化

　　对于一个 16×16 帧内编码模式下的编码块，其 16 个 4×4 亮度块和 8 个 4×4 色度块经核心整数变换后，抽取每块的 DC 系数组成一个 4×4 亮度块 DC 系数矩阵和两个 2×2 色度块 DC 系数矩阵，H.264 标准再利用离散哈达玛（DHT）对其进行二次变换处理，消除其间的冗余度。4×4 亮度块 DC 系数矩阵正变换公式如式（5-9）所示，反变换公式如式（5-10）所示；2×2 色度块 DC 系数矩阵正、反变换公式分别如式（5-11）和式（5-12）所示。

$$Y_D = \frac{1}{2} \begin{bmatrix} \begin{bmatrix} 1 & 1 & 1 & 1 \\ 1 & 1 & -1 & -1 \\ 1 & -1 & -1 & 1 \\ 1 & -1 & 1 & -1 \end{bmatrix} W_D \begin{bmatrix} 1 & 1 & 1 & 1 \\ 1 & 1 & -1 & -1 \\ 1 & -1 & -1 & 1 \\ 1 & -1 & 1 & -1 \end{bmatrix} \end{bmatrix} \tag{5-9}$$

$$X_{QD} = \begin{bmatrix} \begin{bmatrix} 1 & 1 & 1 & 1 \\ 1 & 1 & -1 & -1 \\ 1 & -1 & -1 & 1 \\ 1 & -1 & 1 & -1 \end{bmatrix} Z_{QD} \begin{bmatrix} 1 & 1 & 1 & 1 \\ 1 & 1 & -1 & -1 \\ 1 & -1 & -1 & 1 \\ 1 & -1 & 1 & -1 \end{bmatrix} \end{bmatrix} \tag{5-10}$$

$$Y_D = \frac{1}{2} \begin{bmatrix} \begin{bmatrix} 1 & 1 \\ 1 & -1 \end{bmatrix} W_D \begin{bmatrix} 1 & 1 \\ 1 & -1 \end{bmatrix} \end{bmatrix} \tag{5-11}$$

$$X_{QD} = \begin{bmatrix} \begin{bmatrix} 1 & 1 \\ 1 & -1 \end{bmatrix} Z_{QD} \begin{bmatrix} 1 & 1 \\ 1 & -1 \end{bmatrix} \end{bmatrix} \tag{5-12}$$

5.5.4　基于上下文的自适应熵编码

H.264 提供两种熵编码方案:基于上下文的自适应变长编码(Context Adaptive Variable Length Coding,CAVLC)和基于上下文的自适应二进制算术编码(Context Adaptive Binary Arithmetic Coding,CABAC)。

1. 基于上下文的自适应变长编码

由于 H.264 标准在系统设计上发生较大的改变,如基于 4×4 亮度块的运动补偿、整数变换等,导致量化后的变换系数大小与分布的统计特性也随之变化,因此必须设计新的变长编码算法对其进行处理。深入分析量化后的整数变换系数,可以发现其基本特性如下:

1)在预测、变换和量化后,4×4 系数块中的数据十分稀疏,存在大量零值。

2)经 Zig-zag 扫描成一维后,高频系数往往呈现由 ±1 组成的序列。

3)相邻块中非零系数的个数具有相关性。

4)非零系数靠近直流(DC)系数的数值较大,高频系数较小。

根据这种变换系数的统计分布规律,H.264 设计了基于上下文的自适应变长编码(CAVLC)算法,其特点在于变长编码器能够根据已经传输的变换系数的统计规律,在几个不同的既定码表之间实行自适应切换,使其能够更好地适应其后传输变换系数的统计规律,以此提升变长编码的压缩效率。

CAVLC 的编码过程如下:

(1)对非零系数的数目(Total Coeffs)以及拖尾系数的数目(Trailing Ones)进行编码

非零系数数目的范围是 0~16,拖尾系数数目的范围为 0~3(拖尾系数指的是变换系数中从最后一个非零系数开始逆向扫描、一直相连且绝对值为 1 的系数的个数)。如果拖尾系数个数大于 3,则只有最后 3 个系数被视为拖尾系数,其余的被视为普通的非零系数。对于 Total Coeffs 和 Tailing Ones 的编码是通过查表的方式来进行的,且表格可以根据数值的不同自适应地进行选择。

表格的选择是根据变量 NC(Number Current)的值来选择的,在求变量 NC 的过程中,体现了基于上下文的思想。当前块 NC 的值是根据当前块左边 4×4 亮度块的非零系数数目(NL)和当前块上面 4×4 亮度块的非零系数数目(NU)来确定。当 NL 和 NU 都可用时(可用指的是与当前块处于同一宏块条中),NC=(NU+NL)/2;当只有其一可用时,NC 则等于可用的 NU 或 NL;当两者都不可用时,NC=0。得到 NC 的值后,根据表 5-6 来选用合适的码表。

表 5-6　NC 与码表的选择关系

NC	码　表
0，1	VLC0
2，3	VLC1
4，5，6，7	VLC2
≥8	FLC（定长码）

（2）对每个拖尾系数的符号进行编码

对于每个拖尾系数（±1）只需要指明其符号，其符号用一个比特表示（0 表示+1，1 表示-1）。编码的顺序时按照逆向扫描的顺序，从高频数据开始。

（3）对除了拖尾系数之外的非零系数进行编码

编码同样采用从最高频逆向扫描进行，非零系数 VLC 提供了 7 个变长码表，见表 5-7，算法根据已编码非零系数来自适应地选择当前编码码表。初始码表采用 Level＿VLC0，每编码一个非零系数之后，如果该系数大于当前码表的门限值，则需要提升切换到下一级 VLC 码表。这一方法主要根据变换系数块内非零系数越接近 DC，数值越大的特点设计的。

表 5-7　非零系数 VLC 码表选择

当前 VLC 码表	VLC0	VLC1	VLC2	VLC3	VLC4	VLC5	VLC6
门　限　值	0	3	6	12	24	48	N/A

（4）对最后一个非零系数前零的数目（Total Zeros）进行编码

Total Zeros 指的是在最后一个非零系数前零的数目，此非零系数指的是按照正向扫描的最后一个非零系数。因为非零系数的数目是已知的，这就决定了 Total Zeros 可能的最大值，根据这一特性，CAVLC 在编排 Total Zeros 的码表时做了进一步的优化。

（5）对每个非零系数前零的个数（Run Before）进行编码

每个非零系数前零的个数（Run Before）是按照逆序来进行编码的，从最高频的非零系数开始，Run Before 在以下两种情况下是不需要编码的：

1）最后一个非零系数（在低频位置上）前零的个数。

2）如果没有剩余的零需要编码时，就没必要再进行 Run Before 编码。

2. 基于上下文的自适应二进制算术编码

为了更高效的传输变换系数，H. 264 标准还提供了一种基于上下文的自适应二进制算术编码（CABAC）算法，它是由 H. 263 标准中基于语法的算术编码改进而来的，与经典算术编码原理相同，其不同之处在于需要对编码元素中的非二进制数值进行转换，然后进行算术编码。

CABAC 的编码过程如下：

1）二值化。一个非二值数在算术编码之前首先必须二值化，这个过程类似于对一个符号进行变长编码，不同的是，编码后的"0""1"要再次进行算术编码。

2）选择上下文模型。上下文模型实际上就是二值符号的概率模型。它可以根据最近已编码符号的统计结果来确定。在 CABAC 中，上下文模型只存放了"0""1"的概率。

3）算术编码。使用已选择的概率模型对当前二值符号进行算术编码。

4）概率更新。根据已编码的符号对选择的模型进行更新，即如果编码符号为"1"，则"1"的频率要有所增加。

试验表明，在相同的重建图像质量前提下，采用 CABAC 算法能够比 CAVLC 算法节省 10%~15%的数码率。

5.5.5 H.264/AVC 中的 SI/SP 帧

在以前的视频标准，如 MPEG-2、H.263 和 MPEG-4 中，主要定义了 3 种类型的帧：I 帧、P 帧和 B 帧。它们分别针对视频序列中不同类型的冗余性，提供不同的压缩效率和功能。针对视频序列中帧之间的高度相关性，为了获得高的压缩效率，通常的做法是大量地使用 P 帧、B 帧来取代 I 帧，因此相邻压缩帧之间具有很强的解码依赖性。使得前、后帧预测获得的 P 帧、B 帧一旦在解码时找不到相应的编码参考帧，就不能被正确地解码。这样以它们为参考帧的后续帧就都将不能被正确地重建。这些后续帧的错误又会影响到随后以它们为参考帧的帧，从而使得错误蔓延下去。以往的标准中都是通过不断地插入 I 帧来解决此问题，但由于 I 帧的压缩效率相对于 B、P 帧要低得多，因此这种做法势必要降低编码效率。另一方面，在实时视频编解码系统中，信道速率的快速匹配通常是通过调整基于宏块的量化参数来实现；对于非实时的视频流系统，可以通过设计合理的缓冲区来实现与信道码率的匹配。尽管如此，变速率环境下视频系统的存储器溢出问题仍不能完全解决。再者，在进行不同码流之间的切换与拼接时，都会造成解码器不同程度的失步。

H.264/AVC 为了顺应视频流的带宽自适应性和抗误码性能的要求，定义了 SP（Switching P Picture）和 SI（Switching I Picture）两种新的图像帧类型，统称为切换帧，以对网络中的各种传输码率进行响应，从而最大限度地利用现有资源，对抗因缺少参考帧引起的解码问题。

SP 帧编码的基本原理同 P 帧类似，都是应用运动补偿预测来去除时间冗余，不同之处在于，SP 帧编码允许在使用不同参考帧图像的情况下重建相同的帧，因而在许多应用中可以取代 I 帧，提高压缩效率，降低带宽。SI 帧的编码方式则类似于 I 帧，都是利用空间预测编码，它能够同样地重建一个对应的 SP 帧。利用切换帧的这一特性，编码流在不插入 I 帧的情况下能够同样实现码流的随机切换功能，即 SP 帧可以在码流切换（Bitstream Switching）、拼接（Splicing）、随机接入（Random Access）、"快进/快退"等应用中取代 I 帧，同时编码效率比使用 I 帧时有所提高。另外通过 SP、SI 帧的使用还能够实现一定的差错复原功能，当由于当前解码帧的参考帧出错而无法正确完成解码时，可通过 SP 帧来实现解码工作，编码器将根据参考帧的正确与否来决定 SP、SI 帧的传送，这样通过使用 SP/SI 帧，在获得编码效率提高的同时，也加强了码流的抗误码能力。因此，根据当前网络状况，通过使用 SP 和 SI 切换帧，就可实现不同传输速率、不同质量的视频流间的切换，从而适应视频数据在各种传输环境下的应用。

SP 帧分为主 SP 帧（Primary SP-Frame）和次 SP 帧（Secondary SP-Frame）。其中，前者的参考帧和当前编码帧属于同一个码流，而后者则不属于同一个码流。与此同时，如图 5-16 所示，主 SP 帧作为切换插入点，不切换时，码流进行正常的编码传输；而切换时，次 SP 帧取代主 SP 帧进行传输。

图 5-16 给出了码流切换 SP 编码顺序图的示例。编码器的输入顺序为 A_0，A_1，B_2，B_3，B_4；编码器的输出序列为 A_0，A_1，AB_2，B_3，B_4。可以看出，编码器输入 B_2 帧时，编码器输出次 SP 帧 AB_2 的码流。AB_2 帧的码流输入解码器后，解码器帧缓存以 A_1 的重构值为参考，解出 B_2 后，B_3，B_4 依次以前面的帧为参考帧得以正确顺序解码。

SI/SP 帧的应用非常广泛，它可以解决视频流应用中终端用户可用带宽不断变化、不同内容节目拼接、快进快退以及错误恢复等问题。下面对其应用进行简单介绍。

1. 码流切换

由于网络带宽的不断变化，视频业务的实时性得不到保证，因此需要各种技术来保证码流适应带宽的不断变化。实现带宽自适应的方法之一就是设置多组不同的信源编码参数对同一视频序列分别进行压缩，从而生成适应不同质量和带宽要求的多组相互独立的码流。这样，视频服务器只需在不同的码流间切换，以适应网络有效带宽的不断变化。

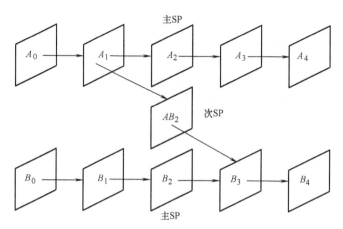

图 5-16　码流切换 SP 编码顺序图

设 $\{P_{1,n-1},P_{1,n},P_{1,n+1},\}$ 和 $\{P_{2,n-1},P_{2,n},P_{2,n+1},\}$ 分别是同一视频序列采用了不同的信源编码参数编码所得到的两个视频流，如图 5-17 所示。由于编码参数不同，两个码流中同一时刻的帧，如 $P_{1,n-1}$ 和 $P_{2,n-1}$ 并不完全一样。假设服务器首先发送视频流 P_1，到时刻 n 再发送视频流 P_2，则解码端接收到视频流为 $\{P_{1,n-2},P_{1,n-1},P_{2,n},P_{2,n+1},P_{2,n+2}\}$。在这种情况下，由于接收的 $P_{2,n}$ 使用的参考帧应该是 $P_{2,n-1}$ 而不是 $P_{1,n-1}$，所以 $P_{2,n}$ 帧就不能完全正确地解码。在以往的视频压缩标准中，实现码流间的切换功能时，确保完全正确解码的前提条件是切换帧不得使用当前帧之前的帧信息，即只使用 I 帧。然而通过使用 SP 帧技术，可以从第一个码流的主 SP 帧切换到另一个码流，同时需要发送次 SP 帧——$SP_{2,n}$。

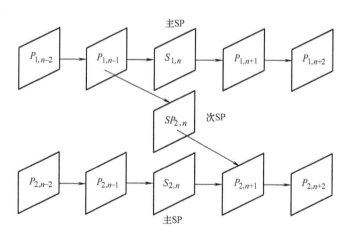

图 5-17　码流切换示意图

2. 拼接与随机接入

上述码流切换属于同一图像序列、不同编码参数压缩编码的流之间的切换。然而，实际的码流切换的应用并不单单如此。例如，关注同一事件而处于不同视角的多台摄像机的输出码流间的切换和电视节目中插入广告等，这就涉及拼接不同图像序列生成码流的问题。如图 5-18 所示，由于各个码流来自于不同的信源，帧间缺乏相关性，切换点处的次帧如果仍采用帧间预测的次 SP 帧，那么编码效率就不会高，而应采用空间预测的 SI 帧——$SI_{2,n}$。

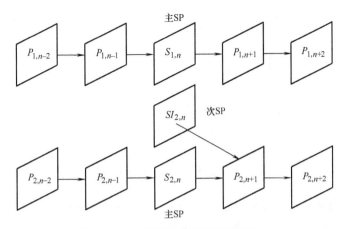

图 5-18　SI 帧进行拼接和随机存取

3. 错误恢复

采用不同的参考帧预测，可以获得同一帧的多个 SP 帧，利用这种特性可以增强错误恢复的能力。如图 5-19 所示，正在进行视频流传输的比特流中的一个帧 $P_{1,n-1}$ 无法正确解码。得到用户端反馈的错误报告后，服务器就可以发送其后最邻近主 SP 帧的一个次 SP 帧——$SI_{2,n}$，以避免该错误影响更多后续帧，$SI_{2,n}$ 帧的参考帧是已经正确解码的帧。

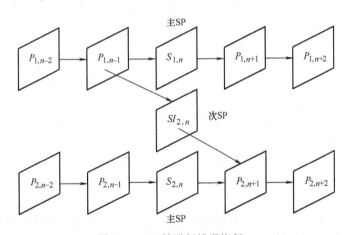

图 5-19　SP 帧进行错误恢复

5.5.6　H.264/AVC 的其余特征

1. 自适应帧/场编码

H.264 既支持逐行扫描的视频序列，也支持隔行扫描的视频序列。在隔行扫描帧中，当有移动的对象或摄像机移动时，与逐行相比，两个相邻行的空间相关性减弱，这种情况下对每场分别进行压缩更为有效。为了达到高效率，H.264/AVC 在对隔行扫描帧进行编码时，有以下 3 种可选方案：

1）帧编码模式。组合两场构成一个完整帧进行编码。

2）场编码模式。两场分别进行编码。

3）宏块级自适应帧/场（MBAFF）编码。组合两场构成一个完整帧，划分垂直相邻的"宏块对"（16×32）成两个帧模式宏块或场模式宏块，再对每个宏块对进行编码，如图 5-20 所示。

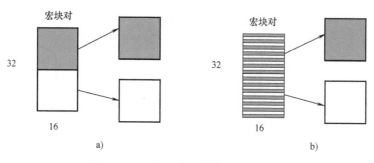

图 5-20　宏块级自适应帧/场编码
a）帧模式宏块　b）场模式宏块

前两种编码模式称为图像级自适应帧/场（Picture Level Adaptive Frame/Field，PAFF）编码。如果图像由运动区和非运动区混合组成，非运动区用帧模式、运动区用场模式是最有效的编码方法。因此每个垂直宏块对（16×32）可独立选择帧/场模式。对于帧模式"宏块对"，每个宏块包含帧行；对于场模式"宏块对"，顶部宏块包含顶场行，底部宏块包含底场行。

2. 条带、条带组和灵活的宏块排序

H.264 的视频编码层（VCL）仍然采用分层的码流结构。一帧图像由若干个条带（Slice，或称为片）组成，每个条带包含一系列的宏块（MB）。H.264 并没有给出每个条带包含多少宏块的规定，即每个条带所包含的宏块数目是不固定的。宏块是独立的编码单位，而条带在解码端可以被独立解码。条带是最小的独立解码单元，不同条带的宏块不能用于自身条带中进行预测参考，这有助于防止编码数据的错误扩散。

根据编码方式和作用的不同，H.264 定义了以下的条带类型：

1）I 条带：I 条带内的所有宏块均使用帧内编码。

2）P 条带：除了可以采用帧内编码外，P 条带中的宏块还可以采用预测编码，但只能采用一个前向运动矢量。

3）B 条带：除了可以采用 P 条带的所有编码方式外，B 条带的宏块还可以采用具有两个运动矢量的双向预测编码。

4）SP 条带：切换的 P 条带。目的是在不引起类似插入 I 条带所带来的数码率开销的情况下，实现码流间的切换。SP 条带采用了运动补偿技术，适用于同一内容不同质量的视频码流间的切换。

5）SI 条带：切换的 I 条带。SI 条带采用了帧内预测技术代替 SP 条带的运动补偿技术，用于不同内容的视频码流间的切换。

H.264 给出了两种产生条带的方式：一种是按照光栅扫描顺序（即从左往右、从上至下的顺序）把一系列的宏块组成条带；另一种是通过宏块分配映射（Macroblock Allocation Map）技术，把每个宏块分配到不按扫描顺序排列的条带中。后一种方式，即支持灵活的宏块排序（Flexible Macroblock Ordering，FMO），是 H.264 标准的一大特色。使用 FMO 时，根据宏块到条带的映射图，把所有的宏块分到了多个条带组（Slice Group）。

在图像内部的预测机制中，例如，帧内预测或运动矢量预测，仅允许采用同一个条带组里的空间相邻的宏块，可以把误码限制在一个条带内，防止其扩散，并利用周围正确解码条带的宏块来恢复或掩盖这些错误，从而达到抗误码效果。

条带组的组成方式可以是矩形方式或规则的分散方式（例如，棋盘状），也可以是完全随机的分散方式。

如图 5-21 所示，所有的 MB 被分属于条带组 0 和条带组 1，其

0	1	2	3	4	5
6	7	8	9	10	11
12	13	14	15	16	17
18	19	20	21	22	23

图 5-21　FMO 棋盘格式划分

中蓝色部分表示条带组 0，白色部分表示条带组 1。当条带组 0 中的宏块丢失时，因为其周围的宏块都属于其他条带的宏块，利用邻域相关性，条带组 1 中的宏块的某种加权可用来代替条带组 0 中相应的宏块。这种错误掩盖机制可以明显地提高抗误码性能。

在编码完条带组 0 中的所有宏块后，才能开始对条带组 1 进行编码，并限制不能以该条带之外的样值作为参考，每个条带只能被独立解码。H. 264/AVC 最多支持将一帧划分为 8 个条带组。

3. 数据分割

由于码流中的某些语法单元比其他语法单元更重要，例如，变换系数的丢失只影响该系数所属的块，而图像尺寸和量化系数等头信息对整个图像甚至整个视频序列的意义较大。数据分割（Data Partition，DP）可以根据语法单元的重要程度对其提供不等保护，对一个条带（Slice）中的宏块数据重新进行组合，把宏块语义相关的数据组成一个分区，将一个条带中的数据存放在 3 种不同类型的分区（A、B、C 型分区）中，每个分区分别装入独立的 NAL 包中。

（1）A 型分区

A 型分区包含帧头信息和条带中每个宏块的头信息，如宏块类型、量化参数、运动矢量等。如果 A 型分区数据丢失，其他两个分区（B、C 型分区）也无效，则很难或者不能重建该条带，因此 A 型分区是最重要的，而且对传输误差很敏感。

（2）B 型分区

B 型分区包含帧内编码块模式及其变换系数和 SI 条带宏块的编码数据。由于后续解码帧是以 I 帧的数据作为参考数据，此部分数据丢失的话将导致错误累积，并对后续帧的重构图像质量产生严重的影响。B 型分区要求给定条带的 A 型分区有效。

（3）C 型分区

C 型分区包含帧间编码块模式及其变换系数的编码数据。一般情况下它是编码条带的最大分区，因为大部分视频帧都是使用 P 帧编码。相对而言，C 型分区是最不重要的，它同样要求给定条带的 A 型分区有效。

当使用数据分割时，源编码器把不同类型的分区安排在 3 个不同的缓冲器中，同时条带的尺寸必须进行调整以保证小于 MTU（Maximum Transmission Unit，最大传输单元）长度，因此由编码器而不是 NAL 来实现数据分割。在解码器上，所有分区用于信息重建。这样，如果帧内或帧间信息丢失了，有效的帧头信息仍能用来提高错误掩盖效果，即当宏块类型和运动矢量有效时，仍可获得一个较高的图像重建质量，而仅仅丢失了细节信息。另外，可以根据不同类型的数据分割的重要性不同，采用不同等级的保护措施，从而适应不同的网络环境。

4. 参考图像的管理

在 H. 264 标准中，已编码图像存储在编码器和解码器的参考缓冲区（即解码图像缓冲区），并有相应的参考图像列表（list0），以供帧间宏块的运动补偿预测使用。对 B 条带预测而言，list0 包含当前图像的前面和后面两个方向的图像，并以显示次序排列；也可同时包含短期和长期参考图像。这里，已编码图像为编码器重建的标为短期图像刚刚编码的图像，并由其帧号标定；长期参考图像是较早的图像，由 LongTermPicNum 标定，保存在解码图像缓冲区中，可直接被代替或删除。

当一帧图像在编码器被编码重建或在解码器被解码时，它存放在解码图像缓冲区中并标定为以下各种图像中的一种：

1）"非参考"，不用于进一步的预测。

2）短期参考图像。

3）长期参考图像。

4）直接输出显示。

list0 中的短期参考图像是按 PicNum 从高到低的顺序排列，长期参考图像是按 LongTermPic-

Num 从低到高的顺序排列。当新的图像加在短期列表的位置 0 时，剩余的短期图像索引号依次增加。当短期和长期图像号达到参考帧的最大数时，最高索引号的图像被移出缓冲区，即实现滑动窗内存控制。该操作使得编码器和解码器保持 N 帧短期参考图像，其中包含一帧当前图像和 $(N-1)$ 帧已编码图像。

由编码器发送的自适应内存控制命令来管理短期和长期参考图像索引。这样，短期图像才可能被指定长期帧索引，短期或长期图像才可能标定"非参考"。编码器从 list0 中选择参考图像，进行帧间宏块编码，而该参考图像的选择由索引号标志，索引 0 对应于短期部分的第一帧，长期帧索引开始于最后一个短期帧。

参考图像缓冲区通常由编码器发送的 IDR（Instantaneous Decoder Refresh，即时解码器刷新）编码图像刷新，IDR 图像一般为 I 帧或 SI 帧。当接收到 IDR 图像时，解码器立即将缓冲区的图像标为"非参考"。后继的帧进行无图像参考编码，通常视频序列的第一帧都是 IDR 图像。

5. 参数集

参数集是 H. 264 提出的一个新概念，是一种通过改进视频码流结构增强错误恢复能力的方法。众所周知，一些关键信息比特的丢失（如序列和图像的头信息）会造成解码的严重负面效应，而 H. 264 把这些关键信息分离出来，凭借参数集的设计，确保在易出错的环境中能正确地传输。在 H. 264 中有以下两类参数集：

1）序列参数集（SPS）：包含的是针对一连续编码视频序列的参数，如标识符 seq_parameter_set_id、帧率及 POC 的约束、参考帧数目、解码图像尺寸和帧/场编码模式选择标识等。视频序列定义为两个即时解码器刷新（Instantaneous Decoder Refresh，IDR）图像间的所有图像。

2）图像参数集（PPS）：对应的是一个序列中某一帧图像或者某几帧图像，其参数有标识 pic_parameter_set_id、可选的 seq_parameter_set_id、熵编码模式选择标识、条带组数目、初始量化参数和去方块滤波系数调整标识等。

通常，SPS 和 PPS 在条带的头信息和数据解码前传送至解码器，且每个条带的头信息对应一个 pic_parameter_set_id，PPS 被激活后一直有效到下一个 PPS 被激活；类似地，每个 SPS 对应一个 seq_parameter_id，SPS 被其激活以后将一直有效到下一个 SPS 被激活。

多个不同的序列和图像参数集存储在解码器中，编码器依据每个编码条带的头部的存储位置来选择适当的参数集，图像参数集（PPS）本身也包括使用的序列参数集（SPS）参考信息。

6. NAL 单元传输和储存

H. 264 输出码流包含一系列的 NAL 单元。作为 NAL 层的基本处理单元，一个 NAL 单元是一个包含一定语法元素的可变长字节符号串，它可以携带一个编码条带，A、B、C 型数据分割，或者一个序列参数集（SPS）或图像参数集（PPS）。每个 NAL 单元由一个字节的头和一个包含可变长编码符号的字节组成。头部含 3 个定长的字段：NAL 单元类型（5bit 的 T 字段），NAL-REFERENCE-IDC（2bit 的 R 字段）和隐藏比特位（F）。T 字段代表 NAL 单元的 32 种不同类型，类型 1~12 是 H. 264 定义的基本类型，类型 24~31 用于标志在 RTP 封装中 NAL 单元的聚合和拆分，其他值保留。R 字段用于标志在重建过程中的重要性，值为 0 表示没有用于预测参考，值越大，用于预测参考的次数越多。F 比特默认为 0，当网络检测到 NAL 单元中存在比特错误（在无线网络环境易出现）时，可将其置为 1，主要适用于异质网络环境（如有线无线相结合的环境）。

H. 264 标准并未定义 NAL 单元的传输方式，但实际中根据不同的传输环境其传输方式还是存在一定的差异。如在分组传输网络中，每个 NAL 单元以独立的分组传输，并在解码之前进行重新排序。在电路交换传输环境中，传输之前需在每个 NAL 单元之前加上起始前缀码，使解码器能够找到 NAL 单元的起始位置。

在一些应用中，视频编码需要和音频及相关信息一起传输或存储，这就需要一些实现的机制，目前通常用的是 RTP/UDP 协同实现。MPEG-2 System 部分的一个改进版本规定了 H. 264 视频传输机制，而 ITU-T H. 241 定义了用 H. 264 标准连接 H. 32X 多媒体终端。对要求视频、音频及其他信息一起存储的流媒体回放、DVD 回放等应用，将推出 MPEG4 System 的改进版本，其定义了 H. 264 标准编码数据和相关媒体流是如何以 ISO 的媒体文件格式存储的。

5.5.7　H. 264/AVC 的类和 FRExt 增加的关键算法

"类"（Profile，也称为"档次"）定义一组编码工具和算法，用于产生一致性的比特流；"级"（Level）限定比特流的部分关键参数。

符合某个指定类的 H. 264 解码器必须支持该类定义的所有特性；而编码器则不必要求支持这个类所定义的所有特性，但必须提供符合标准规定的一致性的码流，使支持该类的解码器能够实现解码。

最初的 H. 264 标准定义了 3 个类：基本类（Baseline Profile）、主类（Main Profile）和扩展类（Extension Profile），以适用于不同的应用。

基本类降低了计算复杂度及系统内存需求，而且针对低时延进行了优化。由于 B 帧的内在时延以及 CABAC 的计算复杂性，因此基本类不包括这两者。基本类非常适合可视电话、视频会议等交互式通信领域以及其他需要低成本实时编码的应用。

主类采用了多项提高图像质量和增加压缩比的技术措施，但其要求的处理能力也比基本类高许多，因此使其难以用于低成本实时编码和低时延应用。主类主要面向高画质应用，如 SDTV、HDTV 和 DVD 等广播电视领域。

扩展类适用于对容错（Error Resilient）性能有较高要求的流媒体应用场合，可用于各种网络的视频流传输。

后来，由于 VC-1 在高清晰度影片上的表现出色，导致 H. 264 在 DVD 论坛与蓝光光碟协会（Blu-ray Disc Association）的高清晰度 DVD 影片品质测试中被挫败，甚至被 Blu-ray 阵营所拒用。其主要原因是 H. 264 使用较小尺寸的变换与无法调整的量化矩阵，造成不能完整保留影像的高频细节信息，比如说，在 1080i/p 影片中常会故意使用的 Film Effect 就会被 H. 264 所消除。为了进一步扩大 H. 264 的应用范围，使其适应高保真视频压缩的应用，JVT 于 2004 年 7 月对 H. 264 作了重要的补充扩展，称为 FRExt（Fidelity Range Extensions）。

H. 264 标准第一版支持的源图像为每像素 8bit，且采样格式仅限于 4∶2∶0；而新扩展的 FRExt 部分则扩大了标准的应用范围，如专业级的视频应用、高分辨率/高保真的视频压缩等。FRExt 对 H. 264 的改善主要在：

- 进一步引入一些先进的编码工具，提高了压缩效率。
- 视频源的每个像素的采样值均可超过 8bit，最高可达 12bit。
- 增加了 4∶2∶2 与 4∶4∶4 的采样格式。
- 支持更高的数码率，更高的图像分辨力。
- 针对特定高保真影像需求，对影像进行无损压缩。
- 支持基于 RGB 格式的压缩，同时避免了色度空间转换的舍入误差。

FRExt 增加了以下 4 个新的类：

- High Profile（HP）：支持 8bit、4∶2∶0 采样格式。
- High 10 Profile（Hi10P）：支持 10bit、4∶2∶0 采样格式。
- High 4∶2∶2 Profile（H422P）：支持 10bit、4∶2∶2 采样格式。
- High 4∶4∶4 Profile（H444P）：支持 12bit、4∶4∶4 采样格式、无损编码与多色彩空间的编码。

如图 5-22 所示，这 4 个新的类如同性能的嵌套子集一样被创立，它们全都继承了主类的工具集，就像它们的公共交集；而高类（High Profile，HP）还额外地包含了所有能够提高编码效率的主要的新工具。相对于主类（MP），这些工具在算法复杂度上只是稍有提高。因此，在数字视频应用中，在 4∶2∶0 采样格式中使用 8bit 视频的高类有可能代替主类。

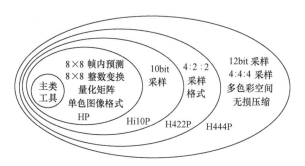

图 5-22　FRExt 编码工具

增加了高类（HP）之后，H.264 各类的关系如图 5-23 所示，具体所包含的编码工具如下：

1）所有类的共同部分：I 条带、P 条带、CAVLC。

2）基本类（Baseline Profile）：FMO、ASO、冗余条带。

3）主类（Main Profile）：B 条带、加权预测、CABAC、隔行编码。

4）扩展类（Extended Profile）：包含基本类的所有部分、SP 条带、SI 条带、数据分割、B 条带、加权预测。

5）高类（High Profile）：包含主类的所有部分、自适应变换块尺寸（4×4 或 8×8 整数变换）、量化矩阵。

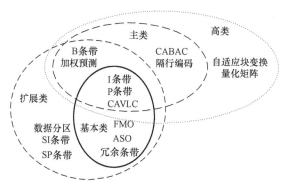

图 5-23　H.264 中 4 个类的关系

5.6　H.265/HEVC 视频编码标准

自 2003 年 3 月 H.264/AVC 视频编码标准被推出以后，在业界受到了广泛关注，无论是编码效率、图像质量还是网络的适应性，都达到了令人满意的效果。然而，随着网络技术和硬件设备的快速发展，人们对视频编码的要求也在不断地提高，尤其是对高清分辨率甚至超高清分辨率视频的需求，现有的视频编码技术已经远远不能满足消费者的需求。以色度分辨率最低的 4∶2∶0 采样格式为例，4K 模式超高清数字电视信号图像的原始数据率为 3840×2160 像素/帧×12bit/像素×30 帧/s，即约为 2.78Gbit/s，8K 模式超高清数字电视信号图像的原始数据率约为 11Gbit/s。如采用 H.264/AVC 视频压缩方法，可将 4K 模式原始数据率压缩至 20Mbit/s 以内，但这对目前的带宽要求仍然很高，因此必须研究新的视频压缩标准对原始数据进行高效的压缩。为此，ITU-T 视频编码专家组（VCEG）和 ISO/IEC 活动图像专家组（MPEG）联合成立了视频编码协作小组（JCT-VC），致力于研制下一代视频编码标准 HEVC（High Efficiency Video Coding）。

相比于 H.264/AVC，H.265/HEVC 能够在提供同样视频质量的情况下减少一半左右的码率；然而，H.265/HEVC 的编码端复杂度较 H.264/AVC 也增加了很多，尤其在全 I 帧的情况下，H.265/HEVC 的编码端复杂度是 H.264/AVC 的 3.2 倍。

为了满足不同应用的需求，H.265/HEVC 最初定义了两个应用档次：高效率（High Efficiency）和低复杂度（Low Complexity）档次。后来，由于各项技术的加入，不仅提高了编码效率，其他方面包括计算复杂度的下降、不同编码工具的统一、并行友好的设计也得到研究。在这个背景下，高效率和低复杂度档次之间的区别不是必需的，因而定义了统一的主档次（Main Profile，MP）。

H.265/HEVC 仍采用基于预测变换的混合编码框架，但是 H.265/HEVC 在很多编码工具上做出了很大的改进：更加灵活的块划分结构；更加精细的帧内预测方向；在帧间预测方面，采用具有竞争机制的先进的运动矢量预测（Advanced Motion Vector Prediction，AMVP），允许将几个具有相似运动的块合并为一个区域共享运动信息的 merge 模式，引入参考图像集（Reference Picture Set，RPS）概念；在变换方面，引入更多尺寸的变换矩阵，为 4×4 的帧内预测残差块引入 DST-VII 变换矩阵；采用了具有更高数据吞吐率的基于系数组（Coefficient Group，CG）的熵编码方法；采用样值自适应偏置（Sample Adaptive Offset，SAO）技术对经过环路滤波处理后的重构图像进行进一步修正。

5.6.1　H.265/HEVC 视频编码原理

高效视频编码（HEVC）标准仍然采用了与先前的视频编码标准 H.261、MPEG-2、H.263 以及 H.264/AVC 一样的混合编码的基本框架，如图 5-24 所示。其核心编码模块包括帧内预测、基于运动估计与补偿的帧间预测、变换与量化、环路滤波、熵编码和编码器控制等。编码器控制模块根据视频帧中不同图像块的局部特性，选择该图像块所采用的编码模式（帧内或帧间预测编码）。对帧内预测编码的块进行频域或空域预测，对帧间预测编码的块进行运动补偿预测，预测的残差再通过变换和量化处理形成残差系数，最后通

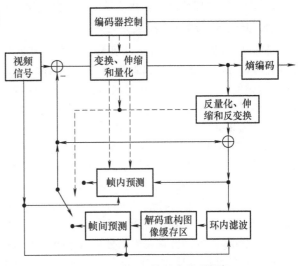

图 5-24　HEVC 的基本编码框架

过熵编码器生成最终的码流。为避免预测误差的累积，帧内或帧间预测的参考信号是通过编码端的解码模块得到。变换和量化后的残差系数经过反量化和反变换重建残差信号，再与预测的参考信号相加得到重建的图像。值得注意的是，对于帧内预测，参考信号是当前帧中已编码的块，因此是未经过环路滤波的重建图像；而对于帧间预测，参考信号是解码重构图像缓存区中的参考帧，是经过环路滤波的重建图像。环路滤波的作用是去除分块处理所带来的块效应，提高解码图像的质量。

针对目前视频信号分辨率不断提高以及并行处理的普及应用，HEVC 定义了灵活的基于四叉树结构的编码单元划分，同时对各个编码模块进行了优化与改进，并增加了一些新的编码工具，其中具有代表性的技术包括多角度帧内预测、自适应运动参数（Adaptive Motion Parameter，AMP）编码、运动合并（Motion Merge）、高精度运动补偿、自适应环路滤波以及基于语义的熵编码等，使得视频编码效率得到显著提高，在同等视频质量的条件下，HEVC 的压缩效率要比 H.264/AVC 提高一倍。除此之外，HEVC 还引入了很多并行运算的优化思路，为并行化程度非常高的芯片实现提供了技术支持。

5.6.2　基于四叉树结构的编码单元划分

视频帧中图像的不同区域有着不同的局部特性，如颜色、纹理结构、与参考帧的相关性（运动信息）等。因此，在编码时通常需要进行分块处理，对不同的图像区域采用不同的编码模式，从而达到较高的压缩效率。

为了更好地适应编码图像的内容，HEVC 采用了灵活的块（Block）结构来对图像进行编码，即块的大小是可以自适应改变的。在 HEVC 标准中摒弃了"宏块"（MB）的概念而采用"单元"的概念。

根据功能的不同，在 HEVC 中定义了编码树单元（Coding Tree Unit，CTU）、编码单元（Coding Unit，CU）、预测单元（Prediction Unit，PU）和变换单元（Transform Unit，TU）四种类型的单元。CTU 是基本处理单元，其作用与 H.264/AVC 中的宏块相类似。CU 是进行帧内或帧间编码的基本单元，PU 是进行帧内或帧间预测的基本单元，TU 是进行变换和量化的基本单元。一帧待编码的图像被划分成若干个互不重叠的 CTU。一个 CTU 可以由 1 个或多个 CU 组成，一个 CU 在进行帧内或帧间预测时可以划分成多个 PU，在进行变换和量化时又可以划分成多个 TU。这 4 种不同类型单元分离的结构，使得变换、预测和编码各个环节的处理显得更加灵活，更加符合视频图像的纹理特征，有利于各个单元更优化地完成各自的功能。

1. 编码单元和编码树单元

HEVC 标准采用了灵活的编码单元划分，其划分方式是内容自适应的，即在图像纹理比较平坦的区域，划分成较大的编码单元；而在图像纹理存在较多细节的区域，划分成较小的编码单元。编码单元（CU）的大小可以是 64×64、32×32、16×16 或 8×8。最大尺寸（比如 64×64）的 CU 称为最大编码单元（Largest Coding Unit，LCU），最小尺寸（比如 8×8）的 CU 称为最小编码单元（Smallest Coding Unit，SCU）。

每个编码单元（CU）由一个亮度编码块（Coding Block，CB）和相应的两个色度编码块（CB）及其对应的语法元素（Syntax Elements）构成。编码块（CB）的形状必须是正方形的。对于 4:2:0 的采样格式，如果一个亮度 CB 包含 2N×2N 亮度分量样值，则相应的两个色度 CB 分别包含 N×N 色度分量样值。N 的大小可以取 32、16、8 或 4，其值在序列参数集（Sequence Parameter Set，SPS）的语法元素中声明。

一帧待编码的图像首先被划分成若干个互不重叠的 LCU，然后从 LCU 开始以四叉树（quadtree）结构的递归分层方式划分成一系列大小不等的 CU。最大的划分深度（depth）由 LCU 和 SCU 的大小决定。同一分层上的 CU 具有相同的划分深度，LCU 的划分深度为 0。一个 CU 是否继续被划分成 4 个更小的 CU，取决于划分标志位 split_flag。如果一个划分深度为 d 的编码单元 CU^d，其 split_flag 值为 0，则该 CU^d 不再被划分；反之，该 CU^d 被划分成 4 个划分深度为 $d+1$ 的编码单元 CU^{d+1}。图 5-25 描述的是划分深度为 3 时的四叉树结构编码单元划分示意图，图中的数字表示编码单元的序号，也为编码单元的编码次序。

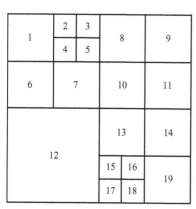
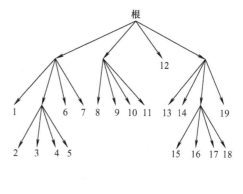

图 5-25　划分深度为 3 时的四叉树结构编码单元划分示意图

每个 LCU 经四叉树结构的递归分层方式划分后，形成一系列大小不等的 CU。顾名思义，编码树单元（Coding Tree Unit，CTU）就是由这些树状结构的编码单元构成。每个 CTU 包含一个亮度编码树块（Coding Tree Block，CTB）和两个色度 CTB 以及与它们相对应的语法元素。

与 H.264/AVC 中的宏块划分方法相比，基于四叉树结构的灵活的编码单元划分方法有下列优点。

1）编码单元的大小可以大于传统的宏块大小（16×16）。对于平坦区域，用一个较大的编码单元编码可以减少所需的比特数，提高编码效率。这一点在高清视频应用领域体现得尤为明显。在高清及超高清分辨率的图像中，相对于整个图像来说，16×16 宏块表示的区域过小，将多个宏块合并成一个较大的编码单元进行编码能更有效地减少空间冗余。

2）通过合理地选择最大编码单元（LCU）大小和最大划分深度，编码器的编码结构可以根据不同的图像内容、图像分辨率以及应用需求获得较大程度的优化。

3）不同大小的块统一用编码单元来表示，消除了宏块与亚宏块之分，并且编码单元的结构可以根据 LCU、最大划分深度以及一系列划分标志（split_flag）简单地表示出来。

在 H.264/AVC 中，对宏块的编码是按光栅扫描顺序进行的，即从左往后、从上往下，逐行扫描。然而，HEVC 采用四叉树结构的递归分层方式来划分 CU，如果还是采用光栅扫描顺序的话，对于编码单元的寻址将会很不方便，因此，HEVC 采用了划分深度优先、Z 扫描的顺序进行遍历，如图 5-26 所示。图 5-26 中的箭头指示编码单元的遍历顺序。这样的遍历顺序可以很好地适应四叉树的递归结构，保证了在处理不同尺寸的编码单元时的一致性，从而降低解析码流的复杂度。

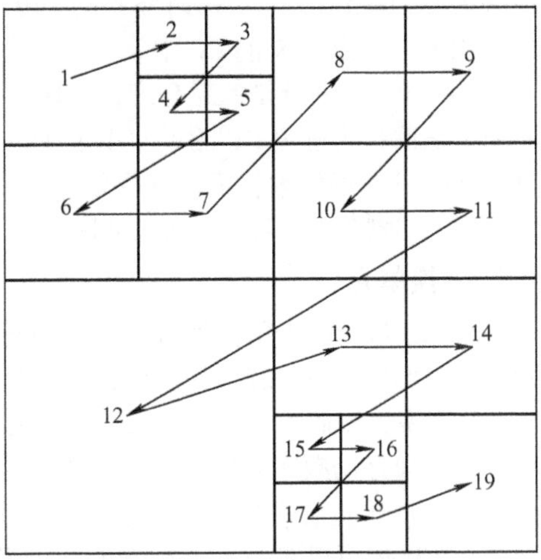

图 5-26　CTU 中编码单元的编码顺序

2. 预测单元

对于每个 CU，HEVC 使用预测单元（PU）来实现该 CU 的预测过程。PU 是进行帧内或帧间预测的基本单元，一切与预测有关的信息都在预测单元中定义，比如，帧内预测的模式选择信息（预测方向）或帧间预测的运动信息（选择的参考帧索引号、运动矢量等）都在 PU 中定义。每个 PU 包含亮度预测块（Prediction Block，PB）、色度预测块（PB）以及相应的语法元素。

每一个 CU 可以包含一个或者多个 PU，PU 的划分从 CU 开始，从 CU 到 PU 仅允许一层划分，PU 的大小受限于其所属的 CU。依据基本预测模式判定，亮度 CB 和色度 CB 可以进一步分割成亮度 PB 和色度 PB，PB 的大小由 64×64 到 4×4 不等。通常情况下，为了和实际图像中物体的轮廓更加匹配，从而得到更好的划分结果，PU 的形状并不局限于正方形，它可以长宽不一样，但是为了降低编码复杂度，PU 的形状必须是矩形的。在 HEVC 中，预测类型有 3 种，即跳过（skip）、帧内（intra）和帧间（inter）预测。PU 的划分是根据预测类型来确定的，对于一个大小为 $2N \times 2N$（N 可以是 32、16、8、4）的编码单元来说，PU 的划分方式如图 5-27 所示。

跳过（skip）预测模式是帧间预测的一种。当需要编码的运动信息只有运动参数集索引（采用运动合并技术），而残差信息不需要编码时，就采用跳过（skip）预测模式。当编码单元采用跳过（skip）预测模式时，PU 的

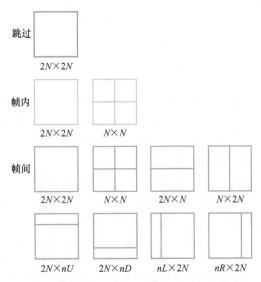

图 5-27　$2N \times 2N$ 大小的 CU 划分成 PU 的不同方式

划分只允许选择 2*N*×2*N* 这种方式。

当编码单元采用帧内（intra）预测模式时，PU 的划分只允许选择 2*N*×2*N* 或 *N*×*N* 方式，但对于 *N*×*N* 这种划分方式，只有当 CU 的大小为最小 CU 时才能使用。

当编码单元采用帧间（inter）预测模式时，PU 的划分可以选择 8 种划分方式的任意一种，其中 2*N*×2*N*、*N*×*N*、2*N*×*N* 和 *N*×2*N* 这 4 种划分方式是对称的；2*N*×*nU*、2*N*×*nD*、*nL*×2*N* 和 *nR*×2*N* 这 4 种划分方式是非对称的，为可选模式，可以通过编码器配置开启或关闭。在非对称划分方式中，将 CU 分为两个大小不同的 PU，其中一个 PU 的宽或长为 CU 的 1/4，另一个 PU 对应的宽或长为 CU 的 3/4。非对称划分方式只用于大小 32×32、16×16 的 CU 中。对称的 *N*×*N* 划分方式只用于大小为 8×8 的 CU 中。

上述中 PU 的划分是针对亮度像素块来说的，色度像素块的划分在大部分情况下与亮度像素块一致。然而，为避免 PU 的尺寸小于 4×4，当 CU 的尺寸为 8×8 且 PU 的划分方式为 *N*×*N* 时，尺寸为 4×4 的色度像素块不再进行分解。

采用上述划分方式考虑了大尺寸区域可能的纹理分布，可以有效提高大尺寸区域的预测效率。

3. 变换单元

一个 CU 以 PU 为单位进行帧内/帧间预测，预测残差通过变换和量化来实现进一步压缩。变换单元（TU）是对预测残差进行变换和量化的基本单元。在 H.264/AVC 标准中采用了 4×4 和 8×8 整数变换，然而，对于一些尺寸较大的编码单元，采用相应的大尺寸的变换更为有效。尺寸大的变换有较好的频率分辨率，而尺寸小的变换有较好的空间分辨率，因此，需要根据残差信号的时频特性自适应地调整变换单元的尺寸。

一个 CU 中可以有一个或多个 TU，允许一个 CU 中的预测残差通过四叉树结构的递归分层方式划分成多个 TU 分别进行处理。这个四叉树称为残差四叉树（Residual Quad-tree，RQT）。与编码单元四叉树类似，残差四叉树采用划分深度优先、Z 扫描的顺序进行遍历。

变换单元的最大尺寸以及残差四叉树的层级可以根据不同的应用进行相应的配置，对实时性或复杂度要求较低的应用可以通过增加残差四叉树的层级来提高编码效率。

需要注意的是，一个 CU 中 TU 的划分与 PU 的划分是相互独立的。在帧内预测编码模式中，TU 的尺寸需小于或者等于 PU 的尺寸；而在帧间预测编码模式中，TU 的尺寸可以大于 PU 的尺寸，但是不能超过 CU 的尺寸。TU 的形状取决于 PU 的划分方式，如果 PU 是正方形的，则 TU 也必须是正方形的，其大小为 32×32、16×16、8×8 或 4×4；如果 PU 为非正方形的，则 TU 也必须是非正方形的，其大小为 32×8、8×32、16×4 或 4×16，这 4 种 TU 可用于亮度分量，而其中只有 32×8、8×32 可用于色度分量。

5.6.3　帧内预测

帧内预测就是利用当前预测单元（PU）像素与其相邻的周围像素的空间相关性，以空间相邻像素值来预测当前待预测单元的像素值。HEVC 的帧内预测是在 H.264/AVC 帧内预测的基础上进行了扩展，采用了多角度帧内预测技术。

1. 预测模式

在 H.264/AVC 中，亮度块的帧内预测分为 4×4 块预测模式和 16×16 块预测模式两类。4×4 块预测模式以 4×4 大小的子块作为一个单元，共有 9 种预测模式，由于它分块较小，因此适合用来处理图像纹理比较复杂、细节比较丰富的区域；而 16×16 块预测模式把整个 16×16 的宏块作为一个预测单元，有 4 种预测模式，适合处理比较平坦的图像区域。

HEVC 沿用 H.264/AVC 帧内预测的整体思路，但在具体实现过程中有了新的改进和深入。为了能够捕捉到更多的图像纹理及结构信息，HEVC 细化了帧内预测的方向，提供了 35 种帧内预测模式。模式 0 和模式 1 分别为 intra_Planar 和 intra_DC 两种非方向性预测模式，模式 2~34

为 33 种不同角度的方向性预测模式。

HEVC 中的 intra_DC 预测模式和 H.264/AVC 中的类似，预测像素的值由参考像素的平均值得到。与 H.264/AVC 相比，HEVC 中定义的方向性预测模式的角度划分更加精细，能够更好地描述图像中的纹理结构，提高帧内预测的准确性。此外，intra_Planar 预测模式解决了 H.264/AVC 中 Plane 模式容易在边缘造成不连续性的问题，对具有一定纹理渐变特征的区域可进行高效的预测。另一个重要的区别是，HEVC 中帧内预测模式的定义在不同块大小上是一致的，这一点在 HEVC 的分块结构和其他编码工具上也有体现。

33 种方向性预测模式的预测方向如图 5-28 所示。其中，靠近水平向左或垂直向上方向时，角度的间隔较小；而在靠近对角线方向时，角度的间隔较大。

在图 5-28 中，预测方向并没有用几何角度来表示，而是用偏移值 d 来表示，d 的单位为 1/32 像素。在横轴上，数字部分表示预测方向相对于垂直向上方向的偏移值 d，向右偏移时 d 的值为正，向左偏移时 d 的值为负，预测方向与垂直向上方向夹角的正切值等于 $d/32$；在纵轴上，数字部分表示预测方向相对于水平向左方向的偏移值 d，向下偏移时 d 的值为正，向上偏移时 d 的值为负，预测方向与水平向左方向夹角的正切值等于 $d/32$。

35 种帧内预测模式都有相应的编号，intra_Planar 预测模式的编号为 0，intra_DC 预测模式的编号为 1，其余 33 种方向性预测模式的编号为 2~34，它们与预测方向的对应关系如图 5-29 所示。图中的数字 2~34 表示各个预测方向对应的模式编号。

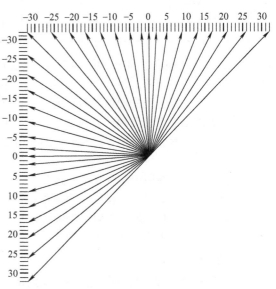

图 5-28　33 种方向性预测模式的预测方向

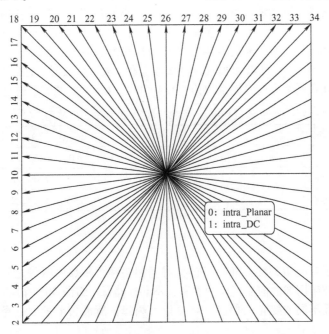

图 5-29　33 种方向性预测模式的编号与预测方向的对应关系

由图 5-29 可以看出，模式 2 ~17 为水平方向上的预测模式，模式 18 ~34 为垂直方向上的预测模式。模式编号和偏移值 d 的对应关系如表 5-8 所示。

表 5-8　模式编号和偏移值 d 的对应关系

模式编号	1	2	3	4	5	6	7	8	9	10	11	12	13	14	15	16	17
偏移值 d	—	32	26	21	17	13	9	5	2	0	-2	-5	-9	-13	-17	-21	-26
模式编号	18	19	20	21	22	23	24	25	26	27	28	29	30	31	32	33	34
偏移值 d	-32	-26	-21	-17	-13	-9	-5	-2	0	2	5	9	13	17	21	26	32

在 HEVC 的帧内预测过程中，编码图像块将预测图像块的左边一列和上面一行的图像像素作为参考像素进行预测。每一个给定的帧内预测方向都存在两个预测方向，如果预测方向靠近水平轴，那么左边一列的图像像素作为主要参考像素，上面一行的图像像素作为次要参考像素；如果预测方向是靠近垂直轴的，那么上面一行的图像像素作为主要参考像素，左边一列的图像像素作为次要参考像素。HEVC 将图 5-28 所示的 33 个预测方向分成两类：第一类是正方向，即偏移值 d 是正数，体现在图中是垂直轴右边和水平轴下方的两个方向；第二类是负方向，即偏移值 d 是负数，体现在图中是垂直轴左边和水平轴上方的两个方向。在 HEVC 中，对不同的预测方向，采用的处理方式是不一样的。当采用正方向预测时，当前编码块只需要将主要参考像素作为预测像素；当采用负方向预测时，当前编码块不仅需要将主要参考像素作为预测像素，还要判断是否需要将次要参考像素作为预测像素。

2. 平滑预处理

为了降低噪声对预测的影响，提高帧内预测的精度和效率，HEVC 标准根据预测块的尺寸和帧内预测模式的不同，选择性地对参考像素进行平滑滤波处理。其总体原则是：intra＿DC 预测模式不需要对参考像素进行平滑滤波处理；对于 4×4 大小的预测块，所有帧内预测模式都不用对参考像素进行平滑滤波处理；较大的预测块和偏离垂直和水平方向的预测模式更需要对参考像素进行平滑滤波处理。具体地，需要对参考像素进行平滑滤波处理的预测块的尺寸和预测模式编号如表 5-9 所示。进行平滑滤波处理时，将参考像素看成一个数列，它的第一个元素和最后一个元素保持不变，其余元素通过滤波系数为（1/4，1/2，1/4）的滤波器进行平滑处理。

表 5-9　需要对参考像素进行平滑滤波处理的预测块的尺寸和预测模式编号

预测块的尺寸	模式编号
8×8	0, 2, 18, 34
16×16	0, 2~8, 12~24, 28~34
32×32	0, 2~9, 11~25, 27~34

5.6.4　帧间预测

图像的相关性除了空间相关性之外，还包括时间相关性。相邻帧图像之间有着极强的相关性，如果利用当前预测帧图像的前后帧作为参考，不必存储每一组图像的所有信息，只需要存储和相邻帧对应预测单元不同的变化的信息，就可以大幅降低所需传输的数据量，显著提高图像的压缩率。

帧间预测技术就是利用相邻帧图像的相关性，使用先前已编码重建帧作为参考帧，通过运动估计和运动补偿对当前帧图像进行预测。HEVC 的帧间预测技术总体上和 H. 264/AVC 相似，但进行了一些改进，现简述如下。

1. 可变大小 PU 的运动补偿

如前所述，每个 CTU 都可以按照四叉树结构递归地划分为更小的方形 CU，这些帧间编码的小 CU 还可以再划分一次，分成更小的 PU。CU 可以使用对称的或非对称的运动划分（Asymmetric Motion Partitions，AMP），将 64×64、32×32、16×16 的 CU 划分成更小的 PU，PU 可以是方形的，也可以是矩形的，如图 5-27 所示。每个采用帧间预测方式编码的 PU 都有一套运动参数（Motion Parameters），包括运动矢量、参考帧索引和参考表标志。因为非对称的运动划分使得 PU 在运动估计和运动补偿中更精确地符合图像中运动目标的形状，而不需要通过进一步的细分来解决，因此可以提高编码效率。

2. 运动估计的精度

（1）亮度分量亚像素样点内插

和 H. 264/AVC 类似，HEVC 亮度分量的运动估计精度为 1/4 像素。为了获得亚像素样点的亮度值，不同位置的亚像素样点亮度的内插滤波器的系数是不同的，1/2 像素内插点的亮度值采用一维 8 抽头的内插滤波器产生，1/4 像素内插点的亮度值采用一维 7 抽头的内插滤波器产生。用内插点周围的整像素样点值产生亚像素样点值的示意图如图 5-30 所示。

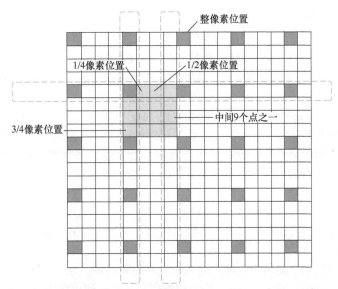

图 5-30　亮度分量亚像素位置及内插所用的整像素样点示意图

和整像素样点在同一水平线上的内插点的亮度值用水平方向内插滤波器产生，1/4 像素内插点所用的 7 抽头内插滤波器系数为：−1，+4，−10，+58，+17，−5，+1；1/2 像素内插点所用的 8 抽头内插滤波器系数为：−1，+4，−11，+40，+40，−11，+4，−1；3/4 像素内插点所用的 7 抽头内插滤波器系数为：+1，−5，+17，+58，−10，+4，−1。

和整像素样点在同一垂直线上的内插点的亮度值用垂直方向内插滤波器产生，滤波器系数和水平方向一样。处于中间的 9 个内插点的亮度值则利用刚才内插出来的亚像素样点值，沿着上述的垂直方向 8 抽头、7 抽头内插滤波器产生，滤波器系数仍然和前面一样。

（2）色度分量亚像素样点内插

对于 4:2:0 采样格式的数字视频，色度分量整像素样点的距离比亮度分量大一倍，要达到和亮度分量同样的插值密度，其插值精度需为 1/8 色度像素。色度分量的预测值由一维 4 抽头内插滤波器用类似亮度的方法得到。

和整像素样点在同一水平线上的内插点的色度值用水平方向的 4 抽头内插滤波器产生，滤波器系数如表 5-10 所示。

表 5-10 4 抽头内插滤波器系数

1/8 像素内插点	−2，+58，+10，−2，
2/8 像素内插点	−4，+54，+16，−2，
3/8 像素内插点	−6，+46，+28，−4，
4/8 像素内插点	−4，+36，+36，−4，
5/8 像素内插点	−4，+28，+46，−6，
6/8 像素内插点	−2，+16，+54，−4，
7/8 像素内插点	−2，+10，+58，−2，

和整像素样点在同一垂直线上的内插点的色度值用垂直方向的 4 抽头内插滤波器产生，滤波器系数和水平方向一样，如表 5-10 所示。

处于中间的 49 个内插点的色度值则利用刚才内插出来的亚像素样点值，沿用上述的垂直方向 4 抽头滤波器产生，滤波器系数值仍然和前面一样。

3. 运动参数的编码模式

每一个帧间预测的 PU 含有一组运动参数（包括运动矢量、参考帧的索引值和参考帧列表的使用标记等）。HEVC 标准对这些运动参数的编码和传输有 3 种模式：Merge 模式、Skip 模式和 Inter 模式。Inter 模式是一种显式的方式，需要对当前编码 PU 的运动矢量（MV）进行预测编码和传输，以实现基于运动补偿的帧间预测。Merge 模式是一种隐式的方式，是 HEVC 引入的一种"运动合并"（Motion Merge）技术，它的概念与 H.264/AVC 中 SKIP 和 DIRECT 模式类似。所不同的是，在 Merge 模式下采用的是基于"竞争"机制的运动参数选择方法，即搜索周边已编码的帧间预测块，将它们的运动参数组成一个候选列表，由编码器选择其中最优的一个作为当前块的运动参数并编码其索引值。另一个不同点是，Merge 模式侧重于将当前块与周边已编码的预测块进行融合，形成运动参数一致的不规则区域，从而改进四叉树分解中固定的方块划分的缺点。HEVC 还定义了一种称为 Skip 的模式，这种模式与 2N×2N 的 Merge 模式类似，不同的是，Skip 模式中不需要对运动补偿后的预测残差进行编码，而直接将预测信号作为重构图像。

（1）Merge 模式

为了充分利用时间和空间的相关性，进一步提高编码效率，HEVC 新引入了运动合并（Motion Merge）技术，即 Merge 模式。Merge 模式将相邻的几个已编码预测块的运动参数组成候选列表，编码器按照率失真优化（Rate Distortion Optimization，RDO）准则，从候选列表中选出使其编码代价最小的候选运动参数，将其作为当前待编码 PU 的运动参数，这样在码流中就不需要传输当前待编码 PU 的运动参数，而只需要传输最佳候选运动参数的索引（Index），解码端根据索引在运动参数候选列表中找到匹配的运动参数，从而完成解码。Merge 模式适用于所有帧间预测情形。

在 Merge 模式中，候选列表中的候选预测块分为两类：空间上相邻的已编码块和时间上相邻的已编码块。在空间相邻的已编码块中，可以从图 5-31 所示的 5 个不同位置 $\{A_1、B_1、B_0、A_0、B_2\}$ 中依照 $A_1 \rightarrow B_1 \rightarrow B_0 \rightarrow A_0 \rightarrow (B_2)$ 的

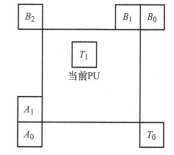

图 5-31 Merge 模式可选择的相邻已编码块的位置

次序最多选择其中的 4 个。需要注意的是，只有在 A_1、B_1、B_0、A_0 这 4 个位置的预测块中有任意一个不可用时，才考虑将 B_2 作为候选预测块。例如，若当前待编码 PU 为 $N×2N$、$nL×2N$ 或 $nR×2N$ 划分方式中的右侧 PU 时，则 A_1 不可作为候选预测块，否则合并后形成一个类似 $2N×2N$ 的预测块，候选预测块的选择次序是 $B_1→B_0→A_0→B_2$。同理，若当前待编码 PU 为 $2N×N$、$2N×nU$ 或 $2N×nD$ 划分方式中的下侧 PU 时，则 B_1 不可作为候选预测块，候选预测块的选择次序是 $A_1→B_0→A_0→B_2$。在时间相邻的已编码块中，最多可以从图 5-31 所示的两个不同位置 $\{T_0、T_1\}$ 中选择一个。如果对应参考帧中右下位置的预测块 T_0 的运动参数有效，那么就选 T_0 作为候选预测块，否则就选参考帧中与当前 PU 相同位置的预测块 T_1 作为候选预测块。

在候选块的选择过程中，要去除其中运动参数重复的候选块，同时还要去除其中使得与当前预测块合并后形成一个等同于 $2N×2N$ 的预测块的候选块。当候选块的个数不超过设定的最大值 MaxNumMergeCand（默认值为 5）时，由已有的候选块的运动参数产生新的运动参数或者用 0 进行填补。这样，运动参数候选值的个数则固定为一个设定的值，使得解码所选候选值的索引值时不依赖于候选列表的选择过程，这样有利于解码时的并行处理，并提高容错能力。

（2）Inter 模式

在 Inter 模式中，需要对运动矢量进行差分预测编码和传输。运动矢量的预测利用到了相邻块运动矢量在时间和空间上的相关性。与 Merge 模式相类似，在运动矢量预测过程中，主要是两种类型的候选运动矢量的推导：空域候选运动矢量和时域候选运动矢量。在空域候选运动矢量的选择中，从 5 个不同位置的相邻块运动矢量中选出 2 个空域候选运动矢量。其中，一个候选运动矢量是从当前编码 PU 的左侧相邻块，即图 5-31 中的 $\{A_1、A_0\}$ 中选出；另一个候选运动矢量则从当前编码 PU 的上侧相邻块，即图 5-31 中的 $\{B_1、B_0、B_2\}$ 中选出。Inter 模式候选运动矢量的个数固定为 2 个，当以上选择的候选运动矢量少于 2 个时，则加入时域候选运动矢量，选择的方法与 Merge 模式相同。最后，若候选运动矢量的个数仍然小于 2，则用值为 0 的运动矢量填补，直到候选运动矢量的个数等于 2。

5.6.5　变换与量化

1. 整数变换

HEVC 采用的变换运算和 H.264 类似，也是一种对预测残差进行近似 DCT 的整数变换，但为适应较大的编码单元而进行了改进。HEVC 中的 DCT 变换有 4 种大小：32×32、16×16、8×8 和 4×4。每一种大小的 DCT 变换都有一个相对应的同样大小的整数变换系数矩阵，且都采用蝶形算法进行计算。大块的变换能够提供更好的能量集中效果，并能在量化后保存更多的图像细节，但是却带来更多的振铃效应。因此，根据当前块像素数据的特性，自适应的选择变换块大小可以得到较好的效果。

HEVC 在一个编码单元（CU）内进行变换运算时，可以将 CU 按照编码树层次细分，从 32×32 直至 4×4 的小块。例如一个 16×16 的 CU 可以用一个 16×16 的变换单元（TU）进行变换，或者 4 个 8×8 的 TU 进行变换。其中任意一个 8×8 的 TU 还可以进一步分为 4 个 4×4 的 TU 进行变换。变换运算的顺序和 H.264/AVC 不同，变换时首先进行列运算，然后再进行行运算。HEVC 的整数变换的基矢量具有相同的能量，不需要对它们进行调整或补偿，而且对 DCT 的近似性要比 H.264/AVC 好。

对于 4×4 块的亮度分量帧内预测残差的编码，HEVC 特别指定了一种基于离散正弦变换（Discrete Sine Transform，DST）的整数变换。在帧内预测块中，那些接近预测参考像素的像素，如左上边界的像素将获得比那些远离参考像素的像素预测得更精确，预测误差较小，而远离边界的像素预测残差则比较大。DST 对编码这一类的残差效果比较好。这是因为不同 DST 基函数在起始处很小，往后逐步增大，和块内预测残差变化的趋势比较吻合，而 DCT 基函数在起始处大，往后逐步衰减。

2. 率失真优化的量化

HEVC 的量化机理和 H. 264/AVC 基本相同，是在进行近似 DCT 的整数变换时一并完成的。

量化是压缩编码产生失真的主要根源，因此选择恰当的量化步长，使失真和码率之间达到最好的平衡就成了量化环节的关键问题。HEVC 中的量化步长是由量化参数（QP）标记的，共有 52 个等级（0~51），每一个 QP 对应一个实际的量化步长。QP 的值越大表示量化越粗，将产生的码率越低，当然带来的失真也会越大。HEVC 采用了率失真优化的量化（Rate Distortion Optimized Quantization，RDOQ）技术，在给定码率的情况下选择最优的量化参数使重建图像的失真最小。

量化操作是在变换单元（TU）中分别对亮度和色度分量进行的。在 TU 中所有的变换系数都是按照一个特定的量化参数（QP）统一进行量化和反量化的。HEVC 的 RDOQ 可比 H. 264/AVC 提高编码效率 5%左右（亮度），当然带来的负面影响是计算复杂度的增加。

5.6.6　环路滤波

环路滤波（Loop Filtering）位于编码器预测环路中的反量化/反变换单元之后、重建的运动补偿预测参考帧之前。因而，环路滤波是帧间预测环路的一部分，属于环内处理，而不是环外的后处理。环路滤波的目标就是消除编码过程中预测、变换和量化等环节引入的失真。由于滤波是在预测环路内进行的，减少了失真，存储后为运动补偿预测提供了较高质量的参考帧。

HEVC 指定了两种环路滤波器，即去方块效应滤波器（DeBlocking Filter，DBF）和样值自适应偏置（Sample Adaptive Offset，SAO）滤波器，均在帧间预测环路中进行。

1. 去方块效应滤波器

方块效应是由于采用图像分块压缩方法所形成的一种图像失真，尤其在块的边界处更为惹眼。为了消除这类失真，提高重建视频的主观和客观质量，H. 264/AVC 在方块的边界按照"边界强度"进行自适应低通滤波，又称去方块效应滤波。HEVC 也使用了类似的环内去方块效应滤波来减轻各种单元边界（如 CU、PU、TU 等）的块效应。HEVC 为了减少复杂性，利于简化硬件设计和并行处理，不对 4×4 的块边界滤波，且仅定义了 3 个边界强度等级（0、1 和 2），仅对边界附近的像素进行滤波，省却了对非边界处像素的处理。在滤波前，对于每一个边界需要判定是否需要进行去方块效应滤波？如果需要，还要判定到底是进行强滤波还是弱滤波。判定是根据穿越边界像素的梯度值以及由此块的量化参数 QP 导出的门限值共同决定的。HEVC 的去方块效应滤波对需要进行滤波的各类边界统一进行，先对整个图像的所有垂直边界进行水平方向滤波，然后再对所有的水平边界进行垂直方向滤波。

2. 样值自适应偏置

样值自适应偏置（SAO）是 HEVC 中新引入的一项提高解码图像质量的工具，作用于去方块效应滤波之后的解码图像。它先按照像素的灰度值或边缘的性质，将像素分为不同的类型，然后按照不同的类型为每个像素值加上相应的偏置量，从而降低图像的整体失真并减少振铃效应。采用 SAO 后，平均可以减少 2%~6%的码流，而编解码器的复杂度仅增加约 2%。

HEVC 中 SAO 处理的基本单元是 CTB。对于每个 CTB，SAO 可以使用/禁用一种或者两种模式：带状偏置（Band Offset，BO）模式和边缘偏置（Edge Offset，EO）模式。编码器对图像的不同区域选择施加 BO 模式或 EO 模式的偏置，并在码流中给出相应的标识。

BO 模式将像素值从 0 到最大值分为 32 个相等的间隔——"带"（Band），例如，对 8bit 量化而言，有 256 个灰度级，则设定带的宽度为 256/32 = 8，每个带所包含的像素值都比较相近。如果某个 CTB 的亮度值分布在 4 个相邻的带中间，说明这原本是一个比较平坦的图像区域，这样的区域容易出现带状干扰和边缘振荡效应，则需对这些像素值施加偏置量（可正可负），使像素值的分布趋向更集中。当然这个偏置量也要作为带状偏置传输到解码端。

EO 模式是对某个特定边缘方向的像素依据其与相邻像素灰度值的差异进行分类，从而对不同类别的像素分别加上相应的偏置值。EO 模式使用一种如图 5-32 所示的"三像素结构"来对所处理的像素进行分类，定义了水平、垂直、135°和45°四个方向的结构。图 5-32 中，c 表示当前待处理的像素，a 和 b 表示两个相邻的像素。

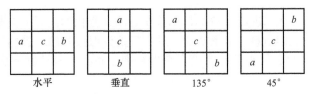

图 5-32　三像素结构示意图

通过比较像素 c 与 a、b 的灰度值，将当前像素分为 4 类。分类的准则如表 5-11 所示。其中，类别 1 表示当前像素为谷底像素（其值小于相邻的 2 个像素），类别 4 表示当前像素为波峰像素（其值大于相邻的 2 个像素）；类别 2 和类别 3 分别表示当前像素为凹拐点和凸拐点；类别 0 表示其他情况，不进行边缘补偿。对类别 1 和类别 2 加上正的偏置值可以达到平滑的目的。相反，对类别 3 和类别 4 加上负的偏置值是起到平滑的作用。在编码偏置值时无需对符号进行编码，而是根据像素类别的不同判定偏置值的符号，从而减少编码偏置值所需的比特数。

表 5-11　边缘像素分类的准则

类　　别	准　　则
1	$c<a$ 且 $c<b$
2	（$c<a$ 且 $c=b$）或（$c=a$ 且 $c<b$）
3	（$c>a$ 且 $c=b$）或（$c=a$ 且 $c>b$）
4	$c>a$ 且 $c>b$
0	其他

5.6.7　上下文自适应的熵编码

常见的熵编码包括较为简单的变长编码（如 Huffman 编码）和效率较高的算术编码两大类。如果将编码方式和编码的内容联系起来，则可获得更高的编码效率，这就是常见的上下文自适应的变长编码（Context-Adaptive Variable Length Coding，CAVLC）和上下文自适应的二进制算术编码（Context-Adaptive Binary Arithmetic Coding，CABAC）。这两类熵编码都是高效、无损的熵编码方法，尤其是在高码率的情况下更是如此，此时量化参数（QP）比较小，码流中变换系数占绝大部分。当然其计算量也较之常规的变长编码、算术编码要高。

HEVC 标准中使用的上下文自适应的二进制算术编码（CABAC）与 H.264/AVC 中使用的 CABAC 基本类似，除了上下文建模过程中概率码表需要重新布置以外，在算法上并没有什么变化。但是 HEVC 充分考虑了提高熵编码器的吞吐率和并行化，以适应编码高分辨率视频时的实时性要求。因此，HEVC 中 CABAC 编码器的上下文数量、数据间的相互依赖性减少，对相同上下文的编码符号进行组合、对通过旁路编码的符号进行组合，同时减少解析码流时的相互依赖性以及对内存读取的需求。

CABAC 编码主要包括以下三个模块。

1. 语法元素的二值化

与 H.264/AVC 类似，HEVC 标准采用了相似的几种二值化编码方式，主要有截断一元（Truncated unary）编码、截断 Rice（Truncated Rice）编码、k 阶指数哥伦布（k-th order Exp-Golomb）编码以及定长编码。二值化的输入是帧内或帧间预测的预测信息以及变换量化后的残差信息，输出是对应的二进制字符串。

2. 上下文建模

实际计算过程中，输入二进制字符的概率分布是动态变化的，所以需要维护一个概率表格来保存每个字符概率变化的信息。上下文建模过程就是根据输入的二进制字符串和相应的编码模式，提取保存的概率状态值来估计当前字符的概率，并在字符计算完成后对其状态值进行刷新。

3. 算术编码

算术编码模块采用区间递进的原理根据每个字符串的概率对字符流进行编码，不断更新计算区间的下限 low 值和长度 length 值。

5.6.8　并行化处理

当前集成电路芯片的架构已经从单核逐渐往多核并行方向发展，因此为了适应并行化程度非常高的芯片实现，H.265/HEVC 引入了很多并行运算的优化思路。

1. 条带的划分

与 H.264/AVC 类似，HEVC 也允许将图像帧划分成一个或多个"条带"（Slice），即一帧图像是一个或多个条带的集合。条带是帧中按光栅扫描顺序排列的编码树单元（CTU）序列。每个条带可以独立解码，因为条带内像素的预测编码不能跨越条带的边界。所以，引入"条带"结构的主要目的是为了在传输中遭遇数据丢失后实现重同步。每个条带可携带的最大比特数通常受限，因此根据视频场景的运动程度，条带所包含的 CTU 数量可能有很大不同。每个条带可以按照编码类型的不同分为如下 3 种类型：

1）I 条带（I slice）：I 条带中的所有编码单元（CU）都仅使用帧内预测进行编码。

2）P 条带（P slice）：P 条带中的有些编码单元（CU）除了使用帧内预测进行编码外，还可以使用帧间预测进行编码。在帧间预测时，每个预测块（PB）至多只有一个运动补偿预测信号，即单向预测，并且只使用参考图像列表 0。

3）B 条带（B slice）：B 条带中的有些编码单元（CU）除了使用 P 条带中所用的编码类型进行编码外，还可以使用帧间双向预测进行编码，即每个预测块（PB）至多有两个运动补偿预测信号，既可以使用参考图像列表 0，也可以使用参考图像列表 1。

图 5-33 示例了一帧图像划分为 N 个条带的情形，条带的划分以 CTU 为界。为了支持并行运算和差错控制，某一个条带可以划分为更小的条带，称之为"熵条带"（Entropy Slice，ES）。每个 ES 都可独立地进行熵解码，而无须参考其他的 ES。如在多核的并行处理中，就可以安排每个核单独处理一个 ES。在 HEVC 的码流中，网络抽象层（Network Abstraction Layer，NAL）比特流的格式符合 H.264/AVC 的 Annex B，但是在 NAL 头信息增加了 1 B 的 HEVC 标注信息。每个条带编码为一个 NAL 单元，其容量小于等于最大传输单元（Maximum Transmission Unit，MTU）容量。

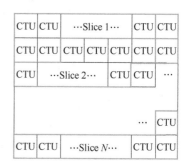

图 5-33　一帧图像划分为 N 个条带（Slice）的示例

2. 片的划分

除了"条带"之外，HEVC 还新引入了"片"（Tile）的划分，其主要目的是为了增强编解码的并行处理能力。片是一个自包容的、可以独立进行解码的矩形区域，包含多个按矩形排列的 CTU。每个片中包含的 CTU 数目不要求一定相同，但典型情况下所有片中的 CTU 数相同。通过将多个片包含在同一个条带中，可以共享条带的头信息。反之，一个片也可以包含多个条带。图 5-34 示例了一帧图像划分为 N 个片的情形。在编码时，图像中的片是按照光栅扫描顺序进行处理，每个片中的 CTU 也是按照光栅扫描顺序进行。在 HEVC 中，允许条带和片在同一图像帧中同时使用，既可以一个条带中包含若干个片，也可以一个片中包含若干个条带。

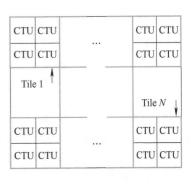

图 5-34　一帧图像划分为 N 个片（Tile）的示例

3. 波前并行处理

考虑到高清、超高清视频编码的巨大运算量，HEVC 提供了基于条带和基于片的便于并行编码和解码处理的机制。然而，这样又会引起编码性能的降低，因为这些条带和片是独立预测的，打破了穿越边界的预测相关性，每个条带或片的用于熵编码的统计必须从头开始。为了避免这个问题，HEVC 提出了一种称为波前并行处理（Wavefront Parallel Processing，WPP）的熵编码技术，在熵编码时不需要打破预测的连贯性，尽可能多地利用上下文信息。

波前并行处理按照 CTU 行进行。不论是在编码过程还是解码过程中，一旦当前 CTU 行上的前两个 CTU 的编解码完成后，即可开始下一 CTU 行的处理，通常开启一个新的并行线程（Thread），其过程如图 5-35 所示。之所以在处理完当前 CTU 行上的前两个 CTU 之后才开始下一 CTU 行的熵编码，是因为帧内预测和运动矢量预测是基于当前 CTU 行上侧和左侧的 CTU 的数据。WPP 熵编码参数的初始化所需要的信息是从这两个完全编码的 CTU 中得到的，这使得在新的编码线程中使用尽可能多的上下文信息成为可能。使用波前并行处理的熵编码技术，相对于每个 CTU 行独立编码有更高的编码效率，相对于串行编码来说有更好的并行处理能力。

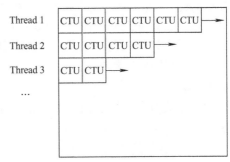

图 5-35　波前并行处理示意图

5.6.9　HEVC 的语法和语义

为了和现已广泛使用的 H.264/AVC 编码器尽量兼容，HEVC 编码器也使用 H.264/AVC 的 NAL 单元语法结构。每个语法结构放入 NAL 单元这一逻辑数据包中。利用 2 字节的 NAL 单元头，容易识别携带数据的内容类型。为了传输全局参数（如视频序列的分辨率、彩色格式、最大参考帧数、起始 QP 值等），采用 H.264/AVC 的序列参数集（Sequence Parameter Set，SPS）和图像参数集（Picture Parameter Set，PPS）语法和语义。HEVC 的条带（Slice）的头信息的语法和语义同 H.264/AVC 的语法和语义非常接近，只是增加了一些必要的新的编码工具。

5.6.10　HEVC 的类、级和层

为了提供应用的灵活性，HEVC 设置了编码的不同的类（Profile）、级（Level）和层（Tier）。

1. 类

类规定了一组用于产生不同用途码流的编码工具或算法，也就是一组编码工具或算法的集合。目前，HEVC 标准定义了三种类：主类（Main Profile）、主 10 类（Main 10 Profile）和主静态图像类（Main Still Picture Profile）。

主类支持每个颜色分量以 8bit 表示。

主 10 类支持每个颜色分量以 8bit 或者 10bit 表示。表示颜色的比特数越多，颜色种类就越丰富。10bit 的精度将改善图像的质量，并支持超高清电视（UHDTV）采用的 Rec. 2020 颜色空间。

主静态图像类允许静态图像按照主类的规定进行编码。

目前，上述三个类存在以下限制条件。

1）仅支持 4∶2∶0 的色度采样格式。

2）波前并行处理（WPP）和片（Tile）结构可选。若选用了 Tile 结构，便不能使用 WPP，且每一个 Tile 的大小至少应为 64 像素高×256 像素宽。

3）主静态图像类不支持帧间预测。

4）解码图像的缓存容量限制为 6 幅图像，即该类的最大图像缓存容量。

未来的类扩展主要集中在比特深度扩展、4∶2∶2 或 4∶4∶4 色度采样格式、多视点视频编码和可分级编码等方面。

2. 级

目前，HEVC 标准设置了 1、2、2.1、3、3.1、4、4.1、5、5.1、5.2、6、6.1、6.2 等 13 个不同的级。一个"级"实际上就是一套对编码比特流的一系列编码参数的限制，如支持 4∶2∶0 格式视频，定义的图像分辨率从 176×144（QCIF）到 7680×4320（8K×4K），限定最大输出码率等。如果说一个解码器具备解码某一级码流的能力，则意味着该解码器具有解码这一级以及低于这一级所有码流的能力。

3. 层

对于 4、4.1、5、5.1、5.2、6、6.1、6.2 级，按照最大码率和缓存容量要求的不同，HEVC 设置了两个层（Tier）：高层（High Tier）和主层（Main Tier）。主层可用于大多数场合，要求码率较低；高层可用于特殊要求或高需求的场合，允许码率较高。对于 1、2、2.1、3、3.1 级，仅支持主层（Main Tier）。

符合某一层/级的解码器应能够解码当前以及比当前层/级更低的所有码流。

5.7　AVS1 视频编码标准

拓展阅读

AVS1-P2
标准简介

　　AVS 视频编码标准主要是为了适应数字电视广播、数字存储媒体、因特网流媒体、多媒体通信等应用中大尺寸、高质量的运动图像压缩的需要而制定的。它以 H.264 框架为基础，强调自主知识产权，同时充分考虑了实现的复杂度，进行了针对性的优化。可以说，AVS 视频编码标准是在 H.264 的基础上发展起来的，采用了 H.264 中的优秀算法思想，但为了避开专利问题，又不得不放弃 H.264 标准采用的一些核心技术。因而，从总体框架结构上说，AVS 视频编码标准和 H.264 非常相似，但在技术细节上作了较多的改动，以适应高清晰度数字电视等应用目标的具体需求。

5.7.1　AVS1-P2

1. AVS1-P2 编码器框架

与 H.264 类似，AVS1-P2 也采用混合编码框架，主要包括帧内预测、帧间预测、变换与量化、环路滤波、熵编码等技术模块，其编码器的原理框图如图 5-36 所示，其中 S_0 是帧内/帧间预测模式选择开关。

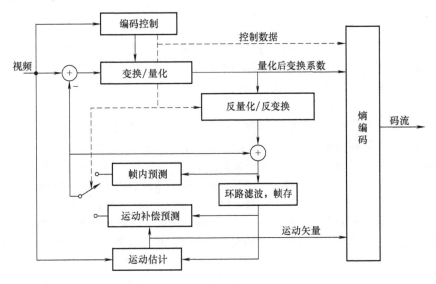

图 5-36　AVS1-P2 编码器原理框图

2. AVS1-P2 视频码流的分层结构

AVS1-P2 标准采用了与 H.264 类似的比特流分层结构，视频基本码流共分为五层，从高到低依次为视频序列层、图像层（帧层）、条带层、宏块层、块层，如图 5-37 所示。

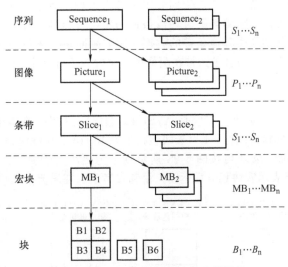

图 5-37　AVS1-P2 视频码流的分层结构

（1）视频序列

视频序列是 AVS1-P2 视频编码比特流的最高层语法结构。它包含序列头和图像数据，图像数据紧跟在序列头后面。为了支持随机访问视频序列，序列头可以重复插入比特流，图像数据可以包含一帧或多帧图像。序列头以视频序列起始码作为序列开始的标志，而序列结束码则代表序列完结。AVS1-P2 中所有起始码均由前缀和码值组成并按字节对齐，其长度为 4B。前缀占据前 3 个字节，表明该码流为起始码；码值为最后一个字节，表示具体的起始码类型。

AVS1-P2 标准规定了两种不同的序列：逐行序列和隔行序列。隔行扫描帧图像由两场组成，每场又由若干行组成，奇数行和偶数行各构成一场，分别称为顶场和底场。帧和场的邻近行相关性并不相同。帧的邻近行空间相关性强，时间相关性弱，因为某行的邻近行（下一行）要一场扫描完才能被扫描，在压缩静止图像或运动量不大的图像时采用帧编码方式。场的邻近行时间相关性强，空间相关性差，因为场的一行扫描完毕，接着对场中下一行扫描。因此对运动量大的图像常采用场编码方式。在比特流中，隔行扫描图像的两场的编码数据可依次出现，也可交织出现。两场数据的解码和显示顺序在图像头中规定。

（2）图像

图像也就是通常所说的一帧图像，每帧图像数据以图像头开始，后面跟着具体图像数据，出现三种情况代表图像数据结束：下一序列开始、序列结束或下一帧图像开始。

解码器的输出是一系列帧，两帧之间存在着一个帧时间间隔。对隔行序列而言，每帧图像的两场之间存在着一个场时间间隔。对逐行序列而言，每帧图像的两场之间时间间隔为 0。

AVS1-P2 标准定义了三种图像编码类型：I 帧、P 帧、B 帧。I 帧以当前帧内已编码像素为参考，只能以帧内预测模式编码。P 帧则最多可参考前向的两帧已编码图像和帧内像素，可以采用帧内预测和帧间预测模式编码。对 P 帧编码时，参考帧应向四周外扩 16 个像素，以便当运动矢量所引用的像素超出参考图像的边界时使用，外扩位置的整数样本值取与该位置最近的图像边缘的整数样本值。B 帧可参考一前一后的两帧图像。如果视频序列中没有 B 帧，解码顺序与显示顺序相同。如果视频序列中包含 B 帧，解码顺序与显示顺序不同，解码图像输出显示前应进行图像重排序。

（3）条带

条带是一帧图像中按光栅扫描顺序连续的若干宏块行。AVS1-P2 中采用的条带划分与 H.264 不同，它采用了简单的按整个宏块行划分的方式，即同一行的宏块只能属于一个条带，而不会出现一行宏块分属不同条带的情况。按条带划分图像是为了增强抗干扰能力，同时也增加并行性方便同时处理各条带。因而实际编解码时均以条带为单位进行独立编码，无论是帧内编码还是帧间编码均不能使用当前图像中其他条带的数据，比如帧间运动矢量预测时便不能使用属于其他条带的相邻块。条带头信息包含了条带在图像中的位置、条带量化参数等，之后是条带内部的各个宏块数据信息。

（4）宏块

条带可以进一步划分为宏块，宏块是 AVS1-P2 编解码过程的基本单元。1 个宏块大小为 16×16，对于 4:2:0 采样格式图像，1 个宏块包括 1 个 16×16 的亮度块和 2 个 8×8 色度块。为了支持不同模式的运动估计，宏块可按图 5-38 所示划分为更小的子块，这种划分用于运动补偿。图 5-38 中矩形里的数字表示宏块划分后运动矢量和参考索引在码流中的顺序。

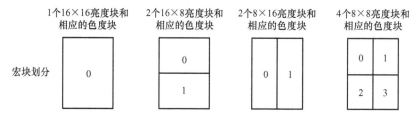

图 5-38 AVS1-P2 中的宏块划分

（5）块

宏块是 AVS1-P2 编码过程的基本单元，但无论是以哪种模式划分宏块，实际上码流处理时均以 8×8 块为最小的编码单元。

在 H.264 标准中，运动补偿预测和变换的最小单元都是 4×4 像素块。显然，块的尺寸越小，帧内和帧间的预测越准确，预测的残差越小，便于提高压缩效率；但同时更多的运动矢量和帧内预测模式等附加信息的传递将花费更多的比特。实验表明，在高分辨率情况下，8×8 块的性能比 4×4 块更优，因此在 AVS1-P2 中的最小块单元为 8×8 像素。

3. 主要技术

（1）帧内预测

帧内预测技术用于去除当前图像中的空间冗余度。由于当前被编码的块与相邻的块有很强的相似性，因此在 AVS1-P2 中的帧内预测用于计算当前被编码的块与其相邻块之间的空间相关性，以提高编码效率。在帧内预测中，当前被编码的块由其上方及左方已解码的块来预测，上方或左方块应该与当前块属于同一条带，而且当隔行扫描图像的两场编码数据依次出现时，它们还应属于同一场。相邻已解码块在环路滤波前的重建像素值用来给当前块做参考。

AVS1-P2 的帧内预测技术沿袭了 H.264/MPEG-4 AVC 帧内预测的思路，用相邻块的像素预测当前块，采用基于空间域纹理方向的多种预测模式。

H.264/AVC 根据图像纹理细节的不同，将亮度信号的帧内预测分为 9 种 4×4 块的预测方式和 4 种 16×16 块的预测方式。但在 AVS1-P2 中，亮度块和色度块的帧内预测都是以 8×8 块为单位。亮度块采用 5 种预测模式，色度块采用 4 种预测模式，如表 5-12 所示。而色度块预测模式中有 3 种预测模式和亮度块预测模式相同，因此使得预测复杂度大大降低。实验结果表明，虽然 AVS1-P2 采用了较少的预测模式，但是编码质量并没有受到大的影响，相比 H.264 标准而言，只有很少的降低。

表 5-12　帧内预测模式

亮　度　块		色　度　块	
模　式	名　　称	模　式	名　　称
0	Intra _ 8×8 _ Vertical	0	Intra _ Chroma _ DC
1	Intra _ 8×8 _ Horizontal	1	Intra _ Chroma _ Horizontal
2	Intra _ 8×8 _ DC	2	Intra _ Chroma _ Vertical
3	Intra _ 8×8 _ Down _ Left	3	Intra _ Chroma _ Plane
4	Intra _ 8×8 _ Down _ Right	—	—

图 5-39 给出了 8×8 亮度块帧内预测方向示意图。图中的 4 种预测方向与表 5-12 相对应，分别为模式 0（垂直预测）、模式 1（水平预测）、模式 3（左下对角线预测）、模式 4（右下对角线预测），模式 2（DC 预测）没有预测方向。当前块内像素由其上边和左边的参考样本 r[i]（i = 0, …, 16）和 c[i]（i=0, …, 16）来预测，其中 r[0] 等于 c[0]。色度块的帧内预测模式和亮度块类似，分别为模式 0（DC 预测）、模式 1（水平预测）、模式 2（垂直预测）、模式 3（平面预测），相同位置的两个色度块 Cb、Cr 具有相同的最佳模式。

与 H.264 中以 4×4 块为单位的帧内预测相比，采用 8×8 块预测使得参考像素和待预测像素的距

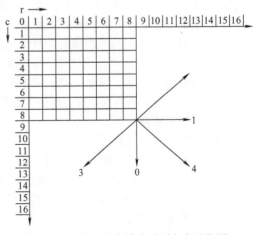

图 5-39　8×8 亮度块帧内预测方向示意图

离变大，从而减弱相关性，降低预测精确度。因此，AVS1-P2 中的 Intra _8×8 _ DC、Intra _8×8 _ Down _ Left 和 Intra _8×8 _ Down _ Right 模式先采用 3 抽头低通滤波器（1，2，1）对参考样本进行滤波。另外，在 AVS1-P2 的 DC 模式中，所有像素值均利用水平和垂直位置的相应参考像素值来预测，所以每个像素的预测值都可能不同。这种 DC 预测较之 H.264 中的 DC 预测更精确，这对于较大的 8×8 块大小来讲更有意义。总的来说，AVS1-P2 中预测模式比 H.264 少，所以复杂度低很多，但编码质量下降仅 0.05dB。

（2）帧间预测

帧间预测是混合编码中特别重要的一部分，用来消除视频序列的时间冗余，过程包含了帧间的运动估计（ME）和运动补偿（MC）。从图 5-38 可知，AVS1-P2 将用于帧间预测的块划分为四类：16×16、16×8、8×16 和 8×8。相比 H.264 而言，采用少的块划分能提高编码效率，降低编解码器实现的复杂度。

AVS1-P2 支持 P 帧和 B 帧两种帧间预测图像。P 帧至多采用两个前向参考帧进行预测；B 帧采用前、后各一个参考帧进行预测。与 H.264 的多参考帧相比，AVS1-P2 在不增加存储、数据带宽等资源的情况下，尽可能地发挥现有资源的作用，提高压缩性能。

P 帧有 5 种预测模式：P _ Skip（16×16）、P _ 16×16、P _ 16×8、P _ 8×16 和 P _ 8×8。P _ Skip（16×16）模式不对运动补偿的残差进行编码，也不传输运动矢量，运动矢量由相邻块的运动矢量通过缩放而得，并由得到运动矢量指向的参考图像获取运动补偿图像。对于后 4 种预测模式的 P 帧，每个宏块由两个候选参考帧中的一个来预测，而候选参考帧为最近解码的 I 或 P 帧。对于后 4 种预测模式的 P 场，每个宏块由最近解码的 4 个场来预测。

B 帧的双向预测有 3 种模式：跳过模式、对称模式和直接模式。在对称模式中，每个宏块只需传送一个前向运动矢量，后向运动矢量由前向运动矢量通过一定的对称规则获得，从而节省后向运动矢量的编码开销。在直接模式中，前向和后向运动矢量都是由后向参考图像中的相应位置块的运动矢量获得，无须传输运动矢量，因此也节省了运动矢量的编码开销。这两种双向预测模式充分利用了连续图像的运动连续性。

（3）亚像素精度的运动估计

由于物体运动的不规则性，使得参考块可能不处于整像素位置上。为了提高预测精度，AVS1-P2 和 H.264 标准一样，在帧间运动估计与运动补偿预测中，亮度和色度的运动矢量精度分别为 1/4 像素和 1/8 像素，因此需要相应的亚像素插值。但在具体插值滤波器的选择上，两者有很大的不同。H.264 采用 6 抽头滤波器（1/32，5/32，5/8，5/8，5/32，1/32）进行 1/2 像素插值，并采用双线性滤波器进行 1/4 像素插值。而 AVS1-P2 为了降低复杂度，简化了设计方案，亮度亚像素插值分成 1/2 像素和 1/4 像素插值两步。1/2 像素插值用 4 抽头滤波器 H1（−1/8，5/8，5/8，−1/8）。1/4 像素插值分两种情况：8 个一维 1/4 像素位置用 4 抽头滤波器 H2（1/16，7/16，7/16，1/16）；另外 4 个二维 1/4 像素位置用双线性滤波器 H3（1/2，1/2）。

与 H.264 的插值算法相比，AVS1-P2 的插值滤波器使用的参考像素点少，在不降低性能的情况下，降低了滤波器的复杂度，减少了数据带宽要求，有利于硬件实现，同时在高分辨率视频压缩应用中略显优势。

（4）整数变换与量化

MPEG-1、MPEG-2、MPEG-4、H.261、H.263 等标准均使用 8×8 离散余弦变换（DCT），但 DCT 变换存在正变换和反变换之间失配的问题。因此，AVS1-P2 和 H.264/AVC 均采用整数余弦变换（Integer Cosine Transform，ICT）代替传统的 DCT，从而克服了之前视频编码标准中变换编码存在的固有失配问题。

在变换块大小的选择上，H.264 标准使用 4×4 块的整数余弦变换；而在 AVS1-P2 标准中，由于最小块预测是基于 8×8 块大小的，所以，采用 8×8 块的整数余弦变换，这不仅避开了

H.264 专利问题，而且其性能也接近 8×8 离散余弦变换。AVS1-P2 采用的量化与变换可以在 16 位处理器上无失配地实现，而且 ICT 只需要加法和移位就可以直接实现。AVS1-P2 中的 8×8 二维 ICT 的变换矩阵为

$$T = \begin{bmatrix} 8 & 10 & 10 & 9 & 8 & 6 & 4 & 2 \\ 8 & 9 & 4 & -2 & -8 & -10 & -10 & -6 \\ 8 & 6 & -4 & -10 & -8 & 2 & 10 & 9 \\ 8 & 2 & -10 & -6 & 8 & 9 & -4 & -10 \\ 8 & -2 & -10 & 6 & 8 & -9 & -4 & 10 \\ 8 & -6 & -4 & 10 & -8 & -2 & 10 & -9 \\ 8 & -9 & 4 & 2 & -8 & 10 & -10 & 6 \\ 8 & -10 & 10 & -9 & 8 & -6 & 4 & -2 \end{bmatrix}$$

采用 ICT 进行变换和量化时，由于变换基矢量模的大小不一，因此需要对变换系数进行不同程度的缩放以达到归一化。为了减少乘法的次数，在 H.264 标准中，编码端将正向缩放与量化结合在一起操作，解码端将反向缩放与反量化结合在一起操作；在 AVS1-P2 中，则使用带 PIT（Pre-scaled Integer Transform）的 8×8 整数余弦变换技术，在编码端将正向缩放、量化、反向缩放结合在一起操作，而解码端只需要进行反量化，不需要进行反缩放，从而减少了解码器端的运算量。同 H.264 相比，AVS1-P2 解码器端的运算复杂度降低了 30%。

图 5-40 和图 5-41 分别给出了 H.264 中的整数变换与量化、AVS1-P2 中带 PIT 技术的整数变换与量化的示意图。

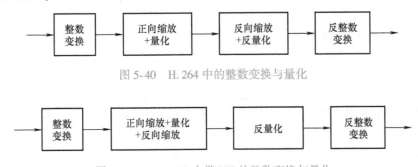

图 5-40　H.264 中的整数变换与量化

图 5-41　AVS1-P2 中带 PIT 的整数变换与量化

量化是编码过程中唯一带来损失的模块。在量化级数的选取上，H.264 标准采用 52 个量化级数，采用 QP（Quantization Parameter）值来索引，QP 值每增加 6，量化步长增加一倍。而 AVS1-P2 中采用总共 64 级近似 8 阶非完全周期性的量化，QP 值每增加 8，量化步长增加一倍。精细的量化级数使得 AVS1-P2 能够适应对码率和质量有不同要求的应用领域。

（5）环路滤波

基于块的视频编码有一个显著特性就是重建图像存在方块效应，特别是在低数码率的情况下。采用环路滤波去除方块效应，可以改善重建图像的主观质量，同时可提高压缩编码效率。

AVS1-P2 标准采用自适应环路滤波，即根据块边界两侧的块类型来确定块边界强度值（Boundary Strength，BS），对于不同的块边界强度值（BS）采取不同的滤波策略。帧内预测的块滤波强度最强，非连续性的运动补偿帧间预测的块滤波强度较弱，对连续性较好的块边界不进行滤波。在 AVS1-P2 中，BS 的取值有 3 个：2、1 和 0。如果边界两侧的块中任意一个块是采用帧内编码的，那么 BS 等于 2；如果两个相邻块有相同的参考帧，而且在两个运动矢量中任何一个分量差值小于一个整像素的时候，BS 等于 0；否则，BS 等于 1。当 BS 等于 2 或者是 1 时，将分别采用不同的滤波方式进行滤波，而当 BS 等于 0 时，不进行滤波。对于两个相邻块的边界，

滤波时最多关注两侧最靠近边界的 3 个像素，即最多涉及 6 个像素；而被修改的是两侧最靠近边界的 2 个像素，即最多 4 个像素的值被修改。滤波所涉及的边界包括宏块内部各个 8×8 块的边界和当前块与相邻宏块的上边界和左边界。除了图像和条带的边界之外，所有宏块的边界都应该进行环路滤波。

环路滤波在宏块编码完成之后进行，用光栅扫描的顺序进行处理，分别对亮度与色度进行环路滤波。首先从左到右对垂直边界进行环路滤波，然后从上到下对水平边界进行环路滤波，所以在进行垂直边界滤波之后所修改的像素值将会作为水平边界滤波时的值。如果宏块上边界和左边界像素值在之前的宏块滤波中被修改过，当前块就是用这些已经被修改过的像素值，并且可能再次修改这些像素的值。

由于 AVS1-P2 中变换和预测所使用的最小块都是 8×8 块，所以环路滤波也只在 8×8 块边界进行。与 H.264 对 4×4 块边界进行滤波相比，AVS1-P2 中需要进行滤波的块边界数大大减少。同时由于 AVS1-P2 中滤波点数、滤波强度分类数都比 H.264 中的少，大大减少了判断、计算的次数。环路滤波在解码端占有很大计算量，因此降低环路滤波的计算复杂度十分重要。

（6）熵编码

熵编码主要用于去除数据的统计冗余，是视频编码器的重要组成部分。H.264 标准采用了指数哥伦布码（Exp-Golomb）、基于上下文的自适应变长编码（CAVLC）、基于上下文的自适应二进制算术编码（CABAC）等熵编码技术。H.264 在基本类（Baseline Profile）中对块变换系数采用 CAVLC，而对其他的语法元素如运动矢量、宏块类型、编码块模式（CBP）、参考帧索引等采用指数哥伦布码；在主类（Main Profile）中采用 CABAC 编码各类语法元素和块变换系数。

AVS1-P2 中的熵编码主要有 3 类：定长编码、k 阶指数哥伦布编码（Exp-Golomb）和基于上下文的二维变长编码（2 Dimension-Variable Length Code，2D-VLC）。AVS1-P2 中所有语法元素均是根据定长码或 k 阶指数哥伦布码的形式映射成二进制比特流。一般来说，具有均匀分布的语法元素用定长码来编码，可变概率分布的语法元素则采用 0 阶指数哥伦布码来编码。对于 8×8 块变换量化后的残差系数则先采用 2D-VLC 编码，查表得到编码值 codenum 后，再采用 k 阶（$k=0$，1，2，3）指数哥伦布编码以得到二进制码流。采用指数哥伦布码的优点是：无须查表，只需要通过简单闭合公式实现编解码，一定程度上减少了熵编码中查表带来的访问内存的开销，硬件实现复杂度低，而且还可以根据编码元素的概率分布灵活地选择指数哥伦布编码的阶数，阶数选择得当能使编码效率逼近信息熵。

由于指数哥伦布码只能编码正整数的符号，因此，AVS1-P2 标准中规定了 4 种映射方式：ue（v）、se（v）、me（v）、ce（v），具体如表 5-13 所示。

表 5-13　AVS1-P2 中语法元素与 k 阶指数哥伦布码的映射关系

映射方式	语法元素描述	阶数 k	语法元素举例
ue（v）	无符号整数语法元素	0	宏块类型、色度帧内预测模式
se（v）	有符号整数语法元素	0	运动矢量、量化参数增量
me（v）	指数哥伦布编码的语法元素	0	编码块模式（CBP）
ce（v）	变长编码的语法元素	0，1，2，3	变换量化后的残差系数

变换量化后的量化残差系数经过 Zig-zag 扫描后形成多个（Run，Level）数据对，其中 Run 表示非零系数前连续零的个数，Level 表示一个非零系数的值。所谓的二维（2D），就是将（Run，Level）数据对视为一个事件联合编码。（Run，Level）数据对存在很强的相关性，且具有 Run 值呈现增大趋势、Level 值呈现减小趋势这两个特点，AVS1-P2 利用这种上下文信息，自适

应切换 VLC 码表来匹配（Run，Level）数据对的局部概率分布，提高编码效率。与以往标准中不同的变换块采用不同的码表相比，AVS1-P2 只需用到 19 张不同的 2D-VLC 码表，减少了码表的存储开销，同时也减少了查表所带来的内存访问开销。

5.7.2　AVS1-P2 与 H.264 的比较

AVS1-P2 与 H.264 都采用混合编码框架。AVS1-P2 的主要创新在于提出了一批具体的优化技术，在较低的复杂度下（大致估算，AVS1-P2 解码复杂度相当于 H.264 的 30%，AVS1-P2 编码复杂度相当于 H.264 的 70%）实现了与国际标准相当的技术性能，但并未使用国际标准背后的大量复杂的专利。AVS1-P2 当中具有特征性的核心技术包括：8×8 整数变换、量化、帧内预测、1/4 精度像素插值、特殊的帧间预测运动补偿、二维熵编码、去块效应环内滤波等。AVS1-P2 与 H.264 使用的关键技术对比和性能差异如表 5-14 所示。

表 5-14　AVS1-P2 与 H.264 使用的关键技术对比和性能差异估计

关键技术	MPEG-2 视频	H.264	AVS1-P2	AVS1-P2 与 H.264 性能差异估计（采用信噪比 dB 估算，括号内的百分比为数码率差异）
帧内预测	只在频率域内进行 DC 系数差分预测	基于 4×4 块，9 种亮度预测模式，4 种色度预测模式	基于 8×8 块，5 种亮度预测模式，4 种色度预测模式	基本相当
多参考帧预测	只有 1 帧	最多 16 帧	最多 2 帧	都采用两帧时相当，帧数增加性能提高不明显
变块大小运动补偿	16×16，16×8（场编码）	16×16，16×8，8×16，8×8，8×4，4×8，4×4	16×16，16×8，8×16，8×8	降低约 0.1dB（2%~4%）
B 帧宏块直接编码模式	无	独立的空间域或时间域预测模式，若后向参考帧中用于导出运动矢量的块为帧内编码时，只是视其运动矢量为 0，依然用于预测	时间域空间域相结合，当时间域内后向参考帧中用于导出运动矢量的块为帧内编码时，使用空间域相邻块的运动矢量进行预测	提高 0.2~0.3dB（5%）
B 帧宏块双向预测模式	编码前后两个运动矢量	编码前后两个运动矢量	称为对称预测模式，只编码一个前向运动矢量，后向运动矢量由前向导出	基本相当
1/4 像素运动补偿	仅在半像素位置进行双线性插值	1/2 像素位置采用 6 抽头滤波，1/4 像素位置采用线性插值	1/2 像素位置采用 4 抽头滤波，1/4 像素位置采用 4 抽头滤波，线性插值	基本相当
变换与量化	8×8 浮点 DCT 变换，除法量化	4×4 整数变换，编解码端都需要归一化，量化与变换归一化相结合，通过乘法、移位实现	8×8 整数变换，编码端进行变换归一化，量化与变换归一化相结合，通过乘法、移位实现	提高约 0.1dB（2%）
熵编码	单一 VLC 表，适应性差	CAVLC：与周围块相关性高，实现较复杂　CABAC：计算较复杂	上下文自适应 2D-VLC，编码块系数过程中进行多码表切换	降低约 0.5dB（10%~15%）

（续）

关键技术	MPEG-2 视频	H.264	AVS1-P2	AVS1-P2 与 H.264 性能差异估计（采用信噪比 dB 估算，括号内的百分比为数码率差异）
环路滤波	无	基于 4×4 块边缘进行，滤波强度分类繁杂，计算复杂	基于 8×8 块边缘进行，简单的滤波强度分类，滤波较少的像素，计算复杂度低	—
容错编码	简单的条带（Slice）划分	数据分割，复杂的 FMO/ASO 等宏块、条带组织机制，强制 Intra 块刷新编码，约束性帧内预测等	简单的条带划分机制足以满足广播应用中的错误掩盖、错误恢复需求	—

5.7.3　AVS+标准

1. AVS+标准的制定过程

为推动 AVS 自主创新技术产业化应用，促进我国民族企业的发展，国家广电总局与工信部于 2012 年 3 月 18 日共同成立"AVS 技术应用联合推进工作组"（以下简称"AVS 推进组"），进一步优化 AVS 技术，制定并颁布 AVS 的升级版——AVS+标准。

2012 年 3 月 18 日，AVS 推进组召开第一次会议，明确了在现有 AVS 国家标准和过去几年 AVS 加强类工作的基础上，积极纳新的技术，完善编码标准，以满足 3D 和高清电视广播的应用需求。2012 年 3 月 21 日，AVS 推进组发布《面向 3D 和高清电视广播应用的视频技术征集书》，编码效率的参照对象达到 MPEG-4 AVC/H.264 的 High Profile（简称 HP）。2012 年 7 月 10 日，国家广播电影电视总局正式颁布了广播电影电视行业标准《广播电视先进音视频编解码　第 1 部分：视频》，简称 AVS+标准，标准编号为 GY/T 257.1—2012，同时于颁布之日开始实施。

2. AVS+标准采用的新技术

AVS+标准在国家标准 GB/T 20090.2—2006《信息技术　先进音视频编码　第 2 部分：视频》（简称 AVS1-P2）的基础上，在熵编码、变换/量化、运动矢量预测等方面增加了 4 项新技术，如表 5-15 所示。

表 5-15　AVS+标准采用的新技术

序　号	技术名称	说　明
1	基于上下文的算术编码（CBCA）	算术编码，用于熵编码
2	图像级自适应加权量化（AWQ）	自适应量化矩阵，用于 DCT 变换后系数的量化，在图像级可调整
3	同极性场跳过模式编码	隔行视频中，P 帧跳过（P_Skip）宏块的运动矢量推导
4	增强场编码技术	隔行视频中，B 帧跳过（B_Skip）宏块与 B 帧直接（B_Direct）宏块的运动矢量推导

在熵编码方面，AVS+标准增加了一个基于上下文的算术编码（Context-Based Arithmetic Coding，CBAC），这是提高编码效率很关键的一个环节。

在变换/量化部分，AVS+标准增加了图像级自适应加权量化（Adaptive Weighting Quantization，AWQ）。

在运动矢量预测方面，AVS+标准针对我国的隔行扫描数字电视应用，对其中场编码的方法进行了增强。

AVS+标准前向兼容 AVS1-P2 标准，即符合 AVS+标准的解码器可以对 AVS1-P2 编码的视频码流进行解码。

3. AVS+和 H. 264 High 4∶2∶2 关键技术的比较

2013 年 8 月，国家广播电影电视总局广播电视计量检测中心对 AVS+高清编码器的图像质量进行了主观评价，并与市场上主流的 H. 264 高清编码器编码图像质量进行了对比。视频码率设置为 12Mbit/s，采用 8 个国内外高清测试序列，图像质量相对于源图像的质量下降百分比平均值分别为 9.0%（AVS+ Dualpass）、9.8%（AVS+ Singlepass）、8.8%（H. 264）。测试结果表明，在编码效率上，AVS+与 H. 264 基本相当。

AVS+和 H. 264 High 4∶2∶2 使用的关键技术对比如表 5-16 所示。从表 5-16 中可以看出 AVS+在预测、运动补偿、变换、熵编码等多个方面都有所改变。AVS+ 相对于 H. 264 High 4∶2∶2 更简单一些，对硬件资源的消耗更少，更易于硬件实现。

表 5-16　AVS+和 H. 264 High 4∶2∶2 关键技术的比较

序号	关 键 技 术	AVS+	H. 264 High 4∶2∶2
1	帧内预测	基于 8×8 块；亮度分量 5 种预测模式；色度分量 4 种预测模式	4×4 亮度块 9 种预测模式；8×8 亮度块 9 种预测模式；16×16 亮度块 4 种预测模式；4×4 色度块 4 种预测模式
2	变块尺寸运动补偿	16×16、16×8、8×16、8×8	16×16、16×8、8×16、8×8、8×4、4×8、4×4
3	多参考帧	最多 2 个参考帧或 4 个参考场	最多 16 个参考帧
4	1/4 像素插值	1/2 像素位置采用 4 抽头滤波；1/4 像素位置采用 4 抽头滤波或线性插值	1/2 像素位置采用 4 抽头滤波；1/4 像素位置线性插值
5	B 帧编码	时空域相结合的直接模式；对称模式	独立的时域或空域直接模式
6	变换	8×8 整数变换、编码端进行变换归一化	4×4 整数变换，解码端需进行变换归一化；8×8 整数变换
7	量化	标量量化；与变换归一化相结合；加权量化	标量量化；与变换归一化相结合；加权量化
8	熵编码	C2DVLC、CBAC	CAVLC、CABAC
9	去块效应滤波	8×8 块边界；补偿环内	4×4 块边界；补偿环内
10	容错编码	条带划分	条带划分
11	帧编码类型	帧、场	帧、场帧、场、PAFF、MBAFF
12	采样格式	4∶2∶2、4∶2∶0	4∶2∶2、4∶2∶0

5.8　AVS2 视频编码标准

在第一代 AVS 标准成功颁布后，为了满足超高清视频以及 3D 视频业务的需求，AVS 工作组于 2011 年启动了第二代 AVS 标准，即《信息技术 高效多媒体编码》标准（简称 AVS2）的制定工作。2016 年 5 月 6 日,《高效音视频编码 第 1 部分:视频》由国家新闻出版广电总局颁布为广播电影电视行业标准,标准代号为 GY/T 299.1—2016。2016 年 12 月 30 日,《信息技术 高效多媒体编码 第 2 部分:视频》正式通过中国国家标准化管理委员会审查,由国家质检总局和国家标准化管理委员会颁布为国家标准,标准代号为 GB/T 33475.2—2016,简称 AVS2-P2。

AVS2 基准档次是 AVS2-P2 的基础,面向最重要的高清和超高清视频应用,其编码技术构成了整个 AVS2-P2 的基本框架。AVS2-P2 视频编码采用了与 AVS1-P2、H.265/HEVC 类似的混合编码框架,包括帧内预测、帧间预测、变换、量化、熵编码、自适应环路滤波等模块。

相对于 AVS1-P2,AVS2-P2 的编码效率提高了一倍以上。AVS2-P2 高效的编码效率主要源于它集成了以下一些高效的编码工具:

1)更加灵活划分的块结构。

2)在帧内预测方面,采用更加精细的帧内预测方向,采用了短距离帧内预测(Short Distance Intra Prediction,SDIP)、双线性(Bilinear)插值预测来提高帧内预测精度,新增了亮度导出模式(Derived Mode,DM)来提升色度块的帧内预测精度。

3)在帧间预测方面,新增了一种支持方向性多假设预测(Directional Multi-Hypothesis Prediction,DMH)和时域前向双假设预测的 F 帧,引入了渐进的运动矢量精度调整算法。

4)在变换方面,AVS2-P2 与 H.265/HEVC 的差异较多,例如,H.265/HEVC 中的变换单元(TU)的大小最大到 32×32,对 4×4 的帧内预测残差块使用离散正弦变换(DST);而 AVS2-P2 中 TU 的大小最大到 64×64,对帧内残差变换系数使用了二次变换,对低频系数的 4×4 块再进行 4×4 变换,从而进一步降低低频 DCT 系数之间的相关性,使能量更加集中。

5)在熵编码方面,AVS2 对量化后的变换系数采用了两级"之字形"(Zig-Zag)扫描,即将每个变换单元(TU)的变换系数划分成若干个 4×4 大小的系数组(Coefficient Group,CG),先对 CG 进行"之字形"扫描,再对每个 CG 内的变换系数进行"之字形"扫描。

6)AVS2 在采用去块效应滤波和样值自适应偏置补偿(Sample Adaptive Offset,SAO)的基础上,还新增了自适应环路滤波器(Adaptive Loop Filter,ALF),以进一步提高重构图像质量。

5.8.1 灵活划分的块结构

为了满足高清和超高清分辨率视频对压缩效率的要求,与 H.265/HEVC 类似,AVS2 中也采用了灵活的基于四叉树的块划分结构。待编码的一帧图像先被划分成固定大小的互不重叠的最大编码单元(Largest Coding Unit,LCU),然后按四叉树的方式递归划分为一系列更小的编码单元(Coding Unit,CU),编码单元大小为 $L \times L$,L 的取值可以是 8、16、32 或 64。每个 CU 包含一个亮度编码块和对应的两个色度编码块,下文中提到的编码单元的大小指对应亮度编码块的大小。与传统的宏块相比,基于四叉树划分的块结构更加灵活。同时,AVS2 还采用了灵活的预测单元(Prediction Unit,PU)和变换单元(Transform Unit,TU)。

图 5-42 给出了 LCU 大小为 64×64 时基于四叉树的编码单元划分示意图。

预测单元(PU)是进行帧内预测和帧间预测的基本单元,它的尺寸不能超过当前所属的CU。在 AVS2 中,对于预测单元(PU)的划分也更加灵活,在上一代标准中的正方形帧内预测块的基础上,增加了非正方形的帧内预测块划分,同时,帧间预测块也在对称划分的基础上,增加了 4 种非对称的划分方式。

对于帧间(inter)预测模式,PU 的划分共有 8 种划分方式,包括 $2N×2N$、$N×N$、$2N×N$ 和 $N×2N$ 四种对称运动划分(Symmetric Motion Partition,SMP)方式以及 $2N×nU$、$2N×nD$、$nL×2N$ 和 $nR×2N$ 四种非对称运动划分(Asymmetric Motion Partition,AMP)方式,如图 5-43 所示。其中非对称运动划分方式适用于 16×16 像素及以上的 CU 大小。对于帧内(intra)预测,AVS2 共有 4 种 PU 的划分方式。除了正方形划分方式外,AVS2 采用了短距离帧内预测(Short Distance Intra-

Prediction，SDIP），引入了非正方形的划分方式，可以有效地缩短平均预测距离，从而提高预测的精度。具体而言，对于 32×32 及 16×16 大小的帧内预测 CU，除去已有的 $2N \times 2N$ 及 $N \times N$ 两种划分方式外，新增了 $0.5N \times 2N$ 及 $2N \times 0.5N$ 两种划分方式。AVS2 中帧内预测单元的划分方式如图 5-44 所示。

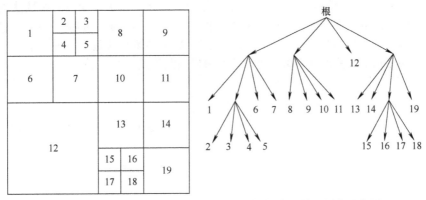

图 5-42　LCU 大小为 64×64 时基于四叉树的编码单元划分示意图

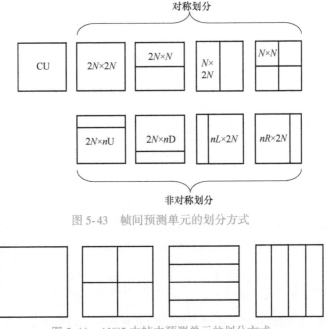

图 5-43　帧间预测单元的划分方式

图 5-44　AVS2 中帧内预测单元的划分方式

　　一个 CU 以 PU 为单位进行帧内/帧间预测，预测残差通过变换和量化来实现进一步压缩。变换单元（TU）是对预测残差进行变换和量化的基本单元，与 PU 一样，定义在 CU 之中。对于帧内（intra）预测模式，TU 同 PU 绑定，大小相同；对于帧间（inter）预测模式，TU 可以选择大块划分或小块划分。大块划分即将整个 CU 作为一个 TU；小块划分时，CU 块将被划分成 4 个小块 TU，其尺寸的选择与对应的 PU 相关联，如果当前 CU 被划分为非正方形 PU，那么对应的 TU 将使用非正方形的划分方式；否则，使用相应的正方形划分方式。

5.8.2　帧内预测

　　帧内预测可以消除待编码图像在空域上的冗余。AVS2 采用基于块划分的空域预测，相比于

AVS1 和 H. 264/AVC，AVS2 提供了更丰富、更细致的帧内预测模式。对于亮度预测块，AVS2 使用了多达 33 种帧内预测模式，包括 DC 预测模式、平面（Plane）预测模式、双线性（Bilinear）插值预测模式和 30 种不同角度的方向性预测模式，如图 5-45 所示。其中 DC 预测模式、平面（Plane）预测模式与 H. 265/HEVC 类似，双线性（Bilinear）插值模式为新增模式。为了提高精度，AVS2 采用了 1/32 精度的分像素插值技术，分像素的像素点由 4 抽头的线性滤波器插值得到。帧内预测模式的编码采用预测最可能的编码模式（Most Probable Mode，MPM）进行预测编码，根据相邻块的模式预测两个最可能的编码模式。如果预测模式是两个最可能的模式候选之一，则只需传输最可能模式的索引值，否则需要编码预测模式。

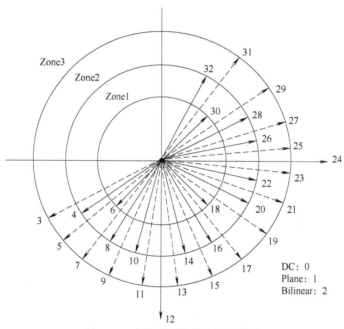

图 5-45　亮度预测块帧内预测模式

色度块的帧内预测模式共有 5 种，除了 DC 预测模式、水平（Horizontal）预测模式、垂直（Vertical）预测模式、双线性（Bilinear）插值预测模式外，还新增了亮度导出模式（Derived Mode，DM）。亮度导出模式是指色度采用和亮度一样的预测模式，由亮度的预测模式导出而不需要单独编码。

5.8.3　帧间预测

与帧内预测不同，帧间预测用于消除时域上的冗余。从 MPEG-1 引入的前向 P 帧、双向 B 帧预测开始，后来的帧间预测技术陆续又有多参考帧预测、层次参考帧预测以及针对静止运动或一致性运动的跳过（skip）模式、直接（direct）模式，用于提高运动预测精度的 1/4 像素精度预测，用于提高运动矢量预测编码效率的中值预测、多运动矢量预测等编码技术。

和上一代 AVS1 和 H. 264/AVC 编码标准相比，AVS2 的帧间预测技术在预测模式上进行了加强和创新。除了 P 帧和 B 帧以外，AVS2 中新增加了一种支持前向双假设预测的图像，称为 F 帧，编码块可以参考前向两个参考块。针对视频监控、情景剧等特定的应用，设计了背景帧（G 帧和 GB 帧）和参考背景帧 S 帧。

对于 B 帧，除了传统的前向、后向、双向和跳过/直接（skip/direct）模式，AVS2 新增了独特的对称模式。在对称模式中，仅需对前向运动矢量进行编码，后向运动矢量通过前向运动矢量推导得到。为了充分发挥 B 帧跳过/直接模式的性能，AVS2 在保留原有 B 帧跳过/直接模式的前提下，还采用了多方向跳过/直接模式：双向跳过/直接模式、对称跳过/直接模式、后向跳过/直接模式和前向跳过/直接模式。对于这 4 种特殊模式，根据当前块的预测模式寻找相邻块中相同的预测模式块，将最先找到的具有相同预测模式的相邻块的运动矢量作为当前块的运动矢量。

对于 F 帧，利用两个参考块的特点，设计了两种预测模式：方向性多假设预测（DMH）和时域前向双假设预测。如果两个参考块来自同一个参考帧，这两个参考块之间存在着空间相关性。在这种情况下，采用方向性多假设预测技术进行编码，编码时需要编码运动矢量（Motion Vector，MV）和对应的 DMH 模式，如图 5-46 所示。否则，如果两个参考块位于不同的帧，它们之间有较强的时间相关性，将两个参考块的运动矢量 MV1 和 MV2 位于同一条直线上的两个块作为参考块，这种预测模式称为时域前向双假设预测，如图 5-47 所示。

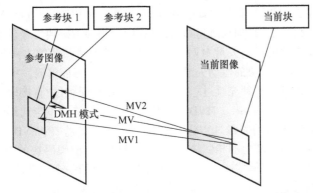

图 5-46　两个参考块来自同一个参考帧的帧间预测模式

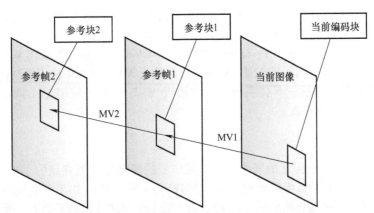

图 5-47　两个参考块来自不同参考帧的帧间预测模式

方向性多假设预测也称为空域双假设预测，采用特定方向上的两个预测子（predictor）的平均结果作为预测值。图 5-48 表示了 4 种 DMH 模式，中心位置的圆点代表初始预测子，即由运动矢量 MV 来预测结果，周围的 8 个圆点代表种子预测子。具体而言，除了初始预测子外，还有 8 个预测子，仅选择特定方向上的两个预测子的平均结果作为预测值。除了 4 种不同的方向，还根据距离进行调整，包括 1/2 像素和 1/4 像素距离。在最佳预测模式的选择中，对 1/4 像素距离位置的 4 种 DMH 模式和 1/2 像素距离位置的 4 种 DMH 模式以及初始预测子共 9 种 DMH 模式进行比较，并从中选择最佳预测模式。在编码端，仅传输运动矢量差 MVD 和一个 DMH 模式的语法元素。

对于时域前向双假设预测模式，两个参考块不在同一帧，第一个参考块的运动矢量 MV1 通过运动估计得到，第二个参考块的运动矢量 MV2 由第一个参考块的运动矢量 MV1 根据时域上的距离按线性缩放推导得到。

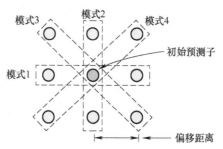

图 5-48　方向性多假设预测模式

对于 F 帧，新增了 3 种跳过/直接（skip/direct）模式：加权跳过/直接模式、补充跳过/直接模式和多假设跳过/直接模式。在加权跳过/直接模式中，当前编码块参考位于同一直线上的两个前向参考块。第一个参考块的运动矢量 MV1 由相邻块通过中值预测的方式导出，第二个参考块的运动矢量 MV2 由第一个参考块的运动矢量 MV1 缩放得到，当前编码块的运动矢量由这两个参考块的运动矢量求均值得到。在补充跳过/直接模式中，在普通跳过/直接模式基础上，增加了对运动矢量差（Motion Vector Difference，MVD）的预测。在该模式中，当前编码块只参考一个前向参考块，其运动矢量由预测运动矢量（PMV）和预测运动矢量差（PMVD）组成，PMV 由参考帧对应块来预测，PMVD 由空域上的相邻块来预测。最后，当前编码块的 MV 由 PMV 与 PMVD 的和得到。在多假设跳过/直接模式中，预测块通过空域相邻的一个或者两个块的运动信息得到。根据当前编码块的预测模式寻找相邻块中有相同的预测模式块，将最先找到的具有相同模式的相邻块的运动矢量作为当前编码块的运动矢量。

AVS2 还采用了基于方向和距离判别的运动矢量预测，该方法是找到相邻块中最相似的 MV，具有相同方向的相邻块 MV 将会被用来作为最终的预测运动矢量 PMV。一般情况下，认为越接近运动矢量预测子（Motion Vector Predictor，MVP）的 MV 越有可能获得最优率失真代价，AVS2 中采用渐进的运动矢量精度对运动矢量进行编码。对接近 MVP 的 MV 使用较高的精度，对远离 MVP 的 MV 使用较低的精度。具体实现时，对接近 MVP 的 MV 使用 1/4 像素精度，对远离 MVP 的 MV 使用 1/2 像素精度。

5.8.4　变换

变换的目的在于去除空间上的冗余，将空间信号的能量集中到频域的小部分低频系数上，然后对这些变换系数进行后续编码处理。H.265/HEVC 采用了基于 DCT 的变换编码，对 4×4 的帧内预测残差还采用了离散正弦变换（DST）。而 AVS2 在 DCT 变换的基础上，增加了新的特性。首先，采用了非方形四叉树变换结构，变换块的种类更加丰富；其次，对帧内残差变换系数使用了二次变换，对低频系数的 4×4 块再进行 4×4 变换，从而进一步降低低频 DCT 系数之间的相关性，使能量更加集中；最后，设计了多尺寸、高正交归一的整数变换核：在一定的失真下，变换可逆性最好；在一定的可逆度下，失真量最小。

若编码单元（CU）按方形划分方式进行划分，则变换单元（TU）的大小为 4×4 ～ 64×64。对于 4×4 ～ 32×32 大小的 TU 采用近似 DCT 的整数变换进行变换。而对于 64×64 大小的 TU，采用一种逻辑变换（LOT）对残差进行变换；若 CU 为非对称划分，采用两层的变换结构。外面一层变换是对整个 2N×2N 采用整数变换，而里面一层变换则是将 2N×2N 的块划分的子块进行非方形变换。此外，对于帧内预测残差，低频系数还采用了二次变换，如图 5-49 所示。

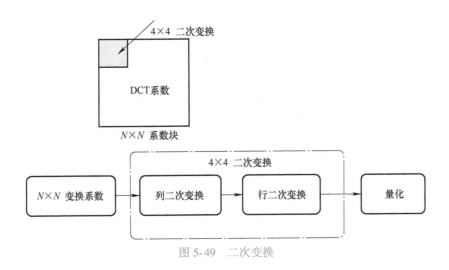

图 5-49 二次变换

5.8.5 熵编码

在 H.264/AVC 标准中，采用了基于上下文的二值算术编码。首先通过二值化实现信源符号的统一算术编码过程，即将不同的信源符号转换成 0 或 1 的二进制串，对不同信源符号的编码转换成仅对不同 0 或 1 的概率分布编码，通过上下文选择不同的概率进行编码，提高了信源符号编码效率，同时通过查找表实现算术编码过程中复杂的概率更新计算过程，很好地解决了算术编码复杂性问题。

在 AVS2 中，对高层语法如序列头、图像头、条带头采用变长编码（Variable Length Coding，VLC），而对编码树单元（CTU）级的其他语法元素采用高级熵编码（Advanced Entropy Coding，AEC）。无论是 VLC 还是 AEC，首先都需要将各语法元素的值进行二值化，得到二进制串。对于二值化，AVS2 有 3 种二值化方法：一元码（Unary Code）、截断一元码（Truncated Unary Code）和指数哥伦布码（Exp-Golomb Code），可以将不同取值范围的信源符号高效地转换成二进制串进行编码。

进一步，AVS2 对量化后的变换系数采用了两级"之字形"（Zig-Zag）扫描，即对每个变换单元（TU）的变换系数划分成若干个 4×4 大小的系数组（Coefficient Group，CG），先对 CG 进行"之字形"扫描，再对每个 CG 内的变换系数进行"之字形"扫描，如图 5-50 所示。

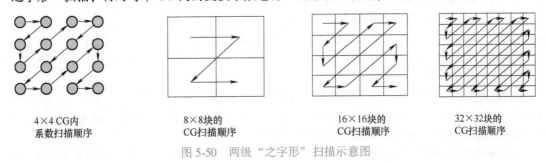

| 4×4 CG内 | 8×8块的 | 16×16块的 | 32×32块的 |
| 系数扫描顺序 | CG扫描顺序 | CG扫描顺序 | CG扫描顺序 |

图 5-50 两级"之字形"扫描示意图

图 5-51 给出了一个 8×8 块的系数扫描顺序，即首先划分成 4 个 CG，然后再对每个 CG 内的变换系数进行"之字形"扫描。

基于 CG 的编码方式有两个优点：实现模块化编码，也就是不同大小的变换单元（TU）包含的子块都可以使用的统一的方式进行编码；与扫描整个变换单元相比，在软件和硬件实施方面，都降低了计算复杂度。

5.8.6　自适应环路滤波

为了消除块效应、振铃效应、色度偏置和图像模糊等影响主观视觉质量的不良效果，AVS2 在采用去块效应滤波和样值自适应偏置补偿（Sample Adaptive Offset，SAO）的基础上，还新增了自适应环路滤波器（Adaptive Loop Filter，ALF）。

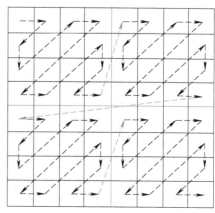

图 5-51　8×8 块的系数扫描顺序

去块效应滤波主要是用于去除由于基于块的编码在块边界所产生的块效应失真，通过滤波平滑处理可以有效提升主观质量。对亮度和色度分别进行去块效应滤波，滤波块的尺寸是 8×8。对每个滤波块，首先对垂直边界进行滤波，然后对水平边界进行滤波。对每条边界，根据滤波强度不同选择不同的滤波方式。

在去块效应滤波之后，采用样值自适应偏置补偿可以进一步减小重建样点值和原始样点值之间的失真。样值自适应偏置补偿的核心思想是：将一个区域的样点使用分级器划分为多个类别，对每个类别的样点计算偏置值，然后将偏置值与该类别的样点值相加，从而去除不同区域的平均失真。根据样点分类的不同，可以分为边缘偏置（EO）模式和带状偏置（BO）模式。

AVS2 在去块效应滤波和样值自适应偏置补偿之后又添加了自适应环路滤波器，对样值自适应偏置补偿之后的重构图像进行类似维纳滤波的处理，以进一步减小编码失真，提高参考图像质量。自适应环路滤波器的形状如图 5-52 所示，为 7×7 十字加 3×3 正方形的中心对称滤波器。

编码端利用原始无失真图像和编码重构图像计算最小二乘滤波器系数，并对解码重构图像进行滤波，降低解码重构图像中的压缩失真，提升参考图像质量。滤波器系数 C0~C7 的取值范围是 [−64，63]，滤波器系数 C8 的取值范围是 [0，127]。对于亮度分量，将图像按照 LCU 对齐的规则均匀划分为 16 个区域并训练对应的 16 套滤波器系数，而对于色度分量（Cb/Cr）分别只训练一套滤波器系数。对于亮度分量的 16 套滤波器系数，编码端根据率失真性能进行自适应合并，得到最优的滤波器数目。亮度和色度分量通过帧级标志和最大编码单元级标志来分别控制滤波器是否被使用。

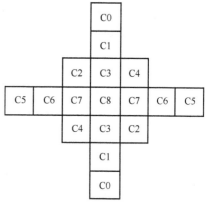

图 5-52　自适应环路滤波器形状

5.8.7　基于背景建模的场景视频编码

对视频监控、视频会议、情景剧等特殊场景的视频来说，其特点是背景基本不变，在 AVS2 中称之为"场景视频"。场景视频数据的冗余很大一部分来自于背景。因此，AVS2 设计了一种基于背景建模的场景视频编码框架，如图 5-53 所示。

在编码场景视频时，会选择一幅图像作为背景帧（G 帧）或者通过若干幅图像综合出一幅图像作为背景帧（GB 帧），G/GB 帧的质量很高，而且长期被参考，从而达到减少冗余、提高压缩效率的目的。G 帧和 GB 帧都叫背景帧，它们的区别是：G 帧是视频序列中拍摄得到的帧，解码时要输出显示；GB 帧是编码器构造的帧，解码时不需要输出显示。针对监控视频、视频会议等场景视频内容，AVS2-P2 编码效率比同期国际标准 H. 265/HEVC 提升约一倍。

当然，背景帧也带来一些新的问题。首先，背景帧会影响随机访问。解码器一旦错过码流中的背景帧，就必须等到下一个背景帧出现时才能完整解码。背景帧的间隔时间很长，造成用户要等待较长的时间。当然，背景帧包含的信息量其实不大，在观看时用户往往主要关心前景。因此，AVS2 规定按照随机访问的需要，每隔一段时间要有一帧仅参考背景帧编码，这样的帧叫作"S 帧"。S 帧可以部分解码，而且 S 帧后面的帧都参考 S 帧，不再参考背景帧。这样 S 帧就起到了传统 I 帧的作用。在下一个背景帧来到之

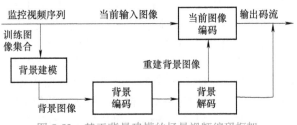

图 5-53　基于背景建模的场景视频编码框架

前，解码器可以从任意一个 S 帧开始解码，使用户可以看到视频中的前景。

　　背景帧带来的另一个问题是码率波动过大。背景帧的质量很高，码率也很高；采用背景帧编码后，平均码率又很低。因此，当背景帧出现的时候，会造成码率的波动特别大。在视频编码和解码中，通常利用码流缓冲区来平滑码率。码流缓冲区平滑码率的能力和缓冲区容量以及延迟是密切相关的。缓冲区容量越大，平滑码率的能力越强。就目前的技术而言，增加缓冲区容量不是问题，成本也不高，但是缓冲区越大，带来的延迟也越大。从解码器开始接收码流到开始解码输出，这段时间叫码流缓冲延迟，是编解码总延迟的一部分。延迟过大，也会严重影响随机访问性能。为了解决码率波动问题，AVS 工作组又补充了背景帧部分刷新技术。也就是背景帧不是整帧传送，而是被拆分成一些较小的部分，分散在一段时间内分别传送。这样就有效解决了背景帧带来的码率波动问题。当然，用户看到的可能是逐渐呈现的背景，不是一瞬间就完整呈现的背景。

5.9　小结

　　本章主要介绍了目前在数字电视系统中常用的音视频编码标准。首先介绍了一些利用感知编码的音频编码标准，如 MPEG-2 AAC、MPEG-4 AAC、DRA 多声道数字音频编解码标准，简要介绍了新一代环绕多声道音频编码格式的两大阵营，即杜比环绕声和 DTS 环绕声技术，分别介绍了具有代表性的 Dolby Digital Plus 和 Dolby True HD 以及 DTS-HD 的关键技术及特性。然后，详细介绍了 H.264/AVC、H.265/HEVC 等视频编码标准。最后，介绍了我国具备自主知识产权的音视频编码标准 AVS1 和 AVS2。

　　DRA 多声道数字音频编解码技术采用自适应时频分块（ATFT）方法，实现对音频信号的最优分解，进行自适应量化和熵编码，具有解码复杂度低、压缩效率高、音质好等优点，可广泛应用于数字音频广播、数字电视、移动多媒体、激光视盘机、网络流媒体以及在线游戏、数字电影院等领域。

　　基于块的混合编码器有效地联合了运动补偿预测、变换编码和熵编码。因为它具有相对较低的复杂度和好的编码效率，所以在各种视频编码的国际标准中都得到采用。在混合编码的框架内，适当地进行运动估计和补偿以及选择操作模式（帧内或帧间模式等）可以改善编码性能。本章介绍的 H.264/AVC、H.265/HEVC、AVS1、AVS2 视频编码标准都采用了基于块的混合编码。

　　H.264/AVC 标准与以前的视频编码标准相比，引入了许多新的技术，如帧内预测编码、可变块大小的运动补偿、多参考帧技术以及 SI/SP 技术等，正是这些改进使 H.264 标准与以前标准相比在性能上有了很大的提升。同时，为了提高与网络的友好性，H.264 标准采用了网络抽象层（NAL）和视频编码层（VCL）的分层结构，其中网络抽象层主要负责打包和传输；而编码层则完成高效的视频压缩编码功能，实现了传输和编码的分离。H.264 标准可以适应不同网络的传输要求，同时为了实现在易出错网络环境下的使用，也引入了一些抗误码技术，如数据分割、FMO

等。由于 H. 264 标准具有高压缩性能和网络适应性强的特点，其在众多领域具有广阔的市场前景，而其高复杂度的障碍将会随着新的优化技术的提出以及硬件系统的改进而被突破。

相对于 H. 264/AVC，H. 265/HEVC 标准具有两大改进，即支持更高分辨率的视频以及改进的并行处理模式。H. 265/HEVC 编码器可以根据不同应用场合的需求，在压缩率、运算复杂度、抗误码性以及编解码延迟等性能方面进行取舍和折中。HEVC 的应用定位于下一代的高清电视（HDTV）显示和摄像系统，能够支持更高的扫描帧率以及达到 1080p（1920×1080）乃至 UHDTV（7680×4320）的显示分辨率，可应用于家庭影院、数字电影、视频监控、广播电视、网络视频、视频会议、移动流媒体、远程呈现（telepresence）、远程医疗等领域，将来还可用于 3D 视频、多视点视频、可分级视频等。

H. 266/VVC 标准在继承了 H. 265/HEVC 标准中大部分编码工具的基础上，引入了一些新的编码工具，或者对已有的编码工具进行优化，以提供更高的压缩编码效率，并支持 HDR、VR、8K 超高清视频、360°全景视频等新的应用。

AVS 视频编码标准的特色是在同一编码框架下，针对有明显不同的应用制定不同的信源压缩标准，尽可能减少技术的冗余，从而降低 AVS 视频产品的设计成本、实现成本和使用成本。在高清晰度数字视频应用中，AVS1-P2 的性能与 H. 264 主类相当。AVS2-P2 视频编码效率比上一代标准 AVS+提高了一倍以上，在场景类视频编码方面压缩效率超越国际标准 H. 265/HEVC。AVS2-P2 还针对监控视频设计了场景编码模式，压缩效率比 H. 265/HEVC 高出一倍。AVS3 视频标准是 8K 超高清视频编码标准，为新兴的 5G 媒体应用、虚拟现实媒体、智能安防等应用提供技术规范，引领未来五到十年 8K 超高清和虚拟现实（VR）视频产业的发展。

通过了解中国科学家在视频编码国际标准制定中的贡献，弘扬创新精神，把爱国之情、报国之志融入祖国改革发展的伟大事业之中，为实现从"中国制造"向"中国创造"的战略转型、建设创新型国家的战略目标贡献智慧和力量。

5. 10　习题

1. 国际上主要有哪些数字音视频编码标准？
2. 简述 MPEG-2 AAC 音频编码原理。
3. 请画出 DRA 多声道数字音频编码算法的流程图，并阐述其关键技术。
4. Dolby TrueHD 与 Dolby Digital Plus 相比，有哪些优点？
5. DTS-HD 的特点是什么？
6. 请阐述 MPEG-2、H. 264/AVC、H. 265/HEVC 以及 AVS 视频编码标准中的"类"和"级"的含义。
7. 与以前的视频编码标准相比，H. 264/AVC 标准引入了哪些新的技术？
8. 在 H. 264/AVC 标准中采用了整数变换，与以往的 DCT 相比有什么优势？
9. 简述 H. 264/AVC 标准中的帧内预测原理。
10. AVS1-P2 标准与 H. 264 标准相比，其性能怎样？有何优势？
11. H. 265/HEVC 中的波前并行处理（WPP）技术的作用是什么？
12. 与 AVS1-P2 标准相比，AVS2-P2 标准引入了哪些新的技术？有什么优势？

第 6 章　数字电视中的码流复用及业务信息

　　数字电视与传统模拟电视不同，传统模拟电视一个频道对应一套节目，只要调到相应的频率，就可以观看节目；而在数字电视信号中，一个物理频道对应的是包含多套节目的一个传送流（TS），要观看某个节目，必须首先从该传送流中提取出属于该节目的 TS 包，然后再进行解码。如何在众多的传送流及传送流内的多个节目中快速地找到用户所需的节目进行播放，是数字电视系统要解决的问题。

　　业务信息是数字电视广播系统向接收设备传递与业务相关的信息，引导接收机在数字电视传送流中搜寻节目，它是构成电子节目指南（EPG）所需的数据。业务信息一部分来自 MPEG-2 定义的节目特定信息（Program Specific Information，PSI），它指定了如何从一个携带多个节目的传送流中正确找到特定的节目；另一部分则是数字电视广播系统为在整个广播网络中接收某个特定业务，并提供业务相关描述信息而定义的业务信息（Service Information，SI）。PSI/SI 信息通过复用器插入到 TS 流中，并用特定的包标识符（Packet Identifier，PID）进行标识。

　　我国早在 2001 年就发布了《数字电视广播业务信息规范》（GY/Z 174—2001），其业务信息的定义与 DVB-SI 兼容。2008 年 2 月 28 日，发布了新版的《数字电视广播业务信息规范》（GY/T 230—2008），它将取代原技术文件 GY/Z 174—2001。

　　本章将介绍数字电视广播中各种类型的码流及其复用，业务信息表的语法结构以及开展数字电视业务必须用到的数据描述符，使用业务信息应注意的事项等内容。

　　本章学习目标：

- 掌握节目流（PS）复用和传送流（TS）复用的概念，以及复用的工作原理。
- 掌握 PES 包和 TS 包的组成。
- 掌握 PSI 及其与 TS 流的关系，熟悉如何利用 PSI 找出 TS 流中的指定节目。
- 了解各种业务信息表的语法结构、描述符。
- 了解业务信息在数据广播中的应用。

6.1　MPEG-2 码流复用

　　MPEG-2 码流形成过程如图 6-1 所示。压缩层编码包括视频、音频两部分，分别遵循 ISO/IEC 13818—2，ISO/IEC 13818—3 标准。视频和音频信号经编码后生成了各自的基本流（Elementary Stream，ES），这些基本流以及辅助数据必须复用在一起才能构成一路实际的电视节目传送流。由于一路节目的传送流的速率是与节目内容密切相关的，体育节目的传送流速率要远高于采用同样编码器的新闻节目的传送流速率，因此在电视节目传输和交换时，将多路节目复用在一起传输，根据节目内容动态分配其传输带宽，可以大大节省实际所需的传输频带。上述信息复用需要有标准的复用方式和复用格式，以便在不同地区和不同厂商的设备之间建立一种统一的、开放的数字电视交换和传输标准，任何符合标准的接收机都能够正确地分离多路节目的传送流以及每路节目内不同信息的 ES 流。目前，在数字电视的传送复用方面，国际上统一采用 MPEG-2 标准的第一部分，即 ISO/IEC 13818-1 标准，本节将以此为基础介绍 MPEG-2 码流的复用。

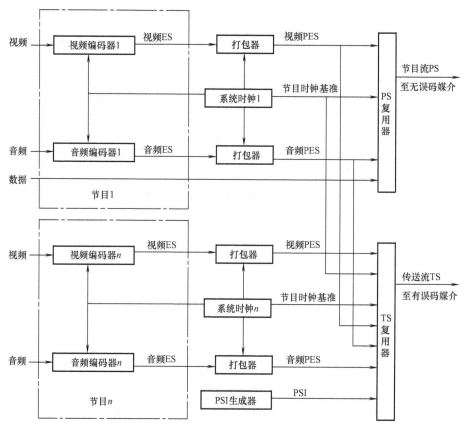

图 6-1　MPEG-2 码流的形成及相互关系

在 MPEG-2 标准中，定义了以下 4 种类型的码流：基本流（Elementary Stream，ES）、打包的基本流（Packetized Elementary Stream，PES）、节目流（Program Stream，PS）和传送流（Transport Stream，TS）。

●ES：含压缩的音、视频数据及辅助数据。

●PES：视频 ES 和音频 ES 分别按一定的格式打包，构成具有某种格式的打包的基本流（Packetized Elementary Stream，PES），分别称为视频 PES 和音频 PES。PES 是复用过程中的逻辑结构，不用于存储和传输。

●PS：是由具有公共时间基准的一个或多个视频/音频 PES 复用而成的单一码流。由于视频、音频编码器本身的特性，通常 PES 包的长度是可变的，音频 PES 包长度通常为一个音频帧，一般不超过 64KB，而视频 PES 包一般包含一帧图像的编码数据，因此 PS 的包结构是可变长度的。PS 是为相对无误码的本地应用环境而设计的，以交互式多媒体环境和媒体存储管理系统为应用目标，一般用于误码率较小的演播室和存储媒介（如 DVD 光盘）等场合。MPEG-2 的 PS 复用方法类似于 MPEG-1 中的系统复用方法，它与 MPEG-1 前向兼容。MPEG-2 节目码流的解码器也支持 MPEG-1 码流的解码。

●TS：是由具有一个或多个独立时间基准的一路或多路节目的多个视频/音频 PES 复用而成的单一码流。应当强调的是，TS 不是由多个 PS 复用而成，而是由多个 PES 复用而成，但这些PES 可以有一个公共的时间基准，也可以是几个独立的时间基准。TS 是为易发生误码的传输信道环境和有损存储媒介设计的。

上述几种码流之间的关系如图 6-1 所示。

6.1.1　PES 包的组成及其功能

一个 PES 包的组成如图 6-2 所示。

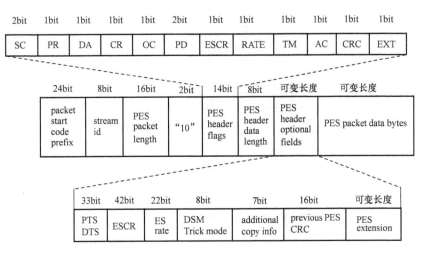

图 6-2　PES 包的组成

1. 包起始码前缀（packet _ start _ code _ prefix）

这是一个固定的码字结构，由 23 个 "0" 和一个 "1" 组成，即 "0000 0000 0000 0000 0000 0001"，用于收发两端对 PES 包进行同步。

2. ES 流标识符（stream _ id）

编码器所生成的每一个 ES 流均被分配了唯一的标识符（即 ID 号），说明这个 PES 包所属码流的种类（是视频、音频还是数据）及序号。它是一个 8bit 的整数，其取值范围在系统起始码（System Start Code：0xB9~0xFF）中，因此不会和 ES 中的各个头部信息混淆。stream _ id 的定义如表 6-1 所示。

表 6-1　stream _ id 的定义

stream _ id	定　义
1011 1100	program _ stream _ map
1011 1101	private _ stream _ 1
1011 1110	padding _ stream
1011 1111	private _ stream _ 2
110x xxxx	ISO/IEC 13818—3、ISO/IEC 11172—3、ISO/IEC 13818—7、ISO/IEC 14496—3 音频 ES 流，序号是二进制数××××
1110 xxxx	ISO/IEC 13818—2、ISO/IEC 11172—2、ISO/IEC 14496—2 视频 ES 流，序号是二进制数××××
1111 0000	ECM _ stream
1111 0001	EMM _ stream

（续）

stream _ id	定　　义
1111 0010	ISO/IEC 13818—1 Annex A、ISO/IEC 13818—6 _ DSMCC _ stream
1111 0011	ISO/IEC _ 13522 _ stream
1111 0100	ITU-T Rec. H. 222. 1 type A
1111 0101	ITU-T Rec. H. 222. 1 type B
1111 0110	ITU-T Rec. H. 222. 1 type C
1111 0111	ITU-T Rec. H. 222. 1 type D
1111 1000	ITU-T Rec. H. 222. 1 type E
1111 1001	auxiliary _ stream
1111 1010	ISO/IEC 14496—1 _ SL-packetized _ stream
1111 1011	ISO/IEC 14496—1 _ FlexMux _ stream
1111 1110~1111 1110	保留的数据流
1111 1111	program _ stream _ directory

3. PES 包长度（PES _ packet _ length）

紧跟在 ES 流标识符（stream _ id）后的 16bit 为 PES _ packet _ length 字段。因为 PES 包的长度是可变的，所以用该字段来说明 PES 包的长度。PES _ packet _ length 字段有 16bit，因此 PES 包的最大长度应为 2^{16} B。但对视频 PES 包而言，PES _ packet _ length 可以为"0"，表示该 PES 包的长度不定，直到下一个 PES 的包头为止。视频 PES 包是由一帧编码图像数据构成的，因此视频 PES 包与一帧图像、一个图像序列或一个 GOP 的起始码是对齐的，即视频 PES 包净荷的第一个字节要么是一帧编码图像的起始码，要么是一个图像序列的起始码，要么是 GOP 的起始码。

4. PES 头部标志（PES _ header _ flags）

PES 头部标志（PES _ header _ flags）共包含 14bit，如图 6-2 所示。其中，SC（Scrambling Control）表示加扰指示；PR（Priority）表示优先级指示；DA（Data Alignment _ indicator）说明相配合的数据；CR（Copyright）表示有无版权；OC（Original or Copy）表示该节目是原版节目还是复制节目；PD 表示是否有显示时间标志（Presentation Time Stamp，PTS）和解码时间标志（Decoding Time Stamp，DTS）；ESCR 表示 PES 包头部是否有基本流的时钟基准（Elementary Stream Clock Reference）信息；RATE 表示 PES 包头部是否有基本流的速率（Elementary Stream Rate）信息；TM 指出是否有 8bit 的字段说明 DSM（Digital Storage Media）的模式；AC 表示是否有附加的版本信息；CRC 表示是否有 CRC 字段；EXT 说明是否有附加的扩展信息。

5. PES 头部可选字段（PES _ header _ optional _ fields）

PES 头部可选字段中的功能根据特定的应用场合有所不同，但其中有两个是必需的，也是最重要的功能：显示时间标志（PTS）和解码时间标志（DTS）。这两个功能对数字电视的解码和显示是非常重要的，PTS 用于通知解码器何时显示一个已解码的图像帧，而 DTS 指示何时对接收到的一帧图像的编码码流进行解码。由于一个 PES 包对应一帧图像，因此在每个 PES 包中均应设定与该图像帧对应的 PTS 值。至于 DTS，它不能独立出现，必须与 PTS 一起发生。DTS 的值可由 PTS 的值得到，除非对解码过程有特殊要求，一般不设定也不传送 DTS。当编码图像帧不是 B帧时，也就是说不需要对编码帧顺序进行重排时，DTS 值与 PTS 值是相同的。PTS 是 PES 包头部中最重要的功能，PTS 的差错将导致图像与伴音不同步之类的错误。

6.1.2　PS 包的组成及其功能

MPEG-2 的节目流（PS）复用方法类似于 MPEG-1 中的系统复用方法，它与 MPEG-1 前向兼容。MPEG-2 的 PS 解码器也支持 MPEG-1 码流的解码。

PS 是由具有公共时间基准的一个或多个视频/音频 PES 复用而成的单一码流。PS 的数据包长度相对比较长，并且是可变的。PS 包的组成如图 6-3 所示。

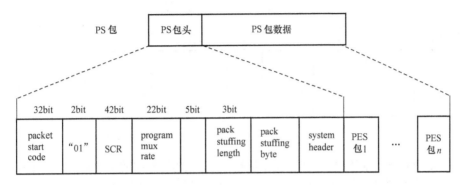

图 6-3　PS 包的组成

PS 由两层组成，即系统层和压缩层。系统层由 PS 包头（Pack Header）组成，其中 pack _ start _ code 的规则也和 PES 头信息相同，采用由 23 个 "0" 和 1 个 "1" 组成的同步头加上 8bit 的类型码。pack _ start _ code 的值固定为 0x000001BA。SCR（System Clock Reference）为该节目流的系统时钟基准，所有的基本流都用它来做时钟的同步。SCR 共由 42bit 组成，其中前 33bit 为 system _ clock reference _ base，后 9bit 为 system _ clock _ reference _ extension。在系统头（system _ header）中包含了节目流的复用信息，即节目流中包含几个基本流及其属性。系统头的起始码（system _ header _ start _ code）固定为 0x000001BB。压缩层包含了各个 PES 数据流。

6.1.3　TS 包的组成及其功能

传送流（TS）是由一个或几个不同的 PES 经传送流打包后组成的复合流。

为了多路数字节目流的复用和有效的传输，通常将视频和音频的 PES 包放在传送流（TS）包的净荷上承载。TS 包的长度是固定的，总是 188B。图 6-4 示例说明了一个 PES 包如何被装载到几个 TS 包中。每个 TS 包必须只包括来自同一个 PES 包的数据。PES 包头必须跟在 TS 包头后面。对于一个特定的 PES 包，最后一个 TS 包可以包含填充字节。

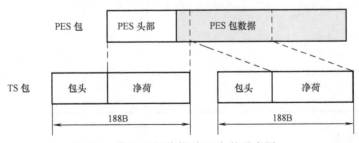

图 6-4　将 PES 包装载到 TS 包的示意图

TS 利用节目特定信息表（Program Specific Information，PSI）来管理码流中各个 PES 的关系及其他的一些复用信息。TS 的数据结构为固定长度（188B）的包，所以更适合在相对有干扰或误码的环境中传输，比如有线网络、卫星电视或地面广播。

TS 包数据包括包头（Header）和净荷（Payload）两部分，其结构如图6-5所示。

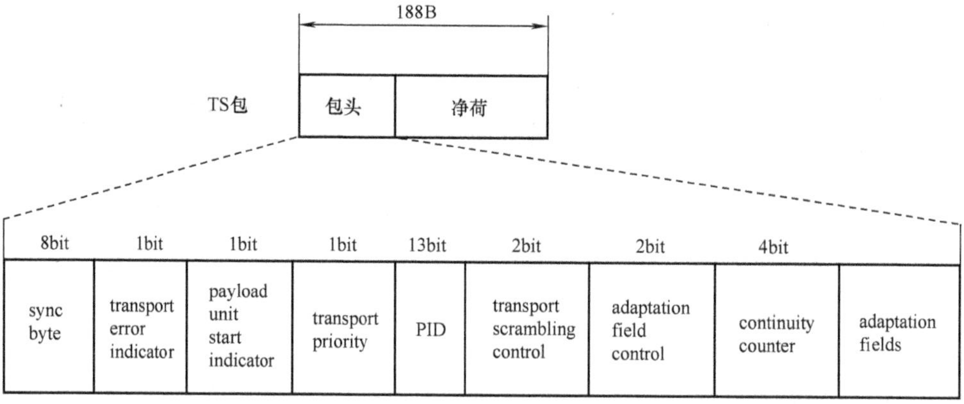

图 6-5 TS 包的组成

表6-2是用 C 语言描述的 TS 包的语法定义，同时表明了数据的位数和类型，比图6-5 的描述更精确，是国际标准中常用的描述方法。表中右边一列指示本项数据的类型，uimsbf 表示高位在先的无符号位整数（unsigned integer，most significant bit first）；bslbf 表示左位在先的比特串（bit string，left bit first）。

表 6-2 TS 包的语法定义

语　　法	位　　数	类型助记符
transport _ packet（ ）{		
sync _ byte		
transport _ error _ indicator	8	bslbf
payload _ unit _ start _ indicator	1	bslbf
transport _ priority	1	bslbf
PID	1	bslbf
transport _ scrambling _ control	13	uimsbf
adaptation _ field _ control	2	bslbf
continuity _ counter	2	bslbf
if（adaptation _ field _ control = "10" ‖ adaptation _ field _ control = "11"）{	4	uimsbf
adaptation _ flelds（ ）		
}		
if（adaptation _ field _ control = "01" ‖ adaptation _ field _ control = "11"）{		
for（i=0；i<N；i++）{		
data _ byte	8	bslbf
}		
}		
}		

1. TS 包的包头

TS 包头包括 4B 固定长度的基本信息和可变长的适配字段。包头的基本信息是 TS 包的最重要部分，它包含了一个 TS 包的基本特性和一些重要标志。

（1）同步字节（sync _ byte）

TS 包以 8bit 同步字节开始，其值固定为 0100 0111（0x47）。用于建立包的同步。

（2）传输误码指示（transport_error_indicator）

表示当前的 TS 包中是否存在不可纠正的错误比特，该值为 "1" 时表示至少有一个不可纠正的错误比特；该值为 "0" 时表示没有错误比特。只有在错误纠正之后该位才能重新置 "0"。

（3）净荷单元起始指示（payload_unit_start_indicator）

指示当前 TS 包数据的起始状态。当 TS 包的净荷为 PES 包数据时，payload_unit_start_indicator 的含义为："1" 表示该 TS 包的净荷部分将以 PES 包的第一个字节开始（有且仅有一个 PES 包开始）；"0" 表示没有。当 TS 包的净荷为节目特定信息（PSI）或业务信息（SI）包数据时，payload_unit_start_indicator 的含义为："1" 表示该 TS 包的净荷部分的第一个字节带有 pointer_field 字段。如果 TS 包的净荷不带有 PSI/SI 包数据的第一个字节，则 payload_unit_start_indicator 应该置为 "0"。当 TS 包为空包时，即不存在净荷数据时，payload_unit_start_indicator 应该置为 "0"。

（4）传输优先级（transport_priority）

表示本 TS 包在所有具有相同 PID 的数据包中的传输优先级。置 "1" 表明它的优先级高于其他该位为 "0" 的 TS 包。

（5）包标识符（PID）

包之所以能被复用和解复用，就是靠特定的基本流和控制码流的包标识符（PID）。PID 表示当前 TS 包的净荷数据的类型。PID 值 0x0000 被用于节目关联表（PAT）；PID 值 0x0001 被用于条件接收表（CAT）；PID 值 0x1FFF 被用于空的包，参见表 6-3。

表 6-3　PID 的分配

PID 赋值	描　　　述
0x0000	用于节目关联表（PAT）
0x0001	用于条件接收表（CAT）
0x0002	用于传送流描述表（TSDT）
0x0003～0x000F	保留
0x0010～0x1FFE	可以分配给 NIT、PMT、ES（基本流），或作其他用途
0x1FFF	用于空包

在 DVB 的 SI 标准中，对更多的 PID 值作了规定，这将在本书后面部分介绍。由于 PID 在 TS 包头的位置是固定的，要提取某个基本流的包很容易，只要同步建立后根据 PID 滤出这个包即可。

（6）传输加扰控制（transport_scrambling_control）

TS 格式允许包的数据作加扰处理，各个基本流都可以独立地进行加扰。传输加扰控制字段说明 TS 包中的净荷数据是否被加扰。"00" 表示未加扰，其他值由用户定义。顺便提一下，TS 包的包头数据总是不被加扰的。当 TS 包为空包时，该字段应该置为 "00"。

（7）适配字段控制（adaptation_field_control）

适配字段控制有 2bit，表示当前 TS 包的数据组成情况。"01" 表示不含有适配字段，只有净荷数据；"10" 表示只有适配字段，没有净荷数据；"11" 表示既有适配字段，又含有净荷数据。"00" 保留。

通常符合标准 ITU-T Rec. H.222.0 或 ISO/IEC 13818-1 的解码器将丢弃所有该标识为 "00" 的数据包。空包时该字段被置为 "01"。

（8）连续计数器（continuity_counter）

对具有相同 PID 的 TS 包作 0～15 的重复计数，即当它达到最大值 15 后又清零。当 adaptation_

field_control 字段为 "00" 或 "10" 时，该计数器不计数，它应该和上一个具有相同 PID 的 TS 包数据的连续计数器相同。

在 TS 包中，存在复制的数据包，它被连续传送两次（仅两次）。这种数据包除了节目时钟基准（如果存在的话）会被重新编码外，其余的数据将和原始的数据包完全一样。在这种情况下，continuity_counter 的值也不被累加，且 adaptation_field_control 字段被置为 "01" 或 "11"。

在 TS 包中，如果 discontinuity_indicator（不连续指示标志）为 "1" 时，continuity_counter 的值也可以是不连续的。

空包数据的该字段无意义。

（9）适配字段（adaptation_fields）

当 adaptation_field_control 字段被置成 "10" 或 "11" 时，当前的 TS 包中含有适配字段。在适配字段中以下几个标志和参数比较重要：

● 适配字段长度（adaptation_field_length）：该字段长度为 8bit。它表示在它后面的所有适配字段数据的长度，其单位是字节。该值可以是 0。当 adaptation_field_control 为 "10" 时，该值应为 183。当 adaptation_field_control 为 "11" 时，该值在 0~182 之间。对于带有 PES 包数据的 TS 包，如果 PES 包数据不足以填充整个 TS 包的净荷，则需要使用填充字节来完成净荷数据。填充的字节可以由 adaptation_field_length 来定义比它的实际数据长度更长的数据来实现。这也是带有 PES 净荷数据的唯一填充方式。

● 不连续指示标志（discontinuity_indicator）：该字段的长度为 1bit。当它被置为 "1" 时，表示码流的不连续状态为真。

● 节目时钟基准标志（PCR_flag）：该字段长度为 1bit。它表示在适配字段数据中是否存在 PCR 的数据段。

● 节目时钟基准基本部分（program_clock_reference_base）：该字段长度为 33bit。它以系统参考时钟（27MHz）的 1/300（即 90kHz）为基准。该值的出现以 PCR_flag 为标志。

● 节目时钟基准扩展部分（program_clock_reference_extension）：该字段长度为 9bit。它以系统参考时钟（27MHz）为基准。该值的出现以 PCR_flag 为标志。

适配字段的主要功能包括：

① 视频和音频编解码器的同步

数字电视系统与模拟电视系统不同，视频和音频信号经过编码后变为串行比特流形式，模拟电视中的行、场同步等信息在这里已不存在。我们知道，模拟电视中图像信息是以同步方式传输的，这样接收机就可以直接提取出帧同步脉冲。而在数字电视中，由于图像编码方式（I，B，P 帧等）和图像复杂度的不同，编码后每帧图像产生的数据量是不同的，无法从编码比特流中直接获取帧同步信息，导致了解码与显示过程无法同步。

为解决这一问题，每隔一定的传送时间，在经过选择的 TS 包的适配字段中，传送系统参考时钟 27MHz 的一个采样值给接收机，作为解码器的时钟基准信号，称为节目时钟基准（Program Clock Reference，PCR）。PCR 通常每隔 100ms 至少要被传送一次。PCR 的数值所表示的是解码器在读取完这个采样值的最后那个字节时解码器本地时钟所应处的状态。通常情况下，PCR 不直接改变解码器的本地时钟，而是作为参考基准来调整本地时钟，使之与 PCR 趋于一致。

PCR 在 MPEG-2 系统中是非常重要的，因为解码器中的视频和音频采样时钟都锁定于与 PCR 锁相的本地时钟，也就是说，视频和音频解码过程能否正常进行，首先取决于解复用器能否准确恢复 PCR。但在 MPEG-2 标准中，仅规定了传送 PCR 信息格式，并未对 PCR 恢复的方法及过程进行规范。PCR 在单路节目顺序传送时较容易处理，但在信道发生变化（如用户切换频道）时或进行多路节目复用（包括本地节目插入）时，就需要对 PCR 值进行调整，这一调整过程的实现是十分复杂的。

② 压缩码流随机访问机制

经过编码的视频、音频码流具有规定的格式，尤其在视频码流中，存在着 I、P、B 3 种编码帧类型。其中只有 I 帧编码数据是可以独立进行解码的，P 帧和 B 帧数据的解码必须依赖邻近的 I 帧或 P 帧解码图像。因此数字电视信号无法像模拟电视那样在任意帧处进行剪切、插入或节目切换，只有在某些特定位置上，TS 包中承载的数据才可以独立进行解码，才允许对节目进行调整和切换，这样的位置称为"随机访问点"。适配字段中的随机访问指示（random _ access _ indi-cator）就是表明随机访问点的位置的。当 random _ access _ indicator 设置为"1"时，说明从 TS 包开始，可对编码码流进行节目调整和节目切换。随机访问点与视频/音频的 PES 包的起始保持一致，通常为 I 帧之前的视频序列头信息的起始位置。

③ 本地节目插入机制

在电视广播中，常需要进行本地节目（如紧急告警等）和广告的插入，在 MPEG-2 传送系统中是使用 TS 包适配字段中的一些标志来支持上述功能。在进行本地节目插入时，插入节目的 PCR 值与插入前节目的 PCR 值是不同的，因此需要有指示信息通知解码器 PCR 值将发生变化，以便解码器能够及时改变时钟频率和相位，与插入节目尽快建立同步关系。

在适配字段中，不连续指示标志（discontinuity _ indicator）就是通知解码器 PCR 值将从某一个 TS 包开始发生间断，即与前一个 TS 包的 PCR 值相比将发生变化，不再是与其连续的下一个值。

显然，节目插入点必然是随机访问点，但并不是所有的随机访问点都适合作为节目插入点，主要限制在于将要插入的比特流的长度，应使节目前后缓冲的容量保持一致，同时在节目插入开始时缓冲器的容量应保证不致使解码端缓冲器出现"溢出"或"取空"。

此外，适配字段还可传送一些辅助信息，如：OPCR（Original Program Clock Reference，原始节目时钟基准）标志，用于指示单路节目在解码器中 OPCR 的最后一个比特的想到达时刻。这个标志在传送过程中不发生变化，而且可用于单路节目的存储和回放。解码器在解码过程中并不使用 OPCR。传送私有数据长度表明在扩展适配字段中要传送多少字节的私有数据。这种机制为传送条件接收中的密钥提供了一种可能，当然，也可以传送其他用户定义的私有数据。

2. TS 包的净荷

TS 包中净荷所承载的信息包括以下两种类型：

● 视频 PES 包、音频 PES 包以及辅助数据。

● 节目特定信息（Program Specific Information，PSI）与业务信息（Service Information，SI）。

在系统复用时，需对视频/音频的 ES 流进行打包，形成视频/音频的 PES 流，而辅助数据（如图文电视信息）不需要打成 PES 包。视频/音频的 PES 包一般是以一帧编码图像为单位生成的，因此音频 PES 包是固定长度的，而视频 PES 包的长度是可变的。PES 包的长度通常总是远大于 TS 包的长度，也就是说一帧图像的 PES 包通常要由许多个 TS 包来传送。MPEG-2 标准的第一部分（即 ISO/IEC 13818-1）规定，一个 PES 包必须由整数个 TS 包来传送，如果承载一个 PES 包的最后一个 TS 包没能装满，则用填充字节来填满；当下一个新的 PES 包形成时，需用新的 TS 包来开始传送。

6.2　数字电视业务信息的类型

6.2.1　数字电视广播业务传送模式

节目（Program）是指一个由 MPEG 定义的音频和视频构成的数据流内容，与常规的模拟电视中所说的节目含义相同，因为当初 MPEG 定义的传送流主要是用来传送音视频节目。只是到数字电视时期，传送流携带的内容被大大扩充了，数字电视节目以及与传统电视节目完全不同的数据型增值新内容也通过传送流来传送，若用节目来描述这些新内容容易产生混淆。因此，数字电视用业务（Service）来表征数字电视提供的全部内容。

一个典型的数字电视广播业务传送模式如图 6-6 所示。

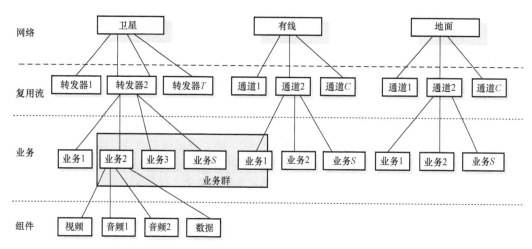

图 6-6　数字电视广播业务传送模式

图中，组件（基本流）是指共同构成事件的一个或多个实体。例如，视频、音频、图文。

事件（Event）定义为一组给定了起始时间和结束时间、属于同一业务的基本广播数据流。例如：一场足球比赛的半场、新闻快报或娱乐表演的第一部分。

节目（Program）是由广播者提供的一个或多个连续的事件。例如，新闻广播，娱乐广播。

业务（Service）是指在广播者的控制下，可以按照时间表分步广播的一系列节目。

业务群（Bouquet）是指同一实体在市场中提供的业务集合。

复用流是指将一路或多路业务的所有数据合成一路物理通道内的一个码流。

网络是指可以传输一组 MPEG-2 传送流（TS）的一个传输系统。例如，某个有线电视系统中的所有数字频道。

6.2.2　节目特定信息

如上一节所述，原始的视频和音频经过压缩编码后，首先形成基本流（ES），然后基本流被拆分为许多长度可变的包，形成 PES 包。每个 PES 包都包含包头信息和有效净荷数据，其中净荷数据含有视频或音频信息，在包头信息中有指明何时对该帧进行解码或显示的标志。最后，属于一套或多套节目的视频、音频、附加数据的 PES 被拆分成固定长度的 TS 包并按时分的方式复用成传送流进行传送。来自不同 PES 包的包头信息中含有不同的 PID，以相互区分。

一路传送流中可以包含一套或多套节目，每套节目又可以包含多种不同的 PES（如音频 PES 和视频 PES），为了使解码器能够找到所有的节目，MPEG-2 标准的系统部分（即 ISO/IEC 13818—1）定义了一组称为节目特定信息（Program Specific Information，PSI）的表，来说明传送流的内容，其作用是自动设置和引导接收机进行解码。

1. PSI 的 5 种表

在传送流中，PSI 分成如表 6-4 所列的 5 种表：节目关联表（Program Association Table，PAT）、节目映射表（Program Map Table，PMT）、条件接收表（Conditional Access Table，CAT）、网络信息表（Network Information Table，NIT）和传送流描述表（Transport Stream Description Table，TSDT）。它们通过复用器插入到 TS 中，并用特定的 PID 进行标识。其中 PAT、CAT 和 TSDT 都有固定的 PID 值；而 PMT 和 NIT 的 PID 值是不确定的，要在 PAT 中指定。所以要想获得 PMT 和 NIT 就必须首先获得 PAT，可以说 PAT 是 4 类表中的根。

表 6-4　节目特定信息（PSI）的 5 种表

表　　名	PID	描　　述
节目关联表（PAT）	0x0000	将节目号与节目映射表的 PID 相关联
节目映射表（PMT）	其值在 PAT 中指定	指定组成一个或多个节目的视频码流、音频码流、数据流所在 TS 包的 PID
条件接收表（CAT）	0x0001	提供一个或多个条件接收系统授权管理消息（EMM）所在 TS 包的 PID 值
网络信息表（NIT）	其值在 PAT 中指定	载有物理网络参数
传送流描述表（TSDT）	0x0002	提供传送流的一些主要参数

（1）节目关联表（PAT）

节目关联表由 PID 为 0 的 TS 包传送。它的主要作用是针对复用的每一路传送流，提供传送流中包含的那些节目、节目的编号以及对应节目的节目映射表（PMT）的位置，即 PMT 所在 TS 包的包标识符（PID）的值，同时还提供网络信息表（NIT）的位置，即 NIT 所在 TS 包的包标识符（PID）的值。

每一 TS 都应该包含一个或多个 PID 值为 0x0000 的 TS 包。这个 TS 包是作为接收机处理 TS 的入口。这些 TS 包一起将组成一个完整、有效的 PAT，以给出该 TS 中所有节目的一个完整列表。

（2）节目映射表（PMT）

节目映射表指明该节目包含的内容，即该节目由哪些流组成；这些流的类型（音频、视频、数据），组成该节目的流的位置，即对应的 TS 包的 PID 值；以及每路节目的节目时钟参考（PCR）字段的位置。节目时钟参考（PCR）通常在与视频 PES 具相同 PID 的 TS 包中。

如果要解码的是视频码流，则在 PMT 中找到视频 PES 所在 TS 包的 PID 值，再到 TS 中去找 PID 是该值的包，并送到视频解码器。

（3）条件接收表（CAT）

条件接收表由 PID 为 0x0001 的 TS 包传送。CAT 提供了在复用流中条件接收系统的有关信息，描述某节目之 ES 加密的方式。只有授权的解码器才能由 CAT 收到密钥，解码相应数据流。当有授权管理消息（EMM）时，它还包括了 EMM 流的位置。

（4）网络信息表（NIT）

网络信息表的内容在 MPEG-2 标准中不予规定，其结构由用户自己定义，通常在其他的标准或扩展标准中有明确定义，比如 DVB 的业务信息（SI）标准。NIT 提供以下信息：

1）网络名称以文本方式提供。

2）提供节目业务类型及 service_id（节目业务识别），以便列出节目业务清单。

3）提供每个传送流的传输系统参数，比如通道频率、调制方式、符号率、卫星转发器号等。

4）NIT 也可以给观众提供节目类型信息。接收机可以根据节目/业务类型这一项建立节目分类，供用户按节目类型检索电视节目。

（5）传送流描述表（TSDT）

传送流描述表由 PID 为 0x0002 的 TS 包传送，提供传送流的一些主要参数。

2. 用 PSI 定位传送流中的数字电视节目

PSI 表在语法地位上与 PES 包等同，也属 TS 包的下一层结构，以段（Section）的方式定义其数据结构，它们分段成为 TS 包的净载荷。PSI 指定了如何从一个携带多个节目的 TS 流中正确找到特定的节目，通过 PSI 定位传送流中某个节目的过程如图 6-7 所示。

（1）第一步

在当前传送流中，首先识别出 PID 值为 0 的 TS 包，从中获得有效的节目关联表（PAT）。PAT 中包含了当前传送流中所有节目的 PMT 表所在 TS 包的 PID 值，由其中开列的各节目号所对应的 PID 值找到相应的 TS 包，这些 TS 包载有与节目对应的节目映射表（PMT）。如节目 1 的 PMT 在 PID = 22 的 TS 包中。

（2）第二步

从找出的 PMT 中获得构成该节目的音、视频等基本流所在 TS 包的 PID。如找到 PID = 22 的 TS 包，以 table＿id = 2 为标志的表格为节目 1 的 PMT，它包含节目 1 所有基本组件所在 TS 包的 PID 值。

（3）第三步

按照节目 1 的 PMT 给出该节目各基本组件的 PID 值，就可从 TS 包中找到 PID 值为 41 的该节目时钟参考 PCR，PID 值为 41 的视频组件，PID 值分别为 35 和 49 的两路音频组件等，然后重新组成相应的视频、音频和数据等基本流，送给相应的解码器进行解码，重建出该节目信号。

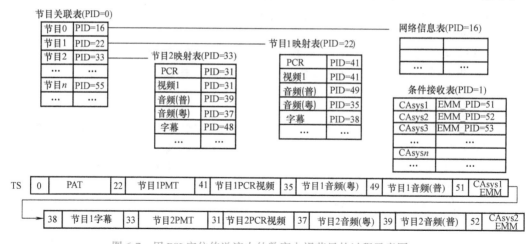

图 6-7　用 PSI 定位传送流中的数字电视节目的过程示意图

6.2.3　其他业务信息

在数字电视广播中，只有 PSI 信息是不够的，因为 PSI 中的 PAT、CAT、PMT 只提供了它所在的复用流（现行复用流）的信息。而在实际数字电视广播的应用中，业务信息不仅要提供现行复用流的信息，还需要提供其他复用流中的业务和事件信息。这些信息由以下 9 个表构成：

（1）业务群关联表（BAT）

业务群是指同一实体在市场中提供的业务集合，这些业务可以不在同一路传送流中，甚至可以不在同一广播传送模式中。

业务群关联表（Bouquet Association Table，BAT）由 PID 为 0x0011 的 TS 包传送。它提供了业务群（一系列类似节目）相关的信息，给出了业务群的名称、每个业务群中的业务列表、可以接收的国家代码等，用于 IRD 向观众显示一些可获得的业务的一个途径。

（2）业务描述表（SDT）

业务描述表（Service Description Table，SDT）由 PID 为 0x0011 的 TS 包传送。业务描述表用

于描述系统中业务（可理解为电视频道或音频广播或数据信息）的名称（如 CCTV-1）、业务提供者、是否有相应的事件（可理解为某个节目，比如"焦点访谈"）描述表等方面的信息。业务描述表可以描述现行的传送流，也可以描述其他传送流。

（3）事件信息表（EIT）

事件信息表（Event Information Table，EIT）由 PID 为 0x0012 的 TS 包传送。事件信息表按时间顺序提供每个业务中所包含的事件信息，是对某一路节目的进一步描述，包含了与事件或节目相关的数据，如：

1）节目段的标识号、起始时间、节目长度、播放状态、是否加密及指向特定信息的链接信息。

2）节目段多语种的简短介绍。

3）节目段的详细介绍。

4）基本流类型，如视频的幅型比、伴音的类型、字幕的类型等及使用的加密系统。

5）节目类型，如电影/戏剧、新闻、综艺、体育、少儿、音乐、艺术、社会政治、文教等。

6）节目限定年龄的级别。

7）给出实现交互式回传信道的电话号码。

8）为满足各节目段的数码率而提供的缓存大小信息及私有数据。

9）节目段信息中提供了类似于广播电视报所提供的节目表的内容（在业务信息中，只有 EIT 才有可能被加密）。

EIT 是生成电子节目指南（EPG）的主要表。根据 EIT 及其他表所提供的信息，可以产生出各种各样的电子节目指南。

（4）运行状态表（RST）

运行状态表（Running Status Table，RST）由 PID 为 0x0013 的 TS 包传送。运行状态表给出了事件的状态（运行/非运行）。因为时间表的变化，事件的开始可能提前或滞后，所以使用一个独立的表即运行状态表（RST）可以准确而迅速地更新这些信息，允许自动适应切换事件。

（5）时间和日期表（TDT）

时间和日期表（Time and Date Table，TDT）由 PID 为 0x0014 的 TS 包传送。时间和日期表给出了与当前的时间和日期相关的信息。由于这些信息频繁更新，所以需要单独使用一个表。TDT 每隔一段时间（最大间隔30s，最小间隔25ms）就传送一次，用于系统时间的校准、收费业务的计时以及 EPG 中节目预订功能的实现。

（6）时间偏移表（TOT）

时间偏移表（Time Offset Table，TOT）由 PID 为 0x0014 的 TS 包传送。时间偏移表给出了与当前的时间、日期和本地时间偏移相关的信息，用于机顶盒内部时钟的同步。由于这些信息更新频繁，所以需要单独使用一个表。

（7）填充表（ST）

填充表（Stuffing Table，ST）由 PID 为 0x0010～0x0014 的 TS 包传送。填充表用于替换子表和完整的 SI 表，或使其无效。为保证一致性，需要填充子表所有部分，不允许只填充一些部分而保留其他部分。

（8）选择信息表（SIT）

选择信息表（Selection Information Table，SIT）由 PID 为 0x001F 的 TS 包传送。它仅用于码流片段（例如，记录的一段码流）中，包含描述该码流片段的业务信息的概要数据。不允许在广播中使用。

（9）间断信息表（DIT）

间断信息表（Discontinuity Information Table，DIT）由 PID 为 0x001E 的 TS 包传送。仅用于码

流片段（例如，记录的一段码流）中，不允许在广播中使用。它将插入到码流片段业务信息间断的地方。

图 6-8 表示由 MPEG-2 定义的 PSI 和扩充的其他业务信息表构成的总体结构。值得一提的是，

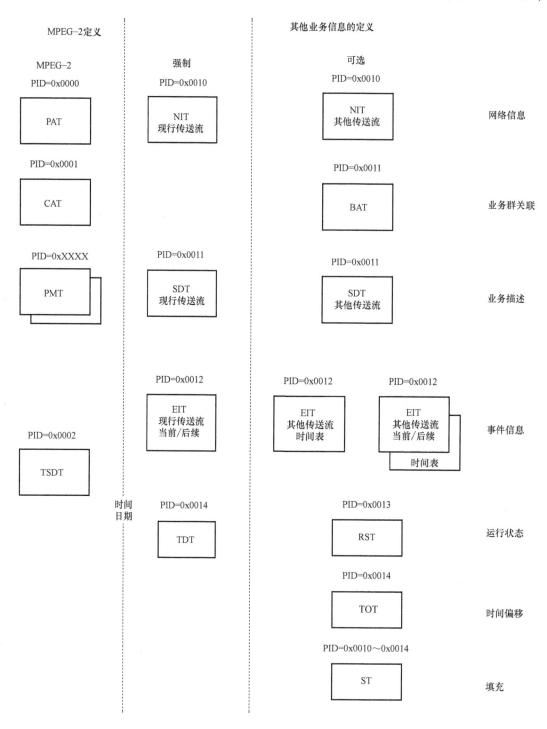

图 6-8 业务信息（SI）的总体结构

注：在"强制"规定的 NIT 表中，"现行传送流"应理解为"现行传送系统"。
在"可选"规定的 NIT 表中，"其他传送流"应理解为"其他传送系统"。

网络信息表（NIT）在 MPEG-2 标准中未予以规定，而是由 DVB-SI 规定。以上这些 SI 表在 TS 流中以段的形式传送。不同的 SI 表在 TS 中通过赋予不同的特定的 PID 来进行区分，而具有相同 PID 的不同 SI 表则进一步由表标识符 table＿id 来区分。例如，业务描述表（SDT）用来描述包含于一个特定的传送流中的业务，这些业务可能是现行传送流中的一部分，也可能是其他传送流中的一部分。SDT 表被切分成业务描述段（service＿description＿section），任何构成 SDT 表的段都要由 PID 为 0x0011 的 TS 包传送，这时可以根据不同的 table＿id 来区分上述两种情况。描述现行传送流（即包含 SDT 表的 TS）的 SDT 表的任何段的 table＿id 值取 0x42，描述其他传送流的 SDT 表的任何段的 table＿id 值取 0x46，从而识别出哪一个 SDT 表所描述的业务是哪一个传送流的业务。表 6-5 列出了 GY/T 230—2008 规范中业务信息的表标识符（table＿id）值的分配情况。

表 6-5　表标识符（table＿id）值的分配

table＿id 值	描　　　述
0x00	节目关联段（program＿association＿section）
0x01	条件接收段（conditional＿access＿section）
0x02	节目映射段（program＿map＿section）
0x03	传送流描述段（transport＿stream＿description＿section）
0x04～0x3F	预留
0x40	现行网络信息段（network＿information＿section-actual＿network）
0x41	其他网络信息段（network＿information＿section-other＿network）
0x42	现行传送流业务描述段（service＿description＿section-actual＿transport＿stream）
0x43～0x45	预留使用
0x46	其他传送流业务描述段（service＿description＿section-other＿transport＿stream）
0x47～0x49	预留使用
0x4A	业务群关联段（bouquet＿association＿section）
0x4B～0x4D	预留使用
0x4E	现行传送流事件信息段，当前/后续（event＿information＿section-actual＿transport＿stream, P/F）
0x4F	其他传送流事件信息段，当前/后续（event＿information＿section-other＿transport＿stream, P/F）
0x50～0x5F	现行传送流事件信息段，时间表（event＿information＿section-actual＿transport＿stream, schedule）
0x60～0x6F	其他传送流事件信息段，时间表（event＿information＿section-other＿transport＿stream, schedule）
0x70	时间-日期段（time＿data＿section）
0x71	运行状态段（running＿status＿section）
0x72	填充段（stuffing＿section）
0x73	时间偏移段（time＿offset＿section）
0x74～0x7D	预留使用
0x7E	间断信息段（discontinuity＿information＿section）
0x7F	选择信息段（selection＿information＿section）
0x80～0xFE	用户定义
0xFF	预留

PSI 的作用在于从一个复用的传送流（TS）中找到其中的某个节目/业务和构成该节目的组件；而 DVB-SI 的作用在于提供整个网络的业务信息，以及寻找业务所需的数据。

6.3 业务信息表的结构

6.3.1 业务信息表的通用规定

在业务信息（SI）中，表（Table）是一种概念性的机制，它是对业务信息的一种结构性的描述，不是一种实际的语法描述方式。在 IRD 中无须以特定的形式重新生成。业务信息表（包括 MPEG-2 中的 PSI 表）被分成为一个或若干个段（Section）表示，然后插入到 TS 包中。除了 EIT 表外，业务信息表在传送过程中不能被加扰，但如果需要，EIT 表可以加扰。

在 DVB-SI 标准中，将遇到如下的术语，现解释如下：

1）子表：是指具有相同表标识符（table_id）的段的集合。通常，具有相同的表标识符扩展（table_id_extension）和版本号（version_number）的数据段构成同一个子表。

2）表：由具有相同的表标识符（table_id）的一系列子表构成。

3）段：是一个语法结构，一个数据段则是按照语法数据结构组成的一个数据包，用于将业务信息规范中户定义的所有业务信息映射成为 MPEG-2 的 TS 包。

在 DVB 系统中，除了音视频、字幕数据不是以段的形式进行传输之外，其余包括 PSI/SI、数据广播、IP 包、私有数据等都是先以段的形式进行封装，之后再封装成 TS 包。因此，段的定义很重要。段的长度是可变的。除 EIT 表外，每个表中的段限长为 1024B，但 EIT 中的段限长 4096B。每一个段由以下字段（field）的组合唯一标识：

1）表标识符（table_id）：标识段属于哪一个表。一些表标识符已分别被 ISO 和 ETSI 定义。表标识符的其他值可以由用户根据特定目的自行分配。如表 6-5 所示，table_id 为 0x00 表示当前段的内容是 PAT 表的一部分。

2）表标识符扩展（table_id_extension）：用于标识子表。

3）段号（section_number）：表明本段属于某一表中的什么位置，用于接收解码器将特定子表的段以原始顺序重新组合。GY/T 230—2008 规范建议段按顺序传输（通常，每增加一个子表的段，段号增加一），除非某些子表的段需要比其他的段更频繁地传输，例如出于随机存取的考虑。

4）段长度（section_length）：指出当前段的长度，它表示从该字段的下一个字节开始的本段的字节长度。

5）版本号（version_number）：当业务信息所描述的传送流特征发生变化时（例如：新事件开始，给定业务的组成的基本流发生变化），应发送更新了的业务信息数据，有时需要解码器做相应的重新设置。为了确定是否需要重新设置，表中采用版本号来标明当前传送的信息是否与解码器已收到的或正在使用的信息相同。新版本的业务信息以传送一子表为标志，它与前子表具有相同的标识符，但版本号改为下一值。

GY/T 230—2008 规范中规定的业务信息表，版本号适用于一个子表的所有段。

6）当前/后续指示符（current_next_indicator）：每一段都要标以"当前"有效或"后续"有效，用于标明当前段中的内容是立即起作用还是到下一步有效。它使得新的 SI 版本可以在传送流特征发生变化之前传输，让解码器能够为变化做准备。然而，一个段的下一个版本的提前传输不是必需的，但如果被传输，它将成为该段的下一个正确版本。

表 6-6 给出了通用的数据段语法结构，其中的助记符规定如下：

● bslbf：表示左位在先的比特串（bit string, left bit first）。比特串就是单引号内的 '0' 或 '1' 数字串，如 '10000111'。

● uimsbf：表示高位在先的无符号位整数（unsigned integer, most significant bit first）。

- rpchof：表示高阶在先的余数多项式系数（remainder polynomial coefficients，highest order first）。

表 6-6　通用的数据段语法结构

语　　法	位　　数	类型助记符
si _ section（ ）｛		
table _ id	8	uimsbf
section _ syntax _ indicator	1	bslbf
reserved _ future _ use	1	bslbf
reserved	2	bslbf
section _ length	12	uimsbf
table _ id _ extension	16	uimsbf
reserved	2	bslbf
version _ number	5	uimsbf
current _ next _ indicator	1	bslbf
section _ number	8	uimsbf
last _ section _ number	8	uimsbf
reserved _ future _ use	4	bslbf
descriptors _ length	12	uimsbf
for（i＝0；i＜N；i++）｛		
descriptor（ ）		
｝		
CRC _ 32	32	rpchof
｝		

在表 6-6 中，描述符（descriptor）是给出特定信息表中所包含的说明信息，在下面将另行说明。

6.3.2　段到传送流 TS 包的映射

段可直接映射到传送流（TS）包中。段可能起始于 TS 包净荷的起始处，但这并不是必需的，因为 TS 包净荷的第一个段的起始位置是由 pointer _ field 字段指定的。一个 TS 包中可有多个段，但一个 TS 包内决不允许存在多于一个的 pointer _ field 字段，其余段的起始位置均可从第一个段及其后各段的长度中计算出来，这是因为语法规定一个传送流中的段之间不能有空隙。

在任一 PID 值的 TS 包中，一个段必须在下一个段允许开始之前结束，否则就无法识别数据属于哪个段标题。若一个段在 TS 包的末尾前结束了，但又不便打开另一个段，则提供一种填充机制来填满剩余空间。该机制对包中剩下的每个字节均填充为 0xFF。这样 table _ id 就不允许取值为 0xFF，以免与填充相混淆。一旦一个段的末尾出现了字节 0xFF，该 TS 包的剩余字节必然都被填充为 0xFF，从而允许解码器丢弃 TS 包的剩余部分。填充也可用一般的 adaptation _ field 机制实现。

6.3.3　描述符

在业务信息中，除了上述的各种类型的表之外，还定义了许多描述符，这些描述符提供有关视频流、音频流、采用的语言、系统时钟、显示参数、符号率、业务名称、节目简介等多方面的大量信息。在 PSI 和 SI 的表中，可以灵活地插入这些相应的描述符提供更多的信息。这些信息对于系统的运行、接收机的配置和参数设定起了非常重要的作用。

描述符是一种数据结构，其通用的语法结构如表 6-7 所示。所有描述符的格式都以描述符标签值（descriptor _ tag）开始，之后为 8bit 描述符长度（descriptor _ length）和信息内容字段。描述符标签是一个 8bit 字段，用于标识不同的描述符。描述符长度给出描述符的总长度，它表示描述符中从该字段后开始的数据部分的字节数。

表 6-7　描述符的一般语法结构

语　　法	位　　数	类型助记符
descriptor（）{		
descriptor＿tag		
descriptor＿length	8	uimsbf
……）	8	uimsbf
……）信息内容		
……		
}		

表 6-8 给出了有线数字电视传送系统描述符的例子。

表 6-8　有线数字电视传送系统描述符

语　　法	位　　数	说　　明
cable＿delivery＿system＿descriptor（）{		
descriptor＿tag	8	标识特定的描述符
descriptor＿length	8	描述符长度
Frequency	32	中心频率
reserved＿future＿use	12	保留项
FEC＿outer	4	前向纠错外码
Modulation	8	调制方式
Symbol＿rate	28	符号率
FEC＿inner	4	前向纠错内码
}		

GY/T 230—2008 规范中规定了大量的描述符，数字电视前端系统不可能发送所有的描述符，接收机也不能解析全部描述符。下面给出数字电视广播系统和接收机应该处理的基本描述符。

（1）网络信息表中的描述符

1）网络名称描述符（network＿name＿descriptor），其标签值是 0x40。

2）业务列表描述符（service＿list＿descriptor），其标签值是 0x41。

3）传送系统描述符（delivery＿system＿descriptor），可根据不同的传送网络选择卫星/地面/有线传送系统描述符。

4）链接描述符（linkage＿descriptor），其标签值是 0x4A。出现在网络信息段中，是为了引导接收机选择一个携带接收机软件下载程序的频道，用于对接收机通过传送网络进行软件自动更新。其中参数 linkage＿type 值为 0x81 保留为引导装载程序之用。

（2）业务描述表中的描述符

业务描述表（SDT）对一个特定传送流中的节目业务进行描述，接收机应当使用从 SDT＿actual 及 SDT＿other 表中提取的业务描述符（service＿descriptor）来更新业务清单（业务名称等）。SDT 应携带的描述符为：

1）业务描述符（service＿descriptor），其标签值是 0x48。

2）链接描述符（linkage＿descriptor），其标签值是 0x4A。

3）CA 识别符描述符（CA＿identifier＿descriptor），其标签值是 0x53。仅当 CA 加至业务项目中，此项为必需的。

（3）事件信息表中的描述符

当用户要求浏览节目/业务日程信息时，接收机应采用事件信息表（NIT）中链接描述符机制寻找有关资料并调谐到所需的频道，引导用户选择节目/业务。linkage_type 值为 0x04 可用来查询 EIT 时间表信息。

规范中规定，当前/后续事件的 EIT p/f（当前/后续事件）为强制要求的。

接收机应能识别和处理 EIT 携带的以下描述符：

1）短事件描述符（short_event_descriptor），其标签值是 0x4D。

2）扩展事件描述符（extended_event_descriptor），其标签值是 0x4E。

3）组件描述符（component_descriptor），其标签值是 0x50。

4）CA 识别符描述符（CA_identifier_descriptor），其标签值是 0x53。

（4）PSI 要求的描述符

业务信息的 PSI 中，要求对节目映射表（PMT）提供必需的描述符如下：

1）业务转移描述符（service_move_descriptor），其标签值是 0x60。

2）流识别符描述符（stream_identifier_descriptor），其标签值是 0x52。

6.4　业务信息表的定义

业务信息表的定义描述了不同类型表的语法和语义。下面以常用的节目关联表（PAT）、节目映射表（PMT）、条件接收表（CAT）、网络信息表（NIT）、业务描述表（SDT）、事件信息表（EIT）、时间-日期表（TDT）为例进行介绍。

6.4.1　节目关联表

拓展阅读

字段的语义
定义

节目关联表（PAT）由 PID 为 0x0000 的 TS 包传送。PAT 包含了与多路节目复用有关的控制信息。每个 TS 必须有一个完整有效的节目关联表，它的主要作用是针对复用的每一路 TS，指明 TS 中包含哪些节目、节目的编号以及每套节目对应的节目映射表（PMT）的位置，即 PMT 所在 TS 包的 PID，同时还提供网络信息表（NIT）的位置，即 NIT 所在 TS 包的 PID。

PAT 在映射为一个 TS 包之前，被切分为如图 6-9 所示的节目关联段。这种分法在出错时使数据丢失最少，也就是包丢失或位错误可定位于更小的节目关联段，这样就允许其他段被接收和正确解码。

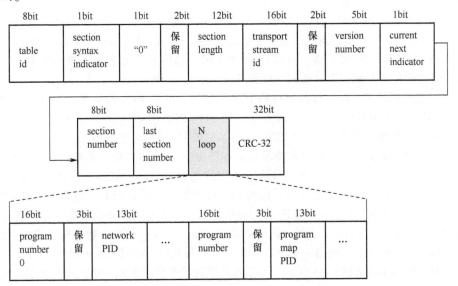

图 6-9　节目关联段的结构

用 C 语言描述的节目关联段的语法结构定义如表 6-9 所示。

表 6-9　节目关联段的语法结构

语　　法	位　　数	类型助记符
program _ association _ section ( ) {		
table _ id	8	uimsbf
section _ syntax _ indicator	1	bslbf
"0"	1	bslbf
reserved	2	bslbf
section _ length	12	uimsbf
transport _ stream _ id	16	uimsbf
reserved	2	bslbf
version _ number	5	uimsbf
current _ next _ indicator	1	bslbf
section _ number	8	uimsbf
last _ section _ number	8	uimsbf
for (i=0; i<N; i++) {		
program _ number	16	uimsbf
reserved	3	bslbf
if (program _ number = = "0") {	13	uimsbf
network _ PID		
}		
else {		
program _ map _ PID	13	uimsbf
}		
}		
CRC _ 32	32	rpchof
}		

6.4.2　节目映射表

节目映射表（PMT）包含了与单路节目复用有关的控制信息。前面介绍过，单路节目的 TS 是由具有相同节目时间基准（PCR）的多种媒体 PES 复用构成的，典型的构成包括 1 路视频 PES、2~5 路音频 PES（多声道、普通话、粤语、英语等）以及 1 路或多路辅助数据，当然也可以只由上述 PES 流中的一种构成。在进行 TS 复用时，各路 PES 被分配了唯一的 PID，PES 与被分配的 PID 值间的关系构成了一张表，称为节目映射表（PMT）。

PMT 完整地描述了一路节目是由哪些 PES 组成的，这些 PES 的类型（音频、视频、数据）及相应的 PID，带有节目时间基准（PCR）的 TS 包的 PID（PCR _ PID），以及用于条件接收的授权控制消息（ECM）所在 TS 包的 PID。带有节目映射表的 TS 包不加密。

节目映射表给出了节目号和组成该节目的各路 PES 之间的映射。该映射的一个单一实例被称为"节目定义"。一个 TS 中所有"节目定义"的集合就组成了节目映射表。单个实例实际上是描述一路节目是由哪些 PES 组成的，这些 PES 的类型（音频、视频、数据）及相应的 PID 信息。一般来说，一个实例会用一个 PID 进行分组传输，其值可以由前端系统定义，但必须和 PAT 中的相对应 program _ number 位于同一循环体的 program _ map _ PID 一致。也就是说，PMT 是由多个子表组成的，每一个子表由一个 PID 标识，并且与 PAT 中的循环一一对应。

节目映射段的结构如图 6-10 所示。用 C 语言描述的节目映射段的语法结构如表 6-10 所示。

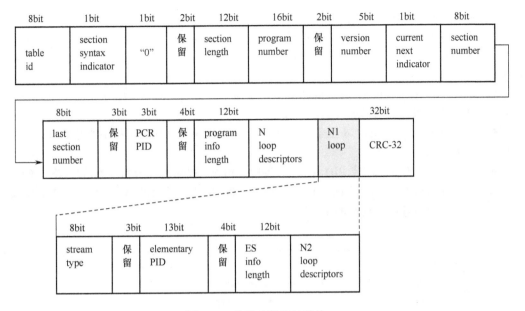

图 6-10 节目映射段的结构

表 6-10 节目映射段的语法结构

语 法	位 数	类型助记符
program _ map _ section（）{		
table _ id	8	uimsbf
section _ syntax _ indicator	1	bslbf
"0"	1	bslbf
reserved	2	bslbf
section _ length	12	uimsbf
program _ number	16	uimsbf
reserved	2	bslbf
version _ number	5	uimsbf
current _ next _ indicator	1	bslbf
section _ number	8	uimsbf
last _ section _ number	8	uimsbf
reserved	3	bslbf
PCR _ PID	13	uimsbf
reserved	4	bslbf
program _ info _ length	12	uimsbf
for（i=0；i<N；i++）{		
descriptor（）		
}		
for（i=0；i<N1；i++）{		
stream _ type	8	uimsbf
reserved	3	bslbf
elementary _ PID	13	uimsbf
reserved	4	bslbf
ES _ info _ length	12	uimsbf
for（i=0；i<N2；i++）{		
descriptor（）		
}		
}		
CRC _ 32	32	rpchof
}		

节目映射段中重要字段的语义定义如下：

• PCR_PID：13bit 字段，指定包含对由 program_number. 所指定的节目有效的 PCR 字段的 TS 包的 PID 值。若没有 PCR 字段与用于私有流的节目定义相关联，那么该字段取值应为 0x1FFF。

• program_info_length（节目信息长度）：12 位字段，起始的两位应为"00"，后面的 10bit 规定了紧跟在该字段之后的描述符的字节数。

• stream_type（流类型）：8 位字段，规定由 elementary_PID 指定的 PID 值的 TS 包中的流类型，如表 6-11 所示。

• elementary_PID（基本流 PID）：13bit 字段，指出了携带相关节目基本流的 TS 包的 PID。

• ES_info_length：12bit 字段，起始的两位应为"00"，后面的 10bit 规定了紧跟在该字段之后的相关节目基本流的描述符的字节数。

表 6-11　stream_type 值所对应的流类型

stream_type 值	流 类 型
0x00	ITU-T｜ISO/IEC 保留
0x01	ISO/IEC 11172 视频流
0x02	ITU-T Rec. H. 262｜ISO/IEC 13818—2 视频流
0x03	ISO/IEC 11172 音频流
0x04	ISO/IEC 13818—3 音频流
0x05	ITU-T Rec. H. 222.0｜ISO/IEC 13818—1 私有数据
0x06	ITU-T Rec. H. 222.0｜ISO/IEC 13818—1 PES 私有数据
0x07	ISO/IEC 13522 MHEG
0x08	ITU-T Rec. H. 222.0｜ISO/IEC 13818—1 Annex A DSM-CC
0x09	ITU-T Rec. H. 222.1
0x0A	ISO/IEC 13818—6 type A
0x0B	ISO/IEC 13818—6 type B
0x0C	ISO/IEC 13818—6 type C
0x0D	ISO/IEC 13818—6 type D
0x0E	ISO/IEC 13818—1 auxiliary
0x0F~0x7F	ITU-T Rec. H. 222.0｜ISO/IEC 13818—1 保留
0x80~0xFF	用户自定义

PMT 中比较重要的字段是 PCR_PID，这个值是作为节目时钟参考存在的，简单的可以理解成音视频同步所需的时钟信息所在 PID。接收机可以根据这个 PID 得到这个业务的 PCR 值，并根据这个值去同步视频流和音频流。

PMT 中最重要的部分是其中的循环体，这个循环体告诉接收机这个业务中包含了多少个基本流，依靠循环体中的 stream_type 和 elementary_PID，还可以知道这些基本流的类型和它所在的 PID。接收机知晓了这些基本流的类型后，就可以用正确的模块对此进行处理。

6.4.3 条件接收表

条件接收表（CAT）由 PID 为 0x0001 的 TS 包传送。它提供了在 TS 中条件接收（Conditional Access，CA）系统的有关信息，指定 CA 系统与它们相应的授权管理信息（Entitlement Management Messages，EMM）之间的联系，指定 EMM 所在 TS 包的 PID，以及其他相关的参数。只有授权的解码器才能由 CAT 收到密钥，解码出相应的数据流。

条件接收表（CAT）给出了一个或多个 CA 系统、它们的 EMM 流和任何与它们相关的特定参数之间的关系。该表可以被切分成多个段，每段的语法结构如表 6-12 所示。

表 6-12　条件接收段的语法结构

语　　法	位　　数	类型助记符
conditional _ access _ section（）{		
table _ id	8	uimsbf
section _ syntax _ indicator	1	bslbf
"0"	1	bslbf
reserved	2	bslbf
section _ length	12	uimsbf
reserved	18	bslbf
version _ number	5	uimsbf
current _ next _ indicator	1	bslbf
section _ number	8	uimsbf
last _ section _ number	8	uimsbf
for（i=0；i<N；i++）{		
descriptor（）		
}		
CRC _ 32	32	rpchof
}		

条件接收段中各字段的语义没有什么特殊的地方，此表的主要作用是指示本流中存在加扰节目，并且在描述符循环中必须插入条件接收标识描述符（CA _ identifier _ descriptor）来作进一步的指引。条件接收标识描述符（见表 6-13）指明某个业务群、业务或事件是否与一个条件接收系统相关联，并且通过 CA _ system _ id 指明条件接收系统的类型。CA _ system _ id 是一个 16bit 字段，该字段值的分配见 ETSI ETR 162。

表 6-13　条件接收标识描述符

语　　法	位　　数	类型助记符
CA _ identifier _ descriptor（）{		
descriptor _ tag	8	uimsbf
descriptor _ length	8	uimsbf
for（i=0；i<N；i++）{		
CA _ system _ id	16	uimsbf
}		
}		

6.4.4　网络信息表

网络信息表（NIT）主要描述的是一个数字电视网络中与网络相关的信息，它传递了与通过一个给定的网络传输的复用流/TS 流的物理结构相关的信息，以及与网络自身特性相关的信息。在 MPEG-2 中，NIT 属于私有表，传送 NIT 的 TS 包的 PID 可在 0x0010~0x1FFE 之中选择。在 DVB 的 SI 标准中对 NIT 做了进一步的定义，NIT 表被切分成网络信息段（network _ information _ section），其语法结

拓展阅读

网络信息段
的语义

构如表6-14 所示。任何构成 NIT 表的段都要由 PID 为 0x0010 的 TS 包传输。这样接收 NIT 时就不需要从 PAT 中查找其 PID，而直接去 PID = 0x0010 的 TS 包中接收即可。

表 6-14　网络信息段的语法结构

语　　法	位　　数	类型助记符
network＿information＿section（）｛		
table＿id	8	uimsbf
section＿syntax＿indicator	1	bslbf
reserved＿future＿use	1	bslbf
reserved	2	bslbf
section＿length	12	uimsbf
network＿id	16	uimsbf
reserved	2	bslbf
version＿number	5	uimsbf
current＿next＿indicator	1	bslbf
section＿number	8	uimsbf
last＿section＿number	8	uimsbf
reserved＿future＿use	4	bslbf
network＿descriptors＿length	12	uimsbf
for（i＝0；i<N；i++）｛		
descriptor（）		
｝		
reserved＿future＿use	4	bslbf
transport＿stream＿loop＿length	12	uimsbf
for（i＝0；i<N；i++）｛		
transport＿stream＿id	16	uimsbf
original＿network＿id	16	uimsbf
reserved＿future＿use	4	bslbf
transport＿descriptors＿length	12	uimsbf
for（j＝0；j<N；i++）｛		
descriptor（）		
｝		
｝		
CRC＿32	32	rpchof
｝		

NIT 作为描述一个网络的表，其中比较重要的字段有 network＿id 和 transport＿stream＿id，尤其是在循环体中的 transport＿stream＿id。这个循环体的作用是说明这个网络中有几个 TS，而每一个循环项中，最主要的信息就是 transport＿stream＿id 以及循环体中的描述符。

NIT 中常见的描述符有网络名称描述符（network＿name＿descriptor）、有线传送系统描述符（cable＿delivery＿system＿descriptor）、业务列表描述符（service＿list＿descriptor）和链接描述符（linkage＿descriptor），这里不作详细介绍。

NIT 中存在两个可以插入描述符的位置，分别称为第一层循环和第二层循环。第一层循环中插入的描述符，其作用域是针对整个网络的。例如，在其中可以插入网络名称描述符，链接描述符等。其中链接描述符可以变种为下载链接描述符，作为网络运营商升级网络中所有接收机软件版本的指示。

而第二层循环中的描述符，主要的作用范围是这个循环项所代表的 TS。例如，有线传送系统描述符的作用是告诉接收机每一个 TS 的具体物理参数（如频点、符号率、调制方式、前向纠错码方案等信息），而这些信息的值在每一个 TS 中都是不一样的。因此，在循环的每一个项中，都包含有一个有线传送系统描述符。也就是说，有几个 TS，则有几个有线传送系统描述符。

6.4.5　业务描述表

业务描述表（SDT）中的每一个子表，都用来描述包含于一个特定的传送流中的业务。该业务可能是现行传送流中的一部分，也可能是其他传送流中的一部分，可以根据 table_id 来确定区分上述两种情况。

SDT 表被切分成业务描述段（service_description_section），其语法结构如表 6-15 所示。任何构成 SDT 表的段，都由 PID 为 0x0011 的 TS 包传输。描述现行 TS（即包含 SDT 表的 TS）的 SDT 表的任何段的 table_id 值应为 0x42，且具有相同的 table_id_extension（tranport_stream_id）以及相同的 original_network_id。指向一个现行 TS 之外的其他 TS 的 SDT 表的任何段的 table_id 值应取 0x46。

表 6-15　业务描述段的语法结构

语　　法	位　　数	类型助记符
service_description_section ( ) {		
table_id	8	uimsbf
section_syntax_indicator	1	bslbf
reserved_future_use	1	bslbf
reserved	2	bslbf
section_length	12	uimsbf
transport_stream_id	16	uimsbf
reserved	2	bslbf
version_number	5	uimsbf
current_next_indicator	1	bslbf
section_number	8	uimsbf
last_section_number	8	uimsbf
original_network_id	16	uimsbf
reserved_future_use	8	bslbf
for (i=0; i<N; i++) {		
service_id	16	uimsbf
reserved_future_use	6	bslbf
EIT_schedule_flag	1	bslbf
EIT_present_following_flag	1	bslbf
running_status	3	uimsbf
free_CA_mode	1	bslbf
descriptors_loop_length	12	uimsbf
for (j=0; j<N; i++) {		
descriptor ( )		
}		
}		
CRC_32	32	rpchof
}		

在下面介绍字段的语义定义时，与网络信息段中一致或类似的字段就不再做介绍了。

● service_id（业务标识符）：16bit 字段，用于在 TS 中识别不同的业务。service_id 与 program_map_section 中的 program_number 取同一值。这样可以使播放的节目和业务标识符关联起来，实现通过业务名称选择观看节目内容的功能。

● EIT＿schedule＿flag（EIT 时间表标志）：1bit 字段，置"1"时，表示业务的 EIT 时间表信息存在于当前 TS 中；置"0"时，表示业务的 EIT 时间表信息不在当前 TS 中。

● EIT＿present＿following＿flag（EIT 当前/后续标志）：1bit 字段，置"1"时，表示业务的 EIT 当前/后续信息存在于当前 TS 中；置"0"时，表示业务的 EIT 当前/后续信息不在当前 TS 中。

● running＿status（运行状态）：3bit 字段，表示业务的状态，其含义见表 6-16。对于一个 NVOD 业务，running＿status 的值置"0"。

表 6-16　running＿status 字段的含义

running＿status 值	含　义
0	未定义
1	未运行
2	几秒后开始（例如录像）
3	暂停
4	运行
5~7	预留使用

● free＿CA＿mode（自由条件接收模式）：1bit 字段，置"0"时，表示构成业务的所有基本流都未被加扰；置"1"时，表示一路或多路码流的接收由 CA 系统控制。

● descriptors＿loop＿length（描述符循环长度）：12bit 字段，指出从本字段的下一个字节开始的描述符的总字节长度。

SDT 是描述一个 TS 流中的所有业务信息的一张表，这个表承上启下，连接 NIT、EIT。重要的字段包含 transport＿stream＿id，明确这些业务是属于哪个 TS 的；以及 service＿id，这是作为频道索引信息存在的。

对于一般的音视频业务，SDT 表中不会有太多信息需要添加。如果是其他的业务，如 NVOD 业务、马赛克业务、数据广播业务等，在 SDT 中则需要插入相应业务的描述符。

6.4.6　事件信息表

拓展阅读

事件信息段的语义定义

事件信息表（EIT）是 EPG 应用中绝大部分信息的携带者。通过 EPG，可以对节目进行分类、预定，获得节目的介绍和播出时间等等重要信息。而这个应用的基本组成是 SDT 和 EIT，其中，SDT 只是提供了一个频道的信息，包括频道名，其余的信息，均由 EIT 及插入其中的描述符所承载。

EIT 表被切分成事件信息段（event＿information＿section），其语法结构如表 6-17 所示。任何构成 EIT 表的段，都要由 PID 为 0x0012 的 TS 包传输。

EIT 是一张承载很多内容的表，描述由 original＿network＿id、transport＿stream＿id 和 service＿id 共同指定的某个节目的事件（event）信息。每一个节目都有一个 EIT 子表与之对应，一个 EIT 表循环结构对应节目的一个 event，当 event 的数目大于 1 时，这些 event 按起始时间的先后顺序排列。一个节目的事件信息包括这个节目所在的频道（service＿id）、起始时间（start＿time）和结束时间（start＿time +duration）、节目名称、节目描述、节目分类等。这些信息分别位于 EIT 表以及可以插入 EIT 的描述符中。

table＿id 为 0x4E 的 EIT 用于描述现行传送流（也称当前传送流）中相应节目的当前/后续事件信息；table＿id 为 0x4F 的 EIT 表用于描述其他传送流中相应节目的当前/后续事件信息；table＿

id 为 0x50~0x5F 的 EIT 表用于描述现行传送流中相应节目的事件时间表信息；table_id 为 0x60~0x6F 的 EIT 表用于描述其他传送流中相应节目的事件时间表信息。DVB 规定 table_id = 0x4E 的 EIT 表必须发出。

表 6-17　事件信息段的语法结构

语　　　法	位　　　数	类型助记符
event_information_section ( ) {		
table_id	8	uimsbf
section_syntax_indicator	1	bslbf
reserved_future_use	1	bslbf
reserved	2	bslbf
section_length	12	uimsbf
service_id	16	uimsbf
reserved	2	bslbf
version_number	5	uimsbf
current_next_indicator	1	bslbf
section_number	8	uimsbf
last_section_number	8	uimsbf
transport_stream_id	16	uimsbf
original_network_id	16	uimsbf
segment_last_section_number	8	uimsbf
last_table_id	8	uimsbf
for (i=0; i<N; i++) {		
event_id	16	uimsbf
start_time	40	bslbf
duration	24	uimsbf
running_status	3	uimsbf
free_CA_mode	1	bslbf
descriptors_loop_length	12	uimsbf
for (j=0; j<N; i++) {		
descriptor ( )		
}		
}		
CRC_32	32	rpchof
}		

现行传送流的所有 EIT 子表都有相同的 transport_stream_id 和 original_network_id。

除准视频点播（NVOD）业务之外，当前/后续事件信息表中只包含在现行传送流或其他传送流中指定业务的当前事件和按时间顺序排列的后续事件的信息，因为 NVOD 业务可能包含两个以上的事件描述。无论是对现行传送流还是其他传送流，事件时间表都包含了以时间表的形式出现的事件列表，这些事件包括下一个事件之后的一些事件。EIT 时间表是可选的，事件信息按时间顺序排列。

6.4.7　时间和日期表

时间和日期表（TDT）仅传送 UTC 时间和日期信息。

TDT 只包含一个段，其语法结构如表 6-18 所示。

拓展阅读

时间-日期
段的语义定义

表 6-18　时间-日期段的语法结构

语　　法	位　　数	类型助记符
time _ date _ section ( ) {		
table _ id	8	uimsbf
section _ syntax _ indicator	1	bslbf
reserved _ future _ use	1	bslbf
reserved	2	bslbf
section _ length	12	uimsbf
UTC _ time	40	bslbf
}		

拓展阅读

时间偏移段
的语义

6.4.8　时间偏移表

时间偏移表（TOT）包含 UTC 时间和日期信息及当地时间偏移。该表只包含一个段，其语法结构如表 6-19 所示。从语法结构上看，TOT 完全是 TDT 的一个扩展，只是增加了一个插入描述符的循环。

TDT 和 TOT 作为时间信息，是从前端发出的，供接收机作为系统时间参考所用。由于接收机本身无法从 GPS 等获得准确的时间，即便有本地的时钟，也需要不断进行校正。因此，DVB 规定了 TDT 和 TOT 作为前端标准时间的承载，广播至接收端。

表 6-19　时间偏移段的语法结构

语　　法	位　　数	类型助记符
time _ offset _ section ( ) {		
table _ id	8	uimsbf
section _ syntax _ indicator	1	bslbf
reserved _ future _ use	1	bslbf
reserved	2	bslbf
section _ length	12	uimsbf
UTC _ time	40	bslbf
reserved	4	bslbf
descriptors _ loop _ length	12	uimsbf
for (j=0; j<N; i++) {		
descriptor ( )		
}		
CRC _ 32	32	rpchof
}		

6.5　业务信息在数据广播中的应用

在 MPEG-2 标准的系统层，除了规定音/视频数据的传送外，还充分考虑了非音视频数据的传送，为在数字电视中实现数据广播提供了方便。

1）在 MPEG-2 的传送流（TS）中，所有数据都被封装成 188B 大小的固定长度分组数据包，并且规定了 13bit 长的 PID（包标识符），以区别携带不同数据类型的 TS 包。支持数据广播的第一种方式就是为数据分配专用的 PID，把要广播的数据直接放在 TS 包的净荷（payload）中。

MPEG-2 的各种 PSI（节目特定信息）表的广播就是通过这种方式来实现的。在 MPEG-2 标准的系统部分，规定了 PID 值的分配，如表 6-20 所示。可见，可以给要广播的数据指定 0x0010～0x1FFE 之间的 PID 值。

表 6-20　MPEG-2 中 PID 的分配

PID 值	用　　途
0x0000	PAT（节目关联表）
0x0001	CAT（条件接收表）
0x0002～0x000F	保留
0x0010～0x1FFE	可以分配给 NIT、PMT、ES（基本流），或作其他用途
0x1FFF	空包

2）在 MPEG-2 的 PMT 中规定了 8bit 的 stream_type 字段，stream_type 指出了基本流的类型。同时在 PES 包的结构中，规定了 8 位的 stream_id 字段，描述的也是基本流的类型。在 stream_type 和 stream_id 的分配表中可以看到，除了为用户保留的私有值以外，还直接为数据广播分配了一些值。例如，stream_type 等于 0x08、0x0A～0x0D 表示基本流携带的是 DSM-CC 规定的数据等。这就使得把要广播的数据组织成基本流成为可能。

3）MPEG-2 中的节目特定信息（PSI）表是按段（section）传输的，在段的语法结构中，第一个字段是 8bit 的 table_id，它最多可以区别 256 个表。已经定义的表只有寥寥数个，因此，就给了用户定义自己的表的机会。在 table_id 分配表中，把 0x40～0xFE 之间的值全部分配给私有段（private section），并且为私有段定义了框架结构。

4）ISO/IEC 13818—6 是 MPEG-2 为支持进一步的多媒体应用（DSM-CC）而作的扩展，其中当然也包括对数据广播的支持。

6.6　小结

在数字电视中，所有视频、音频、文字、图片等经数字化处理变成数据，并按照 MPEG-2 标准打包，形成固定长度（188B）的 TS 包，然后将这些 TS 包进行复用，形成传送流（TS）。在 TS 中如果没有引导信息，数字电视的终端设备将无法找到需要的码流，所以在 MPEG-2 中专门定义了节目特定信息（PSI），其作用是自动设置和引导接收机进行解码。

PSI 被分成 4 类表结构，分别是：节目关联表（PAT）、节目映射表（PMT）、网络信息表（NIT）、条件访问表（CAT），其中 PAT 和 CAT 都有固定的 PID 值，而 PMT 和 NIT 的 PID 值是不确定的，它们的 PID 都在 PAT 中进行描述，所以要想获得 PMT 和 NIT 就必须首先获得 PAT，可以说 PAT 是 4 类表中的根。

SI 信息是 DVB 组织对 MPEG-2 的 PSI 进行的扩展，在 PSI 4 类表的基础上又增加了业务群关联表（BAT）、业务描述表（SDT）、事件信息表（EIT）、时间和日期表（TDT）、时间偏移表（TOT）、填充表（ST）、运行状态表（RST）、选择信息表（SIT）、间断信息表（DIT）等 9 个表，另外对 NIT 也作了强制定义，并且赋予 NIT 相当重要的作用，要求在 TS 中必须传送 NIT。SI 的 9 个表在实际使用中并不都是强制性传送的，在实际（现行）传送系统中，NIT、SDT、EIT 及 TDT 的传送是强制性的，利用这几个表的信息就可以生成基本 EPG 的所有功能。

在 PSI 和 SI 中都涉及"表"的概念，通常所说的"表"实际是"子表"的概念，事实上所有具有相同 table_id 的"子表"合在一起才可以称之为"表"，而"子表"则是由一系列的"段"组成，各个表的"段"的格式大体一致。

　　PSI 和 SI 在复用时通过复用器插入 TS 流中，"段"被直接映射为 TS 包，并用特定的 PID 进行标识。

6.7　习题

　　1. MPEG-2 标准的系统部分为什么要定义节目流（PS）和传送流（TS）？它们分别是针对哪种应用场合而设计的？PS 复用和 TS 复用有什么区别？

　　2. 数字电视码流标准的语法定义中为什么要规定同步头信息？

　　3. 简述 TS 包的组成，TS 包的长度为多少字节？

　　4. PSI 主要有哪 4 种？

　　5. 如何理解 PSI 和 SI 中的"表"（Table）和"段"（Section）的概念？

　　6. 数字电视码流通过什么机制表达码流中各信息相互之间的逻辑关系？

数字音视频信号经过信源编码和系统复接后生成的传送码流，通常需要通过某种传输媒质才能到达用户接收机。传输媒质可以是广播电视网络（如地面电视广播、卫星电视广播或有线电视广播），也可以是电信网络，或存储媒质（如磁盘、光盘等），这些传输媒质统称为传输信道。通常情况下，传送码流是不能或不适合直接通过传输信道进行传输的，必须经过某种处理，使之变成适合在规定信道中传输的形式。在通信原理上，这种处理称为信道编码与调制。其中信道编码的目的是进行传输差错控制，负责传输误码的检测和校正，提高传输的可靠性；调制的作用是进行码型变换和"频谱"搬移，其目的是使欲传输的数字信号的频谱特性适应信道的要求。一个实际的数字电视传输系统通常包含信道编码器与调制器，信道编码与数字调制经常紧密地联系在一起。近年来各国在数字电视的传输系统方面进行了大量的研究，很多数字通信领域里的前沿新技术被应用于数字电视传输系统中。

本章学习目标：

- 熟悉数字电视传输系统中的常用术语和性能指标。
- 熟悉信道编码的基本概念和分类，掌握差错控制的基本原理。
- 了解 BCH 码、RS 码、卷积码、收缩卷积码、交织、LDPC 码的基本原理和实现方法。
- 熟悉数字信号的基本调制方式及作用。
- 掌握 QPSK、QAM、VSB、C-OFDM 的基本原理、实现方法及其特点。

7.1 常用术语

1. 随机差错和突发差错

在随机差错信道中，码元出现差错与其前、后码元是否出现差错无关，每个码元独立地按一定的概率产生差错。从统计规律看，这种随机差错是由加性高斯白噪声（Additive White Gaussian Noise，AWGN）引起的。

在突发差错信道中，码元差错成串成群出现，即在短时间内出现大量误码。一串差错称为一个突发差错。突发差错总是以差错码元开头，以差错码元结尾，并且中间码元差错概率超过某个标准值。通信系统中的突发差错是由雷电、强脉冲、时变信道的衰落等突发噪声引起的，在存储系统中，磁带、磁盘物理媒质的缺陷或读写头的接触不良等造成的差错均为突发差错。

实际信道中往往既存在随机差错又存在突发差错。

2. 误码率和误符号率

误码率和误符号率是用于衡量传输系统可靠性的指标。误码率或误比特率（Bit Error Ratio，BER）是指在经过系统传输后，送给用户的接收码流中发生错误的比特数与信源发送的原始码流总比特数之比。

对于多进制调制信号，由于接收机的判决是基于符号的，所以常采用误符号率或误字率，即接收端发生符号错误的比例。线性调制系统的误符号率与其星座图中星座点间的欧几里得距离有确切的函数关系。一般来说，星座点越密集，接收端符号判决错误的概率越大。

3. 比特率和符号率

比特率和波特率是衡量系统传输能力的重要指标。

对于任何形式的数字传输，接收机必须知道发射机发送的信息速率。在基带传输系统中，用比特率表示传输的信息速率，比特率 R_b 是指单位时间内传输的二元比特数，单位是 bit/s。

符号率 R_s 是指单位时间内传输的调制符号数，即指三元及三元以上的多元数字码流的信息传输速率，单位是 Baud。

在 M 进制调制中，比特率 R_b 和符号率 R_s 之间的关系为

$$R_b = R_s \log_2 M \tag{7-1}$$

比特率与符号率在本质上是一回事，都表示信息传输的速率，只是在传输系统的不同阶段，信号呈现出不同的形式，因此以不同的计算方式来衡量其信息的传输速率。例如，在收发端的信源和信道编译码阶段，信息通常表示为二进制形式，此时采用比特率为单位；而在调制器映射之后到解调器反映射之前，信息以多元符号形式存在，这时采用符号率更方便。

符号率有时也称波特率。另外，对通信系统的评估中通常还定义了净荷速率，它是指在传输的符号中扣除由于信道编码和同步字段等一切额外开销后的"纯"信息速率，单位是 bit/s。

4. 信息码元和监督码元

信息码元又称信息位，这是发送端由信源编码后得到的被传送的信息数据位。

监督码元又称监督位或校验位，这是为了检测、纠正误码而在信道编码时加入的判断数据位，其长度通常以 r 表示。

在分组编码时，首先将信息码元序列分成一个码组，由 k 个信息码元组成的信息码组为

$$M = (m_{k-1}, m_{k-2}, \cdots, m_1, m_0)$$

k 个信息码元后附加上 r 个监督码元，就构成了信道编码后的码字，其长度通常以 n 表示，即 $n=k+r$。

经过分组编码后的码又称为 (n,k) 码，即表示总的码字长度为 n 个码元，其中信息码元数为 k，监督码元数为 $r=n-k$。通常称其为长为 n 的码组（或码字、码矢）。

5. 许用码组和禁用码组

在二元码情况下，每个信息码元 m_i 的取值只有 0 或 1，由 k 个信息码元组成的信息码组共有 2^k 个，即不同信息码元取值的组合共有 2^k 组。

信道编码后的总码长为 n，总的码组数应为 2^n，即为 2^{k+r}。其中，由 2^k 个信息码组构成的编码码组称为许用码组；其余的 (2^n-2^k) 个码组称为禁用码组，不传送。发送端差错控制编码的任务正是寻求某种规则从 2^n 个码组中选出许用码组。由于发送端发送的都是许用码组，所以接收端译码时只需判断接收到的码组是否是许用码组，若不是，就意味着发生了误码。纠错码的任务则是利用相应的规则来校正收到的码组，使之符合许用码组。

6. 码长和码重

码组或码字中编码码元的总位数称为码组的长度，简称码长。码组中非零码元的数目称为码组的重量，简称码重。例如"11010"的码长为 5，码重为 3。

7. 码距和最小汉明距离

两个等长码组中对应码元位置上具有不同码元的位数称为码组的距离，简称码距，又称汉明（Hamming）距离。例如，"11010"和"01101"有 4 个码元位置上的码元不同，它们之间的

汉明距离是 4。对于 (n,k) 码，许用码组为 2^k 个，任两个码组之间的距离可能会不相等。为此，在由许用码组构成的码组集合中，定义任意两个码组之间距离的最小值为最小码距或最小汉明距离，通常记作 d_0，它是衡量一种编码方案纠错和检错能力的重要依据。以 3bit 二进制码组为例，在由 8 种可能组合构成的码组集合中，两码组间的最小距离是 1，例如"000"和"001"之间，因此 $d_0=1$；如果只取"000"和"111"为许用码组，则这种编码方式的最小码距 $d_0=3$。

最小码距 d_0 的大小与信道编码的检纠错能力密切相关。以下举例说明分组编码的最小码距与检纠错能力的关系。

设有两个信息 A 和 B，可用 1bit 表示，即 0 表示 A，1 表示 B，码距 $d=1$。如果直接传送信息码，就没有检纠错能力，无论由 1 错为 0，或由 0 错为 1，接收端都无法判断其错否，更不能纠正，因为它们都是合法的信息码组（许用码组）。如果对这两个信息 A 和 B 经过信道编码，增加 1bit 监督码元，得到 $(2,1)$ 码组，即：$n=2$、$k=1$、$r=n-k=1$，就具有检错能力。由于 $n=2$，故总码组数为 $2^2=4$，又因 $k=1$，故许用码组数为 $2^1=2$，其余为禁用码组。许用码组有两种选择方式，即 00 与 11，或 01 与 10，其结果是相同的，只是信息码元与监督码元之间的约束规律不同。现采用信息码元重复一次得到许用码组的编码方式，故许用码组为 00 表示 A，11 表示 B。这时 A 和 B 都具有 1 位检错能力，因为无论 A（00）或 B（11），如果发生一位误码，必将变成 01 或 10，这都是禁用码组，故接收端完全可以按不符合信息码重复一次的准则来判断为误码。

但却不能纠正其差错，因为无法判断误码（01 或 10）是 A（00）差错还是 B（11）差错造成的，即无法判定原信息是 A 或 B，或者说 A 与 B 形成误码（01 或 10）的可能性（或概率）是相同的。如果产生 2 位误码，即 00 错成 11，或 11 错成 00，结果将从一个许用码组变成另一个许用码组，接收端就无法判断其错否。通常用 e 表示检错能力（位数），用 t 表示纠错能力（位数）。由上述分析可知，当 $d_0=2$ 的情况下，码组的检错能力 $e=1$，纠错能力 $t=0$。

为了提高检纠错能力，可对上述两个信息 A 和 B 经过信道编码增加 2bit 监督码元，得到 $(3,1)$ 码组，即 $n=3$、$k=1$、$r=n-k=2$，总的码组数为 $2^3=8$，图 7-1 可说明其检纠错能力。

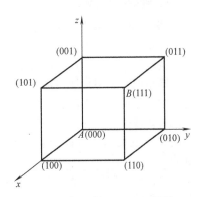

图 7-1 A 和 B 的 $(3,1)$ 码组

此例中，由于 $k=1$，故许用码组数为 $2^1=2$，其余 6 个为禁用码组。由图 7-1 可以看出，能使最小码距为最大的许用码组共有 4 种选择方式，即（000 与 111）、（001 与 110）、（010 与 101）、（011 与 100），这 4 种选择方式具有相同的最小码距，故其抗干扰能力或检纠错能力也相同。为了编码直接、简便，选择二重重复编码方式，即按信息码元重复二次的规律来产生许用码组，编码结果为 000 表示 A，111 表示 B，A 与 B 之间的码距 $d=3$。这时的两个许用码组 A 或 B 都具有一位纠错能力。例如，当信息 A（000）产生 1 位差错时，将有 3 种误码形式，即 001 或 010 或 100，这些都是禁用码组，可确定是误码。而且这 3 种误码与许用码组 000 的距离最近，与另一个许用码组 111 的距离较远。根据误码少的概率大于误码多的概率的规律，可以判定原来的正确码组是 000，只要把误码中的 1 改为 0 即可得到纠正。同理，如果信息 B（111）产生 1 位差错时，则有另 3 种误码可能产生，即 110、101 或 011，根据同样道理，可以判定原来的正确码组是 111，并能纠正差错。但是，如果信息 A（000）或信息 B（111）产生 2 位差错时，虽然能根据出现禁用码组识别其差错，但纠错时却会做出错误的纠正，造成误纠错。如果信息 A（000）或信息 B（111）产生 3 位差错时，将从一个许用码组 A（或 B）变成了另一个许用码组 B（或 A），这时既检不出错，更不会纠错了，因为误码已成为合法组合的许用码组，译码后必然产生错误。

综上所述，对于分组码，最小码距 d_0 与码的检错纠错能力之间具有如下关系：

1) 当码组用于检错时，若要检测任意 e 个差错，则要求最小码距应满足

$$d_0 \geqslant e+1 \tag{7-2}$$

2) 当码组用于纠错时，若要纠正任意 t 个差错，则要求最小码距应满足

$$d_0 \geqslant 2t+1 \tag{7-3}$$

3) 当码组同时用于检错和纠错时，若要纠正任意 t 个差错，同时检测任意 e 个差错 （$e>t$），则要求最小码距应满足

$$d_0 \geqslant e+t+1 \tag{7-4}$$

这里所说的纠正 t 个差错，同时能检测 e 个差错的含义，是指当差错不超过 t 个时，误码能自动予以纠正，而当误码超过 t 个时，则不可能纠正错误，但仍可检测 e 个误码，这正是混合检错、纠错的控制方式。

对于上述结论，可通过图 7-2 示意说明。

事实上，最小码距 d_0 只是表明了码字纠错范围的极限。一种编码方式的实际纠错能力还取决于码重的分布和特定的译码算法。

8. 编码效率或码率

信道编码的实质是在信息码组中增加一定数量的多余码元（称为监督码元），使它们满足一定的约束关系，这样由信息码元和监督码元共同组成一个由信道传输的码字。一旦传输过程中发生错误，则信息码元和监督码元间的约束关系被破坏。在接收端按照既定的规则校验这种约束关系，可达到发现和纠正错误的目的。

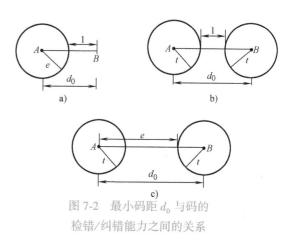

图 7-2　最小码距 d_0 与码的
检错/纠错能力之间的关系

通常把信息码元数目 k 与编码后的总码元数目（码字长度）n 之比称为信道编码的编码效率，简称码率，定义为

$$R_{\mathrm{C}} = \frac{k}{n} = \frac{k}{k+r} \tag{7-5}$$

这是衡量纠错码性能的一个重要指标，一般情况下，监督码元越多（即 r 越大），检纠错能力越强，但相应的编码效率也随之降低了。为此，在检纠错编码时，要根据信道的不同特性兼顾检纠错能力和编码效率两个要求，这正是信道编码的任务。

9. 频谱效率

频谱效率 η_{w} 又称频带利用率，用来衡量系统的有效性。它定义为单位带宽传输频道上每秒可传输的比特数，单位是 $\mathrm{bit/(s \cdot Hz)}$。它是单位带宽通过的数据量的度量，由此衡量一个信号传输技术对带宽资源的利用率。

如果传输频道的带宽为 W，则定义

$$\eta_{\mathrm{w}} = \frac{R_{\mathrm{b}}}{W} \tag{7-6}$$

习惯上把 $\eta_{\mathrm{w}}>1$ 的调制方案称为带宽有效性调制，反之则称为功率有效性调制。

对于基带信号或单边带传输系统，奈奎斯特第一准则表明，理论上没有码间串扰的最大频谱效率为 2 码元/（$\mathrm{s \cdot Hz}$），该定理并没有直接说明频谱效率的最大值。为获得任何传输形式的

频带利用率 R/W，就要知道每个符号（码元）包含的比特数。

对于带通调制信号，例如幅移键控（ASK）、相移键控（PSK）和正交幅度调制（QAM），需要的传输带宽是相应基带信号的两倍，那么理论上没有码间串扰的最大频谱效率变为 1 码元/（s·Hz）。对于 BPSK 或 2ASK，理论最高频谱效率为 1bit/（s·Hz）；QPSK 的理论最高频谱效率为 2bit/（s·Hz）；32-QAM 的理论最高频谱效率为 5bit/（s·Hz）；64-QAM 的理论最高频谱效率为 6bit/（s·Hz）。即对于 M 进制数字调制 MPSK 或 MQAM，其理论最高频谱效率为 $\log_2 M$ ［bit/（s·Hz）］。

10. 信噪比（S/N）、载噪比（C/N）与 E_b/N_0

信噪比（S/N）是指传输信号的平均功率与加性噪声的平均功率之比。载噪比（C/N）是指已经调制的信号的平均功率与加性噪声的平均功率之比。它们通常都以对数的方式来计算，单位为 dB。

信噪比与载噪比的区别在于，载噪比中已调信号的功率包括了传输信号的功率和调制载波的功率，而信噪比中仅包括传输信号的功率，两者之间相差一个载波功率。当然载波功率与传输信号功率相比通常都是很小的，因而载噪比与信噪比在数值上十分接近。对抑制载波的调制方式来说，两者的值相等。信噪比和载噪比可以在接收端直接通过测量得到。

在调制传输系统中，一般采用载噪比指标；而在基带传输系统中，一般采用信噪比指标。实际数字通信系统的可靠性常以一个载噪比对误码率的关系曲线来描述，曲线的横坐标为 C/N，纵坐标为 BER。对某个 C/N，BER 越小，则说明该通信系统的可靠性越高。

对于 C/N-BER 曲线，只能比较系统的抗干扰能力，无法比较系统的效率，要想比较两个系统的综合性能，需要采用 E_b/N_0 这个指标。E_b/N_0 中的 E_b 代表每传输 1bit 信息所需要的能量，N_0 代表高斯白噪声信道的单边功率谱密度。容易推出

$$\frac{S}{N} = \frac{E_b R_b}{N_0 W} = \frac{E_b}{N_0} \frac{R_b}{W} = \frac{E_b}{N_0} \eta_w \Rightarrow \frac{E_b}{N_0} = \frac{S/N}{\eta_w} \tag{7-7}$$

由此可见，E_b/N_0 值在信噪比（S/N）中考虑了频谱效率因素，能够更加综合客观地反映系统工作状况。但是 E_b/N_0 不直观，因为 E_b 和 N_0 不是系统中可以直接测得的参数，必须通过计算得出，而 C/N 可以通过测量直接得到，但较为片面。因此当需要直接了解系统的可靠性时，一般使用 C/N，而当需要横向比较不同系统的性能时，一般使用 E_b/N_0。

通常把通信系统达到特定的误比特率（如 10^{-5}）所需要的最小 E_b/N_0 值称为功率效率 η_p，这也是衡量系统综合性能的重要指标。

11. 香农（Shannon）限

1948 年，香农（Shannon）在其划时代的论文 *A Mathematical Theory of Communication* 中，推导了波形信道（连续信道）在加性高斯白噪声下的信道容量（单位为 bit/s），即著名的香农公式

$$C = W\log_2\left(1 + \frac{P_{av}}{WN_0}\right) \tag{7-8}$$

式中，W 为信道带宽；P_{av} 为信号平均功率；N_0 为噪声的单边功率谱密度。

在数字通信系统中，用 E_b 代表每传输 1bit 信息所需要的传输能量，则有

$$P_{av} = CE_b$$

于是香农公式改写为

$$\frac{C}{W} = \log_2\left(1 + \frac{C}{W}\frac{E_b}{N_0}\right) \tag{7-9}$$

得到

$$\frac{E_b}{N_0} = \frac{2^{C/W} - 1}{C/W} \qquad (7\text{-}10)$$

由香农公式可知，当带宽 W 趋于无穷时，信道容量不会趋于无穷，而是趋于一个渐进值。此时 $C/W \to 0$，则有

$$\frac{E_b}{N_0} = \lim_{C/W \to 0} \frac{2^{C/W} - 1}{C/W} = \ln 2 \mathrm{dB} = -1.6 \mathrm{dB} \qquad (7\text{-}11)$$

这个值称为香农限，这是带宽无限的高斯白噪声信道达到信道容量所需的最低比特信噪比，是通信系统传输能力的极限。

香农公式研究了信道的极限传输能力，即传输的有效性问题。由该式可见，传输带宽和信噪比之间可以实现互换。香农公式给出了这一互换关系的极限形式，但并未解决具体的实现方法。

12. 编码增益

假定单位时间内传输的信息量恒定，增加的冗余码元则反映为带宽的增加。在同样的误码率要求下，带宽增加可以换取每比特信息的信噪比 E_b/N_0 值的减小。把在给定误码率下，信息序列经信道编码后传输与不经信道编码传输相比节省的 E_b/N_0 值称为编码增益。例如，若不经信道编码传输所需的 E_b/N_0 值为 10.6dB，采用信道编码后传输所需的 E_b/N_0 值降为 7.4dB，则编码增益为 3.2dB。

需要强调的是，在有信道编码存在的情况下，通常用以评价系统性能的 E_b/N_0 值是每比特信息的信噪比，而不是每比特码元的信噪比。

7.2　信道编码技术

7.2.1　差错控制的基本原理和信道编码的分类

1. 差错控制的基本原理

为了便于理解差错控制的基本原理，先举一个日常生活中的实例。如果某单位发出一个通知：“明天 14：00 至 16：00 开会”，但在通知过程中由于某种原因产生了错误，变成了“明天 10：00 至 16：00 开会”。人们收到这个错误通知后，由于无法判断其正确与否，就会按这个错误时间去行动。为了使接收者能判断正误，可以在发的通知内容中增加“下午”两个字，即改为“明天下午 14：00 至 16：00 开会”。这时，如果仍错成：“明天下午 10：00 至 16：00 开会”，则收到此通知后根据“下午”两字即可判断出其中“10：00”发生了错误。但仍不能纠正其错误，因为无法判断“10：00”错在何处，即无法判断到底是几点钟。这时，接收者可以告诉发送端再发一次通知，这就是检错重发。

为了实现不但能判断正误（检错），同时还能改正错误（纠错），可以把发的通知内容再增加“两个小时”4 个字，即改为“明天下午 14：00 至 16：00 开两个小时会”。这样，如果其中“14：00”错为“10：00”，不但能判断出错误，同时还能纠正错误，因为增加的“两个小时”4 个字可以判断出正确的时间为“14：00~16：00”。

通过上例可以说明，为了能判断传送的信息是否有误，可以在传送时增加必要的附加判断数据；为了能纠正错误，则需要增加更多的附加判断数据。这些附加判断数据在不发生误码的情况之下是完全多余的。但如果发生误码，即可利用被传信息数据与附加判断数据之间的特定关系来实现检出错误并纠正错误，这就是差错控制编码的基本原理。也就是说，为了使编码码字具有检错和纠错能力，应当按一定的规则在信息码元之后增加一些冗余码元（又称监督码元），使

这些冗余码元与被传送信息码元之间以某种确定的规则相互关联（约束），发送端完成这个任务的过程就称为差错控制编码；在接收端，按照既定的规则校验信息码元与监督码元的特定关系，来实现检错或纠错。但无论检错和纠错，都有一定的识别范围，如上例中，若开会时间错为"16：00~18：00"，则无法实现检错与纠错，因为这个时间也同样满足附加数据的约束条件，这就应当增加更多的附加数据（即冗余）。

如前所述，信源编码的中心任务是消除冗余，实现数码率压缩。可是为了检错与纠错，又不得不增加冗余，这又必然导致数码率增加，传输效率降低，显然这是个矛盾。信道编码的目的，就是为了寻求较好的编码方式，能在增加冗余不太多的前提下实现检错和纠错。

2. 信道编码的分类

信道编码的分类方法很多。常见的分类方法有：

1）按照纠正差错的类型不同，可以分为纠正随机差错的编码和纠正突发差错的编码。前者主要针对产生偶发性的随机误码的信道，如高斯信道等。后者主要针对产生突发性连续误码的场合，如瞬时脉冲干扰或瞬间信号丢失等情况。

2）根据监督码元与信息码组之间的约束关系，可以分为分组码和卷积码两大类。若本码组的监督码元仅与本码组的信息码元有关，而与其他码组的信息码元无关，则称这类码为分组码。若本码组的监督码元不仅和本码组的信息码元相关，而且还和与本码组相邻的前若干码组的信息码元也有约束关系，则这类码称为卷积码。

3）根据信息码元与附加的监督码元之间的检验关系，可分为线性码和非线性码。若编码规则可以用线性方程组来表示，则称为线性码。反之，若两者不存在线性关系，则称为非线性码。目前使用较多的信道编码都是线性码。线性码是代数码的一个最重要的分支。

4）根据信息码元在编码之后是否保持原来的形式不变，可分为系统码与非系统码。在系统码中，编码后的信息码元序列保持原样不变。而在非系统码中，信息码元则改变了原有的形式。在分组码情况下，系统码与非系统码性能相同，因此更多地采用系统码，在卷积码的情况下有时非系统码有更好的性能。

5）根据构造编码的数学方法，可分为代数码、几何码和算术码。代数码建立在近世代数的基础上，理论发展最为完善。

6）根据码的功能的不同，可分为检错码、纠错码，以及纠正删除错误的纠删码。检错码仅具备识别误码功能，无纠正误码功能；纠错码不仅具备识别误码功能，同时具备一定的纠正误码功能；纠删码则不仅具备识别误码和纠正一定数量误码的功能，而且当误码超过纠正范围时可把无法纠正的代码删除，或者再配合差错掩盖技术。但实际上这三类码并无明显区分，同一类码可在不同的译码方式下体现出不同的功能。

7）按照对每个信息码元的保护能力是否相等，可分为等保护纠错码与不等保护纠错码。

此外还有其他分类，在此不一一列举。在数字电视传输中常用的前向纠错（Forward Error Correction，FEC）码有 BCH 码、RS 码、卷积码和 LDPC 码等。

7.2.2 BCH 码

1959 年 Bose、Chandhari 和 Hocquenghem 发明了一类能纠正多个随机误码的循环码，并以他们名字的第一个字母命名，这就是 BCH 码。它具有纠正多个错误的能力，纠错能力强，构造方便，编译码方法简单，有严格的代数结构，在短、中等码长下其性能接近理论值。BCH 码在许多领域得到了广泛应用。

BCH 码是在伽罗华域（Galois Field，GF）上构成的，所有的运算处理都在这个域上进行。在介绍 BCH 码之前，先简要介绍一下本原多项式、本原多项式的根，以及伽罗华域等概念。

1. 本原多项式

通常把不能再进行因式分解的多项式称为既约多项式。本原多项式首先必须是既约多项式。先说明一下多项式指标的概念，多项式指标"e"是指能被多项式 $P(x)$ 除尽的 x^e+1 中最小的 e 值，表示为

$$x^e + 1 = P(x)Q(x) \tag{7-12}$$

例如，设 $P(x) = x^3 + x + 1$，则下式存在：

$$x^7 + 1 = (x^3 + x + 1)(x^3 + x^2 + 1)(x + 1)$$

这时，多项式 $P(x) = x^3 + x + 1$ 的指标就为 7。

所谓本原多项式，其特点是如果 x^e+1 能因式分解成 $P(x)Q(x)$，其中 $P(x)$ 或 $Q(x)$ 的最高次数 n 能满足 $e = 2^n - 1$，则 $P(x)$ 或 $Q(x)$ 即为本原多项式。

在上例中，$P(x) = x^3 + x + 1$，$n = 3$，$2^n - 1 = 2^3 - 1 = 7 = e$，即此多项式满足上述条件，故为 3 次本原多项式。

综上所述，本原多项式首先应该是一个既约多项式，其次还应满足 $e = 2^n - 1$ 的条件，其中，e 为该既约多项式的指标，n 为该既约多项式的最高次数。

2. 多项式的根

与一般多项式的根一样，在模 2 多项式中也有根。不过模 2 多项式的根不像一般多项式的根，它无数值意义，我们只关心这些根的性质。

假设 α 为 $P(x) = x^3 + x + 1 = 0$ 的一个根，所以有 $\alpha^3 + \alpha + 1 = 0$。又因为是模 2 运算，故上式满足如下关系：

$$\begin{cases} \alpha^3 + \alpha = 1 \\ \alpha^3 + 1 = \alpha \\ \alpha + 1 = \alpha^3 \end{cases}$$

由于 $P(x) = x^3 + x + 1$，其最高次数 n 为 3，所以也像一般多项式一样，它有 3 个根，除 α 之外，另外的 2 个根是 α^2 与 α^4。

例如，以 $x = \alpha^2$ 代入 $x^3 + x + 1$，得

$$(\alpha^2)^3 + \alpha^2 + 1 = (\alpha^3)^2 + \alpha^2 + 1 = (\alpha + 1)^2 + \alpha^2 + 1 = \alpha^2 + 1 + \alpha^2 + 1 = 0$$

上式表明，α^2 也是 $P(x) = x^3 + x + 1 = 0$ 的一个根。

3. $GF(2^m)$ 域

域是大家非常熟悉的一个概念。例如，对实数进行加、减、乘、除四则运算时得到的还是实数，于是全部实数的集合就在四则运算之下组成了一个域。由于全部实数的集合的元（元素，指每个实数）的数目是无限的，所以这个域属于无限域。如果构成一个域的集合只有有限个元，则这种域就是有限域或伽罗华域，记作 $GF(p)$，p 是元的数目。实际上，"0"与"1"这个二元集合在二进制运算、布尔代数之下就组成了一个伽罗华域。这是因为不管怎样运算，得到的也只是"0"、"1"。它记作 $GF(2)$，是世界上最小的伽罗华域。

域的定义中要求必须有乘法的逆元。例如，$\{0, 1, 2, 3\}$ 这个 4 元集合就不能构成 $GF(2^2)$，因为无论怎样运算，也不能产生 2 的逆元 2^{-1}（不论是 2 乘以 0、1、2、3 之中的哪一个，都不能得到 1）。那么，怎样才能构成 $GF(2^2)$ 呢？正像给实数域引进一个虚数 i 来把它扩展成复数域一样，可以用再加一个本原多项式的根 α 的办法来对 $GF(2)$ 加以扩展。即从 $\{0, 1, \alpha\}$ 这个新的集合能够求出作为一个新的域所必需的一切元，这称为域的扩张。通过扩张得出的伽罗华域称为扩张域。

$GF(2^2)$ 可由 $\{0, 1, \alpha, \alpha^2\}$ 构成，为供参考，在表 7-1 和表 7-2 给出了 $GF(2)$ 和 $GF(2^2)$ 的加法表与乘法表。

表 7-1　GF（2）的加法表与乘法表

+	0	1	×	0	1
0	0	1	0	0	0
1	1	0	1	0	1

表 7-2　GF（2^2）的加法表与乘法表

+	0	1	α	α^2	×	0	1	α	α^2
0	0	1	α	α^2	0	0	0	0	0
1	1	0	α^2	α	1	0	1	α	α^2
α	α	α^2	0	1	α	0	α	α^2	1
α^2	α^2	α	1	0	α^2	0	α^2	1	α

而 GF（2^8）则可由 $\{0, 1, \alpha, \cdots, \alpha^{254}\}$ 来构成，除 0，1 之外的 254 个元由本原多项式 P（x）生成，因此本原多项式也称生成多项式。

$$P(x) = x^8 + x^4 + x^3 + x^2 + 1 \tag{7-13}$$

而 GF（2^8）域中的本原元素为 $\alpha =$（00000010）。

那么如何通过 P（x）来生成其他的元 $\alpha, \cdots, \alpha^{254}$ 呢？下面以一个较简单的例子说明域的构造。

假定构造 GF（2^3）域的本原多项式为 P（x）$= x^3+x+1$，α 定义为 P（x）$= 0$ 的根，即有：$\alpha^3+\alpha+1 = 0$ 或 $\alpha^3 = \alpha+1$。

GF（2^3）中的元可通过模运算的方法得到，即

$$0 \bmod (\alpha^3 + \alpha + 1) = 0$$
$$\alpha^0 \bmod (\alpha^3 + \alpha + 1) = \alpha^0 = 1$$
$$\alpha^1 \bmod (\alpha^3 + \alpha + 1) = \alpha^1$$
$$\alpha^2 \bmod (\alpha^3 + \alpha + 1) = \alpha^2$$
$$\alpha^3 \bmod (\alpha^3 + \alpha + 1) = \alpha + 1$$
$$\alpha^4 \bmod (\alpha^3 + \alpha + 1) = \alpha^2 + \alpha$$
$$\alpha^5 \bmod (\alpha^3 + \alpha + 1) = \alpha^2 + \alpha^1 + 1$$
$$\alpha^6 \bmod (\alpha^3 + \alpha + 1) = \alpha^2 + 1$$

用二进制数表示域元素，得到表 7-3 所列的对照表。

表 7-3　GF（2^3）域中的元素与二进制代码对照表

域 元 素	二进制代码
0	（000）
α^0	（001）
α^1	（010）
α^2	（100）
α^3	（011）
α^4	（110）
α^5	（111）
α^6	（101）

这样就建立了 $GF(2^3)$ 域中的元素与 3bit 二进制数之间的一一对应关系。用同样的方法可

建立 $GF(2^8)$ 域中的 256 个元素与 8bit 二进制数之间的一一对应关系，如表 7-4 所列。

表 7-4 GF (2^8) 域中的元素与二进制代码对照表

以幂表示的域元素	以多项式表示的域元素	二进制代码
0	0	00000000
α^0	1	00000001
α^1	α^1	00000010
α^2	α^2	00000100
α^3	α^3	00001000
α^4	α^4	00010000
α^5	α^5	00100000
α^6	α^6	01000000
α^7	α^7	10000000
α^8	$\alpha^4+\alpha^3+\alpha^2+1$	00011101
$\vdots$	$\vdots$	$\vdots$
α^{254}	$\alpha^7+\alpha^3+\alpha^2+\alpha$	10001110

4. BCH 码的构成

BCH 码可分为两类：本原 BCH 码和非本原 BCH 码。本原 BCH 码的码长为 $n=2^m-1$（m 为正整数），它的生成多项式 g（x）中含有最高次数为 m 次的本原多项式；非本原 BCH 码的码长 n 是 2^m-1 的一个因子，它的生成多项式 g（x）中不含有最高次数为 m 次的本原多项式。

对于本原 BCH 码，可以直接从其生成方式的角度来定义。令 α 为 GF（2^m）中的本原元，若多项式 g（x）是以 α、α^2、α^3、$\cdots$、α^{2t} 为根的 GF（2^m）上的最低次多项式，则由它生成的码长为 2^m-1、纠正 t 个错误的码元为二元本原 BCH 码。

由上述定义可知，BCH 码是循环码中的一类，因此它具有分组码、循环码的一切性质；但它明确地界定了码长、一致校验位数目、码的最小距离，从而可以看出它的性能较好，在同样的编码效率情况下，纠、检错的能力均较强；它特别适合于不太长的码，故在无线通信系统中获得广泛应用。另外，BCH 码也是现阶段比较容易实现的一种码。

一个纠 t 个符号错误的 BCH 码有如下参数：

- 码长：$n=2^m-1$。
- 最小码距：$d_0=2t+1$。
- $n-k\leqslant mt$。

BCH 码的译码方法大体上可分为"频域译码"和"时域译码"两大类。

所谓"频域译码"，就是把每个码组看成一个数字信号，将接收到的信号进行离散傅里叶变换（DFT），然后利用数字信号处理技术在"频域"内译码，最后，再进行傅里叶反变换得到译码后的码组。

"时域译码"则是在时域上直接利用码的代数结构进行译码。一旦它的代数基础建立起来，译码器就会很简单。时域译码的方法很多，这里只简单介绍彼得森译码方法的基本思路。在彼得森译码中，仍然采用计算校正子，然后用校正子寻找错误图样的方法，其译码的基本思路如下：

1）用生成多项式的各因式作为除式，对接收到的码多项式求余，得到 t 个余式，称为"部分校正子"或"部分伴随式"。

2）通过下列步骤确定接收多项式中码错误的位置。首先根据"部分校正子"确定错误位置多项式；然后解出多项式的根，由这些根可直接确定接收多项式中错误的位置。

3）纠正接收多项式中的错误。

7.2.3 RS 码

1960 年 MIT. Lincoln 实验室的 Reed 和 Solomon 发表了论文 *Polynomial Codes over Certain Finite Fields*，构造出一类纠错能力很强的多进制 BCH 码，这就是 RS（Reed-Solomon，理德-索罗门）码。

1. RS 码的构成

与二进制 BCH 码相比，RS 码不仅是生成多项式的根取自 $GF(2^m)$ 域，其码元符号也取自 $GF(2^m)$ 域。也就是说，RS 码与二进制 BCH 码的区别是，前者以符号为单位进行处理，后者则是对每个比特进行处理。RS 编码的优点是便于处理大量的数据。一般情况下，在一个 RS 码 (n, k) 中，分成 km 比特为一组，每组包括 k 个符号，每个符号由 m 个比特组成。

一个能纠正 t 个符号错误的 RS 码有如下参数：

- 码长：$n = (2^m - 1)$ 符号，或 $m(2^m - 1)$ 比特。
- 信息字段：k 符号，或 mk 比特。
- 监督字段：$r = n - k = 2t$ 符号，或 $m(n - k)$ 比特。
- 最小码距：$d_0 = (2t + 1)$ 符号，或 $m(2t + 1)$ 比特。

例如，设 $m = 8$，则 $n = 2^m - 1 = 2^8 - 1 = 255$，欲使 RS 码纠正 16 个符号（128bit）的错误，即 $t = 16$，则

$$r = 2t = 32$$
$$k = n - r = 255 - 32 = 223$$

编码效率为

$$R_C = \frac{k}{n} = \frac{223}{255} \approx \frac{7}{8}$$

由于分组码的 Singleton 限为：$d_0 \le n - k + 1$，因此从这个意义上说，RS 码是一个极大最小距离码。也即是说，对于给定的 (n, k) 分组码，没有其他码能比 RS 码的最小距离更大。RS 码是 Singleton 限下的最佳码。这充分说明 RS 码的纠错能力很强。它不仅有很强的纠正随机误码能力，还非常适合于纠正突发误码。除了纠错能力强的优点外，一个 RS 码 (n, k) 的最小距离和码重分布完全由 k 和 n 两个参数决定，非常便于根据指标设计 RS 码，这也是 RS 码广为应用的原因。现有的数字电视地面广播国际标准也都选用 RS 码作为外码。

为了适应不同的码字长度，可以使用截短的 RS 码。按 DVB 的有关标准，RS 码的信息字段取 188B，编码后的码字总长度为 204B，纠错为 8B，即 RS 码为 $(204, 188, t = 8)$。显然，它是 RS 码 $(255, 239, 8)$ 截短得到的。

2. RS 的编码算法

RS 码作为 BCH 码的一个子类，所有 BCH 码的编译码算法原则上都适用于 RS 码的编译码。

RS 的编码就是计算信息码元多项式 $M(x)$ 除以校验码生成多项式 $G(x)$ 之后的余数。

对一个信息码元多项式 $M(x)$，RS 校验码生成多项式的一般形式为

$$G(x) = \prod_{i=0}^{r-1} (x - \alpha^{K_0+i}) \tag{7-14}$$

式中，K_0 是偏移量，通常取 $K_0 = 0$ 或 $K_0 = 1$，而 $r = n - K = 2t$。

下面用两个例子来说明 RS 码的编码原理。

【例 7-1】 设在 $GF(2^3)$ 域中的元素对应表如表 7-3 所列。假设 RS 码 $(6, 4)$ 中的 4 个信息码元为 m_3、m_2、m_1 和 m_0，信息码元多项式 $M(x)$ 为

$$M(x) = m_3 x^3 + m_2 x^2 + m_1 x + m_0 \tag{7-15}$$

并假设 RS 校验码的两个码元为 Q_1 和 Q_0，$\dfrac{M(x)x^{n-k}}{G(x)} = \dfrac{M(x)x^2}{G(x)}$ 的余式 $R(x)$ 为

$$R(x) = Q_1 x + Q_0$$

如果 $K_0 = 1$，$t = 1$，由式（7-14）导出的 RS 校验码生成多项式就为

$$G(x) = \prod_{i=0}^{r-1} (x - \alpha^{K_0+i}) = (x - \alpha)(x - \alpha^2) \tag{7-16}$$

根据多项式的运算，由式（7-15）和式（7-16）可以得到

$$m_3 x^5 + m_2 x^4 + m_1 x^3 + m_0 x^2 + Q_1 x + Q_0 = (x - \alpha)(x - \alpha^2)Q(x)$$

当用 $x = \alpha$ 和 $x = \alpha^2$ 代入上式时，得到下面的方程组：

$$\begin{cases} m_3 \alpha^5 + m_2 \alpha^4 + m_1 \alpha^3 + m_0 \alpha^2 + Q_1 \alpha + Q_0 = 0 \\ m_3 (\alpha^2)^5 + m_2 (\alpha^2)^4 + m_1 (\alpha^2)^3 + m_0 (\alpha^2)^2 + Q_1 \alpha^2 + Q_0 = 0 \end{cases}$$

经过整理，可以得到用矩阵表示的 RS 码（6，4）的校验方程

$$\begin{cases} \boldsymbol{H}_Q \times \boldsymbol{V}_Q^{\mathrm{T}} = 0 \\ \boldsymbol{H}_Q = \begin{bmatrix} \alpha^5 & \alpha^4 & \alpha^3 & \alpha^2 & \alpha^1 & 1 \\ (\alpha^2)^5 & (\alpha^2)^4 & (\alpha^2)^3 & (\alpha^2)^2 & (\alpha^2)^1 & 1 \end{bmatrix} \\ \boldsymbol{V}_Q = \begin{bmatrix} m_3 & m_2 & m_1 & m_0 & Q_1 & Q_0 \end{bmatrix} \end{cases}$$

求解方程组就可得到监督码元

$$\begin{cases} Q_1 = m_3 \alpha^5 + m_2 \alpha^5 + m_1 \alpha^0 + m_0 \alpha^4 \\ Q_0 = m_3 \alpha + m_2 \alpha^3 + m_1 \alpha^0 + m_0 \alpha^3 \end{cases}$$

在读出时的校验子可按下式计算：

$$\begin{cases} s_0 = m_3 \alpha^5 + m_2 \alpha^4 + m_1 \alpha^3 + m_0 \alpha^2 + Q_1 \alpha + Q_0 \\ s_1 = m_3 (\alpha^5)^2 + m_2 (\alpha^4)^2 + m_1 (\alpha^3)^2 + m_0 (\alpha^2)^2 + Q_1 \alpha^2 + Q_0 \end{cases}$$

【例7-2】 在例7-1中，如果 $K_0 = 0$，$t = 1$，由式（7-14）导出的 RS 校验码生成多项式为

$$G(x) = \prod_{i=0}^{r-1} (x - \alpha^{K_0+i}) = (x - \alpha^0)(x - \alpha^1) \tag{7-17}$$

根据多项式的运算，由式（7-15）和式（7-17）可以得到下面的方程组：

$$\begin{cases} m_3 + m_2 + m_1 + m_0 + Q_1 + Q_0 = 0 \\ m_3 \alpha^5 + m_2 \alpha^4 + m_1 \alpha^3 + m_0 \alpha^2 + Q_1 \alpha^1 + Q_0 = 0 \end{cases}$$

方程中的 α^i 也可看成码元的位置，此处 $i = 0，1，\cdots，5$。

求解方程组可以得到 RS 校验码的两个码元为 Q_1 和 Q_0

$$\begin{cases} Q_1 = \alpha m_3 + \alpha^2 m_2 + \alpha^5 m_1 + \alpha^3 m_0 \\ Q_0 = \alpha^3 m_3 + \alpha^6 m_2 + \alpha^4 m_1 + \alpha m_0 \end{cases} \tag{7-18}$$

假定 m_i 为下列值：

$$m_3 = \alpha^0 = 001$$
$$m_2 = \alpha^6 = 101$$
$$m_1 = \alpha^3 = 011$$
$$m_0 = \alpha^2 = 100$$

代入式（7-18）可求得监督码元

$$Q_1 = \alpha^6 = 101$$
$$Q_0 = \alpha^4 = 110$$

3. RS 码的译码算法

RS 码的差错纠正过程分三步：

1）计算校验子。

2）计算差错位置。

3）计算错误值。

现以例 7-2 为例介绍 RS 码的纠错算法。校验子使用下面的方程组来计算：

$$\begin{cases} s_0 = m_3 + m_2 + m_1 + m_0 + Q_1 + Q_0 \\ s_1 = m_3\alpha^5 + m_2\alpha^4 + m_1\alpha^3 + m_0\alpha^2 + Q_1\alpha + Q_0 \end{cases}$$

为简单起见，假定信息码元 m_3、m_2、m_1、m_0 和由此产生的监督码元 Q_1、Q_0 均为 0，读出的码元为 m_3'、m_2'、m_1'、m_0'、Q_1' 和 Q_0'。

如果计算得到的 s_0 和 s_1 不全为 0，则说明有差错，但不知道有多少个差错，也不知道错在什么位置和错误值。如果只有 1 个差错，则问题比较简单。假设差错的位置为 α_x，错误值为 m_x，那么可通过求解下面的方程组得到差错的位置和错误值：

$$\begin{cases} s_0 = m_x \\ s_1 = m_x\alpha_x \end{cases}$$

如果计算得到 $s_0 = \alpha^2$ 和 $s_1 = \alpha^5$，可求得 $\alpha_x = \alpha^3$ 和 $m_x = \alpha^2$，说明 m_1 出了错，它的错误值是 α^2。校正后的 $m_1 = m_1' + m_x$，本例中 $m_1 = 0$。

如果计算得到 $s_0 = 0$，而 $s_1 \neq 0$，则基本可断定至少有两个差错，当然出现两个以上的差错不一定都是 $s_0 = 0$ 和 $s_1 \neq 0$。如果出现两个差错，而又能设法找到出错的位置，那么这两个差错也可以纠正。如已知两个差错 m_{x1} 和 m_{x2} 的位置 α_{x1} 和 α_{x2}，那么求解方程组

$$\begin{cases} m_{x1} + m_{x2} = s_0 \\ m_{x1}\alpha_{x1} + m_{x2}\alpha_{x2} = s_1 \end{cases}$$

就可知道这两个错误值。

7.2.4 卷积码和维特比译码

1. 卷积码

分组码是把 k 个信息码元的序列编成 n 个码元的码组，每个码组的 $(n-k)$ 个监督码元仅与本码组的 k 个信息码元有关，而与其他各组码元无关，也就是说分组码编码器本身并无记忆性。为了达到一定的纠错能力和编码效率，分组码的码组长度一般都比较大。编译码时必须把整个信息码组存储起来，由此产生的译码延时随 n 的增加而线性增加。

卷积码是另外一种得到广泛应用的前向纠错码，它也是将 k 个信息码元编成 n 个码元的码组，但 k 和 n 通常很小，特别适合于以串行形式进行传输，时延小。与分组码不同，卷积码编码后的每个 (n, k) 码段（也称子码）内的 n 个码元不仅与本码组的 k 个信息码元有关，而且还与前面的 $(N-1)$ 个码段的信息码元有关，各码段间不再是相互独立的，码段中互相关联的码元个数为 nN。同样，在译码过程中不仅从此时刻收到的码元中提取译码信息，而且还利用以后若干时刻收到的码组提供的有关信息。

卷积码的纠错性能随 k 的增加而增大，而差错率随 N 的增加而指数下降。由于卷积码的编码过程充分利用了码组间的相关性，因此在码率和复杂性相同的条件下，卷积码的性能优于分组码。但卷积码没有分组码那样严密的数学结构和数学分析手段，目前大多是通过计算机进行好码的搜索。

二进制卷积码编码器的形式如图 7-3 所示，它包括一个由 N 个段组成的输入移位寄存器，每段有 k 个寄存器；一组 n 个模 2 相加器和一个 n 级输出移位寄存器。对应于每段 k 个码元的输入序列，输出 n 个码元。由图中可以看到，n 个输出码元不仅与当前的 k 个输入信息码元有关，还与前 $(N-1)$ k 个输入信息码元有关。整个编码过程可以看成是输入信息序列与由移位寄存器和

模 2 相加器的连接方式决定的另一个序列的卷积，因此称为"卷积码"。通常将 N 称为卷积码的约束长度，并把卷积码记为 (n, k, N)。卷积码的编码效率（码率）$R_c = k/n$。非二进制卷积码的形式很容易以此类推。

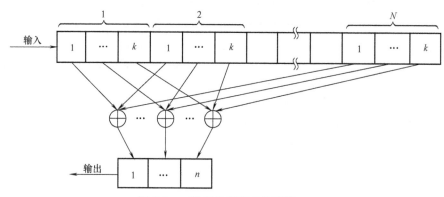

图 7-3 二进制卷积码的编码器

图 7-4 是（2，1，3）卷积编码器的原理框图。图中没有画出时延为零的第一级移位寄存器，并用转换开关代替了输出移位寄存器。它的编码方法是输入序列依次送入一个两级移位寄存器，编码器每输入 1 位信息码元 m，输出端的开关就在 C_1、C_2 之间切换一次，输出 C_1 和 C_2。

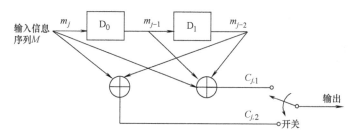

图 7-4 （2，1，3）卷积编码器

图中 D_0 和 D_1 为移位寄存器，它们的初始状态均为"0"。信息序列 M 由左边输入，每一单元时间输入编码器一个信息码元。例如第 j 时间单元输入 m_j，下一时间单元输入 m_{j+1}，……，依此类推。移位寄存器将数据延时 1 位。在输入信息为 m_j 的第 j 时刻，D_0 的输出为 m_{j-1}，D_1 的输出为 m_{j-2}，则编码器输出的两个码元分别为

在输出端，由转换开关选择输出序列，每一时间单元旋转一周，输出一个子码。第 j 时间单元输出的子码是 $C_j = (C_{j, 1}, C_{j, 2})$。

第 $j+1$ 时间单元，输入信息码元为 m_{j+1}，编码器输出的两个码元分别为

$$C_{j+1, 1} = m_{j+1} \oplus m_j \oplus m_{j-1}$$
$$C_{j+1, 2} = m_{j+1} \oplus m_{j-1}$$

输出的相应的子码是 $C_{j+1} = (C_{j+1, 1}, C_{j+1, 2})$。

第 $j+2$ 时间单元，输入信息码元为 m_{j+2}，编码器输出的两个码元分别为

$$C_{j+2, 1} = m_{j+2} \oplus m_{j+1} \oplus m_j$$
$$C_{j+2, 2} = m_{j+2} \oplus m_j$$

输出的相应的子码是 $C_{j+2} = (C_{j+2, 1}, C_{j+2, 2})$。

第 $j+3$ 时间单元，输入信息码元为 m_{j+3}，编码器输出的两个码元分别为

$$C_{j+3,\,1} = m_{j+3} \oplus m_{j+2} \oplus m_{j+1}$$

$$C_{j+3,\,2} = m_{j+3} \oplus m_{j+1}$$

输出的相应的子码是 $C_{j+1} = (C_{j+1,\,1},\ C_{j+1,\,2})$ …依此类推。在每一时间单元，送至编码器 k 个信息码元（本例 $k=1$），编码器就输出相应的 n 个码元（本例 $n=2$）组成一个子码。

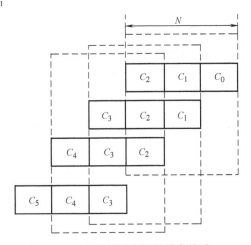

　　由上面的分析可知，第 j 时间单元输入的信息码元 m_j，不但参与确定本子码 C_j 的编码，而且还参与确定后续子码 C_{j+1} 和 C_{j+2} 的编码。这就是说，信息码元使前后相继的子码之间产生约束关系。m_j 将 C_j、C_{j+1} 和 C_{j+2} 这 3 个子码联系在一起，同样，m_{j+1} 将 C_{j+1}、C_{j+2} 和 C_{j+3} 联系在一起，依此类推。

　　卷积码各子码之间的约束关系可用图 7-5 来说明。即子码之间的约束关系，在一个虚线框内表示出来，每个虚线框内的子码数都是相同的，这里用 N 来表示，并称之为编码约束长度。（2，1，3）卷积码的编码约束长度为 $N=3$，即任一个信息码元关联了 3 个子码。

图 7-5　卷积码子码之间的约束关系

　　由图 7-5 可看出，一个子码 C_j 既与其前面的 $(N-1)$ 个子码发生关系，而且也与后面的 $(N-1)$ 个子码发生关联，这样一环扣一环就组成了卷积码的一个码序列。因此，卷积码也称为连环码。

2. 卷积码的描述

　　卷积码的描述方式分为解析法和图解法两类。解析法包括矩阵形式和生成多项式形式，图解法包括树图、状态转移图和网格图。

　　（1）树图

　　（2，1，3）卷积码编码电路的树图如图 7-6 所示。这里用 a、b、c 和 d 分别表示寄存器 D_1、D_0 的 4 种可能组合状态 00、01、10 和 11，作为树图中每条支路的节点。以状态 a 为起点，当输入的第 1 位信息码元 $m_1=0$ 时，因 $m_{-1}m_0=00$，输出码元 $C_{1,1}C_{1,2}=00$，寄存器 D_1D_0 的组合状态为 00，保持状态 a 不变，对应图中从起点出发的上支路；当输入的第 1 位信息码元 $m_1=1$ 时，输出码元 $C_{1,1}C_{1,2}=11$，寄存器 D_1D_0 的组合状态为 01，转移到状态 b，对应图中的下支路；然后再分别以这两条支路的终节点 a 和 b 作为处理下一位输入信息码元 m_2 的起点，从而得到 4 条支路。依次类推，可以得到整个树图。显然，对于第 j 位输入信息码元，图中将会出现 2^j 条支路，但从第 4 位信息码元开始，树图的上半部和下半部完全相同，这意味着此时的输出码元已与第 1 位信息码元无关，由此可以看出把卷积码的约束长度定义为 N 的含义。

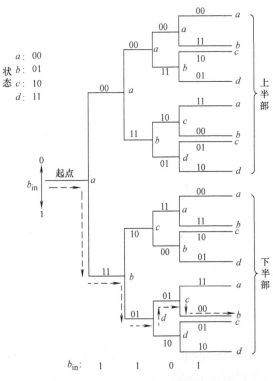

图 7-6　（2，1，3）卷积码的树图

（2）状态转移图

观察图 7-6 中第 3 级各状态节点 a、b、c、d 与第 4 级各状态节点 a、b、c、d 之间的关系，可将当前状态与下一状态之间的关系用图 7-7 所示的状态转移图来表示。在图 7-7 中有 4 个状态节点，即 a、b、c、d，实线表示输入信息码元为"0"的路径，虚线表示输入信息码元为"1"的路径，并在路径上写出了相应的输出码元。当输入信息序列为 11010 时，状态转移过程为 $a \rightarrow b \rightarrow d \rightarrow c \rightarrow b \rightarrow c$，相应的输出码元序列为 1101010010。

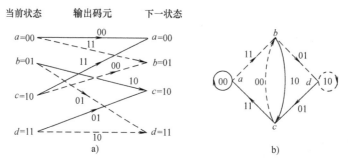

图 7-7 （2,1,3）卷积码的状态转移图

（3）网格图

把状态转移图在时间上展开，得到网格图。网格图也称格形图或格状图。（2,1,3）卷积码的网格图如图 7-8 所示。它由节点和支路组成，4 行节点分别表示 a、b、c、d 状态，支路则代表了状态之间的转移关系，其中实线支路代表输入信息码元为"0"的路径，虚线支路代表输入信息为码元"1"的路径，支路上标注的码元为当前输出。利用网格图同样可以得到任意输入信息序列下的输出序列和状态变化路径。

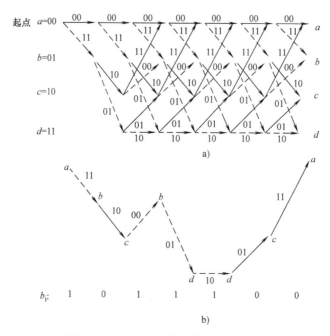

图 7-8 （2,1,3）卷积码的网格图

值得指出的是，以上 3 种图解方法不仅有助于求解卷积码的输出序列，了解编码过程，对研究解码也同样重要。

注意在有些资料中把（$N-1$）称为卷积码的约束长度，卷积码则记为（n, k, $N-1$），本节介绍的（2，1，3）卷积码称为（2，1，2）卷积码，数字电视中常用的（2，1，7）收缩卷积码称为（2，1，6）收缩卷积码。本书为了与国家标准 GB/T 17700—1999《卫星数字电视广播信道编码和调制》中收缩卷积码（2，1，7）的表示一致，把卷积码的约束长度定义为 N。

3. 维特比译码

卷积码的译码方法主要有代数译码和概率译码两种。代数译码根据卷积码自身的代数结构进行译码，计算简单；概率译码则在计算时要考虑信道的统计特性，计算较复杂，但纠错效果好。随着硬件技术的发展，概率译码已占统治地位。其中，维特比（Viterbi）译码为著名的概率译码算法，其采用的最大似然译码算法对于短约束的卷积码是可行的。

（1）最大似然准则

假设编码序列为 $C_j = (C_{j,1}, C_{j,2}, \cdots)$，经过信道传输，接收端收到的信号为 R（R 是模拟信号或数字信号，取决于对信道的定义），那么接收端会顺理成章地在所有可能的码序列中寻找条件概率 $p(C_j \mid R)$ 最大的一个，认为它是最可能的发送序列，即

$$\tilde{C}_j = \text{Arg}\left\{ \underset{C_j}{\text{MAX}}\, p(C_j \mid R) \right\}$$

这种判决准则称为最大后验概率准则（MAP）。

在最大后验概率准则（MAP）中，由于条件概率 $p(C_j \mid R)$ 的值与发送端编码序列 C_j 的发生概率有关，而编码序列的发生概率难以获得，所以最大后验概率准则难以运用。

根据贝叶斯（Bayes）公式，有

$$p(C_j \mid R) = \frac{p(R \mid C_j)p(C_j)}{p(R)}$$

假设未知的 $p(C_j)$ 为等概率，则寻找最大的后验概率 $p(C_j \mid R)$ 等价于寻找最大的似然概率 $p(R \mid C_j)$。这时的判决准则修正为

$$\tilde{C}_j = \text{Arg}\left\{ \underset{C_j}{\text{MAX}}\, p(R \mid C_j) \right\}$$

这就是最大似然准则（ML）。似然概率 $p(R \mid C_j)$ 仅与信道特性有关，而与发送码字的统计概率无关。

（2）硬判决和软判决维特比译码算法

接收到的符号首先经过解调器判决，输出 0、1 码，然后再送往译码器的形式，称为硬判决译码。即编码信道的输出是 0、1 的硬判决信息。

选择似然概率 $p(R \mid C_j)$ 的对数作为似然函数。容易看出，硬判决的最大似然译码实际上是寻找与接收序列汉明距离最小的编码序列。对于网格图描述维特比算法，整个维特比译码算法可以简单概括为"相加—比较—保留"，译码器运行是前向的、无反馈的，实现过程并不复杂。

下面以图 7-4 所示的（2，1，3）卷积码编码器为例，介绍维特比译码的基本过程。当输入信息序列 11010 时，为了使全部信息码元通过编码器，在输入的信息序列后面加上 3 个 0，使输入编码器的信息序列变为 11010000。此时编码器的输出序列为 1101010010110000，移位寄存器的状态转移路线为 $a{\rightarrow}b{\rightarrow}d{\rightarrow}c{\rightarrow}b{\rightarrow}c{\rightarrow}a{\rightarrow}a{\rightarrow}a$。假设接收序列有差错，变为 0101011010010001。对照图 7-8 所示的网格图说明译码步骤和方法。由于该卷积码的约束长度为 3，故先选前 3 段接收序列 010101 作为基准，与到达第 3 级的 4 个节点的 8 条路径进行对照，逐步算出每条路径与作为基准的接收序列 010101 之间的累计码距。由图 7-8 所示的网格图可知，到达第 3 级节点 a 的路径有两条：000000 和 111011，它们与 010101 之间的码距分别是 3 和 4。同理，到达节点 b 的路径有两条：000011 和 111000，它们与 010101 之间的码距分别是 3 和 4；到达节点 c 的路径有两条：001110 和 110101，它们与 010101 之间的码距分别是 4 和 1；到达节点 d 的路径也有两条：

001101 和 110110，它们与 010101 之间的码距分别是 2 和 3。每个节点保留一条码距较小的路径作为"幸存路径"，它们分别是 000000、000011、110101 和 001101。若将当前节点移到第 4 级，同样也有 8 条路径。到达节点 a 的两条路径是 00000000 和 11010111，到达节点 b 的两条路径是 00000011 和 11010100，到达节点 c 的两条路径是 00001110 和 00110101，到达节点 d 的两条路径是 00110110 和 00001101。将它们与接收序列 01010110 对比求出累计码距，每个节点仅留下一条码距小的路径作为幸存路径，分别是 11010111、11010100、00001110 和 00110110。逐步推进，筛选幸存路径。最后得到达终点 a 的一条幸存路径，即为解码路径。根据这条路径，可求得解码结果为 11010000，与发送的信息序列完全一致。

下面来分析维特比算法的复杂度：(n, k, N) 卷积码的状态数为 $2^{k(N-1)}$，对每一时刻要做 $2^{k(N-1)}$ 次"相加—比较—保留"操作，每一操作包括 2^k 次加法和 2^{k-1} 次比较，同时要保留 $2^{k(N-1)}$ 条幸存路径。由此可见，维特比算法的复杂度与信道质量无关，其计算量和存储量都随约束长度 N 和信息字段长度 k 呈指数增长。因此，在约束长度和信息字段长度较大时并不适用。

为了充分利用信道信息，提高卷积码译码的可靠性，可以采用软判决维特比译码算法。此时解调器不进行判决而是直接输出模拟量，或是将解调器输出波形进行多电平量化，而不是简单的 0、1 两电平量化，然后送往译码器。即编码信道的输出是没有经过判决的"软信息"。

与硬判决算法相比，软判决译码算法的路径度量采用"软距离"而不是汉明距离。最常采用的是欧几里得距离，也就是接收波形与可能的发送波形之间的几何距离。在采用软距离的情况下，路径度量的值是模拟量，需要经过一些处理以便于相加和比较。因此，使计算复杂度有所提高。除了路径度量以外，软判决算法与硬判决算法在结构和过程上完全相同。

一般而言，由于硬判决译码的判决过程损失了信道信息，软判决译码比硬判决译码性能上要好约 2dB。

不管采用软判决还是硬判决，由于维特比算法是基于序列的译码，其译码错误往往具有突发性。

4. 收缩卷积码

维特比译码器的复杂度随 $2^{k(N-1)}$ 指数增长，为降低译码器的复杂性，常采用 $(2, 1, N)$ 卷积码，其编码效率为 1/2。在数字视频通信这种传输速率较高的场合，又希望编码效率较高，有效的解决办法就是引入收缩卷积码。

收缩卷积码（Punctured Convolutional Codes）又称删余卷积码，就是通过周期性地删除低编码效率卷积编码器（例如 $(2, 1, N)$ 卷积编码器）输出序列中的某些特定位置的码元，来提高编码效率。在接收端译码时，再用特定的码元在这些位置进行填充，然后送给 $(2, 1, N)$ 卷积码的维特比译码器进行译码。

DVB-S 系统中的内层纠错编码采用卷积码，编码效率为 $n/(n+1)$，意味着卷积编码器每次输入 n 个比特，编码后输出 $n+1$ 个编码比特。为了适应不同的应用场合并具有相应的纠错能力，DVB-S 系统规定可使用编码效率为 1/2、2/3、3/4、5/6 或 7/8 的卷积码。接收机在进入同步工作状态之前，会对 5 种编码效率依次进行测试，直到与发射机所采用的编码效率相匹配，并锁定于此工作状态。

DVB-S 系统中实现 5 种编码效率的卷积码并非是采用 5 种独立编码器，而是采用基于 $(2, 1, 7)$ 的收缩卷积码，其定义如表 7-5 所列。

表 7-5 基于 $(2, 1, 7)$ 的收缩卷积码的几种类型

编码效率	卷积码的自由距离	X	Y	I	Q
1/2	10	1	1	X_1	Y_1
2/3	6	10	11	$X_1\,Y_2\,Y_3$	$Y_1\,X_3\,Y_4$

（续）

编码效率	卷积码的自由距离	X	Y	I	Q
3/4	5	101	110	$X_1 Y_2$	$Y_1 X_3$
5/6	4	10101	11010	$X_1 Y_2 Y_4$	$Y_1 X_3 X_5$
7/8	3	1000101	1111010	$X_1 Y_2 Y_4 Y_6$	$Y_1 Y_3 X_5 X_7$

表 7-5 中的 X、Y 代表（2，1，7）卷积编码器的并行输出序列，其生成多项式分别为：

$$G_1(x) = x^6 + x^5 + x^4 + x^3 + 1$$
$$G_2(x) = x^6 + x^4 + x^3 + x + 1 \tag{7-19}$$

也可以简记为：$G_1(x) = 1111001 = (171)_8$，$G_2(x) = 1011011 = (133)_8$，通常采用八进制数字标记生成多项式。以编码效率 $R_c = 3/4$ 的收缩卷积码为例，首先由（2，1，7）卷积编码器对输入码元进行编码，输出两个并行序列 X、Y。然后分别将 X、Y 每 3bit 分为一组，按照比特选择图样进行删除，X 的比特选择图样是 101，即 $X_1 X_2 X_3$ 中删除 X_2，Y 的比特选择图样是 110，即 $Y_1 Y_2 Y_3$ 中删除 Y_3。经比特删除后的收缩码串行输出为 $X_1 Y_1 Y_2 X_3 \cdots$，如图 7-9 所示，对这一串行输出进行串/并转换，即为基带成形滤波输入的 I、Q 信号序列，因此 $X_1 Y_1 Y_2 X_3 \cdots$ 串/并转换为 $I = X_1 Y_2 \cdots$，$Q = Y_1 X_3 \cdots$。

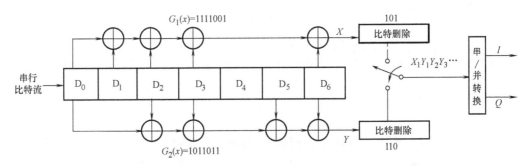

图 7-9　（4，3，7）收缩卷积编码器

7.2.5　分组交织和卷积交织

大多数编码都是基于信道差错满足统计独立的特性设计的，但实际信道往往是突发误码和随机误码并存的组合信道，在这些信道中直接使用纠正随机误码效果不好。另外，卷积码经过维特比算法后得到的译码序列的误码也具有突发性，若后面再进一步纠错处理时，也需要能纠正这类突发误码。

对纠错来说，分散的差错比较容易得到纠正，但出现一长串的差错时，就较麻烦。正如人们读书看报，如果在文中偶尔遇到一个字看不清楚（这相当于一个随机误码），则可以根据上下文的相关性容易地判断出来；如果遇到整句甚至整段文字出错（这相当于大范围突发性误码），就很难判断其意思。或者说单个分散存在的错字要比集中成串出现的错字更容易得到纠正。把这种思想运用在数字传输（或记录存储）系统中对突发误码的纠错非常有效。具体做法是，在传输（或记录存储）之前，先打乱原数码的排列顺序，而在接收端（或重放输出）再重新恢复数码的排列顺序，使在传输（或录放）过程中的突发性误码分散开来，以利于实现纠正。

交织（Interleaving）技术的思想就是把连续成串出现的突发误码分散成便于纠正的随机误码，为正确译码创造了更好的条件。

由于交织技术只打乱传送码元的排列次序，本身不需要另加监督码元，即不产生冗余码元，故传输效率不会降低。从严格意义上说，交织不是纠错编码，但是如果把编码器和交织器看成一个整体，则新构成的"交织码"具有了更好的纠错性能。在发送端，交织器将信道编码器输出的码元序列按一定规律重新排序后输出，进行传输或存储。在接收端进行交织的逆过程，称为解交织。解交织器将接收到的码元序列还原为对应发送端编码器输出序列的排序。交织器与解交织器在传输系统中的位置如图 7-10 所示。

图 7-10 交织器与解交织器在传输系统中的位置

1. 分组交织

分组交织又称矩阵交织或块交织。如图 7-11 所示，编码后的码字序列被按行填入一个 mn 的矩阵，矩阵填满以后，再按列读出。同样，接收端的解交织器将接收到的信号按列填入 mn 的矩阵，填满后再按行读出，然后送往译码器进行正常解码。这样，信道中的连续突发误码被解交织器以 m 个比特为周期进行分隔再送往译码器，如果这 m 个错误比特处于信道编码的纠错能力范围内，则达到了消除错误突发的目的。

图 7-11 示例说明了一种简单的块交织方式的原理。编码后的码元序列以逐列顺序存储到一个存储器阵列中，该阵列有 M 列，N 行。每个存储器单元存储一个码元 a_{ij}，其中 i 为行号，j 为列号。因此输入码元序列的排序为 $a_{11}a_{21}\cdots a_{N1}a_{12}a_{22}\cdots a_{N2}\cdots a_{1M}a_{2M}\cdots a_{NM}$。当存储器阵列存满后，从左上角存储器单元开始，以逐行顺序从存储器阵列中读出码元，即输出码元序列为 $a_{11}a_{12}\cdots a_{1M}a_{21}a_{22}\cdots a_{2M}\cdots a_{N1}a_{N2}\cdots a_{NM}$。可见交织器输出码元序列按 NM 的大小分成块（或称为帧），并将块中码元排序按上述方法改变后输出。

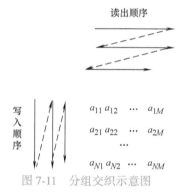

图 7-11 分组交织示意图

接收端的解交织器将接收到的码元序列以逐行顺序存储到一个 $M×N$ 大小的存储器阵列中，存满后再以逐列顺序读出，然后送往信道译码器进行译码。

在块交织器和解交织器中，必须确定块的起始码元（例如，图 7-11 中的 a_{11}），才能正确还原为纠错编码器输出序列的码元排序。为此，通常以块起始码元为同步字，在解交织之前据此进行块同步，找出块的起始码元。

根据以上块交织方法，交织器输入码元序列中间隔小于 $N-1$ 个码元的两个码元（包括不在同一块中的），在交织后输出码元序列中至少间隔 $M-2$ 个码元。例如图 7-11 中 a_{12} 和 a_{21} 在输入序列中间隔 $N-2$ 个码元，它们在输出序列中间隔 $M-2$ 个码元。这意味着长度 $≤M$ 的单个突发差错在解交织后被分散开，相邻差错码元的间隔至少为 $N-2$。因此，若 N 个码元为一个码字，采用块交织可使长度 $≤M$ 的单个突发差错分散到若干码字中，每个码字最多有一个码元差错。若编码能纠正码字中的一个差错，则用块交织技术可纠正任何长度 $≤M$ 的单个突发差错；若编码能纠正码字中的 t 个差错，采用交织技术可纠正任何长度 $≤tM$ 的单个突发差错或纠正 t 个长度 $≤M$ 的突发差错（均指在一个块大小内的突发差错数）。

应用交织技术，除了在发送端和接收端分别增加交织器和解交织器所需之存储器外，还增加了传输时延。在块交织中，由交织器和解交织器产生的总时延为 $2NM$ 个码元的传输时间。块中各个码元在交织器中和在解交织器中产生的时延都互不相同，但是交织器和解交织器产生的总时延对各个码元是相同的。

2. 卷积交织

与分组交织不同，卷积交织器不需要将编码序列分组，是一种连续工作的交织器，且比分组交织更为有效。DVB-S 系统中的卷积交织器和解交织器的原理示意图如图 7-12 所示。

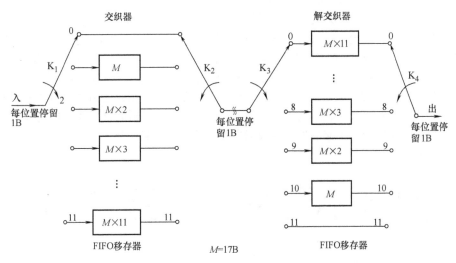

图 7-12　DVB-S 中的卷积交织器和解交织器的原理示意图

　　交织器和解交织器都有 I（这里 $I=12$）条支路，它们由切换开关接入，切换开关同步地循环运行。在第 j（$j=0,1,\cdots,I-1$）支路上设有容量为 jM 个字节的先进先出（FIFO）移位寄存器，图中的 $M=17\text{B}$，交织器的输入与输出开关同步工作，以每位置停留 1B 的速度进行从第 0 支路到第 $I-1$ 支路的周期性切换。每个支路每次输入 1B，交织后的数据按相同的顺序从各支路中输出，每个支路每次输出 1B。接收端在解交织时，应使各个字节的延时相同，因此采用与交织器结构类似但分支排列次序相反的解交织器。为了使交织与解交织开关同步工作，在交织器中使数据帧的同步字节总是由第 0 支路发送出去，这由下述关系可以得到保证：

$$N = IM = 12 \times 17\text{B} = 204\text{B}$$

即 17 个切换周期正好是纠错编码的码字长度，所以交织后同步字节的位置不变。解交织器的同步可以通过从第 0 支路识别出同步字节来完成。

　　卷积交织器用参数（N,I）来描述，图 7-12 所示的是（204,12）交织器。很容易证明，经相邻支路输入的相邻字节在交织器输出序列中间隔 N 个字节。经同一支路输入的字节在输出序列中间隔最小，为 $I-1$ 个字节。这样输入序列中两个间隔 $\le N-2$ 的字节在交织器输出序列中至少间隔 $I-1$ 个字节。这意味着接收符号序列（解交织前）中长度 $\le I$ 的突发错误在解交织后被分散开，相邻错误字节的间隔至少为 N 字节。即在交织器输出的任何长度为 N 字节的数据串中，不包含交织前序列中距离小于 I 字节的任何两个数据，I 称为交织深度，$N=I\times M$ 为交织器约束长度或宽度。一般，N 对应于分组纠错码的码字长度或其整倍数。对于（204,188）RS 码，能纠正连续 8B 的错误，与交织深度 $I=12$ 相结合，可具有最多纠正 $12\times8\text{B}=96\text{B}$ 长的突发错误的能力。I 越大则纠错能力越强，但交织器与解交织器总的存储容量 S 和数据延时 D 与 I 有如下关系：

$$S = D = I(I-1)M \tag{7-20}$$

　　在 DVB 中，交织位于 RS 编码与卷积编码之间，这是因为卷积码的维特比译码会出现差错扩散，引起突发差错。

7.2.6　串行级联码

　　从香农定理知道，用编码长度 n 足够长的随机编码就可以无限逼近信道容量，但是随着 n 的增加，译码器的复杂度和计算量呈指数增加，难以接受。1966 年，Forney 在其博士论文中提出了级联编码的思想：如果把编码器、信道和译码器整体看作一个广义的信道，这个信道也会有误码。因此，还可以对它作进一步的编码，他将两个码长较短的子码串联构成一个长码，用复杂度的有限增加换取纠错能力的极大提高。这种级联码结构最早于 20 世纪 80 年代被美国宇航局（NASA）加入深空遥测信号的传输协议，目前在视频通信中广为应用。

如图 7-13 所示，信息序列分别经过外码和内码两重编码，形成级联码序列输出。在接收端同样需要经过两重译码来恢复信息。如果外码为 (n_1, k_1) 码，最小距离为 d_1，内码为 (n_2, k_2) 码，最小距离为 d_2，那么可以认为级联码是一个 $(n_1 n_2, k_1 k_2)$ 码，最小距离为 $d_1 d_2$。当信道有少量随机错误时，通过内码就可以纠正；若信道的突发错误超出内码的译码能力，则由外码来纠正。由此可见，级联码适用于组合信道。由于内码译码器的错误往往是连续出现的，一般在内外编码器之间需要一个交织器，接收端也相应地增加解交织器。

图 7-13　串行级联码的编译码结构

级联码的组合方式很多，如外码采用 RS 码，内码用二进制分组码或卷积码，或内外码都采用卷积码（当内码译码输出软信息时）。

我们很自然地想到还可以把两级级联推广到多级级联以形成更多组合，但事实上多级级联很少采用，这是因为级联码的"门限效应"。所谓信道编码的门限效应，是指在信噪比低于一定门限下时，编码的性能反而低于不编码的性能。这就是人们常说的信道编码是"锦上添花"而不是"雪中送炭"的道理。级联码的门限效应非常明显。当信道质量好时，误码可以非常低，即渐进性能很好，这时两层编码已足够；而当信道质量不好时，新增加的一层编码反而可能越纠越错，造成差错扩展，这时多级还不如一级。另外需要指出的是，级联码的纠错能力主要来自编码效率的降低，从 E_b/N_0 的角度看好处并不太大。

级联码的最小距离为 $d_1 d_2$，但现在普遍采用的两级分离译码算法无法达到最小距离决定的纠错能力，这是因为内码译码的硬判决结果对外码译码造成了无法恢复的信息损失。可以考虑令内码译码的输出也是一个软判决输出，这样外码也可采用软判决译码，使整体性能得到提高。

近几年的研究发现，如果采用迭代译码算法，将会大大降低级联码的门限效应，最大程度上发挥它的纠错能力。如图 7-14 所示，外码译码器不是进行一次性判决，而是也输出软判决信息，并将其反馈回内码译码器。内外译码器间交换判决信息并分别译码若干次后，再判决输出。译码器间传递的信息称为外

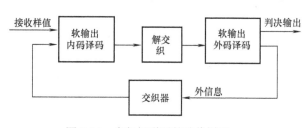

图 7-14　串行级联码的迭代译码

信息，即是除当前符号外的整个接收序列提供的关于当前符号的后验概率，它完全由译码过程本身获得。如果迭代信息中含有某些当前符号的本身信息，则有可能造成"正反馈"，使算法不收敛或远离正确解。当然，迭代算法使译码复杂度和硬件开销大大增加。

7.2.7　低密度奇偶校验码

低密度校验（Low Density Parity Check，LDPC）码的发展颇具几分传奇色彩。麻省理工学院的 Robert Gallager 于 1962 年首次提出 LDPC 码，但由于当时超大规模集成电路（VLSI）技术尚未成熟，难以逾越的复杂程度将其束之高阁，逐渐被人淡忘。1993 年法国人 Berrou 等提出了 Turbo

迭代译码后，人们研究发现 Turbo 码其实就是一种 LDPC 码。1996 年，Mackay 的研究成果促使 LDPC 码的价值被重新挖掘，成为当前编码领域的热点之一。欧洲 DVB 组织已把 BCH 与 LDPC 的串行级联码选为第二代卫星数字电视广播（DVB-S2）的纠错编码方案。

Gallager 最早提出的 LDPC 码揭示出了一种新的具有低密度校验矩阵的线性分组编码结构，它利用校验矩阵的稀疏性解决长码的译码问题，可以实现线性复杂度的译码，同时又近似于香农提出的随机编码，因此获得了优秀的编码性能。

由于 LDPC 码是线性分组码，因此可以由校验矩阵 $\boldsymbol{H}$ 的零空间来描述，即

$$\boldsymbol{H}\boldsymbol{C}^{\mathrm{T}}=0$$

LDPC 码的校验矩阵 $\boldsymbol{H}$ 是一个几乎全部由“0”元素组成的稀疏矩阵，每行和每列中“1”的数目都很少，并满足以下条件：

1）每行中“1”的数目（行重）远小于矩阵的列数。

2）每列中“1”的数目（列重）远小于矩阵的行数。

3）任何两行（列）对应位置上的元素均为“1”的个数不超过 1。

按照 Gallager 的定义，形式为（n，p，q）的规则 LDPC 码是指编码后的码长为 n，在它的校验矩阵 $\boldsymbol{H}$ 中，每一行和每一列中“1”的数目是固定的，其中每一列中“1”的个数是 p，每一行中“1”的个数是 q，$q\geqslant 3$，列之间“1”的重叠数目$\leqslant 1$。如果校验矩阵 $\boldsymbol{H}$ 的每一行是线性独立的，那么编码效率为（$q-p$）/q，否则编码效率是（$q-p'$）/q，其中 p'是校验矩阵 $\boldsymbol{H}$ 中行线性独立的数目。

由 Gallagher 构造的一个（20，3，4）LDPC 码的校验矩阵如图 7-15 所示，它的最小码距 $d_0=6$，设计编码效率为 1/4，实际编码效率为 7/20。

$$
\begin{array}{c}
 \\
m_1\\ m_2\\ m_3\\ m_4\\ m_5\\ \cdots\\ \cdots\\ \\ \cdots\\ \cdots\\ \cdots\\ \cdots\\ \cdots\\ \cdots\\ \cdots
\end{array}
\begin{array}{c}
n_1\quad n_2\quad n_3\quad n_4\cdots\cdots\cdots\cdots\cdots\cdots\cdots\cdots n_{20}\\
\left[\begin{array}{cccc:cccc:cccc:cccc:cccc}
1&1&1&1&0&0&0&0&0&0&0&0&0&0&0&0&0&0&0&0\\
0&0&0&0&1&1&1&1&0&0&0&0&0&0&0&0&0&0&0&0\\
0&0&0&0&0&0&0&0&1&1&1&1&0&0&0&0&0&0&0&0\\
0&0&0&0&0&0&0&0&0&0&0&0&1&1&1&1&0&0&0&0\\
0&0&0&0&0&0&0&0&0&0&0&0&0&0&0&0&1&1&1&1\\
\hdashline
1&0&0&0&1&0&0&0&1&0&0&0&1&0&0&0&0&0&0&0\\
0&1&0&0&0&1&0&0&0&1&0&0&0&0&0&0&1&0&0&0\\
0&0&1&0&0&0&1&0&0&0&0&0&0&1&0&0&0&1&0&0\\
0&0&0&1&0&0&0&0&0&0&1&0&0&0&1&0&0&0&1&0\\
0&0&0&0&0&0&0&1&0&0&0&1&0&0&0&1&0&0&0&1\\
\hdashline
1&0&0&0&0&1&0&0&0&0&0&1&0&0&0&0&0&1&0&0\\
0&1&0&0&0&0&1&0&0&0&1&0&0&0&0&1&0&0&0&0\\
0&0&1&0&0&0&0&1&0&0&0&0&1&0&0&0&0&0&1&0\\
0&0&0& &0&0&0&0&1&0&0&0&0&1&0&0&1&0&0&0\\
0&0&0&0&1&0&0&0&0&1&0&0&0&0&1&0&0&0&0&1
\end{array}\right]
\end{array}
$$

图 7-15 （20，3，4）LDPC 码的校验矩阵

LDPC 码除了用校验矩阵 $\boldsymbol{H}$ 表示外，还可以用 Tanner 图表示。图 7-16 给出了图 7-15 所对应的 Tanner 图。

Tanner 图又称为双向图或者二分图，由 Tanner 于 1982 年首次用来表示 LDPC 码。一个校验矩阵对应一个 Tanner 图。由图论的知识可知，图是由“节点”和“边”组成的，图中所有的节点分为两个子集，任何一个子集内部各个节点之间没有相连的边，任何一节点都和一个不在同

一子集里的节点相连。在 LDPC 码的 Tanner 图中，将节点分成两类："变量节点"和"校验节点"。如图 7-16 所示，Tanner 图上方的"变量节点"指的是编码比特（对应于校验矩阵 H 中的行）所对应的节点的集合；Tanner 图下方的"校验节点"指的是校验约束（对应于校验矩阵 H 中的列）节点的集合。如果某个变量节点参与了某个校验方程（即校验约束），也就是 H 矩阵中对应位置的元素不为"0"，表现在 Tanner 图中就是变量节点和校验节点之间有一条"边"。例如，对于变量节点 n_2，H 矩阵中对应于 n_2 列有 3 个"1"分别对应于 m_1、m_7 和 m_{12} 行，这样变量节点 n_2 与校验节点 m_1、m_7 和 m_{12} 之间分别有一条"边"相连接。把所有的变量节点和校验节点表示在图中就得到 LDPC 码的 Tanner 图。Tanner 图中一个节点的度数（Degree）定义为与该节点相连的边数；由变量节点、校验节点和边首尾相连组成的闭合环路，称为环（Cycle）；码字二分图中最短环的周长称为围长（Girth）。如果 Tanner 图中所有变量节点的度数（校验矩阵 H 的列重）都相同，且所有校验节点的度数（H 的行重）也都相同，则称为规则图，否则称为非规则图。

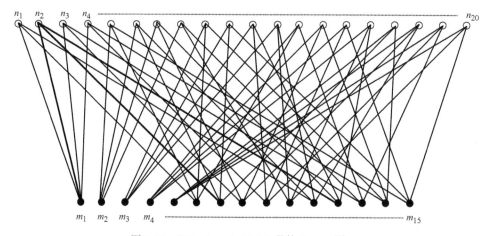

图 7-16 （20，3，4）LDPC 码的 Tanner 图

上述的 LDPC 码是规则 LDPC 码，即其 H 矩阵中每行和每列中"1"的数目是固定的。否则，如果校验矩阵 H 中每行或每列中"1"的数目不是固定的，则称为非规则 LDPC 码。

非规则码在 LDPC 码中占有很重要的地位。Luby 的模拟实验表明，适当构造的非规则码性能优于规则码。这一点也可以从构成 LDPC 码的 Tanner 图中得到直观性的解释：对于每一个变量节点来说，希望它的度数大一些，因为从相关联的校验节点可以获得的信息越多，越能准确地判断它的正确值；对于每一个校验节点来说，情况则相反，希望校验节点的度数小一些，因为校验节点的度数越小，它能反馈给其邻接的变量节点的信息越有价值。非规则图比规则图能够更好、更灵活地平衡这两种相反的要求。在非规则码中，具有大度数的变量节点能很快地得到它的正确值，这样它就可以给校验节点更正确的概率信息，而这些校验节点又可以给小度数的变量节点更多的信息。大度数的变量节点首先获得正确的值，把它传输给对应的校验节点，通过这些校验节点又可以获得度数小的变量节点的正确值。因此，非规则码的性能要优于规则码的性能。不过，非规则码的编码一般比较复杂，用硬件也较难以实现。

在 LDPC 码构造上，主要有两大类构造方法：一类是随机构造法，这类码在码长比较长（接近或超过 10^4）码时具有很好的纠错能力，性能非常接近香农理论极限，但由于码长过长和生成矩阵与校验矩阵的不规则性，使得编码过于复杂而难于用硬件实现；另一类是分析构造法，它借助于几何代数方法，通常考虑的是降低编译码的复杂度，所构造的码在码长比较短时更有优势。

DVB-S2 标准中采用的 LDPC 码均为长码，如果采用信息码字和乘积码（Product Code）的方式，其生成矩阵的存储量将非常惊人，用硬件实现不太现实。所以，DVB-S2 标准采用了基于

eIRA（extended Irregular Repeat-Accumulate，扩展的非规则重复累积码）形式的校验矩阵来构造 LDPC 码。这是一种特殊结构化的 LDPC 码，具有较低的编解码复杂度。

7.3　调制技术

7.3.1　数字调制的作用及调制方式

若要对信道编码后的码流进行长距离的传输，则必须对高频载波进行特定方式的调制，然后对已调波进行发射、传输。数字调制就是将数字符号转换成适合信道传输特性的波形的过程。基带调制中这些波形通常具有整形脉冲的形式，而在带通调制中，则利用整形脉冲去调制正弦信号，此正弦信号称为载波。

用载波实现基带信号的无线传输的原因如下：

1）天线尺寸。电磁场必须利用天线才能发射到空中进行空间传播，接收端也必须有天线才能有效接收空间传播的信号。从电磁场和天线理论知道，天线的尺寸主要取决于波长 λ 和应用场合。假设发送一个基带信号的频率为 $f = 3000\mathrm{Hz}$，如果不经过载波调制而直接耦合到天线发送，其天线尺寸约为 24km。但如果把此基带信号先调制到较高的载波频率上，例如 900MHz，则等效的天线尺寸为 8cm。因此，利用载波进行调制是很有必要的。

2）频分复用。如果一条信道要传输多路信号，则需要利用调制来区别不同的信号。

3）扩频调制。利用调制将干扰的影响减至最小，提高抗干扰的能力，即扩频。

4）频谱搬移。利用调制将信号放置于需要的频道上，在接收机中，射频（RF）信号到中频（IF）信号的转换就是一例。

载波信号的表达式一般为

$$s(t) = A(t)\cos[\omega_c t + \phi(t)] = A(t)\cos\phi(t)\cos\omega_c t - A(t)\sin\phi(t)\sin\omega_c t \qquad (7\text{-}21)$$

从上述表达式可以看到，载波信号有 3 个特征分量：幅度、频率和相位。因此，从原理上看，数字调制与模拟调制一样可以对载波的幅度、频率和相位，或三者之间的组合进行调制，相应地得到幅移键控（Amplitude Shift Keying，ASK）、频移键控（Frequency Shift Keying，FSK）和相移键控（Phase Shift Keying，PSK），以及幅度相位联合键控或称为正交幅度调制（Quadrature Amplitude Modulation，QAM）。目前在数字电视传输系统中，常用的数字调制方式是 PSK 和 QAM 方式，或它们的变型。

数字调制中，典型的调制信号是二进制的数字值。另一方面，为了提高高频载波的调制效率，也常采用多进制信号进行高频调制，使一定的已调波高频带宽内可传输的数据速率更高。高频载波的调制效率可以用每赫［兹］（Hz）已调波带宽内可传输的数据速率（bit/s）来标记，故单位为 bit/(s·Hz)。多进制调制中，每若干个（比如 k 个）比特构成一个符号，得到一个 $M(M = 2^k)$ 进制的符号，然后逐个符号对高频载波进行多进制的 ASK、FSK 或 PSK 调制。符号率的单位为符号/s，也称为波特（Baud），已调波的高频调制效率这时用 Baud/Hz 表示。二进制和多进制数字调制统一表示为 MPSK 和 MQAM，这里 $M = 2^k$，k 为正整数。

数字调制还有一种分类方法，即分为相干和不相干的数字调制。它们的区别在于，当接收端对接收到的已调波进行解调时，是否需要在接收机中再生出与所接收的高频载波具有相干关系的参考载波。对于传输中较难以保持高频载波相位稳定性的信道（比如信号有衰落的信道），宜采用非相干数字调制方式，解调时接收机中不需要再生出具有相干关系的参考载波。ASK 和 FSK 即为非相干调制方式。而 PSK 属于相干数字调制，接收机中要借助一个本机振荡电路和一个鉴相器与接收载波的基准相位进行锁相，产生出稳定的、准确相位的参考载波，实现对已调波的解调。至于差分移相键控（DPSK），在某种意义上说它是非相干数字调制，解调时是以前一个比特周期或符号周期的载波相位作为参考相位进行数据解调的。自然，它也要求信道高频信号传输有足够的相位稳定性，在前后比特或符号之间不引入大的载波相位干扰。

根据三角函数关系式，把上述的载波信号表达式展开为两部分：$\cos\omega_c t$ 部分和 $\sin\omega_c t$ 部分，其中 $A(t)\cos\phi(t)$ 称为同相分量（In-phase，I 分量），$A(t)\sin\phi(t)$ 称为正交分量（Quadarture，Q 分量）。如果以 I 分量为横轴，Q 分量为纵轴，在直角坐标系中把符号映射后所代表的坐标点表示出来，得到的图像称为调制矢量图或星座图。

7.3.2 QPSK 调制

1. QPSK 调制

在相移键控（PSK）调制中，最常用的是四相移相键控（Quaternary Phase Shift Keying，QPSK）方式。

QPSK 调制原理框图如图 7-17 所示。它可以看成是两个 2PSK 组合构成的。输入的串行二进制信息序列经串/并转换后分成两路速率减半的序列 a 和 b，串/并转换器使每对双比特码元形成 4 种数据组合方式。令 a 路比特序列的 0 和 1 分别以 +1 和 −1 表示，并用函数 $I(t)$ 标记；令 b 路比特序列的 0 和 1 也分别以 +1 和 −1 表示，并用函数 $Q(t)$ 标记。然后，由 $I(t)$ 对载波 $\sin\omega_c t$ 进行平衡调制，也即 $I(t)$ 与 $\sin\omega_c t$ 相乘，得到 $I(t)\sin\omega_c t = \pm\sin\omega_c t$。类似地，由 $Q(t)$ 对载波 $\cos\omega_c t$ 进行平衡调制，得到 $Q(t)\cos\omega_c t = \pm\cos\omega_c t$。最后，将 $\pm\sin\omega_c t$ 与 $\pm\cos\omega_c t$ 信号相加，从而形成 QPSK 信号。因此，QPSK 调制器实际上由正交平衡调制器组成。

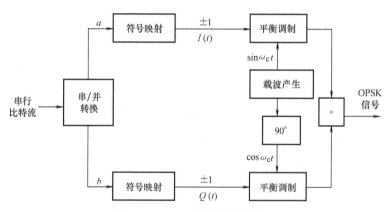

图 7-17　QPSK 调制原理框图

据此，a、b 码元的调制波组合可形成表 7-6 中 4 种绝对相位的 QPSK 信号，并能用图 7-18 所示的已调相波矢量图表示。

表 7-6　双比特码元与载波相位

双比特码元		载波相位 Φ	
$a(I)$	$b(Q)$	A 方式	B 方式
0（+1）	0（+1）	45°	0°
1（−1）	0（+1）	135°	90°
1（−1）	1（−1）	225°	180°
0（+1）	1（−1）	315°	270°

如果基准载波的相位为 −45°，即 $I(t)$ 对正弦波 $\sin(\omega_c t - 45°)$ 进行平衡调制，$Q(t)$ 对正弦

波 $\sin(\omega_c t + 45°)$ 进行平衡调制，则得到的载波相位将是表 7-6 中 B 方式的数值，而不是 A 方式的数值。ab 码元的 4 种组合状态由相位相邻间隔 90° 的 4 个载波振荡（0°，90°，180°，270°）表征。

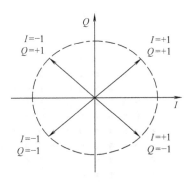

图 7-18　QPSK 信号的矢量图

2. QPSK 信号解调

关于 QPSK 信号的解调，由于 QPSK 信号可看成是两个正交 2PSK 信号的组合，所以可采用 2PSK 信号的解调方法进行解调，即由两个 2PSK 相干解调器构成解调电路，其组成框图如图 7-19 所示。图中，并/串转换器完成与调制器中相反的作用，使上、下支路得到的并行数据恢复成串行的数据序列。

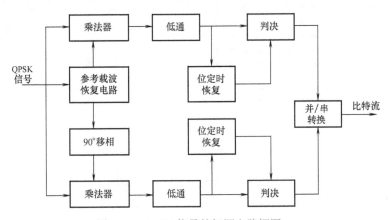

图 7-19　QPSK 信号的解调电路框图

7.3.3　QAM 调制及其变体

在带宽有限的通信系统中，大容量信息必须通过多进制调制来传输。由信号星座图可以直观地看出，此时如果单独使用幅度或相位携带信息，则信号星座点仅发布在一条直线或一个圆上，不能充分利用信号平面。基于这种考虑诞生了幅度和相位相结合的调制方式——正交幅度调制（Quadrature Amplitude Modulation，QAM），它可以在保证最小欧几里得距离的前提下，尽可能多地增加星座点数目。目前 M 进制 QAM 调制方案广泛应用于数字视频广播，可以在有限带宽内传输高清晰度视频信号。

常见的 M 进制 QAM 信号星座图如图 7-20 所示。从欧几里得距离的角度看，图 7-20 所示的矩形星座并不一定是最好的 M 元星座点分布，也确有通信系统选择了不同的信号映射方式，例如蜂窝形状。但是，矩形星座具有容易产生的独特优点，很利于用正交相干方式解调。所以，矩形星座的 QAM 信号在实际应用中占了绝大部分。

从 QAM 调制实现过程看，QAM 信号可以看成是两路正交的多进制调幅信号之和。另一方面，在图 7-20 中 $M = 4$ 的 QAM 调制与 QPSK 调制完全等同。因此，也可以把 QAM 信号看成多层 QPSK 信号的线性组合。例如，一个 16-QAM 星座图可以看成由两层 QPSK 调制组成，第一层调制确定了星座点处于哪个象限，第二层调制再映射为该象限的 4 个星座点之一。图 7-21 所示为 16-QAM 信号的星座图。

16-QAM 调制电路的原理框图如图 7-22 所示，输入的串行数据流经过串/并转换器分成两路双比特流 $b_1 b_2$ 和 $b_3 b_4$，它们分别通过符号映射转换把 4 种数据组合（00，01，11，10）转换成 4 种模拟信号电平（+3，+1，-1，-3），上、下支路的模拟输出分别调制载波信号 $\sin\omega_c t$ 和

$\cos\omega_c t$，然后通过加法器使两个已调波相加，得到合成的调相波信号 16-QAM 输出。

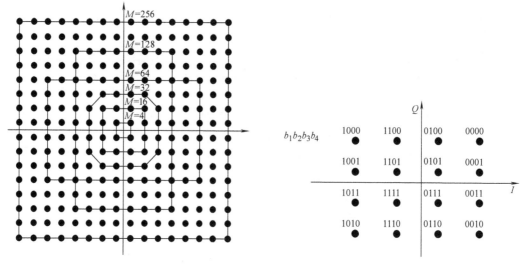

图 7-20　常见的 M 进制 QAM 信号星座图　　　　图 7-21　16-QAM 信号的星座图

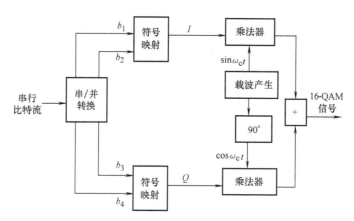

图 7-22　16-QAM 调制电路的原理框图

　　根据上面的取值规定，可得出表 7-7 所示的 $b_1 b_2$ 和 $b_3 b_4$ 值与图 7-21 中 I 轴（同相轴）值、Q 轴（正交轴）值间的关系。

　　16-QAM 星座图中星座点与 $b_1 b_2 b_3 b_4$ 4bit 数据之间的关系，如图 7-21 所示。

　　MQAM 调制方式中除了常用的 16-QAM 外，还有 32-QAM，64-QAM，128-QAM 和 256-QAM 等。

表 7-7　$b_1 b_2$ 和 $b_3 b_4$ 值与 I 轴、Q 轴值的关系

b_1	b_2	b_3	b_4	I	Q
0	0	0	0	3	3
0	0	0	1	3	1
0	0	1	0	3	−3
0	0	1	1	3	−1
0	1	0	0	1	3

（续）

b_1	b_2	b_3	b_4	I	Q
0	1	0	1	1	1
0	1	1	0	1	-3
0	1	1	1	1	-1
1	0	0	0	-3	3
1	0	0	1	-3	1
1	0	1	0	-3	-3
1	0	1	1	-3	-1
1	1	0	0	-1	3
1	1	0	1	-1	1
1	1	1	0	-1	-3
1	1	1	1	-1	-1

　　前面讲过 QAM 信号可以看成多层 QPSK 信号的线性组合，这一特点在数字视频通信中得到了应用，可以提供分级的传输服务。一个典型的分级 64-QAM 非均匀调制星座图如图 7-23 所示，该调制信号被分为两层（或称为两个优先级），即第一层（高优先级）的 QPSK 信号和第二层（低优先级）的 16-QAM 信号。发射机先完成 QPSK 映射，然后在 QPSK 星座点的基础上再进行一次 16-QAM 映射。两层映射通常来自不同的信息源，并可以采用不同的信道编码，以提供不同等级的误码保护。接收机则可根据自身需求和客观接收条件，选择全部接收或只接收高优先级码流。

　　同样的原理，可以把 64-QAM 分为三层，如图 7-24 所示，每层都采用 QPSK 信号，提供高中、低 3 种优先级。

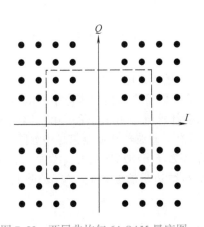

图 7-23　两层非均匀 64-QAM 星座图

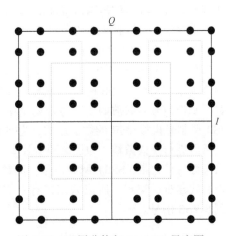

图 7-24　三层非均匀 64-QAM 星座图

　　在数字视频通信中引入分级调制是基于以下考虑：

　　1）在未来的视频通信网中，除视频信号外，还要同时传输包括文字、声音、数据、图片等多媒体信息。而不同信息媒体，不同服务对象对传输的要求也各不相同，例如，数据、文本和图片等不连续媒体对传输误码非常敏感，但对传输速率要求不太高。声音和视频信号数据量大，但对传输误码的敏感性要稍低一些。不同优先级的码流可以满足不同的传输要求，例如，可以用高可靠性的高优先级码流传输数据和标准清晰度电视节目，而用高数据速率的低优先级码流传输高清晰度电视（HDTV）节目。

2）如果信号采用地面无线传输方式，则必须考虑信号覆盖问题。由于地形、发射塔的高度和功率以及接收机天线等因素，不同级别的调制可能到达不同的服务区域。通常来说，低优先级码流用于覆盖核心服务区，但在大部分位置需要固定的屋顶指向性天线。在低优先级码流覆盖范围内，高优先级码流总是有效的，它可用来为移动终端和室内天线接收机提供信号，或为低优先级码流难以覆盖的低 C/N 区域提供覆盖延伸。

需要说明的是，QAM 信号的分级调制是根据"多业务传输"这一特殊需求进行的变体，从通信性能本身来讲并没有好处。由星座图不难看出，如果传单一码流，在同等传输条件下，分级调制需要付出比均匀星座图调制更大的功率效率。

7.3.4 残留边带及 8-VSB 调制

在模拟信号的正交幅度调制（QAM）中，调幅信号的频谱包括载频及两个边带频率。若基带信号的频谱如图 7- 25a 所示，则抑制载波的双边带（DSB）调幅信号的频谱如图 7-25b 所示，其带宽比基带增加了一倍。若采用单边带（SSB）调幅，即采用上边带或下边带调幅，可使带宽减少一半，如图 7-25c 所示。但当调幅信号的频谱具有丰富的低频分量时，上、下边带很难分离，便不宜采用单边带调幅信号进行传输，残留边带（VSB）调制即是DSB 与 SSB 的折中方案。在这种调制方案中，不是将一个边带全部抑制，而是使它逐渐截止，如图 7-25d 所示。截止特性使传输边带（图 7-25 中的上边带）在载频附近被抑制的部分被不传输边带（下边带）的残留部分精确地补偿。这样的处理，可使接收机在解调后将两个频谱搬到一起，就可以不失真地恢复基带信号。VSB 调制已被现行的模拟电视广播所采用。

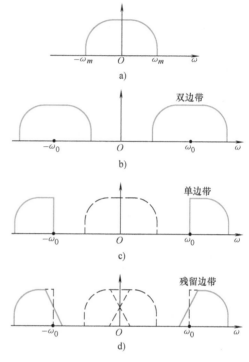

图 7-25 VSB 调制频谱图

a）基带信号 b）DSB c）SSB d）VSB

在数字基带信号对载波的残留边带调制中，数字基带信号先转换成多电平的信号再进行调制。8-VSB 调制是模拟 VSB 的数字形式，它首先将二进制码流每 3bit 分为一组，形成八进制基带信号，然后进行频谱搬移。为提高频谱效率，可以用模拟滤波器从调制信号中滤除一个边带，此时的信号称为单边带（SSB）调制信号，其频谱效率等效于 64-QAM 信号。然而，下降沿陡峭的单边带滤波器难以实现，所以采用带有一定滚降的残留边带滤波器 $H_{VSB}(f)$ 滤除其中一个边带，得到 8-VSB 信号。

7.3.5 OFDM 和 C-OFDM 技术

在地面无线电广播中，由于城市建筑群或其他复杂的地理环境，发送的信号经过反射、散射等传播路径后，到达接收端的电波不仅有直射波，而且还有一次或多次反射波。这些经不同路径到达接收端的电波之间会有较大的时延差，造成多径干扰。如果反射信号接近一个周期或在多个周期中心附近，会给信号判决带来严重的符号间干扰，引起误码。采用正交频分复用（Orthogonal Frequency Division Multiplexing, OFDM）技术可以有效地克服多径干扰和移动接收衰落问题。

在过去的几十年中，OFDM 作为高速数据通信的调制方法，在数字音频广播（DAB）、DVB-

T、无线局域网 802.11 和 802.16 等方面得到实际的应用。

1. OFDM 工作原理

OFDM 调制器的原理图如图 7-26 所示。OFDM 实际上是一种多载波调制技术，其基本思想是：在频域内将给定信道分成 N 个正交子信道，在每个子信道上使用一个子载波进行调制，而且各子载波并行传输。具体的实现方法是：首先，将要传输的高速串行数据流进行串/并转换，转换成 N 路并行的低速数据流，并分别用 N 个子载波进行调制，每一路载波可以采用 QPSK 或 MQAM 等数字调制方式，不同的子载波采用的调制方式也可以不同。然后将调制后的各路已调信号叠加在一起构成发送信号。值得注意的是，这里的已调信号叠加与传统的频分复用（FDM）不同。在传统的频分复用中，各个子载波上的信号频谱互不重叠，以便接收机能用滤波器将其分离、提取。而 OFDM 系统中的子载波数 N 很大，通常可达几百甚至几千，若采用传统的频分复用方法，则复用后信号频谱会很宽，这将降低频带利用率。因此，在 OFDM 系统中，各个子载波上的已调信号频谱是有部分重叠的，但保持相互正交，因此，称为正交频分复用。在接收端通过相关解调技术分离各个子载波。由于串/并转换后，高速串行数据流转换成了低速数据流，所传输的符号周期增加到大于多径延时时间后，可有效消除多径干扰。

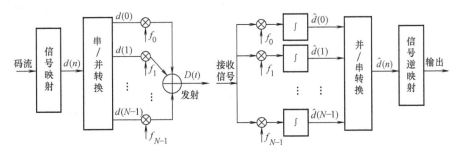

图 7-26　OFDM 基本原理

值得指出的是，在 OFDM 调制信号的形成过程中，信号不是以比特流的形式转换到每一子载波上的，而是以符号形式转换的。码流通过某种关系映射为符号，这种映射关系如 QPSK、16-QAM、32-QAM 等实际上是信号对每一子载波的真正调制方式。

为保证接收端能从重叠的信号频谱中正确解调各个不同子载波上的信号，必须保证各个子载波上的调制信号在整个符号周期内相互正交，即任何两个不同子载波上的调制信号的乘积在整个符号周期内的平均值为零。实现正交的条件是各子载波间的最小间隔等于符号周期倒数（$1/T_s$）的整数倍。为了实现最大频谱效率，一般选取最小载波间隔等于符号周期的倒数。

可以证明，在理想信道和理想同步下，利用子载波在符号周期 T_s 内的正交性，接收端可以正确地恢复出每个子载波的发送信号，不会受到其他载波发送信号的影响。

OFDM 多载波调制信号的频谱示意图如图 7-27 所示。由图可见，虽然各个子载波上的调制信号频谱互有重叠，但任何一个子载波上的调制信号的频谱均为 $(\sin x)/x$ 形，在其他子载波频率位置上的值正好对应于函数 $(\sin x)/x$ 中的零点，解调时利用正交性可正确解调出每个子载波上的调制信号。

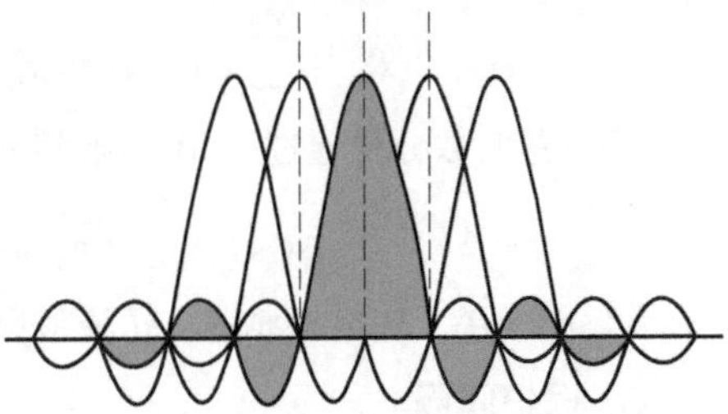

图 7-27　OFDM 多载波调制信号的频谱示意图

2. 利用 DFT 实现 OFDM 调制

在 OFDM 系统中，子载波的数量通常可达几百甚至几千，因此需要几百甚至几千个既存在严格频率关系又有严格同步关系的调制器，这在实际应用中是不可能做到的。1971 年，Weinstein 等人提出了一种用离散傅里叶变换（DFT）实现 OFDM 的方法，简化了系统实现，才使得 OFDM 技术得以实用化。

　　OFDM 系统可以用图 7-28 所示的等效形式来实现。其核心思想是将通常在载频实现的频分复用过程转化为一个基带的数字预处理，在实际应用中，DFT 的实现一般可运用快速傅里叶变换算法（FFT）。经过这种转化，OFDM 系统在射频部分仍可采用传统的单载波模式，避免了子载波间的交调干扰和多路载波同步等复杂问题，在保持多载波优点的同时，使系统结构大大简化。同时，在接收端便于利用数字信号处理算法完成数据恢复，这是当前数字通信接收机发展的必然趋势。

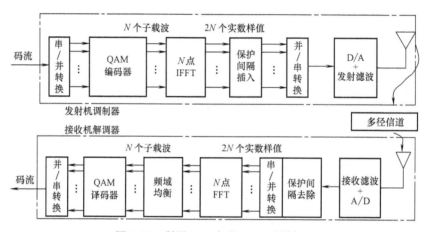

图 7-28　利用 DFT 实现 OFDM 调制

　　输入的码流经串/并转换变为 N 路并行的分组，每组 k 比特（k 的取值为 2、4 或 6，依据所采用的 QPSK、16-QAM 或 64-QAM 调制而定）。在信号映射中，每组的 k 比特映射成相应星座图中的复数 $c_n = a_n + jb_n$，序列在 IFFT 中经变换处理后得到由 N 个复数组成的矢量 $D = (D_0 D_1 \cdots D_{N-1})$，这里

$$D_m = \text{IFFT}\{c_n\} = \sum_{n=0}^{N-1} c_n \, \mathrm{e}^{-j2\pi f_n t_m} \tag{7-22}$$

式中，$f_n = \dfrac{n}{NT_s}$，为第 n 个子载波频率，T_s 是 c_n 的符号周期；t_m 为第 m 个采样时刻。D_m 的实数部分是

$$R_m = \sum_{n=0}^{N-1} (a_n \cos 2\pi f_n t_m + b_n \sin 2\pi f_n t_m) \quad m = 0, 1, \cdots, N-1 \tag{7-23}$$

将这些实数分量通过并/串转换器和低通滤波器，就得到 OFDM 信号，即

$$u(t) = \sum_{n=0}^{N-1} (a_n \cos 2\pi f_n t + b_n \sin 2\pi f_n t) \quad 0 \leqslant t \leqslant NT_s \tag{7-24}$$

将 $u(t)$ 送入频率转换器，转换成射频信号 $S(t)$，进入规定的频道上。

3. 保护间隔

　　采用多载波调制时，由于输入串行数据流被分成 N 个并行数据流，经分流后的每路数据传输率将降低到原来的 $1/N$，于是每个子载波上的调制信号的符号周期比单载波调制扩大了 N 倍，这有利于降低符号间串扰（Inter-Symbol Interference，ISI），但是仍然不能完全消除多径衰落的影响。在多载波系统中，多径回波不仅使同一载波的前后相邻符号互相叠加，造成符号间串扰（ISI），还会破坏子载波间的正交性，造成载波间串扰（Inter-Carrier Interference，ICI）。这是因为多径回波使子载波的幅度和/或相位在一个积分周期 T_s 内发生了变化，以致接收信号中来自其他载波的分量在积分以后不再为 0 了。解决这一问题的方法是在每个符号周期上增加一段保护间隔（Guard Interval）时间 Δ，此时实际的符号传输周期为 $T_s' = T_s + \Delta$。如图 7-29 所示，如果保护间隔大于信道冲激响应的持续时间（即多径回波的最大延时），那么根据卷积的性质可知，前一符号的多径延时完全被保护间隔吸收，不会波及当前符号的有用信号周期 T_s 内。在接收端只需仍在有用信号周期 T_s 内进行积分就可以了。

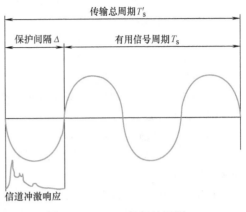

图 7-29　OFDM 的保护间隔

对于 OFDM 系统的 DFT 实现形式来说，上述方法等效于在发射端 N 个 IDFT 样点（称为一个 OFDM 周期或 OFDM 符号）前增加 M 个样点的保护间隔，这 M 个样点通常采用 OFDM 周期的循环扩展。在接收端先要去除保护间隔，再对 N 点有用信号进行 DFT 变换。

4. OFDM 子载波数 N 的选取

与冗余码元一样，保护间隔的引入必然会降低实际系统的频谱效率。对于一个确定延时的多径信道，系统的实际频谱效率为

$$\eta_{\text{实际}} = \eta_{\text{理想}} \frac{T_s}{T_s + \Delta} \tag{7-25}$$

因此，为了在保持信息速率的前提下提高系统的频谱效率，就必须增加 T_s，也就是增加子载波数 N。但是，子载波数也不是越多越好。因为除了 DFT 的计算复杂度和硬件资源的消耗会随 N 值增大而迅速增加以外，限带系统的子载波间隔与 N 值成反比，而子载波间隔越小，对时间选择性衰落和多普勒效应造成的频谱扩展以及载波相位噪声越敏感，越容易失去正交性。因此在工程应用中，需要在这一对矛盾间折中考虑。

此外，选择的 N 值还应该能够分解成小基数的乘积，以便采用 FFT 蝶形算法。

目前在地面数字电视广播系统中，子载波数量一般为 2K、4K 或 8K。至于具体选择哪一种参数，除了上述因素外，还要考虑移动性、网络规划灵活性等。

在移动性能方面，在 2K 模式下提供非常好的移动性能，明显好于 8K 模式。在网络规划方面，很大的地理区域只被单一频率覆盖，从而构成单频网络（SFN），但 2K 模式的符号持续时间和相应的保护间隔很短，这就使得网络设计者难于进行频率规划，阻碍了其在这类环境中的使用。所以，2K 模式只适合于小型单频网（SFN），而 8K 模式更适合于构成一个大范围的 SFN。

4K 模式是在移动性能和网络规划灵活性方面的一个很好折中。欧洲 DVB-T 原来只有 2K 和 8K 模式，日本 ISDB-T 和欧洲后来的 DVB-H 在原来 2K 和 8K 的基础上增加了 4K 模式。中国地面数字电视广播传输系统的多载波方案也采用了 4K 模式，更好地兼顾了移动和网络规划。

简而言之，子载波数目的选择不影响传播能力，但是要在可容忍的多普勒频移和最大回波延迟之间折中。

5. OFDM 调制的优缺点

OFDM 调制的优点：
- 抗多径干扰。
- 支持移动接收。
- 构建单频网（SFN），易于频率规划。
- 陡峭（高效）的频谱，好的频谱掩模。

- 便于信道估计，易于实现频域均衡。
- 灵活的频谱应用。
- 有效的实现技术，利用 FFT 算法用单载波调制实现 OFDM。
- 易于实现天线分集和 MIMO 系统。
- OFDM 实验室和场地测试表现良好。
- OFDM 在众多新制定的国际标准中得到采用，是未来宽带无线通信的主流技术。

OFDM 调制的缺点：

（1）对频率偏移和相位噪声敏感

这是一个接收机的实现问题，对于 OFDM 调制技术，需要更好的调谐器，以及更好的定时和频率恢复算法。

相位噪声的影响可以模型化为两部分：一是公共的旋转部分，它引起所有 OFDM 载波的相位旋转，容易通过参考信号来跟踪；二是分散的部分，或者载波间干扰部分，它导致类似噪声的载波星座点的散焦，补偿困难，将稍微降低 OFDM 系统的噪声门限。

（2）高的峰均功率比

峰均功率比（PAPR）是指发射机输出信号为非恒包络信号时，其峰值功率和平均值功率的比值。对单载波调制系统来说，PAPR 值主要由频谱成型滤波器的滚降系数决定。而对于多载波的 OFDM 调制系统来说，由于 OFDM 信号由一系列相互独立的调制载波合成，根据中心极限定理，OFDM 的时域信号在 N 比较大时，很接近于高斯分布的统计概率。一般而言，$N>20$ 时，分布就很接近高斯分布了，而一般的 OFDM 系统中，N 都可达几百以上。所以，从理论上讲，OFDM 信号的峰均功率比的分布与高斯分布信号的是极为相似的。

多个子载波叠加的结果有时会出现较大的峰值。

决定 OFDM 信号峰均功率比的因素有两个：一是调制星座的大小；二是并行载波数 N。调制星座越大，峰均功率比就可能越大，这与串行传输方式时是相同的。

OFDM 的 PAPR 比单载波高 2.5dB 左右，这意味着需要更大的发射机动态范围，或者功率回退，以避免进入发射机的非线性区；需要更好的滤波，以减少邻频道干扰。

减少 PAPR 是当前的研究热点之一，近年已提出了一些行之有效的技术，例如用非线性失真减少峰值幅度，又不引起 ISI。另外，OFDM 高 PAPR 的缺点只影响数量少的发送端，不影响数量巨大的接收用户。而且采用单频网时，由于发射机功率小，PAPR 将不是问题。

（3）插入保护间隔降低了约 10% 的传输有效码率

人们正在积极寻找方法克服此问题，例如清华大学地面数字电视传输系统 DMB-T 中就在保护间隔中插入了 PN 序列，代替 OFDM 常用的循环前缀方式，用于系统定时、同步和信道估计均衡等。

6. 编码的正交频分复用（C-OFDM）

正交频分复用（OFDM）对多径干扰引起的传输信道频率选择性衰落有好的适应能力，但不能克服传输信道的时间选择性衰落，即不能克服各个子载波幅度受到的时变平坦性衰落。为此，在调制前先对数据流进行信道编码及交织处理后，再作 OFDM 调制。这就是 OFDM 加"C"而成为 C-OFDM 的原因。

C-OFDM 具有以下主要的技术特征：

1）对 FEC 纠错编码后的数据进行 OFDM 调制。

2）OFDM 保护间隔中插入的是循环前缀，即把每个 OFDM 符号的最后一部分复制到保护间隔中。如果在每个符号间插入保护间隔，则只要多径延时不超过保护间隔的长度，多径传输就不会带来符号间的相互干扰，只能是在符号内部相互叠加或相互削弱，而这种特性可以表示为信道的传输函数。

3）在 OFDM 符号中插入导频信号，使用这些导频信号可以在接收端得到这样的传输函数，从而可以正确恢复符号的原始值。

由于 C-OFDM 可以有效地克服多径传播中的衰落，消除符号间干扰，且具有频谱利用率高、实现简单、成本低等优点，已被广泛应用于数字音频广播（DAB）、数字 AM 广播（DRM）系统和地面数字视频广播（DVB-T）等系统中。

7.4　小结

数字电视广播一般由发送端到接收端单向传输，没有反馈信道，需用前向纠错（FEC）编码。前向纠错是由发送端发送能赖以纠正错误的编码，接收端根据收到的码和编码规则，来纠正一定程度传输错误的一种编码。因其不需要反馈信道，实时性又好，适合在广播式服务形态中应用，但随着对纠错能力要求的提高，前向纠错码的编解码会变得复杂。在数字电视系统中普遍应用的前向纠错码有 BCH 码、RS 码、卷积码、LDPC 码等。

当数据组中的误码超出检纠错码校正能力时，检纠错码失去对该数据组的保护。当信道受到容易造成连续误码的突发性干扰时，特别容易产生这种情况。尽管 RS 码具有很强的抵御突发错误的能力，但对数字电视信号进行交织处理，可进一步增强抵御突发性干扰的能力。交织是一种将数据序列发送顺序按一定规则打乱的处理过程。终端对经交织处理的信息流，需进行解交织处理。解交织处理是把收到的交织数据流按相应的交织规则，对收到的数据序列重新排序，使其恢复数据序列的原始顺序的过程。经过交织处理的数据序列，一旦传输中发生连续性误码，经解交织处理，可把错误分散开，从而减少各纠错解码数据组中的错误数量，使它们有能力发挥纠错作用。

数字电视不同的传输系统具有不同的特点，为了获得高质量的接收效果，必须结合各自的特点采用不同的调制方式。在卫星数字电视传输系统中，一般采用四相绝对移相键控（QPSK）调制。这种调制方法抗干扰能力较强，但频谱利用系数较低，理论值为 2bit/（s·Hz）；在有线数字电视传输系统中，宜采用多电平正交振幅（MQAM）调制方式，这种调制方法频谱利用系数较高，抗干扰能力次于 QPSK；在地面数字电视传输系统中，则要求采用抗干扰能力极强的调制方式。欧洲采用编码正交频分复用（COFDM）调制方式，这种调制方式抗干扰能力极强，可满足移动接收的条件。美国采用多电平残留边带（MVSB）调制方式，这种方式的频谱利用率较高，虽然它能满足美国地理条件和房屋结构情况下的室内接收，但不能满足移动接收。另外，对于微波分配（MMDS）系统，目前下行传输采用 QAM 调制；上行传输则采用 QPSK 调制。

顺便指出，从技术复杂性上看，QPSK 最复杂，VSB 最简单，QAM 居中。在多电平的调制中，电平数 m 越大，相应的复杂程度越高。多电平的残留边带调制也是如此。一般情况下，调制系统的复杂性与技术性能的高低是成正比例的。

7.5　习题

1. 试解释以下术语：误码率和误符号率；信息码元和监督码元；许用码组和禁用码组；码距与最小汉明距离；编码效率；频谱效率；信噪比和载噪比；香农限。

2. 最小码距与检错纠错能力之间有怎样的关系？

3. 信道编码和调制的作用是什么？

4. 什么是 BCH 码的本原多项式？什么是多项式的根？

5. 要构造 $m=8$，$t=16$ 的 RS 码，应取信息符号 k 为多少？

6. 请阐述交织器的工作原理和作用。

7. 请阐述收缩卷积编码器的工作原理。

8. 数据为什么要做多进制（多电平）调制？

9. 请解释数据速率（码率）和数据调制速率的含义？它们的单位有何不同？

10. 数据的传输速率与调制速率之间有什么定量关系？在何种情况下此两速率相等？

11. 在相同的信道码元传输速率下，多进制系统与二进制系统相比，哪一个系统的信息传输速率高？高多少倍？

12. QAM 和 MQAM 调制的显著特点是什么？

13. 请画出 QPSK、16-QAM 信号的星座图，并对其含义作简要说明。

14. 为什么 OFDM 具有较强的抗多径传输干扰能力？什么是 C-OFDM 调制？它有什么特点？其基本原理是什么？

15. 保护间隔是怎样消除多径效应引起的码间干扰的？

16. OFDM 调制的具体实施方法是怎样的？试说明利用 IFFT 运算实现 OFDM 调制的概念。

第 8 章　数字电视传输标准

数字电视传输的方式主要是地面无线广播、有线广播和卫星广播。针对 3 种不同传输媒质的特性，应采用不同的信道编码和调制方案，需制定不同的传输标准。本章将着重介绍 DVB 传输标准以及中国数字电视地面广播传输标准。

本章学习目标：

- 了解 DVB 的主要传输标准。
- 掌握 DVB-S 系统的信道编码与调制方法，熟悉同步反转、数据扰码（随机化）、基带成形的方法。
- 了解 DVB-S2 的系统结构以及采用的信道编码与调制方法。
- 掌握 DVB-C 系统的信道编码与调制方法，熟悉字节到符号的映射和差分编码的方法。
- 了解 DVB-C2 的系统构成以及与 DVB-C 系统的技术比较。
- 了解 DVB-T 系统的信道编码与调制方法，熟悉保护间隔和导频的概念，了解散布导频和连续导频的作用。
- 了解 DVB-T2 的系统构成以及与 DVB-T 系统的技术比较。
- 掌握中国数字电视地面广播传输系统的系统组成、关键技术及特点。
- 了解 DTMB-A 传输系统的结构及关键技术。

8.1 DVB 传输系统概述

DVB 数字广播传输系统利用了包括卫星、有线、地面微波在内的所有通用电视广播传输媒质，相应的 DVB 传输系统包括 DVB-S（DVB-S2）、DVB-C（DVB-C2）、DVB-T（DVB-T2）系统。这些传输系统中所用的技术和参数有所不同，但如果抛开具体形式，它们在本质上却具有相同的基本结构。所以，本节先介绍这些传输系统的共性部分，让读者有一个总体的认识。

DVB 传输系统只包括了中频以下的部分，这是因为调制到中频以后，DVB 数字信号在信号形式上与模拟电视信号已没有差别，从中频到射频的部分，DVB 传输系统与传统的模拟电视系统基本相同，因此这里仅介绍中频以下的部分。

DVB 传输系统是由发送端和接收端两部分构成的，而且两部分中的技术环节是一一对应的。对传输系统而言，所要达到的最根本的目标是要将发送端复用器生成的 TS 无失真地、完整地传送给接收端的解复用器。但是，在实际信道中总是存在这样或那样的干扰，无失真的理想指标在实际应用中是达不到的，在进入接收端解复用器的 TS 中总会含有一定数量的误码，因此传输系统在实际应用中所要达到的目标就是使传输误码尽量少，以达到系统设计的误码率指标。按所实现的功能归纳，DVB 传输系统主要由以下几个部分构成：

1. 基带接口

基带接口负责 DVB 传输系统与 MPEG-2 复用/解复用系统间的适配，因为上述两个系统接口的信号码型和电平可能有所不同，基带接口负责其间的转换。由于这一接口处的信号为数字基带信号，因此称为基带接口。

2. 能量扩散（数据扰码）

数字通信理论在设计通信系统时都是假设所传输的比特流中"0"与"1"出现的概率是相等的，各为 50%，实际应用中的通信系统以及其中的数字通信技术的设计性能指标首先也是以这一假设为前提的。但 TS 经过编码处理后，可能会在其中出现连续的"0"或连续的"1"。这样，一方面破坏了系统设计的前提，使得系统有可能会达不到设计的性能指标；另一方面，在接收端进行信道解码前必须首先提取出比特时钟，比特时钟的提取是利用传输码流中"0"与"1"之间的波形跳变实现的，而连续的"0"或连续的"1"给比特时钟的提取带来了困难。为了保证在任何情况下进入 DVB 传输系统的 TS 中"0"与"1"的概率都能基本相等，传输系统首先用一个伪随机序列对输入的 TS 进行扰码处理。伪随机序列是由一个标准的伪随机序列发生器生成的，其中"0"与"1"出现的概率接近 50%。由于二进制数值运算的特殊性质，用伪随机序列对输入的 TS 进行扰码后，无论原 TS 是何种分布，扰码后的数据码流中的"0"与"1"的概率都接近 50%。扰码改变了原 TS，因此在接收端对传输码流纠错解码后，还需按逆过程对其进行解扰处理，以恢复原 TS。

从信号功率谱的角度看，数据扰码过程相当于将数字信号的功率谱拓展了，使其能量扩散开了，因此数据扰码又称为"能量扩散"或"随机化"。

3. 纠错编码

数字通信与模拟通信相比虽然有较强的抗干扰能力，但当干扰较大时仍有可能发生传输差错，因此必须采取措施进一步提高传输系统的可靠性，纠错编码就是为这一目的提出的。纠错编码是数字通信特有的，是模拟通信所不具备的。纠错编码利用数字信号可以进行数值计算这一特点，将若干个数字传输信号作为一组，按照某种运算法则进行数值运算，然后将传输信号和运算结果（也是数字信号）一起传送给接收机。由于一组传输信号和它们的运算结果间保持着一定的关系，如果传输过程中发生了错误，使得传输信号或运算结果中产生了误码，这种关系就会遭到破坏。接收机按规定的运算法则对接收的一组传输信号及其运算结果进行检查。若符合运算法则，则认为传输信号中没有误码，然后将运算结果抛弃，将传输信号送给下一级处理系统，如数据解扰器；若不符合运算法则，就意味着传输中发生了误码。如果误码的数量不超出纠错编码的纠错范围，纠错解码器就会按照某种算法将误码纠正过来，然后将正确的传输信号送给下一级处理系统。如果误码的数量超出了纠错编码的纠错范围，纠错解码器无法纠正这些误码，将发出一个出错信号给下一级处理系统，通知下一级处理系统传输信号中有误码。

任何纠错编码的纠错能力都是有限的，当信道中的干扰较严重，在传输信号中造成的误码超出纠错能力时，纠错编码将无法纠正错误。针对这种情况，DVB 传输系统中采用了两级纠错的方法以进一步提高纠错能力。如果把整个通信系统，包括传输信道看成一个传输链路的话，那么处于外层的纠错编/解码一般被称为外层纠错编码，而处于内层的纠错编/解码一般被称为内层纠错编码。内层纠错编码首先对传输误码进行纠正，对纠正不了的误码，外层纠错编码将进一步进行纠正。两层纠错编码大大提高了纠正误码的能力，如果内层纠错编码将传输误码纠正到 10^{-3} 的水平，即平均每一千个传输数码中存在一个误码的话，经过外层纠错编码后，误码率一般可降至 10^{-5} 的水平；而如果内层纠错编码将传输误码纠正到 10^{-4} 的水平的话，经过外层纠错编码后，误码率一般可降至 10^{-8} 的水平。在目前的 DVB-S 传输系统中，外层纠错编码采用 RS 码，内层纠错编码采用卷积码。

内层的卷积纠错编码虽然具有很强的纠错能力，但一旦发生无法纠正的误码时，这种误码常常呈现突发（连续发生）的形式，也就是说，经卷积解码器纠错后输出的码流中的误码常呈突发的形式。此外，信道中还存在着诸如火花放电等强烈的冲激噪声，也会在卷积解码后的码流中造成连续的误码。这些连续误码落在一组外层 RS 码中，就可能超出 RS 码的纠错能力而无法纠错。为避免这种情况，在两层纠错编码之间加入了数据交织环节。数据交织改变了符号的传输顺序，将连续发生的误码分散到多组 RS 码中，使落在每组 RS 码中的误码数量大大减少，不会超出 RS 码的纠错能力，RS 码能够将其纠正过来。实践证明，应用交织技术可在保持原有纠错码纠正随机错误能力的同时，提供抗突发错误的能力，其能够纠正的突发错误的长度远大于原有纠错码可纠错的符号数。因此在现代通信、广播系统中广泛应用交织技术。

4. 数据交织

从原理上看，交织技术并不是一种纠错编码方法。在发送端，交织器将信道编码器输出的符号序列按一定规律重新排序后输出，进行传输或存储；在接收端，进行交织的逆过程称为解交织。解交织器将接收到的符号序列还原为对应发送端编码器输出序列的排序。交织器、解交织器与信道的关系如图 8-1 所示。

信道编码器 ⟶ 交织器 ⟶ 信道 ⟶ 解交织器 ⟶ 信道译码器

图 8-1　交织器与解交织器在传输系统中的位置

如果系统采用级联的纠错编码，则在发送端第一级信道编码器后进行交织，交织器输出送入第二级信道编码器，该编码器输出再进行第二次交织，然后送入信道。在接收端则反过来，对信道输出的接收符号先进行对应发送端第二次交织的解交织，其输出符号序列在对应发送端第二级编码器的解码器中解码，再进行对应发送端第一次交织的解交织，其输出符号序列在对应发送端第一级编码器的解码器中解码。

5. 基带成形滤波

由内层编码器输出的卷积码是矩形基带脉冲，这种基带信号频谱很宽，理论上是无限宽的。而传输信道的带宽是有限的。因此，经过信道后必然产生波形失真，波形失真产生的拖尾导致符号间串扰（ISI）。为了避免相邻传输符号之间的串扰，需要在发送端、接收端加滤波器。根据奈奎斯特第一准则，在实际通信系统中一般均使接收波形为升余弦滚降信号。这一过程由发送端的基带成形滤波器和接收端的匹配滤波器两个环节共同实现，因此每个环节均为平方根升余弦（Square Root Raised Cosine，SRRC）滚降滤波，两个环节合成就实现了一个升余弦滚降滤波器。滤波器具有以理想截止频率 ω_c 为中心，奇对称升余弦滚降边沿的低通特性，滚降系数 $\alpha = 0 \sim 1$。当 $\alpha = 0$ 时，是通频带为 ω_c 的理想低通滤波器。当 $\alpha = 1$ 时，通频带为 $2\omega_c$。α 越大，通频带越宽，符号间干扰越小。在发送端的数字调制之前，将信道编码器输出的数字序列进行平方根升余弦滚降滤波的过程称为"波形成形"，由于生成的是基带信号，因此这一过程又称"基带成形滤波"。

6. 数字调制

传输信息有两种方式：基带传输和调制传输。由信源直接生成的信号，无论是模拟信号还是数字信号，都是基带信号，其频率比较低。基带传输就是将信源生成的基带信号直接传送，如计算机间的数据传输等。基带传输系统的结构较为简单，但难以长距离传输，因为一般的传输信道在低频处的损耗都是很大的。为进行长途传输，必须采用调制传输的方式。调制就是将基带信号搬移到信道损耗较小的指定的高频处进行传输，调制后的基带信号称为通带信号，其频率比较高。DVB 传输系统是数字传输系统，因此其中采用的调制技术是数字调制技术。

数字调制的基本任务有两个：第一个任务同模拟调制一样，将不同的节目传输信号搬移到规定的频带上，这实质上是一个载波耦合的过程；第二个任务是控制传输效率，在 DVB 传输系统中，可根据需要将频带利用率从 2bit/（s·Hz）提高至 6bit/（s·Hz），这相当于提供了 2~6 倍的压缩。实际上，数字调制的主要目的在于控制传输效率，不同的数字调制技术正是由其映射方式区分的，其性能也是由映射方式决定的。

一个数字调制过程实际上是由两个独立的步骤实现的：映射和调制，这一点与模拟调制不同。映射将多个二进制比特转换为一个多进制符号，这种多进制符号可以是实数信号（在 ASK 调制中），也可以是二维的复数信号（在 PSK 和 QAM 调制中）。例如，在 QPSK 调制的映射中，每 2bit 被转换为 1 个四进制的符号，对应着调制信号的 4 种载波。多进制符号的进制数就等于调制星座的容量。在这种多到一的转换过程中，实现了频带压缩。应该注意的是，经过映射后生成的多进制符号仍是基带数字信号。经过基带成形滤波后生成的是模拟基带信号，但已经是最终所需的调制信号的等效基带形式，直接将其乘以中频载波即可生成中频调制信号。

7. 同步与时钟提取

同步是指接收机在某个系统工作频率上与发射机保持一致，其间的偏差不超出设计规定的范围。同步问题在模拟通信系统中也存在，例如，在同步解调时，接收机必须首先生成一个频率和相位都与发送载波一致的本地载波，解调器才能进行解调，即接收机需要与发射机保持载波上的同步。载波同步在数字通信系统中也同样需要，但在数字通信系统中还有两种更重要的同步。第一种同步是比特和符号同步。数字接收信号在解调后就以符号或比特的形式呈现，数字信号的处理以符号或比特为单位，在采样点处进行。为了准确地在采样点处读写信号数值，接收机首先需要生成一个在标称频率上与发送符号或比特的频率一致的本地读写控制信号，这个读写控制信号称为符号时钟或比特时钟，接收机中的解码及其他信号处理都是在符号时钟或比特时钟的控制下进行的。符号时钟和比特时钟是由接收机的本地晶体振荡器生成的。由于晶体振荡器固有的频率漂移，即其振荡频率会在一定范围内围绕标称值波动，使得符号时钟和比特时钟与发送信号的频率间产生偏差。这种频率偏差逐渐累积达到一定程度时，就会造成采样错误。当本地时钟大于信号频率时，有可能使得同一个符号或比特被采样两次，而当本地时钟小于信号频率时，有可能使得某些符号或比特被遗漏。为了保证正确地采样信息，接收机中必须采取措施将本地时钟与信号频率间的偏差控制在系统允许的范围之内，这种措施称为"锁相"，实现锁相的设备称为锁相环。锁相环在数字通信系统中具有举足轻重的地位，锁相环性能不佳有可能使得整个系统无法工作。第二种同步是传输帧同步。数字通信系统中传输数据时是将数据分成具有一定格式的组来传输的，这种组称为传输帧。纠错编/解码、数据交织/解交织以及均衡都是按数据帧进行的，因此接收机在进行数据处理前还必须提取出帧同步。

实际上，整个 DVB 接收机的工作都是建立在同步的基础上的，在开机或频道切换后，接收机进行初始化时的首要任务就是建立同步。只有当同步建立完成之后，接收机才能开始正常工作。同步系统的性能对接收机非常重要，许多接收机在实际应用中工作状态不稳定，都是由其同步系统导致的。

8. 匹配滤波与均衡

接收端的"匹配滤波"是针对发送端的基带成形滤波而言的，与基带成形滤波相匹配实现数字通信系统的最佳接收。

虽然升余弦滚降信号具有良好的传输特性，但实际的传输信道不可能是完全理想无失真的，因而经过传输后这种波形还会遭到破坏，其后果就会引起符号间串扰。符号间串扰与噪声干扰不同，它来自传输信号本身。符号间串扰难以用增大信号功率的方式减小其影响，因为增大信号功率会将符号间串扰同时增大，符号间串扰是一种乘性干扰。符号间串扰严重时会使整个系统无法工作，必须对其进行纠正，这个纠正的过程称为均衡。均衡在模拟通信系统中也经常采用，但一般在频率域中进行，称为频域均衡。在数字通信系统中采用的是时域均衡。时域均衡在时间域内进行，采用有限冲激响应滤波器实现。它的优点是可以利用数字信号处理理论和超大规模集成电路技术，具有设计准确、实现方便的特点。

与压缩编、解码系统不同，数字传输系统中纠错解码器的结构远较纠错编码器的结构复杂，解调器的结构也较调制器的结构复杂，接收端的同步系统也远较发送端的同步系统复杂，此外在接收机中还需要有发射机中没有的均衡器，因此传输系统中接收机的成本远高于发射机的成本。

8.2 卫星数字电视传输标准

卫星数字电视传输信道的特点是，可用频带宽、功率受限、干扰大、信噪比低，所以要求采用纠错能力强的信道编码以及可靠性高的调制方式，对带宽要求不是特别高。卫星接收机的频道特性重点考察接收机信号电平、载噪比、抗干扰性能。下面简单介绍 DVB-S、DVB-S2 标准以及我国目前采用的 ABS-S 标准。

8.2.1 DVB-S 传输标准

DVB-S 传输系统是用于在 11/12GHz 的固定卫星业务（FSS）和广播卫星业务（BSS）的波段上，传输多路 SDTV 或 HDTV 的信道编码和调制系统。DVB-S 传输系统的应用范围十分广泛，既适用于一次节目分配，即可通过标准的 DVB-S 集成接收解码器（IRD）直接向用户家中提供 SDTV 或 HDTV 业务，也就是所谓的"直接到户"（DTH）业务；又适用于二次节目分配，即通过再次调制，进入卫星共用天线电视（SMATV）系统或 CATV 前端向用户家中传输 SDTV 或 HDTV 业务。

DVB-S 标准中主要规范的是发送端的系统结构和信号处理方式，对接收端则是开放的，各厂商可以开发各自的 DVB-S 接收设备，只要该设备能够正确接收和处理发射信号，并满足 DVB-S 中所规定的性能指标。

我国的卫星数字电视广播系统信道编码与调制规范 GB/T 17700—1999 与等效采用的 ITU-R BO.1211 建议书（DVB-S）主要有以下两点差异：

1）根据我国的应用情况，使用范围扩展用于 C 波段（4/6GHz）固定卫星业务中的相应业务。

2）增加了在特定的条件下系统使用 BPSK 调制方式。

DVB-S 传输系统的原理框图如图 8-2 所示。下面对系统设计上的主要特点作进一步的介绍。

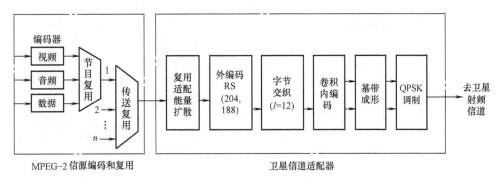

图 8-2 DVB-S 传输系统原理框图

1. 复用适配和能量扩散（数据扰码）

输入的 TS 包是 188B 的包，其中第一个字节是同步字节（SYNC）。在 DVB-S 中，为了保证与 MPEG-2 标准的兼容，DVB-S 传输系统中的数据扰码和 RS 编码都以 MPEG-2 的 TS 包为基本单位进行处理。复用适配的作用是将每 8 个 MPEG-2 的 TS 包分成一组，作为数据扰码的周期，即每 8 个 TS 包数据扰码后伪随机序列发生器重新进行一次初始化，初始化序列为 100101010000000。

为了使接收端的解扰器能同步地进行初始化，以便正确地对数据解扰，需在每 8 个 TS 包中的第一个 TS 包的链接头加入特殊的指示信息，以指示解扰器何时对其中的伪随机序列发生器进行初始化，解扰器的初始化序列同样为 100101010000000。在 DVB-S 传输系统中，这个特殊的指示信息是将每 8 个 TS 包中的第一个 TS 包链接头中的同步字节（01000111，即 0x47）逐比特取反，变成 10111000（即 0xB8），其他 7 个 TS 包链接头中的同步字节保持不变，这一过程称为同步反转，其处理过程如图 8-3 所示。

图 8-3　TS 包的扰码

由于 TS 包的同步字节要用作后面的 RS 编码的码字同步，因此 TS 包的同步字节不被扰码（输出"使能"端关断）。在传输第一个被反转的 TS 包的同步字节时，伪随机序列发生器要进行初始化，因此没有输出；而传输随后的 7 个 TS 包同步字节时，伪随机序列发生器继续工作，但产生的伪随机序列不被输出，因而这 7 个 TS 包同步字节也不被扰码。伪随机二进制序列的第 1 个比特应加到反转同步字节（0xB8）之后的第 1 个比特，而扰码的顺序则由字节的最高有效位（MSB）开始。从伪随机序列发生器生成的用于扰码 TS 数据的伪随机二进制序列（PRBS）的周期为 188B×8−1B＝1503B。

由于二进制运算的特殊性，数据扰码器和解扰器的结构是完全一样的，扰码和解扰的处理过程也是完全相同的。伪随机序列发生器是一个由 15 个寄存器组成的移位寄存器，其生成多项式为 $1+x^{14}+x^{15}$，扰码/解扰处理通过二进制"异或"运算实现，如图 8-4 所示。

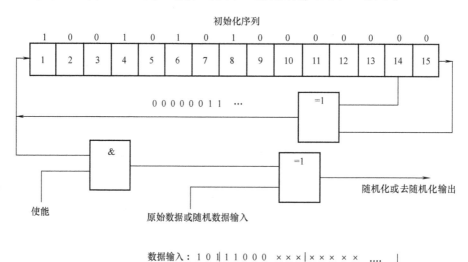

图 8-4　扰码器和解扰器的结构

2. 纠错编码与字节交织

由于卫星广播过程中的信号衰减十分严重，由此产生的传输误码率较高，所以要求卫星传输系统具有较强的抗误码能力。信道编码定理指出，随着码长（即分组长度）的增加，误码率呈指数下降，最终接近于零。但另一方面，随着码长的增加，译码设备的复杂性增加，计算量也相应增加，带来不利后果。为了解决误码率低和设备复杂性的矛盾，提出了构造级联码，即将长码分成两级完成的设想。DVB-S 传输系统中的纠错编码采用的是内、外两层级联编码，中间加一次交织的方案。

外层纠错编码采用 RS（204，188，$t=8$）码，它是由 RS（255，239，$t=8$）截短而得到的，即在 204B（包括同步字节）前添加 51 个全"0"字节，产生 RS 码后丢弃前面 51 个全"0"字节，形成截短的 RS（204，188，$t=8$）码。它的编码效率为 $188/204 \approx 0.92$，可以纠正一个 RS 码字内的不超过 8B 的误码。选择这一 RS 码字长度完全是为了与 MPEG-2 的 TS 包兼容，即每一个 TS 包独立进行 RS 编码保护，生成一个 RS 码字，RS 码字的同步头就采用 TS 包的同步字节或取反的 TS 包同步字节，结构如图 8-5 所示。

图 8-5　RS（204，188，$t=8$）码字的结构

这样设计有两点好处：

1）当某个 RS 码字在接收端解码时出现无法纠正的错误时，误码集中在一个 TS 包中，不会影响到其他的 TS 包，便于解复用器进行差错指示。

2）便于解复用器提取 TS 包的同步，简化了 TS 包同步提取系统结构。

需要注意的是，16B 的校验位是由包括 TS 包的同步字节或取反的 TS 包同步字节在内的整个 TS 包的数据生成的，也就是说 RS 编码保护的作用范围也包括 TS 包的同步字节在内。

为提供抗突发干扰的能力，在 RS 编码后采用交织深度 $I=12B$ 的卷积交织，其原理请见 7.2.5 节。

RS（204，188，$t=8$）码的纠错性能为：当交织深度 $I=12B$ 时，只要输入误码率小于 2×10^{-4}，经过 RS 解码后的误码率可达 10^{-11}，即"准无误码"的水平；而当采用无限字节交织时，只要输入误码率小于 7×10^{-4}，经过 RS 解码后的误码率即可达到"准无误码"的水平。

DVB-S 系统中的内层纠错编码采用基于（2，1，7）的收缩卷积码，其原理请见 7.2.4 节。

为了适应不同的应用场合并具有相应的纠错能力，DVB-S 系统规定，可使用编码效率为 1/2、2/3、3/4、5/6 和 7/8 的 5 种卷积码。接收机在进入同步工作状态之前会对 5 种码效率依次进行测试，直到与发射机所采用的编码效率相匹配，并锁定于此工作状态。

3. 基带成形和 QPSK 调制

由于卫星广播的传输途径长达几万千米，信号的衰减十分严重，传输信号的自由空间损耗可达 200dB，地面站接收到的信号常淹没于噪声中，尤其是进行 DTH（直接到户）业务时，就特别受到功率的限制，因此 DVB-S 传输系统主要关心的是抗噪声和抗干扰的性能，而不是频谱效率。为了使系统具有很高的抗干扰，尤其是抗信号幅度方面的干扰和失真的能力，同时又不过分损害频谱效率，DVB-S 传输系统中采用了 QPSK 调制技术。QPSK 是一种恒包络调制技术，它所携带的信息完全在相位上。无论幅度上的衰减和干扰多么严重，只要调制信号的相位不发生错误，就不会造成信息失真，因此 QPSK 特别适用于卫星信道。

DVB-S 系统中的 QPSK 调制过程包括三个环节：映射、基带成形和调制载波。

映射是将"0""1"二进制比特转换为"+1""-1"QPSK 调制符号。DVB-S 系统直接将卷

积编码输出的 I、Q 两路信号作为双比特信号，采用传统的格雷码（Gray-coded）进行绝对映射，而不是像有些卫星通信系统那样采用差分编码。绝对比特映射的抗干扰能力比差分编码映射的强，而且接收设备相对简单。

I 和 Q 两支路符号在送去进行数字调制之前，还要先经过一个滤波器进行滤波，以便获得具有特定频谱特性的基带信号，这一过程称为基带成形。其主要目的是为了减少数字信号在传输过程中带来的码间干扰。

基带成形采用平方根升余弦滚降滤波器，滚降系数为 0.35。

载波调制就是用成形后的基带信号去调制中频载波。在 QPSK 中有两个相位上互相正交的载波，中频载波本身称为"同相载波"，相位旋转了 90° 的中频载波称为"正交载波"。I 支路信号调制同相载波，Q 支路信号调制正交载波。

在 QPSK 调制中，I 支路和 Q 支路每次分别传输 1bit。QPSK 调制有 4 种不同的输出相位，对应于相继两种码元的 4 个组合（00，01，10，11）。可见，每输入 2bit 后，输出相位才产生一次变化。即，QPSK 所实现的理论最高频谱效率为 2bit/（s·Hz）。

在接收端，QPSK 解调器采用相干解调方式，向内层纠错解码器提供"软判决"的 I、Q 支路信息。所谓"软判决"是指仅将解调后的基带信号进行采样，不进行量化。软判决可以避免量化带来的信息损失。

4. 匹配滤波器

匹配滤波器实质上是一个具有与发送端的基带成形滤波器相同的滚降系数的平方根升余弦滤波器。它与基带成形滤波器共同构成了一个奈奎斯特滤波器。此外，匹配滤波器还具有均衡的功能，负责均衡符号间干扰（ISI）。在卫星通信中，由于卫星接收天线具有较好的方向性，回波干扰基本上是不存在的，ISI 主要来源于传输信道的线性失真，因此 ISI 的时延范围比较小，用较短的有限冲激响应滤波器即可实现均衡的功能。

8.2.2　DVB-S2 传输标准

随着技术的进步，信源编码和信道编码都有了很大发展，ETSI（欧洲电信标准协会）制订并在 2004 年颁布了新的卫星数字电视广播传输标准——DVB-S2（ETSI EN 302 307）。DVB-S2 标准采用了 BCH 和 LDPC（低密度校验码）码级联的信道编码方式，有效地降低了系统解调门限，距离理论的香农极限只有 0.7~1dB 的差距。DVB-S2 支持 0.2、0.25、0.35 3 种升余弦滚绛系数，在相同 C/N 和符号率的情况下较之 DVB-S 可使卫星通信容量增加 30%，能支持高数据速率应用，如高清晰度电视（HDTV）和宽带互联网业务，适用于广播电视、数字卫星新闻采集（Digital Satellite News Gathering，DSNG）、交互业务，可望取代 DVB-S。

1. DVB-S2 系统构成

DVB-S2 系统的原理框图如图 8-6 所示，由于其良好的扩展性，因而每一部分都包括较多的选件、适配等单元，比 DVB-S 要复杂得多。

图 8-6　DVB-S2 系统的原理框图

DVB-S2 对信号的处理大致可以分成模式适配、流适配、前向纠错编码、映射、物理层成帧和调制 6 个部分，形成 3 种格式帧（基带帧、纠错帧和物理帧，前面两种类型帧属于逻辑帧）。

1）模式适配（Mode Adaption）：提供数据流的输入接口，用来适配 DVB-S2 种类繁多的输入流格式，完成输入流同步、空包删除，对输入数据包序列进行 8 位循环冗余校验（CRC-8），如果是多输入流模式还将进行输入流的合并或拆分，对输入流的数据域进行重组，最后插入基带标志。

2）流适配（Stream Adaptation）：完成基带成帧、数据扰码两个功能。为配合后续纠错编码，基带成帧需要将输入数据按固定长度打包（不同的纠错编码方案有不同的"固定长度"），不足处则填充无用字节补足。基带帧长度与所选的编码率和调制方式有关。

3）前向纠错（FEC）编码：采用 LDPC（内码）与 BCH（外码）级联的形式，完成信道误码保护纠错编码功能。基带帧经过纠错编码后形成了纠错帧（FEC frame），纠错帧根据 LDPC 长纠错和短纠错的不同，分为 64800bit 和 16200bit 两种。

4）映射（Mapping）：主要完成每个调制符号传输比特的映射工作，根据后续采用的具体的调制方式（QPSK、8-PSK、16-APSK、32-APSK），将输入的经过前向纠错的串行码流转换成满足特定星座图样式的并行码流。

5）物理层成帧：通过数据扰码实现能量扩散，以及空帧插入等。在这里，复序列纠错帧按 90 符号为单位分成 S 个片段，S 的取值由复序列（帧）长度（64800bit/16200bit）和选择的调制效率（2/3/4/5）共同决定。为了方便接收机配置，还需要在复序列前端加入物理帧头（PL header），物理帧头的长度也为 90。在复序列化分成的 S 个片段中，每 16 个片段后再插入一个导频块（Pilot Block）来帮助接收机同步，这个由未调制载波构成的导频块长为 36。这样，物理帧的长度变成：$90 \times (S+1) + 36 \times \text{int}\{S/16\}$，式中，int $\{\}$ 为取整函数。当没有可处理的复序列数据帧时，系统会插入一个哑帧（Dummy Frame）来保证接收机处理的连续性和信号传输的平稳度。这个哑帧由一个物理帧头和 36×90 长的未调制载波（$I = 1/\sqrt{2}$，$Q = 1/\sqrt{2}$）组成。最后，每个物理帧在送入调制器前，除帧头外，都要进行复序列加扰。

6）调制：主要完成基带整形和正交调制两大功能。对于加扰过的物理帧，根据不同的业务需求选用不同的滚降系数（0.35/0.25/0.20）进行平方根升余弦滤波整形。整形后信号 I、Q 分量需分别乘以 $\sin(2\pi f_0 t)$ 和 $\cos(2\pi f_0 t)$（f_0 为载波频率），送入调制器方能得到需要的调制信号。

至此，DVB-S2 已经完成信号的编码和调制。调制器输出信号就可以送入卫星射频信道进行信号传输。

2. DVB-S2 基本特征

（1）多业务支持

广播电视数字化带来了节目与数据业务在传输流程上的统一，新的数字卫星广播标准也就不再局限于广电领域，而是面向更广阔的业务领域。准确地说，DVB-S2 是服务于宽带卫星应用的新一代 DVB 系统，服务范围包括广播业务（BS）、数字新闻采集（DSNG）、数据分配/中继，以及 Internet 接入等交互式业务。与 DVB-S 相比，在相同的传输条件下，DVB-S2 提高传输容量约 30% 以上，同样的频谱效率下可得到更强的接收效果。

在广播业务（Broadcast Service，BS）方面，DVB-S2 提供 DTH（直播卫星）业务，也考虑到了地面共用天线系统和有线电视系统的需求。从与以往的兼容角度考虑，有两种模式供选用，即 NBC-BS（不支持后向兼容）和 BC-BS（支持后向兼容）。由于目前有大量 DVB-S 接收机投入使用，后向兼容模式将满足今后一定时期的兼容使用需求，在这种模式下，旧的 DVB-S 接收机可以继续接收原来的节目，新的接收机则可以接收到比前者更多的信息。当将来 DVB-S 接收机逐步淘汰后，采用兼容模式的信号发送端将改成非兼容模式，从而在真正意义上充分利用 DVB-S2 的信道传输优势。

除广播业务外，DVB-S2 还支持交互式业务（包括 Internet 接入）、数字新闻采集及数据分配/中继等其他专业服务。在交互式业务中，回传通道使用不同的 DVB 反向方式，如 DVB-RCS、DVB-RCP、DVB-RCC。

（2）新的信道编码与调制方式

DVB-S2 最引人注目的革新在于信道编码和调制方式。信道编码和调制是在实际的信道情况下，寻找最佳途径传输信息。香农的编码理论给出了最佳编码方案可以达到的信道容量，却没有给出具体的编码方案，也没有描述实现起来的复杂程度，因此，编码和调制的研究集中于在最充分地利用传输资源（即带宽、功率、复杂度）的条件下，选择传输和接收方案，以逼近香农给出的极限。DVB-S2 纠错编码使用 LDPC（Low Density Parity Check code，低密度奇偶校验码）与 BCH 码级联，调制则以多种高阶调制方式取代 QPSK。

　　LDPC 码是一种有稀疏校验矩阵（校验矩阵中 1 的个数较少）的线性分组码，具有能够逼近香农极限的优良特性。由于采用稀疏校验矩阵，存在高效的译码算法，其译码复杂度与码长呈线性关系，克服了分组码在长码长的情况下所面临的译码计算复杂的问题，使长编码分组的应用成为可能。而且由于校验矩阵的稀疏特性，在长的编码分组时，相距很远的信息比特参与统一校验，使得连续的突发差错对译码的影响不大，编码本身就具有抗突发差错的特性，不需要引入交织器，进而消除了因交织器而带来的时延。LDPC 和 BCH 编码级联，有效地降低了系统解调门限，距离理论上的香农极限只有 0.7~1dB 的差距。

　　DVB-S2 不仅在 FEC 上做了较大的改进，而且其调制方式也在原来单一 QPSK 的基础上增加了 8-PSK、16-APSK、32-APSK。对于广播业务来说，QPSK 和 8PSK 均为标准配置，而 16-APSK、32-APSK 是可选配置；对于交互式业务、数字新闻采集及其他业务，四者则均为标准配置。

　　APSK 是另一种幅度和相位联合调制方式，与传统方形星座的 QAM（如 16-QAM、64-QAM）相比，其分布呈中心向外沿半径发散，所以又名星形 QAM。与 QAM 相比，APSK 便于实现变速率调制，因而很适合目前根据信道及业务需要分级传输的情况。当然，16-APSK、32-APSK 是更高阶的调制方式，可以获得更高的频谱利用率。16-APSK 的星座图如图 8-7 所示。

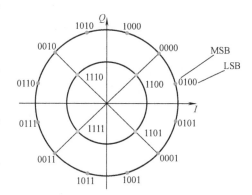

图 8-7　16-APSK 的星座图

　　多幅度和相位的调制使一个符号可携带更多数据比特，传送数据量增大，同时星座点增加使区分不同符号的难度增大，需要信道接收机拥有更强的纠错能力。为此，DVB-S2 中采用 LDPC 编码来提高纠错能力，以适应多幅度和相位调制。DVB-S2 特别组的研究表明，采用 LDPC 与 8-PSK 的编码-调制组合，可以获得更好的传输性能。

　　DVB-S2 在设计中充分考虑了业务多样性需求，具有很好的适应性。如 DVB-S2 支持 1/4，1/3，2/5，1/2，3/5，2/3，3/4，4/5，5/6，8/9，9/10 等多种内码码型；频谱成形中的升余弦滚降系数 α 可在 0.35、0.25、0.2 中选择，而不是 DVB-S 中固定的 0.35。这样，可以满足音频、视频（标清/高清）、数据等不同业务需求。

　　（3）可变编码调制与自适应编码调制

　　可变编码调制（Variable Coding and Modulation，VCM）与自适应编码调制（Adaptive Coding and Modulation，ACM）的使用是 DVB-S2 的另一个显著的改进。在交互式的点对点应用（如 IP 单播、Internet 接入）中，可变编码调制（VCM）功能允许使用不同的调制和纠错方法，并且可以逐帧改变。采用 VCM 技术，不同的业务类型（如 SDTV、HDTV、音频、多媒体等）可以选择不同的错误保护级别分级传输，因而传输效率得以大大提高。

　　VCM 结合使用回传信道，还可以实现自适应编码调制（ACM），可以针对每一个用户的路径条件使传输参数得到优化。

　　ACM 可根据具体的传输条件，针对具体的接收终端，提供更精准的信道保护和动态连接适应性。ACM 的突出优点是可以有效利用所谓的 "clear sky margin" 带来的 4~8dB 的能量浪费。

原有卫星应用中，为满足 QEF（Quasi Error Free，准无误码）的传输效果，必须有一定的功率冗余，通常冗余是以覆盖区域内产生的最大雨衰为标准计算，显然这部分冗余对于绝大部分地区是不必要的，即便是雨衰最严重的地区，天气较好时也承受着不必要的能量浪费。而在 IP 单播业务中，采用 ACM 可随时根据接收地点的情况变化调整传输参数，因而对于功率冗余的计算可以重新精细调整，因此可以使卫星的平均吞吐量增加 2~3 倍，减少了服务成本。

（4）DVB-S2 后向兼容性

DVB-S2 的所有改进是通过与 DVB-S 不兼容的技术方式实现的，但考虑到业内有大量的 DVB-S 接收机尚在使用，它也通过可选配置的模式提供后向兼容。采用后向兼容模式，原 DVB-S 接收机可以接收部分 DVB-S2 的信号。

后向兼容模式的实质是在一个卫星信道上传输两个 TS，分别为 HP（High Priority）TS 和 LP（Low Priority）TS 流，二者各自采用不同的纠错编码方式，然后通过特殊的映射方式在星座图中定位比特，在接收端可通过现有解调设备将二者分离。HP 流可兼容 DVB-S 接收机，即使用 DVB-S 接收机可以解出 DVB-S2 中的 HP TS 信号，而 LP 流只能用 DVB-S2 接收机接收。

后向兼容模式的信道编码结构如图 8-8 所示。其实现兼容的核心是采用了非均匀分布的 8-PSK 星座映射，如图 8-9 所示。图 8-9 中 8-PSK 的星座点并非在圆周上等距分布，而是分别在 QPSK 的 4 个星座点周围偏移 θ 角散开。合理选择 θ 值是兼容是否可行的关键，θ 值越小，QPSK 解调器输出越大，DVB-S 接收机接收效果越好，但此时 DVB-S2 接收机的抗噪声性能下降，影响正常接收，因而 θ 的取值需要权衡两种不同情况后折中考虑。

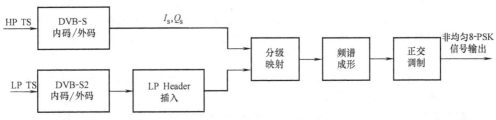

图 8-8　后向兼容模式的信道编码结构

（5）多信源格式支持

DVB-S 和 DVB-DSNG 对信源的格式有严格的规定，即 MPEG-2 TS，而 DVB-S2 则灵活得多，实现了对多种数据输入格式的支持，扩展性大为增强。

DVB-S2 支持包括 MPEG-2、MPEG-4AVC（H.264）、WM9 在内的多格式信源编码格式及 IP、ATM 在内的多种输入流格式。作为当前信道编码和信源编码的最新成果，DVB-S2 和 MPEG-4AVC（H.264）的结合颇受业界瞩目，将会有更出色的表现。

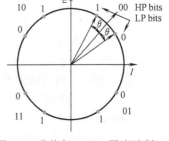

图 8-9　非均匀 8-PSK 星座映射

8.2.3　ABS-S 标准简介

1. ABS-S 概述

我国中星 9 号直播卫星传输技术规范执行的是 GD/JN 01—2009《先进广播系统—卫星传输系统帧结构、信道编码及调制：安全模式》，简称 ABS-S（Advanced Broadcasting System-Satellite）。该规范定义了编码调制方式、帧结构及物理层信令。系统定义了多种编码及调制方式，以适应不同卫星广播业务的需求。ABS-S 系统的原理框图如图 8-10 所示。

基带格式化模块将输入流格式化为前向纠错块，然后将每一前向纠错块送入 LDPC 编码器，经编码后得到相应的码字，比特映射后，插入同步字和其他必要的头信息，经过平方根升余弦滤波器脉冲成形，最后上变频至 Ku 波段射频频率。在接收信号载噪比高于门限电平时，可以保证准确无误地接收，PER（Packet Error Rate，误包率）小于 10^{-7}。

输入 → 基带格式化 → FEC 编码 → 比特映射 → 物理层成帧 → 符号加扰 → 成形滤波 → 基带射频转换 → 输出

图 8-10　ABS-S 系统的原理框图

ABS-S 标准具有自主创新、适用可行、先进安全等优势与特点。在技术方面，采用先进的信道编码方案、合理高效的传输帧结构等技术，具有更低的载噪比门限要求和更强的节目传输能力。在适应性方面，ABS-S 提供了支持 QPSK 调制方式与 1/4、2/5、1/2、3/5、2/3、3/4、4/5、5/6、13/15、9/10 信道编码率及 8-PSK 调制方式与 3/5、2/3、3/4、5/6、13/15、9/10 信道编码率的各种组合的编码调制方案，结合多种滤波滚降因子选择，可以为运营商提供相当精细的选择，从而根据系统实际应用条件充分发挥直播卫星的传输能力；提供了 16-APSK 和 32-APSK 两种高阶调制方式，这两种方式在符号映射与比特交织上结合 LDPC 编码的特性进行了专门的设计，从而体现出了整体性能优化的设计理念。在安全性方面，ABS-S 标准采用专用技术体制，不兼容目前国内外任何一种卫星信号传输技术体制；机顶盒无法接收其他制式的广播电视节目，可防止其他信号攻击以及可对关键器件、设备进行有效控制等安全措施与手段，达到安全播出目的。

2. ABS-S 的特点

ABS-S 标准在设计时针对现有可参考的 DVB-S2 系统进行了合理改进，使得 ABS-S 标准能够更好地为我国卫星直播业务的开展提供可靠的技术保障。ABS-S 与现有的 DVB-S2 标准比较，具有以下几个特点。

1）仅使用 LDPC 作为信道编码，而没有采用 BCH 作为外码，减小了编码及系统的复杂度，提高了传输效率，同时仍然能够实现低于 10^{-7} 的误包率要求。

2）在性能相当的前提下，ABS-S 的码长不到 DVB-S2 的 1/4，将大大降低 ABS-S 的实现复杂度，并缩短了信号传输延时。

3）采用高效的传输帧结构，保证了传输帧长度不随调制方式的改变而变化，具有统一的符号长度，使得接收机能够具有更好的同步搜索性能；同时还可以实现可变编码调制（VCM）、自适应编码调制（ACM）等不同编码调制方式的无缝衔接，以适应未来直播卫星或接收机的技术进步。

4）对于高质量信号采用无导频的模式，而对于使用低廉射频器件引起的噪声信号，可以采用有导频模式。

5）三种成形滤波滚降因子：0.2、0.25 和 0.35。

6）根据不同的应用，可以使用不同的信道编码率，并提供 QPSK、8-PSK、16-APSK 和 32-APSK 调制方式。

总之，ABS-S 在性能上与 DVB-S2 基本相当，传输能力则略高于 DVB-S2，而复杂度低于 DVB-S2，更适应我国卫星直播系统开展的要求，通过研发各种不同的配置方案，可以最大限度地发挥直播系统能力，满足不同业务和应用的需求。

3. ABS-S 应用范围

1）广播业务：可支持电视直播业务，包括高清晰度电视直播。

2）交互式业务：通过卫星回传信道，很容易满足用户的特殊需求，例如，天气预报、节目、购物、游戏等信息。

3）数字卫星新闻采集（DSNG）业务。

4）专业级业务：可提供双向 Internet 服务。

8.3　有线数字电视传输标准

有线数字电视信道的特点是信噪比高、误码率较低、纠错能力要求不是很高、频带资源窄、存在回波和非线性失真。这些特点要求有线传输采用带宽窄、频带利用率高、抗干扰能力较强的调制方式，目前采用的是 RS 编码、卷积交织、正交幅度调制（QAM）等技术。

各国有线数字电视传输系统大都采用 DVB-C 标准，主要有欧洲的 ITU-T J.83A、美国的 ITU-T J.83B、日本的 ITU-T J.83C。我国目前还没有发布国家标准，广电行业执行的是 GY/T 170—2001《有线电视广播信道编码和调制规范》，该标准规定了有线数字电视广播系统的帧结构、信道编码和调制，等效采用 ITU-T J.83 建议书（DVB-C），下面简单介绍 DVB-C 和 DVB-C2 标准的有关内容。

8.3.1　DVB-C 传输标准

DVB-C 传输系统用于通过有线电视（CATV）系统传送多路数字电视节目，所传送的节目既可来源于从卫星系统接收下来的节目，又可来源于本地电视节目，以及其他外来节目信号。DVB-C 传输系统基于前向纠错编码（FEC）技术和 QAM 调制技术，可保证传输业务的可靠性。随着技术的进步，DVB-C 系统可进一步发展。DVB-C 系统设计的性能指标可保证在传输信道的误码率为 10^{-4} 的情况下，将误码率降低到 $10^{-10} \sim 10^{-11}$ 的水平，即达到"准无误码"的水平。

DVB-C 传输系统的原理框图如图 8-11 所示。可以看出，DVB-C 传输系统的结构与 DVB-S 传输系统有一定的相似之处。在基带物理接口、同步反转和随机化、RS 编码、卷积交织等环节上与 DVB-S 系统完全相同。即在经过卷积交织后的信号帧格式与 DVB-S 的帧格式完全兼容，这便于将 DVB-S 系统中的卫星节目解调和进行内层卷积码解码后直接用于 CATV 广播。下面只对系统中卷积交织以后的部分，即字节到 m 比特符号映射、差分编码、基带成形和 QAM 调制部分进行介绍。

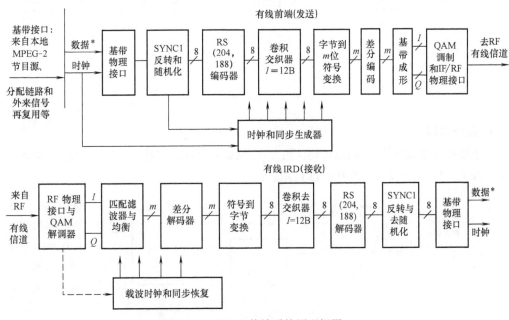

图 8-11　DVB-C 传输系统原理框图

注：＊处的"数据"泛指 MPEG-2 TS 流复用包。

1. 纠错编码

由于有线电视传输信道的途径较短，信号衰减较卫星系统的小，且受到的外界干扰也较小，因此 DVB-C 系统中的误码率较 DVB-S 系统中的要小。为此，DVB-C 系统中只采用了一级纠错编码和一次交织。纠错编码采用 RS 码，交织采用卷积交织，其方案与 DVB-S 系统中的完全相同。但在卷积交织器后没有级联的卷积编码，即只有外编码而无内编码，因为有线信道质量较好，FEC 不必做得很复杂。

2. 字节到 m 比特符号映射

为提高调制效率，DVB-C 系统采用了多电平正交幅度调制（MQAM）技术，容许在 16-QAM、32-QAM、64-QAM、128-QAM 和 256-QAM 中选择，通常为 64-QAM。高质量的光缆、电缆可以采用 128-QAM 甚至 256-QAM。

由于发送端在卷积交织之前以及接收端在卷积解交织之后，信息都是以二进制比特的形式呈现，为方便计算，在具体处理时以 8bit 构成的字节为单位进行。而在进行 2^m-QAM 调制解调时，每个调制符号要与 m 个比特进行映射，即每次调制解调要以 m 个比特为单位进行。因此要在字节与 m 比特符号之间进行转换、映射，这就是字节到符号的映射。

DVB-C 系统中所规定的字节与 m 比特符号之间的映射方式是这样的：符号 Z 的 MSB（Most Significant Bit，最高有效位）应取字节 V 的 MSB，该符号的下一个有效位应取字节的下一个有效位。2^m-QAM 调制的情况下，m 为符号位数，将 k 字节映射到 n 个符号，应使得 k、m、n 之间满足下列关系：$8k=mn$。64-QAM 的情况下，字节到符号的映射如图 8-12 所示，这时 $m=6$，$k=3$，$n=4$。

64-QAM 调制时，每个符号为 6bit，分成两路，每路 3bit。I 轴和 Q 轴各为 3bit，构成 ±1、±3、±5、±7 的 8 电平，符号映射时将 3 字节变换成 4 符号。图 8-12 中，b_0 为每个字节或每个符号的 LSB（Least Significant Bit，最低有效位），符号 Z 在符号 $Z+1$ 之前传输。

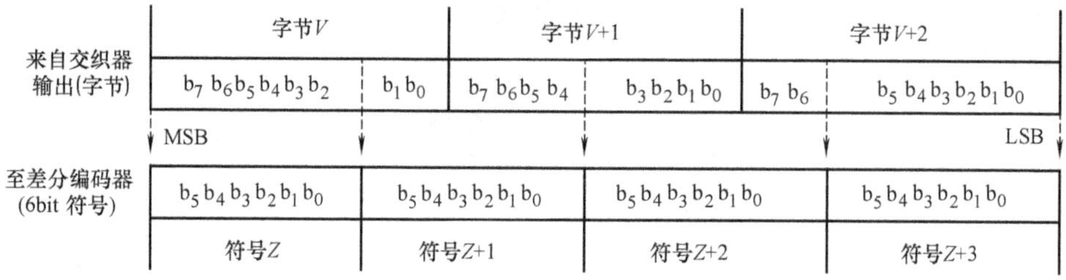

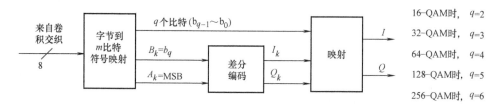

图 8-12　64-QAM 时字节到 m 比特符号映射示意图

3. 差分编码

为了获得 $\pi/2$ 旋转不变的 QAM 星座图，在 QAM 调制前，需对每个 m 比特符号的最高位 A_k 与次高位 B_k 进行差分编码，如图 8-13 所示。

图 8-13　最高位 A_k 与次高位 B_k 的差分编码

m 比特符号的最高位 A_k 与次高位 B_k 经过差分编码器生成 I_k 和 Q_k，差分编码的布尔表达式为

$$I_k = \overline{(A_k \oplus B_k)} \cdot (A_k \oplus I_{k-1}) + (A_k \oplus B_k) \cdot (A_k \oplus Q_{k-1})$$

$$Q_k = \overline{(A_k \oplus B_k)} \cdot (B_k \oplus Q_{k-1}) + (A_k \oplus B_k) \cdot (B_k \oplus I_{k-1}) \tag{8-1}$$

4. 基带成形

DVB-C 系统中的基带成形滤波器仍然采用平方根升余弦滚降滤波器，但滚降系数为 0.15。

5. QAM 调制

由于在接收端进行 QAM 解调时提取的相干载波存在相位模糊问题。为消除相位模糊，正确恢复原始的发送信息，调制实际上是采用格雷码在星座图上的差分编码映射。I_k 和 Q_k 与 m 位符号中的未经差分编码的低 q 位数据共同映射成一个 QAM 星座点。I_k 和 Q_k 确定星座所在的象限，其余 q 位确定象限内的星座图，象限内的星座图具有格雷码特性，同一象限内任一星座点与其相邻星座点之间只有一位代码不同。4 个象限的星座图具有 $\pi/2$ 旋转不变性，随着 I_k 和 Q_k 分量从星座图第 1 象限的 00 依次变换到第 2 象限的 10、第 3 象限的 11、第 4 象限的 01，符号的较低位星座图从第 1 象限旋转 $\pi/2$ 到第 2 象限，从第 2 象限旋转 $\pi/2$ 到第 3 象限，从第 3 象限旋转 $\pi/2$ 到第 4 象限，完成整个星座的映射。图 8-14 给出了 64-QAM 的星座图。接收机应至少能够解调 64-QAM 的信号。

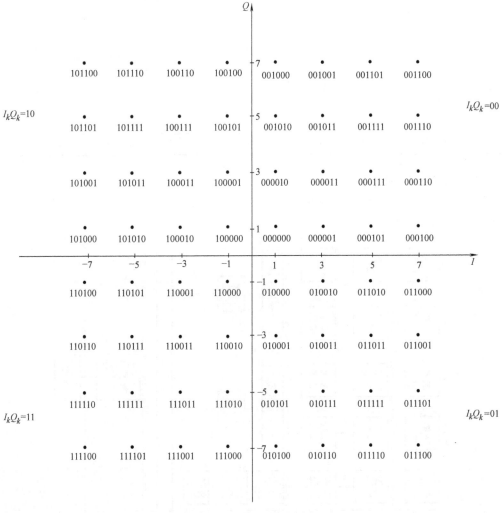

图 8-14　64-QAM 的星座图

8.3.2 DVB-C2 传输标准

欧洲 DVB 组织于 2009 年 4 月发布 DVB-C2 标准文本蓝皮书 A138，即"有线电视第二代数字传输系统的帧结构、信道编码和调制"。2009 年 7 月发布了最终草案 ETSI EN 302 769 V1.1.1，该标准描述了 HFC 有线电视网络数字电视广播第二代传输系统，规定了信道编码、调制和下层信令协议，提供数字电视业务和通用数据流使用。

DVB-C2 采用了新的编码和调制技术，能高效利用有线电视网，提供高清晰度电视（HDTV）、视频点播（VOD）和交互电视等未来广播电视服务所要求的更多容量，以及一系列能为不同网络特性和不同服务要求而优化的模式和选项。在与 DVB-C 的同等部署条件下，其频谱效率提高 30%。关闭模拟电视后，对于优化的 HFC 网，下行容量将增加 60% 以上。

1. DVB-C2 与 DVB-C 比较

DVB-C2 与 DVB-C 标准采用的技术方案比较见表 8-1。

表 8-1　DVB-C2 和 DVB-C 标准采用的技术方案比较

比较项目	DVB-C	DVB-C2
输入接口	单传送流（TS）	多传送流和通用流封装（GSE）
模式	固定编码和调制	可变编码和调制、自适应编码和调制
FEC	RS	LDPC+BCH
交织	比特交织	比特交织、时域交织和频域交织
调制	单载波 QAM	C-OFDM
星座映射	16~256-QAM	16~4096-QAM
导频	未应用	散布导频和连续导频
保护间隔	未应用	1/64 或 1/128

2. DVB-C2 系统构成

DVB-C2 系统由多通道输入处理模块、多通道编码调制模块、数据分片及帧形成模块、OFDM 信号生成模块组成，如图 8-15 所示。

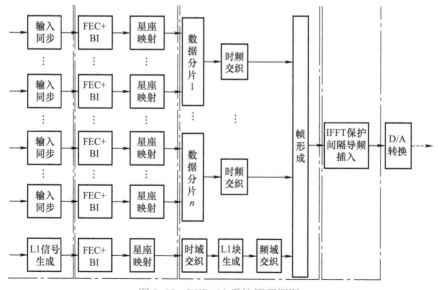

图 8-15　DVB-C2 系统原理框图

DVB-C2 建立的是一个可以对各种数字信息进行透明传输的系统，各种数据格式如 MPEG TS、DVB 通用封装流及特殊设计的 IP 数据等都可以接入系统。为了使透明传输可行，DVB-C2 定义了物理层管道（Physical Layer Pipe，PLP），它是一个数据传输的适配器。1 个 PLP 适配器可以包含多个节目 TS，或单个节目、单个应用以及任何基于 IP 的数据。输入 PLP 适配器的数据被数据处理单元转换为 DVB-C2 所需要的内部帧结构。

DVB-C2 采用 BCH 外编码与 LDPC 内编码相级联的前向纠错编码（FEC）技术。LDPC 编码具有强大的纠正传输误码功能，而使用 BCH 码则可以降低在特定传输条件下接收机 LDPC 解码的误码率。与 DVB-C 使用的 RS 码相比，DVB-C2 的抗误码能力增强了很多。BCH 编码增加的冗余度小于 1%，LDPC 码率有 2/3、3/4、5/6、9/10 几种。经过前向纠错编码的数据进行比特交织（Bit Interlace，BI），然后进行星座映射。DVB-C2 提供了 QPSK、16-QAM、64-QAM、256-QAM、1024-QAM、4096-QAM 共 6 种星座模式，比 DVB-C 增加了 1024-QAM 和 4096-QAM 两种高阶模式。

多个物理层管道的数据可以组成一个数据分片，数据分片的作用是把物理层管道组成的数据流分配到发送的 OFDM 符号特定的子载波组上，这些子载波组对应频谱上相应的子频带。每一个数据分片进行时域和频域的二维交织，目的是使接收机能够消除传输信道带来的脉冲干扰及频率选择性衰落等干扰。

帧形成模块把多个数据分片和辅助信息及导频信号组合在一起，形成 OFDM 符号。导频包括连续导频和散布导频。连续导频在每个 OFDM 符号里分配给固定位置的子载波，并且在不同符号中位置都相同。1 个 DVB-C2 接收机使用 6MHz 带宽中的 30 个连续导频就可以很好地完成信号时域和频域同步。利用连续导频，还可以检测和补偿由于接收机射频前端本振相位噪声引起的公共相位误差。散布导频用来进行信道均衡，根据接收散布导频与理论散布导频的差值，可以很容易地得到传输信道的反向信道响应。散布导频的数量与所选的保护间隔长度有关。

辅助信息主要包括被称作 L1（Layer 1）的信令信息，它被放在每一个 OFDM 帧的最前边。L1 使用 1 个 OFDM 符号所有的子载波来进行传输，给接收机提供对 PLP 进行处理所需的相关信息。OFDM 符号的生成是通过反傅里叶变换（IFFT）来实现的，使用 4K-IFFT 算法产生 4096 个子载波，其中 3409 个子载波用来传输数据和导频信息。对 6MHz 带宽频道，约占 5.7MHz 的带宽，子载波间隔为 1672Hz，对应 OFDM 符号间隔为 598μs。对于欧洲市场应用的 8MHz 带宽频道，子载波间隔将变为原来的 4/3 倍，即 2232Hz，对应符号间隔为 448μs。这种情况下，OFDM 信号将占据 7.6MHz 带宽。

3. DVB-C2 的应用特性

DVB-C2 为实现宽带业务的高效与灵活应用提供了强大的技术保障。其可支持的具体业务举例如下：

1）高清晰度电视。在结合新型的信源编码技术后，DVB-C2 支持在单个 8MHz 的有线电视信道带宽内传输 10 路以上的 MPEG-4 高清晰度电视业务，而 DVB-C 只能支持最多 3 路高清晰度电视。

2）双向业务。由于引入了回传通道，DVB-C2 可以支持互动电视、电子商务等双向业务。

上述业务形态可以极大地增强有线系统的竞争力。此外，DVB-C2 系统还可以提供高效的业务质量控制：DVB-C2 可以在不同的时间范围内，根据需要来改变业务的稳健性。即使在 1 路信号传输范围之内，DVB-C2 也可以根据不同的需要来改变单个业务的稳健性。DVB-C2 可以根据用户的反馈意见来调整针对个人业务的稳健性。通过回传信道，网络中心可以与用户之间建立双向连接，这样就能够检测服务的质量（QoS），根据回传信息及时改变 QoS，保障用户的接收体验。

8.4 DVB-T 和 DVB-T2 传输标准

8.4.1 DVB-T 传输标准

DVB-T 系统用于在地面 VHF/UHF 广播信道上传输 SDTV 和 HDTV 节目。DVB-T 传输系统的主要特点如下：

1）适用于地面 VHF/UHF 信道，可实现与地面模拟电视节目的"同播"。

2）可适用于单频网（SFN）。

3）与 DVB-S 系统和 DVB-C 系统间具有较好的通用性。

4）支持多级质量节目传输。

DVB-T 传输系统的信道编码和调制原理框图如图 8-16 所示。输入端是视频、音频和数据等复用的传送流（TS），每个 TS 包由 188B 组成，经过一系列信号处理后输出 COFDM 调制的载波信号。

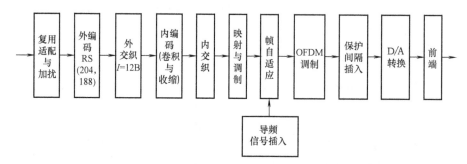

图 8-16　DVB-T 传输系统的信道编码和调制原理框图

可以看出，DVB-T 传输系统的结构与 DVB-S 传输系统有一定的相似之处。图中的前 4 个模块与 DVB-S 系统完全相同，这里就不再重复，下面主要介绍 DVB-T 系统中的其他模块。

1. 内交织

由于地面广播信道的环境最为恶劣，尤其是存在由于火花放电等引起的脉冲噪声，因此地面广播中的误码最严重，尤其是连续的突发误码，因而 DVB-T 系统中的纠错编码采用了两层纠错编码加两次交织的方案，以进一步提高对误码的纠正能力。外码采用 RS 码，外交织采用深度 $I=12B$ 的卷积交织，内码采用卷积码，其方案与 DVB-S 系统中的完全一样。稍有差异的是，卷积编码后生成的 X、Y 两条并行支路序列需被转换成一路串行序列，以便进行后面的内交织，而不是像 DVB-S 系统中那样直接映射到 I、Q 符号。

DVB-T 对于高频载波采用 COFDM（编码正交频分复用）调制方式，在 8MHz 射频带宽内设置 1705 个（2K 模式）或 6817 个（8K 模式）载波，将高速率的数据流分解成 2048（2K 模式）或 8192（8K 模式）路低速率的数据流，分别对每个载波进行 QPSK、16-QAM 或 64-QAM 调制。对应于不同的调制方式（QPSK、16-QAM 或 64-QAM），内交织器采用不同的交织模式。

2. 映射和调制

DVB-T 系统中采用 OFDM 传输。由每个 v 比特的符号对每个载波进行相应的调制，$v=2$ 时为 QPSK 调制，$v=4$ 时为 16-QAM 调制，$v=6$ 时为 64-QAM 调制。

在同一个 OFDM 数据帧中的所有载波采用相同的 QPSK、16-QAM 或 64-QAM 调制，映射方式为格雷码映射。

3. OFDM 及帧结构

OFDM 用于消除地面广播中的回波干扰及其他线性失真所引起的符号间干扰（ISI）。在一般的数字通信系统中，消除 ISI 采用的是时域均衡器，但均衡器通常仅能消除时延较短的 ISI。另外，时域均衡器，尤其是抽头较多的均衡器成本十分昂贵。由于地面广播中的回波时延通常都比较长，都市中可达 8~10μs，而某些山区更是达到了 20μs 以上。为有效消除地面广播中的回波干扰，DVB-T 系统中采用了 COFDM 多载波调制技术。

DVB-T 是基于 8MHz 的地面电视频道设计数字电视的传输的，因此 OFDM 符号的频谱带宽不超过 8MHz。

一个 OFDM 符号由持续时间为 T_s 的 k 个载波构成，对 2K 模式，$k = 1705$；对 8K 模式，$k = 6817$。T_s 由持续时间为 T_u 的符号有效持续时间和持续时间为 T_g 的保护间隔两部分组成。

2K 模式和 8K 模式的 OFDM 的基本参数见表 8-2。从表 8-2 中还可以得出 OFDM 符号在时间域内的样值周期为

$$T = 896μs /8192 = 224μs /2048 = 7/64μs$$

DVB-T 系统中规定了 4 种保护间隔取值，T_g 的值可以是 T_u 的 1/4、1/8、1/16 或 1/32，它们都是以 OFDM 符号的时域样值周期 T 为基本单位的，即保护间隔 T_g 为 T 的整数倍，见表 8-3。

表 8-2 2K 模式和 8K 模式的 OFDM 基本参数

参　　数	2K 模式	8K 模式
载波数 k	1705	6817
最小载波序号 k_{min}	0	0
最大载波序号 k_{max}	1704	6816
符号有效持续时间 T_u/μs	224	896
相邻载波间隔（$1/T_u$）/Hz	≈4464	≈1116
第 k_{min} 个载波与第 k_{max} 个载波之间的间隔/MHz	≈7.61	≈7.61

表 8-3 8MHz 信道的保护间隔和符号持续时间

	8K 模式				2K 模式			
T_g/T_u	1/4	1/8	1/16	1/32	1/4	1/8	1/16	1/32
T_u	8192T= 896μs				2048T= 224μs			
T_g	2048T 224μs	1024T 112μs	512T 56μs	256T 28μs	512T 56μs	256T 28μs	128T 14μs	64T 7μs
$T_s =$ $T_u + T_g$	10240T 1120μs	9216T 1008μs	8704T 952μs	8448T 924μs	2560T 280μs	2304T 252μs	2176T 238μs	2112T 231μs

从表 8-3 中可以看到，8K 模式的最大保护间隔可达 224μs，2K 模式的最大保护间隔为 56μs。保护间隔越长，系统抵抗 ISI 的能力就越强，但要浪费更多的频带资源，多种保护间隔使用户可以根据实际情况在抵抗 ISI 能力与频带资源之间作综合考虑，提高了系统的灵活性。

在 OFDM 帧中，并不是每个符号都用于节目信息数据的传输，而有些符号是用于传输散布导频、连续导频和传输参数信令（Transmission Parameter Signaling，TPS）等信号。

4. 散布导频与连续导频

这里所谓的"导频"是指这样一些 OFDM 的载波，它们由接收机已知的数据调制，它们所

传输的不是调制数据本身，因为这些数据接收机是系统已知的，设置导频的目的是系统通过导频上的数据传送某些发射机的参量或测试信道的特性。导频在 OFDM 中的作用十分重要，它的用处包括：帧同步、频率同步、时间同步、信道传输特性估计、传输模式识别和跟踪相位噪声等。调制导频的数据是从一个事先规定的伪随机序列发生器中生成的伪随机序列。

DVB-T 中规定了两种类型的导频：散布导频和连续导频。

连续导频以恒定数量分散于每个 OFDM 符号内，在 8K 模式的 6817 个载波中插入了 177 个连续导频载波，在 2K 模式的 1705 个载波中插入了 45 个连续导频载波，它们在每个 OFDM 符号中的位置都是固定的。

连续导频的作用是向接收端提供同步和相位误差估计信息。

散布导频的位置在不同的 OFDM 符号中有所不同，但以 4 个 OFDM 符号为周期循环，也就是说第 1、2、3、4 个 OFDM 符号中的散布导频的位置各不相同，但第 5 个 OFDM 符号与第 1 个 OFDM 符号中的导频位置是相同的，第 6 个 OFDM 符号与第 2 个 OFDM 符号中的导频位置是相同的，第 7 个 OFDM 符号与第 3 个 OFDM 符号中的导频位置是相同的，第 8 个 OFDM 符号与第 4 个 OFDM 符号中的导频位置是相同的，其余 OFDM 符号依此类推。

散布导频的作用是向接收端提供关于信道特性的信息，如频率选择性衰落、时间选择性衰落和干扰的动态变化情况等，以便接收端及时地实现动态信道均衡。

利用连续导频和散布导频能有效地帮助接收机快速同步和正确解调，但缺点是使有效用于节目数据传输的载波数目减少很多，载波使用效率下降。在 2K 模式中实际有用载波为 1512 个，在 8K 模式中为 6048 个，载波使用效率约为 88.7%。

由于导频在系统中的作用比较重要，为保证导频上数据的可靠性，防止噪声干扰，导频信号的平均功率要比其他载波信号的平均功率大 16/9 倍，即导频信号是在"提升的"功率电平上发射的。

5. TPS 信号

TPS 载波用于给出与传输方案参数，即与信道编码和调制参数有关的信令。对 2K 模式，在一个 OFDM 符号内的 17 个 TPS 载波上并行传输 17 次相同内容的 1bit 调制信息，调制符号的电平为 ±1，以 DBPSK（差分 BPSK）方式调制载波的实部。每个符号内的 TPS 载波的位置是固定的。

在一个 OFDM 帧内，68 个 OFDM 符号中同一对应位置上的 68bit 构成一个 TPS 数据块，因而一帧内有相同信息内容的 17 个 TPS 数据块，每个 TPS 数据块的比特序号用 $S_0 \sim S_{67}$ 来表示。

对 8K 模式，在一个 OFDM 符号内的 68 个 TPS 载波上并行传输 68 次相同内容的 1bit 调制信息，调制符号的电平为 ±1，以 DBPSK（差分 BPSK）方式调制载波的实部。一帧内有相同信息内容的 68 个 TPS 数据块。

一个 TPS 块所传送的信息包括：调制星座图的类型、多级质量传送时的分层信息、保护间隔、卷积编码效率、OFDM 的模式（2K 模式还是 8K 模式）以及超帧内的帧序号（4 个 OFDM 帧构成一个超帧）。TPS 数据块以 OFDM 帧为周期循环传送。

6. 自动增益控制（AGC）和自动频率控制（AFC）

自动增益控制（Automatic Gain Control，AGC）用于将接收信号的功率恢复到标称数值，以便进行解调。自动频率控制（Automatic Frequency Control，AFC）用于校正接收 OFDM 信号的频率偏移。由于发射端的 OFDM 信号只需进行 D/A 转换，不需要进行基带成形，因此接收端的 OFDM 信号对时域采样时刻的准确性要求较低，但另一方面对频域载波的频率准确性要求很高，因此需要进行 AFC。

7. 单抽头均衡器和相位校正

由于 OFDM 将 ISI 的影响转换成为每一载波上的复数乘法因子，即幅度衰减和相位旋转，而这一因子可由导频测出，因此只需要一个抽头的均衡器就可以校正这种幅度上的衰减和相位旋转。

8. DVB-T 传输系统的传输能力

DVB-T 传输系统在各种调制方式、保护间隔和卷积编码效率下可传输的节目码流的传输速率如表 8-4 所示。

表 8-4　8MHz 信道带宽内的有效传输速率　　　　（单位：Mbit/s）

调制方式	卷积编码效率	保护间隔			
		1/4	1/8	1/16	1/32
QPSK	1/2	4.98	5.53	5.85	6.03
	2/3	6.64	7.37	7.81	8.04
	3/4	7.46	8.29	8.78	9.05
	5/6	8.29	9.22	9.76	10.05
	7/8	8.71	9.68	10.25	10.56
16-QAM	1/2	9.95	11.06	11.71	12.06
	2/3	13.27	14.75	15.61	16.09
	3/4	14.93	16.59	17.56	18.10
	5/6	16.59	18.43	19.52	20.11
	7/8	17.42	19.35	20.49	21.11
64-QAM	1/2	14.93	16.59	17.56	18.10
	2/3	19.91	22.12	23.42	24.13
	3/4	22.39	24.88	26.35	27.14
	5/6	24.88	27.65	29.27	30.16
	7/8	26.13	29.03	30.74	31.67

8.4.2　DVB-T2 传输标准

1. DVB-T2 概述

DVB-T2 是由 DVB 组织制定的第二代地面数字电视传输标准，标准号为 ETSI EN 302755。它通过采用更新的调制和编码技术，高效地利用了地面频谱，从而为固定、便携及移动接收设备提供视音频和数据服务。在 8MHz 频谱带宽内所支持的 TS 流最高传输速率约为 50.1Mbit/s（如果包括可能去除的空包，TS 流的最高传输速率可达 100Mbit/s）。

DVB-T2 传输系统和 DVB-T 的整体结构基本相同，都由数据随机化、前向纠错、数据交织、星座图映射、OFDM 组帧、插入导频和保护间隔、基带成形等模块构成。但 DVB-T2 在每个功能模块上，进行有针对性的性能提高。与 DVB-T 类似，DVB-T2 使用 OFDM 调制，通过大量的子载波传输具有强鲁棒性的信号。一种新的称为"旋转星座"的技术，为其在较差信道中提供了附加的鲁棒性。对于误码保护，DVB-T2 采用了与 DVB-S2 相同的纠错编码。通过使用低密度奇偶校验编码（LDPC）和 BCH 编码，DVB-T2 可以在具有大噪声电平和干扰的环境中传输强鲁棒性的信号。DVB-T2 为诸如编码率、载波数、保护间隔和导频信号等参数提供了多种选项，从而使得传输信道上的开销得以最小化。此外，DVB-T2 设计成一种多路的物理层管道（Physical Layer Pipes，PLP），可以传输多个 TS 流，也可以传输多路 IP 数据，以及 TS 流和 IP 混合数据。而每一路管道都可以有独立的 FEC 和星座图映射，这样从一个发射塔送出的信号，可以同时满足固定、移动和便携等特殊接收的需求，使 DVB-T2 应用十分灵活。为满足所需的接收条件（如室内天线或楼顶天线接收），DVB-T2 还采用了对信道中的每个业务分别进行鲁棒性调整的机制，即传输系统可工作于适合接收机通过仅解码单个节目而不是整个复用的节目流来节省电力的模式。

2. DVB-T2 传输系统的帧结构

DVB-T2 传输系统的帧结构是一种三层分级帧结构，基本元素为 T2 帧，如图 8-17 所示。若干个 T2 帧和未来扩展帧（Future Extension Frame，FEF）组成一个超帧。每个 T2 帧包含一个 P1 符号、多个 P2 符号和多个数据符号。所有符号均为 OFDM 符号及其扩展部分（如循环前缀）。通常，T2 帧中最后一个数据 OFDM 符号与其他数据 OFDM 符号的参数和导频插入位置会有所不同，称为帧结束符号（Frame Closing Symbol，FCS）。一般来说，超帧的最大时间周期为 64s，包含 FEF 时可达 128s。FEF 位于超帧中两个 T2 帧之间或整个超帧末尾。标准不要求目前 DVB-T2 标准接收机能够接收 FEF，但要求接收机必须能够利用 P1 符号携带的信令和 P2 符号中的 L1 信令检测 FEF。每个 T2 帧或 FEF 最长为 250ms。

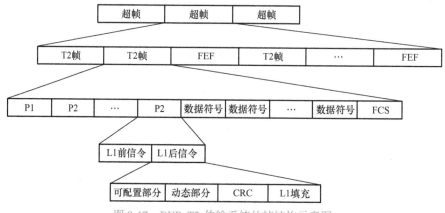

图 8-17　DVB-T2 传输系统的帧结构示意图

（1）P1 符号

P1 符号为 1K-FFT 的 OFDM 块及其前后保护（共 2048 采样点），在 8MHz 系统中持续时间共 224μs。主要用于 T2 帧的快速检测，提供发射机的基本参数，估计初始载波频偏和定时误差等。P1 符号携带信息有两种：第一种用于辅助接收机迅速获得基本传输参数，即 FFT 点数；第二种用于识别帧类型，包括单输入单输出（Single Input Single Output，SISO）和多输入单输出（Multiple Input Single Output，MISO）的 T2 帧类型。

（2）P2 符号

P2 符号是位于 P1 符号之后的信令符号。也可用于频率与时间的细同步和初步的信道估计。T2 帧的多个 P2 符号的 FFT 大小和保护间隔是相同的，个数由 FFT 的大小所决定。P2 符号包括 L1 后信令和用于接收和解码 L1 后信令的 L1 前信令，也可能携带在物理层管道（PLP）中传输的数据。L1 后信令又包含可配置的和动态的两部分。除了动态 L1 后信令部分，整个 L1 信令在一个超帧（由若干个连续 T2 帧组成）内是不变的。在 P2 符号构成中，也进行了针对 L1 前/后信令的符号交织和编码调制。

L1 后信令包含了对接收端指定物理层管道进行解码所需的足够信息。L1 后信令包括两类参数（信令），可配置参数和动态参数，以及一个可选的扩展域。可配置参数在一个超帧的持续时间内保持不变，而动态参数仅提供与当前 T2 帧具体相关的信息。动态参数取值可以在一个超帧内改变，但是动态参数每个域的大小在一个超帧内保持不变。

3. DVB-T2 传输系统构成

DVB-T2 传输系统顶层功能框图如图 8-18 所示，待传输业务先通过输入预处理器分解成一个或多个 MPEG 传送流（TS）和/或通用流（GS），然后通过 DVB-T2 传输系统进行传输。输入预处理器可以是业务分割器或传送流的解复用器，用于将待传输业务分解成多个逻辑数据流。整个系统的典型输出是在单个射频通路传输的单天线信号。DVB-T2 也支持 MISO 传输模式，即系统将待传输信号进行空频编码后通过两个发射天线进行发射，接收端使用一个接收天线进行接收。在支持时频分片模式时，DVB-T2 传输系统输出是在多个射频通路传输的多路信号，相应地，接收端也需要支持多个射频通路的调谐器和射频前端。

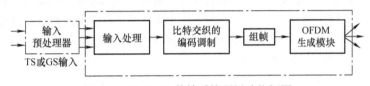

图 8-18　DVB-T2 传输系统顶层功能框图

输入 DVB-T2 传输系统的数据流和伴随的信令数据在物理层内按帧（下文以 T2 帧表示）进行传输。每个 T2 帧由多个 OFDM 符号组成，包括一个 P1 符号、多个 P2 符号和若干个数据符号。OFDM 符号的每个星座点定义为 OFDM 单元，简称单元。一个 OFDM 符号的多个单元按一定寻址方式顺序排列。一个或多个 OFDM 符号的地址连续的单元组成子片（Sub-slice）。T2 帧中，由指定的一个或多个子片组成的物理层时分复用传输通道定义为物理层管道（Physical Layer Pipe，PLP）。为了区分不同数据类型的传输，PLP 可以分为以下 3 类，每类 PLP 在一个 T2 帧中可以有一个或多个。

● 公共 PLP：一个 T2 帧中只对应一个子片，用于传输一组 PLP 中多个 PLP 的公共信息，以提高业务传输效率。

● 类型 1 的数据 PLP：一个 T2 帧中只对应一个子片，紧跟在公共 PLP 后用以传输数据。

● 类型 2 的数据 PLP：一个 T2 帧中对应 2~6480 个子片，在类型 1 的数据 PLP 后用于传输数据。

典型情况下，一个恒定比特速率的业务数据流由一组 PLP 来实现传输，一个 PLP 组的多个数据 PLP 采用相同的调制编码方式和交织深度，可以包含也可以不包含一个公共 PLP。因此，在任何时候，系统接收端至少会收到一个数据 PLP。

（1）输入处理

输入处理模块由模式适配模块和流适配模块组成。它分为两种模式，模式 1 只包括单个物理层管道的输入，模式 2 包括多个物理层管道的输入。单个物理层管道的输入处理模块框图如图 8-19 所示。

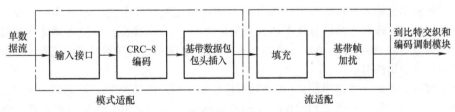

图 8-19　单个物理层管道的输入处理模块框图

DVB-T2 传输系统的输入由一个或多个逻辑数据流组成。每个逻辑数据流由一个物理层管道（PLP）进行传输。其中物理层管道定义为由指定的一个或多个子片组成的物理层时分复用传输通道。模式适配模块将独立处理每个 PLP 中携带的数据流，将其分解成数据域，然后经过流适配后形成基带帧（Baseband Frames）。模式适配模块包括输入接口，后面跟着 3 个可选的子系统模块（输入流同步、空包删除、CRC 校验生成），最后将输入数据流分解成数据域并在每个数据域的开始加入基带包头。模式适配模块的主要功能是决定组成 T2 帧信号的数据单元位于哪个 PLP 中。流适配模块的输入流是基带包头和数据域，输出流是基带帧，它将基带帧填充至固定长度，并进行能量扩散的扰码。其中填充是将数据流填充至符合 FEC 帧的长度。扰码是为了使得基带帧随机化，由后向反馈移位寄存器实现基带信号能量扩散。

（2）比特交织的编码调制

L1 前后信令和 PLP 数据在组帧之前均需要适当的交织和编码调制，DVB-T2 采用了比特交织、单元交织、时域交织、频域交织等多种灵活交织技术。比特交织的编码调制模块由前向纠错（FEC）编码、比特交织、比特到星座点（单元）的解复用、星座映射和星座点旋转、单元交织和时域交织等子模块构成，其中 PLP 数据比特交织编码调制模块框图如图 8-20 所示，L1 信令的比特交织编码调制模块框图如图 8-21 所示。

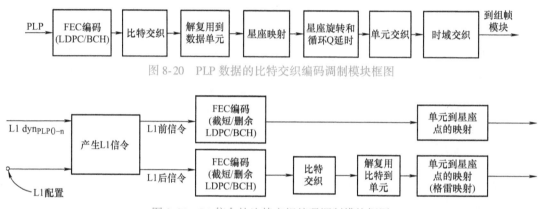

图 8-20　PLP 数据的比特交织编码调制模块框图

图 8-21　L1 信令的比特交织编码调制模块框图

1）前向纠错编码

DVB-T2 的前向纠错（FEC）编码采用 BCH 外编码和 LDPC 内编码的级联编码技术。前向纠错编码子模块的输入流由基带帧组成，输出流由 FEC 帧组成。基带帧输入到前向纠错编码子模块，先进行外编码（BCH 编码），并将 BCH 编码的校验比特添加在基带帧后面，然后以此作为内编码器的信息比特进行 LDPC 编码，将得到的校验比特添加在 BCH 校验比特位后面，最后对 LDPC 编码器输出的比特进行交织，包括依次进行的校验比特交织和列缠绕交织，得到 FEC 帧。

2）比特到星座点（单元）的解复用、星座映射和星座点旋转

对每个 FEC 帧（正常 FEC 帧长度为 64800bit，短 FEC 帧长度为 16200bit）映射到编码调制后 FEC 块的过程如下。

首先需要将串行输入比特流解复用为并行 OFDM 单元流，再将这些单元映射为星座点。比特交织器输出的比特流首先经过解复用器被解复用为 N 个子比特流，解复用器输出的每个单元字需要映射为 QPSK、16-QAM、64-QAM 或 256-QAM 的星座点，然后对星座点进行归一化，所有星座点映射均为格雷映射。

在星座旋转子模块（可选模块），星座映射模块输出的对应每个 FEC 块的归一化单元值（复数）在复平面进行旋转，并且单元的虚部（即 Q 路信号）在一个 FEC 块内循环延迟一个单元。

3）单元交织

伪随机单元交织器的目的是将 FEC 码字对应的单元均匀分开，以保证在接收端每个 FEC 对应的单元所经历的信道畸变和干扰互不相关，并且对一个时域交织块内的每个 FEC 块按照不同的旋转方向（或称交织方向）进行交织，从而使得一个时域交织块内的每个 FEC 块具有不同的

交织。

4）时域交织器

时域交织器面向每个 PLP 的内容进行交织。单元交织器输出的属于同一个 PLP 的多个 FEC 块组成时域交织块，一个或多个时域交织块再映射到一个交织帧，一个交织帧最终映射到一个或多个 T2 帧。每个交织帧包含的 FEC 块数目可变，可以动态配置。同一个 DVB-T2 传输系统内不同 PLP 的时域交织参数可以不同。

每个交织帧或者直接映射到一个 T2 帧，或者分散到多个 T2 帧（对低速 PLP，分散到多个 T2 帧可增强时间分集）。每个交织帧又分为一个或多个时域交织块，其中一个时域交织块对应时域交织存储单元的一次使用（对高速 PLP，多个时域交织块可降低时域交织存储器需求）。每个交织帧内的多个时域交织块所包含的 FEC 块数目可能有微小差别。如果一个交织帧分成多个时域交织块，则此交织帧只能映射到一个 T2 帧。

作为可选项，DVB-T2 传输系统允许将时域交织器输出的交织帧分成多个子片，从而给时域交织提供最大灵活性。

（3）组帧

组帧模块的输入是 PLP 时域交织器输出的数据单元和 L1 信令星座映射模块输出的信令单元。组帧模块将输入数据单元映射到每帧每个 OFDM 符号的数据单元，将输入信令单元映射到每帧 P2 符号的数据单元。频域交织器对 OFDM 符号的数据单元进行操作，目标是将组帧模块输出的数据单元映射到每个符号可用的数据子载波。

（4）OFDM 生成模块

OFDM 生成模块的功能是将组帧模块的输出单元作为频域系数和相关参数信息一起生成用于传输的时域信号。然后加入保护间隔，并经过峰均比降低技术的处理后生成最后的 DVB-T2 信号，其中峰均比降低技术是可选项。另一个可选项是 MISO（Multiple Input Single Output，多输入单输出）处理，原始频域信号需要经过改进的 Alamouti 空频编码得到待传输的频域信号，但是 P1 前导符号不采用空频编码。MISO 处理将 DVB-T2 信号在同频点分成两组发射天线，并且这两组发射信号经过空频编码不会相互干扰。OFDM 生成模块的主要步骤包括导频插入、IFFT、插入保护间隔和 P1 符号插入等，其组成框图如图 8-22 所示。

图 8-22　OFDM 生成模块框图

DVB-T2 采用导频（包括连续、离散、边缘、P2 符号和帧结束）发射"已知"复信号（其虚部为"0"），从而为接收机提供参考。接收机利用导频进行帧同步、定时同步、载波同步、信道估计、传输模式识别和跟踪相位噪声等。导频上携带的信号由一个二值随机参考序列生成。导频包括连续导频和离散导频，在 DVB-T2 传输系统还包括特殊的 P2 符号导频和帧结束符号导频。按照 T2 帧中 OFDM 符号的类型、OFDM 符号保护间隔、FFT 点数和发射天线数目，导频的插入模式有所不同，并且导频发射功率高于所传输数据的功率。

降低峰均比模块主要有两种实现技术：动态星座图扩展技术（Active Constellation Extension，ACE）和子载波预约技术。作为可选技术，它们可以分别采用，也可以一并使用，并通过 L1 信令通知接收机。这两种方法仅适用于 OFDM 块中有效子载波部分，而不能在 P1 符号和导频上采用。

4. DVB-T2 与 DVB-T 的技术对比

与 DVB-T 相比，DVB-T2 主要在以下几个方面进行了改进。

（1）支持物理层多业务功能

在物理层支持多业务功能方面，主要进行了如下改进：

1) 由超帧、T2 帧和 OFDM 符号组成的三层帧结构，引入子片（Sub-slice）概念，提供时间分片功能。

2) 引入 PLP 概念，多个 PLP 在物理层时分复用整个物理信道。

3) 增强的 L1 信令，包括 L1 动态信令，支持物理层多业务的灵活传输。

4) 支持更多的输入流格式，支持输入流的灵活处理，包括空包删除和恢复、多个数据 PLP 共享公共 PLP、多个传送流的统计复用等。

5) 帧结构支持 FEF（Future Extension Frame，未来扩展帧），支持未来业务扩展。

（2）采用各种技术提高最大传输速率

在提高最大传输速率方面（在 8MHz 带宽内最大净传输速率为 50.1Mbit/s），主要进行了如下改进：

1) 支持更高阶调制，高达 256-QAM。

2) 采用更优的 LDPC+BCH 级联纠错编码。

3) 支持更多的 FFT 点数，高达 32768，并增加了扩展子载波模式。

4) 支持更多的保护间隔选项，最小保护间隔 1/128。

5) 优化的连续和离散导频，降低导频开销。

（3）采用多种技术提高地面传输性能

在提高地面传输性能和提供更多可选技术方面，主要进行了如下改进：

1) P1 符号的引入，支持快速帧同步对抗大载波频偏能力。

2) 采用改进 Alamouti 空频编码的双发射天线 MISO 技术（可选项）。

3) 采用 ACE 和/或预留子载波的峰/均比降低技术（可选项）。

4) 支持多个射频信道的时频分片功能（可选项）。

5) 支持多种灵活的交织方式，包括比特交织、符号交织、时域交织和频域交织等，以增强对低、中、高多种传输速率业务的支持。

DVB-T2 与 DVB-T 的技术对比如表 8-5 所示。

表 8-5　DVB-T2 与 DVB-T 的主要技术对比

	DVB-T	DVB-T2
帧结构	一层帧结构	三层帧结构，包括 P1 符号
C-OFDM 参数	2 种 FFT 大小，4 种保护间隔，1 种离散导频图案（对应 1 种离散导频开销）	6 种 FFT 大小，7 种保护间隔，8 种离散导频图案（对应 4 种离散导频开销）
星座映射	3 种星座图映射，采用规则映射	4 种星座图映射，采用规则映射或星座旋转和 Q 延时
多天线技术	SISO	SISO 和 MISO（可选，采用改进 Alamouti 编码）
信令传输	TPS	P1 信令和 L1 信令
交织技术	卷积交织和自然或深度交织（either native or in-depth）	比特交织、符号交织、时域交织和频域交织
PLP	等效为一个 PLP	多个 PLP，包括公共和数据 PLP
分片技术	无分片技术	时间分片、时频分片
峰均比降低技术	无	ACE 技术和预留子载波技术（可选）
支持 FEF	否	是

DVB-T2 与 DVB-T 共存但不兼容，两者基本技术路线的共同点是 CP-OFDM 技术、频域导频技术和 QAM 调制技术，具体参数对比如表 8-6 所示。

表 8-6 DVB-T2 与 DVB-T 的主要技术参数对比

	DVB-T	DVB-T2
纠错编码及内码码率	卷积码+RS 码率 1/2、2/3、3/4、5/6、7/8	BCH+LDPC 码率 1/2、3/5、2/3、4/5、5/6
星座点映射	QPSK、16-QAM、64-QAM	QPSK、16-QAM、64-QAM、256-QAM
保护间隔	1/32、1/16、1/8、1/4	1/128、1/32、1/16、19/256、1/8、19/128、1/4
FFT 大小	2K、8K	1K、2K、4K、8K、16K、32K
散布导频额外开销	载波总数的 8%	载波总数的 1%、2%、4%、8%
连续导频额外开销	载波总数的 2.6%	载波总数的 0.35%

8.5 DTMB 标准

8.5.1 DTMB 系统组成及关键技术

拓展阅读

DTMB
标准简介

DTMB 系统的发送端包括随机化、前向纠错编码（FEC）、星座映射与交织、复用、帧体数据处理、组帧、基带后处理和正交上变频等 8 个主要功能模块，完成从输入数据码流到地面电视信道传输信号的转换，其原理框图如图 8-23 所示。

输入数据流经过扰码器（随机化）、前向纠错编码（FEC），然后进行从比特流到符号流的星座映射，再进行交织后形成基本数据块。基本数据块与系统信息组合（复用）后，经过帧体数据处理形成帧体。而帧体与相应的帧头（PN 序列）复接为信号帧（组帧），经过基带后处理转换为基带输出信号（8MHz 带宽内）。该信号经正交上变频转换为射频信号（UHF 和 VHF 频段范围内），放大后发射。其中的数据输入接口符合 GB/T 17975.1 标准，射频输出接口符合 SJ/T 10351 标准。

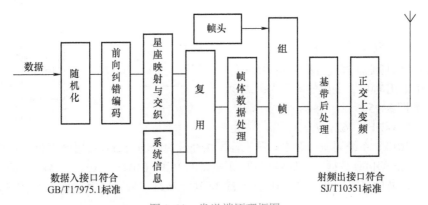

图 8-23 发送端原理框图

1. 随机化

为了保证传输数据流的随机性，DTMB 系统首先采用扰码序列对输入的 MPEG-TS 数据进行随机化。DTMB 标准所采用的扰码器与 DVB-T 系统中的扰码器相同。但在 DTMB 标准中，输入数据流的扰码周期为一个信号帧长度，根据调制方式、编码效率的不同，扰码周期分别为 2~12 个 TS 包不等，如表 8-7 所示；而在 DVB-T 系统中，扰码周期长度固定为 8 个 TS 包。

表 8-7　扰码周期长度

调制方式	编码效率	扰码周期（TS 包个数）
4-QAM-NR	0.8	2
4-QAM	0.4	2
	0.6	3
	0.8	4
16-QAM	0.4	4
	0.6	6
	0.8	8
32-QAM	0.8	5
64-QAM	0.4	6
	0.6	9
	0.8	12

扰码是一个最大长度二进制伪随机序列。该序列由图 8-24 所示的线性反馈移位寄存器（LFSR）生成。其生成多项式定义为

$$G(x) = 1 + x^{14} + x^{15} \tag{8-2}$$

该 LFSR 的初始相位定义为 100101010000000。

输入的比特码流（来自输入接口的数据字节的 MSB 在前）与 PN 序列进行逐位模二加后产生数据扰乱码。扰码器的移位寄存器在信号帧开始时复位到初始相位。

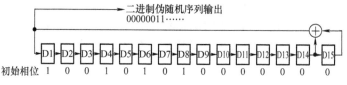

图 8-24　扰码器组成框图

2. 前向纠错编码（FEC）

扰码后的比特流接着进行前向纠错编码。DTMB 标准中采用的 FEC 是由外码和内码级联来实现的，如图 8-25 所示。

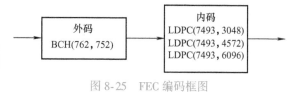

图 8-25　FEC 编码框图

外码采用 BCH（762，752）码，它由 BCH（1023，1013）系统码截短而成。系统首先在经过扰码的 752bit 数据前添加 261 个 "0"，形成长度为 1013bit 的信息数据，然后编码成 1023bit 的 BCH（1023，1013）码块（信息位在前，校验位在后），最后去除前 261 个 "0"，形成 BCH（762，752）码字。该 BCH 码的生成多项式为

$$G_{\mathrm{BCH}}(x) = 1 + x^3 + x^{10} \tag{8-3}$$

理论研究表明：一个 BCH（762，752）码块能够纠正 1bit 误码。

内码采用了 3 种不同编码效率的 LDPC 编码，即：LDPC（7493，3048）、LDPC（7493，4572）和 LDPC（7493，6096），以满足各种业务需求。并且为了降低实现成本，3 种不同编码效率采用的 LDPC 码具有相同的结构，达到了硬件实现的资源共享。LDPC 码的生成矩阵 $\boldsymbol{G}_{qc}$ 的结构如式（8-4）所示。

$$G_{qc} = \begin{bmatrix} G_{0,0} & G_{0,1} & \cdots & G_{0,c-1} & I & O & \cdots & O \\ G_{1,0} & G_{1,1} & \cdots & G_{1,c-1} & O & I & \cdots & O \\ \vdots & \vdots & G_{i,j} & \vdots & \vdots & \vdots & \ddots & \vdots \\ G_{k-1,0} & G_{k-1,1} & \cdots & G_{k-1,c-1} & O & O & \cdots & I \end{bmatrix} \tag{8-4}$$

式中，I 是 $b \times b$ 阶单位矩阵，O 是 $b \times b$ 阶零阵，而 $G_{i,j}$ 是 $b \times b$ 循环矩阵，取 $0 \leqslant i \leqslant k-1$，$0 \leqslant j \leqslant c-1$。

BCH 码字按顺序输入 LDPC 编码器时，最前面的比特是信息序列矢量的第一个元素。LDPC 编码器输出的码字信息位在后，校验位在前。

三种不同内码编码效率的 FEC 码的结构分别为：

（1）编码效率为 0.4 的 FEC（7488，3008）码

先由 4 个 BCH（762，752）码和 LDPC（7493，3048）码级联构成，然后将 LDPC（7493，3048）码前面的 5 个校验位删除。LDPC（7493，3048）码的生成矩阵 G_{qc} 具有式（8-4）所示的矩阵形式，其中参数 $k=24$，$c=35$ 和 $b=127$。

（2）编码效率为 0.6 的 FEC（7488，4512）码

先由 6 个 BCH（762，752）码和 LDPC（7493，4572）码级联构成，然后将 LDPC（7493，4572）码前面的 5 个校验位删除。LDPC（7493，4572）码的生成矩阵 G_{qc} 具有式（8-4）所示的矩阵形式，其中参数 $k=36$，$c=23$ 和 $b=127$。

（3）编码效率为 0.8 的 FEC（7488，6016）码

先由 8 个 BCH（762，752）码和 LDPC（7493，6096）码级联构成，然后将 LDPC（7493，6096）码前面的 5 个校验位删除。LDPC（7493，6096）码的生成矩阵 G_{qc} 具有式（8-4）所示的矩阵形式，其中参数 $k=48$，$c=11$ 和 $b=127$。

FEC 码的具体参数见表 8-8。

表 8-8　FEC 码参数

编号	TS 包个数	BCH（762，752）码组数	信息比特数	LDPC	块长（比特数）	FEC 码率
码率 1	2	4	3008	LDPC（7493，3048）	7488	0.4
码率 2	3	6	4512	LDPC（7493，4572）	7488	0.6
码率 3	4	8	6016	LDPC（7493，6096）	7488	0.8

3. 符号星座映射

前向纠错编码产生的比特流要转换成均匀的 nQAM（n：星座点数）符号流（最先进入的 FEC 编码比特作为符号码字的 LSB）。DTMB 标准包含以下 5 种符号映射关系：64-QAM、32-QAM、16-QAM、4-QAM、4-QAM-NR。

拓展阅读

考虑功率归一化要求的星座图

4-QAM 与 4-QAM-NR 的符号映射对应于高速移动业务的需求，可以支持标准清晰度电视广播，能够兼顾覆盖范围和接收质量的业务需求。

4-QAM、16-QAM 与 32-QAM 符号映射可对应于中等数码率业务的需求，可以支持多路标准清晰度电视广播，能够兼顾覆盖范围和频率资源利用的业务需求。

32-QAM 和 64-QAM 符号映射对应于高数码率业务的需求，可以同时支持高清晰度电视和多路标准电视的广播，兼顾高档用户和普通用户的业务需求。

4. 交织方式

在 DTMB 标准的整个处理流程中，共涉及两类 3 种交织方式：时域交织（包括：比特交织、符号交织）和频域交织。

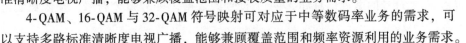

（1）时域交织

在采用 4-QAM-NR 映射方式时，首先必须对输出的数据流进行基于比特的卷积交织，然后再进行映射，映射后的符号无须再次交织。

对于 4-QAM、16-QAM、32-QAM 和 64-QAM 等映射方式，无须比特交织处理，而是在映射完成后进行时域符号交织。时域符号交织编码是在多个信号帧的基本数据块之间进行的。数据信号（即星座映射输出的符号）的基本数据块间交织采用基于星座符号的卷积交织编码，如图 8-26 所示，其中变量 B 表示交织宽度（支路数目），变量 M 表示交织深度（延迟缓存器尺寸）。进行符号交织的基本数据块的第一个符号与支路 0 同步。交织/解交织对的总时延为 $M(B-1)$ B 符号。取决于应用情况，基本数据块间交织的编码器有两种工作模式：

1）模式 1：$B=52$，$M=240$ 符号，交织/解交织总延迟为 170 个信号帧。

2）模式 2：$B=52$，$M=720$ 符号，交织/解交织总延迟为 510 个信号帧。

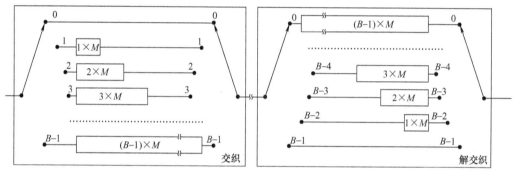

图 8-26　卷积交织

（2）频域交织

频域交织仅适用于载波数 $C=3780$ 模式，目的是将调制星座点符号映射到帧体的 3780 个载波上。频域交织在帧体数据处理中进行，交织大小等于子载波数 3780。

5. 复帧

（1）复帧结构

本系统的数据帧结构如图 8-27 所示，是一种四层结构。其中，数据帧结构的基本单元为信号帧，信号帧由帧头和帧体两部分组成。超帧定义为一组信号帧。分帧定义为一组超帧。帧结构的顶层称为日帧（Calendar Day Frame，CDF）。信号结构是周期的，并与自然时间保持同步。

（2）信号帧

信号帧是系统帧结构的基本单元，一个信号帧由帧头和帧体两部分时域信号组成。帧头和帧体信号的基带符号率相同（7.56Ms/s）。

帧头部分由 PN 序列构成，帧头长度有三种选项。帧头信号采用 I 路和 Q 路相同的 4-QAM 调制。

帧体部分包含 36 个符号的系统信息和 3744 个符号的数据，共 3780 个符号。帧体长度是 500μs（$3780 \times 1/7.56$ μs）。

（3）超帧

超帧的时间长度定义为 125 ms，8 个超帧为 1s，这样便于与定时系统（例如 GPS）校准时间。

超帧中的第一个信号帧定义为首帧，由系统信息的相关信息指示。

（4）分帧

一个分帧的时间长度为 1min，包含 480 个超帧。

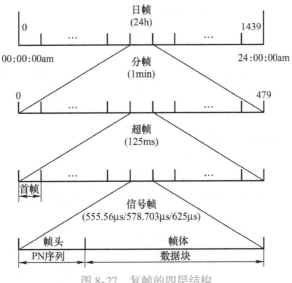

图 8-27 复帧的四层结构

（5）日帧

日帧以一个公历自然日为周期进行周期性重复，由 1440 个分帧构成，时间为 24h。在北京时间 00：00：00 AM 或其他选定的参考时间，日帧被复位，开始一个新的日帧。

6. 信号帧

（1）信号帧结构

数据帧结构的基本单元为信号帧，信号帧由帧头和帧体两部分组成，为适应不同应用，定义了三种可选帧头模式以及相应的信号帧结构，如图 8-28a，图 8-28b，图 8-28c 所示。三种帧头模式所对应的信号帧的帧体长度和超帧的长度都保持不变。对于图 8-28a 的帧结构，每 225 个信号帧组成一个超帧（225×4200×1/7.56μs＝125ms）；对于图 8-28b 的帧结构，每 216 个信号帧组成一个超帧（216×4375×1/7.56μs＝125ms）；对于图 8-28c 的帧结构，每 200 个信号帧组成一个超帧（200×4725×1/7.56μs＝125ms）。

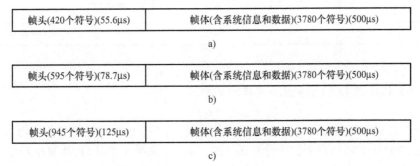

图 8-28 信号帧结构

a）采用帧头模式 1 的信号帧结构 1 b）采用帧头模式 2 的信号帧结构 2 c）采用帧头模式 3 的信号帧结构 3

（2）帧头

1）帧头模式 1。帧头模式 1 采用的 PN 序列定义为循环扩展的 8 阶 m 序列，可由一个 LFSR 实现，经 "0" 到+1 值及 "1" 到−1 值的映射变换为非归零的二进制符号。

长度为 420 个符号的帧头信号（PN420），由一个前同步、一个 PN255 序列和一个后同步构成，前同步和后同步定义为 PN255 序列的循环扩展，其中前同步长度为 82 个符号，后同步长度为 83 个符号，如图 8-29 所示。LFSR 的初始条件确定所产生的 PN 序列的相位。在一个超帧中共有 225 个信号帧。每个超帧中各信号帧的帧头采用不同相位的 PN 信号作为信号帧识别符。

前同步82个符号	PN255	后同步83个符号

图 8-29　PN420 结构

产生序列 PN255 的 LFSR 的生成多项式定义为

$$G_{255}(x) = 1+x+x^5+x^6+x^8 \tag{8-5}$$

基于该 LFSR 的初始状态，可产生 255 个不同相位的 PN420 序列，序号为 0~254。DTMB 标准选用其中的 225 个 PN420 序列，序号为 0~224。在每个超帧开始时 LFSR 复位到序号 0 的初始相位。

帧头信号的平均功率是帧体信号的平均功率 2 倍。

注：在不要求指示帧序号时，上述 PN 序列无须实现相位变化，使用序号 0 的 PN 初始相位。

2）帧头模式 2。帧头模式 2 采用 10 阶最大长度伪随机二进制序列截短而成，帧头信号的长度为 595 个符号，是长度为 1023 的 m 序列的前 595 个码片，经 "0" 到+1 值及 "1" 到−1 值的映射变换为非归零的二进制符号。

该最大长度伪随机二进制序列由 10 位 LFSR 产生，其生成多项式为

$$G_{1023}(x) = 1+x^3+x^{10} \tag{8-6}$$

该 10 位 LFSR 的初始相位为：0000000001，在每个信号帧开始时复位。

每个超帧中各信号帧的帧头采用相同的 PN 序列。帧头信号的平均功率与帧体信号的平均功率相同。

3）帧头模式 3。帧头模式 3 采用的 PN 序列定义为循环扩展的 9 阶 m 序列，可由一个 LFSR 实现，经 "0" 到+1 值及 "1" 到−1 值的映射变换为非归零的二进制符号。

长度为 945 个符号的帧头信号（PN945），由一个前同步、一个 PN511 序列和一个后同步构成。前同步和后同步定义为 PN511 序列的循环扩展，前同步和后同步长度均为 217 个符号，如图 8-30 所示。LFSR 的初始条件确定所产生的 PN 序列的相位。在一个超帧中共有 200 个信号帧。每个超帧中各信号帧的帧头采用不同相位的 PN 信号作为信号帧识别符。

前同步217个符号	PN511	后同步217个符号

图 8-30　PN945 结构

产生序列 PN511 的 LFSR 的生成多项式定义为

$$G_{511}(x) = 1+x^2+x^7+x^8+x^9 \tag{8-7}$$

基于该 LFSR 的初始状态，可产生 511 个不同相位的 PN945 序列，序号为 0~510。DTMB 标准选用其中的 200 个 PN945 序列，序号为 0~199。在每个超帧开始时 LFSR 复位到序号 0 的初始相位。

帧头信号的平均功率是帧体信号平均功率的 2 倍。

注：在不要求指示帧序号时，上述 PN 序列无须实现相位变化，使用序号 0 的 PN 初始相位。

（3）系统信息

系统信息为每个信号帧提供必要的解调和解码信息，包括符号星座映射模式、LDPC 编码的编码效率、交织模式信息、帧体信息模式等。本系统中预设了 64 种不同的系统信息模式，并采用扩频技术传输。这 64 种系统信息在扩频前可以用 6 个信息比特（$s_5 s_4 s_3 s_2 s_1 s_0$）来表示，其中 s_5

为 MSB，定义如表 8-9 所示。

表 8-9　系统信息比特定义

信息比特	s_5	s_4	$s_3s_2s_1s_0$
定义	保留	0：交织模式 1 1：交织模式 2	0000：奇数编号的超帧的首帧指示符号 0001：4-QAM，LDPC 码率 1 0010：4-QAM，LDPC 码率 2 0011：4-QAM，LDPC 码率 3 0100：保留 0101：保留 0110：保留 0111：4-QAM-NR，LDPC 码率 3 1000：保留 1001：16-QAM，LDPC 码率 1 1010：16-QAM，LDPC 码率 2 1011：16-QAM，LDPC 码率 3 1100：32-QAM，LDPC 码率 3 1101：64-QAM，LDPC 码率 1 1110：64-QAM，LDPC 码率 2 1111：64-QAM，LDPC 码率 3

该 6bit 系统信息将采用扩频技术变换为 32bit 长的系统信息矢量，即用长度为 32 的 Walsh 序列和长度为 32 的随机序列来映射保护。

通过以下步骤，可以得到 64 个 32bit 长的系统信息矢量：

1) 产生 32 个 32bit 长的 Walsh 矢量，它们分别是 32×32 的 Walsh 块的各行矢量。基本 Walsh 块见式（8-8），Walsh 块的系统化产生方法见式（8-9）。

$$W_2 = \begin{bmatrix} 1 & 1 \\ 1 & -1 \end{bmatrix} \tag{8-8}$$

$$W_{2n} = \begin{bmatrix} H & H \\ H & -H \end{bmatrix} \tag{8-9}$$

其中，H 为上一阶的 Walsh 块，即 $W_{2(n-1)}$。

2) 将上述 32 个 32bit 长的 Walsh 矢量取反，连同原有的 32 个 Walsh 矢量，共可以得到 64 个矢量。再将每个矢量经过 "+1" 到 1 值及 "−1" 到 0 值的映射，得到 64 个二进制矢量。

3) 这 64 个矢量与一个长度为 32 的随机序列按位相异或后得到 64 个系统信息矢量。该随机序列由一个 5bit 的 LFSR 产生一个长度为 31 的 5 阶最大长度序列后，再后续补一个 0 而产生。该 31bit 最大长度序列的生成多项式定义为

$$G_{31}(x) = 1 + x + x^3 + x^4 + x^5 \tag{8-10}$$

初始相位为 00001，在每个信号帧开始时复位。

4) 将这 32bit 采用 I、Q 相同的 4-QAM 调制映射成为 32 个复符号。

这样经过保护后，每个系统信息矢量长度为 32 个复符号，在其前面再加 4 个复符号作为数据帧体模式的指示。这 4 个复符号在映射前，$C = 1$ 模式时为 "0000"，$C = 3780$ 模式时为 "1111"，这 4 个比特也采用 I、Q 相同的 4-QAM 映射为 4 个复符号。

该 36 个系统信息符号通过复用模块与信道编码后的数据符号复合成帧体数据，其复用结构为：36 个系统信息符号连续排列于帧体数据的前 36 个符号位置。$C = 1$ 和 $C = 3780$ 两种模式通用的帧体结构如图 8-31 所示。

7. 帧体数据处理

3744 个数据符号复接系统信息后，经帧体数据处理后形成帧体，用 C 个子载波调制，占用

的射频带宽为 7.56MHz，时域信号块长度为 500μs。

4个帧体模式指示符号	32个调制和码率等模式指示符号	3744个数据符号

系统信息(36个符号)+数据(3744个符号)

图 8-31　帧体信息结构

C 有两种取值：$C=1$ 或 $C=3780$。令 $X(k)$ 为对应帧体信息的符号，当 $C=1$ 时，生成的时域信号可表示为

$$FBody(k) = X(k) \quad k = 0, 1, \cdots, 3779 \tag{8-11}$$

在 $C=1$ 模式下，作为可选项，对组帧后形成的基带数据在 ±0.5 符号速率位置插入双导频，两个导频的总功率相对数据的总功率为 -16dB。插入方式为从日帧的第一个符号（编号为 0）开始，在奇数符号上实部加 1、虚部加 0，在偶数符号上实部加 -1、虚部加 0。

在 $C=3780$ 模式下，相邻的两个子载波间隔为 2kHz，对帧体信息符号 $X(k)$ 进行频域交织，得到 $X(n)$，然后按下式进行变换得到时域信号：

$$FBody(k) = \frac{1}{\sqrt{C}} \sum_{n=1}^{C} X(n) e^{j2\pi n \frac{k}{C}} \quad k = 0, 1, \cdots, 3779 \tag{8-12}$$

8. 基带后处理

基带后处理（成形滤波）采用平方根升余弦滤波器进行基带脉冲成形。平方根升余弦滤波器的滚降系数 α 为 0.05。

平方根升余弦滚降滤波器频率响应表达式为

$$H(f) = \begin{cases} 1 & , |f| \leqslant f_N(1-\alpha) \\ \left\{ \frac{1}{2} + \frac{1}{2}\cos \frac{\pi}{2f_N}\left(\frac{|f|-f_N(1-\alpha)}{2} \right) \right\}^{\frac{1}{2}} & , f_N(1-\alpha) < |f| \leqslant f_N(1+\alpha) \\ 0 & , |f| > f_N(1+\alpha) \end{cases} \tag{8-13}$$

式中，$f_N = 1/2T_s = R_s/2$ 为奈奎斯特频率，T_s 为输入信号的符号周期（$1/7.56\mu s$），R_s 为符号率；α 为平方根升余弦滤波器滚降系数。

9. 系统净荷数据率

在不同信号帧长度、内码码率和调制方式下，本标准支持的净荷数据率如表 8-10 所示。表中的斜线表示该模式组合不在标准规范之内。

表 8-10　系统净荷数据率　　　　　　　　（单位：Mbit/s）

信号帧长度		信号帧长度 4200 个符号		
FEC 码率		0.4	0.6	0.8
映射	4-QAM-NR			5.414
	4-QAM	5.414	8.122	10.829
	16-QAM	10.829	16.243	21.658
	32-QAM			27.072
	64-QAM	16.243	24.365	32.486

（续）

信号帧长度	信号帧长度 4375 个符号		
FEC 码率	0.4	0.6	0.8
映射　4-QAM-NR			5.198
映射　4-QAM	5.198	7.797	10.396
映射　16-QAM	10.396	15.593	20.791
映射　32-QAM			25.989
映射　64-QAM	15.593	23.390	31.187

信号帧长度	信号帧长度 4725 个符号		
FEC 码率	0.4	0.6	0.8
映射　4-QAM-NR			4.813
映射　4-QAM	4.813	7.219	9.626
映射　16-QAM	9.626	14.438	19.251
映射　32-QAM			24.064
映射　64-QAM	14.438	21.658	28.877

8.5.2　技术特点

DTMB 以创新的时域正交频分复用（TDS-OFDM）调制技术为核心，形成了自有知识产权体系，具有鲜明的技术特点。

1. 传输效率或频谱效率高

在欧洲 DVB-T 中，用于同步和信道估计的导频载波数量占总载波的 10%。国标 DTMB 的 PN 序列放在 OFDM 保护间隔中，既作为帧同步，又作为 OFDM 的保护间隔。

欧洲 DVB-T 中的 C-OFDM 用 10% 的子载波传送用于同步和信道估计等的导频信号，同时存在循环前缀的保护间隔，而 TDS-OFDM 将符号保护间隔同时用于传输信道估计信号，因此 DVB-T 系统的传输效率只能达到国标 DTMB 系统的 90%。

传输效率在多载波技术和单载波技术进行比较时，被认为是多载波技术的弱点，国标 DTMB 的核心技术正是针对解决这个问题而开发的。

2. 抗多径干扰能力强

多载波系统和单载波系统相比，OFDM 系统具有抗多径干扰的能力，抵抗多径干扰的大小相应于其保护间隔的长度。由于国标 DTMB 的符号保护间隔中插入的是已知的（系统同步后）PN 序列，在给定信道特性的情况下，PN 序列在接收端的信号可以直接算出，并去除。

去掉 PN 序列后的 OFDM 信号与符号保护间隔为零值填充的 OFDM 信号等价，而符号保护间隔为零值填充的 OFDM 与符号保护间隔为周期延拓的 OFDM 在同样信道下的性能是等价的。而且，在多径延迟超过符号保护间隔的情况下，国标 DTMB 仍能工作。TDS-OFDM 可以把几个 OFDM 帧的 PN 序列联合处理，使抵抗多径干扰的延时长度不受保护间隔长度的限制，而传统的 OFDM 保护间隔长度设计要求必须大于多径干扰的延时长度。

3. 信道估计性能良好

在 AWGN 信道下，TDS-OFDM 的信道估计性能优于 C-OFDM。这是由于 TDS-OFDM 用于信道估计的 PN 序列具有 20dB 左右的扩频增益，同时又没有 C-OFDM 做信道估计时特有的插值误差。对于多径信道，TDS-OFDM 的 PN 序列与多径信道造成的干扰信号是统计正交的。虽然 TDS-OFDM 信道估计的性能无法在原理上与 C-OFDM 直接比较，但是它与其他传输系统中采用 PN 序列进行信道估计的性能相当。

4. 适于移动接收

移动接收产生了多普勒效应和遮挡干扰，使传输信道具有随时间变化的特性（时变特性）。而需要强调的是任何 OFDM 系统的信号处理都是基于信道传输特性准时不变的假设（应用 FFT 的基本条件），即在一个 OFDM 符号的时间内，假设信道是不变的，信道的变化被认为是在 OFDM 符号间发生的。

TDS-OFDM 的信道估计仅取决于 OFDM 的当前符号，而 C-OFDM 的信道估计需要 4 个连续的 OFDM 符号。因此，C-OFDM 在移动情况下，要考虑 4 个 OFDM 符号的信道变化影响，而 TDS-OFDM 只需考虑 1 个 OFDM 符号的信道变化影响。可以看出，国标 DTMB 系统更适于移动接收，其移动特性优于欧洲 DVB-T 系统。测试结果证明，国标 DTMB 系统的高清电视移动接收性能居国际领先水平。

8.6　DTMB-A 标准

地面数字电视传输系统经过了十多年的推广应用，目前已经进入下一代标准的研发与产业化推广阶段。其核心目标是更高的频谱效率和更好的系统传输性能。作为 DTMB 的演进标准，DTMB-A（DTMB-Advanced）在实验室和现场测试中均表现出了与现有第二代地面数字电视传输标准相当或更优的传输性能。

2015 年 7 月 8 日，国际电信联盟（ITU）在其官方主页上公布：由中国政府提交的中国地面数字电视传输标准的演进版本（DTMB-A）被正式列入国际电联 ITU-R BT. 1306 建议书《地面数字电视广播的纠错、数据成帧、调制和发射方法》，成为其中的系统 E。这标志着 DTMB-A 已经成为数字电视国际标准。

DTMB-A 在 DTMB 传输系统的核心技术基础上，对帧结构、星座映射、纠错编码等部分进行了改进，获得更优的系统性能，在频谱利用率、载噪比性能、接收门限、组网功能、多业务服务等方面均有显著改善。本节将简要介绍 DTMB-A 传输系统的关键技术，并与 DVB-T2 传输系统进行简要的对比。

8.6.1　DTMB-A 传输系统概述

DTMB-A 传输系统框图如图 8-32 所示。

在 DTMB-A 传输系统中，每路业务数据经前向纠错编码、星座映射和符号交织后，通过 IDFT 和添加帧头形成数据帧。控制帧和数据帧使用相同或不同的帧头长度和帧体长度，其中帧头由频域二值伪随机序列（PN-MC）组成。控制帧和每路业务形成的数据帧经复用合成为一路复帧信号，最后经过基带后处理得到基带传输信号，该基带信号经正交上变频形成射频信号。

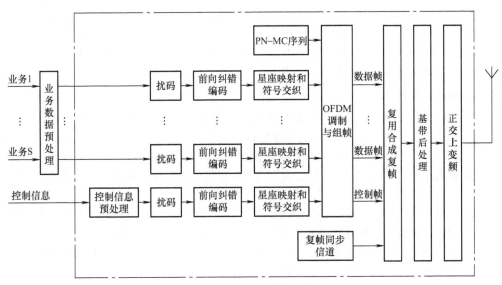

图 8-32　DTMB-A 传输系统框图

8.6.2　DTMB-A 传输系统的关键技术

1. 信号帧结构和多业务

DTMB-A 传输系统的复帧结构如图 8-33 所示，每个复帧包括复帧同步信道、数据信道和控制信道。复帧同步信道用于复帧初始同步，并获取系统基本传输参数；数据信道由 S 个业务数据组成，每个业务传输时使用整数个数据帧，每个复帧包含 F 个数据帧，根据系统传输参数的不同，F 值也会随之改变；控制信道是由 C 个控制帧组成，其主要功能是承载复帧结构的业务配置信息、信道解调和解码所需系统参数、快速实时信息（短信、定位等）等；数据帧和控制帧采用相同的信号帧结构，由帧头和帧体两部分组成。注意，DTMB-A 传输系统中的复帧类似于 DVB-T2 传输系统中的 T2 帧而不是超帧，而 DTMB-A 中的信号帧（数据帧或控制帧）则对应 DVB-T2 中的 OFDM 符号（数据符号或 P2 符号）。

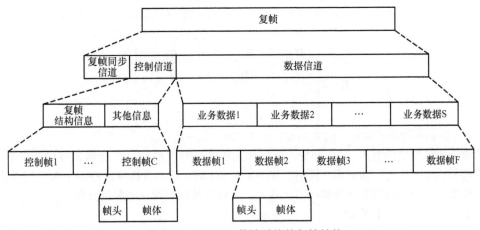

图 8-33　DTMB-A 传输系统的复帧结构

DTMB-A 和 DVB-T2 传输系统均支持不同的快速傅里叶变换（Fast Fourier Transform，FFT）大小和保护间隔，结合不同鲁棒性的编码调制模式，以适应从移动接收到高清电视等多种业务需求。DVB-T2 采用的是经典的 CP-OFDM，在保护间隔内插入循环前缀，需要在帧体内插入已知的导频序列来进行信道估计。而 DTMB-A 采用的是 TDS-OFDM 技术，在保护间隔内插入 PN-MC 序列，PN-MC 序列是由频域二值序列（PN256、PN512 或 PN1024）经过 IDFT 变换生成，可用于同步和信道估计，因此不需要额外的导频开销，具有更高的频谱利用率。

2. 编码调制技术

在广播系统中，业界常用的性能衡量标准是，当接收信号的载波噪声干扰比（载噪比）大于门限时，系统必须实现"准无误码"（QEF）的传输质量目标。其中准无误定义为："对单个电视业务解码器，在 5Mbit/s 速率下传输 1h 内发生不可纠正错误事件的次数小于 1"，大约相当于传送流在解复用前的误包率小于 10^{-7}。为了达到如此低的误码率，必须采用高性能的编码调制技术。

DTMB-A 和 DVB-T2 均采用了比特交织的编码调制（Bit-Interleaved Coded Modulation，BICM）方案，基本的编码调制系统框图如图 8-34 所示。发射端包括前向纠错编码、比特交织和比特置换、星座映射、星座旋转和坐标交织、符号层次的交织等模块。在接收端，主要采用独立解映射的方案，如果情况允许，也可兼容迭代解映射的方案。

图 8-34　编码调制系统框图

（1）前向纠错编码

DVB-T2 和 DTMB-A 传输系统均采用了 BCH 码与 LDPC 码级联的编码方案。LDPC 码是目前业界最流行的差错控制编码之一，具有性能优异和解码复杂度低的特点。好的 LDPC 码在误码率为 1×10^{-6} 时的载噪比门限能够在距香农限 1dB 之内。再经过 BCH 码对残留错误比特的纠错，可使误码率下降到 $10^{-11}\sim10^{-12}$ 范围内，以满足广播系统对于服务质量的需求。

DVB-T2 中的 LDPC 码具有优异的性能，包括 16200 和 64800 两种码长，并且支持 1/2、3/5、2/3、3/4、4/5、5/6 多种码率。不同的码率、码长组合，不同需求的业务提供相应的保护性能。DTMB-A 中 LDPC 码的性能与 DVB-T2 不相伯仲，包括 15360 和 61440 两种码长，码率支持 1/2、2/3、5/6 这三种。DTMB-A 的 LDPC 码与 DVB-T2 的区别在于，它采用了准循环低密度奇偶校验（Quasi-cyclic LDPC，QC-LDPC）码。QC-LDPC 的校验矩阵 $\boldsymbol{H}_{qc}$ 由循环子矩阵构成，如式（8-14）所示。

$$\boldsymbol{H}_{qc} = \begin{bmatrix} \boldsymbol{H}_{0,0} & \boldsymbol{H}_{0,1} & \cdots & \boldsymbol{H}_{0,n-1} \\ \boldsymbol{H}_{1,0} & \boldsymbol{H}_{1,1} & \cdots & \boldsymbol{H}_{1,n-1} \\ \vdots & \vdots & & \vdots \\ \boldsymbol{H}_{n-k-1,0} & \boldsymbol{H}_{n-k-1,1} & \cdots & \boldsymbol{H}_{n-k-1,n-1} \end{bmatrix} \tag{8-14}$$

式中，$\boldsymbol{H}_{i,j}$ 是 $b\times b$ 循环子矩阵，取 $0\leqslant i\leqslant n-k-1$，$0\leqslant j\leqslant n-1$。

从校验矩阵的结构看出，QC-LDPC 码具有天然的半并行结构，适合解码器的半并行运算，能够以较低的复杂度进行编解码。同时，DTMB-A 的 LDPC 码多种码率的校验矩阵之间具有嵌套结构，在多码率合一的编码器和解码器实现上，可以有效减少硬件资源的开销。

（2）比特交织与比特置换

经过编码后的每个 LDPC 块，需要进行比特交织和比特置换。DVB-T2 采用了列缠绕交织，比特按列写入按行读出，写入过程中每一列具有不同的偏移地址。经过交织之后，每一个或两个星座符号包含的比特需要进行比特置换，DVB-T2 中称为 Demux。

DTMB-A 的比特交织为行列交织的变种，比特按行写入，经过行间的置换之后，按列读出。

然后对每一个符号内的比特进行比特置换，置换图样如表 8-11 所示。DTMB-A 的比特置换图样利用外信息传递（EXIT）图辅助分析优化，考虑了采用 LDPC 码的高阶调制系统具有的不均等差错保护特性，在给定 LDPC 码字和星座映射的基础上，可提供接近最优的性能。

表 8-11　DTMB-A 的比特置换图样（两种码长）

码　率	星座映射			
	QPSK	16-APSK	64-APSK	256-APSK
1/2	(0, 1)	(2, 0, 1, 3)	(2, 0, 5, 3, 1, 4)	(5, 4, 0, 1, 6, 2, 3, 7)
2/3	(0, 1)	(1, 2, 3, 0)	(0, 2, 3, 4, 5, 1)	(1, 0, 2, 4, 5, 3, 6, 7)
5/6	(0, 1)	(0, 1, 2, 3)	(4, 0, 1, 2, 3, 5)	(2, 3, 0, 1, 4, 6, 5, 7)

（3）星座映射

DVB-T2 传输系统的星座映射是 Gray 映射的 QAM 调制，支持 QPSK、16-QAM、64-QAM 以及 256-QAM。与 DVB-T2 不同，DTMB-A 传输系统采用了一种新型的具有 Gray 映射的 APSK（Amplitude and Phase-Shift Keying）星座图，图 8-35 和图 8-36 分别给出了 16-Gray-APSK 和 64-Gray-APSK 星座图的示例。

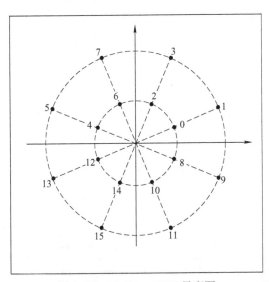

图 8-35　16-Gray-APSK 星座图

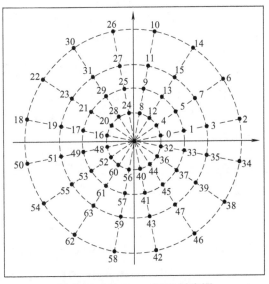

图 8-36　64-Gray-APSK 星座图

具有 Gray 映射的 APSK 的最大特点在于：每一个环上具有相同的星座点数，并且各个环上的星座点具有相同的初始相位。这样，每一个环上的星座点可以构成 Gray-PSK，每一个相位上的星座点可以构成 Gray-PAM。根据信息论，为了使系统性能达到信道容量，信道的输入必须服从高斯分布。而实际系统中，信道输入受星座图的限制不可能服从高斯分布，这里导致的损失称为形状（Shaping）损失。由于 APSK 星座图比 QAM 星座图更加逼近高斯分布，因此可以有效减小 Shaping 损失。但一般的 APSK 不具有 Gray 映射，只能通过迭代解映射来发掘其潜在增益。而 DTMB-A 采用的 APSK 具有 Gray 映射，能够在独立解映射和迭代解映射的情况下均提供可观的 Shaping 增益。

为了进一步提升系统在衰落信道下（尤其是擦除信道）下的性能，DVB-T2 传输系统还采用了星座旋转和循环 Q 延迟技术，然后经过单元交织、时域交织、频域交织等，这些都属于符号层次的交织。循环 Q 延迟结合后续的符号层次交织，可以达到坐标交织的效果。而之所以要采用星座旋转，是因为 Gray-QAM 可以看作两路 PAM 的叠加，并非一个真正的二维星座图，只有经过星座图旋转之后，才能通过坐标交织提升系统性能。DTMB-A 传输系统采用的 APSK 星座图自身就是一个真正的二维星座图，因而不需要进行星座旋转。再加上相邻星座符号间的坐标置换和符号交织，也能够达到坐标交织的目的，提升衰落信道下的系统性能。

3. 发射分集技术

地面数字电视广播网络必须在多径衰落的环境下，支持固定和移动接收。信号经历的信道可能有频率选择性衰落或多普勒扩展。众所周知，单频网（SFN）可以改善频谱效率，减少布网费用，但在单频网中，同一个接收机可能会收到多个发射能量几乎相同的发射机信号。这些信号能导致显著的性能恶化，因为在这种情况下，信道可能会经历深衰落。发射分集可以较好地解决这个问题。

发射分集是 DVB-T2 和 DTMB-A 传输系统的一个可选项，出于对接收天线的兼容性考虑，它们都是两发一收的 MISO 方案。为了能够得到发射分集，需要得到各个发射天线的信道估计和相应的空时或者空频编码。DTMB-A 和 DVB-T2 传输系统采用改进的 Alamouti 空频编码技术以支持双天线发射。该编码方式将经过符号层次交织之后的两个相邻子载波上的符号进行空频编码，得到两个天线上发射的信号，然后对每个天线上要发射的信号进行 OFDM 调制和组帧处理，最后经射频通路送到发射天线进行传输。采用发射分集技术，可以大幅提高单频网（SFN）系统的覆盖范围，而且可以显著提升系统在动态衰落信道下的性能。但对于 DVB-T2 传输系统，MISO 模式下导频图案的设计是一个难点，DTMB-A 传输系统由于不需要导频，可有效克服这一困难。

8.6.3 DTMB-A 与 DVB-T2 传输系统的比较

DTMB-A 与 DVB-T2 两者既有类似的地方，又有区别。前者以 TDS-OFDM 为核心技术，后者以 CP-OFDM 为核心技术。DTMB-A 与 DVB-T2 传输系统的主要参数及技术对比分别如表 8-12 和表 8-13 所示。

表 8-12 DTMB-A 与 DVB-T2 传输系统的主要参数对比

	DTMB-A	DVB-T2
纠错编码，内码码率及码长	BCH+LDPC：1/2, 2/3, 5/6 15360, 61440	BCH+LDPC：1/2, 3/5, 2/3, 3/4, 4/5, 5/6 16200, 64800
星座点映射	QPSK, 16-APSK, 64-APSK, 256-APSK	QPSK, 16-QAM, 64-QAM, 256-QAM
保护间隔	1/128, 1/64, 1/32, 1/16, 1/8, 1/4	1/128, 1/32, 1/16, 19/256, 1/8, 19/128, 1/4
FFT 大小	4K, 8K, 32K	1K, 2K, 4K, 8K, 16K, 32K
离散导频额外开销	—	1%, 2%, 4%, 8%
连续导频额外开销	—	≥ 0.35%

表 8-13 DTMB-A 与 DVB-T2 传输系统的主要技术对比

	DTMB-A	DVB-T2
帧结构	TDS-OFDM	CP-OFDM
OFDM 参数	3 种 FFT 大小，6 种保护间隔	6 种 FFT 大小，7 种保护间隔，8 种离散导频图案（对应 4 种离散导频开销）
星座映射	Gray-APSK，结合坐标交织	Gray-QAM，采用规则映射或星座旋转和 Q 延时

（续）

	DTMB-A	DVB-T2
多天线技术	SISO 和 MISO（可选，采用改进 Alamouti 编码）	SISO 和 MISO（可选，采用改进 Alamouti 编码）
信令传输	控制信道	P1 信令和 L1 信令
交织技术	比特交织、坐标交织、符号交织	比特交织、符号交织、时间交织和频域交织
多业务	多个数据信道	多个 PLP，包括公共和数据 PLP
分片技术	时间分片	时间分片、时频分片
峰均比降低技术	ACE 技术（可选）	ACE 技术和预留子载波技术（可选）
未来系统业务扩展	扩展帧	未来扩展帧（FEF）

8.7　小结

根据信号的传输媒质不同，数字电视的广播方式有卫星广播、有线广播和地面无线广播之分。卫星数字电视广播和有线数字电视广播系统所采用的信道编码和调制技术已经相当成熟，国际上有公认的、优化的信号处理措施，各国采用的方案基本类同。但在地面数字电视广播方面，由于其传输特性与卫星和有线信道相比有较大的不同，再加上各国对地面广播数字电视的性能和要求有不同的侧重考虑，所以，采用了不同的信道编码和调制方案。

本章着重介绍了 DVB-S/DVB-S2、ABS-S、DVB-C/DVB-C2、DVB-T/DVB-T2 以及 DTMB/DTMB-A 标准。

在 DVB-S 中，将 8 个 TS 包组成一个包组，以包组作为能量扩散的循环周期，外编码采用 RS（204，188）码，进行深度 $I = 12B$ 的卷积交织，内编码采用编码效率为 $1/2 \sim 7/8$ 的（2，1，7）收缩卷积码，进行滚降系数为 0.35 的基带成形滤波，采用格雷码编码的 QPSK 调制。

DVB-S2 标准采用了 BCH 和 LDPC 码级联的信道编码方式，有效地降低了系统解调门限，距离理论的香农极限只有 0.7~1dB 的差距。DVB-S2 支持 0.2、0.25、0.35 三种升余弦滚降系数，在相同 C/N 和符号率的情况下较之 DVB-S 可使卫星通信容量增加 30%，能支持高数据速率应用，如高清晰度电视（HDTV）和宽带互联网业务，适用于广播电视、数字卫星新闻采集、交互业务，可望取代 DVB-S。

ABS-S 在性能上与 DVB-S2 基本相当，传输能力则略高于 DVB-S2，而复杂度低于 DVB-S2，更适应我国卫星直播系统开展的要求，通过研发各种不同的配置方案，可以最大限度地发挥直播系统能力，满足不同业务和应用的需求。

在 DVB-C 中，能量扩散、外编码和交织与 DVB-S 相同，无内编码，进行滚降系数为 0.15 的基带成形滤波，为提高调制效率，采用 MQAM 调制，可在 16-QAM、32-QAM、64-QAM、128-QAM 和 256-QAM 中选择，采用格雷码在星座图上的差分编码映射，每个符号中两个最高有效位 I_K 和 Q_K 确定星座所在的象限，其余 q 位确定象限内的星座图，象限内的星座图具有格雷码特性，同一象限内任一星座点与其相邻星座点之间只有一位代码不同。

DVB-C2 标准采用 BCH 外编码与 LDPC 内编码相级联的前向纠错编码技术。与 DVB-C 使用的 RS 码相比，DVB-C2 的抗误码能力增强了很多。DVB-C2 提供了 QPSK、16-QAM、64-QAM、256-QAM、1024-QAM、4096-QAM 共 6 种星座模式，比 DVB-C 增加了 1024-QAM 和 4096-QAM 两种高阶模式。

在 DVB-T 中, 能量扩散、外编码、交织和内编码与 DVB-S 相同, 增加了内交织, 包括比特交织和符号交织。为了提高系统抗多径干扰的能力, 以更好地实现移动接收功能, DVB-T 系统采用了 C-OFDM 调制方式。

与 DVB-T 相比, DVB-T2 在物理层支持多业务功能、提高最大传输速率、提高地面传输性能和提供更多可选技术方面进行改进。

我国地面数字电视广播传输标准 DTMB 设置了两种数字调制模式, 一种为基于 QAM 调制的单载波模式, 另一种为基于 OFDM 调制的多载波模式。DTMB 以创新的时域正交频分复用 (TDS-OFDM) 调制技术为核心, 形成了自有知识产权体系, 具有传输效率或频谱效率高、抗多径干扰能力强、信道估计性能好、适于移动接收的技术特点。

DTMB-A 在 DTMB 传输系统的核心技术基础上, 对帧结构、星座映射、纠错编码等部分进行了改进, 获得更优的系统性能, 在频谱利用率、载噪比性能、接收门限、组网功能、多业务服务等方面均有显著改善。

8.8 习题

1. 有线数字电视广播系统有哪些特点? 调制采取什么方案?

2. 为什么要进行数据扰码 (随机化)?

3. 什么是基带成形? 它的作用是什么?

4. 如何理解 $\pi/2$ 旋转不变的 QAM 星座图?

5. 在 DVB-C 系统中, 为什么在 QAM 调制前须进行差分编码?

6. 试分析比较 DVB-C 和 DVB-S 传输系统结构的异同点, 说明用 DVB-C 传输系统传送来自 DVB-S 卫星节目的方法。

7. DVB-T 为什么要在每个符号之前设置保护间隙?

8. 中国地面数字电视广播传输标准有什么技术特点?

9. DTMB 系统中的 FEC 编码有哪几种模式?

数字电视机顶盒是能对接收到的数字电视信号进行解调、信道解码、解复用、解扰、信源解码等处理，并转换成用户终端（电视机、PC 等）能播放的一种装置。而条件接收（Conditional Access，CA）系统通过对播出的数字电视传送流（TS）进行数字加扰，实现对数字电视广播业务的授权管理和接收控制，从而为数字电视广播运营商实行有偿服务提供必要的技术保障。在采用 CA 技术的数字电视系统中，只容许被授权的用户可以正常地收看电视节目或使用某些特定业务，而未经授权的用户不能正常收看经过加扰处理的数字电视节目或未被允许使用的某些业务，从而保障节目提供商和电视运营商的合法利益。

我国制定的 GY/Z 175—2001《数字电视广播条件接收系统规范》规定了地面、有线、卫星等数字电视广播系统中条件接收的系统构成和总体要求，并在附录中给出了节目信息管理系统与条件接收系统接口和要求、用户管理系统的要求及其接口、智能卡及其与接口的要求、条件接收智能卡标识、同密技术、多密技术的使用、通用加扰系统和与 CA 有关的业务信息/节目特定信息（SI/PSI）的规定等。

本章学习目标：
- 掌握数字电视机顶盒的基本功能、组成、工作原理及关键技术。
- 了解中间件的概念及其核心作用。
- 熟悉 ECM 和 EMM，掌握条件接收系统的组成及工作原理。
- 掌握控制字加密与传输控制的三重密钥传输机制。
- 了解对称密码体系和非对称密码体系，了解 DES 算法和 RSA 算法。
- 了解 MPEG-2 以及 DVB 标准中有关 CA 的规定。
- 了解同密模式和多密模式。

9.1 数字电视机顶盒

9.1.1 数字电视机顶盒的发展

顾名思义，机顶盒（Set-Top-Box，STB）是放置在电视机等设备之上的盒子。它起源于 20 世纪 90 年代初，当时主要是欧美国家有线电视台为解决有线电视收视费问题而设计的一个解扰设备。数字电视机顶盒作为数字电视辅助设备是从 20 世纪 90 年代后期欧美国家试播数字电视和高清数字电视（HDTV）开始的。它的主要作用是使用户能够用原有的模拟电视机收看数字电视节目和高清晰度数字电视节目，即将接收下来的数字电视信号转换为模拟电视信号，使传统的模拟电视接收机能收看高质量的数字电视节目。

随着数字电视改造的完成和近两年新兴技术的出现，机顶盒的功能和作用也得到深度拓展，新的商业模式和市场机会也随之出现。大致来看，电视机顶盒经过如下三个发展阶段。

（1）作为信号转换装置的机顶盒

20 世纪 90 年代中期，Internet 在全世界迅速发展和不断普及，人们萌发了利用互联网作为传输介质，利用电视机作为显示终端，实现家庭电视机网上浏览、电子邮件收发和双向信息交流功能，使电视机具有类似于多媒体计算机的功能，于是开始研究网络电视（WebTV）机顶盒。

20 世纪末，在欧美一些国家开始试播数字电视和高清晰度数字电视（HDTV）后，掀起了开发数字电视机顶盒的高潮。具有高清晰度电视解码能力的数字电视机顶盒与高清晰度电视显示器配合，可以欣赏到高清晰度数字电视节目。

（2）集成机顶盒

随着机顶盒技术的发展和需求的增多，机顶盒逐渐增加了一些附加功能，如在机顶盒上加上预告节目的电子节目指南，发布政府惠民信息的数据广播，增加收入的 VOD 点播，用于管理机顶盒的用户管理系统和用于控制收费的条件接收（CA）系统等。这种"集成机顶盒"的技术特点是各种软件相互集成在一起，一次成型难以改变，因而这种机顶盒的过渡性体现得非常明显，在"开放""交互"理念的深入普及下，这一技术也必然会遭到淘汰。

（3）OTT TV 机顶盒

OTT TV 是 Over-The-Top TV 的缩写，即以 Over-The-Top 方式服务的互联网电视。意指在网络之上提供服务，强调服务与物理网络的无关性。通过互联网传输的视频节目，如 PPS、UUSEE 等平台的内容传输到显示屏幕（包括电视）上。如 2010 年在市场上推出的 Apple TV 及 Google TV 即是此种模式。在国际上，OTT TV 指通过公共互联网面向电视传输的 IP 视频和互联网应用融合的服务。其接收终端为互联网智能电视一体机或 OTT TV 机顶盒+电视机。

9.1.2　数字电视机顶盒的分类

根据信号传输媒介的不同，数字电视机顶盒又分为卫星数字电视机顶盒、有线数字电视机顶盒、地面数字电视机顶盒、IPTV 机顶盒和互联网智能电视（OTT TV）机顶盒。

根据所支持的图像清晰度的不同，数字电视机顶盒可分为标准清晰度数字电视机顶盒和高晰度数字电视机顶盒。

根据是否提供双向交互功能，数字电视机顶盒可分为非交互型数字电视机顶盒和交互型数字电视机顶盒。

按所提供的功能来分，数字电视机顶盒还可分为以下 3 种类型：

1）基本型：具有能满足免费数字电视业务和付费电视业务的基本功能。

2）增强型：在基本型功能的基础上，具有能满足按次付费业务、数据广播业务、广播式视频点播和本地交互业务的功能。

3）高级型：在增强型功能的基础上，具有视频点播业务、上网浏览业务、电子邮件收发业务、互动游戏及 IP 电话业务的功能，支持 Internet 接入、存储硬盘等功能。

9.1.3　数字电视机顶盒的组成

在日常的接触中，人们一提到数字电视机顶盒，可能都会问该机顶盒采用哪个公司的芯片、中央处理单元（CPU）的主频是多少、闪存（Flash）容量有多大、存储器容量有多大、操作系统是什么，采用哪个公司的条件接收（CA）系统，是否有中间件，采用哪个公司的中间件等问题。的确，这些都是机顶盒的基本组成部分。一个完整的数字电视机顶盒包括硬件平台和软件系统两大部分。除了音视频的解码由硬件实现外，包括电视内容的重现、操作界面的实现、数据广播业务的实现，直至机顶盒和个人计算机的互联以及和因特网的互联都需要由软件来实现。

1. 数字电视机顶盒的硬件平台

从硬件结构上看，数字电视机顶盒一般由主芯片、内存、调谐解调器、CA（Conditional Access）接口、外部存储控制器、回传通道以及视音频输出等几大部分构成。图 9-1 是基于意法半导体（ST）公司的 STi7710 的 HDTV 机顶盒设计方案。

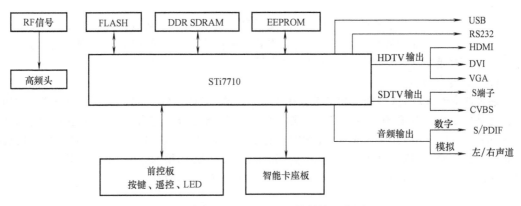

图 9-1　数字电视机顶盒的硬件结构示意图

（1）高频头的调谐解调器

调谐解调器部分的作用是将接收到的已调射频（RF）信号解调还原成传送流（TS）。调谐解调器的不同就构成了不同的数字电视机顶盒，例如用于 QPSK 解调的卫星数字电视机顶盒（STB-S），用于 QAM 解调的有线数字电视机顶盒（STB-C），以及用于 OFDM 解调的地面数字电视机顶盒（STB-T）。

（2）主芯片

随着芯片技术的发展，越来越多的厂家将数字电视机顶盒的功能更多地集成在一个主芯片里，例如现在大部分厂商都将 CPU、视/音频解码器、TS 解复用器、图形处理器与视/音频处理器集成在芯片中，甚至一些以 Philips 为代表的芯片厂商将调谐解调器也集成在芯片中，形成一体化的芯片解决方案，有效地降低了器件成本并提高了可靠性。

在主芯片中，首先根据传送流所传递的标志信息对接收到的传送流进行解复用，然后根据 CA 智能卡所传递的解扰信息对节目流进行解扰，解扰后的 TS 送到视/音频解码器中分别对其进行解码，还原成 AV 信号进行输出，同时，也分离出复用在 TS 中的各类业务信息（SI）表，送给数字电视机顶盒处理器分别输出。

另外，由于在主芯片中集成了 CPU 和图形管理器，使数字电视机顶盒可以完成更多的功能，它可以运行各种软件完成诸多任务，例如股票接收、网页浏览等，也可以通过图形管理器实现 2D 甚至 3D 的图形处理，为用户提供更美观的界面，实现交互式游戏等各种高画质应用。

由于 CPU 是主芯片的核心，因此通常情况下 CPU 的性能就决定了主芯片的性能。CPU 的性能一般是由主频决定的，主频越高则 CPU 的性能也越高。CPU 速度同运行其上的业务系统有着必然的联系，如果需要在一个 STB 中运行一个 HTML 浏览器，100MIS（Million Instructions per Second，每秒百万指令）可能就是对 CPU 的最低要求，当然这还需要内存的配合。

（3）内存

数字电视机顶盒同 PC 有很多相似之处，甚至可以说是一台简化了的 PC，两者最相似之处就是内存。对数字电视机顶盒而言，内存主要分为 Flash 内存和 SDRAM 内存。Flash 用来存储数字电视机顶盒的系统软件、驱动软件、应用程序以及一些用户信息，在系统断电时内容还可保留，同时 Flash 可以通过在线的方式对其上所载的软件进行更新，达到数字电视机顶盒软件升级的目的。SDRAM 主要是用来存储应用数据。数字电视机顶盒的许多功能都需要内存来实现，例如图形处理、视、音频解码和解复用等。不同的应用需求，内存的大小配置也各不相同。容量大的 Flash 和 SDRAM 的配置虽然可以为将来的业务系统预留足够的内存空间，但内存并不是决定软件能否运行的因素，它需要配合 CPU 来工作，不切合实际的高配置只会造成资源浪费，而无助于 STB 性能的提高。

（4）外部存储设备

外部存储设备一般指外挂式硬盘。大容量的硬盘可以用于存储节目流以满足用户的个性化需求。一个 STB 中能否外挂硬盘一般都是由主芯片所决定的，只有 CPU 的处理能力达到一定程度时，才有可能支持硬盘的读写，而硬盘的读写也需要更多的内存空间。

（5）智能卡接口

通过读卡器读取 CA 智能卡中的数据用于数字电视节目的解扰，特别是在付费电视发展的今天，这是大多数 STB 必不可少的部件。除了标准的读卡器外，在有些 STB 中也采用通用接口（Common Interface，CI）来完成对 CA 智能卡的读取。CI 是一个由 DVB 组织为数字电视机顶盒和分离的硬件模块之间定义的标准接口。这种起源于 PCMCIA 的技术应用，使数字电视机顶盒可以批量生产，也为数字电视机顶盒带来了变化，有着广泛的应用前景。

（6）回传通道接口

随着数字电视机顶盒应用的扩展，使用户对数字电视机顶盒的需求已经不单单停留在简单地收看视音频节目上了，交互式的需求使数字电视机顶盒中内嵌了回传设备，这些设备可以包括网络适配器、调制解调器等通信接口，用于满足用户将信息回传到前端。

（7）其他设备接口

新技术的发展使数字电视机顶盒的物理接口也不断地增加，如 RS-232 接口、红外遥控器接口、无线键盘接口、Wi-Fi 接口、USB2.0 接口、数字视频接口（Digital Visual Interface，DVI）、高清晰度多媒体接口（High Definition Multimedia Interface，HDMI）等，使 STB 可以同摄像机、DVD、PDA、平板显示器等众多设备进行连接。

2. 数字电视机顶盒的软件系统

数字电视机顶盒作为一个客户端系统，除了要具有良好的硬件平台外还需要配备不同的软件系统才能使其完成各种任务。数字电视机顶盒中的软件可以分成三层：应用层、中间解释层和驱动层，每一层都包含了诸多的程序或接口等。

（1）驱动层

驱动层包括数字电视机顶盒硬件的驱动程序，它主要用于完成对硬件设备的操作。

（2）中间解释层

中间解释层将 STB 的应用程序指令翻译成 CPU 能识别的指令，从而通过驱动层去调动硬件设备完成相应的操作。该层包括嵌入式操作系统、中间件、CA 驻留软件等。

（3）应用层

应用层可以分成驻留应用程序和可下载应用程序两部分。不同的 STB 软件设计理念使这两个部分包含的应用程序也不尽相同，合理规划这两部分的组成将有助于提高 STB 的可靠性和响应时间。应用程序用来执行服务商提供的各种服务功能，例如：电子节目指南、视频点播、数据广播、IP 电话和可视电话等。应用程序独立于 STB 的硬件，它可以用于各种 STB 硬件平台，避免应用程序对硬件的依赖。

9.1.4　数字电视机顶盒的关键技术

1. 解调及信道解码技术

在机顶盒中，高频头是必需的，不过调谐范围包含卫星频道、地面电视接收频道、有线电视增补频道。

作为最早提出数字电视传输标准的地区之一，欧洲首先考虑的是卫星信道，并提出了相应的标准 DVB-S。由于美国的 ATSC 标准不涉及卫星广播，所以 DVB-S 标准几乎为所有的卫星数字电视广播系统所采用。我国也选用了 DVB-S 标准。DVB-S 采用 RS 码、卷积交织和卷积码进行信道编码，同时采用 QPSK 方式调制。因此相应的机顶盒必须要完成 QPSK 解调、RS 码或卷积码解码和解交织的过程。

有线数字电视广播由于信道质量好，只用 RS 编码作为纠错编码，较少采用 TCM 卷积码，以降低接收端的复杂性，同时采用 QAM 调制方式，其中 16-QAM、32-QAM、64-QAM 必选，128-QAM 和 256-QAM 可选。

地面数字电视的传播条件复杂，容易受到地形、高楼遮挡等影响，同时还有模拟和数字同频信号、邻频信号及地面脉冲等的干扰，传送质量、可靠性及覆盖范围受到限制，特别是车载移动接收的难度更大。由于数字电视地面广播的传输环境恶劣，频谱资源有限，应用需求分散，各地采用的信道编码与调制方式并不统一。

2. 解复用和信源解码技术

如前所述，一路传送流由多路 PES 包组成，传送流解复用就是从传送流中分离出各路 PES 的过程。解复用器的工作原理是从输入的传送流中过滤出那些 PID 为特定值的包，并将其有效内容输出到解码器专用的存储器中。

PSI 表中的 PAT 和 PMT 指出传送流的结构以及各 PES 包所在传送包的 PID。机顶盒播放传送流中某一路节目时，一般采用如下的软件控制流程：

1）将解复用器过滤的 PID 值设为 0x0000，即 PAT 的 PID，则可得到 PAT 的数据。

2）分析 PAT 数据，得到传送流中包含的节目个数，每一路节目都对应一个 PMT，PMT 的 PID 在 PAT 中给出。

3）欲播放某一路节目时，需要设置解复用器过滤的 PID 值为该路节目对应的 PMT 的 PID，则可得到 PMT 的数据。

4）分析 PMT 数据，可得到该路节目包含的视频、音频、数据各自所在传送包的 PID。

5）解复用器过滤的 PID 值分别设置为视频、音频以及数据的传送包的 PID，则解复用器将把各路 PES 包送往相应的解码器。

为实现实时的解复用和数据信息处理，目前的系统大多采用专用芯片，将 CPU 内核与 MPEG-2 传送流解复用器、DVB 通用解扰器、MPEG-2 视频解码器、MPEG-2 AAC（或 AC-3）音频解码器、NTSC/PAL 编码器集成，形成数字电视机顶盒的核心芯片。另外，也有一些高档的可编程数字信号处理器（DSP）也能实现这一功能。

3. 上行数据的调制

开展交互式应用，需要考虑上行数据的调制问题。由于上行数据相对于下行数据要少得多，目前在 CATV 网中一般采用 QPSK 或 16-QAM 方式进行调制。在实际应用中，如果 CATV 网是单向的，则也可通过公共电话网采用 ADSL 或 VDSL 接入技术来传送上行数据。

4. 加解扰技术

加解扰技术用于对数字节目进行加密和解密。其基本原理是采用加扰控制字加密传输的方法，用户端利用 IC 卡解密。在 MPEG 传送流中，与控制字传输相关的有两个数据流：授权控制消息（ECM）和授权管理消息（EMM）。由业务密钥（SK）加密处理后的控制字在 ECM 中传送，其中包括节目来源、时间、内容分类和节目价格等节目信息。对控制字加密的业务密钥在 EMM 中传送，并且业务密钥在传送前要经过用户个人分配密钥（PDE）的加密处理。EMM 中还包括地址、用户授权信息，如用户可以看的节目或时间段，用户付的收视费等。

用户个人分配密钥（PDK）存放在用户的智能卡（Smart Card）中，在用户端，机顶盒根据 PMT 和 CAT 表中的 CA-descriptor，获得 EMM 和 ECM 的 PID 值，然后从 TS 中过滤出 ECM 和 EMM，并通过智能卡接口送给智能卡。智能卡首先读取 PDK，用 PDK 对 EMM 解密，取出 SK，然后利用 SK 对 ECM 进行解密，取出 CW，并将 CW 通过智能卡接口送给解扰引擎，解扰引擎利用 CW 就可以将已加扰的传送流进行解扰。

5. 嵌入式系统

嵌入式 CPU 是数字电视机顶盒的核心部件。当数据完成信道解码以后，首先要解复用，把传送流分成视频 PES、音频 PES，使视频、音频和数据分离开，在数字电视机顶盒专用的 CPU 中集成了 32 个以上的可编程 PID 滤波器，其中两个用于视频和音频滤波，其余的用于 PSI、SI 和私有数据滤波。CPU 是嵌入式操作系统的运行平台，它要和操作系统一起完成网络管理、显示管理、有条件接收管理（IC 卡和 Smart 卡）、图文电视解码、数据解码、OSD、视频信号的上下变换等功能。为了达到这些功能，必须在普通 32~64 位 CPU 上扩展许多新的功能，并不断提高速度，以适应高速网络和三维游戏的要求。

6. 数字电视中间件

目前，用户在收看数字电视节目时要使用数字电视机顶盒，其硬件功能主要是对接收的射频信号进行信道解码、解调、MPEG-2 码流解码及模拟音视频信号的输出。而电视内容的显示，EPG 节目信息及操作界面等都依赖于软件技术来实现，缺少软件系统无法在数字电视平台上开展交互电视等其他增值业务。为观众带来高清晰度图像和高质量声音，是电视运营商所采取的手段；提供交互式增值业务，不断地寻找新的经济增长点和增加收入才是其最终目的。所以，数字电视软件平台——中间件占有非常重要的作用。

数字电视中间件（Middle Ware）是数字电视业务系统中的一个重要软件平台，它以应用程序接口（Application Program Interface，API）的形式存在，提供了数字电视业务应用的运行环境，其中包含了对数字电视的内容格式和传输协议的支持，并为数字电视业务应用提供程序接口。数字电视中间件作为一个独立的软件层运行在数字电视系统的接收终端上，位于接收终端内部的实时操作系统与应用程序之间。其核心作用是将应用程序与底层的实时操作系统、硬件实现的技术细节隔离开来，支持跨硬件平台和跨操作系统的软件运行，使应用程序不依赖于特定的硬件平台和实时操作系统。

采用中间件技术，应用程序可独立于接收机硬件平台，不同硬件组成的数字电视接收机能在同一电视系统中使用，不同的软件公司可以基于同一编程接口来开发应用程序，并运行在不同的接收机中，使产品的开放性和可移植性更强。因此中间件技术可以降低接收机和应用软件的成本，增强数字电视市场推广力度和普及率。

数字电视中间件所处的地位决定了其软件系统的构成具有如下几个特点。

1）可移植性。要求中间件软件的平台无关性，一方面独立于任何硬件平台，另一方面它所提供的与驱动层的接口应该是能够在大多数硬件平台上方便使用的。

2）互操作性。要基于开放的标准，如 MPEG、DVB、JAVA、HTML 等现有的开放的国标准，从而保证应用程序的通用性。

3）采用通用的 API。采用统一的应用程序接口形式，要考虑：支持 TS 流的应用、下载本地存储等应用；支持业务信息（SI）的提取；使广播商和应用提供商能够自己开发应用程序，允许实现广播和应用提供商可以方便把握的人性化交互界面。

4）交互性。支持双向交互和不需要回传的本地交互。如何在已有的硬件平台和网络基础上最大限度地延展机顶盒的交互能力，包括频道浏览、网络交互、应用下载等功能，是中间件开发的核心内容之一。

5）可塑性和可组合性。根据不同的市场需要和用户的特殊情况，中间件提供的服务应该可以组合的，可以制定不同的产品特性来满足不同层次的需求，这将方便新功能的加入，便于用户升级。当然，这一点是建立在中间件软件系统架构的稳定性之上。

为了支持业务平台的开放性和机顶盒的可扩展性，标准化组织已经认识到中间件产品的兼容性问题，并且开始着手建立开放的中间件标准，例如，欧洲 DVB 组织提出的基于 Java 虚拟机的多媒体家庭平台（Multimedia Home Platform，MHP），美国高级电视制式委员会（ATSC）所制定的 DASE（DTV Architecture for Software Environment）标准等。

9.1.5　电子节目指南

电子节目指南（Electronic Program Guide，EPG）是为了方便用户对信息的获取而制作的运行于用户端综合接收解码器（Integrated Receiver Decoder，IRD）的应用程序，它通过电视屏幕向用户提供由文字、图形、图像组成的人机交互界面，负责电视节目和各种业务的导航。

1. EPG 的功能

从用户的角度看，电子节目指南（EPG）是为用户收看电视节目和享受信息服务提供的一个导航机制，更直观地说，就是用户在电视屏幕上看到的一组功能菜单，用户可以用遥控器控制菜单的状态移动，在菜单的引导下一步一步进入自己感兴趣的电视节目或数据信息。用户通过 EPG 不仅能够接收电视节目、广播节目，还可以查看感兴趣的信息，比如查看近期将播放的所有电视节目信息，查看某个节目的情节介绍，还可以进行节目预订和家长分级控制等。

EPG 通常包含以下功能：

1）节目预告：提供一段时间（如一个星期）内的所有电视节目信息，用户可以选择不同的方式进行浏览。例如沿时间轴和频道两个方向浏览节目信息，也可以通过分类选择对节目信息进行过滤，系统显示过滤后的时间表，例如体育节目列表等。

2）当前播出节目浏览：可按频道列出当前节目或按分类划分列出当前节目。

3）节目附加信息：给出节目的附加信息，如节目情节介绍、演员名单、年度排名等。

4）节目分类：按节目内容进行分类，如体育、影视等。

5）节目预订：在节目单上预约一段时间之内将要播放的节目。

6）家长分级控制：家长可以对一些不适宜儿童观看的节目加锁，实现分级控制。

2. EPG 的生成

EPG 信息由基本 EPG 信息和扩展 EPG 信息两部分组成：基本 EPG 信息是指完全可以用 DVB 标准中的业务信息（SI）来生成的 EPG 信息；扩展 EPG 信息是指在基本 EPG 信息之外通过数据轮播（Data Carousel）传递的 EPG 信息，这些信息的入口采用 EPG 映射表（EMT）进行描述，信息的内容被封装成具有多级目录结构的文件系统，称为扩展 EPG 内容信息（XECI），由于扩展 EPG 信息牵涉到相对复杂的数据轮播技术，所以在本节不作深入展开，只讨论常用到的基本 EPG 信息。

EPG 系统有前端子系统和接收端子系统两部分：前端子系统主要负责 SI 数据的组织和生成，一般来说，由一个专门的 SI 复用器来完成这部分工作，并把生成的 SI 数据与节目等其他数据流进行系统层复用，在 TS 中传输；接收端子系统主要负责 SI 数据的接收、解析、存储等。接收端通常是一个机顶盒，前端和接收端是一一对应的，接收端的相关部分必须与前端定义的一致，本节讨论的主要是指接收端。

在实际应用中 EPG 接收端的实现一般按照如下步骤进行：

1）输入频率、符号率、调制方式锁定频点。

2）根据 NIT 表的 PID 取得 NIT 表，解析并保存。

3）从 NIT 表中的第一个描述符循环中取得 network_name_descriptor，从中可以得到网络名，可根据需要决定是否将网络名显示在屏幕上，然后从 NIT 表中的第二个描述符循环中取得 cable_delivery_system_descriptor()，从中可以得到所有频点的几个关键字段值：frequency（频率）、modulation（调制方式）、symbol_rate（符号率），至此网络信息资源已全部获得。

4）根据上述网络信息，建立一个循环，分别锁定不同的频点。

5）在已锁定的频点下，接收 PSI/SI 信息表中的 PAT、PMT、SDT 表，完成所有节目信息的收集，包括以下内容：共多少个频点、每个频点下有多少套可供播放的节目、每个节目的名称、相关节目参考时钟 PID、视频 PID、音频 PID 等，根据以上信息可以组织菜单，并实现节目的播放。

6）最后接收 EIT 表，通过循环在一个物理频道上可以取得所有的节目时间表和内容，包括 1 天或 1 周、1 个月、两个月的节目预告（取决于前端）。

7）节目预订的实现，首先需要一个后台的计时时钟，它需要有累计时间和更新 TDT 机制；其次要有一个后台始终监控任务，对预约的节目进行实时查询；再次要有一套预订节目的管理函数，进行节目预订的增加、删除、修改。

9.2 条件接收系统的组成及工作原理

条件接收系统是一个综合性的系统，集成了数据加密和解密、加扰和解扰、智能卡等技术，同时也涉及用户管理、节目管理、收费管理等信息应用管理技术，能实现各项数字电视广播业务的授权管理和接收控制。CA 系统主要由用户管理系统、节目信息管理系统、加扰/解扰器、加密/解密器、控制字发生器、伪随机二进制位序列发生器（PRBSG）、智能卡等部分组成，其工作原理框图如图 9-2 所示。

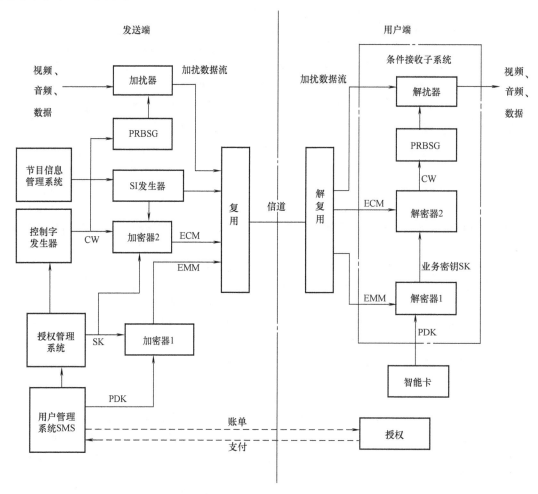

图 9-2 CA 系统原理框图

9.2.1　用户管理系统和节目信息管理系统

用户管理系统（Subscriber Management System，SMS）是支撑运营和管理运营的一个综合业务平台，是数字电视综合业务平台的一部分。它利用系统管理技术、计算机软件技术、网络技术以及相关的应用技术，实现了数字电视系统的用户信息、业务信息、资源信息、用户的节目预订信息、用户授权信息、账务计费、客服等管理功能，并根据业务需要提供与相关外部系统进行互连的接口。

数字电视用户管理系统本质上说是一个信息管理平台，涉及人（运营商、用户、内容提供商、分销商、银行等）、财（销售费、收视费、节目分成费用等）、物（机顶盒、智能卡、节目内容等）、服务（数字产品、服务时间）、运营（打包策略、折扣策略、用户级别等）等方面，是一个异常复杂和庞大的系统。此系统的完成也不是一成不变的，会随着数字电视运营的不断深入而逐渐完善。

用户管理系统（SMS）根据用户订购节目和收看节目的情况，一方面向授权管理系统发出指令，决定哪些用户可以被授权收看哪些节目或接受哪些服务；另一方面向用户发送账单。SMS 通常包括数据库服务器、应用服务器和客户端应用程序。

授权管理系统在用户管理系统发出的指令控制下，产生出业务密钥。

节目信息管理系统的主要功能是为即将播出的节目建立节目表。节目表包括频道、日期和时间安排，也包括要播出的各个节目的 CA 信息。

9.2.2　加扰、解扰和控制字

所谓加扰就是对传送流（TS）中的视频码流、音频码流或辅助数据进行有规律的扰乱，使得未授权用户无法对视频/音频码流进行解码，从而防止节目的自由接收。那么，加扰是如何实现的呢，授权用户又是如何通过解扰恢复出加扰前的原始数据？

由于加扰对象是数据流，而且要求实时加扰，因此，要采用能够满足实时性要求的流（序列）加密算法。流加密是密码学的一个重要分支，已经有了很长的研究历史。人们提出了很多理论和算法，但是在文献中进行了详细说明的算法相对较少，这是由于很多实际使用的流加密算法是需要保密的。加扰器中使用的流加密算法如图 9-3 所示。

图 9-3 中的 M_i 是待加扰的数据流，K_i 是密钥序列，C_i 是加扰后的数据流，中间的运算是模 2 加，即异或（XOR）运算。

可以证明，如果 K_i 是随机的，那么在攻击者（黑客）只知道 C_i 的情况下，这个加密算法是不可破译的。但是随机的 K_i 要和 M_i 有相同长度的比特流，这实际上是不可行的。为此，设计了由一

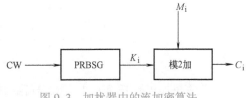

图 9-3　加扰器中的流加密算法

个控制字（Control Word，CW）控制的伪随机二进制位序列发生器（Pseudo-Random Binary Sequence Generator，PRBSG），产生一个好像是随机的序列，称为伪随机二进制位序列（PRBS），作为密钥比特流。所以，加扰就是在发送端将原始数据流与 PRBS 进行模 2 加运算，得到被加扰的数据流。在接收端，用一个和发送端结构相同的 PRBSG，只要收、发两端间的 PRBS 同步（即用同一个初始值启动），则接收端的 PRBSG 产生的 PRBS 就和发送端的完全一样。用这个 PRBS 作为解扰序列，与被加扰的数据流做同样的模 2 加运算，就可恢复出加扰前的原始数据流。由此可见，解扰的关键是要得到用于同步收、发两端 PRBS 的初始值（是一个随机数），这个初始值就称为"控制字"（CW）。

采用 PRBS 后，加扰后的数据流 C_i 有可能被破译，因此，为了保证安全，在可能被破译之

前需要更换控制字（CW）。更换频率的确定通常需要考虑以下两个因素：同步时间和数据量。如果更换时间间隔为 t，那么当用户切换到某一个经过加扰的节目时，最多要等待 t，平均要等待 $t/2$，才能开始解扰。因此，更换时间间隔不能过长。如果间隔时间太短，则控制字的数据量会很大，因而占用传输带宽的开销就大，也增加了产生控制字的难度。通常控制字每隔 $2\sim10\mathrm{s}$ 就要更换一次。

MPEG-2 标准没有推荐任何具体的加扰算法，只对传送流中运用的加扰方案规定了框架。但是，世界范围内主要的数字电视标准已经规定或推荐了一些有效的算法，例如，欧洲的 DVB 规定了通用加扰（Common Scrambling，64 位控制字）技术规范，美国的 ATSC 选择了三重 DES 算法（168 位控制字），也能实施数据加密标准（Data Encryption Standard，DES）算法，日本使用了松下公司提出的一种加扰算法。而一些前端制造商建议使用有专利权的方案。但很显然，为了增强前端及终端的互操作性和降低机顶盒的成本，使用标准的或推荐的算法是最好的方式。

DVB 通用加扰算法指定了块（分组）加密和流（序列）加密两种不同的加密算法。块加密算法利用可逆密码分组链模式对 8B 数据的单位块进行加密，流加密是用一个 PRBSG 产生的数据来进行加密，如图 9-4 所示。

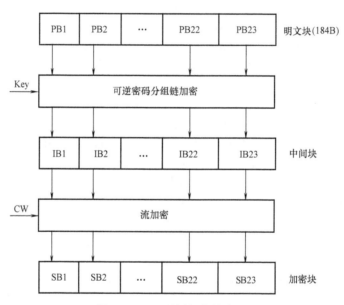

图 9-4 DVB 通用加扰算法

首先将待加扰的 TS 包中的有效净荷数据按每块 8B 分为字节块，如果该 TS 包没有适配字段，则除包头以外的 184B 可分成 23 个字节块。采用可逆密码分组链加密方法对这 23 个字节块进行块加密，然后再用控制字对加密后的块（这里称为中间块）进行流加密，也就是按前面所述方法用 CW 产生 PRBS 对有关数据进行加密。其中块加密所用到的密钥（Key）是控制字通过不同的调度算法得到的数据密钥。基于这种算法，解扰算法需要从流解密开始，然后进行块解密最终达到对 TS 包的有效净荷数据进行解扰。

9.2.3 控制字加密与传输控制

从前面加扰与解扰原理可以看出，在接收端只要能及时解出控制字，则采用相同解扰算法就能恢复出原始数据。因此，CA 系统的关键是采用多重密钥传输机制将控制字安全地传送到经过授权的用户端。通常，CA 系统采用三重密钥传输机制，它们分别是控制字、业务密钥（Service Key，SK）和个人分配密钥（Personal Distributed Key，PDK）。

1. 控制字加密

在发送端，首先根据节目播放的授权要求，由控制字发生器通过安全算法产生控制字（CW），由它来控制加扰器对视频、音频或数据码流进行加扰处理。由于接收端解扰要用到这个控制字，所以，它要随加扰数据一起传送到接收端。如果任何人都可以读取它，那就不安全了，所以，必须要对它进行保护。为此，要用一个加密密钥通过加密器 2 对 CW 本身（以及 SI 等其他控制参数）进行加密保护，这个加密密钥只是一个用来变化加密算法结果的任意数。固定这个密钥是不适用的（安全性差），应当采用变化密钥。

2. 业务密钥及其加密

在具体应用中，对 CW 进行加密的密钥可以按网络运营商的要求经常加以改变，通常由服务提供商产生用来控制其提供的业务，所以把它称为业务密钥（Service Key，SK）。SK 和用户的付费有关，实际上就是用户的授权信息。数字电视业务的授权方式通常包括以下 3 种：

（1）节目定期预订

有一定期限的授权，期限从一周到一年。定期预订的服务通常用于收看一个特定的加密电视频道。

节目定期预订又可以细分为分类分级方式和节目组合方式。分类分级方式用于创建嵌套订购的产品。用户购买节目时可以指定想要收看的类，并在类中指定想要的级。节目提供商添加相应的授权，通过授权管理消息（Entitlement Management Messages，EMM）发送到用户的智能卡中，智能卡存储该授权。用户收看节目时，仅当节目的类等于卡中授权的类，并且小于等于卡中授权的级时，才可以收看该节目。分类分级方式虽然可以提供给用户比较自由的选择空间，但还是不够灵活。而在节目组合方式下，节目提供商可以把节目分成不同的节目列表供用户选择。

（2）按次付费收视（PPV）

按次付费收视（Pay Per View，PPV）也称节目分次预订。节目提供商为每个将要播出的节目定义一个节目事件号。在节目播出前，节目提供商通过 EMM 或其他的方式通知用户将要播出的节目及播出时间，用户通过打电话点播想要收看的节目，节目提供商添加对应的节目事件授权，通过 EMM 发送出去。用户接收到 EMM 后把授权存入卡中，到节目播出时，只要用户卡中存储的事件号和节目的事件号相同，用户即可收看该节目。

（3）即时按次付费收视（IPPV）

即时按次付费收视（Impulse PPV，IPPV）也称为即时节目购买，是通过在线支付的方式进行的 PPV 业务。IPPV 数据可以经电话或电缆回传，即时按次付费收视是最灵活的收看方式，节目购买完全是本地互动，无须提前打电话预订节目。节目播出前，用户均可以收看到该节目的片段，预览结束后，在屏幕上显示该节目的费用，并询问用户是否收看该节目。如果用户选择收看，并输入正确的用户密码，就完成了节目的购买。

对于节目定期预订方式，一般情况下用户可以一个月付一次费，SK 也按月变化，没有付费的用户将得不到新密钥。业务密钥的时限是由服务提供的时限确定的，在网络运营商提供的特殊服务中，如按次付费收视（PPV）和即时按次付费收视（IPPV）中 SK 的时限就可能只有几个小时。由于在任何时间只有一个有效的业务密钥（SK），在新旧密钥更换期间，一些授权用户将获得新密钥，而尚未授权的用户只有原来的旧密钥。新密钥要通过寻址分发给每个已付费的用户，分发时间可能是几小时或几天，这要由整个系统的用户数目和系统为此分配的带宽决定，但肯定有一个过渡时期。在此期间，有些用户有新的 SK，有的用户却没有，那应当使用哪一个 SK 进行解密呢？解决的方法就是给每个用户储存两个密钥，一个当前使用（称为旧密钥），一个"下一次"使用（称为新密钥）。在旧密钥失效前把新密钥分发给所有已授权的用户。用户的解扰器收到新密钥后先暂时存储在适当位置，然后在规定的时刻启用新密钥。有时把新、旧密钥分别称作"奇密钥"和"偶密钥"（该称呼与密钥的实际使用没有任何关系，仅是一个名称）。如果当前使用偶密钥加密，则同时分配的新密钥为奇密钥，在系统确定所有用户收到新密钥后偶密钥失效，同时新分配的奇密钥就启动来解密数据，下一次密钥的分配就以新的偶密钥开始。为了让随时接入的用户也能收看到当前的节目，系统一般也会寻址播出当前的密钥。

用业务密钥（SK）加密处理后的控制字放在授权控制消息（Entitlement Control Messages, ECM）中传送，ECM中还包括节目来源、时间、内容分类和节目价格等节目信息。ECM要和已加扰的视频、音频或数据码流复用在一起传到接收端。接收端在收到ECM后还必须用与发送端加密时所用的同一密钥进行解密才能得到控制字，所以，这个对控制字进行加密的业务密钥（SK）也要由发送端传送过来。由此可见，如果SK还是可以让任何人读取，那就意味着特定服务的订购者和非订购者将享有同等权利，网络运营商还是难以控制到特定的用户，安全性还是存在问题，所以必须对SK再进行加密保护。这个加密过程就完全按照各个用户的特征来进行，由于共用网络寻址模式中数据包是按用户地址传送的，每个终端设备有一个不重复的唯一的地址码，这就给出了一个解决方法，就是用地址码作为密钥来对SK进行加密。

3. 个人分配密钥

在实际使用中，终端设备的地址一般是公开的，且基本不变，所以往往用和这个地址码相关联的一个数列来进行加密，因为这个数列（密钥）是由个人特征确定的，通常称为个人分配密钥（Personal Distribution Key, PDK）。PDK一般由CA系统设备自动产生并严格控制，在终端设备处该序列数一般由网络运营商通过CA系统提供的专用设备烧入解扰器的PROM中，不能再读出。需要注意的是，PDK和解扰器或者智能卡的编号是不同的概念。编号是公开的，而PDK是绝对保密的，但是编号与PDK之间有映射关系。一个容量为一百万用户的CA系统用20bit长的编号就够了，但是PDK需要更多的位数以保证破译的难度。为了能提供不同级别、不同类型的各种服务，一套CA系统往往为每个用户分配若干个PDK，来满足丰富的业务需求。

用PDK加密处理后的业务密钥（SK）放在授权管理消息（Entitlement Management Messages, EMM）中传送。EMM是一种授权用户对某种业务进行解扰的信息，它包含了用户订购节目信息，指定了用户对业务的授权等级。由于有多种收费业务，如按次付费收视（PPV）、即时按次付费收视（IPPV）和视频点播（VOD）等，因此用户授权系统要对用户在什么时间看，看什么频道节目进行授权。

用户管理系统提供的用户地址信息、用户授权信息等和业务密钥一起被送入EMM发生器（EMMG，即加密器1）。加密器1利用PDK对这些信息进行加密运算，其输出即为EMM。

用户端的解码器只有在得到现行有效的PDK后，才能够对EMM解密得到SK，从ECM中解出控制字，从而实现对数据的解扰。所以，PDK需要通过非常安全的途径传递给授权的用户，目前一般以加密的形式固化存储在用户购买的智能卡中，用户需提供口令才能供解密使用，避免广播方式的信道传送有被窃取的可能。

9.2.4　加密算法

对于需要保密的重要信息，人们希望通过某种变换把它转换成秘密形式的信息。把对原始的真实数据序列施加变换的过程称为加密，把加密前的真实数据序列称为明文，加密后输出的数据序列称为密文。从密文恢复出明文的过程称为解密。加密实际上是从明文到密文的函数变换，变换过程中使用的参数称为密钥。

人们一方面要把自己的信息隐蔽起来，另一方面则想把别人的隐蔽信息挖掘出来，于是，就产生了密码设计的逆科学——密码分析。密码分析研究的问题是如何把密文转换成明文，即破译。破译也是进行函数变换，变换过程中使用的参数也称为密钥。

一般地，如果求解一个问题需要一定量的计算，但环境所能提供的实际资源却无法实现它，则称这种问题是计算上不可能的。如果一个密码体系的破译是计算上不可能的，则称该密码体系是计算上安全的。

密码体系必须满足以下三个基本要求：

1）对所有的密钥，加密和解密都必须迅速有效。

2）加/解密算法必须容易使用，即密码员应能方便地找到具有逆变换的密钥加以解密。

3）体系的安全性必须只依赖于密钥的保密性，而不依赖于加密算法或解密算法的保密性。

第三个要求意味着加密算法和解码算法都应该很强，能使攻击者（黑客）仅知道加密算法或解码算法还不足以破译密文。

对于某一明文以及由它产生的密文，加密时使用的密钥与解密时使用的密钥可以相同（单密钥），也可以不同（双密钥）。如果加密密钥和解密密钥相同或者很容易相互推导，则称这种密码体系为对称（单密钥）密码体系；否则，为非对称（双密钥）密码体系。对称密码体系和非对称密码体系各有优缺点，如表 9-1 所示。

表 9-1　对称密码体系和非对称密码体系

	对称密码体系	非对称密码体系
含义	加密密钥和解密密钥相同	加密密钥和解密密钥不同，加密密钥公开
安全性基础	第三方不能获得密钥	依赖于计算复杂程度
优点	加/解密速度快	较高的加密强度
缺点	密钥传输依赖于保密通信	加/解密速度较慢
典型算法	DES、三重 DES	RSA

在数字电视条件接收系统的密钥管理体系中，除了那些使用自己独有算法的条件接收系统外，一般的条件接收系统都使用以下的三种算法：DES（Data Encryption Standard）算法、三重 DES（triple-DES）算法和 RSA 算法。前两种属于对称密码体系，第三种属于非对称密码体系。下面将对这 3 种加密算法作简单的介绍，目的就是从加密算法的角度去衡量一个条件接收系统的安全性。

1. DES 算法

DES 是 1977 年正式确定为美国国家标准的加密算法，它是对称密码体系中应用最广泛的算法之一，既可用于加密又可用于解密。DES 密码是一种采用传统加密方法的分组密码。首先把输入的数据比特流以每 64bit 为一组进行分组；然后以每一组作为加密单元，在 16 个子密钥（每个子密钥的长度为 48bit）的控制下进行 16 轮的非线性变换后输出一组 64bit 长的密文。

DES 算法的总体流程如图 9-5 所示，其加密过程主要分为 3 个部分，首先是一个初始置换 IP，用于将一个明文分组中的所有位进行换位加密；然后是具有相同功能的 16 轮变换，每轮中都有换位和代替运算；最后再经过一个逆初始置换 IP^{-1}（为 IP 的逆变换）输出当前分组对应的密文。DES 算法中使用了 16 个子密钥 K_1，K_2，$\cdots$，K_{16}，如图 9-5 右半部分所示，这 16 个子密钥是由同一个 64bit 的密钥源 $K=k_1k_2\cdots k_{64}$ 经循环移位及置换选择产生。而这 64bit 的密钥源中只有 56bit 是随机的，所有 8 的倍数位 k_8，k_{16}，$\cdots$，k_{64} 是奇偶校验位，也就是说 DES 的实际密钥长度为 56bit。

若要对 DES 算法进行穷举搜索破译，即用所有的密钥逐一进行尝试破译，密码分析者在得到一组明文-密文对的条件下，可对明文用不同的密钥加密，直到得到的密文与已知的明文-密文对中的一致，就可确定所用的密钥了。搜索密钥所需的时间取决于密钥总量的大小和执行一次加密所需的时间。1998 年 7 月美国电子技术前沿基金会（Electronic Frontier Foundation，EFF）使用一台价值 25 万美元的计算机在 56h 之内破译了 56bit 密钥的 DES。1999 年 1 月美国电子技术前沿基金会（EFF）通过 Internet 上的 10 万台计算机合作，仅用 22h15min 就破解了 56bit 密钥的

DES。这说明依靠分布式计算能力，破译 56bit 密钥的 DES 已成为可能。因此，随着计算机运算速度的提高，在未来的数字电视广播中采用 DES 算法已是不安全了。目前除个别的条件接收系统还采用外，一般的条件接收系统最多将其用于对授权控制消息（ECM）的加密。

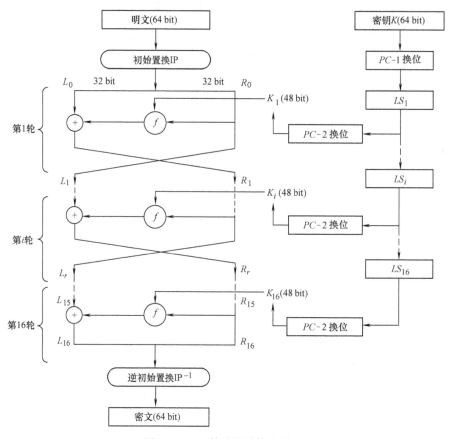

图 9-5　DES 算法的总体流程

2. 三重 DES 算法

由于 DES 容易受到穷举式的密码分析，于是人们对于找到一种替代 DES 的加密算法非常感兴趣。一种方法是设计一个全新的算法，设计一个更加复杂的算法并增加密钥长度；另一种方法是使用现有的 DES 算法，但是要采取一种巧妙的办法增加密钥长度，这样可以保护用户在软件和设备方面的已有投资。

三重 DES（triple-DES）就是一种改进的 DES 算法，它使用 3 组密钥 K_1、K_2、K_3 对同一组明文进行 3 次加密，密钥长度为 56bit×3 = 168bit，实现方式为加密-解密-加密，简记为 EDE（Encrypt-Decrypt-Encrypt），其实现过程如图 9-6 所示。

在 DES 的标准报告 FIPS46-3 中推荐使用 $K_1 = K_3$，即用两个密钥对数据进行 3 次的加密/解密运算，首先使用第一个密钥对数据进行加密，然后用第二个密钥对其进行解密，最后用第一个密钥再加密。这两个密钥可以是同一个，也可以不同，它们也可以来源于一个 128bit 的密钥，只是在加密/解密时将其分割成两个 64bit 的密钥，分别轮换用该两个 64bit 密钥去完成加密/解密运算。三重 DES 算法保留了 DES 算法运算速度快的特点，通过增加运算次数和密钥长度（两个 64bit 密钥相当于 128bit 密钥）来增加破解者的破解时间，但是从密码学本身上讲，其安全强度并没有增加。中间采用解密形式并没有密码编码上的意义，它的唯一优点是可以利用三重 DES

对单重 DES 加密的数据进行解密。这是因为 $C = E_{K_1}[D_{K_1}[E_{K_1}[M]]] = E_{K_1}[M]$。

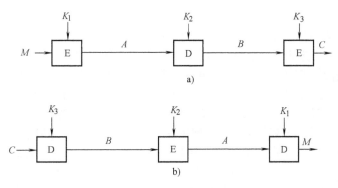

图 9-6　三重 DES 工作原理示意图

a）加密过程　b）解密过程

　　采用三重 DES 算法的条件接收系统的密钥在使用一段时间以后就需要进行更换，加密方需要通过某种安全的渠道把新的密钥传送给解密方，从而实现密钥的传递更新或者子密钥的生成。为了达到此目的，采用三重 DES 算法的智能卡中必须嵌入一个根密钥（Root Key）或主密钥（Master Key），来完成密钥的生成和分发等，而根密钥或主密钥的安全则关乎整个条件接收系统的安全。但是黑客正是通过跟踪截获其传递的密钥达到破解该密钥的目的的，或者通过对条件接收系统根密钥或主密钥的破解从而破解整个条件接收加密体系，那时即使采用了密钥循环的方法也无法剔除非法的智能卡。迄今为止，世界上所有采用三重 DES 算法的条件接收系统都已被破解，而且找不到任何防止破解的办法，即使更换了新一代的智能卡，也未能阻止黑客的攻击。随着黑客破解的手段越来越高明，破解的周期越来越短，给运营商造成的损失也越来越大，甚至在国内的某些地区数字电视广播还没有正式播出，盗版的智能卡已经出现了，这对运营商而言简直是一个灾难。

3. RSA 算法

　　已知两个大素数 p 和 q，求其乘积 n 很容易；反之，已知乘积 n 要求出 p 和 q 就很困难，这就是大整数因子分解问题。1977 年，由麻省理工学院的 Ron Rivest、Adi Shamir 和 Leonard Adleman 三人联合提出的 RSA 算法就是基于大整数分解的非对称密码体系（又称公开密钥密码体系）的代表算法。RSA 的取名来自于 3 位设计者的名字：Rivest-Shamir-Adleman。迄今为止，RSA 经受了各种安全测试的考验，被证明是目前最安全的非对称密码算法，也是理论上最为成熟完善的公开密钥密码体系。RSA 的基础是数论的欧拉定理，它的安全性依赖于大整数因子分解的困难性。在 n 较大时，大整数因子分解是计算上困难的问题，目前还不存在一般性的有效解决算法。

　　RSA 算法的加解密过程通过 3 个参数 e，d，n 来实现。

　　加密运算为：$c \equiv m^e \bmod n$

　　解密运算为：$m \equiv c^d \bmod n$

　　上面同余方程（即方程两边余数相等）的意思是：加密时将明文 m 自乘 e 次，然后除以模数 n，所得余数便是密文 c；解密运算是将密文 c 自乘 d 次，除以模数 n，所得余数便是明文 m。

　　若需发送的报文内容是用英文或其他文字表示的，则先将文字转换成等效的数字，再进行加密运算。

　　在 RSA 密码体系中，需要两个密钥：一个是公开的加密密钥（e,n），另一个是私有的解密密钥（d,n）。设计这两个密钥的具体方法如下：

1）选取两个保密的大素数 p 和 q，令模数 $n=pq$。

2）求 n 的欧拉函数 $\varphi(n)=(p-1)(q-1)$，并从 $2\sim[\varphi(n)-1]$ 中随机选取一个正整数 e，即满足 $1<e<\varphi(n)$，e 为加密指数。

3）解同余方程 $(ed)\mathrm{mod}\varphi(n)\equiv 1$，求得解密指数 d。

4）(e,n) 即为公开的加密密钥，(d,n) 即为私有的解密密钥。

在 RSA 公开密钥密码体系中，由于不能由模数 n 简单地求得 $\varphi(n)$，也无法简单地由 e 推算出 d，因而 e 和 n 可以公开，而不会泄露 $\varphi(n)$ 和 d。机密核心在于私有密钥 d，一旦 d 失窃，别人也就窃得了相应的被加密信息。因此，必须要对私有密钥 d 采取防窃措施。

由于模数 n 是公开的，如果能将 n 分解出 p 和 q，则就可以计算出 $\varphi(n)$，进而找出解密指数 d。可见 RSA 算法的安全性完全依赖于分解大数的难度。因此，今天要用 RSA 算法，需要采用足够大的模数 n。

例如，若公开的加密密钥为 $(5,51)$，$n=51$ 的因数只有 3 和 17，这样小的 n 很容易被分解并找出私有密钥 (d,n)。

【例 9-1】　在 RSA 算法中，令 $p=3$，$q=17$，取 $e=5$，试计算解密密钥 (d,n)，并加密 $m=2$。

解： $n=pq=3\times17=51$

$$\varphi(n)=(p-1)(q-1)=2\times16=32$$
$$(5\times d)\ \mathrm{mod}\ 32=1，可解得 d=13$$

于是 $$c\equiv m^e\mathrm{mod}n\equiv 2^5\mathrm{mod}51\equiv 32$$
验算 $$c^d\mathrm{mod}n\equiv 32^{13}\mathrm{mod}51\equiv 2\equiv m$$

在 CA 系统中，对业务密钥的加密，通常采用 RSA 算法。因为业务密钥的变更频度通常不高，因此对其加密的算法处理速度可以较慢，但由于一个业务密钥要使用较长时间，其安全性要求更高，需选用一些高强度的加密算法。非对称密码体系的加密算法在此可得到较好的应用，因为非对称密码体系加密算法虽然处理速度一般较对称密码体系慢，但大都具有较高的加密强度，可以满足业务密钥对安全性的更高要求。另外，采用非对称密码体系加密，经营者不必传输用户的私有密钥，只需知道用户的公开密钥就可对业务密钥进行加密，用户使用自己的私有密钥即可解密。这样可以在用户端产生一对密钥，只要将公开密钥传给发送端经核实可用后即可，而解密的关键私有密钥不需进行一次传输，可以提高系统的安全性。在公开密钥体制下还可实现数字签名、数字证书等功能，对于系统业务范围的拓宽提供在线支付等功能也非常有利。

对一个采用了 RSA 算法的条件接收系统来讲，一般采用公开密钥进行信息的加密，用私有密钥来进行信息的解密。由于每一张智能卡都有不同的公开密钥和私有密钥用于自身的加密和解密，因此，即使破解了某一张智能卡的密钥，对其他智能卡也没有什么影响，系统可以通过剔除的方法将非法卡阻止在系统之外，从而保证了条件接收系统的安全。除数字电视广播以外，它被广泛地应用于开放式的环境，例如互联网等。

从上述密码学的角度来说，RSA 算法本身比三重 DES 算法与 DES 算法有更高的安全性，已经被广泛地应用在各种安全强度要求较高的环境中。对一个条件接收系统而言，采用不同的密钥密码体系和算法对其"安全强度"会有很大的影响。从目前的技术应用的角度看，毫无疑问，那些采用了非对称密钥密码体系中 RSA 算法的条件接收系统比采用对称密钥密码体系中三重 DES 算法或 DES 算法的条件接收系统有着更高的安全性。

国内外近 10 年来在数字电视广播以及互联网上条件接收技术的应用也证明了这一论点。总之，作为条件接收系统最重要的也是最根本的技术指标之一就是系统的安全性，而安全性最根本的因素就来源于密钥密码体系和算法。

9.2.5　用户端的解密与解扰

在接收端，用户如果需要收看加扰的节目，首先需要从传送流中找到条件接收表（CAT），

CAT 的 PID 为 0x0001，在 CAT 中找到相应加密的 EMM。通过智能卡中个人分配密钥（PDK）来解密 EMM，然后根据解出的 EMM 来判断本智能卡是否被授权收看该套节目。如果没有授权将不能解密出业务密钥（SK），用户就不能收看该套节目；相反，如果该智能卡已被授权，则可以通过解密 EMM 得到 SK，利用它可以对 ECM 进行解密，从而得到加扰节目的控制字（CW），CW 又被用来触发和发送端相同的 PRBSG 产生 PRBS，该序列再通过解扰器对节目实现解扰就可以使节目能被正常收看。

综上所述，可以看出整个数字电视广播 CA 系统的安全性得到了三重保护。

1）第一重保护是用控制字对复用器输出的视频、音频和数据码流进行加扰，以扰乱正常的 TS，使得在接收端若不进行解扰就无法收看、收听到正常的图像、声音及数据信息。

2）第二重保护是用业务密钥对控制字进行加密。

3）第三重保护是用 PDK 对业务密钥的加密，它使得整个系统的安全性更强，使非授权用户即使在得到加密业务密钥的情况下，也不能轻易解密。因为解不出业务密钥就解不出正确的控制字，没有正确的控制字就无法解出并获得正常信号的 TS。

在实际运营的多套 CA 系统（主要在欧美）中，运营商对终端用户的加密授权方式有很多种：如人工授权、磁卡授权、IC 卡授权、智能卡授权（用 IC 构成有分析判断能力的卡）、中心集中寻址授权（由控制中心直接寻址授权，不用插卡授权）、智能卡和中心授权共用的授权方式等。其中，智能卡授权方式是目前在机顶盒中使用的主流授权方式。下面以智能卡为例来谈谈保护 PDK 的技术。

9.2.6　智能卡

智能卡是一张塑料卡，内嵌 CPU、ROM（EPROM 或 EEPROM）和 RAM 等集成电路，组成一块芯片。智能卡中有一个专用的掩膜过的 ROM，用来储存用户地址、解密算法和操作程序，它们是不可读的。如果想通过电子显微镜对存储器或芯片内部逻辑进行探测来分析读取数据，则可擦只读存储器（EROM 包括 EPROM 和 EEPROM）内的信息将被擦除。同时，在芯片内部，数据流在存储器之间的流动也不可能被直接检测出来。这就从根本上解决了智能卡的安全问题。而且，芯片内部寻址的数据是加密的，存储区域可以分成若干独立的小区，每个小区都有自己的保密代码，保密代码可以作为私人口令使用。智能卡内的数据和位置结构应随卡的不同而不同，否则安全性会大大降低。

智能卡与机顶盒通过异步总线连接，采用基于 ISO/IEC 7816 接口协议的标准通信接口。芯片内的存储器只能从内部访问，不能直接从外部访问，因而可以有效地防止非法攻击者侵入。

如果接收机采用智能卡，应符合 GB/T 16649 国家标准，在全国范围内应使用统一的标识。智能卡地址号（CARD_ID）反映终端设备在网络中的物理属性，智能卡编号（CARD_NO）反映执卡用户的消费属性。智能卡地址号、智能卡编号在全国具有唯一性，进行统一编码。智能卡地址号是对智能卡授权管理时寻址使用的唯一标识，由两部分构成，第一部分是预留的，2 个字节；第二部分至少 4 个字节。智能卡编号有 16 个十进制数，并且智能卡地址号与智能卡编号之间有对应的关系。

9.3　MPEG-2 以及 DVB 标准中有关 CA 的规定

9.3.1　MPEG-2 中与 CA 有关的规定

MPEG-2 的系统部分在其传送流（TS）数据包的语法结构中，规定了 2bit 加扰控制位。在打包基本流（PES）数据包的语法结构中，也规定了 2bit 加扰控制位。这使得加扰既可以在 TS 层实施，也可以在 PES 层实施。但是不论在哪一层实施，TS 包的包头信息（包括自适应字段）总是不加扰的。在 PES 层实施加扰时，PES 包的包头信息也是不加扰的。另外，MPEG-2 的 PSI 表总是不加扰的。

1. ECM 和 EMM

MPEG-2 为 CA 系统规定了两个数据流，即授权控制消息（ECM）和授权管理消息（EMM），其 Stream_ID 值分别是 0xF0 和 0xF1。MPEG-2 没有规定 ECM 和 EMM 的 PES 包 PES_Packet_Length 以后的数据的含义。对 ECM 和 EMM 进行加密的方法由各个 CA 系统自由选择。

2. 条件接收表（CAT）

MPEG-2 在 PSI 表中规定了条件接收表（CAT），传送 CAT 的 TS 包的 PID 固定为 0x0001。条件接收段（conditional_access_section）的语法结构如表 6-12 所示，其表标识符 table_id 值为 0x01，section_syntax_indicator 置为 1。section_length 指示分段的字节数，从 section_length 之后字段开始计算，包括 CRC，不超过 1021（0x3FD）个。version_number 指出 CAT 的版本号。一旦 CAT 有变化，版本号加 1，当增加到 31 时，版本号循环回到 0。当 current_next_indicator 置为 1 时，表示传送的 CAT 当前可以使用；当置为 0 时，表示传送的 CAT 当前不能使用，下一个 CAT 表变为有效。section_number 给出了该分段的数目。在 CAT 中的第一个分段的 section_number 为 0x00，CAT 中每一个分段将加 1。last_section_number 指出了最后一个分段号，是在整个 CAT 中的最大分段数目。CAT 通过一个或多个条件接收描述符（CA_descriptor）提供一个或多个 CA 系统与它们的 EMM 流及特有参数之间的关联。

3. 条件接收描述符（CA_descriptor）

条件接收描述符（CA_descriptor）用于描述 EMM 和 ECM。当任何基本流被加扰时，条件接收描述符必须在基本流所在的节目映射表（PMT）中出现，如果位于 program_info_length 之后，则其 CA_PID 字段指出的是解扰整个节目的 ECM；如果位于 ES_info_length 之后，则其 CA_PID 字段指出的是解扰相应基本流的 ECM。当任何与传送流相关的系统级 CA 管理信息存在时，条件接收描述符必须在 CAT 中出现。CA_descriptor 的语法结构如表 9-2 所列。

表 9-2　CA_descriptor 的语法结构

语　　法	位　　数
CA_descriptor( ){	
descriptor_tag	8
descriptor_length	8
CA_system_id	16
reserved	3
CA_PID	13
for(i=0;i<N;i++){	
CA_system_descriptor	16
}	
}	

表中，descriptor_tag 取值为 0x09，descriptor_length 指示下一字段至描述符结束的总字节数。CA_system_id 表明提供 ECM、EMM 等条件接收信息的 CA 系统类型。在 DVB 规范中，CA_system_id 字段表示不同 CA 系统的分类符，需要注册。ETR 162.4 为 CA 系统分类符提供了 256 个值（8bit）。欧洲电信标准协会（ETSI）作为管理机构，负责给新的 CA 系统分配分类符，其余 8bit 用于区分版本和相同 CA 系统的不同 SMS 提供者。CA_PID 表示包含 ECM、EMM 信息的传送流的 PID 值。CA_PID 所在的表不相同时，指示的内容也不同。当 CA_descriptor 出现在

CAT 中时，CA_PID 指向传送流中的 EMM 流。当 CA_descriptor 出现在 PMT 中时，CA_PID 指向传送流中的 ECM 流。PID 值与 CA_descriptor 给出的 CA_PID 值相等的所有 TS 包应只含有 CA 系统信息，其他地方不能带有 CA 信息（例如自适应字段）。

9.3.2　DVB 中与 CA 有关的规定

欧洲的 DVB 标准在 MPEG-2 的基础上进一步规定了一些传输规范。

1. DVB 规定了两个加扰控制位的含义

在 TS 层或在 PES 层的加扰控制位含义相同。加扰控制位为 00 表示未加扰；01 表示保留，以备将来使用；10 表示使用偶密钥加扰；11 表示使用奇密钥加扰。

2. DVB 对 PES 加扰的限制

一个灵活的广播系统应当能够在 PES 层实施加扰。为了避免用户端的解扰设备太复杂，DVB 对在 PES 层实施的加扰做了如下一些限制：

1）加扰不能同时在 TS 和 PES 两个层次上实施。

2）加扰的 PES 包的包头不能超过 184B。

3）除了最后一个 TS 包外，携带加扰 PES 包的 TS 包不能有自适应字段。

当广播数据跨越广播媒体边界（例如从卫星到有线）的时候，经常需要用新的 CA 信息替代原有的 CA 信息。为了灵活高效地实现 CA 信息的替代，DVB 运用了如下规定：

1）PID 等于某个 CA 描述符的 CA_PID 值的 TS 包只能携带 CA 信息，不能携带其他信息；另一方面，CA 信息只能出现在这些 TS 包中，不能出现在其他地方。

2）在同一个 TS 包中，两个 CA 提供商不应使用相同的 CA_PID。

3. 条件接收消息表（CMT）

DVB 还规定了一个用表传输 CA 信息的机制。把 ECM、EMM 以及将来的授权数据放在条件接收消息表（CA Message Table，CMT）中，以方便过滤。为 CMT 分配了 16 个 table_id，从 0x80 到 0x8F，其中 0x80、0x81 固定用于传送授权控制消息，其他的 table_id 则由 CA 系统自由分配。

ECM、EMM 的语法均遵从 CA_message_section 的语法定义。CA_message_section 的头部能够用于 ECM、EMM 的过滤。CA_message_section 语法符合 ISO/IEC 13818—1 中 private_section 的格式。CMT 的最大长度为 256B，其语法结构如表 9-3 所示。表中 section_syntax_indicator 应置为 0，CA_section_length 指示分段的字节数，从 CA_section_length 之后开始到结束。CA_data_byte 用于传送私有 CA 信息，前 17 个 CA_data_byte 可用于地址过滤。

表 9-3　CMT 的语法结构

语　　法	位　　数
CA_message_section( ) {	
table_id	8
section_syntax_indicator	1
DVB reserved	1
ISO reserved	2
CA_section_length	12
for(i=0;i<N;i++) {	
CA_data_byte	8
}	
}	

4. SDT 和 EIT 中的 free _CA _mode 字段

SDT 和 EIT 中都有 1bit 的 free _ CA _ mode 字段，其值为 0 表示业务（或事件）所有的流均未加扰；为 1 表示接收 1 路或多路码流时需要 CA 系统控制。

5. DVB 定义了条件接收标识描述符（CA _ identifier _ descriptor）

条件接收标识描述符表明了一个业务群、业务或事件与一个条件接收系统相关联，并以 CA _ system _ id 标识 CA 系统的类型。如果一个服务是采用条件接收保护的，则可用此描述符传送 CA 系统的数据。该描述符并不包含在任何 CA 控制功能中，它用于 IRD 的用户界面软件中，指出一个服务是哪一种 CA 系统控制的，避免用户选择一个不可用的服务。该描述符是可选的，在一个描述符循环中仅能出现一次。CA _ identifier _ descriptor 的语法结构如表 9-4 所示。表中 descriptor _ tag 取值为 0x53，descriptor _ length 表示从下一字段至描述符结束的总字节数，CA _ system _ id 表明 CA 系统的类型，该字段的分配值在欧洲标准 ETR162 中可找到。

表 9-4　条件接收标识描述符

语　　法	位　　数	类型助记符
CA _ identifier _ descriptor（）｛		
descriptor _ tag	8	uimsbf
descriptor _ length	8	uimsbf
for（i=0；i<N；i++）｛		
CA _ system _ id	16	uimsbf
｝		
｝		

DVB 有关条件接收的标准有 DVB-CS ETR289（在数字广播系统中使用扰码和条件接收的支持）、DVB-SIM TS 101 197（DVB 系统中同时加密的技术规范）、DVB-CI EN50221（条件接收和其他数字视频广播解码器应用的公共接口规范）。我国的《数字电视广播条件接收系统规范》是以行业标准化指导性技术文件的形式发布的，相应的编号为 GY/Z 175—2001。

9.4　同密和多密模式

在数字电视广播中，采用一种 CA 系统是不符合开放的市场需要的。为了使数字电视传输网络中的 CA 系统具有良好的开放性，解决不同 CA 系统的相互兼容和平等竞争问题，DVB 组织提出了同密（Simulcrypt）与多密（Multicrypt）的解决方式。

采用同密模式，使得在一个传输网络中使用多种 CA 系统成为可能；采用多密模式，使得在一个机顶盒中接收多个 CA 系统的节目成为可能。

9.4.1　同密模式

同密技术是指通过使用同一种加扰算法和相同的控制字，使多个不同的 CA 系统在同一个传送流（TS）中工作的技术。它将两家或两家以上的 CA 系统应用于同一数字电视传输网络中，从电视运营商的角度实施技术的选择与竞争的环境，使得在用户端的机顶盒可以同时接收到采用不同的 CA 技术的节目信号。在这种情况下，同密模式使得前端可以使用多个 CA 系统，每个 CA 系统可以使用不同的加密系统加密各自的相关信息，控制数字信号加扰过程的加扰控制字（CW）是相同的，它被放在多个 CA 系统的 ECM 包中传送，复用的传送流应该同时包含有访问不同的 CA 系统的数据信息，但同时这些 CA 系统必须使用相同的数字信号加扰技术（如符合 DVB 标准的通用加扰技术），这样可以保证接收端使用相同的解扰芯片，因此，只需采用支持其中任何一种 CA 系统的机顶盒和智能卡，就能够解扰加密的传送流，接收相同的数字电视节目。这种技术需要不同的数字信号传输网络之间达成相互许可的协议，用户管理系统（SMS）可以共用也可以分开。在具有同密 CA 技术的数字电视业务运营系统中，前端的节目管理系统会将各种 CA 系统的标识 CA_System_Id 以及授权管理消息（EMM）、授权控制消息（ECM）一一对应描述在 PSI/SI 信息中。DVB 标准 ETSI TS 101 197 V1.2.1 "DVB SimulCrypt Partl：Head-end architecture and synchronization" 给出了同密模式前端系统的参考模型，如图 9-7 所示。

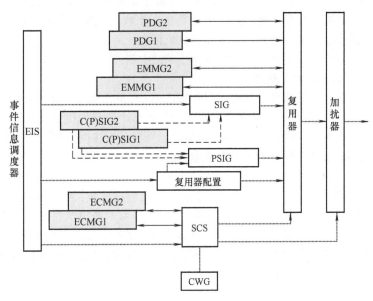

图 9-7　DVB 同密模式前端系统的参考模型

事件信息调度器（Event Information Scheduler，EIS）负责处理所有的事件、节目的时间信息，以及配置信息等。这些信息将通过复用器配置、业务信息生成器（SI Generator，SIG）、同密同步器（Simulcrypt Synchroniser，SCS）等传给复用器、ECM 生成器（ECM Generator，ECMG）等，用于控制相关码流和密钥的处理。

控制字发生器（CW Generator，CWG）产生控制字，经过 SCS 处理后同时送给多路不同 CA 系统的 ECMG。SCS 模块起到非常重要的作用，它负责将加扰控制字传送给 ECMG，并从 ECMG 获取访问控制条件，同时负责调整各个 ECM 消息之间的时序，控制 ECM 与 CW 之间的同步关系等。

SIG 和节目特定信息生成器（PSI Generator，PSIG）根据 EIS 的调度和各系统的定制业务信息（Custom SI，CSI）或定制节目特定信息（Custom PSI，CPSI）完成 PSI/SI 的生成。

不同 CA 系统的 EMM 发生器（EMMG）产生各自的 EMM。

私有数据发生器（Private Data Generator，PDG）产生各个 CA 系统的私有数据。

所有这些信息最后被送往复用器，与节目流进行复用，然后在系统的控制下进行加扰，从而完成整个系统的码流处理。

但是，DVB 的同密标准仅规定了条件接收系统与加扰器之间信息交换的协议，具体地说，规定了各 ECMG 与 SCS 之间，以及各 EMMG 与加扰器之间信息交换的协议。对于同密的实现方法，则未做明确规定。因此国内外已有的同密系统因同密的目的不同，存在着不同的实现方案。

在接收端，机顶盒必须遵循通用解扰算法实现对节目码流的解扰。此外，机顶盒可以嵌入多个 CA 厂商的 CA 控制模块。如果用户的机顶盒中装有 CA 系统 1 的子系统，并且得到授权，则可以对 ECM1 和 EMM1 进行解密，从而接收到 CA 系统 1 授权的节目。如果这个装有 CA 系统 1 的机顶盒还得到 CA 系统 2 的授权，则它也能对 ECM2 和 EMM2 进行解密，从而接收到 CA 系统 2 授权的节目。

同密模式的主要目的是引入公平竞争机制，使不同的 CA 系统按照同密规范可以在同一传输网络中运行，通用加/解扰算法也使得机顶盒的生产厂家可以生产独立于 CA 厂商的解扰器。同密模式可在以下场合得到应用。

（1）实现 CA 系统的新旧更替

当运营商发现原有的 CA 系统不能满足需求，需要采用新的 CA 系统来替代时，往往采用同密技术实现新旧 CA 系统的平滑过渡。具体做法是在一个数字广播平台同时运行两个 CA 系统，老用户继续使用原来的机顶盒，新用户就采用新的机顶盒，两个 CA 系统在平台上有个交叠的使用期，直到新的机顶盒被普遍使用，老的机顶盒逐渐减少到被完全替换。

（2）实现多节目资源的业务拓展

从商业利益出发，节目提供商通常将节目和特定的 CA 系统绑定，运营商常常面对采用不同 CA 系统的节目提供商。为了能在本地数字广播平台播出多个节目提供商提供的节目，运营商需要将本地 CA 系统和这些 CA 系统同密。同密以后，运营商可以在网络范围内同时推广不同节目提供商的节目，为用户提供多样化的数字电视业务。

（3）实现跨区域的规模应用

为推广业务，扩大用户量，运营商希望与其他网络运营商合作，在异地数字广播平台上播出自己的节目。采用本地 CA 系统与其他网络运营商的 CA 系统对播出节目流进行多重加密的同密技术，可便于节目进入其他区域的传输网络，提高节目覆盖率，实现跨区域的规模经营。例如，中央电视台出于在各地方有线电视网络中推广播出自己节目的需要，采用了 Irdeto、NDS、永新同方和天柏 4 种条件接收系统进行同密。

9.4.2 多密模式与机卡分离

同密技术统一了加/解扰算法和密钥传递框架，使得不同的条件接收系统可以在相同的加/解扰器上运行，有利于共享服务和节目资源及管理方法，促进了条件接收系统厂商之间的合作。但是由于针对不同条件接收系统，机顶盒中需嵌入不同的条件接收模块，一款机顶盒一般只支持一种或有限的少数几种条件接收系统，而且在一个机顶盒上使用的智能卡只能在其相应的机顶盒上使用，不能在其他的机顶盒上使用。对用户和运营商来说存着在更换 CA 系统就需要更换机顶盒的风险。为此，人们自然地会想到，如果能够将机顶盒中有关条件接收的模块标准化，将条件接收技术中的解密、解扰等功能集中于一个具有通用接口（Common Interface，CI）的插卡式 CA 模块中，而机顶盒（又称主机）只完成解调、TS 解复用、音/视频解码等通用功能，从而实现"机卡分离"。这样，机顶盒的生产和销售与 CA 系统的生产和销售分离，机顶盒制造商就可以不必为某个运营商定制机顶盒，能够进行大批量的规模生产，就像手机制造商一样；广播电视运营商可根据自身的需要选择不同的机顶盒和 CA 系统，只需要考虑自己的"卡"而不必为机顶盒的返修问题苦恼。

为了真正做到机卡分离，规范机顶盒与 CA 模块之间的通信与接口，DVB 组织制定了基于通用接口（CI）的多密技术（Multicrypt）标准。机顶盒和 CA 模块之间定义一个通用接口（CI），CA 模块与机顶盒之间通过通用接口进行通信，如图 9-8 所示。

通用接口的物理格式采用了个人计算机的 PCMCIA（Personal Computer Memory Card International Association，个人计算机存储卡国际协会）标准，在机顶盒和 CA 模块之间有一个 68 线的接口。特殊的插槽设计使条件接收卡在插入时最先供电，拔出时最后断电，从而可以带电插拔。该通用接口标准还规定了 CA 模块的形式参数和性能。通用接口在逻辑上分为两个部分：传送流（TS）接口和命令（Command）接口。传送流接口用于将解调以后的 MPEG-2 TS 送入 CA 模块，

CA 模块根据授权控制系统的授权，对加扰的 MPEG-2 TS 按业务进行解扰，然后将解扰后的码流送回主机，继续进行解复用和解码处理。命令接口用于实现主机和模块中运行的各种应用之间的通信，它可以支持同一主机和多个模块之间的连接以及各种复杂事务的处理。另外，使用这个命令接口还能够将 CA 模块接收的用户信息，通过机顶盒中的调制解调器回传给中心控制系统和用户管理系统，而机顶盒并不知道这些回传信息的内容。

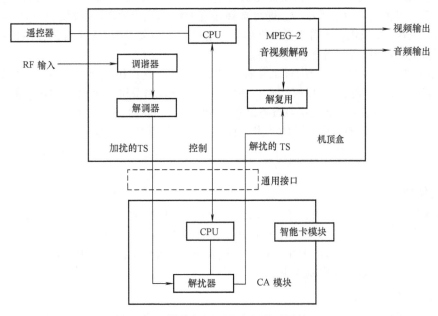

图 9-8 CA 模块与机顶盒之间的通用接口

多密技术要求机顶盒采用 CI 接口，实现同一机顶盒可以接收不同 CA 系统加密节目，从用户角度来讲，不会因购买一个机顶盒而受到限制，用户还有选择其他 CA 服务的可能性。当 CA 系统需要更新时，只需更换 CA 模块，不需要更换机顶盒。支持多密模式的 CA 系统如图 9-9 所示。

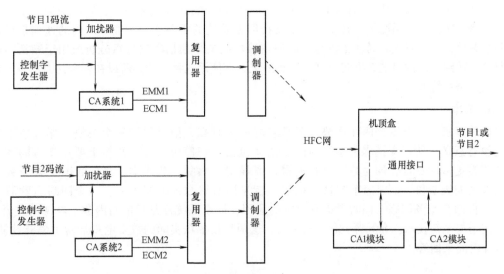

图 9-9 多密模式的 CA 系统

在发送端，不同的节目提供商提供的节目分别用各自的 CA 系统加扰，经调制输出。在接收端，用户只要在机顶盒中分别插入不同的 CA 系统控制模块，就可以接收到相应的节目。例如，若在机顶盒中插入 CA 系统 1 的控制模块，则可以接收到 CA 系统 1 节目提供商提供的节目 1，而不能解出 CA 系统 2 节目提供商提供的节目 2；如果插入 CA 系统 2 的控制模块，则可以接收到节目 2。当发送端有多个节目提供商提供多套节目时，可以类推。

多密模式的主要特点是从功能上简化机顶盒的设计，机顶盒不需包含解扰和解密控制模块，只需设计符合多密规范的通用接口，即可选择任意 CA 厂商的多密 CA 模块。当 CA 系统需要更新时，只需更换 CA 模块，不需要更换机顶盒。用户只需购买不同 CA 系统的控制模块，就能用同一机顶盒接收不同 CA 系统加扰的节目。

"机卡分离"是相对于机卡配对而言的。"机卡分离"是指机顶盒是通用的，只需要合法的智能卡配合就可以实现信号的授权接收和还原。机卡分离和手机与手机的 SIM 卡的分离是类似的。"机卡分离"的最大优势是接收设备制造商能够进行大批量的规模生产，就像手机一样，各个数字电视运营商只需要考虑自己的"卡"而不必考虑机顶盒的类型问题。

9.4.3　同密与多密模式的比较

1. 通信成本

在同密模式下，TS 中载有所有条件接收系统的授权管理信息（EMM）和授权控制信息（ECM），增加了发送端复用难度（每个 EMM、ECM 流都必须分配唯一的 PID，还有一些同步要求），同时也增加了通信带宽的要求。在多密模式下，一个 TS 通常只用一套条件接收系统来进行加密，所以其信息量比同密模式小。

2. 机顶盒的通用性

支持同密系统的机顶盒内必须集成特定条件接收系统的软件，而支持多密模式的机顶盒中没有与特定的 CA 系统有关的信息，与 CA 相关的软硬件系统都集成在一张 CI 模块中，机顶盒可支持任何符合通用接口标准的模块，因此可支持多种 CA 系统。所以在通用性方面多密优于同密。

3. 安全性

采用多密模式，控制字（CW）以及二层加密算法都是私有的，若要破解至少需要已知两套加密算法；而同密算法使用的控制字的编码空间是公开的而且使用的解扰算法是通用的，所以它比多密系统少了一道防线。其次，由于支持同密系统的机顶盒与智能卡之间的通信接口比多密系统开放，盗密者很容易从主机与卡的通信接口间盗取通信数据进行分析或用于激活另外的解码器，达到盗版的目的，事实上当前破解系统大多使用这种方式。所以在安全性方面，同密系统也比多密系统差。

4. 成本

虽然多密系统有以上两种优势，但是它的成本较高。如果只用一个模块，那么使用多密也就没有意义。所以支持多密系统的机顶盒（包括多密模块一起）总体上要比支持同密的机顶盒花费更多的成本，同时数字电视前端也要耗费更大的设备成本。当前我国正处于数字电视发展的初级阶段，而且目前的数字电视运营是以有线数字电视为主，一个网络运营商能够完全地控制其服务网络，同时考虑到成本的原因，同密系统还是目前国内数字电视的主流。

同密与多密技术，究竟哪一种会占主流，这两种技术在实际的数字电视运营中怎样被使用，只有让时间来回答。

9.5　小结

数字电视机顶盒作为模拟电视与数字电视共存期内的过渡产品，是模拟电视转向数字电视的桥梁。因此，设计良好、功能完备、具有升级灵活性和开放性的机顶盒对发展数字电视业务具有重大的意义。

中间件是数字电视系统的软件平台，其核心作用是将应用程序与底层的实时操作系统、硬件实现的技术细节隔离开来，支持跨硬件平台和跨操作系统的软件运行，使应用程序不依赖于特定的硬件平台和实时操作系统，从而使得应用程序的开发变得更加简捷，使产品的开放性和可移植性更强，为机顶盒的制造商和交互业务提供商建立一个理想的开发与应用平台。

为了支持数字电视业务平台的开放性和机顶盒的可扩展性，需要制定开放的中间件标准。DVB-MHP 是一个基于 Java 虚拟机的中间件标准，主要定义了机顶盒的整体结构、传送协议、内容格式、Java 虚拟机和 DVB-J API、安全性以及各个档次的细节。

条件接收（CA）系统是数字电视广播实行有偿服务所必需的技术保障，能实现各项数字电视广播业务的授权管理和接收控制。该系统是一个综合性的系统，涉及了多种技术，包括数据加密和解密、加扰和解扰、数字复用、智能卡、网络、用户管理、节目信息管理、收费管理等技术。

安全性是 CA 系统生存的基础。CW、SK 和 PDK 构成了 CA 系统的三级密钥体制。随着计算机运算速度的不断提升，现在安全的系统，将来可能会出现安全漏洞。在 CA 系统中，高级的密码算法和完备的密码体系结构是系统安全性的重要保证。

开放性和灵活性是 CA 系统可持续发展的重要保证。只有保持系统的开放性和灵活性，才能引入公平竞争，满足个性化服务的需求，才能给用户提供更好的服务。要实现 CA 系统的开放性和灵活性，必须提供开放的系统平台。

9.6　习题

1. 有线数字电视机顶盒提供的基本功能有哪些？
2. 一个完整的数字电视机顶盒由哪几部分组成？涉及哪些关键技术？
3. 什么是中间件？其核心作用是什么？
4. 请比较对称密码体系和非对称密码体系的优缺点。
5. 为什么要实施数字电视的条件接收？它对数字电视的发展有何重要意义？
6. 数字电视广播中的 CA 系统由哪几部分组成，请画出系统原理框图，并说明各部分的功能。
7. 数字电视广播 CA 系统的安全性是如何得到保障的？一般采用哪三级密钥体制？
8. ECM 和 EMM 分别传送什么信息？
9. 请解释同密和多密模式。

显示器是最终体现数字电视效果或魅力的电光转换装置。大屏幕、高分辨率、平板型结构、高性价比是当今显示器的发展方向。随着科学技术的发展和超大规模集成电路制造工艺的跃进，CRT 显示器一统天下的时代已经结束，以液晶显示器（LCD）为代表的平板显示器已成为市场的主流产品。但是，LCD 显示器存在诸如响应速度慢、转换效率低和色彩饱和度低等主要缺点。近年来，有机发光二极管（OLED）、量子发光二极管、Micro-LED 显示器等新的显示技术不断涌现，柔性 OLED 被认为是一种很有前景的新型显示器，激光显示也越来越受到人们更多的关注。

平板显示器的视频接口一般包括复合视频信号（Composite Video Broadcast Signal，CVBS）接口、亮度/色度（Y/C）分离的 S-Video 接口（又称 S 端子）、YPbPr/YCbCr 分量信号接口、RGB 三基色信号接口、数字视频接口（DVI）和高清晰度多媒体接口（HDMI）。最新版的 HDMI2.1 提供的最高带宽为 48Gbit/s，能够支持 10bit 深度的 4K@60p、8K@30p 视频信号传输。

本章学习目标：

- 了解显示器的种类及发展。
- 了解液晶的物理特性、电光效应的显示原理。
- 熟悉液晶显示器（LCD）的基本结构、工作原理及优缺点。
- 熟悉有机发光显示器（OLED）的工作原理。
- 了解 OLED 的技术特点及面临的挑战。
- 了解立体视觉的感知机理。
- 了解三维显示技术的发展及种类。
- 掌握 DVI、HDMI 接口的性能特点。

10.1　显示技术概述

10.1.1　显示器的分类

显示器主要由显示器件、周边电路及光学系统三大部分组成。根据显示器件的不同，显示器有多种分类方法。按显示器显示图像的光学方式不同，分为投影型、空间成像型和直视型三种。根据显示屏的形状和结构，直视型显示器又可分为 CRT 显示器和平板显示器两大类。按显示器件本身是否主动发光，平板显示器还可分为主动发光型和非主动发光型两种。

1. 投影显示器

投影显示是用显示器显示图像后，再通过透镜等光学系统放大后投影到屏幕上的一种显示方式，具有大屏幕、高清晰、成本低的优势。投影显示可以根据投影显示器与观众的位置关系的不同，又分背投影显示和前投影显示两种。背投影显示是指图像源在屏幕之后，观看者观看透过屏幕的透射图像。背投影的优势在于环境光的影响小，显示系统更加一体化，更加紧凑。前投影显示是指观看者与图像源在屏幕的同一侧，其优点是光损耗少，较亮，但是使用、安装不方便。背投影电视显示屏可以做到 $80\sim100\text{in}^{\ominus}$，前投影电视显示屏可以做到 200in。

激光是 100%单色光，色纯度极高。激光显示是利用半导体泵浦固态激光工作物质，产生红、绿、蓝（RGB）三基色激光作为彩色激光显示的光源，通过控制三基色激光光源在数字微镜器件（Digital Micro-mirror Device，DMD）上反射成像。与其他显示技术相比较，激光显示以其色域宽广、亮度高、饱和度高、画面尺寸灵活可变、寿命长、节能环保以及可以更真实再现客观世界丰富、艳丽的色彩等优点，受到人们越来越多的关注，被认为是第四代显示技术。

激光显示的概念早在 20 世纪 60 年代就被提出，世界各国的科学家都尝试将激光技术运用于显示光源的研究。但由于当时激光器发展水平的限制，研究项目进展缓慢。20 世纪 90 年代，全固态激光关键材料的研制成功，大大推动了激光显示技术研究。

我国的激光显示技术在国家高技术研究发展计划、中国科学院知识创新工程的持续支持下，取得了重大成果，特别是在全固态三基色激光、匀场、消相干、激光显示等关键器件和整机技术方面均有自己的专利保护，具备在该领域实现产业化重大突破的良好基础。

2014 年 9 月 10 日，青岛海信电器股份有限公司推出了自主研制的 100in 激光电视产品。该款电视内置 VIDAA 操作系统，可在距离墙面不到 0.5m 的空间内，投射出 100in 以上的显示画面。

2. 空间成像型显示器

空间成像型显示是投影显示的一种，代表技术是头盔显示（Head Mounted Display，HMD）和全息显示。

头盔显示器（HMD）是沉浸式虚拟现实的常用装备，常用于军事战备仿真等场合。它是在观看者双眼前各放置一个显示屏，观看者的左、右眼只能分别观看到显示在对应屏上的左、右视差图像，从而提供给观看者一种沉浸于虚拟世界的沉浸感。头盔显示器将人对外界的视觉、听觉封闭起来，引导观看者产生身临其境的感觉。但是，这种立体显示存在单用户性、显示屏分辨率低、头盔沉重以及容易给眼睛带来不适感等固有缺点。

全息技术是利用干涉原理将物体发出的特定光波以干涉条纹的形式记录下来，形成"全息图"，全息图中包含了物光波前的振幅及相位信息。当用相干光源照射全息图时，基于衍射原理重现原始物光波，从而形成原物体逼真三维映像。全息立体显示是一种真三维立体显示技术，观看全息立体映像时具有观看真实物体一样的立体感。全息图的每一部分都记录了物体各点的光信息，故即使全息图有所损坏也照样能再现原物体的整个图像。通过多次曝光可在同一张底片上记录多个不同图像且互不干扰地分别显示出来。

近年来，随着计算机技术的发展和高分辨率电荷耦合器件（Charge Coupled Device，CCD）的出现，数字全息技术得到迅速发展。与传统全息不同的是，数字全息用 CCD 代替普通全息记录材料记录全息图，用计算机模拟取代光学衍射来实现物体再现，实现了全息图记录、存储、处理和再现全过程的数字化。基于全息技术的 3D 显示被认为是理想的 3D 显示方式，越来越受到人们的关注。

3. 直视型显示器

直视型显示器是当前显示器的主流，根据显示原理和发光类型又分为很多种。主动发光型显示器是指利用电能使器件发光，显示文字和图像的显示器。阴极射线管（CRT）显示器、等离子体显示器（PDP）、电致发光显示器（Electro Luminescent Display，ELD）、发光二极管（Light

---

$\ominus$　$1\text{in}=2.54\text{cm}$。

Emitting Diode，LED）显示器、有机发光二极管（OLED）显示器、场致发射显示器（Field Emission Display，FED）、表面传导型电子发射显示器（Surface-conduction Electron-emitter Display，SED）等都是主动发光型显示器。非主动发光型显示器又称被动发光型显示器，是指器件本身不发光，需要借助于太阳光或背光源的光，用电路控制外来光的反射率和透射率才能实现显示。非主动发光显示器主要有液晶显示器（LCD）、电致变色显示器（Electrochromic Display，ECD）、电泳成像显示器（Electrophoretic Image Display，EPID）。除了 CRT 显示器外，其他直视型显示器都属于平板显示器（FPD）。

平板显示器一般是指显示器屏幕对角线长度与显示器件的厚度之比大于 4∶1 的显示器。这种显示器件厚度较薄，看上去就像一块平板，平板显示器因此而得名。平板显示器具有完全平面化、轻、薄、省电、无辐射等特点，符合未来图像显示的发展趋势，因而获得了飞速的发展。

10.1.2 直视型显示器的发展

1897 年德国物理学家布劳恩（Braun）改进了阴极射线管（CRT），实现了电信号到光信号的转换，拉开了信息显示技术的序幕。随着科技的发展，显示技术也不断推陈出新，从最初的阴极射线管（CRT）显示技术发展到现阶段以液晶显示器（LCD）为主流的平板显示技术，再到 OLED 等新型显示技术，大致可以划分为以下 3 个时代。

1. 第一代显示器——CRT 显示器

阴极射线管（CRT）是应用最为广泛的一种显示器件，其发展历史超过 100 年。1897 年，CRT 被用于一台示波器中首次与世人见面。1907 年罗辛利用 CRT 接收器设计出机械式扫描仪，1929 年俄裔美国科学家佐尔金佐里金发展电子扫描的映像真空管，再到 1949 年第一台荫罩式彩电问世。100 多年来，以 CRT 为核心部件的显示终端在人们的生活中得到广泛的应用。

由于 CRT 显示器形体笨重、功耗高以及电磁辐射等问题，其生存和发展受到后来居上的 LCD 等新型平板显示器的严峻挑战，目前已逐渐退出了历史的舞台。

2. 第二代显示器——LCD、PDP 显示器

液晶显示器（LCD）和等离子显示器（PDP）都是继 CRT 后的第二代显示器。由于 PDP 相对于 LCD 具有功耗大、光效低、成本高的缺点，逐渐被 LCD 淘汰出局。而 LCD 具有轻薄、高分辨率、省电、无辐射、便于携带等优点，是现今人们最熟悉、最常见的显示器，占据平板显示市场份额的 80%以上，产品范围覆盖整个应用领域，成为平板显示器的主流。

回顾液晶显示技术的发展历程是艰辛曲折的。1968 年，第一台基于动态散射效应的液晶显示器诞生。1985 年液晶显示器产业开始商业化。1986 年开始，进入液晶显示器的早期发展阶段，主要用于电子表、计算器等方面。20 世纪 80 年代末 90 年代初，LCD 产业进入到高速发展期，但存在响应时间较长、色彩还原不够真实、可视角度小等缺点。2001 年以后，LCD 技术开始走向成熟发展之路，2003 年 LCD 成本大幅下降，响应时间有效缩短，扩展了 LCD 的应用。从 2004 年开始，LCD 取代 CRT 显示器成为平板显示器的主流。

3. 第三代显示器——OLED 显示器

尽管液晶显示随着技术和工艺的不断成熟，已经从小屏到大屏逐步占领了所有显示设备领域。但随着新技术的不断涌现，被取代只是时间问题。由于 OLED 显示器具有自发光、亮度高、发光效率高、对比度高、响应速度快、温度特性好、低电压直流驱动、低功耗、可视角宽、轻薄、可卷曲折叠、便于携带、可实现柔性显示等特点，比 LCD 显示器的性能更优越，已在手机、平板电脑、数码相机、平板电视等产品中逐渐看到了 OLED 屏幕的身影，在新一代显示中崭露头角。2011 年，韩国 LG 公司率先开发出 55in 的 AMOLED（Active Matrix OLED，有源矩阵有机发光显示）电视显示屏，并于次年率先投入量产。2013 年年初，LG 公司和三星公司相继推出了

OLED 电视产品，并于当年 9 月在中国上市。在 2014 年的美国消费电子展上，包括创维、TCL、长虹、海尔、康佳等在内的国产品牌均展示了各自的 OLED 产品，标志着 OLED 开始走向大尺寸应用。

10.2　液晶显示器

10.2.1　液晶的物理特性

拓展阅读

液晶态的
发现简史

人们一般都认为物质像水一样都有三态，分别是固态、液态和气态。其实物质的三态是针对水而言，对于不同的物质，可能有其他不同的状态存在。下面要谈到的液晶态，就是介于固体与液体之间（当加热时为液态，冷却时就结晶为固态）的一种状态，其实这种状态仅是材料的一种"相"变化的过程（所谓"相"是指某种状态，这里特指液晶分子的排列状态），只要材料具有上述的"相"变化过程，就在固态及液态间有此状态存在。

液晶是一种有机化合物，在一定的温度范围内，它既具有液体的流动性、黏度、形变等机械性质，又具有晶体的光学各向异性、电光效应等物理性质。所谓电光效应实际上就是指在电的作用下，液晶分子的初始排列改变为其他的排列形式，从而使液晶的光学性质发生变化。也就是说，以"电"通过液晶对"光"进行了调制。目前已发现的电光效应，包括电场效应、电流效应、电热写入效应和热效应 4 种。

光线穿透液晶的路径由其分子排列所决定。按照分子结构排列的不同，液晶分为 3 种：晶体颗粒黏土状的称为近晶相（Smectic）液晶，类似细火柴棒的称为向列相（Nematic）液晶，类似胆固醇状的称为胆甾相（Cholesteric）液晶。这三种液晶的物理特性不尽相同，用于液晶显示器（LCD）的是向列相（Nematic）液晶。Nematic 这个字是希腊字，代表的意思与英文的 thread 是一样的。主要是因为用肉眼观察这种液晶时，看起来会有像丝线一般的图样。这种液晶分子在空间上具有一维的规则性排列，所有棒状液晶分子长轴会选择某一特定方向作为主轴并相互平行排列。另外其黏度较小，较易流动（它的流动性主要来自对于分子长轴方向较易自由运动），在电场的作用下可改变其取向，对光和电的反应比较敏感。

10.2.2　LCD 的发展

液晶显示主要利用的是电光效应，包括动态散射、扭曲效应、相变效应、宾主效应和电控双折射效应等。从技术发展的历程来看，液晶显示器件（Liquid Crystal Display device，LCD）主要经历了 4 个发展阶段。

1. 动态散射液晶显示器件（1968—1971 年）

1968 年，美国无线电公司（RCA）普林斯顿研究所的 G. H. Heilmeier 发现了液晶的动态散射现象，同年该公司成功研制出世界上第一块动态散射液晶显示器（Dynamic Scattering 解 LCD，DS-LCD）。1971—1972 年，开发出了第一块采用 DS-LCD 的手表，标志着 LCD 技术进入实用化阶段。由于动态散射中的离子运动易破坏液晶分子，因而这种显示模式很快被淘汰了。

2. 扭曲向列相液晶显示器件（1971—1984 年）

1971 年，瑞士人 M. Schadt 等首次公开了向列相液晶的扭曲效应。1973 年，日本的声宝公司开发了扭曲向列相液晶显示器（Twisted Nematic-Liquid Crystal Display，TN-LCD），运用于制作电子计算器的数字显示。因制造成本和价格低廉，TN-LCD 在 20 世纪七八十年代得以大量生产，主要用于笔段式数字显示和简单字符显示。

3. 超扭曲向列相液晶显示器件（1985—1990 年）

1984 年 T. Scheffer 发现了超扭曲双折射效应，并发明了超扭曲向列相液晶显示器（Super Twisted Nematic-LCD，STN-LCD）技术。STN-LCD 在显示容量、视角等方面与 TN-LCD 相比有了极大的改善。由于 STN-LCD 具有分辨率高、视角宽和对比度好的特点，很快在大信息容量显示的笔记本电脑、图形处理机以及其他办公和通信设备中获得广泛应用，并成为该时代的主流产品。

4. 薄膜晶体管液晶显示器件（1990 年至今）

20 世纪 80 年代末期，日本厂商掌握了薄膜晶体管液晶显示器（Thin Film Transistor LCD，TFT-LCD）的生产技术，并开始进行大规模生产。1988 年，10.4in 的 TFT-LCD 问世；1990 年，采用 TFT-LCD 的笔记本电脑批量生产；1998 年，液晶显示技术进入台式显示器的应用领域，反射式 TFT-LCD 开始生产。在有源矩阵液晶显示器飞速发展的基础上，LCD 技术开始进入高画质液晶显示阶段。随着技术的进一步发展，TFT-LCD 的生产成本大幅度下降，最终超过了 CRT 的市场份额。进入 21 世纪之后，伴随着 TFT-LCD 生产线由第 8.5 代线发展到了第 10 代线，大屏幕液晶电视也越来越普及，从根本上改变了显示产业的面貌。液晶显示产业已发展成年产值高达数千亿美元的新兴产业，在信息显示领域占有主导地位。

10.2.3 TN-LCD 的基本结构

不同类型的液晶显示器的部分部件可能会有不同，如有的不要偏光片。但是，两块导电玻璃夹持一个液晶层，封接成一个扁平盒是基本结构。如需要偏光片，则将偏光片贴在导电玻璃的外表面。下面以典型的扭曲向列相液晶显示器（Twisted Nematic-Liquid Crystal Display，TN-LCD）为例进行介绍，其基本结构如图 10-1 所示。

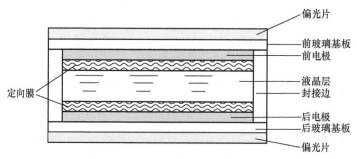

图 10-1　TN-LCD 的基本结构示意图

将两片已光刻好透明导电电极图案的平板玻璃相对放置在一起，使其间距约为 10μm。四周用环氧树脂密封，但是一个侧面封接边上留一个开口，通过抽真空，将液晶注入，然后将此口用胶封死。再在前、后导电玻璃外侧，正交地贴上偏光片；在前、后导电玻璃内侧，镀上一层定向膜，即构成一个完整的液晶显示器。

1. 偏光片

就偏振性而言，光一般可以分为偏振光、自然光和部分偏振光。光的矢量方向和大小有规则变化的光为偏振光。在传播过程中，光矢量的方向不变，其大小随相位变化的光是线偏振光，这时在垂直于传播方向的平面上，光矢量的端点轨迹是一直线。在传播过程中，光矢量的大小不变，方向规则变化，光矢量端点的轨迹是一个圆，则是圆偏振光。在传播过程中，光矢量端点沿椭圆轨迹转动，则为椭圆偏振光。但任意一种偏振光都可以用两个振动方向互相垂直、相位有关联的线偏振光来表示。

从普通光源发出的光不是偏振光，而是自然光。自然光可以看成是一切可能方位上振动的光波的总和，即在观察时间内，光矢量在各个方向上的振动概率和大小相同。自然光可以用两个光矢量互相垂直、大小相等、相位无关联的线偏振光来表示，但不能将这两个相位无关联的光矢量合成为一个稳定的偏振光。

在液晶显示器中大量使用偏光片（偏振片），它的特殊性质是只允许某一个方向振动的光波通过，这个方向称为透射轴，而其他方向振动的光将被全部或部分阻挡，这样自然光通过偏光片以后，就成了偏振光。同样当偏振光透过偏光片时，如果偏振光的振动方向与偏光片的透射方向平行一致时，就几乎不受到阻挡，这时偏光片是透明的；如果偏振光的振动方向与偏光片的透射方向相垂直，则几乎完全不能通过，偏光片就成了不透明的了。偏光片的作用如图 10-2 所示。

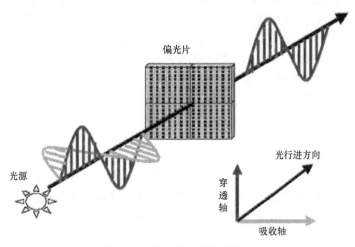

图 10-2　偏光片的光透过图

2. 透明导电玻璃

透明导电玻璃是指在普通玻璃基板的一个表面镀有透明导电膜的玻璃。最早的透明导电膜的商品名为 MESA 膜，它是为制造防止飞机舷窗结冻和制造监视加热液体内部反应情况的透明反应管而研制的，它的成分是 SnO_2，但 SnO_2 透明导膜不易刻蚀。现在采用的 ITO（Indium Tin Oxide，氧化铟锡）的成分是 In_2O_3 和 SnO_2，ITO 膜是在 In_2O_3 的晶核中掺入高价 Sn 的阳离子，掺杂的量以 Sn 的含量为 10% 为最佳。一般的玻璃材料为钠钙玻璃，这种玻璃衬底与 ITO 层之间要求有一层 SiO_2 阻挡层，以阻挡玻璃中的钠离子渗透。

3. 定向膜

无论哪一种液晶显示器件都是以下述原理为基础的，即在电场、热等外场的作用下，使液晶分子从特定的初始排列状态转变为其他分子排列状态，随着分子排列的变化，液晶元件的光学特性发生变化，从而变换为视觉变化。所以，均匀、稳定的液晶分子排列是液晶显示元器件的工作基础。

对于 TN-LCD 器件，在前、后导电玻璃的内表面处还应制作一层定向膜，使液晶分子沿前、后导电玻璃表面都沿面排列，而前、后导电玻璃表面液晶分子长轴方向互成 90° 排列。如图 10-3 所示，前、后两层导电玻璃在接触液晶的那一面并不是光滑的，而是有锯齿状的细纹沟槽。这个沟槽的主要作用是希望长棒状液晶分子的长轴会沿着沟槽排列。因为如果是光滑的平面，液晶分子的排列便会不整齐，造成光线的散射，形成漏光的现象。其实这只是原理性的说明，告诉我们需要把玻璃与液晶的接触面做好处理，以便让液晶分子的排列有一定的顺序。但在实际的制造过程中，无法将玻璃制成图 10-3 所示的槽状的分布，一般采用在导电玻璃上先涂覆一层无机物膜（如 SiO_2、MgO 或 MgF_2 等）或有机膜（如表面活性剂、聚酰亚胺树脂等），再进行摩擦，就可以获得良好的定向效果。这一层膜就叫作定向膜，它的功能就像图 10-3 中玻璃的沟槽一样，提供液晶分子呈均一方向排列的条件，让液晶分子依照预定的方向排列。前、后两层玻璃表面上定向膜的沟槽方向相互垂直。

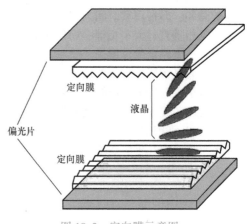

图 10-3　定向膜示意图

10.2.4　LCD 的工作原理

液晶显示器（Liquid Crystal Display，LCD）的工作原理就是利用液晶的物理特性，将液晶置于两片导电玻璃之间，靠两个电极间电场的驱动引起液晶分子扭曲向列的电光效应，在电源接通/断开控制下影响其液晶单元的透光率或反射率，从而控制外光源的透射或遮蔽功能，完成电-光变换，再利用 R、G、B 三基色信号的不同激励，通过红、绿、蓝三基色滤光膜，完成时域和空间域的彩色重现。与 CRT 型彩色显像管不同，它采用数字寻址、数字信号激励方式重现图像。

下面还是以扭曲向列相液晶显示器（TN-LCD）为例介绍液晶显示器的工作原理。

在两块导电玻璃基片之间充入厚约为 $10\mu m$ 具有正介电各向异性的向列相液晶（N_P 液晶），液晶分子沿面排列，但分子长轴在上、下导电玻璃基片之间连续扭曲 $90°$，形成扭曲排列的液晶盒。正是因为液晶分子呈这种扭曲排列，故称之为扭曲向列型液晶显示器。

只要入射光的波长远小于液晶盒的扭曲螺距和其折射率各向异性的乘积，光在通过该液晶盒时，其偏振面产生的扭转就与光的波长无关。

线偏振入射光经过上述液晶层时，对于 N_P 向列液晶，分子长轴方向的折射率大，所以入射光将随分子长轴转过 $90°$，从液晶出射。如果上、下偏光片的偏振方向互相垂直，则 TN 液晶盒可以透光，如图 10-4 的左边所示。如果在液晶盒上加一个电压，并超过阈值电压 V_{th} 后（V_{th} 一般为 2~3V），N_P 型液晶分子长轴将开始沿电场倾斜。当电压达到 $2V_{th}$ 时，除电极表面分子外所有液晶盒两电极之间的液晶分子都变成沿电场方向排列，这时 TN 液晶盒的 $90°$ 旋光性能消失，正交偏光片之间的液晶盒失去透光作用，如图 10-4 的右边所示。这种液晶层不加电时光线能通过，加电时光线不能通过的情况称为常亮模式。

如果上、下偏光片的偏振方向互相平行，则透光、遮光的发生条件相反，液晶层不加电时光线不能通过，加电时光线能通过，这种情况称为常暗模式。

TN-LCD 的电光特性曲线不够陡峭，在多路驱动中只能工作于 100 条线以下。在 20 世纪 80 年代初，人们发现只要将传统的 TN 液晶器件的液晶分子扭曲角加大，就可以改善电光特性的陡度。这类扭曲角大于 $90°$，一般在 $180°$~$270°$ 的液晶器件称为超扭曲向列相液晶显示器（Super Twisted Nematic-LCD，STN-LCD）。STN-LCD 的显示原理与 TN-LCD 基本相同，不同之处就是液晶分子的扭曲角加大，其特点是电光响应曲线更好，可以适应更多的行列驱动。

需要说明的是，单纯的 TN-LCD 本身只有明暗两种情形（或称黑白），并没有办法做到色彩的变化。但如果在传统的单色 STN-LCD 上加一彩色滤光片（Color Filter），并将单色显示矩阵的任一像素（Pixel）分成 3 个子像素（Sub-Pixel），分别通过彩色滤光片显示红、绿、蓝三基色，再经由三基色比例调和，则也可以显示出全彩模式的色彩。另外，TN-LCD 型的液晶显示器如果显示屏幕做得较大，则其屏幕对比度就会显得较差；但是借助 STN-LCD 的改良技术，可以弥补对比度不足的情况。

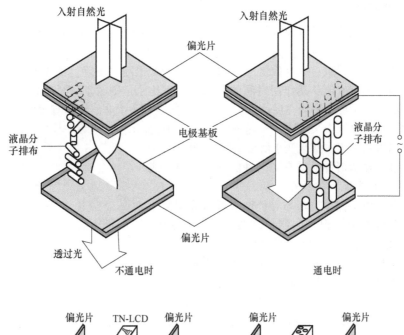

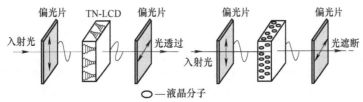

图 10-4　TN-LCD 的工作原理示意图

10.2.5　LCD 的驱动技术

液晶显示器通常采用矩阵驱动方式。按照像素点驱动方式的差异，矩阵驱动方式可以分为有源矩阵（Active Matrix）驱动和无源矩阵（Passive Matrix）驱动两大类。无源矩阵驱动也称为简单矩阵（Simple Matrix）驱动。无源矩阵驱动主要应用于 TN-LCD 和 STN-LCD。有源矩阵驱动的代表是 TFT-LCD。

1. 无源矩阵驱动方式

无源矩阵是由液晶上、下玻璃基片内表面的水平直线电极组和垂直直线电极组构成。水平电极，即 X 电极，称为扫描电极，它们将按时间顺序被施加一串扫描脉冲电压。垂直电极，即 Y 电极，称为选址或选通电极，它们将与 X 扫描电极同步，分别输入选通电压波形和非选通电压波形。在双方同步输入驱动电压波形的一瞬间，将会在该行与各列电极交叉点像素上合成一个驱动波形，使该行上有若干个像素点被选通。所有行被扫描一遍，则全部被选通的像素点便组成一幅画面。但是这个画面上各行的像素是在不同时段内被选通的。

一个矩阵若由 N 行和 M 列组成，则有 NM 个像素，采用这种行顺序扫描动态驱动技术只需要 $(N+M)$ 根电极引线，不但能大大减少电极引线，也可以大大减少外围驱动电路的成本。

将所有扫描行电极各施加一次扫描电压的时间称为一帧。每秒内扫描的帧数叫作帧率。将每扫描行电极选通时间与帧周期之比称为占空比，它等于扫描电极数的倒数，即 $1/N$。

2. 有源矩阵驱动方式

　　无源矩阵驱动的液晶显示器件（如 TN-LCD）的电光特性很难满足高质量图像，特别是视频活动图像的显示。高分辨力图像显示要求高的扫描行数 N。但是，当 N 增加时，上述的交叉效应越来越严重；每个像素工作的占空比 $1/N$ 也随之下降。由于液晶像素的平均亮度取决于驱动信号的有效值及其作用时间的乘积，占空比小，则驱动信号对每个像素的作用时间就小，整个液晶显示屏的平均亮度就低。所以，希望设计一个非线性的有源器件，使每个像素可以独立驱动，从而克服交叉效应，实现高分辨力的图像显示。如果该非线性有源器件还具有存储性，则还可以解决由于占空比变小所带来的种种问题。

　　有源矩阵液晶显示器件根据有源器件的种类可以分成图 10-5 所示的多种类型。

　　三端有源方式由于扫描输入与寻址输入可以分别优化处理，所以图像质量好，但工艺制作复杂，投资额度大。二端有源方式的工艺相对简单、开口率较大、投资额度小，不少厂家，特别是袖珍式电视产品生产厂家对它比较看好，但图像质量比三端有源的略差。

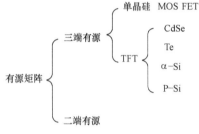

图 10-5　有源矩阵液晶显示器件分类

　　在三端有源方式中以 TFT 为主，TFT 即 Thin Film Transistor（薄膜晶体管）的缩写。在 TFT 中 CdSe TFT 是最早开发的，是 20 世纪 80 年代末的产品，但由于在制造过程中怕水汽，必须在同一容器中进行各种工艺，现在已被淘汰。Te TFT 研制过，但一直未实用化。所以在三端有源方式中以非晶硅薄膜晶体管（α-Si TFT）和多晶硅薄膜晶体管（P-Si TFT）为主流。前者的截止电流极小，存储电荷不易漏失，无须为液晶像素再制作附加存储电容，成品率高，有利于高分辨力的图像显示，因而广泛应用于液晶电视机的显示屏。后者电光性能稳定，电荷迁移率高，可以将液晶像素部分和驱动电路制作在一块基片上进行大规模集成，近年来获得了广泛重视。单晶硅 MOS 场效应晶体管（FET）是利用集成电路成熟的硅工艺制作在单晶硅片上。由于单晶硅片价格昂贵，特别不适合于制作大画面显示屏，在早期兴旺过一阵后进入低潮。随着集成电路技术的进步，亚微米工艺也不是难事，在 1in，甚至更小的芯片上也能获得优于 1000 行的分辨率，因此近年来在投影式液晶显示器中很受重视，称为硅基液晶（Liquid Crystal on Silicon，LCoS）。下面主要介绍 TFT 矩阵驱动方式。

　　同 TN-LCD 类似，TFT-LCD 也是在两块玻璃之间封入 TN 型液晶。TFT-LCD 面板的剖面示意图和驱动原理图，分别如图 10-6 和图 10-7 所示。

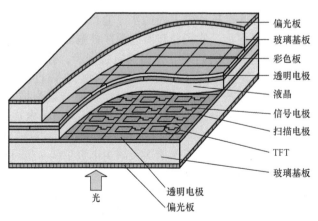

图 10-6　TFT-LCD 面板剖面示意图

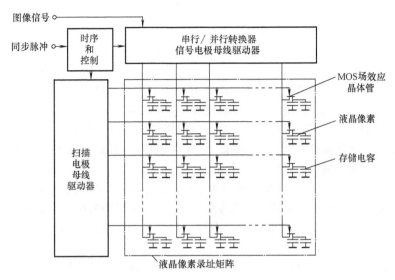

图 10-7　TFT-LCD 驱动原理图

TFT-LCD 显示器利用 MOS 场效应晶体管作为开关器件，在下面的玻璃基板上制作 TFT 矩阵，在上面的玻璃基板上制作彩色滤光膜。下面的 TFT 及其相连的液晶像素与上面彩色滤光膜上的滤光单元一一对应。TFT 位于扫描电极 X 和信号电极 Y 的交叉点处，并与液晶像素串联。同一行中与各像素串联的 MOS 场效应晶体管的栅极是连在一起的，与扫描电极相连，故行扫描电极 X 也称为栅极母线，相当于水平方向的寻址开关电极。而信号电极 Y 将同一列中各 MOS 场效应晶体管的源极连在一起，故列电极也称为源极母线，相当于垂直方向激励信号输入端。MOS 场效应晶体管的漏极与像素电极相连，通过存储电容接地。上玻璃基板内表面为连成一片的透明的公共电极。

当 MOS 场效应晶体管的栅极加入开关信号时，水平方向排列的所有晶体管的栅极均加入开关信号，但由于源极未加信号，MOS 场效应晶体管并不导通。只有当垂直排列的信号线上加入激励信号时，与其相交的 MOS 场效应晶体管才会导通，导通电流对被寻址像素的存储电容充电，电压的大小与输入的、代表图像信号大小的激励电压成正比。电视图像信号通过源极母线依次激励（接通）MOS 场效应晶体管，存储电容依次被充电。存储电容上的信号将保持一帧时间，并通过液晶像素的电阻逐渐放电。与此同时，液晶将出现动态散射，并呈现出与存储电容上的信号电压相对应的图像灰度。

从图 10-7 还可以看出，复合同步信号加入时序和控制电路，分别控制扫描电极母线驱动器，逐行接通水平方向排列的 MOS 场效应晶体管的栅极，图像信号通过串行/并行转换器，加入到垂直排列的信号电极母线驱动器，只有两个电极（源极、栅极）同时加入电压时，MOS 场效应晶体管才导通，并对存储电容充电，同时液晶被激发，通过液晶的亮度被调制。

存储电容的作用是增大液晶像素的弛豫时间，使其大于帧周期。MOS 场效应晶体管的漏极加入存储电容有以下两个好处。

1) 可以降低寻址电压，即减小图像信号幅度，一旦液晶显示屏被激励，它的发光持续时间只有不到 10ms，而通过存储电容可以延长到 17~20ms，减小了图像闪烁。

2) 由于存储电容的存储作用，可以在一帧时间内（17~20ms）使液晶像素的亮度保持恒定，使占空比达到 100%，而与扫描行数 N 无关。这样就彻底解决了无源矩阵驱动方式中的交叉效应与占空比随 N 增加而变小的问题。

但是，由于存储电容的存在，其充放电过程和较长的液晶响应时间加大了 LCD 显示器的拖尾时间，使 LCD 显示器的动态清晰度下降。

10.2.6　LCD 的优缺点

与其他显示器件比较，液晶显示器件具有下列特点：

1）低压，微功耗。极低的工作电压，只要 2~3V 即可工作，而工作电流仅为几微安，这是其他任何显示器件都无法比拟的。在工作电压和功耗上，液晶显示器正好与大规模集成电路的发展相适应，从而使液晶与大规模集成电路结成了紧密的联系。

2）平板型结构。液晶显示器件的基本结构是由两片玻璃基板制成的薄形盒。这种结构最利于用作显示窗口，显示窗口不仅可以做得很小，如照相机上所用的显示窗，也可以做得很大，如大屏幕液晶电视及大型液晶广告牌。

3）被动型显示。液晶显示器件本身不能发光，它通过调制外界光从而达到显示目的，即它不像主动型显示器件那样，发光刺激人眼实现显示。人类所感知的视觉信息中，90% 以上是外部物体的反射光，而并非物体本身的发光。因此，被动显示更适合于人眼视觉，不易引起人眼疲劳。

4）显示信息量大。与 CRT 相比，液晶显示器件没有荫罩限制，因此像素点可以做得更小、更精细；与等离子体显示器件相比，液晶显示器件像素点处不需要像等离子体显示器件那样，像素点间要留有一定的隔离区。因此，液晶显示器件在同样大小的显示窗面积内，可以容纳更多的像素，显示更多的信息。这对于制作高清晰度电视及笔记本电脑都非常有利。

5）易于彩色化。液晶本身虽然一般是没有颜色的，但它实现彩色化的确很容易，方法很多。一般使用较多的是滤色法和干涉法。由于滤色法技术相对比较成熟，因此使液晶的彩色化具有更精确、更鲜艳及没有彩色失真的彩色化效果。

6）长寿命。液晶材料是有机高分子合成材料，具有极高的纯度，而且其他材料也都是高纯物质，在极净化的条件下制造而成。液晶的驱动电压又很低，驱动电流更是微乎其微。因此，这种器件的劣化几乎没有，寿命很长，可在 5 万 h 以上。

7）无辐射，无污染。液晶显示器件在使用时不会像 CRT 那样产生软 X 射线及电磁波辐射。这种辐射不仅污染环境，还会产生信息泄露。而液晶显示不会产生这类问题，它对于人身安全和信息保密都是十分理想的。

8）结构简单，易于驱动。液晶显示器件没有复杂的机械部分，能用大规模集成电路直接驱动，电路接口简单。

9）LCD 显示器采用逐行寻址和高场频显示，可以有效消除行间闪烁和图像大面积闪烁。

LCD 的主要缺点是可视角度较小，显示特性（亮度、色度）有方向性。早期的液晶显示器其可视角度只有 90°，只能从正面观看，从侧面看就会出现较大的亮度和色彩失真。现在市面上的液晶显示器其可视角度一般在 140° 左右，有的可以达到更高，对于个人使用来说是够了，但如果几个人同时观看，失真的问题就显现出来了。

10.3　量子点显示技术

10.3.1　量子点的概念

量子点（Quantum Dot）又可称为纳米晶，是一种由 II-VI 族或 III-V 族元素组成的纳米颗粒，是把激子在三个空间方向上束缚住的半导体纳米晶体，其三个维度上的尺寸都不大于其对应的半导体材料的激子玻尔半径（1~10 nm）的两倍。量子点一般为球形或类球形，分为单一结构和核-壳结构两种。市场上使用的量子点材料多为核-壳结构量子点，其粒径一般介于 1~10 nm 之间，是网球的六千万分之一，只比水分子略大。量子点的结构如图 10-8 所示。

量子点是一种纳米级别的半导体，具有电致发光与光致发光的效果，通过对这种纳米半导体材料施加一定的电场或光压，它们便会发出特定波长的光，发光颜色由量子点的组成材料和粒径大小决定，因而可通过调控量子点粒径大小来改变其发射光的颜色。由于这种纳米半导体拥有限制电子和电子空穴（Electron Hole）的特性，这一特性类似于自然界中的原子或分子，因而被称为量子点。

图 10-8　量子点结构示意图

量子点作为半导体纳米晶，当其粒径小于激子玻尔半径时，内部的电子和空穴在各个方向上的运动均受到限制，很容易形成激子对。在物理尺寸较小的量子点内，由于载流子在各方向上的运动都受到局限，原本连续的能带结构会变成准分立的能级，使得材料有效带隙增大，进而辐射出能量更高、波长更短的光子。量子点的粒径越小，形成激子的概率越大，激子浓度越高，这种效应称为量子限域效应（Quantum Confinement Effect）。量子点的量子限域效应使得它的光学性能不同于常规半导体材料，其能带结构在靠近导带底处形成一些激子能级，产生激子吸收带，而激子的复合将会产生荧光辐射。量子点的粒径不同，电子和空穴被量子限域的程度不同，其分立的能级结构也有差别。这种分立的能级结构使得量子点具有独特的光学性质。

对于同一种材料的量子点，随着颗粒尺寸的不断缩小，电子和空穴的受限程度增大，导致二者的动能增加即量子限域能增大，量子点的有效带隙增宽，其发射光谱就可以实现从红光到蓝光的过渡，这也造就了量子点最引人注目的特性——光谱可调性。所以，可通过调节量子点的粒径大小来改变其发光颜色。

10.3.2　量子点显示的特性

目前使用的量子点材料主要有硒化镉（CdSe）系列和磷化铟（InP）系列。两种量子点材料各有优劣，硒化镉胜在发光效率高、色域表现力更为宽广；磷化铟则由于不含镉，不受欧盟 ROHS 标准⊖的限制。

量子点独特的性质基于它自身的量子效应，当颗粒尺寸进入纳米量级时，尺寸限域将引起尺寸效应、量子限域效应、宏观量子隧道效应和表面效应，从而派生出纳米体系具有常观体系和微观体系不同的低维物性，展现出许多不同于宏观体材料的物理化学性质。量子点具有的光学特性如图 10-9 所示。

1）量子点尺寸效应在显示领域有着非常重要的作用：通过精准调控量子点的不同粒径大小，使其在受到外来能量激发后，可以发出对应波长的光。量子点粒径越小，发光颜色越偏蓝色；量子点粒径越大，发光颜色越偏红色，如图 10-10 所示。因此，仅仅通过改变量子点的粒径大小，就可以使其发光颜色覆盖从蓝光到红光的整个可见光区域，而不像在其他显示器件中必须使用不同的材料。

图 10-9　量子点具有的光学特性

2）量子点发射光谱半峰宽较窄且分布对称，如图 10-11 所示，色纯度和色彩饱和度高，色彩表现力好，色域覆盖率从普通 LED 背光液晶电视的 72% NTSC 提高到 110% NTSC 以上，大幅度提升显示产品的色域表现，如图 10-12 所示。色域是指屏幕所能显示的色彩范围，比如最红红到什么程度，最绿绿到什么程度。所以，色域越广，能够呈现的色彩就越多，画质更富有层次、更细腻。

⊖　该标准主要用于规范电子电气产品的材料及工艺标准，使之更加有利于人体健康及环境保护。

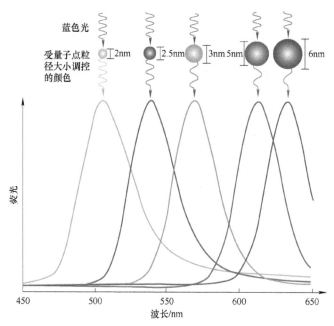

图 10-10　量子点发光的尺寸效应

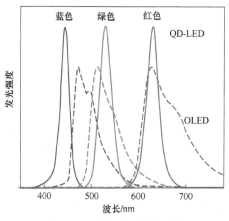

图 10-11　量子点发射光谱

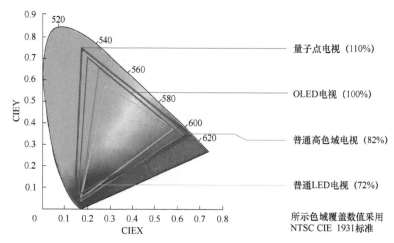

图 10-12　不同电视产品显示色域对比

3）量子点纳米颗粒具有良好的线性光学性质，光学性能非常稳定，可以经受反复多次的激发，具有较高的发光效率，因此也更为节能。在同等画质下，与 OLED 相比，发光效率将提升 30%~40%，而节能性是其 2 倍。

4）量子点具有实现纳米级像素的潜力，可用于制造超高分辨率屏幕。

5）量子点是无机材料，稳定性强，不易老化，量子点显示器的使用寿命更长。

10.3.3　量子点显示的应用

1983 年美国贝尔实验室的科学家首次对量子点进行了研究但未命名，数年后耶鲁大学的物理学家马克·里德将其命名"量子点"。

2005 年，毕业于麻省理工的科尔·苏利文创建了 QD Vision，公司专注于研发量子点材料核心技术，与 TCL、海信和索尼等电视厂商建立了合作关系，2016 年三星以 7000 万美元收购该公司。

世界上第一款 QLED 电视是 2015 年 3 月 TCL 在第 14 届中国家用电器博览会上发布的 Q55H9700，当时该款产品受到了诸多高端用户群体的喜爱，随后三星亦推出量子点电视。目前许多国际电视制造巨头均已推出最新代量子点电视，也预示着量子点技术的逐渐成熟。

量子点的发射峰窄、发光波长可调、荧光效率高、色彩饱和度好，非常适合用于显示器件的发光材料。量子点显示根据发光原理的不同，可以分为光致发光（Photoluminescence，PL）和电致发光（Electroluminescence，EL）两类。量子点在显示领域中的应用方案主要包括两个方面：

1）基于量子点光致发光特性的量子点背光源（Quantum Dots-Backlight Unit，QD-BLU）技术，即光致量子点白光 LED，其中量子点由光源激活。

2）基于量子点电致发光特性的量子点发光二极管（Quantum Dots Light Emitting Diode，QLED）技术，其中量子点嵌入每个像素中并通过电流激活和控制。

1. 量子点光致发光（QD-PL）显示器

对于量子点而言，其在短波域的吸收非常强烈，利用这一特性，量子点便可作为理想的光致发光材料，在有效地吸收蓝光后辐射出其他指定的色光。比如，量子点在蓝光 LED 背光照射下生成红光和绿光，并同其余透过薄膜的蓝光一起混合得到白光，便可以提升整个背光系统的发光质量。

在光致发光（PL）模式下，QD 粒子的光发射由 LED 背光触发。量子点光致发光（QD-PL）的实现方案有以下几种。

（1）芯片内部（QD in-chip）

QD 技术最初的应用方法之一是将量子点嵌入芯片中。该技术从未投入量产，因为量子点距离 LED 芯片太近，会暴露在超过 200℃的高温下，这直接影响 QD 的稳定性和可靠性。虽然将量子点嵌入芯片中的方法是经济高效的，但高温会损害量子点的性能。这种方案的另一个挑战是容易被水和湿气损坏的量子点与树脂之间的相容性，相容性不好会导致所谓的中毒效应和 QD 聚集。

（2）芯片上面（QD on-chip）

在显示面板内安排量子点的另一种方法是在芯片上，其中 QD 被放置在圆柱形 QD-聚合物复合材料中。在这种情况下，为了维持性能，即使重新设计封装工艺和背光源，量子点仍然太靠近热源。QD 在此位置仍距离 LED 封装太近，温度可达到 100℃。

（3）量子点薄膜（QDEF）

量子点薄膜（Quantum Dots Enhancement Film，QDEF）是目前量子点显示技术商业化最成熟的产品。市面上出售的所谓的"量子点电视"都是使用量子点薄膜（QDEF）的液晶电视，其本质仍为液晶电视，我们称之为量子点 LCD（QD-LCD）电视，显示方案如图 10-13 所示。

量子点薄膜采用"三明治"结构，在量子点聚合物薄膜的上下两个表面覆盖有水氧阻隔膜，如图 10-14 所示。

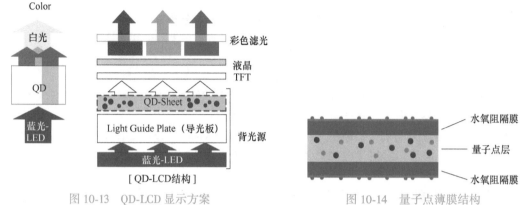

图 10-13　QD-LCD 显示方案　　　　　　　　图 10-14　量子点薄膜结构

量子点薄膜里面包含直径为 3nm 的量子点和直径为 7nm 的量子点。量子点薄膜应用于液晶显示屏的背光模组中，放置在导光板（或直下式中扩散板）上方，从而远离 LED 封装，让量子点所处的环境温度下降。背光模组中的蓝光 LED 发出蓝光，蓝光经过量子点薄膜时，3nm 量子点在蓝光 LED 的照射下将蓝光转换成绿光，而 7nm 量子点在蓝光 LED 的照射下将蓝光转换成红光，部分透过量子点薄膜的蓝光和量子点发出的绿光、红光一起混合得到白光，成为液晶显示屏的背光源。

普通液晶显示器采用普通白光 LED 作为背光源，其光谱在红绿波段互相干扰，如图 10-15a 所示，经过滤色片后，RGB 三色的半峰宽很宽，这使得液晶显示器的色纯度低，色域也偏低，一般在 72% NTSC 左右。

量子点薄膜的基本原理是背光模组中的蓝光 LED 发出蓝光，蓝光经过量子点膜时，部分蓝光被量子点转换成绿光和红光，未被转换的蓝光和量子点发出的绿光、红光一起组成白光，成为液晶显示屏的光源，其光谱在 RGB 三基色的半峰宽非常窄，如图 10-15b 所示，经过滤光片后出射的 R、G 和 B 三基色的半峰宽也很窄，显示器的单色色纯度非常高。另一方面还可以增加背光亮度，节省能耗。

由于三色光由蓝光直接转换而来，量子点背光源相比普通 LED 背光具有更高纯度的三基色，通过调整量子点材料大小分布，可以创造出更真实、更均衡的色彩表现。因此，量子点色膜可以使液晶显示屏的色域从目前的 75% NTSC 左右提高到最高 130% NTSC。

QD-LCD 电视是在原有 LCD 电视的基础上加上量子点膜，仅仅需要将 LCD 的白光 LED 改为蓝光 LED，在导光板和增亮膜之间去掉一层扩散膜，加入量子点膜，微调彩色滤光片方案，提升了色域和亮度，拥有更好的色彩表现。QD-LCD 电视并不会影响原有 LCD 技术的使用，因此更容易在产业链各环节进行推广，升级成本低，容易产业化。

QD-LCD 产业化方案如图 10-16 所示。

相比于 OLED 电视，QD-LCD 电视拥有更好的色域，同时在成本、寿命方面具有显著优势。

（4）量子点玻璃导光板（QDOG）

量子点玻璃导光板是在玻璃导光板的表面涂布量子点聚合物涂层。QDOG 方案虽然省去了两张价格昂贵的水氧阻隔膜，但是增加了价格昂贵的玻璃导光板，目前的成本较 QDEF 高。

（5）量子点彩色滤光片（QDCF）

量子点显示应用的最新发展之一是量子点彩色滤光片（Quantum Dots Color Filter，QDCF），其中量子点粒子被分散在光刻胶中，然后被图案化以替换子像素中的有色染料。量子点彩色滤光片中的每个像素点由 3 个子像素点构成，分别喷墨印刷上红色量子点、绿色量子点和扩散粒子。在蓝背光的激发下，量子点彩色滤光片可发出色纯度非常高的三基色，从而提升显示色域。与传统滤色器模型的不同之处在于量子点的作用类似于有源元件，QDCF 是在转换通过它的光，而不是阻挡光。

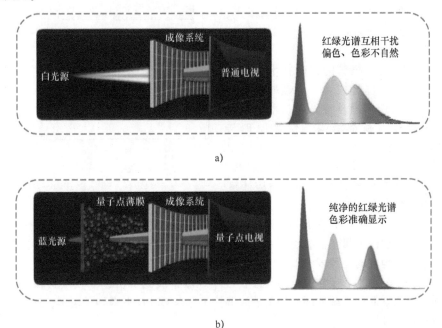

图 10-15　普通白光 LED 背光源的 LCD 电视与 QD-LCD 电视的光谱比较
a）普通白光 LED 背光源的 LCD 电视　b）QD-LCD 电视

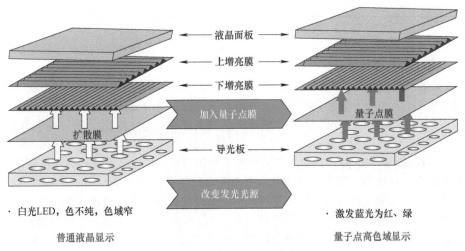

图 10-16　QD-LCD 产业化方案

2. 量子点发光二极管技术

QLED 是 "Quantum Dots Light Emitting Diode Displays" 或 "Quantum Dots Light Emitting Diode" 的简称，即量子点发光二极管显示器或量子点发光二极管。QLED 技术是基于量子点电致发光特性的一种新型 LED 制备技术。QLED 不需要额外光源的自发光显示器，其发光原理和结构与 OLED 显示器类似。QLED 元件是层叠结构，包括玻璃基片、空穴注入层、空穴传输层、量子点发光层、电子注入层、电子传输层等，如图 10-17 所示。

量子点层位于电子传输和空穴传输有机材料层之间，外加电场使电子和空穴移动到量子点层中，电子和空穴在这里被捕获到量子点层并且重组，从而发射光子。通过将红色量子点、绿色量子点和蓝光荧光体封装在一个二极管内，实现直接发射出白光。

基于量子点发光二极管的显示技术虽然仍未实现商业应用，但已经成为显示领域最为火热的研究方向，展现了超越背光源技术的独特优势。QLED 器件的基本结构和发光原理与 OLED 非常相似，主要不同在于 QLED 的发光材料为无机量子点材料，而 OLED 采用有机材料。QLED 具有主动发光、发光效率高、响应速度快、光谱可调、色域宽广等特点，而且比 OLED

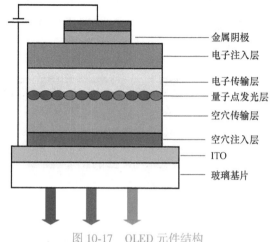

金属阴极
电子注入层
电子传输层
量子点发光层
空穴传输层
空穴注入层
ITO
玻璃基片

图 10-17　QLED 元件结构

性能更加稳定，寿命更长。如图 10-17 所示，在经典的三明治结构中，电子和空穴分别通过电子传输层和空穴传输层注入量子点发光层中，进而形成激子复合发光，这一过程即为电荷的直接注入，它可以有效地削弱光致发光过程中造成的能量损失，有利于发光效率的进一步提升。此外，QLED 具备制造曲面屏的潜质，使其潜在应用领域拓展到手机、平板电脑和智能穿戴设备等。与此同时，成本低廉、可大面积制备的溶液法工艺在 QLED 中得到了延续，这也将极大地推动 QLED 的商业化进程。

10.4　有机发光显示器

10.4.1　"OLED 之父"邓青云博士的科学探索之路

有机发光显示器（Organic Light Emitting Display，OLED）是利用有机发光二极管的电致发光（Electroluminesence）实现显示的一种主动发光显示器。

OLED 是继 CRT、PDP、LCD 之后的新一代显示器，目前无论在手机、平板电脑等小尺寸显示器还是电视等大尺寸显示器中都呈现爆发性的增长。由于对 OLED 发展历史的报道并不多，大家在印象中似乎都认为 OLED 是日本人发明的，其实不然，OLED 之父是华裔科学家邓青云博士。

邓青云（Ching W. Tang），1947 年 7 月出生于中国香港元朗十八乡瓦头村，美籍华裔材料物理学家和化学家。1975 年，邓青云在康奈尔大学获得物理化学博士学位后，进入柯达（Kodak）公司研究实验室担任研究科学家，开始了有机半导体材料和电子应用设备开发的职业生涯。

科学新发现大都起源于一些出人意外的现象，OLED 的发现也不例外。1979 年的一天晚上，在柯达公司从事有机太阳能电池芯片研究的华裔科学家邓青云博士在回家的路上忽然想起自己把东西忘在了实验室里。等他回到实验室后，发现黑暗中有一块东西发出了亮光，打开灯一看原来是做实验用的有机蓄电池上的两片膜发出了亮光。这个前所未见的现象令邓青云博士意外惊喜，他身上所具备的职业素养和求真务实、勇于探索、锲而不舍的科学精神驱使他开始探索其中的奥秘，从此为 OLED 的诞生拉开了序幕。

在 OLED 历史的早期，由于有机电致发光器件过高的驱动电压和极低的发光效率，使得 OLED 的研究工作未能引起人们的重视。直到 1987 年，邓青云博士等人在 *Applied Physics Letters* 期刊上发表了一篇题目为 "Organic Electroluminescent Diodes" 的论文，首次报道了基于具有双层夹心式结构的高亮度、低驱动电压、高效率的有机电致发光二极管，其商业应用潜力吸引了全球的目光。他的研究促成 OLED 技术诞生，而且他于 1989 年开发了调校 OLED 色彩的技术，亦带动了全彩色 OLED 显示屏的制造与发展。邓青云博士在有机发光二极管高效化和实用化方面做出了先驱性贡献，推动了以有机发光二极管为代表的有机光电产业的发展，因此被国际同行誉为"OLED 之父"。图 10-18 为邓青云博士的照片。

图 10-18　"OLED 之父"——邓青云博士

2011 年，邓青云博士与两位同行共同获得了沃尔夫化学奖，这是在化学领域仅次于诺贝尔奖的国际性大奖。

10.4.2　OLED 概述

OLED 是一种利用多层有机薄膜结构产生电致发光的器件，它很容易制作，而且只需要低的驱动电压，这些主要的特征使得 OLED 在满足平面显示器的应用上显得非常突出。OLED 显示屏比 LCD 更轻薄、亮度高、功耗低、响应快、清晰度高、柔性好、发光效率高，能满足消费者对显示技术的新需求。全球越来越多的显示器厂家纷纷投入研发，大大地推动了 OLED 的产业化进程。

根据材料的不同，发光二极管分为无机发光二极管（Light Emitting Diode，LED）和有机发光二极管（Organic Light-Emitting Diode，OLED）两种。无机发光二极管（LED）是利用无机材料（如砷化稼、磷化稼）的外延生长制成的发光二极管。有机发光二极管（OLED）是利用有机材料制成的发光二极管。迄今为止，人们已对大量可以用作 OLED 的有机发光材料进行了研究。按化合物的分子结构一般可分为两大类：有机小分子化合物和高分子聚合物。有机小分子化合物的分子量为 500~2000，能够用真空蒸镀方法成膜；高分子聚合物的分子量为 10000~100000，通常是具有导电或半导体性质共轭聚合物，能用旋涂和喷墨打印等方法成膜。采用有机小分子化合物制成的发光二极管称为小分子 OLED，采用高分子聚合物材料制成的发光二极管称为 PLED（Polymer Light Emitting Diode）。常说的 OLED 是二者的统称。

与有机小分子材料相比，高分子聚合物发光材料可避免晶体析出，还具有来源广泛，可根据特定性能需要进行分子设计，在分子、超分子水平上设计出具有特定功能的发光器件，实现能带调控，得到全色发光的优点，因此，人们逐渐把研究的重点转到 PLED 上。

按基板材料来分，OLED 的衬底材料可分为玻璃、塑料以及金属薄膜等，塑料和金属薄膜主要用于制造柔性 OLED。

另外，OLED 依据驱动方式来划分，可分为无源矩阵驱动 OLED（Passive Matrix OLED，PMOLED）和有源矩阵驱动 OLED（Active Matrix OLED，AMOLED）。AMOLED 和 PMOLED 的对比如下。

1）在显示效果上，PMOLED 大都采用时间分割法实现灰度显示，每一个像素的点亮时间有限，维持整个工作周期显示困难；而 AMOLED 每个像素独立控制，存储电容持续放电，发光器件是在整个工作时间内都是点亮的，不存在 PMOLED 显示器的闪烁问题。

2）在驱动信号上，PMOLED 需要的驱动电流大。PMOLED 行、列电极交叉排列，交叉点处构成发光像素。发光由加在行、列电极上的脉冲电流来控制。脉冲峰值会随着电极数目的增加而增加，点亮时间很短，要达到一定的亮度，需要更大的驱动电流流入 OLED；而 AMOLED 每个像素都有 TFT 和存储电容维持发光像素的显示，需要的驱动电流较小。

3）在寿命上，PMOLED 在大电流、高频率下的频繁开关，发光效率降低，缩短了器件的使用时间，寿命短；而 AMOLED 每一个发光器件单独控制，开关次数和驱动电流远远小于 PMOLED，寿命更长、发光效率更高。

4）在分辨率上，PMOLED 采用时间分割等方法实现灰度，点亮时间不能无限制地缩短，行数不能做得很大，分辨率和大尺寸都受到限制；而 AMOLED 不受显示行数限制，可实现高分辨率显示。

PMOLED 具有结构简单、成本低的优点，主要用于信息量低的简单显示中。而 AMOLED 是采用薄膜晶体管驱动的有机发光显示器，具有发光亮度高、寿命长、耗电少、适合大面积高分辨率显示等优势，有望成为新一代显示的主流。

10.4.3　OLED 显示原理

OLED 的基本结构如图 10-19 所示，利用一个薄而透明，具有导电性质的铟锡氧化物（ITO）为阳极，与另一金属阴极以如同三明治般的架构，将有机材料层包夹其中。有机材料层包括空穴输送层（HTL）、发光层（EL）与电子输送层（ETL）。当通入适当的电流时，注入阳极的空穴与阴极来的电子在发光层结合，即可激发有机材料发光。而不同成分的有机材料会发出不同颜色的光。因此，选择不同的发光材料就可以实现全色的显示。

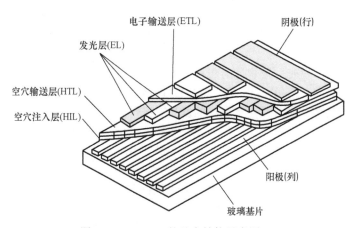

图 10-19　OLED 的基本结构示意图

OLED 发光大致包括以下 5 个基本物理过程：

1）空穴和电子分别从阳极和阴极注入有机发光层。

2）在电场的作用下空穴和电子在有机发光层内分别朝着对方电极方向移动。

3）空穴和电子在有机发光层内特定位置再结合并释放出能量。

4）特定的有机分子获得该能量后自己受激发或将能量转移给其他分子，使其受激发从基态跃迁到激发态。

5）处于激发态的分子回到基态，释放出光能。

由此可以看出，在 OLED 器件的简单的结构里发生着极其复杂的光电子物理过程。

通过改变所使用的薄膜有机材料的种类，可以调控器件发出的光的颜色。通过控制从两端电极注入的电流的大小可以调节发光的强弱。从以上的器件结构和发光所包括的基本物理过程还可以看出，为了保证高效率地实现这些基本过程，材料结构、纯度、聚集态及界面状态的严格控制是至关重要的。这也是为什么 OLED 器件的结构虽然简单，材料也不特殊，但要实现高性能的发光却并不那么容易的原因之所在。

为了提高空穴注入效率，阳极材料通常采用 ITO 薄膜。阴极则通常采用低功函数的金属镁、锂或合金，以提高产生电子的效率，为了防止它们与水和氧气反应，还需要使用银、铝等金属作为钝化层。由于电子很容易为材料缺陷或者界面捕捉，而且空穴在有机材料中移动较快，因此在元件结构中还需要加入空穴传输层和电子传输层，以确保空穴和电子在发光层中相遇，提高发光效率。

获得全色 OLED 显示器的方法有 3 种：

第一种是发光层加滤色片，这是获得全色显示最简单的方法。

第二种是采用红、绿、蓝三种发光材料，因此发光层为三层结构。

第三种是采用蓝色发光材料及光致发光的颜色转换材料获得全色显示。除蓝色外，再由蓝色光通过激发光致发光材料分别获得绿色和红色光。这种方法效率高，可不再使用滤色片。滤色片效率低，大致要浪费 2/3 的发射光。

10.4.4 OLED 的技术特点及面临的挑战

1. OLED 的技术特点

OLED 与当前主流的 LCD 显示器相比，具有自发光、亮度高、发光效率高、对比度高、可视角宽、轻薄、可卷曲折叠、便于携带、响应速度快、温度特性好、低电压直流驱动、低功耗、可实现柔性显示等特点。

1) 自发光、亮度高、发光效率高、对比度高。OLED 采用有机发光材料，自己就可以发光，亮度高，不需要背光源、滤光镜与偏振镜，发光效率高（16~38 lm/W）。

2) 可视角宽。由于 OLED 显示器具有主动发光特性，其可视角上下、左右一般可以达到 160°以上，无视角范围限制，而传统的 LCD 则存在视角小的问题。

3) 轻薄、可卷曲折叠、便于携带。由于 OLED 本身就会发光，不需要背光源，所以，它比现有的 LCD 轻便。OLED 使用塑料、聚酯薄膜或胶片作为基板，OLED 显示器可以做得很轻薄。一般一块 OLED 面板的厚度为 1~2mm，仅为普通彩色 LCD 的 1/3。这种显示器可以薄如一张纸贴在墙壁上使用，也可用于制作电子报纸，或被嵌在衣物上。OLED 易于实现薄型化，且电容小，重量轻，便于携带，是实现壁挂式、可卷可折式电视的最理想的技术。OLED 的生产更近似于精细化工产品，因此，可以在塑料、树脂等不同的材料上生产。如果将有机层蒸镀或涂布在塑料基衬上，就可以实现软屏。最新的技术可以使 OLED 显示器折叠弯曲，甚至可以卷起来，其产品的应用范围可进一步扩展。

4) 响应速度快。目前 LCD 的主要缺点表现在响应时间较长，对于一些游戏等快速画面的显示会出现拖尾现象。而 OLED 的响应时间为微秒量级，完全可以实现高清晰的视频播放和动画游戏显示，人眼不会察觉到拖尾现象。

5) 温度特性好、适应性强。由于 OLED 器件为全固态机构，且无真空、液体物质，所以抗振动性能良好，可以适应巨大的加速度、振动等恶劣环境。OLED 的温度特性好，在-40~70℃的温度范围内都能正常工作，从而使 OLED 的应用范围可以更加广泛，尤其适用于军事、航天领域。

6) 低电压直流驱动、低功耗。OLED 的驱动电压仅需 2~10V，而且安全、噪声低，容易实现低功耗，适用于便携式移动显示终端，并可与太阳能电池、集成电路等相匹配。

7）可实现柔性显示。OLED 采用真空蒸镀、旋涂或者印刷打印等方法制作薄膜，成膜温度低，可制作在塑料、聚酯薄膜或者胶片等柔软的衬底上。采用的材料具有全固态特性，无真空、无液态成分，抗振动性强，容易弯曲或折叠，可实现超薄、柔性显示。

此外，在制造上，OLED 采用有机材料，可以通过有机合成方法获得满足各种色彩和工艺要求的材料。与无机材料相比，不仅不耗费自然资源，而且还可以通过合成新的更好性能的有机材料，使 OLED 的性能不断提高。

2. OLED 面临的挑战

虽然 OLED 已经历了 30 多年的发展，规模化生产的技术日益成熟，但要全面挑战 LCD 仍需要一段时间。目前，OLED 面临的挑战主要存在以下几个问题。

1）由于受蒸镀设备的限制，OLED 的生产效率和成品率较低，制造过程成本较高。

2）使用寿命还不够长。目前 OLED 的实际寿命仅约为 10000h，在使用 1000h 之后，OLED 的参数开始劣化，超过半衰期 5000h 之后，64 灰阶面板的亮度则开始下降。这对更新频率比较快的手机类产品的影响不大，但对于使用寿命至少是 15000h 的电视机来说，OLED 的使用寿命是不能满足要求的。

3）制作大尺寸屏幕的成本较高。目前 OLED 只适用于便携式数码类产品，超过 90% 的 OLED 产品仅限于应用在手机和 MP3 等小尺寸面板产品上。虽然高分子 OLED 投资较小，有利于大尺寸显示面板的开发，但在材料、生产设备和良品率的控制等方面有些技术瓶颈仍有待于解决。因此，在大尺寸显示应用方面，OLED 欲挑战技术十分成熟的 LCD 面临诸多困难。

4）存在色彩纯度不够的问题，不容易显示出鲜艳、浓郁的色彩。OLED 出现各种色彩不均匀的原因是红、绿、蓝这 3 种像素需要不同的驱动电压，导致色彩平衡性较差，精细度有待加强。每种彩色的老化时间并不一致，色域尚未满足欧洲广播联盟（EBU）制定的规范。

10.4.5　柔性 OLED

柔性 OLED 技术就是在柔性衬底制作有机发光显示器的一种技术。柔性 OLED 具有轻柔、耐冲击、可折叠弯曲、便于携带等特点，可以戴在手腕上或穿在身上，被认为是一种很有前景的新型显示器。

最初的有机电致发光器件是以玻璃作为基板，与现有的发光或显示器件相比，在外观上没有差异。1992 年，A. J. Heeger 等人首次用塑料作为衬底制备柔性 OLED，将有机电致发光显示器最为创新的一面展现在人们的面前。他们采用聚苯胺（PANI）或聚苯胺类的混合物作为导电材料，通过溶液旋涂的方法在柔性透明衬底材料——聚对苯二甲酸乙二醇酯（Poly Ethylene Tereph-thaiate，PET）上形成导电膜，并以此作为发光器件的电极制备高分子柔性 OLED 显示器件，揭开了柔性显示的序幕。

2003 年，日本先锋公司发布了 15in、分辨率为 160×120 像素的全彩色柔性 OLED 显示器，重量仅为 3g，亮度为 70cd/m²，驱动电压仅为 9V。

2005 年，Plastic Logic 公司研制出了柔性有源矩阵 OLED 显示屏，厚度不到 0.4mm，柔韧性非常出色。

2008 年，三星公司推出了 4in 的柔性 OLED 显示屏，对比度非常高，亮度达到 200cd/m²，厚度仅有 0.05mm。

2009 年，三星和索尼在美国消费电子展会（CES）上又发布了最新的柔性显示器。

任何一种新型技术的发明都会大大开拓人们的想象空间。但真正能够实现商业化却需要经过漫长的努力和等待，柔性显示技术也是如此。目前，柔性显示技术虽然能够满足实用化的要求，应用领域也非常广阔，但仍然面临着许多困难，在材料、全彩色化、大尺寸、生产工艺等方面还需要改进。相信在不久的将来，柔性显示将给人们带来丰富多彩的生活。

10.5 Micro-LED 显示技术

目前 Micro-LED 技术的寿命、对比度、反应时间、能耗、可视角度、分辨率等各种指标均强于 LCD 以及 OLED，已经被许多厂商认为是下一代显示技术。业内诸多巨头如苹果、索尼等开始积极布局，并力图参与到 Micro-LED 的发展版图之中，试图将 MicroLED 商业化，不断进行前沿性的探索，以求在下一代显示技术的发展浪潮中占据有利地位。

10.5.1 Micro-LED 显示技术的兴起

自 1950 年第一台彩色 CRT 电视发明以来，CRT 凭借其出色的特性在显示市场上占据了数十年的历史。直到 2000 年，液晶显示器（LCD）这种新技术出现，LCD 通过降低成本和优化产品性能，很快便占据了显示市场的主导地位。但是，LCD 显示器存在诸如响应时间慢、转换效率差和色彩饱和度低等主要缺点。近年来，新的显示技术变得愈加成熟，例如有机发光二极管（OLED）显示器和发光二极管（LED）显示器。与 LCD 显示技术相比，OLED 显示技术具有自发光、宽视角、高对比度、低功耗、响应速度快的优点。但是，OLED 在成本控制、量产能力和有机材料等的局限性，使其在消费电子市场中的占有率仍低于 LCD，传统的 LED 显示则更多应用于显示器背光模组或大型户外屏幕。

LED 技术已经发展了三十多年，最初只是作为一种新型固态照明光源，之后虽应用于显示领域，却依然只是幕后英雄——背光模组。如今，LED 逐渐从幕后走向台前，LED 大尺寸显示屏已经投入应用于一些广告或者装饰墙等。然而其像素尺寸都很大，这直接影响了显示图像的细腻程度，当观看距离稍近时其显示效果差强人意。

随着显示产业结构性调整步伐的加快以及 5G 时代新应用的兴起，"5G+8K"概念成为消费电子领域的目标，显示产品的升级换代成为行业发展的必然。随着技术的不断发展，Micro-LED 作为新一代主流显示技术开始兴起。

Micro-LED 显示是指将微米级半导体发光二极管（LED），以矩阵形式高密度地集成在一个芯片上的显示技术，是新型显示技术与 LED 技术二者复合集成的综合性技术。Micro-LED 通过在一个芯片上集成高密度微小尺寸的 LED 阵列来实现 LED 的薄膜化、微小化和矩阵化，其像素点距离从毫米级降低至微米级别，体积是目前主流 LED 大小的 1%，每一个像素都能定址、单独发光。

与传统的 LCD 和 OLED 相比，Micro-LED 显示具有自发光、高亮度、高对比度、高发光效率、高解析度和色彩饱和度、低功耗、高集成度、高稳定性、高响应速度等优良特性，已经在显示、光通信、生物医疗领域获得了相关的应用，未来将进一步扩展到增强现实/虚拟现实、空间显示、可穿戴设备、车载应用等诸多领域。如今包括苹果、索尼、夏普、京东方、华星光电在内很多厂商把 Micro-LED 看成是继传统 LCD、OLED 后的新一代显示技术，并不断加强研发，以求在下一代显示技术的发展浪潮中占据有利地位。而 Mini-LED 则是 Micro-LED 开发过程中的一个阶段性技术。

由于 Micro-LED 的优点十分突出，并继承了无机 LED 的高效率、高亮度、高可靠性、快速反应的特点，加上其属于自发光，其结构简单、体积小、节能表现良好，对比 OLED，可以发现其色彩更容易准确地调试，有更长的发光寿命和更高的亮度以及具有较佳的材料稳定性、无影像烙印等优点，引发了业内诸多巨头的积极布局。实际上目前的 Micro-LED 只能算是户外 LED 小间距屏幕的缩小版，其底层是通用的 CMOS 集成电路制成的 LED 驱动电路，再通过 MOCVD 在集成电路上制作 LED 阵列。在制作成显示器时，需要整个表面覆盖 LED 阵列结构，必须将每一个像素点进行单独控制、单独驱动，利用垂直交错的正负栅极连接每一个 Micro-LED 的正负极，依次通电，通过扫描方式点亮 Micro-LED 进行图像显示。虽然目前 Micro-LED 的量产存在着很多问题，但是随着业内技术的不断突破，相信这项技术会逐渐走近人们的生活。

10.5.2　Micro-LED 技术特性及应用

拓展阅读

Micro-LED 的应用

　　Micro-LED 显示器是由形成每个像素的微型 LED 数组组成。相较于现有的 OLED 技术，Micro-LED 采用传统的氮化镓（GaN）LED 技术，可支持更高亮度、高动态范围以及广色域，以实现快速更新率、广视角、高发光效率与更低功耗。比现有的 LED、小间距 LED 的应用更广泛，可实现更细腻的显示效果。Micro-LED 采用的是 $1\sim10\mu m$ 的 LED 晶体，可实现 0.05mm 或更小尺寸像素颗粒的显示屏；Mini-LED（次毫米发光二极管）则是采用数十微米级的 LED 晶体，可实现 $0.5\sim1.2mm$ 像素颗粒的显示屏；而小间距 LED，采用的是亚毫米级 LED 晶体，可实现 $1.0\sim2.0mm$ 像素颗粒显示屏。小间距 LED 显示屏是指 LED 点间距在 2.5mm 及以下的 LED 显示屏。Micro-LED 与 LCD、OLED 主要性能参数对比如表 10-1 所示。

表 10-1　Micro-LED 与 LCD、OLED 主要性能参数对比

显 示 技 术	LCD	OLED	Micro-LED
技术类型	液晶盒+背光模组	有机材料自发光	无机材料自发光
发光效率	低	中等	高
亮度/(cd/m^2)	500	1000	100000
对比度	5000∶1	10000∶1	1000000∶1
色彩饱和度	75% NTSC	124% NTSC	140% NTSC
寿命/$\times10^3$h	60	$20\sim30$	$80\sim100$
响应时间	毫秒（ms）	微秒（μs）	纳秒（ns）
能耗	高	约为 LCD 的 60%~80%	约为 LCD 的 30%~40%
可视角度	中等	中等	高
工作温度/℃	$-40\sim100$	$-30\sim85$	$-100\sim120$
每英寸的像素数（可穿戴）	最高 250PPI	最高 300PPI	1500PPI 以上
每英寸的像素数（虚拟现实）	最高 500PPI	最高 600PPI	1500PPI 以上

10.6　三维立体显示

　　人们一直以来都在努力探索进一步改善画面呈现效果的方法，在追求更为清晰的画面质量的同时也希望电视能够呈现出立体逼真的图像。与二维（2D）显示相比，三维（3D）立体显示能在一定程度上重现客观世界的景象，表现景象的深度感、层次感和真实性，给观察者以身临其境的感受，在医学、建筑、科学计算可视化、影视娱乐等领域有潜在的应用。

10.6.1　立体视觉的感知机理

　　人类感知三维空间维度形成立体视觉的因素可分为心理因素（也称为感性因素）和生理因素两类，其中心理因素包括线性透视、视网膜像的大小、阴影、明暗、浓淡、色相、遮挡等；生理因素主要有双目视差、辐辏、焦点调节和运动视差等。在这些因素中焦点调节、运动视差是依靠单眼感知空间维度的因素，而生理因素中的双目视差和辐辏是依靠双眼感知空间维度的因素。这里只讨论生理因素，它们是立体显示技术研究中最重要的因素。

1. 辐辏

当用双眼凝视某一目标物时，若目标很远，则两眼视线基本平行；而当所看目标近时，为了把注视点成像在双眼视网膜的中央凹，双眼的眼球会略微向内旋转，使视线在目标处相交。两眼的这种运动叫作辐辏，辐辏给出了一种深度感觉的暗示。两眼至被注视点视线间的夹角称为会聚角或光角（Optical Angle），人眼离注视点越远，会聚角就越小。因此，观看远近不同的两点，其会聚角也不同，眼球旋转运动的程度也不一样，这样便产生了深度感。

虽然可以利用会聚角检测距离信息，但由于距离远时会聚角随距离改变量变小，因此利用会聚角可检测的距离信息限于 20m 以内。另外，人眼的辐辏能力是有限的，会聚角一般不能超过 36°。当观察小于 103mm 以内的目标时，会聚角超过 36°，眼睛会感到异常紧张或疲劳，甚至不能合像。

2. 双目视差

人类从各种各样的线索中获取三维信息，双目视差（Binocular Parallax）是形成立体视觉的一种重要因素。由于人的两眼瞳孔在水平方向上约有 65mm 的间距，在用两眼观看同一对象物体时，因有瞳距的存在，映入左眼视网膜的物体映像和映入右眼视网膜的物体映像存在有少量的差异，一般要产生错移，称这种移或差异为双目视差，它随着眼睛到物体距离的变化而变化。正是由于左、右眼视差而产生了深度感。瞳距的存在也使得左、右眼投影略有不同，形成水平视差。由于水平视差的存在，在观看视差图像时，通过神经网络的融合在人脑中形成立体映像（Steroscopic image）。双目视差形成立体映像的原理示意图如图 10-20 所示。

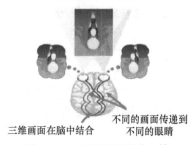

左眼看左边画面　　右眼看右边画面

三维画面在脑中结合　　不同的画面传递到
不同的眼睛

图 10-20　双目视差形成立体
映像的原理示意图

3. 焦点调节

在观察不同距离的物体时，睫状肌会相应地用力或放松，以调节水晶体厚度（近厚远薄），使物体成像映在视网膜上。眼睛这种本能地改变光焦度以看清不同距离的物体的过程称为焦点调节或水晶体调节。即使用单眼观看物体时，这种暗示也是存在的，这就是单眼深度暗示。可是，这种暗示只有在与其他双眼暗示组合在一起，而视距又在 2m 之内时才是有效的。也就是说，焦点调节和辐辏不是各自独立的，而是密切相关、相互影响的。

观察实物时，双目视差、辐辏和焦点调节因素有机地结合在一起，使观察者能得到自然的实物景像。而观察表示在平面上的视差图像时，因焦点调节是一定的，所以只需要调整双目视差和辐辏即可形成立体视觉。但由于辐辏和焦点调节不一致，在生理上会造成一种不自然的状态，长时间观察就会引起视觉疲劳。这也引导人们研究出了能减少或消除视觉疲劳的其他显示方式，如超多眼式和光波面再生方式等。

4. 单眼运动视差

运动视差是再现空间自然状态的重要因素，分为两种情况：一种是由于画面上图形和视点移动（从动）引起的视差；另一种是观察者在观察画面时移动（主动）视点而引起的图形变化所产生的视差。前者由平面表示机构产生，而后者为了实现与观看实物相同的效果，需要更高效的信号处理系统。

一个有趣的现象是虽然在观察物体时一般是用两眼，但仅单眼也可以得到立体感。单眼运动视差（Monocular Movement Parallax）是从物体的不同方向观察物体的差异。由于立体视觉因素调节和心理因素的作用，观察者能够判断从眼睛到对象物的绝对距离的变化，而运动视差也能够得到观察者或画面图形移动时距离的变化。

观察两眼式的视差图像时，当观察者水平移动，立体映像也会随着移动，形成不正确的立体感，这就是由于在视差图像中没有考虑运动视差造成的。对此，多眼式有所改善。多眼式从多个方向提示视差信息，即使观察者移动，再现运动视差也是可能的。

10.6.2　三维立体显示技术的种类和性能指标

三维（3D）立体显示是利用一系列的光学方法使人的左、右眼接收到不同的视差图像，从而在人的大脑形成具有立体感的映像。按照观看时是否需要戴特殊眼镜等辅助装置进行分类，3D 显示技术可以分为眼镜方式 3D 显示和裸眼方式 3D 显示两大类。

眼镜方式 3D 显示属于 Stereoscopic 显示技术，根据所戴眼镜的原理不同，这类立体显示又分为色差式 3D 显示、偏振式 3D 显示、主动快门式 3D 显示和头盔式显示，相应的辅助装置是滤色眼镜、偏振式眼镜、快门式眼镜和头盔显示器。

裸眼方式 3D 显示再分为基于双目视差的自由立体（Autostereoscopic）显示、体（Volumetric）显示和全息（Holography）显示。目前，自由立体显示技术主要包括视差障栅式、柱透镜光栅式和指向光源式三种。而体显示和全息显示技术目前还不成熟，这里不做介绍。

1. 色差式 3D 显示

色差式（Anaglyphic）3D 显示也称互补色 3D 显示，配合使用的是被动式红—蓝（或者红—绿、红—青）滤色眼镜。色差式 3D 显示先由旋转的滤光轮分出光谱信息，使用不同颜色的滤光片进行画面滤光，使得一个画面能产生出两幅不同颜色的图像，人的左、右眼分别看见不同颜色的图像。以红—蓝滤色眼镜为例，左、右眼的图像分别经由红—蓝光滤色，通过红色滤色片镜片观看的一只眼睛只能看到红色图像，通过蓝色滤色片镜片的一只眼睛只能看到蓝色图像，经大脑融合形成立体映像。这种通过滤色眼镜观看映像，彩色信息损失极大，色调单一，同时由于左、右眼的入射光谱不一致，容易引起视觉疲劳。

这种技术历史最为悠久，成像原理简单，实现成本相当低廉，眼镜成本仅为几块钱，但是 3D 画面效果也是最差的。

2. 偏振式 3D 显示

偏振式（Polarization）3D 显示也称偏光式 3D 显示，属于被动式 3D 显示，配合使用的是偏振式 3D 眼镜。众所周知，当光照射到偏振光滤光片上时，只有特定极化方向的偏振光可以通过。偏振式 3D 眼镜是左、右眼镜片分别使用极化方向相互垂直的偏振片，即一个镜片用垂直方向偏振片，另一个镜片用水平方向偏振片。

偏振式 3D 显示就是利用偏振片把显示屏上的图像分为由垂直方向偏振光和水平方向偏振光组成的左、右视差图像，戴上偏振式 3D 眼镜后，左、右眼分别观看到左、右视差图像，经大脑融合后形成立体映像。偏振式 3D 显示原理如图 10-21 所示。

至于偏振光，除了水平极化和垂直极化的偏振光外，还可以使用互为正交的斜极化偏振光和互为相反旋转的圆极化偏振光。

戴线偏振的 3D 眼镜观看 3D 电视时，观看者的头不能倾斜，否则偏振片无法完全滤掉与之正交的偏振光，发生双眼间的图

图 10-21　偏振式 3D 显示
原理示意图

像交叉干扰，这往往使人产生不舒适感。采用旋转方向相反的圆偏振片制作偏振式 3D 眼镜，可以解决上述问题。

偏振式 3D 显示的图像效果比色差式 3D 显示好，而且眼镜成本也不算太高，在目前的立体电影放映中仍然被采用。在偏振式 3D 系统中，市场中较为主流的有 RealD 3D、MasterImage 3D

和杜比 3D 三种，RealD 3D 技术市场占有率最高，且不受面板类型的影响，可以使任何支持 3D 功能的电视还原出 3D 映像。

偏振式 3D 显示技术要在电视机上实现，成本较高，并且在观看角度和显示面积上还有所限制。

3. 主动快门式 3D 显示

主动快门式（Active Shutter）3D 显示采用时间分割方式，配合主动式快门 3D 眼镜使用。眼镜框上安装着一种特殊的快门，通过液晶的作用来实现开关状态。入射偏振板和出射偏振板的极化方向相互正交，当未加电压时，穿过入射偏振板的光因为受到液晶作用而发生 90° 的极化方向旋转，从而能穿过出射偏振板，这就是透过状态；当加上电压时，液晶分子对偏振光的极化作用消失，光就被出射偏振板挡住了，这就是遮光状态。

将这种快门安装在眼镜上，并使左、右快门能独立控制。若显示屏以奇、偶帧分别发送左、右眼所看到的图像，则以帧触发信号控制快门眼镜，使在发送奇帧图像时，左镜片开启，右镜片关闭，左眼能看到奇帧图像；在发送偶帧图像时，右镜片开启，左镜片关闭，右眼能看到偶帧图像。这样，左眼和右眼连续交替地看到两组画面。当切换频率大于 50Hz 时，大脑认为双眼是在同时观看，并且将它们融合成一幅 3D 映像。

主动快门式 3D 显示的优点在于能够保持画面的原始分辨率，而且不论是电视、电脑屏幕还是投影机，只要切换频率能达到要求，就能导入这种技术，因此现在市面上大部分已上市的 3D 电视，包括索尼、松下、三星、康佳等 3D 电视和部分数字电影院，都采用主动电子快门式 3D 显示技术。

主动快门式 3D 显示技术最严重的缺点是亮度损失严重，戴上这种加入黑膜的 3D 眼镜就好像戴了墨镜一样。高亮度是显示高画质的基础，亮度过低时对比度和彩色重显度都会大打折扣，从而影响观看 3D 映像的效果。主动快门眼镜带有电池和电路，价格较高，也较重。此外，对于戴眼镜的观众，由于会很容易看到四周的黑框，观看感觉非常不好。另一个缺点是由于不易避免的双眼间的交叉效应和不同的帧变化间断时间，眼睛和大脑很容易疲劳，长时间观看严重时可能引发呕吐等现象。

4. 视差障栅式 3D 显示

视差障栅式（Parallax barrier，又称视差栅栏、视差屏障或狭缝光栅式）3D 显示的原理与偏振式 3D 显示相似。它利用狭缝光栅进行分光，在液晶显示屏前或者屏后放置一个狭缝光栅，其本身分为屏障（挡光）和狭缝（透光）两部分，如图 10-22 所示。

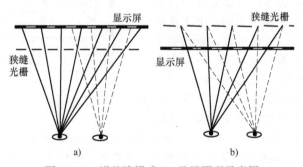

图 10-22 视差障栅式 3D 显示原理示意图

以两视点为例，将左、右视差图像按列间隔分别显示于平面显示屏的奇（偶）列和偶（奇）列像素。狭缝光栅的透光条和挡光条相间排列，前置狭缝光栅 3D 显示中狭缝光栅的挡光条对光的遮挡作用使得左、右眼透过透光条分别观看到平面显示屏上与之对应排列的左、右视差图像，从而实现左、右视差图像的光线在空间的分离；后置狭缝光栅 3D 显示中狭缝光栅将背光源调制成线光源，位于合适观看位置的观看者的左眼只看到显示屏上的奇（偶）列像素，而偶（奇）列像素相对于左眼是全黑的，同理右眼只看到显示屏上的偶（奇）数列像素，而奇（偶）数列像素相对于右眼是全黑的，从而实现左、右视差图像的光线在空间的分离。这样，分别由奇、偶列像素组成的两幅图像就成了具有水平视差的立体图像对，通过大脑的融合作用，最终形成一幅具有深度感的立体映像。

视差障栅式 3D 显示技术的实现方法是使用一个开关液晶屏、一个偏振膜和一个高分子液晶层，利用液晶层和偏振膜制造出一系列旋光方向为 90°的垂直条纹。这些条纹宽几十微米，通过它们的光就形成了垂直的细条障栅模式，称之为"狭缝光栅"。在立体显示模式时，双眼能够看到液晶显示屏上相应的左、右视差图像就由这些狭缝光栅来控制；如果把液晶开关关掉，显示器就变为普通的 2D 显示器。这种形式的立体显示技术与现有液晶面板制程相兼容，成本低，且可在 2D/3D 间自由转换，图文视频格式可实现与现有眼镜式立体显示格式的兼容。

但是，由于狭缝光栅遮挡了一半光线的透射，因此图像的观看亮度也比原来减少一半。此外，由于狭缝分光实现左、右视差图像分离，屏障和狭缝的参数确定后，则只能在相应的观察距离前后的较小的一段范围内存在立体视角，靠近或远离显示器都会失去立体效果；在最佳观看距离内立体可视区域与立体失效区域周期密布排列，头部的轻微摆动都将失去立体效果并产生重影，易产生视觉疲劳，不能长期观看。

尽管视差障栅式 3D 显示目前存在着上述缺陷，但是因其实现方法相对简单，可与既有的 LCD 液晶工艺兼容，在量产性和成本上较具优势，因此，从 20 世纪 80 年代开始直到现在，不少进入市场的立体 LCD 显示器仍采用该技术，如美国 DIT 公司、日本三洋电机公司和国内的欧亚宝龙公司等，但他们在技术上做了改进。

5. 柱透镜光栅式 3D 显示

柱透镜光栅由一排垂直排列的柱面透镜（Lenticular lens）组成，利用每个柱面透镜对光的折射作用，把左、右视差图像分别透射到观看者左、右眼对应的视域，使左眼视差图像聚焦于观看者左眼，右眼视差图像聚焦于观看者右眼，经过大脑融合后产生具有纵深感的立体映像，如图 10-23 所示。

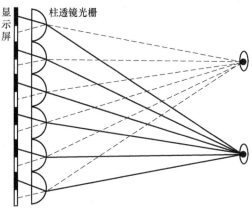

图 10-23 柱透镜光栅式 3D 显示原理示意图

柱透镜光栅式自由立体显示由于采用透明的柱面透镜，不遮挡显示像素，因此亮度和像素损失较前述狭缝光栅式小。最重要的，由于透镜分光相比狭缝分光角度大，立体可视区域相应也比狭缝光栅变大，失效区域因此减少，所以头部小幅摆动不会影响立体效果，适宜长期观看。

但是，基于柱透镜光栅的自由立体显示技术通过柱透镜光栅向各个方向投射子像素，实际上在将子像素放大的同时也放大了子像素之间的黑色间隙，这样在屏幕前产生的左、右眼视域之间将会产生一个盲区，在该区域里人眼既看不到左眼像素也看不到右眼像素。针对上述问题，飞利浦（Philips）公司的 Ceesvan Berkel 等提出了一种改进方法：柱透镜阵列与液晶屏幕成一定角度排列，同时每一组液晶子像素交叉排列。这样改进后，每一组子像素就会重复投射到视域，而使相邻视域的边缘相互交叠，有效覆盖了盲区，显著地提升了立体显示效果。

此外，针对柱透镜光栅板制作完成后参数不易改变，难以实现 2D 和 3D 模式转换等问题，飞利浦公司提出了一种在柱透镜阵列中注入液晶材料实现电可调节光栅板参数的技术。在 2D 模式下，施加适当电压，使液晶和透镜的折射率变得一致，这样光通过透镜层时就不会发生折射作用；在 3D 模式下，不施加电压，使得液晶和透镜具有不同的折射率，这样光通过透镜层时就会发生折射作用。这就成功解决了此类 LCD 自由立体显示器的 2D 和 3D 模式转换问题。

柱透镜立体显示技术立体效果相对较好，可多人多视点（通常 9 视点）长期观看，因此已逐渐成为市场主流的裸眼自由立体显示技术，但其图像格式与现行立体图像格式不能兼容，分辨率低，急需研究解决。

6. 指向光源式 3D 显示技术

2009 年 10 月，在韩国国际显示信息会展上，3M 公司展示了指向光源（Directional backlight）3D 显示技术。该技术在指向性导光板两侧安装了两组交替点亮的 LED，配合快速响应 LCD 面板，让 3D 内容以时分方式进入观看者的左、右眼，进而让人眼感受到 3D 效果。

指向光源式 3D 显示的优点是：

1）不损失分辨率，亮度损失小。

2）不会影响既有的设计架构，3D 膜装配时不需对准像素。

3）可达到 3D 眼镜式立体显示效果，且很容易做到立体格式的图像兼容。

4）2D/3D 显示模式自由转换。

5）采用侧出光结构，可以做得很薄，适宜移动便携设备使用。

缺点是：只能中小尺寸使用，单人使用，立体视觉范围限于屏中心左右 20°以内，分光不可能完全隔离，仍会出现左右眼图混叠现象。

拓展阅读

3D 显示的
性能指标

10.7　数字电视设备接口

10.7.1　模拟信号接口

1. 复合视频信号（CVBS）接口

复合视频信号（CVBS）接口利用频谱交织和移频原理，把 PAL/NTSC 制的色度信号插到亮度信号的高频端传送，在显示端再利用带通滤波器和带阻滤波器或梳状滤波器，完成亮度信号与色度信号的分离。CVBS 接口使亮度信号与色度信号只用一根电缆线传送，具有连接简单，成本低等优点，但如果显示端没有数字梳状滤波器，则重现图像质量较差，清晰度低，并有亮色窜扰现象。一般来说只适合用在低清晰度视频信号上。

CVBS 接口的结构类型为圆形单触点同轴连接器插座，也就是通常所称的 RCA（是由 Radio Corporation of American 公司的缩写命名）连接器，如图 10-24 所示，其屏蔽层接地，规定视频信号输入/输出连接线为黄色。

图 10-24　CVBS 接口

顺便提一下，由于音频线要单独连接，通常将音频连接线与视频连接线捆绑在一起。音频信号输入/输出也采用 RCA 连接器，规定左声道音频输入/输出连接线为白色，右声道音频输入/输出连接线为红色。

2. S-Video 接口

S-Video（Separate Video）接口又称 S 端子，如图 10-25 所示。主要用来解码、显示 VCR 家用录像机、DVD 激光视盘机、VCD 激光视盘机、数字电视接收设备等音视频设备输出的模拟电视信号。由于已在视频信号源内实现了亮度信号和色度信号的分离，显示器内无须再用带阻滤波器和带通滤波器完成亮/色（Y/C）分离，因此重显由亮/色分离输入接口

图 10-25 S-Video 接口

输入的信号，具有较高的图像水平清晰度，也不存在亮度信号与色度信号之间的窜扰，重显图像质量较高。但对数字电视接收设备而言，要输出 Y/C 分量信号，又要对已实现亮、色分离的电视信号重新编码、调制，回到模拟电视信号，失去了数字电视的某些优点，因此，数字电视接收设备输出 Y/C 分量信号，主要是针对已有模拟电视机具有 Y/C 分量接口的现实而采取的临时措施，生产企业可以作为可选接口，由市场需求确定。

3. YPbPr/YCbCr 分量信号接口

YPbPr/YCbCr 分量信号接口是 S-Video 接口的改良产品，用于数字电视接收设备的模拟分量输出。通常采用 YPbPr 和 YCbCr 两种标识，前者表示逐行扫描色差输出，后者表示隔行扫描色差输出。用于数字电视接收设备的模拟分量输出。其优点是将色度信号 C 分解为色差 Cr 和 Cb，避免了两路色差混合解码并再次分离的过程，也保持了色度通道的最大带宽，只需要经过反矩阵解码电路就可以还原为 RGB 三基色信号而成像，这就最大限度地缩短了视频源到显示器成像之间的视频信号通道，避免了因烦琐的传输过程所带来的图像失真。缺点是线材昂贵，长线材不好找；音频线要单独接。

YPbPr/YCbCr 分量信号接口采用通用的 RCA 连接器，如图 10-26 所示，规定 Y 分量输入/输出连接线为绿色，Pb/Cb 分量输入/输出连接线为蓝色，Pr/Cr 分量输入/输出连接线为红色。

4. VGA（D-Sub）接口

VGA 接口，又称 D-Sub15 针接口，用于输入由计算机输出的 R、G、B 基色信号及行、场同步信号，其外形如图 10-27 所示。

图 10-26 YPbPr/YCbCr 分量信号接口　　　　　图 10-27 VGA（D-Sub）接口

10.7.2 数字视频接口

数字视频接口（Digital Visual Interface，DVI）是 1999 年由 Silicon Image、Intel、Compaq、IBM、HP、NEC、FUJITSU 等公司共同组成的数字显示工作组（Digital Display Working Group，DDWG）推出的接口标准。它用来传输未经压缩的高清晰度数字电视信号，是目前最典型的数字视频接口之一，可以用于传送计算机的数字图形信号和数字视频信号。

目前的 DVI 有两种不同的规格：一种为 DVI-D（DVI-Digital），只能用于传送数字视频信号，接口连接器上只有 3 排 8 列共 24 个针脚，其中右上角的一个针脚为空，如图 10-28 所示；另一种

为 DVI-I（DVI-Integrated），不仅允许传送同步信号和数字
视频信号，还可传送模拟 RGB 信号，连接器除了 24 针还
要增加一个接地端 C5，其四周还有 C1 ~ C4 针脚，如
图 10-29 所示。

图 10-28　DVI-D 连接器示意图

　　而在这两种规格中，又再分为"双通道"（Dual
Link）和"单通道"（Single Link）两种类型。

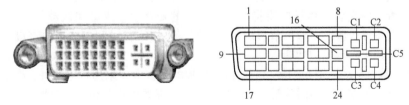

图 10-29　DVI-I 连接器示意图

　　双通道 DVI-I 连接器的引脚定义如表 10-2 所示。单通道 DVI-I 连接器只定义了 3 个数据信道
（DATA0 ~ DATA2），仍采用 D 形 24 针连接器，引脚 4、5、12、13、20、21 未作定义。

表 10-2　双通道 DVI-I 连接器的引脚定义

引脚	定　　义	引脚	定　　义	引脚	定　　义	引脚	定　　义
1	TMDS DATA2−	9	TMDS DATA1−	17	TMDS DATA0−	C1	R
2	TMDS DATA2+	10	TMDS DATA1+	18	TMDS DATA0+	C2	G
3	信道 2/4 屏蔽	11	信道 1/3 屏蔽	19	信道 0/5 屏蔽	C3	B
4	TMDS DATA4−	12	TMDS DATA3−	20	TMDS DATA5−	C4	H_S
5	TMDS DATA4+	13	TMDS DATA3+	21	TMDS DATA5+	C5	地
6	DDC CLOCK	14	DC+5V	22	CLOCK 屏蔽		
7	DDC DATA	15	地	23	TMDS CLOCK−		
8	模拟 V_S	16	热插拔检测	24	TMDS CLOCK+		

　　表 10-2 中 DDC（Display Data Channel，显示数据通道）是 VESA（Video Electronics Standards
Association，视频电子标准协会）定义的显示器与图形主机通信的通道，主机可以利用 DDC 通道
从液晶显示器只读存储器中获取显示器分辨力参数，根据参数调整其输出信号。DDC 通道所使
用的通信协议遵循 VESA 制定的 EDID（Extended Display Identification Data，扩展显示识别数据）
规范，DDC 通道是低速双向通信 I^2C 总线，这个 I^2C 总线接口称为 I^2C 从接口；还有一个 I^2C 主
接口，是芯片与存储密码的 EEPROM 之间的通信接口。

　　DVI 以美国晶像（Silicon Image）公司的 TMDS（Transition Minimized Differential Signaling，瞬
变最少化差分信号）传输技术为核心。TMDS 技术通过异或及异或非等逻辑算法将原始信号的
8bit 数据转换成 10bit，前 8bit 由原始信号数据经运算后获得，第 9bit 指示运算的方式，第 10bit
用来对应直流平衡（DC-balanced，就是指在编码过程中保证信道中直流偏移为零，电平转化实
现不同逻辑接口间的匹配），转换后的数据以差分传动方式传送。这种算法使得被传输信号过渡
过程的上冲和下冲减小，传输的数据趋于直流平衡，使信号对传输线的电磁干扰减少，提高了信
号传输的速度和可靠性。

　　DVI 接口的主要优点：

　　1）可以传输大容量的高清晰度数字电视信号，适用于各种新型平板显示器，包括各种平板

电视机。一个 TMDS 链路由 R、G、B 三个基色信号数据通道和一个时钟信号通道组成。一个 DVI 链路的工作带宽高达 165MHz，这样一个 10bit 的链路就具备 1.65Gbit/s 的带宽，足以用来传输分辨力为 1920×1080 像素、刷新频率为 60Hz 的 HDTV 图像信号，能全面满足 1280×720p、1920×1080i、1920×1080p 显示格式的 HDTV 信号的传输与显示。

2）具有防复制功能。在 DVI 的 HDTV 版数字电视接口中，采用了所谓 HDCP（High band-width Digital Content Protection，高带宽数字内容保护）的防拷贝技术。这种方案的原理是：采用一种名为"证实协议"的技术，使发送端的设备必须首先对接收端的设备进行身份"证实"，确定接收设备是否已经具备可以接收带拷贝保护内容的资格。如果证实该接收设备具有此资格，发送端才对该设备提供服务，输出节目内容；否则，将拒绝提供服务，不向该设备输出节目内容，完成了宽带数字内容保护功能。

3）具有分辨力自动识别和缩放功能。由于平板电视机大多采用数字寻址，数字输入信号激励，逐行、逐点显示方式，不同分辨力的图像信号，都需要先将其转换到与平板电视机物理分辨力相同的状态，才能正常显示。例如一台物理分辨力为 1366×768 像素的液晶电视机显示格式，当输入图像格式为 1920×1080 像素时，必须先将其转换为 1366×768 像素的信号格式再进行显示；如果输入信号格式为 852×480 像素，则需要先将其信号格式转换到 1366×768 像素显示格式，才能进行显示。DVI 规范能对图像信号的分辨力进行识别和准确的缩放，以满足平板显示器的显示格式，只要该平板电视机兼容 DVI 规范，就可以不用担心信号分辨力与显示器分辨力之间的差别，DVI 能以缩放方法来进行输入信号的缩放处理，使最终显示的图像能恰到好处地布满整个屏幕，并具有本显示屏最佳清晰度。

4）可以兼容模拟电视信号的传输。虽然 DVI 是一种数字信号接口，但考虑到今后很长一段时间内，属于模拟电视与数字电视的过渡期，模拟信号和数字信号的发送与接收将并存一段时间，因此在 DVI 规范中也考虑了可以兼容模拟视频信号的类型，这种类型的 DVI 表示为 DVI-I，而只能传输视频数字信号的接口表示为 DVI-D。

DVI 的主要缺点：

1）采用传统的插头和插座连接器，共有 29 个针脚，体积大，不适用于便携式设备。

2）只能传输 R、G、B 三基色信号，不支持分量信号 YPbPr/YCbCr 传输。

3）只支持 8bit 的 R、G、B 基色信号传输，不支持更高量化级的数字视频信号传输。

4）不能传输数字音频信号。

10.7.3　高清晰度多媒体接口

随着数字内容产业的不断增长和人们对更高清晰度电视的期待，促使数字电视设备的销售数量飞速增长，同时也带动家庭数字外设装置的发展。如何确保数字电视与家庭影院设备具有互操作性，享受更优质的数字生活，是目前数字电视发展的一大课题。

高清晰度多媒体接口（High Definition Multimedia Interface，HDMI）是一种未压缩的全数字的消费电子产品接口标准，把高清晰度电视与多声道音频信号融合连接到一根电缆上，让家电厂商设计的数字电视能在未来几年中与未来数字家庭影院设备兼容，并增加支持数字所需的内容格式。它由美国晶像（Silicon Image）公司倡导，联合索尼、日立、松下、飞利浦、汤姆逊、东芝等多家著名的消费类电子制造商联合成立的工作组共同开发的。

HDMI 源于 DVI 技术，它们主要是以 Silicon Image 公司的 TMDS 信号传输技术为核心。HDMI 与 DVI 后向兼容，HDMI 产品与 DVI 产品能够用简单的无源适配器连接在一起，当然会失去 HD-MI 产品传送多声道音频和控制数据的新功能。

从 2002 年 12 月 HDMI Forum 发布 HDMI 1.0 版标准到 2017 年发布的 HDMI 2.1 版，15 年时间里共推出 7 个重要版本。HDMI 1.4 版已经开始支持 4K 超高清电视，但受限于带宽，其对 4K

超高清支持能力有限。2017 年，我国发布了 GY /T 307—2017《超高清晰度电视系统节目制作和交换参数值》，规定了图像最小帧率为 50Hz、最小量化精度为 10bit，因此 HDMI 1.4 所支持的超高清电视并不符合我国超高清电视标准，到了 HDMI 2.0 才可以说真正支持 10bit 以上量化精度、50Hz 以上帧率的超高清电视。更高规格的 4K 超高清电视，包括 8K 超高清电视，需要最新版的 HDMI 2.1 才能支持。

对于 HDMI 2.0 及以前的版本，一个 HDMI 连接包含 3 个 TMDS 数据通道和 1 个 TMDS 时钟通道，TMDS 数据通道传输视频像素、数据包和控制数据，TMDS 时钟通道传输 HDMI 像素时钟。HDMI 2.0 规定 TMDS 数据通道的字符速率最高为 600Mcsc（Mega characters/second /channel），即每秒每通道 600 兆字符，每个字符 10bit，因此 HDMI 2.0 三个数据通道的总带宽为 18Gbit/s。为了提高带宽，HDMI 2.1 定义了一个新的传输模式 FRL（Fixed Rate Link），原先的 TMDS 时钟通道也改为传输数据，这样数据通道（Lane）变成了 4 条。没有了时钟通道，数据通道采用了 5 种固定传输速率（3Gbit/s、6Gbit/s、8Gbit/s、10Gbit/s、12Gbit/s），因此 HDMI 2.1 的最高带宽为 48Gbit/s。

HDMI 连接器有如下五种类型：

A 型（Type A）连接器：是最常见的连接器，插座成扁平的"D"型，上宽下窄，插座端最大宽度 14mm，厚度 4.55mm；插头端最大宽度 13.9mm，厚度 4.45mm，19 针引脚在中心位置分两层排列。因其尺寸相对较大，故常用于电视机、蓝光影碟机、笔记本电脑等。

B 型（Type B）连接器：相比于 A 型连接器，其基本结构也是扁平的"D"型，但是插座端最大宽度达到了 21.3mm，插头端的尺寸也有相应的改变，有 29 针引脚，可以实现双连接（Dual Link）。因性能规格特殊，在民用产品上很少见到。

C 型（Type C）连接器：俗称 Mini HDMI 连接器，可以说是缩小版的 A 型连接器，但针脚定义有所改变，主要应用于便携式设备上，如数码摄像机、数码相机和某些显卡等。

D 型（Type D）连接器：俗称 Micro HDMI 连接器，其尺寸只有 C 型连接器的一半左右，主要应用于诸如智能手机等对接口尺寸有较高要求的产品上。

E 型（Type E）连接器：汽车电子专用 HDMI 连接器，专门为汽车内部高清视音频传输所设计的布线规格。HDMI 1.4 规格所设计的解决方案，可处理车内布线所面临的高温、振动、噪声等各种问题与环境因素。车用连接系统是汽车生产商在设计车内高清内容传输时一个极有效的解决方案。

如图 10-30 所示，A、C、D 型连接器除尺寸不同外，在信号传输方面没有本质上的区别，如有需要也可以使用 HDMI 转接线方便地进行转换。

图 10-30　A、C、D 型 HDMI 连接器

A 型连接器是最常见的，HDMI 2.1 连接器的 19 个引脚定义如图 10-31 所示。

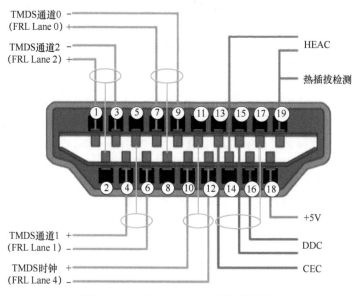

图 10-31 A 型 HDMI 2.1 连接器引脚

HDMI 采用了差分信号技术，3 个数据通道和 1 个时钟通道共占用 ①~⑫引脚，这 12 个引脚在 HDMI 2.1 版的 FRL 模式中用作 4 条数据通道。⑬引脚为消费电子产品控制（Consumer Electronics Control，CEC）引脚，与⑰引脚形成回路，通过它可自动控制 HDMI 相连的设备。⑭和⑲两个引脚从 HDMI 1.4 版本以后提供了 HDMI 以太网通道（HDMI Ethernet Channel，HEC）和音频回传通道（Audio Return Channel，ARC），合称为 HEAC，其中⑲引脚还提供热插拔检测（Hot Plug Detection，HPD）功能，用于源端检测显示设备的热插拔状态。⑮引脚为串行时钟线（Serial Clock Line，SCL）引脚，⑯引脚为串行数据线（Serial Data Line，SDA）引脚，两个引脚组成 I^2C（Inter Integrated Circuit）总线，前者为时钟线，后者为双向数据线，两者形成一个显示数据通道（Display Data Channel，DDC），主要用于扩展显示标识数据（Extended Display Identification Data，EDID）和宽带数字内容保护（HDCP）数据的传输。⑰为 CEC /DDC 共地回路引脚。⑱为+ 5 V 电压引脚，用于读取显示设备 EDID ROM 时的供电。

10.8 小结

显示器是最终体现数字电视效果或魅力的电光转换装置。根据显示器件的不同，显示器有多种分类方法。按显示器显示图像的光学方式不同，分为投影型、空间成像型和直视型 3 种。根据显示屏的形状和结构，直视型显示器又可分为 CRT 显示器和平板显示器两大类。

CRT 显示器由于形体笨重、功耗高以及电磁辐射等问题，其生存和发展受到后来居上的 LCD 等新型平板显示器的严峻挑战，目前已逐渐退出了历史的舞台。

液晶显示器（LCD）和等离子显示器（PDP）都是继 CRT 后的第二代显示器。由于 PDP 相对于 LCD 具有功耗大、光效低、成本高的缺点，逐渐被 LCD 淘汰出局。而 LCD 具有轻薄、高分辨率、省电、无辐射、便于携带等优点，是当今平板显示器的主流产品。

有机发光显示器（OLED）是利用有机发光二极管的电致发光实现显示的一种主动发光显示器。由于 OLED 显示器具有自发光、亮度高、发光效率高、对比度高、响应速度快、温度特性好、低电压直流驱动、低功耗、可视角宽、轻薄、可卷曲折叠、便于携带、可实现柔性显示等特点，比 LCD 显示器的性能更优越，已在手机、平板电脑、数码相机、平板电视等产品中逐渐看到了 OLED 屏幕的身影，在新一代显示中崭露头角。

柔性 OLED 技术就是在柔性衬底制作有机发光显示器的一种技术。柔性 OLED 具有轻柔、耐冲击、可折叠弯曲、便于携带等特点，可以戴在手腕上或穿在身上，被认为是一种很有前景的新型显示器。

激光显示是利用半导体泵浦固态激光工作物质，产生红、绿、蓝（RGB）三基色激光作为彩色激光显示的光源，通过控制三基色激光光源在数字微镜器件（DMD）上反射成像。与其他显示技术相比较，激光显示以其色域宽广、亮度高、饱和度高、画面尺寸灵活可变、寿命长、节能环保以及可以更真实再现客观世界丰富、艳丽的色彩等优点，越来越受到人们更多的关注。

三维（3D）立体显示是利用一系列的光学方法使人的左、右眼接收到不同的视差图像，从而在人的大脑形成具有立体感的映像。按照观看时是否需要戴特殊眼镜等辅助装置进行分类，3D 显示技术可以分为眼镜方式 3D 显示和裸眼方式 3D 显示两大类。根据所戴眼镜的原理不同，眼镜方式 3D 显示又分为色差式 3D 显示、偏振式 3D 显示、主动快门式 3D 显示和头盔式显示，相应的辅助装置是滤色眼镜、偏振式眼镜、快门式眼镜和头盔显示器。裸眼方式 3D 显示再分为基于双目视差的自由立体显示、体显示和全息显示。目前，自由立体显示技术主要包括视差障栅式、柱透镜光栅式和指向光源式三种。

平板显示器的视频接口一般包括复合视频信号（CVBS）接口、亮度/色度（Y/C）分离的 S-Video 接口（又称 S 端子）、YPbPr/YCbCr 分量信号接口、RGB 三基色信号接口、数字视频接口（DVI）和高清晰度多媒体接口（HDMI）。最新版的 HDMI2.1 提供的最高带宽为 48Gbit/s，能够支持 10bit 深度的 4K@60p、8K@30p 视频信号传输。

10.9　习题

1. 什么是液晶？根据液晶相，液晶可分为哪几类？其中哪一类被广泛应用于液晶显示器中？
2. 请阐述向列相液晶的特点。
3. 简述扭曲向列相液晶显示器（TN-LCD）的工作原理及优缺点。
4. 有机发光显示器（OLED）电致发光的原理是什么？
5. 简述有机发光显示器（OLED）的特点。
6. 简述小分子 OLED 与高分子 PLED 的优缺点。
7. 立体视觉的感知机理是什么？
8. 简述 3D 显示技术的种类。
9. 请阐述视差障栅式 3D 显示的原理。
10. 数字视频接口（DVI）采用什么信号作为基本电气连接？采用什么连接器？是怎样防止传送的内容被复制或非法使用的？
11. 什么是 HDMI？

AAC	Advanced Audio Coding，高级音频编码
ABR	Average Bit Rate，平均比特率
ABS-S	Advanced Broadcasting System-Satellite， 先进广播系统—卫星传输系统帧结构、信道编码及调制：安全模式
AC	Alternating Current，交流
AC-3	Audio Code Number 3
ACATS	Advisory Committee on Advanced Television Service，高级电视业务顾问委员会
AC-PDP	Alternating Current-Plasma Display Panel，交流型等离子体显示
ACM	Adaptive Coding and Modulation，自适应编码调制
A/D	Analog/Digital Conversion，模拟/数字转换
ADPCM	Adaptive Differential Pulse Code Modulation，自适应差分脉冲编码调制
ADS	Address Display period-separated Sub-field，寻址与显示周期分离子场
ADSL	Asymmetrical Digital Subscriber Line，非对称数字用户线
AES	Advanced Encryption Standard，高级加密标准
AES	Audio Engineering Society，（美国）音频工程协会
AFC	Automatic Frequency Control，自动频率控制
AGC	Automatic Gain Control，自动增益控制
ALF	Adaptive Loop Filter，自适应环路滤波
ALIS	Alternate Lighting of Surfaces，表面交替发光
AM	Amplitude Modulation，调幅
AMC	Adaptive Modulation and Coding，自适应调制与编码
AMR	Adaptive Multi-Rate，自适应多数码率（语音编码）
AMR-WB	Adaptive Multi-Rate Wideband，自适应多数码率宽带（语音编码）
AMR-WB+	Extended Adaptive Multi-Rate Wideband， 扩展的自适应多数码率宽带（语音编码）
AMVP	Advanced Motion Vector Prediction，先进的运动矢量预测
AMVR	Adaptive Motion Vector Resolution，自适应运动矢量分辨率
ANSI	American National Standards Institute，美国国家标准协会
AO	Audio Object，音频对象
API	Application Program Interface，应用程序接口
APSK	Amplitude Phase Shift Keying，振幅相移键控
AR	Augmented Reality，增强现实
ARC	Audio Return Channel，音频回传通道
ARP	Address Resolution Protocol，地址解析协议
ARQ	Automatic Repeat Request，自动重传请求

ASF	Advanced Streaming Format，高级流格式
a-Si	amorphous Silicon，非晶硅
ASIC	Application Specific Integrated Circuit，专用集成电路
ASO	Arbitrary Slice Order，任意宏块条顺序
ASP	Advanced Simple Profile，高级简单档次
ASPEC	Adaptive Spectral Perceptual Entropy Coding，自适应谱感知熵编码
ATC	Adaptive Transform Coding，自适应变换编码
ATFT	Adaptive Time Frequency Tiling，自适应时频分块
ATM	Asynchronous Transfer Mode，异步传递模式
ATSC	Advanced Television System Committee，（美国）高级电视制式委员会
ATV	Advanced Television，高级电视
ATVEF	Advanced Television Enhancement Forum，高级电视增强论坛
AVC	Advanced Video Coding，高级视频编码
AVO	Audio Visual Object，音视对象
AVS	Audio Video coding Standard，数字音视频编码标准
AWGN	Additive White Gaussian Noise，加性高斯白噪声
AWQ	Adaptive Weighting Quantization，图像级自适应加权量化
BAT	Bouquet Association Table，业务群关联表
BCD	Binary Coded Decimal，二进制编码十进制数
BCH	Bose-Chandhari-Hocquenghem
BER	Bit Error Rate，误比特率，比特差错率
BI	Bit Interlace，比特交织
BICM	Bit-Interleaved Coded Modulation，比特交织的编码调制
BIFS	Binary Format for Scene Description，场景描述的二进制格式
BL	Base Layer，基本层
BMA	Block Match Algorithm，块匹配法
BMC	Biphase Mark Code，双相标志码
BO	Band Offset，带状偏置
BPF	Band-Pass Filter，带通滤波器
BSAC	Bit-Sliced Arithmetic Coding，比特分片算术编码
BSD	Ballistic electron Surface-emitting Display，弹道电子表面发射显示器
bslbf	bit string，left bit first 比特串，左位在先
BSS	Broadcasting Satellite Service，广播卫星业务
BST-OFDM	Band Segmented Transmission - Orthogonal Frequency Division Multiplexing，频带分段传输正交频分复用
CA	Conditional Access，条件接收
CABAC	Context Adaptive Binary Arithmetic Coding，上下文自适应的二进制算术编码
CAT	Conditional Access Table，条件接收表
CATV	Cable Television，电缆电视，有线电视
CAVLC	Context Adaptive Variable Length Coding，上下文自适应的可变长度编码
CB	Coding Block，编码块
CBAC	Context-Based Arithmetic Coding，基于上下文的算术编码

CBR	Constant Bit Rate，固定比特率
CCD	Charge Coupled Device，电荷耦合器件
CCIR	Consultative Committee on International Radio，国际无线电咨询委员会
CCITT	Consultative Committee on International Telegraph and Telephone 国际电报电话咨询委员会
CD	Compact Disc，数字激光唱盘
CD-ROM	Compact Disc Read-Only Memory，光盘只读存储器
CEC	Consumer Electronics Control，消费电子产品控制
CI	Common Interface，通用接口
CIE	Commission International de l'Eclairage，国际照明委员会
CIF	Common Intermediate Format，通用中间格式
CLEAR	high Contrast, Low Energy Address and Reduction of false contour sequence 高对比度、低能量寻址及降低动态伪轮廓
CM	Cable Modem，电缆调制解调器
CMMB	China Mobile Multimedia Broadcasting，中国移动数字多媒体广播
CMOS	Complementary Metal Oxide Semiconductor，互补金属氧化物半导体
CMTS	Cable Modem Termination System，电缆调制解调器端接系统
CMY	Cyan, Magenta, Yellow，青、品红、黄（彩色空间）
CNT	Carbon Nano Tube，碳纳米管
COFDM	Coded Orthogonal Frequency Division Multiplexing，编码正交频分复用
CORBA	Common Object Request Broker Architecture 公用对象请求代理（调度）程序体系结构
CPU	Central Processing Unit，中央处理器
CTB	Coding Tree Block，编码树块
CTU	Coding Tree Unit，编码树单元
CRC	Cyclic Redundancy Check，循环冗余校验
CRT	Cathode Ray Tube，阴极射线管
CU	Coding Unit，编码单元
CVBS	Composite Video Broadcast Signal，复合视频信号
CW	Control Word，控制字
DAB	Digital Audio Broadcasting，数字音频广播
D/A	Digital/Analog Conversion，数字/模拟转换
DBA	Dynamic Bandwidth Allocation，动态带宽分配
DC	Direct Current，直流
DCT	Discrete Cosine Transform，离散余弦变换
DDC	Display Data Channel，显示数据通道
DES	Data Encryption Standard，数据加密标准
DFT	Discrete Fourier Transform，离散傅里叶变换
DHCP	Dynamic Host Configuration Protocol，动态主机配置协议
D-ILA	Direct-Drive Image Light Amplifier，直接驱动图像光源放大器
DIT	Discontinuity Information Table，不连续信息表
DLP	Digital Light Processing，数字光处理
DM	Derived Mode，导出模式
DMB	Digital Multimedia Broadcasting，数字多媒体广播

DMD	Digital Micro-mirror Device，数字微镜器件	
DMH	Directional Multi-hypothesis Prediction，方向性多假设预测	
DMT	Discrete Multi-Tone，离散多音	
DOCSIS	Data Over Cable Service Interface Specification， 电缆上传输数据业务的接口规范	
DPCM	Differential Pulse Code Modulation，差分脉冲编码调制	
DPKs	Device Private Keys，设备私有密钥	
DQPSK	Differential Quadrature Phase Shift Keying，差分正交相移键控	
DRA	Digital Rise Audio	
DRM	Digital Rights Management，数字版权管理	
DSL	Digital Subscriber Line，数字用户线	
DSLAM	Digital Subscriber Line Access Multiplexer，数字用户线接入复用器	
DSM-CC	Digital Storage Media-Command and Control，数字存储媒体–命令与控制	
DSNG	Digital Satellite News Gather，数字卫星新闻采集	
DSP	Digital Signal Processor，数字信号处理器	
DST	Discrete Sine Transform，离散正弦变换	
DTH	Direct To Home，直接到户	
DTMB	Digital Television Terrestrial Multimedia Broadcasting， 数字电视地面多媒体广播	
DTS	Decoding Time Stamp，解码时间标志	
DTS	Digital Theatre System，数字影院系统	
DTTB	Digital Terrestrial Television Broadcast，数字地面电视广播	
DTV	Digital Television，数字电视	
DVB	Digital Video Broadcasting，数字视频广播	
DVB-C	Digital Video Broadcasting-Cable，有线数字视频广播	
DVB-H	Digital Video Broadcasting for Handheld terminals，手持终端数字视频广播	
DVB-S	Digital Video Broadcasting-Satellite，卫星数字视频广播	
DVB-T	Digital Video Broadcasting-Terrestrial，地面数字视频广播	
DVD	Digital Versatile Disc，数字通用光盘	
DVI	Digital Video Interactive，交互式数字视频	
EBU	European Broadcasting Union，欧洲广播联盟	
ECD	Electrochromic Display，电致变色显示器	
ECM	Entitlement Control Messages，授权控制消息	
EDID	Extended Display Indentification Data，扩展显示标识数据	
eIRA	extended Irregular Repeat-Accumulate，扩展的非规则重复累积码	
EIT	Event Information Table，事件信息表	
EL	Electro luminescence，电致发光	
EL	Enhancement Layer，增强层	
ELD	Electro-Luminescent Display，电致发光显示器	
EMM	Entitlement Management Messages，授权管理消息	
EO	Edge Offset，边缘偏置	
EPG	Electronic Program Guide，电子节目导航（指南）	
EPID	Electrophoretic Image Display，电泳成像显示器	
EQT	Extended Quad-Tree，扩展四叉树划分	

ES	Elementary Stream，基本码流
ESCR	Elementary Stream Clock Reference，基本码流时钟基准
ETS	European Telecommunication Standard，欧洲电信标准
ETSI	European Telecommunication Standard Institute，欧洲电信标准协会
FACS	Facial Action Coding System，面部动作编码系统
FAP	Facial Animation Parameter，面部动画参数
FCC	Federal Communications Committee，美国联邦通信委员会
FCS	Frame Closing Symbol，帧结束符号
FDDI	Fiber Distributed Data Interface，光纤分布式数据接口
FDM	Frequency Division Multiplexing，频分复用
FEC	Forward Error Correction，前向纠错
FED	Field Emission Display，场致发射显示器
FEF	Future Extension Frame，未来扩展帧
FFT	Fast Fourier Transform，快速傅里叶变换
FIFO	First-In First-Out shift register，先进先出（移位寄存器）
FMO	Flexible Macroblock Ordering，灵活的宏块排序
FOLED	Flexible Organic Light Emitting Diode，柔性有机发光二极管
FPD	Flat Panel Display，平板显示
FSS	Fixed Satellite Service，固定卫星业务
FTP	File Transport Protocol，文件传输协议
GA	Grand Alliance，（美国 HDTV）大联盟
GF	Galois Field，伽罗华域
GOP	Group Of Pictures，图像组
GUI	Graphic User Interface，图形用户界面
HDCP	High-bandwidth Digital Content Protection，高带宽数字内容保护
HDMI	High-Definition Multimedia Interface，高清晰度多媒体接口
HDR	High Dynamic Range，高动态范围
HDTV	High Definition Television，高清晰度电视
HEC	HDMI Ethernet Channel，HDMI 以太网通道
HEVC	High Efficiency Video Coding，高效视频编码
HL	High Level，高级
HMD	Head Mounted Display，头盔显示
HP	High Profile，高类
HPD	Hot Plug Detect，热插拔检测
HTML	Hyper Text Markup Language，超文本标记语言
HTTP	Hypertext Transfer Protocol，超文本传输协议
HVS	Human Vision System，人类视觉系统
IC	Integrated Circuit，集成电路
ICI	Inter-Carrier Interference，载波间串扰
ICT	Integer Cosine Transform，整数余弦变换
IDCT	Inverse Discrete Consine Transform，离散余弦逆变换
IDEA	International Data Encryption Algorithm，国际数据加密算法
IDR	Instantaneous Decoder Refresh，即时解码器刷新
IEC	International Electrotechnical Commission，国际电工委员会

IF	Intermediate Frequency，中频
IFFT	Inverse Fast Fourier Transform，逆快速傅里叶变换
IP	Internet Protocol，因特网协议
IPPV	Impulse Pay-Per-View，即时付费收视
IPS	In-Plane Switching，共面转换技术
IPTV	Internet Protocol Television，交互式网络电视
IRD	Integrated Receiver Decoder，集成接收解码器
ISDB-T	Integrated Services Digital Broadcasting-Terrestrial，地面综合业务数字广播
ISDN	Integrated Services Digital Network，综合业务数字网
ISI	Inter-Symbol Interference，符号间串扰
ISO	International Organization for Standardization，国际标准化组织
ITO	Indium Tin Oxide，氧化铟锡
ITU	International Telecommunications Union，国际电信联盟
ITU-R	International Telecommunication Union-Radio communication sector 国际电信联盟无线电通信局
ITU-T	International Telecommunications Union-Telecommunication standardization sector 国际电信联盟电信标准化局
ITV	Interactive Television，交互式电视
JVT	Joint Video Team，联合视频工作组
JBIG	Joint Bi-level Image Experts Group，联合二值图像专家组
JCT-VC	Joint Collaborative Team on Video Coding，视频编码联合协作小组
JEM	Joint Exploration Test Model，联合探索测试模型
JPEG	Joint Photographic Experts Group，联合图片专家组
JTC	Joint Technical Committee，联合技术委员会
JVET	Joint Video Exploration Term，联合视频探索小组
JVET	Joint Video Experts Term，联合视频专家组
KSV	Key Selection Vector，密匙选择向量
LCD	Liquid Crystal Display，液晶显示器
LCoS	Liquid Crystal on Silicon，硅基液晶
LCU	Largest Coding Unit，最大编码单元
LDPC	Low Density Parity Check，低密度奇偶校验
LED	Light Emitting Diode，发光二极管
LEP	Light Emitting Polymers，发光聚合体
LFE	Low Frequency Enhancement，低频音效增强
LL	Low Level，低级
LLC	Logical Link Control，逻辑链路控制
LMDS	Local Multipoint Distribution Service，本地多点分配业务
LSB	Least Significant Bit，最低有效位
LUT	Look-up Table，查找表
MAC	Media Access Control，媒体访问（接入）控制
MAC	Multiplexed Analogue Component，复用模拟分量
MAD	Mean Absolute Difference，绝对差均值
MC	Motion Complement，运动补偿
MDCT	Modified Discrete Cosine Transform，改进的离散余弦变换

MDM	Multiple Direct Mode，多个方向模式	
ME	Motion Estimation，运动估计	
MHEG	Multimedia Hypermedia Expert Group，多媒体超媒体专家组	
MHP	Multimedia Home Platform，多媒体家庭平台	
MIDI	Musical Instrument Digital Interface，电子乐器数字接口	
MIMO	Multiple Input Multiple Output，多输入多输出	
MIPS	Million Instructions Per Second，每秒百万指令	
MISO	Multiple Input Single Output，多输入单输出	
ML	Main Level，主级	
MMDS	Multichannel Multipoint Distribution Service，多信道多点分配业务	
MIME	Multipurpose Internet Mail Extension，多用途 Internet 邮件扩展	
MJD	Modified Julian Date，修正的儒略日期	
MMDS	Multipoint Multichannel Distribution System 多点多信道分配系统	
MOS	Mean Opinion Score，平均主观评价分	
MP	Main Profile，主类	
MPE-FEC	Multi-Protocol Encapsulation Forward Error Correction，多协议封装-前向纠错	
MPEG	Moving Picture Experts Group，活动图像专家组	
MPM	Most Probable Mode，最有可能模式	
MSB	Most Significant Bit，最高有效位	
MSE	Mean Squared Error，均方误差	
MTU	Maximum Transmit Unit，最大传输单元	
MUSE	Multiple Sub-Nyquist Sampling Encoding，多重亚奈奎斯特采样编码	
MUSICAM	Masking pattern adapted Universal Subband Integrated Coding And Multiplexing 掩蔽型自适应通用子带综合编码和复用	
MV	Motion Vector，运动矢量	
MVA	Multi-domain Vertical Alignment，多畴垂直取向	
MVD	Motion Vector Difference，运动矢量差	
MVP	Motion Vector Prediction，运动矢量预测	
NIT	Network Information Table，网络信息表	
NTSC	National Television System Committee，（美国）国家电视制式委员会	
NVOD	Near Video On Demand，准视频点播	
OELD	Organic Electro Luminescent Display，有机电致发光显示器	
OFDM	Orthogonal Frequency Division Multiplexing，正交频分复用	
OLED	Organic Light Emitting Diode，有机发光二极管	
OLED	Organic Light Emitting Display，有机发光显示器	
OPCR	Original Program Clock Reference，原始节目时钟基准	
OSD	On Screen Display，屏幕显示	
OTT	Over-The-Top	
PAT	Program Association Table，节目关联表	
PAL	Phase Alternation Line by line，逐行倒相	
PB	Prediction Block，预测块	
PBS	Polarization Beam Spliter，偏振束分离器	
PC	Personal Computer，个人电脑	

PCM	Pulse Code Modulation，脉冲编码调制	
PCMCIA	Personal Computer Memory Card International Association 个人计算机存储卡国际协会	
PCR	Program Clock Reference，节目时钟基准	
PDA	Personal Digital Assistant，个人数字助理	
PDH	Pseudo-synchronous Digital Hierarchy，准同步数字系列	
PDK	Personal Distribution Key，个人分配密钥	
PDP	Plasma Display Panel，等离子体显示器	
PDU	Protocol Data Unit，协议数据单元	
PER	Packet Error Rate，误包率	
PES	Packetized Elementary Stream，打包的基本码流	
PID	Packet Identifier，包标识符	
PLED	Polymer Light Emitting Diode，聚合物电致发光二极管	
PL	Photoluminescence，光致发光	
PLL	Phase Locked Loop，锁相环	
PLP	Physical Layer Pipes，物理层管道	
PMT	Program Map Table，节目映射表	
PN	Pseudo-Noise，伪（随机）噪声	
PPP	Peer-Peer Protocol，端对端协议	
PPS	Picture Parameter Set，图像参数集	
PPV	Pay-Per-View，按次付费观看	
PRBS	Pseudo-Random Bit Sequence，伪随机二进制位序列	
PS	Program Stream，节目流	
PSD	Power Spectral Density，功率谱密度	
p-Si	poly Silicon，多晶硅	
PSI	Program Specific Information，节目特定信息	
PSK	Phase Shift Keying，相移键控	
PSNR	Peak Signal Noise Ratio，峰值信噪比	
PSTN	Public Switched Telephone Network，公共交换电话网	
PTS	Presentation Time Stamp，显示时间标志	
PU	Prediction Unit，预测单元	
PVR	Personal Video Recorder，个人视频录像	
QAM	Quadrature Amplitude Modulation，正交幅度调制	
QCIF	Quarter Common Intermediate Format，四分之一通用中间格式	
QC-LDPC	Quasi-cyclic low-density parity-check，准循环低密度奇偶校验	
QD-BLU	Quantum Dots-Backlight Unit，量子点背光源	
QDCF	Quantum Dots Color Filter，量子点彩色滤光片	
QDEF	Quantum Dots Enhancement Film，量子点薄膜	
QEF	Quasi Error Free，准无误码	
QLED	Quantum Dots Light Emitting Diode，量子点发光二极管	
QMFB	Quadrature Mirror Filter Banks，正交镜像滤波器组	
QoE	Quality of Experience，用户体验质量	
QoS	Quality of Service，服务质量	
QP	Quantization Parameter，量化参数	

QPSK	Quaternary Phase Shift Keying，四相相移键控
RAM	Random Access Memory，随机存储器
RDO	Rate Distortion Optimization，率失真优化
RDOQ	Rate Distortion Optimized Quantization，率失真优化的量化
RF	Radio Frequency，射频
rpchof	remainder polynomial coefficients，highest order first 余数多项式系数，高项在先
RPS	Reference Picture Set，参考图像集
RS	Reed-Solomon，里德-所罗门
RST	Running Status Table，运行状态表
RTP	Real-time Transport Protocol，实时传输协议
RVLC	Reversible Variable Length Coding，可逆的变长编码
SAO	Sample Adaptive Offset，样值自适应偏移
SBC	Sub-Band Coding，子带编码
SC	Start Code，起始码
SCU	Smallest Coding Unit，最小编码单元
SCL	Serial Clock Line，串行时钟线
SDA	Serial Data Line，串行数据线
SDH	Synchronous Digital Hierarchy，同步数字系列
SDI	Serial Digital Interface，串行数字接口
SDIP	Short Distance Intra Prediction，短距离帧内预测
SDT	Service Description Table，业务描述表
SDTV	Standard Definition Television，标准清晰度电视
SECAM	Séquential Couleur Avec Mémoire（法语），顺序传送彩色与存储
SED	Surface-conduction Electron-emitter Display，表面传导型电子发射显示器
SFN	Single Frequency Network，单频网络
SI	Service Information，业务信息
SIF	Standard Input Format，标准输入格式
SISO	Single Input Single Output，单输入单输出
SIT	Selection Information Table，选择信息表
SK	Service Key，业务密钥
SMATV	Satellite Master Antenna Television，卫星共用天线电视
SMPTE	Society of Motion Picture & Television Engineers，（美国）电影电视工程师协会
SMR	Signal-to-Mask Ratio，信掩比
SMS	Subscriber Management System，用户管理系统
SNHC	Synthetic/Natural Hybrid Coding，合成/自然混合编码
SoC	System on Chip，片上系统
SPS	Sequence Parameter Set，序列参数集
SRMs	System Renewability Messages，系统更新消息
SRRC	Square Root Raised Cosine，平方根升余弦
ST	Stuffing Table，填充表
STB	Set-Top-Box，机顶盒
STN-LCD	Super Twisted Nematic-Liquid Crystal Display，超扭曲向列相液晶显示器
TCM	Trellis Coded Modulation，格栅编码调制

TCP	Transmission Control Protocol，传输控制协议
TDAC	Time Domain Aliasing Cancellation，时域混叠抵消
TDM	Time Division Multiplexing，时分复用
TDS-OFDM	Time Domain Synchronous Orthogonal Frequency Division Multiplexing 时域同步正交频分复用
TDT	Time and Date Table，时间和日期表
TE	Terminal Equipment，终端设备
TFS	Time-Frequency Slicing，时间频率分片
TFT-LCD	Thin Film Transistor LCD，薄膜晶体管液晶显示器
TMDS	Transition Minimized Differential Signaling，瞬变最少化差分信号
TN-LCD	Twisted Nematic-Liquid Crystal Display，扭曲向列相液晶显示器
TNS	Temporal Noise Shaping，瞬时噪声整形
TOT	Time Offset Table，时间偏移表
TPS	Transmission Parameter Signalling，传输参数信令
TS	Transport Stream，传送流
TSDT	Transport Stream Description Table，传送流描述表
TTS	Text-To-Speech，文本到语音
TU	Transform Unit，变换单元
TV	Television，电视
UDI	Unified Display Interface，通用显示接口
UDP	User Datagram Protocol，用户数据报协议
UHD	Ultra High Definition，超高清晰度
UHDTV	Ultra High Definition Television，超高清晰度电视
UHF	Ultra High Frequency，超高频
USB	Universal Serial Bus，通用串行总线
UTC	Universal Time, Co-ordinated，坐标化的通用时间
UVLC	Universal Variable Length Coding，统一的可变长度编码
VBI	Vertical Blanking Interval，场消隐期
VBR	Variable Bit Rate，可变比特率
VCD	Video Compact Disk，视频高密度光盘
VCEG	Video Coding Experts Group，视频编码专家组
VCL	Video Coding Layer，视频编码层
VCM	Variable Coding and Modulation，可变编码调制
VCR	Video Cassette Recorder，盒式磁带录像机
VDSL	Very high rate Digital subscriber Line，甚高速数字用户线
VESA	Video Electronics Standards Association，视频电子标准协会
VGA	Video Graphics Array，视频图形阵列
VHF	Very-High Frequency，甚高频
VLBV	Very Low Bit-rate Video，甚低数码率视频
VLC	Variable Length Coding，可变长度编码
VLSI	Very Large Scale Integrated circuit，超大规模集成电路
VO	Video Object，视频对象
VOD	Video On Demand，视频点播/点播电视
VOL	Video Object Layer，视频对象层

VOP	Video Object Plane，视频对象面
VR	Virtual Reality，虚拟现实
VS	Video Session，视频会晤
VSB	Vestigial Side Band modulation，残留边带（调制）
VTM	VVC Test Model，VVC 测试模型
VVC	Versatile Video Coding，多功能视频编码
WPP	Wavefront Parallel Processing，波前并行处理
XML	eXtensible Markup Language，可扩展标记语言

参 考 文 献

[1] 俞斯乐, 等. 电视原理 [M]. 6 版. 北京: 国防工业出版社, 2005.

[2] 惠新标, 郑志航. 数字电视技术基础 [M]. 北京: 电子工业出版社, 2005.

[3] 王明臣, 等. 数字电视与高清晰度电视 [M]. 北京: 中国广播电视出版社, 2003.

[4] 赵坚勇. 数字电视原理与接收 [M]. 北京: 电子工业出版社, 2006.

[5] 中国电子视像行业协会. 数字电视知识解读 [M]. 北京: 人民邮电出版社, 2006.

[6] 鲁业频, 等. 数字电视技术 [M]. 合肥: 合肥工业大学出版社, 2006.

[7] 姜秀华, 等. 现代电视原理 [M]. 北京: 高等教育出版社, 2008.

[8] 毕厚杰. 新一代视频压缩编码标准: H.264/AVC [M]. 北京: 人民邮电出版社, 2005.

[9] 余兆明, 等. 图像编码标准 H.264 技术 [M]. 北京: 人民邮电出版社, 2006.

[10] 李雄杰, 等. 平板电视技术 [M]. 北京: 电子工业出版社, 2007.

[11] 张兆杨, 等. 二维和三维视频处理及立体显示技术 [M]. 北京: 科学出版社, 2010.

[12] 周志敏, 纪爱华. OLED 驱动电源设计与应用 [M]. 北京: 人民邮电出版社, 2010.

[13] 王丽娟. 平板显示技术基础 [M]. 北京: 北京大学出版社, 2013.

[14] 于军胜, 等. 显示器件技术 [M]. 2 版. 北京: 国防工业出版社, 2014.

[15] 苏凯雄, 等. 卫星直播数字电视及其接收技术 [M]. 合肥: 中国科学技术大学出版社, 2014.

[16] 钟建, 等. 液晶显示器件技术 [M]. 北京: 国防工业出版社, 2014.

[17] 潘长勇, 王军, 宋健. 中国地面数字电视广播传输标准概要 [J]. 电视技术, 2006 (10): 45-47.

[18] 胡瑞敏, 艾浩军, 张勇. 数字音频压缩技术和 AVS 音频标准的研究 [J]. 电视技术, 2005 (7): 21-23.

[19] 虞露. AVS 视频的技术特征 [J]. 电视技术, 2005 (7): 8-11.

[20] 李桂苓, 李秀敏, 赵希. 数字电视图像清晰度 [J]. 电视技术, 2005 (12): 80-83.

[21] 数字电视地面广播传输国家标准特别工作组. 《数字电视地面广播传输系统帧结构、信道编码和调制》标准编制说明 [R]. 2006.

[22] 戴延龄. 数字演播室高清晰度电视技术基础: 上 [J]. 世界广播电视, 2005 (10).

[23] 戴延龄. 数字演播室高清晰度电视技术基础: 中 [J]. 世界广播电视, 2005 (11).

[24] 周晓, 彭克武, 宋健. DVB-T2 标准的技术进展 [J]. 电视技术, 2009, 33 (5): 20-24.

[25] 程涛, 彭克武, 尹衍斌, 等. DVB-T2 与 DTMB-A 关键技术对比 [J]. 广播与电视技术, 2014, 41 (1): 101-106.

[26] 杨知行, 王昭诚. 下一代地面数字电视广播系统关键技术 [J]. 电视技术, 2011, 35 (8): 22-27.

[27] 黄铁军. 面向高清和 3D 电视的视频编解码标准 AVS+ [J]. 电视技术, 2013, 37 (2): 11-14.

[28] 赵耀, 黄晗, 林春雨, 等. 新一代视频编码标准 HEVC 的关键技术 [J]. 数据采集与处理, 2014, 29 (1): 1-10.

[29] 路程. 我国地面数字电视国际标准提案 DTMB 介绍 [J]. 信息技术与标准化, 2013, (4): 56-60.

[30] 吕国强, 胡跃辉, 张涛, 等. 立体显示的现状、机遇与建言 [J]. 真空电子技术, 2011, (5): 22-27.

[31] 王琼华, 王爱红. 三维立体显示综述 [J]. 计算机应用, 2010, 30 (3): 579-581.

[32] 黄铁军. AVS2 标准及未来展望 [J]. 电视技术, 2014, 38 (22): 7-10.

[33] 周芸, 郭晓强, 王强. AVS2 视频编码关键技术 [J]. 广播电视信息, 2015, 9 (2): 18-21.

[34] 赵海武, 李响, 李国平, 等. AVS 标准最新进展 [J]. 自然杂志, 2019, 41 (1): 49-55.

[35] 马思伟, 罗法蕾, 黄铁军. AVS2 视频编码标准技术特色及应用 [J]. 电信科学, 2017, 33 (8): 3-15.

[36] 何大治, 赵康, 徐异凌, 等. ATSC3.0 关键技术介绍 [J]. 电视技术, 2015, 39 (16): 105-114.

[37] 冯景锋, 张文军, 管云峰, 等. 我国新一代地面数字电视标准体系建设构想 [J]. 广播与电视技术,

2018, 45（3）：32-36.

[38] 骆训赋，宋健，潘长勇，等. 中国地面数字电视传输标准 DTMB 的国际化之路 [J]. 电视技术, 2012, 36（14）：10-11+44.

[39] 曹志，李雷雷，刘骏，等. 地面数字电视国标 DTMB 的标准演进与海外推广 [J]. 广播与电视技术, 2017, 44（1）：16-21.

[40] 中华人民共和国国家质量监督检验检疫总局，中国国家标准化管理委员会. 数字电视地面广播传输系统帧结构、信道编码和调制：GB 20600—2006 [S]. 北京：中国标准出版社, 2006.

[41] 国家技术监督局. 演播室数字电视编码参数规范：GB/T 14857—1993 [S]. 北京：中国标准出版社, 1994.

[42] 中华人民共和国国家质量监督检验检疫总局，中国国家标准化管理委员会. 标准清晰度电视 4：2：2 数字分量视频信号接口：GB/T 17953—2012 [S]. 北京：中国标准出版社, 2012.

[43] 国家广播电影电视总局. 高清晰度电视节目制作及交换用视频参数值：GY/T 155—2000 [S]. 北京：国家广播电影电视总局标准化规划研究所, 2000.

[44] 国家广播电影电视总局. 演播室高清晰度电视数字视频信号接口：GY/T 157—2000 [S]. 北京：国家广播电影电视总局标准化规划研究所, 2000.

[45] 中华人民共和国国家质量监督检验检疫总局，中国国家标准化管理委员会. 信息技术 先进音视频编码 第 2 部分：视频：GB/T 20090.2—2013 [S]. 北京：中国标准出版社, 2014.

[46] 国家广播电影电视总局. 广播电视先进音视频编解码 第 1 部分：视频：GY/T 257.1—2012 [S]. 北京：国家广播电影电视总局广播电视规划院, 2012.

[47] 国家新闻出版广电总局. 超高清晰度电视系统节目制作和交换参数值：GY/T 307—2017 [S]. 北京：全国广播电影电视标准化技术委员会, 2017.

[48] 国家新闻出版广电总局. 高效音视频编码 第 1 部分：视频：GY/T 299.1—2016 [S]. 北京：全国广播电影电视标准化技术委员会, 2016.

[49] 卢官明，宗昉. 数字电视原理 [M]. 3 版. 北京：机械工业出版社, 2016.

[50] 卢官明，秦雷，卢峻禾. 数字视频技术 [M]. 2 版. 北京：机械工业出版社, 2021.

[51] 卢官明，宗昉. 数字音频原理及应用 [M]. 3 版. 北京：机械工业出版社, 2017.